1 MONTH OF
FREE
READING

at

www.ForgottenBooks.com

By purchasing this book you are eligible for one month membership to ForgottenBooks.com, giving you unlimited access to our entire collection of over 1,000,000 titles via our web site and mobile apps.

To claim your free month visit:

www.forgottenbooks.com/free472959

ISBN 978-0-656-65850-3
PIBN 10472959

Botanisches Centralblatt.

Referirendes Organ

für das

Gesammtgebiet der Botanik des In- und Auslandes.

Zugleich Organ

des

Botanischen Vereins in München, der Botaniska Sällskapet in Stockholm, der Gesellschaft für Botanik
zu Hamburg, der botanischen Section der Schlesischen Gesellschaft für Vaterländische Cultur zu Breslau,
der Botaniska Sektionen af Naturvetenskapliga Studentsällskapet in Upsala, der k. k. zoologisch-
botanischen Gesellschaft in Wien, des Botanischen Vereins in Lund und der Societas pro Fauna et
Flora Fennica in Helsingfors.

Herausgegeben

unter Mitwirkung zahlreicher Gelehrten

von

Dr. Oscar Uhlworm und Dr. F. G. Kohl
in Cassel in Marburg.

Sechzehnter Jahrgang. 1895.
III. Quartal.

LXIII. Band.
Mit 5 Figuren.

———— ■ ————

CASSEL.
Verlag von Gebrüder Gotthelft.
1895.

A

Den

Texte zur

zufertigen,

Dieselben

glattem Ca

die Zeichn

oder in s

klar und

(Patent M

nur in Au

die Verlag

Entscheidu

schaffenhei

Texte ab

werden, k

werden.

Am l

ist die Ste

vacant. E

Prag-Smicl

Sän

„E

„

Beih

sind dur

handlung

Botanisches Centralblatt.

Referirendes Organ

für das

Gesammtgebiet der Botanik des In- und Auslandes.

Zugleich Organ

des

Botanischen Vereins in München, der Botaniska Sällskapet in Stockholm, der Gesellschaft für Botanik zu Hamburg, der botanischen Section der Schlesischen Gesellschaft für Vaterländische Cultur zu Breslau, der Botaniska Sektionen af Naturvetenskapliga Studentsällskapet in Upsala, der k. k. zoologisch-botanischen Gesellschaft in Wien, des Botanischen Vereins in Lund und der Societas pro Fauna et Flora Fennica in Helsingfors.

Herausgegeben

unter Mitwirkung zahlreicher Gelehrten

von

Dr. Oscar Uhlworm und Dr. F. G. Kohl
in Cassel   in Marburg.

Sechzehnter Jahrgang. 1895.

IV. Quartal.

LXIV. Band.

Mit 4 Tafeln und 13 Figuren.

———— ••• ————

CASSEL.

Verlag von Gebrüder Gotthelft.

1895.

Band LXVI. und „Beiheft". Bd. V. 1895. Heft 5 u. 6.*)

Systematisches Inhaltsverzeichniss.

*) Die auf die Beihefte bezüglichen Zahlen sind mit B versehen.

VI. Pilze:

VII. Flechten:

VIII. Muscineen:

IX. Gefässkryptogamen:

X. Physiologie, Biologie, Anatomie und Morphologie:|

XI. Systematik und Pflanzengeographie.

XII. Phaenologie:

XIII. Palaeontologie:

XIV. Teratologie und Pflanzenkrankheiten:

XV. Medicinisch-pharmaceutische Botanik.

XVI. Techn., Handels-, Forst-, ökonom. und gärtnerische Botanik:

***

XXI. Sammlungen:

XXIV. Botanische Ausstellungen und Congresse:

Vergl. p. 105, 161, 202.

XXV. Varia:

XXVI. Originalberichte gelehrter Gesellschaften:

XXVII. Botanische Reisen:

Vergl. p. 438.

XXVIII. Ausgeschriebene Preise:

Vergl. p. 187.

XXXI. Personalnachrichten:

Berichtigung.

ergl. p. 57, 367, 400.

Autoren-Verzeichniss:*)

*) Die mit * versehenen Zahlen beziehen sich auf die Beihefte.

Band LXIV. No. 1.   XVI. Jahrgang.

Botanisches Centralblatt.

REFERIRENDES ORGAN

für das Gesammtgebiet der Botanik des In- und Auslandes.

Herausgegeben

unter Mitwirkung zahlreicher Gelehrten

von

Dr. Oscar Uhlworm und Dr. F. G. Kohl
in Cassel. ——— in Marburg.

Zugleich Organ
des

Botanischen Vereins in München, der **Botaniska Sällskapet i Stockholm**,
der **Gesellschaft für Botanik zu Hamburg**, der botanischen Section der
Schlesischen Gesellschaft für vaterländische Cultur zu Breslau, der
Botaniska Sektionen af Naturvetenskapliga Studentsällskapet i Upsala,
der **k. k. zoologisch-botanischen Gesellschaft in Wien**, des Botanischen
Vereins in Lund und der **Societas pro Fauna et Flora Fennica in
Helsingfors.**

| Nr. 40. | Abonnement für das halbe Jahr (2 Bände) mit 14 M. durch alle Buchhandlungen und Postanstalten. | 1895. |

Die Herren Mitarbeiter werden dringend ersucht, die Manuscripte
immer nur auf *einer* Seite zu beschreiben und für *jedes* Referat besondere Blätter benutzen zu wollen.   Die Redaction.

Wissenschaftliche Original-Mittheilungen.*)

Ueber Variationskurven und Variationsflächen der Pflanzen.

Botanisch-statistische Untersuchungen

von

Prof. Dr. F. Ludwig
in Greiz.

(Mit 2 Tafeln.**)

1. Variationskurven der *Compositen*.

Die pflanzenstatistischen Untersuchungen, welche ich seit einer
Reihe von Jahren angestellt habe, verfolgen den Zweck, nach dem
sogen. Gesetz der grossen Zahl die Gesetzmässigkeiten hinsichtlich der

---

*) Für den Inhalt der Originalartikel sind die Herren Verfasser allein
verantwortlich.   Red.
**) Die Tafeln liegen einer der nächsten Nummern bei.

Zahl der Blütentheile, Inflorescenzglieder etc. da zu ermitteln, wo in den systematisch botanischen Werken das ∞Zeichen andeutet, dass man bis dahin die betreffenden Organe als zahllos, d. h. in unbestimmter wechselnder Zahl vorkommend, betrachtete. Sie haben zu einer Reihe von Resultaten geführt, die nicht nur bezüglich eben dieser Gesetzmässigkeiten selbst, sondern auch hinsichtlich der Variabilität und Erblichkeit im Pflanzenreich überhaupt manches Neue ergeben haben und im Lichte der Erkenntnisse, zu denen auf anthropologischem und zoologischem Gebiet die Arbeiten von Quételet, Galton, Bateson, Ammon etc., auf botanischem die von Hugo de Vries und Verschaffelt geführt haben, ein erhöhtes Interesse beanspruchen. Sie sollen daher den Gegenstand dieser Abhandlung bilden. Am eingehendsten habe ich mich mit der Zahl der Randstrahlen der *Compositen* beschäftigt;*) diese sollen daher hier zuerst näher behandelt werden.

Zählt man bei einer grösseren Anzahl von Blütenköpfen einer *Composite*, etwa der grossen Wucherblume, *Chrysanthemum Leucanthemum*, die ich zuerst zum Gegenstand der Untersuchung machte, die Randstrahlen und trägt den vorkommenden Zahlen entsprechende Strecken auf der Abscissenaxe, der Häufigkeit des Vorkommens der einzelnen Zahlen entsprechende Strecken als Ordinaten eines rechtwinkligen Coordinatensystems ab, so bestimmen die so erhaltenen Punkte Variationskurven, die einen für die einzelnen *Compositen*-Species so charakteristischen nahezu constanten Verlauf haben, dass sie als diagnostisches Merkmal Verwendung finden könnten. Die Abweichungen, durch welche sich für ein und dieselbe Pflanzenspecies die Strahlenkurven verschiedenen Beobachtungsmaterials unterscheiden, schwinden in der grossen Zahl. Wenn man z. B. von *Crysanthemum Leucanthemum* je 100 Blütenköpfe abzählt, so bedecken die Einzelkurven noch einen breiten Streifen des Papiers nur für die Zahlen um 21 verlaufen dieselben bereits dicht nebeneinander; bei je 1000 Blütenköpfen verlaufen die Strahlenkurven bereits in derselben Weise und die 3000 Curven fallen bei gleichem Maassstab nahezu in eine einzige zusammen.

Die Curven haben bei manchen Arten einen einzigen Gipfel, während bei anderen neben dem Hauptmaximum sekundäre Maxima auftreten. Ich habe (Verh. der naturf. Ges. zu Danzig 1890 p. 177 ff.) vorgeschlagen, in dem letzteren Fall das absolute Maximum mit α und die relativen Maxima nach der Grösse der Ordinaten der Reihe nach mit β, γ, δ etc. zu bezeichnen, wie man beim Spektrum die Linien nach ihrer Intensität durch α, β, γ etc. ausdrückt.

---

*) Von früheren Arbeiten vgl.: Ludwig, die Anzahl der Strahlenblüten bei *Chrysanthemum Leucanthemum*. (Deutsche Bot. Monatsschr. 1887, No. 3.) Ueber Zahlen und Masse im Pflanzenreich. (Wiss. Rundsch. der Münchener Neuesten Nachrichten. 1889. No. 84.) Die constanten Strahlenkurven der *Compositen* und ihre Maxima. (Verh. d. naturf. Ges. zu Danzig 1890, p. 177 ff. Taf. VI) Einige wichtige Abschnitte der mathemat. Botanik. (Hoffmann's Zeitschr. f. math. natw. Unterr. 1883, 1887 (p. 321 ff.) 1890.)

Eine weitere Gesetzmässigkeit springt bald in die Augen: die Lage der Gipfel und sekundären Maxima. Sie fallen bei allen untersuchten Arten auf die Zahlen (3, 5, 8, 13, 21, 34, 55 und z. T. auf die einfachen Multipla dieser Zahlen (besonders häufig 10, 16, 26) Weitere Eigenthümlichkeiten sollen später erörtert werden. Wir gehen zunächst auf die Curven der einzelnen Arten ein.

Chrysanthemum Leucanthemum.

Die ersten Zählungen ergaben folgende Zahlen:

(Vgl. Tabelle auf Seite 4.)

Das Maximum liegt also immer bei grösseren Zählungen bei 21, mit ganz vereinzelten Ausnahmen ist dies bereits in den Hundertkurven der Fall. Solche Ausnahmen rühren her von Zählungen an Orten, wo besondere Zahlvarietäten (bei dieser Species nur selten!) auftreten. So fand ich an hochgelegenen Bergwiesen eine armstrahlige Form mit vorwiegend 13 Strahlen (auch 8 häufig), so am Oberhof und nahe an der Gemeinde Gabelbach in Thüringen, während auf gut gedüngten Wiesen zuweilen eine üppige Form mit dem Hauptgipfel bei 34 auftritt. Solche Formen treten auch in vereinzelten Minderzählungen hervor, so z. B. in der Zählung eines Altenburger Gymnasiasten:

11	12	13	14	15	16	17	18	19	20	21
1	3	**25**	17	19	11	5	1	6	8	4

ferner in den beiden folgenden Zählungen (die obere von einem Realschüler in Greiz, die untere von Dr. Dietel in Leipzig):

18	19	20	21	22	23	24	25	26	27	28	29	30	31	32	33	34	35	36	37	38	39	40	41	42	43
4	8	27	**106**	62	52	44	38	**44**	28	17	25	31	41	33	60	**62**	12	5	1	—	—	—	—	—	—
—	1	8	**29**	11	13	13	12	9	16	10	16	13	16	18	15	**33**	20	5	7	1	2	4	—	1	1

Die Mitberücksichtigung solcher Formen hat in den Gesammt-zählungen die Frequenz der 21, die ich in meinen Tausendkurven bei 24,9 % fand, etwas herabgedrückt auf ca. 22 % (vgl. dagegen *Chrysanthemum inodorum*, wo sie bei 52 % liegt). Auch die übrigen Zahlen zeigen hinsichtlich ihrer Frequenz eine hohe Konstanz. So treten auf nach den 6000 Zählungen bis 1890 bei

	13	19	20	21	22	23	26	34
	3 %	5,6 %	9 %	24,9 %	10 %	6,7 %	(2,5 %)	(1,1 %)
bei 1000 weit. Zählungen	2,4 %	5 %	9,3 %	20 %	11 %	6,9 %	(4,3 %)	(2,7 %)
bei den 17 000 Zählungen:	2,6 %	5 %	9 %	22 %	10 %	6,8 %	(3,7 %)	(2 %)

Es ist also nahezu $\alpha = 22(24,9)\%$, $\beta = 2,5-3\%$, $\gamma = 2\%$ und es sind für die Zahlen nahe am Gipfel die Frequenzzahlen nahezu: für 19 5 %, 20 9 %, 22 10 %, 23 7 %.

Chrysanthemum inodorum. Die Lage des absoluten Maximums und die relativen Maxima sind die gleichen, aber die Frequenz der entsprechenden Zahlen ist eine verschiedene. Der Hauptgipfel steigt auf Kosten der Nebengipfel auf mehr als die doppelte Höhe:

1*

Zahl der Randstrahlen — Individuen bzw. Blütenköpfe

	8	9	10	11	12	13	14	15	16	17	18	19	20	21	22	23	24	25	26	27	28	29	30	31	32	33	34	35	36	37
I. Tausend	1	0	2	0	7	24	21	26	98	255	129	80	54	29	17	14	16	10	18	16	20	11	8	4	1	0				
II. »	0	0	1	2	2	16	33	27	34	46	61	97	252	113	90	45	38	28	18	17	12	5	7	5	8	8	4	1	0	
III. »	1	0	1	1	12	31	25	40	33	53	68	120	231	88	59	31	21	23	13	22	14	12	18	13	16	13	2	2	2	
Durchschnitt in ‰	0,6	0	1,3	1	7	23,6	26,3	25	33,3	31,3	44	58,3	105	246	110	76,3	43,3	29,3	22,6	15	18	12	11,6	13,6	12,6	13,6	10,6	3,6		0,5

Die ersten ca. 6000 Zählungen (6041) bis zum Jahre 1890 (in der II. Zeile auf 1000 reducirt) ergaben entsprechend:

	7	8	9	10	11	12	13	14	15	16	17	18	19	20	21	22	23	24	25	26	27	28	29	30	31	32	33	34	35	36	37	38
	2	4	2	12	18	61	186	184	171	245	257	227	339	570	1508	583	404	258	195	149	102	98	65	68	67	67	85	69	32	9	2	1
	0,3	0,7	0,3	2	3	10	31	30,7	29	41	38	43	56	95	251	97	67	43	32	25	17	16	10	11	11	14	12	5	1	0,7	0,3	

Weitere 10000 Zählungen (meist von Schülern in Greiz, Plauen i. V., Altenburg, Leipzig, an letzteren Orten durch freundliche Vermittelung der Herren Obl. Dr. E. Bachmann, Obl. Dr. Voretzsch, Obl. Dr. P. Dietel) während der Jahre 1890 bis 1895 und in der II. Zeile die bisherigen Gesammtzählungen von **17000** Exemplaren ergaben:

	7	8	9	10	11	12	13	14	15	16	17	18	19	20	21	22	23	24	25	26	27	28	29	30	31	32	33	34	35	36	37	38	39	40	41	42	43
		8	10	23	44	86	235	179	271	222	286	338	472	927	1964	1117	698	503	374	430	252	267	211	113	106	105	211	274	153	54	26	15	16	14	—	3	2
		9	13	36	65	148	427	383	455	479	525	626	856	1568	3650	1790	1147	812	602	614	375	377	294	196	183	187	307	346	186	64	28	16	16	14		3	2

	10	11	12	13	14	15	16	17	18	19	20	21	22	23	24	25	26	27	28	29	30	31	32	33	34
I. Hundert	—	—	—	—	1	—	1	—	1	4	14	**60**	11	4	2	1	—	—	—	—	—	1	—	—	—
II. „	—	—	—	—	—	4	3	4	4	5	16	**47**	7	8	2	—	—	—	—	—	—	—	—	—	—
III. „	—	—	—	—	—	—	—	1	—	1	4	**55**	23	10	3	—	2	—	—	1	—	—	—	—	—
IV. „	—	—	—	—	—	—	4	—	3	4	10	**48**	15	8	3	1	—	1	—	1	—	1	—	—	—
V. „	—	—	—	—	—	—	1	1	1	12	15	**57**	8	2	2	—	—	—	—	—	—	—	—	—	—
VI. „	—	1	—	4	1	3	3	4	7	13	17	**42**	4	1	—	—	—	—	—	—	—	—	—	—	—
VII. „	1	—	—	7	3	4	2	4	1	8	22	**39**	7	1	2	1	—	1	1	—	—	—	1	—	—
VIII. „	—	—	—	—	—	—	—	1	5	6	15	**61**	7	3	1	—	—	1	—	—	—	—	—	—	—
IX. „	—	—	—	—	—	—	—	—	—	1	14	**85**	14	3	2	4	3	1	—	—	—	—	—	—	—
X. „	—	—	—	2	—	1	—	—	1	3	9	**54**	16	6	2	2	3	—	—	—	1	—	—	—	—
Sa. ‰	1	1	—	13	5	13	15	14	23	57	136	**516**	112	46	19	9	8	4	1	1	1	2	2	—	—

Die Tausendkurve zeigt also für α bei 21 Strahlen die Frequenz von 52 %, eine Zahl, die ich bei allen späteren Zählungen mit ganz geringen Abweichungen wieder traf. β ist hier nur 1,3, γ (für 16) 1,5 (bei *Leucanthemum* ca. 3 %).

Chrysanthemum segetum. Noch einfacher gestaltet sich die Variationskurve für diese Pflanze, wenigstens so weit die Thüringer Standorte in Betracht kommen. Hier ist nur ein Hauptgipfel bei 13 vorhanden, sekundäre Maxima fehlen. Vergl. aber über diese Pflanze im letzten Capitel die interessanten Untersuchungen von Hugo de Vries. Das den folgenden Zählungen zu Grunde liegende Material stammt von Brotterode in Thüringen.

	7	8	9	10	11	12	13	14	15	16	17	18	19	20	21	Gezählt von
I. Hundert	—	—	—	2	4	12	**59**	11	4	3	2	2	—	1	—	von mir gezählt.
II. „	—	—	—	3	10	13	**49**	13	4	2	3	1	1	1	—	
III. „	—	1	1	2	6	17	**57**	12	1	2	1	—	—	1	—	
IV. „	1	1	1	3	2	17	**51**	12	3	4	2	2	—	1	—	
V. „	—	1	—	4	5	12	**51**	15	5	2	2	1	1	1	—	gezählt von Max Werner Ludwig.
VI. „	—	2	—	3	5	18	**47**	11	7	2	1	1	1	—	2	
VII. „	—	—	—	4	6	13	**53**	13	5	1	1	2	1	1	—	
VIII. „	—	—	—	2	1	14	**56**	13	5	8	1	—	—	—	—	von Karl Walter Ludwig
IX. „	—	—	—	2	4	10	**55**	15	7	4	1	1	—	—	—	
X. „	—	1	1	—	3	15	**51**	14	6	2	1	2	3	1	—	v. Max u. Karl Ludwig
Sa. ‰	1	6	3	25	46	141	**529**	129	47	30	15	12	8	6	2	

$$\alpha = 53 \%.$$

Auch eine Reihe anderer *Compositen* zeigen eine Strahlenzahl so überwiegend, dass nichts anderes als eine einfache Curve zu erwarten ist, es mögen dies nur wenige Zählungen in einigen Fällen hier zeigen:

Chrysanthemum coronarium (ähnlich *Ch. viscosum*)

12	13	14	15
1	10	2	1

Senecio nemorensis

4	5	6	7	8
2	**170**	28	1	2

Senecio viscosus

11	12	13	14
4	6	**25**	3

Senecio Jacobaea

12	13	14
7	**98**	4

Dimorphotheca pluvialis	9	10	11	12	13	14	15	16	17
	1	—	—	3	**33**	7	2	2	1

Centaurea Cyanus

6	7	8	9	10	11	12	
6	36	**210**	149	82	14	3	Zählung bei Greiz (500 Individuen)
—	13	47	39	16	6	1	Gieselsberg b. Schmalkalden (122 Ind.)

$$\alpha = 20 \%.$$

Achillea Millefolium hat selten eine andere Zahl als 5 in den Randstrahlen der Blütenköpfchen, anders *Achillea Ptarmica*. Hier traf ich neuerdings an manchen Standörtern die 8, an anderen selteneren die 13 überwiegend. Die früheren Zählungen wiesen neben α bei 8 und γ bei 13 noch häufig die 10 (β) auf, in systematischen Werken findet man hie und da die 10 ebenfalls angeben. Offenbar kommen hier zwei Rassen vor und der Gipfel bei 10 ist einer der später zu erörternden Scheingipfel. Eine der früheren Zählungen ergab:

6	7	8	9	10	11	12	13	14	15
11	82	**731**	550	**546**	451	391	**305**	19	4.

Anthemis arvensis. Auch hier scheinen Nebenrassen vorhanden zu sein. Die Hauptcurve ergeben folgende Zahlen:

2	3	4	5	6	7	8	9	10	11	12	13	14	15	16	17	18	19	20	21
2	2	27	119	121	191	**371**	214	143	122	158	**157**	61	29	26	11	14	17	8	9

an einer Stelle mit auffallend üppigen Köpfchen fand ich:

7	8	9	10	11	12	13	14	15	16	17	18
1	1	4	11	11	24	30	9	6	2	—	1

α bei 8, bei der Nebenrasse aber mit β, (der Hauptrasse übereinstimmend) β bei 13, γ bei 5;

Aehnlich *Anthemis Cotula*, aber mit dem Hauptgipfel bei 13:

11	12	13	14	15	16	17	18	19	20
7	50	**224**	66	42	16	5	8	1	3

bei einer Form auf Stoppelfeldern dagegen:

5	6	7	8	9	10	11	12	13	14	15
2	2	10	**38**	22	16	**23**	20	**23**	3	1

Bei *Anthemis tinctoria* sind weitere Zählungen nöthig, da die Art sehr stark varirt. Meine bisherigen Zählungen ergaben den Hauptgipfel bei 21:

17	18	19	20	21	22	23	24	25	26	27	28	29	30	31	32	33	34	35	36	37	38	39	40	41	42
1	4	4	21	**61**	32	28	35	23	22	13	14	8	13	4	2	6	8	3	1	1	0	0	0	0	1

darunter 90 Köpfe eines Stockes mit:

1	2	6	20	12	10	11	10	6	5	4	—	3

Bei *Bellis perennis* dürfte α bei 34 liegen, als Nebengipfel tritt 21 auf. Es sind hier aber noch viele Zählungen nöthig, um die Variationskurve festzulegen, für die Zahl der Hüllblätter ist sie die folgende:

10	11	12	13	14	15	16	17	18	19	20	21	22
2	10	20	**145**	11	3	1	1					1

Von *Rhagadiolus stellatus* habe ich nur die Zahl der geraden glatten Randfrüchte (daneben finden sich hakige Klettfrüchte) beachtet

6	7	8	9
21	102	**111**	1

Ich hatte nur wenige Stöcke im Garten, deren sämmtliche Köpfchen untersucht wurden. 6 und 7 sind, wie unten gezeigt wird, Scheingipfel bei Maximis von 5 und 8 und zwar 7 bei Ueberwiegen der 8. Die Häufigkeit der 7 dürfte darauf hindeuten, dass anderwärts noch Exemplare mit nur 5 glatten Randfrüchten vorkommen.

2. Ueber das Quételet'sche Gesetz der einfachen Variationskurven.

Das sogen. Gesetz der grossen Zahlen wurde zuerst von J. Bernoulli aufgefunden und von Poisson unter diesem Namen in die Wissenschaft eingeführt. Ad. Quételet hat es bezeichnender „la loi des causes accidentelles" benannt „parce qu'elle indique comment se distribuent, à la longue une série d'évenements dominés par des causes constantes mais dont des causes accidentelles troublent les effets. Les causes accidentelles finissent par se paralyser et il ne reste en définitive que le résultat qui se serait invariablement reproduit chaque fois, si les causes constantes seules avaient exercé leur action" (Quételet, du système social et des lois qui le régissent, Paris 1848, vgl. auch Quételet, Lettres sur la théorie de probabilités appliquée aux sciences morales et polit. Bruxelles 1846) und Sur l'appréc. des moyennes Bull. de la commission centr. statist. t. II, p. 205—273. 1845.)

Wo constante Ursachen und zufällige veränderliche Ein-'wirkungen an dem Zustandekommen eines Ereignisses, einer Erscheinung betheiligt sind, da heben sich bei einer grossen Zahl von Beobachtungen die Nebenwirkungen immer mehr auf, da sie nach den verchiedensten Richtungen erfolgen, und es tritt den constanten Ursachen entsprechend ein constantes Resultat zu Tage. Die Statistik hat nun auf den verschiedensten Gebieten, auch da wo die constanten Ursachen noch völlig unbekannt sind, in der grossen Zahl Gesetzmässigkeiten (vgl. u. A. Adolph Wagner, die Gesetzmässigkeit in den scheinbar willkürlichen menschlichen Handlungen vom Standpunkte der Statistik. Hamburg 1864) nachgewiesen; auf anthropologischem Gebiet z. B. hinsichtlich des Verhältnisses der Knaben- und Mädchengeburten, der Eheschliessungen zwischen Personen verschiedenen Alters, der ˙Selbstmorde etc., auf zoologischem und botanischem Gebiet z. B. in Betreff des Verhältnisses der männlichen und weiblichen Individuen bei Amphibien (durch Pflüger u. A.), bei *Mercurialis annua* und anderen Pflanzen (vgl. F. Heyer, Landwirthschaftliche Presse

1886, No. 5; F i s c h, über die Zahlenverhältnisse der Geschlechter beim Hanf, Ber. d. D. Bot. Ges. Bd. V, Heft 3, p. 136—146).

Diese Untersuchungen veranlassten mich, auch auf anderen botanischen Gebieten nach der Methode der grossen Zahlen fest-zustellen, ob Regellosigkeit oder Gesetzmässigkeit vorhanden. Es ergab sich denn auch überall, wo ich untersuchte, Gesetz-mässigkeit, so in den Zahlen der *Compositen*-Strahlen. In der grossen Zahl der Beobachtungen ergiebt sich hier das Vorwiegen gewisser Hauptzahlen, aber die a r i t h m e t i s c h e   D a r s t e l l u n g des   D u r c h s c h n i t t e s   l ä s s t   k e i n e n   v o l l e n   E i n b l i c k   i n die   o b w a l t e n d e n   G e s e t z e   zu, wenn auch in der   g r o s s e n Z a h l   das Mittel dasselbe bleibt (bei *Leucanthemum* nach den ersten 6000 Zählungen 21,02, nach späteren Zählungen 22,00, bei *Chrysanthemum segetum* 13,18, während H. d e   V r i e s   bei letzterem 13,3 als Durchschnitt erhielt). Das letztere muss ein-treffen, wenn die gefundene Durchschnittszahl ein wahres Mittel (moyenne Q u é t e l e t s) der verglichenen Objecte und nicht einen blossen rechnerischen Mittelwerth (médiane Q u é t e l e t s) der zu einander in keiner Beziehung stehenden Einzelwerthe darstellt. (Um das numerische Maass der Präcision der Beobachtung festzu-stellen, kann man noch nach F o u r i e r in folgender Weise ver-fahren. Sind a_1, a_2 . . . . a_n die gefundenen Einzelwerthe und ist

$$A = \frac{(a_1 + a_2 + a_3 + a_4 + .. a_n)}{n} \text{ das arithmetische Mittel,}$$

$$B = \frac{a_1)^2 + (a_2)^2 + \ldots (a_n)^2}{m},$$

$$C = \sqrt{\frac{2}{m}(B - A^2)}, \text{ dann stellt dieser letzte Ausdruck den Grad}$$

der Annäherung des berechneten Mittels an den wahren gesuchten Werth dar, d. h. das erstere nähert sich dem letzteren um so mehr, je kleiner C ist. Führt man diese Rechnung z. B. für die oben letztgenannten Durchschnitte 13,18 und 13,3 bei *Chrysanthemum segetum* aus, so ergiebt sich das C für den ersteren Werth etwa $3\frac{1}{2}$ mal so gross als für den zweiten.)

(Fortsetzung folgt.)

Instrumente, Präparations- und Conservations-Methoden.

van Hest, J., J., Zur b a k t e r i o l o g i s c h e n   T e c h n i k. (Central-blatt für Bakteriologie und Parasitenkunde. I. Abtheilung. Bd. XVII. Nr. 13/14. p. 462—463.)

Um beim sterilen Vertheilen von Nährflüssigkeiten in kleinen Kolben das so lästige Befeuchten und Beschmieren der Röhrchen zu vermeiden, schlägt v a n   H e s t vor, um das Röhrchen ein zweites anzubringen, das einen etwas geringeren Durchmesser besitzt wie der Hals des Reagenzglases. Beim Abzapfen werden die beiden in einander geschobenen Röhrchen zusammen in den oberen Theil des Reagenzgläschens ein paar cm tief hinein gesenkt. Hierdurch ist es unmöglich geworden, dass etwas von der Flüssigkeit an die obere Innenwand des Glases kommen kann.

Kohl (Marburg).

_____

van Hest, J., J., Ein veränderter Papin'scher Topf. (Centralblatt für Bakteriologie und Parasitenkunde. I. Abtheilung. Bd. XVII. Nr. 13/14. p. 463—464.)

Der Sterilisator van Hest's besteht aus einem cylindrischen eisernen Kessel, auf dem mittels kleiner Schraubenklemmen ein eiserner Deckel befestigt wird. Zwischen Kessel und Deckel befindet sich Gummiband. Der Wasserdampf wird durch Erwärmung einer auf dem Boden des Kessels befindlichen Wassermenge erzeugt. In der Mitte des Deckels ist ein Ventil angebracht, das zur beliebigen Erhöhung der Temperatur und Wasserdampfspannung mit Bleischeiben belastet wird. Die zu sterilisirenden Gegenstände werden auf einen Siebboden gestellt, dann der Deckel aufgeschraubt und das Ventil so lange offen gehalten, bis das Ventil 100 ⁰ zeigt. Inzwischen ist alle Luft ausgetrieben. Nun schliesst man das Ventil und bringt so viele Bleischeiben an, dass die gewünschte Temperatur erreicht wird. Ein Zuviel an Wasserdampf entweicht dann durch Aufheben des Ventils. Die Temperatur bleibt so stets konstant.

Kohl (Marburg).

_____

Galeotti, Gino, Ricerche sulla colorabilità delle cellule viventi. (Zeitschrift für wissenschaftliche Mikroskopie. Bd. XI. 1894. p. 172—207.)

Nach einer ziemlich ausführlichen Litteraturübersicht bespricht Verf. seine eigenen Untersuchungen, bei denen ausser verschiedenen thierischen Objecten auch die weissen Blüten von *Iris Florentina* benutzt wurden, und zwar wurden dieselben einfach mit den Stielen in die wässerigen Lösungen der verschiedenartigsten Farbstoffe hineingestellt. Von den in dieser Weise erlangten Resultaten sei erwähnt, dass Verf. in verschiedenen Fällen, in denen die Blüten direct nicht die geringste Färbung zeigten, mit dem alkoholischen Extrakt derselben durch Oxydationsmittel eine Färbung erhielt; es würde demnach der aufgenommene Farbstoff im Innern der Pflanze eine Reduktion erfahren.

Zimmermann (Jena).

_____

Nikiforoff, M., Nochmals über die Anwendung der acidophilen Mischung von Ehrlich. (Zeitschrift für wissenschaftliche Mikroskopie. Bd. XI. 1895. p. 246—248.)

Verf. machte die bemerkenswerthe Beobachtung, dass bei sehr verschiedenen thierischen Organen entstammenden Schnitten nach der Fixirung mit Sublimatchromkali und Färbung mit dem Ehrlich'schen acidophilen Gemisch ein Theil der Kerne eine graue,

die anderen eine rothe Färbung besassen. Eine plausibele Erklärung für diese Beobachtung fehlt zur Zeit, doch hält es Verf.
für ausgeschlossen, dass es sich einfach um Kunstprodukte handeln
könnte.

Zimmermann (Jena).

Fischer, Alfred, Neue Beiträge zur Kritik der Fixirungs-
methoden. (Anatomischer Anzeiger. Bd. X. 1895. No. 24.
p. 769—777.)

Saure Fixirungsmittel können viel leichter durch Ausfüllungen
täuschende Bilder als neutrale hervorrufen, und doch werden sie
allgemein bevorzugt, als Sublimat, Platinchlorid, Flemming'sche
Lösung u. s. w. Selbst bei neutralen Lösungen wird der Umstand
meist zu wenig berücksichtigt, dass die zu fixirenden Gewebe, wie
z. B. das Nierengewebe, die Magenschleimhaut, der Nervus opticus
an sich sauer reagiren.

Nach Ausführung einer Reihe von Beispielen zeigt Fischer,
dass durch keines der zahlreichen von ihm geprüften Fixirungsmittel Serumalbumin, Eieralbumin, Casein, Alkalialbuminat, Para-
globulin, Fibrin in Granulaform gefällt wird, stets entstehen
äusserst fein punktirte protoplasmatische Gerinnselchen oder faltige
Schollen und Klumpen. Die Eiweisskörper zerfallen in Granula-
bildner und Gerinnselbildner. Zur ersteren Gruppe gebören Pepton
und Albumose, bedingungsweise Hämoglobin, Nuclein, Nucleinsäure.
Zur zweiten Gruppe sind zu zählen die oben aufgeführten Eiweisskörper und das Hämoglobin (Ausnahme Alkohol, Müller'sche
Lösung, Salpetersäure).

Um durch Alkohol z. B. Granulafällungen zu erhalten,
muss man Hämoglobin mit einem anderen Gerinnselbildner ver-
mischen.

Hermann und Flemming fanden übereinstimmend das
Chromatinnetz des ruhenden Kernes, der Anfangsform des Mono-
spirems, der Endform des Dispirems bei Safraningentianafärbung
nicht roth sondern blau gefärbt. Bestand wirklich in beiden
Fällen das Chromatin aus derselben Substanz, dann würde ein
vollkommener Parallelfall zu der Hämoglobin-Serumalbumin-
Mischung bei Alkoholfällung und irgend einer anderen Fixirung
vorliegen.

Bei Mischungen mit mehr als zwei Bestandtheilen treten noch
andere bemerkenswerthe Erscheinungen zu Tage und vermehren die
Zahl der Täuschungen.

Eine gute und eine schlechte Fixirung giebt es nicht. Es
dürfte sich desshalb empfehlen, auch jenen Mitosen, die nicht in
das Schema sich fügen, grössere Aufmerksamkeit zu schenken und
sich stets dessen bewusst zu sein, dass dort, wo ein Fixirungsmittel
schematische Bilder nicht geliefert hat, die Ursache davon nicht in
ihm, sondern im fixirten Object, das heisst in seiner lebenden
Structur gelegen haben muss.

Die gegenwärtig herrschende Neigung, in jedem stärker gefärbten Körnchen und Kügelchen ein besonderes Organ der Zelle zu wittern und zu beschreiben, verwirft Verf. vollständig, es dürfte sich vielmehr empfehlen bei Studien über den feineren Bau des Protoplasmas und der Kerne den lebenden Zellen wieder eine grössere Aufmerksamkeit zuzuwenden.

Fischer stellt eine ausführliche Bearbeitung des umfangreichen Gegenstandes und seiner Litteratur in Aussicht, doch dürfte dieselbe noch eine längere Zeit in Anspruch nehmen.

E. Roth (Halle a. S.).

Botanische Gärten und Institute.

Conn, H. W., The biological Laboratory of the Brooklyn Institute. Located at Cold Spring Harbor, L. J. (Reprinted from „The American University Magazine". 1894. 8 pp.)

Während Long Island im Allgemeinen wenig von Interesse ist, giebt es dort einige sehr schöne Punkte. An einem derselben, Cold Spring Harbor, wurde vor wenigen Jahren ein biologisches Laboratorium eingerichtet, das Verf. in vorliegender Schrift beschreibt und durch Abbildungen erläutert. Es kann 50 Studenten für wissenschaftliche Arbeiten aufnehmen.

Höck (Luckenwalde).

Referate.

Weiss, J. E., Resultate der bisherigen Erforschung der Algenflora Bayerns. (Berichte der Bayerischen Botanischen Gesellschaft. Bd. II. p. 30—62.)

Dem Verzeichniss der in Bayern aufgefundenen Algenarten liegen zu Grunde die Angaben von Martius, Schenk, Reinsch, Rabenhorst und die eigenen Untersuchungen des Verfs. Obgleich Bayern algologisch noch sehr wenig durchforscht ist, so ist doch das Verzeichniss ziemlich umfangreich; den früher bekannten sind vom Verfasser etwa 60 für Bayern neue Arten und Varietäten hinzugefügt worden, deren Namen durch den Druck hervorgehoben sind. Auch die neuen Fundorte sind durch gesperrten Druck kenntlich gemacht. Ausser den eigentlichen Algen (incl. *Bacillariaceen*) sind einige wenige *Schizomyceten*, *Saprolegniaceen* und *Chytridiaceen* aufgenommen. Den Namen sind nur die Fundorte, ohne weitere Bemerkungen, beigefügt.

Möbius (Frankfurt a. M.).

Gutwiński, R., Glony stawów na Zbruczu. [Ueber die in den Teichen des Zbrucz-Flusses gesammelten Algen.] (Resumé aus dem Anzeiger der Academie der Wissenschaften in Krakau. 1895. p. 23—38.)

Als Einleitung beschreibt Verf. die *Phanerogamen*-Vegetation der vom Zbrucz-Flusse in Podwołoczyska und in Ożygowce gebildeten Teiche. Dieselbe ist von der anderer Flussteiche Podoliens wenig verschieden. Die 133 Algenarten des Verzeichnisses stammen theils aus diesen Teichen, theils aus einer Quelle in der Nähe des Ożygowcer Teiches. Als neu für Galizien wird *Amphora coffeaeformis* (Ag.) Kuetz aufgeführt (Teich in Ożygowce).

Von diesen Arten entfallen auf die Familie der *Coleochaetaceae* 1, *Oedogoniaceae* 3, *Ulotrichaceae* 2, *Volvocaceae* 1, *Palmellaceae* 19, *Zygnemaceae* 1, *Desmidiaceae* 29 (darunter *Cosmarium Nymannianum* Grun. in einer nur 16 μ langen und 13 μ breiten Form, welche forma *pygmaea* genannt wird), *Naviculaceae* 19, *Cymbellaceae* 18, *Cocconeidaceae* 3, *Achnanthaceae* 1, *Nitschiaceae* 2, *Surirellaceae* 4, *Meridionaceae* 2, *Fragillariaceae* 5, *Eunotiaceae* 6, *Oscillarieae* 3, *Chroococcaceae* 1.

Chimani (Bern).

_____

Hauptfleisch, P., *Astreptonema longispora* n. g. n. sp., eine neue *Saprolegniacee.* (Berichte der deutschen botanischen Gesellschaft. XIII. 1895. p. 83—88. 1 Tafel.)

Der vom Verf. beschriebene, interessante Pilz wurde von Professor W. Müller im Mastdarm einiger Individuen von *Gammarus locusta*, welche bei Ichtershausen gesammelt waren, entdeckt. Er entwickelt sich innerhalb des chitinisirten Endes des Mastdarmes und ist dort an der Innenwand mittels einer Art Haftorganes festgewachsen. Es ist dies eine Membranverdickung, die im ausgebildeten Zustande grosse Aehnlichkeit mit den Saugnäpfen gewisser Würmer gewinnt. Das Mycel ist ein schlauchartiger Faden, der in allen beobachteten Fällen auch bei seiner Weiterentwickelung unverzweigt bleibt. In den jüngsten Stadien besitzt der Faden eine dünne Wandung; das Protoplasma füllt die Spitze vollständig aus, in den basalen Partien aber enthält es Vacuolen in wechselnder Zahl. Zellkerne, mit deutlichem Nucleolus, sind auf dieser Stufe 6—8 vorhanden. Das Längenwachsthum des Schlauches begleitet auch ein Dickenwachsthum, sowie fortwährende Kerntheilungen, die sich an der Spitze desselben vollziehen. Hier sind die Kerne auch in grösserer Zahl und weniger regelmässiger Anordnung zu finden. Bei einer Länge, die den Querdurchmesser etwa 300 mal übertrifft, bildet sich an der Spitze eine Querwand, welche eine Zelle abscheidet ungefähr von der Länge des Querdurchmessers. Solche Zellen bildet die Spitze des weiterwachsenden Schlauches nunmehr in ununterbrochener Folge in grosser Zahl. Jede Zelle erhält einen einzigen Zellkern, der die Mitte der neu entstandenen Zelle einnimmt. Sind an der Spitze des Schlauches 4—8 Zellen entstanden, so beginnen sie sich etwas abzurunden und ihr Inhalt von der Membran sich zurückzuziehen, bis er schliesslich vollständig von der Membran losgelöst, als ellipsoidischer oder eiförmiger Körper, eine nackte Zelle darstellend, welche noch immer nur einen Kern besitzt, in der Mitte der Zelle liegt. Bald indess wird eine Membran ausgeschieden, die zuerst zart, zur Zeit da der Inhalt stärker lichtbrechend wird, sich stark verdickt, so dass nunmehr eine Zelle ganz vom Charakter einer Spore, aber noch eingeschlossen in ihrer Mutterzelle, vorliegt. Die Sporen, deren 60—80 gezählt wurden, liegen diagonal in ihren Mutterzellen und schief zur Längsrichtung des Mutterschlauches. Am Ende des Fadens schwinden die Querwände, wodurch hier die Lage der Sporen eine ziemlich regellose wird. Während der Ausbildung der Sporen hat sich ihr ursprünglich einziger Kern getheilt. So enthalten die Sporen im reifen Zustande meist 4, aber auch 5 und 6 Kerne. Einzelne zur Sporenbildung abgeschnürte Zellen der Reihe können noch obliteriren. Die Sporen werden entweder durch einen Riss, den die Wand der Mutterzelle bekommt, frei, oder durch Auflösung der Mutterzellmembranen; letzteres in den zuerst gebildeten, scheitelständigen Partien. Die frei in den Darm des Wirthes gerathenen Sporen scheinen nicht unmittelbar zu keimen. Ob sie hierzu erst befähigt sind, wenn sie etwa den Magen eines Krebses passirt haben, oder ob sie einer gewissen Ruheperiode bedürfen, konnte Verf. nicht entscheiden. Ebenso nicht, ob die Keimung unter Zoosporenbildung vor sich geht, oder ob direct wieder ein schlauchförmiger Faden entsteht.

Der Pilz gehört offenbar zu den *Saprolegniaceen*, fügt sich aber keiner bekannten Gattung ein; sehr nahe steht er *Aphanomyces* sp. Dangeard. Die Sporen sind als Oosporen aufzufassen, und die hintereinander gebildeten Mutterzellen derselben als Oogonien. Die Analogie hiefür bietet *Saprolegnia monilifera* deBy. Auch bei dieser ist die Apogamie eine vollständige, Antheridien werden gar nicht mehr entwickelt. Auch bei *Saprolegnia monilifera* werden die Oogonien in basipetaler Folge, bis zu 15 hintereinander, angelegt. Allerdings sind die Oogonien hier meist mehreiig und ihre Wand wird derb, „aber diese Unterschiede sind keinesfalls prinzipielle, es ist nur die Rückbildung bei der vorliegenden *Astreptonema longispora* noch einen Schritt weiter gegangen." Ob Zoosporenbildung vorkommt, bleibt derzeit dahingestellt.

Heinricher (Innsbruck).

Nyman, E., Om variationsförmågan hos *Oligotrichum incurvum* (Huds.) Lindb. (Botaniska Notiser. 1895. p. 12—15.)

Verf. beschreibt eine neue Varietät *Oligotrichum incurvum* (Huds.) Lindb. var. *molle*. Die Blätter dieser Varietät sind mehr entfernt und haben die Spitze wenig eingebogen und eine schwache Rippe, die nur mit 6—8 undulirten Lamellen versehen ist u. s. w. Die extremste Form der Varietät entdeckte Verf. auf Steinen in Lyselv zwischen Stavanger und Bergen in Norwegen. Andere Formen, die sich auch hier einreihen lassen, sind an anderen Localitäten des südlichen Norwegens gesammelt worden. Dr. N. C. Kindberg hat in Revue Bryologique, 1894, p. 41, das vom Verf. bei Lyselv entdeckte Moos *Oligotrichum parallelum* Mitt. benannt; die Richtigkeit dieser Bestimmung wird aber vom Verf. bezweifelt.

Arnell (Gefle).

Brown, R., Notes on the New Zealand species of the genus *Andreaea*, together with descriptions of some new species. (Transactions and Proceedings of the New Zealand Institute. Vol. XXV. p. 276—285. Plates XXI—XXXI.)

Es ist dem Verf., der während zehn Jahren den neuseeländischen *Andreaeen* eine specielle Aufmerksamkeit gewidmet hat, gelungen, eine Menge neuer Arten zu entdecken. Diese werden hier beschrieben und abgebildet:

1. Folia enervia. *A. gibbosa, A. dioica, A. minuta, A. Novae Zealandiae, A. Wrightii, A. flexuosa, A. Huttoni, A. aquatica.*
2. Folia nervosa. *A. dicranoides, A. ovalifolia, A. apiculata, A. Cockaynei, A. Jonesii, A. Clintoniensis, A. lanceolata, A. aquatilis.*

Brotherus (Helsingfors).

Brown, R., Notes on a proposed new genus of New Zealand Mosses; together with a description of three new species. (Transactions and Proceedings of the New Zealand Institute. Vol. XXV. p. 285—287. Plates XXXI (in Part) —XXXIII.)

Die neue Gattung, *Hennedia* genannt, ist mit *Encalypta* verwandt und wird folgendermaassen charakterisirt:

Annual or perennial plants. Capsule erect or inclined, ovate or ovateoblong, symmetrical, narrowed towards the mouth. Operculum short, stout, conic, straigt. Calyptra mitriform, large, covering the whole capsule, confluent at the base, commonly ruptured at the middle by the lateral growth of the capsule, when maturing very persistent. Peristome none.

Drei Arten sind bis jetzt bekannt:˙ *H. macrophylla, H. intermedia* und *H. microphylla.*

Brotherus (Helsingfors).

Chalmot, G. de, Pentosans in plants. (American chemical Journal. Vol. XVI. No. 3. p. 218—228.)

Verf. hat das Vorkommen von Pentosan in den Pflanzen untersucht. Die zahlreich von ihm vorgenommenen Experimente haben nun ergeben, dass Pentosan nicht bei der Assimilation gebildet wird, sondern bei dem Umsatz der verschiedenen Nährstoffe innerhalb der Pflanze.

Die Bildung des Pentosans ist an die lebenden Zellen gebunden. Versuche an Holz haben bewiesen, dass nach dem Absterben der Pflanzen kein Pentosan gebildet wird. Sobald die Bildung des Holzes in der Pflanze ihren Höhepunkt erreicht hat, so ist auch die grösste Quantität Pentosan gebildet.

Pentosan wird in den Holzzellwänden gebildet, deswegen enthält auch das Holz, Stroh und überhaupt Pflanzentheile mit gut ausgebildeten Zellwänden viel Pentosan.

Mitunter ist das Pentosan an Cellulose gebunden und lässt sich nur schwer von derselben trennen. Da das Pentosan mikroskopisch nicht nachweisbar ist, so lässt sich auch nur in wenigen Fällen der Ort des Vorkommens sicher feststellen.

Die Bildung des Pentosans geht während der allgemeinen Entwicklung der Pflanzen vor sich; die Organe der Gewächse scheinen reich an Pentosan zu sein. Auch in den Samen kommt dasselbe vor und wird dann zur Ernährung des Embryos gebraucht.

Die Thatsache, dass das Pentosan so reichlich im Holze enthalten ist, lässt vermuthen, dass dasselbe eine gewisse Rolle bei der Holzbildung spielt.

Auch in der Erde kommt Pentosan vor und zwar ist es reichlicher in der Gartenerde als im Sande vertreten.

Rabinowitsch (Berlin).

————

Chalmot, G. de, The availability of free nitrogen as plant food: a historical sketch. (Agricultural Sciences. 1894. p. 5—25.)

Die vorliegende Arbeit enthält eine historische Uebersicht der Litteratur über die Stickstoffassimilation der Pflanzen.

Da diese Frage von grosser Bedeutung und die Litteratur derselben gegenwärtig eine sehr umfangreiche ist, so dürfte eine zusammenfassende Uebersicht der einzelnen Arbeiten wohl angebracht sein.

Verf. hat die einzelnen Arbeiten genau durchstudirt und sucht die Leser auf das Wichtigste stets aufmerksam zu machen. Leider sind jedoch seine Angaben nicht ganz vollständig, insofern, als einige Arbeiten von ihm doch nicht erörtert wurden.

Rabinowitsch (Berlin).

————

Lutz, K. G., Beiträge zur Physiologie der Holzgewächse. I. Erzeugung, Translocation und Verwerthung der Reservestärke und -Fette. (Beiträge zur wissenschaftlichen Botanik, herausgegeben von M. Fünfstück. Bd. I. 1895. p. 1—80.)

Verf. hat Buchen und Kiefern zu verschiedenen Zeiten entknospt oder entlaubt und die daraus sich ergebenden Veränderungen im Innern jener Bäume, namentlich das Verhalten ihrer Reservestärke und ihren Zuwachs, einer eingehenderen Untersuchung unterzogen.

Mitte März, am 20.Mai, am 15.Juni, am 1. und 15.Juli entknospete resp. entlaubte 6—8jährige Buchen entwickelten zahlreiche Präventivknospen, die nach ihrer Entfernung immer wieder durch neue ersetzt wurden. Der erstgenannte Baum erfuhr dabei keinen Dickenzuwachs, blieb aber gesund und besass im Herbst noch Reservestärke. In dem am 20. Mai entblätterten Exemplar fand etwas Zuwachs statt; im Herbst aber waren seine Zweige im Absterben begriffen und gänzlich frei von Stärke, die nur in den ersten fünf Jahresringen unmittelbar über dem Wurzelhals auftrat. Auch bei Entlaubung am 15. Juni war die Stärke des Stämmchens bis auf geringe Reste aufgezehrt, indessen ein Zuwachs von 25—50% des vorjährigen Ringes gebildet worden. Entblätterung im Juli endlich und später hatte Vollendung des Jahresringes und Ablagerung grösserer Stärkemengen zugelassen.

Entnadelte 5—17jährige Kiefern brachten nur wenige Knöspchen zur Entwicklung und verwendeten ihre ganze Reservestärke zur Bildung von Holzzuwachs, der nur unterblieb, wenn die Entnadelung vor der Knospenentfaltung ausgeführt worden war. Die im Frühjahr und Vorsommer entwickelten Bäume verbrauchten hierbei ihre gesammte Reservestärke und wurden dürr, wie Verf. meint, in Folge von Verhungerung bei abnormer Insolation.

Besonders interessant ist, dass das nach erfolgter Entnadelung von den Kiefern gebildete Holz bezüglich der Ausdehnung seiner Tracheiden in der Richtung des Stammradius Frühlingsholz war, auch wenn die Entlaubung zu einer Zeit ausgeführt wurde, in welcher sonst bereits Herbstholz gebildet zu werden pflegt. Die Ursache hierfür sieht Verf. in einem durch die Entnadelung herbeigeführten, für die Jahreszeit abnorm hohen Wassergehalt der Rinde und Jungholzregion, den er leider nicht direct bestimmt, sondern aus Beobachtungen über die Austrocknungs-Erscheinungen der betreffenden Zweige herleitet. Im Anschluss an solche Wahrnehmungen stellt er die Hypothese auf, dass auch unter normalen Verhältnissen der Wechsel des Wassergehaltes in Rinde und Jungholz die Verschiedenheiten der einen Jahresring bildenden Tracheiden in der oben bezeichneten Richtung hervorrufe.

Diese Ansicht wird gestützt erstens durch die Beobachtung, dass in Jahren mit scharfem Wechsel zwischen nassen und trockenen Perioden während der Vegetationszeit (z. B. 1893) in einem und demselben Zuwachsringe mehrmals weite Frühlingstracheiden mit Herbsttracheiden abwechseln können, also „falsche" Jahresringe sich bilden. Zweitens nimmt der Verf. für seine Ansicht die Thatsache in Anspruch, dass Zweige, welche infolge grösserer Wasserzufuhr zahlreichere und grössere Nadeln besitzen, auch eine relativ grössere Anzahl in Richtung des Baumradius gestreckte Tracheiden, (d. h. Frühlingstracheiden) führen. Endlich zieht er auch die Längenverhältnisse der Tracheiden heran. Der Umstand, dass die weiteren Frühlingstracheiden kürzer sind als die engeren Herbsttracheiden veranlasst den Verf., sie mit den sog. contractilen Zellen der von de Vries untersuchten Wurzelparenchyme zu vergleichen. In beiden Fällen, meint er, ist die Dehnbarkeit der Membranen in radialer Richtung wesentlich grösser als in der Längsrichtung, weshalb bei Steigerung des Turgors die Streckung in der Richtung des Baumradius zu, die Länge dagegen abnimmt. „Demnach" glaubt er sich berechtigt, von der grösseren radialen Ausdehnung der Frühlingsholztracheiden, verbunden mit geringerer Länge, auf vermehrte Wasserzufuhr und umgekehrt von der geringeren radialen Streckung der Herbstholztracheiden, bei grösserer Längenausdehnung, auf verminderte Wasserzufuhr zu schliessen.

Die verschiedene Dicke der Tracheidenwandungen hängt nach Verf. von der Ernährung des Cambiums resp. von dem Verhältniss zwischen Nahrungszufuhr und Wachsthumsgeschwindigkeit der Cambialzellen ab.

Ueber Stoffumwandlungen und Stoffwanderungen wird wenig mitgetheilt. Die Buche ist nach dem Verf. ein Stärkebaum im Sinne Fischers, dessen Eintheilung in Stärke- und Fettbäume er höchstens unter Zulassung grosser individueller Verschiedenheiten auf alle Holzgewächse anwendbar glaubt. Bemerkenswerth erscheint bei den entblätterten Buchen eine auffallende Translocation der Stärke aus dem inneren Theile des Holzkörpers in die Rinde und den letzten Jahresring, der bald die Umwandlung der Rindenstärke in fettes Oel und Glykose folgte. In dieser Translocation vermuthet Verf. eine zu Gunsten der Ernährung des Cambiums eintretende Folge ungenügender Stärkeablagerung wegen mangelhafter Assimilationsthätigkeit der Blätter.

Kritische Bemerkungen über die bisherigen Ansichten über die Ursachen der Verschiedenheiten von Frühlings- und Herbstholz nebst einer Zusammenfassung bilden den Schluss der Arbeit.

Büsgen (Eisenach).

Rompel, Jos., Krystalle von Calciumoxalat in der Fruchtwand der *Umbelliferen* und ihre Verwerthung für die Systematik. (Sitzungsberichte der kaiserl. Akademie der Wissenschaft in Wien, mathematisch - naturwissenschaftliche Classe. CIV. Abtheilung I. 1895.)

Die systematische Gliederung der *Umbelliferen*, besonders die Abgrenzung der Gattungen gegen einander und die Zusammenfassung derselben zu Tribus ist sehr schwierig. Der Blütenbau ist bei den meisten Formen der *Umbelliferen* fast genau derselbe, und auch im Bau der Vegetationsorgane herrscht grosse Uebereinstimmung. Nur im Bau der Früchte, in der Gestalt, Riefenbildung und Bewehrung derselben fand man augenfällige Merkmale, welche daher auch in erster Linie zur Erzielung einer systematischen Gruppirung verwendet wurden. Hierbei wurde jedoch auf die anatomischen Verhältnisse der Frucht wenig oder gar nicht Rücksicht genommen, höchstens die Zahl und Lage der Oelgänge wurde constatirt. Nun hat der Verf. in der vorliegenden Abhandlung auf ein bisher ganz unbeachtetes anatomisches Merkmal aufmerksam gemacht, welches für die Systematik mindestens ebenso verwerthbar ist, wie die bisher verwendeten Fruchtmerkmale: das Vorkommen von Krystallen oxalsauren Kalkes in der Fruchtwand.

Durch die Untersuchungen des Verf., welche sich auf mehr als 220 *Umbelliferen*-Arten erstrecken, ergab sich, dass die Gruppen der *Ammineen* s. str., *Peucedaneen*, *Seselineen* und *Laserpitieen* keine Krystalle im Pericarp enthalten, während bei den *Hydrocotyleen*, *Mulineen*, *Saniculeen*, *Scandicineen* und *Caucalineen* solche vorhanden sind. Unter diesen letzteren unterscheidet Verfasser drei Localisationstypen: den *Hydrocotyle*-Typus, den *Sanicula*-Typus und den *Scandix*-Typus.

Der *Hydrocotyle*-Typus charakterisirt sich kurz dadurch, dass das Endocarp innen in der Regel zwei bis vier Lagen sehr lang-

gestreckter Bastzellen aufweist, denen sich aussen ein die ganze
Fruchthöhle umschliessender Krystallpanzer anschliesst.   Diesen
Typus zeigen alle untersuchten Arten aus den Tribus der *Hydrocotyleen* und *Mulineen*.   Die Uebereinstimmung im Fruchtbau dieser
beiden Tribus ist eine so vollkommene, dass Verf. vorschlägt, beide
unter dem Namen *Hydro-Mulineae* in e i n e Tribus zu vereinigen.

Der *Sanicula*-Typus, welchen die Gattungen *Eryngium*, *Alepidea*,
Astrantia, *Hacquetia* und *Sanicula* aufweisen, ist etwas weniger
einheitlich als der *Hydrocotyle*-Typus.   Es sind stets Krystalldrusen
vorhanden, welche in den Parenchymzellen des ganzen Pericarps
vorkommen können, aber meistens an einzelnen Stellen (an der
Commissur oder auch im Endocarp) angehäuft sind.

Der *Scandix*-Typus ist „dadurch charakterisirt, dass die krystall-
führenden dünnwandigen Parenchymzellen kranzartig den Carpophor
umlagern und seitlich von diesem in mehreren Schichten den je
nach den Gattungen längeren oder kürzeren Streifen der Commissur
bis zur Epidermis annehmen".   Dieser Typus ist für die *Scandicineen* und *Caucalineen* charakteristisch, welche Verf. demnach zu
e i n e r Tribus unter dem Namen *Scandicineen* zu verschmelzen vorschlägt.   Hierbei sind aber die *Daucineen*, welche gar keine
Krystalle im Pericarp besitzen, auszuschliessen und nach Ansicht
des Verf. am besten mit den *Laserpitieen* zu vereinigen.

Die Untersuchungen des Verf. ergaben auch wichtige Auf-
schlüsse über die systematische Stellung einiger Gattungen, deren
Verwandtschaft bisher zweifelhaft war, wie *Hermas*, *Erigenia*,
Actinotus u. a.

Das letzte Capitel der bemerkenswerthen Abhandlung beschäftigt
sich mit der b i o l o g i s c h e n Bedeutung des Calciumoxalats in den
Früchten der *Umbelliferen*.

                                                        Fritsch (Wien).

_____

Heinricher, E., D i e   K e i m u n g   v o n   *Lathraea*.   (Berichte der
    Deutschen Botanischen Gesellschaft.   XII.   Generalversammlungs-
    heft.   Berlin 1895.   p. 117—132.   Taf. XVII.)

Die Samen von *Lathraea clandestina* keimen, so wie jene von
Orobanche, nur bei Anwesenheit einer Nährpflanze.   Es liegt somit
auch hier eine chemische Reizwirkung von Seiten des Wirthes vor,
welche das Erwachen einer energischeren Lebensthätigkeit im Samen
zur Folge hat.   Die Keimung erfolgt wahrscheinlich auf den verschiedensten Laubhölzern; sie gelang z. B. auf Hasel, Grauerle
und Weide.   Ob dieselben auch auf anderen Wirthspflanzen, wie
Gräsern und Kräutern, geschieht, ist nicht sicher festgestellt.   Die
Samen können schon in demselben Jahre, in welchem sie ihre
Reife erlangt haben, keimen; sie keimen aber sehr ungleichzeitig
und bewahren ihre Keimfähigkeit mehrere Jahre hindurch.   Die
Keimung erfolgt in den Perioden gesteigerter Bodenfeuchtigkeit,
also wohl grösstentheils während des Frühjahrs oder Herbstes und
nur unter geeigneten Bedingungen auch während des Sommers.
Der Keimling entwickelt zuerst seine Wurzel, welche sich rasch

verzweigt. Hauptwurzel und Seitenwurzeln verankern sich vermittelst der Haustorien an den Wurzeln des Wirthes. Die Stammknospe wächst unter bedeutender Vergrösserung der am Embryo des ruhenden Samens sehr kleinen Cotyledonen und erzeugt noch innerhalb der Testa 3—4 weitere Blattpaare, bis die einschichtige Samenhaut durch weitere Vergrösserung des Sprösschens gesprengt wird. Die Vergrösserung der Cotyledonen findet auf Kosten des fetten Oels und Protoplasmas der Endospermzellen sowie der Verdickungsmassen der Zellwandungen desselben (Reserve-Cellulose) statt; ihre Zellen sind anfänglich mit Stärke überfüllt. Die Cotyledonen sind nierenförmig und gleichen in der Gestalt den bekannten Rhizomschuppen der Lathraeen, nur erreichen sie nicht ihre Dicke und besitzen keine Höhlungen wie jene. Sie umfassen 6—8 Parenchymlagen und sind als eine Art Niederblätter zu betrachten. Das zweite Blattpaar weist, wenigstens in der Regel, schon Höhlenbildung auf, welche auch die Concretionen führen. Das Wachsthum der Keimlinge ist ein sehr langsames; das Stämmchen einer Pflanze von 16—20 Monaten hat erst die Länge von $2^1/_2$ cm erreicht. Haben sich die Keimlinge an schwächeren Wirthswurzeln befestigt und gelingt ihnen das Ergreifen anderer nicht, so gehen sie offenbar nach dem Absterben jener Wurzeln ein. Die Stoffe aus den vorhandenen Blättern werden nach und nach aufgezehrt und die Blätter dann abgeworfen; das Stämmchen erscheint als schlanker Kegel. — Sehr früh kommt es zur Bildung von Seitensprossen. In den Achseln der Cotyledonen kommen dieselben noch nicht zur Ausbildung, stets aber schon in den Achseln des zweiten Blattpaares.

Versuche, die Samen von *L. clandestina* an den Wurzeln einer Eiche in Wassercultur zur Keimung zu bringen, blieben vorläufig ohne Erfolg. Dagegen gelang es, die Keimung an einem oberirdischen Stammstück, an welchem die Samen befestigt worden waren, bei genügender Feuchtigkeit zu erzielen.

Die Keimlinge von *Lathraea Squamaria* sind, entsprechend der Samengrösse, in den ersten Stadien viel kleiner als jene von *L. clandestina*, sonst aber ähnlich. Beide *Lathraeen* wachsen wenigstens anfänglich sehr langsam heran und gelangen wohl kaum vor dem 10. Jahre zur Blüte.

Brick (Hamburg).

Penzig, O., Note di biologia vegetale. (Malpighia. Vol. VIII. p. 466—475. Mit 2 Taf.)

Während seines Aufenthaltes in Afrika sammelte. Verf. auf dem Berge Lalamba, nordwestlich von Keren, bei ca. 1800 m Höhe Exemplare von *Stereospermum dentatum* Rich., welche ihm Gelegenheit boten, eine neue Ameisenpflanze Afrikas kennen zu lernen. Die Pflanze, vom Verf. näher beschrieben und im Bilde vorgeführt, besitzt auf der Blattunterseite zerstreut in geringer Anzahl extranuptiale Nektarien von runder oder elliptischer Form und kaum 2 mm im Durchmesser. Ihre Oberfläche ist im frischen Zustande

flach und von secernirtem Zucker nass. Die herbeigelockten Ameisen —
— von Emery als eine neue Art, *Sima Penzigi*, erkannt — hausen
aber im Inneren der Internodien des Blütenstandes, nachdem sie
die Vegetationsspitze des Zweiges abgebissen haben. Dieser Umstand veranlasst die scheinbare Dichotomie der Pflanze, während
die Thiere den Markcylinder der Achsengebilde aushöhlen, um sich
darin wie in einer Behausung einzurichten. Sonderbar ist auch,
dass die Ameisen lebende Cochenillen in ihre Wohnstätten hinein-
schleppen. Aeusserlich gibt sich aber die Gegenwart der Ameisen-
kolonien im Innern der Internodien keineswegs, weder durch Auf-
treibungen noch sonstwie, zu erkennen. In einer zweiten Note macht Verf. auf das Vorkommen von
imitirten Pollenkörnern bei *Rondeletia strigosa* Bnth. aus Guatemala.
aufmerksam. Der Bau der Blüte wird ausführlich beschrieben
und durch Zeichnungen erläutert, nach einer ziemlich kärglich
aufgewachsenen Pflanze in den Glashäusern des botanischen Gartens.
zu Genua. Bei der genannten Pflanze ist die schüsselförmige Erweiterung der Blumenröhre mit einer goldglänzenden pulverigen
Masse bedeckt, welche Pollenkörnern sehr ähnlich sieht, in Wirklichkeit aber auf gegliederte Trichome zurückzuführen ist, in deren
Inhalte Verf. vergeblich nach Stärkekörnern suchte, doch dürfte
dieses auf Culturverhältnisse zurückzuführen sein. Die Gliederzellen
der genannten Trichome sind elliptisch und grösser als die kugel-
runden mit Keimporen versehenen echten Pollenkörner. Verf. vermuthet, dass Aphiden die kreuzungsvermittelnden Insecten dieser
Pflanzenart seien und mit den imitirten Pollen vorlieb nehmen,
wiewohl nicht auszuschliessen wäre, dass auch Schmetterlinge die
Blüten zu gleichem Zwecke besuchen.

Solla (Vallombrosa).

Trabut, L., L'Aristida ciliaris et les fourmis. (Bulletin.
de la société botanique de France. Tome XLI. 1894. p. 272
—273.)

Die Früchte von *Aristida pungens* werden von den Ameisen.
in grossen Massen gesammelt. *Aristida ciliaris* ist mit Schutz-
mitteln gegen die Ameisen versehen, die bald einen Kranz langer,
steifer Barten auf jeden Knoten, bald einen klebrigen Ueberzug
an der Basis des Internodiums darstellen. Das eine Schutzmittel
schliesst das andere aus.

Schimper (Bonn).

Göbel, K., Ein Beitrag zur Morphologie der Gräser.
(Flora oder allgemeine Botanische Zeitung. 1895. Ergänzungsband. 13 pp. 1 Tafel und 11 Textfig.)

Verf. behandelt zuerst die interessante Gattung *Streptochaeta*.
Die biologischen Eigenthümlichkeiten der Pflanze werden nach
einer wenig bekannten Mittheilung Fritz Müller's besprochen,
und sodann die Litteratur, welche über die Morphologie vorliegt,
erörtert. Es handelt sich dabei um Untersuchungen Döll's,
Eichler's, Čelakowsky's und Schumann's.

Die Untersuchungen, welche der Verf. selbst anstellte, sind entwickelungsgeschichtliche, und ergab insbesondere die Anwendung von Mikrotomschnitten auch über die Stellungsverhältnisse der Hüllblätter des Aehrchens sichern Aufschluss. Die Resultate der Untersuchung über den Aufbau der Blüte decken sich vollständig mit der, auf Grund theoretischer Erwägung, von Čelakowsky aufgestellten Anschauung. Hervorzuheben wäre demnach: Die Blütensprosse sind an der Inflorescenzachse spiralig angeordnet. Jeder Spross steht in der Achsel eines rudimentären, aber deutlich erkennbaren Deckblattes, und repräsentirt ein Aehrchen. Dasselbe ist einblütig; auf fünf Hüllschuppen folgen: die grosse Deckspelze, und in ihrer Achsel die Blüte, welche aus zwei trimeren Perigonwirteln, zwei ebensolchen Staminalkreisen und einem trimeren Carpidenkreis besteht. Das theoretisch von Čelakowsky angenommene Aehrchen-Achsenende konnte als deutlich vorhandenes Rudiment nachgewiesen werden, ebenso das „geschwundene“, der Deckspelze anteponirte Perigonblatt des äusseren Kreises. Es gelangt allerdings über das Stadium der Anlegung nicht hinaus und ist auf dem Querschnitt durch eine erwachsene Blüte nicht mehr wahrnehmbar.

In einem zweiten Abschnitte finden sich Mittheilungen über den Aufbau der Aehrchen und der Blüten einer vom Verf. in Brittisch Guiana gesammelten *Pariana*-Art. Was den letzteren betrifft, so ist besonders hervorzuheben, dass die eingeschlechtigen Blüten ein von drei wohl entwickelten Lodiculae gebildetes Perigon besitzen. Die median nach hinten stehende ist am wenigsten entwickelt; es ist jene, welche bei den meisten andern Gräsern bekanntlich verkümmert. Die männlichen Blüten zeigen eine variable Zahl von Staubblättern, zuweilen ein Vielfaches von drei. Verf. ist es wahrscheinlich, dass hier nur eine Modification (vielleicht verbunden mit Spaltungen) der dreizähligen Staubblattanordnung vorliegt, weil in der weiblichen Blüte sechs Staubblattrudimente auftreten.

Die Befunde an beiden besprochenen Gras-Gattungen sucht Verf. sodann zu erklären. Die vollständige Ausbildung des Perigons bei *Streptochaeta* stehe zweifellos damit im Zusammenhang, dass hier nur die Deckspelze, nicht aber auch die Vorspelze eine Hülle um die Blüte bilde; dadurch falle auch der Grund zur Ausbildung der Lodiculae als Schwellkörper weg. Das Obliteriren des hinteren, äusseren Perigonblattes werde dadurch verständlich, dass dasselbe der Deckspelze gegenüber fällt, und somit als Schutzorgan der Blüte überflüssig wird. Das Verhalten von *Streptochaeta* und der Vergleich derselben mit den übrigen *Monocotylen* zeigt ferner deutlich, dass die Lodiculae selbstständige Blattbildungen seien. Hackel's Auffassung, der die vorderen Lodiculae gewöhnlicher Grasblüten als Hälften eines Blattes deutete, erweise sich als unrichtig. *Streptochaeta* besitze zwei dreizählige Perigonkreise, das dreizählige Perigon von *Pariana* entspreche dem innern Perigon von *Streptochaeta*, das schon bei *Pariana* in Rückbildung begriffene, hintere dieser Perigonblätter ist bei den gewöhnlichen Grasblüten

ganz ausgefallen. Die Frage, was bei diesen aus dem äusseren
Perigon geworden sei, ist Verfasser geneigt, auf Grund
der von Čelakowský aufgestellten Hypothese zu erklären, der
die Vorspelze als ein Doppelblatt, verwachsen aus den beiden
vorderen Perigonblättern bei *Streptochaeta* ansieht, während das
hintere, bei *Streptochaeta*, wie Verf. gezeigt hat, noch nachweisbare, ganz verschwunden wäre. Diese Auffassung der palea
superior, als Doppelblatt, sucht Verf. durch eine Beobachtung an
Euchlaena Mexicana zu stützen, wo eine analoge Zusammensetzung
von Vorblättern aus je zwei Blättern sehr wahrscheinlich vorzu-
liegen scheint.

Heinricher (Innsbruck).

Briquet, J., F r a g m e n t a   m o n o g r a p h i a e *Labiatarum*. Fasc. III.
(Bulletin de l'herbier Boissier. II. p. 689—724.)

Verf. beschreibt zunächst als neu *Acrocephalus Heudelotii* aus
Senegambien, 65 neue Varietäten von *Mentha*-Arten, 2 neue *Ajuga*-
Arten, nämlich *A. Postii* aus dem nördlichen Syrien und *A. Tur-
kestanica* (= *Rosenbachia Turkestanica* Rgl.) aus Turkestan.

Er behandelt sodann die Verwandtschaft der Gattung *Lavan-
dula* und kommt zu dem Ergebniss, dass dieselbe eine eigene
Tribus, die er *Lavanduloideae* nennt, repräsentirt, welche er zwischen
die *Ocimoideae* und *Stachyoideae* stellt.

Ein weiterer Abschnitt macht uns bekannt mit einer neuen
brasilianischen *Hyptis* (*H. Glaziovii*. Glaziou n. 13047) aus der
Section *Hypenia*. Der Stengel derselben ist mit einigen grossen,
blasenförmigen Auftreibungen versehen, die man auf den ersten
Blick für Wasserspeicher anzusehen geneigt ist. Gegen diese Annahme spricht jedoch der anatomische Befund derselben. Welche
Functionen diese Blasen für das Leben dieser Bergpflanzen haben,
ist völlig unbekannt; da sie jedoch bisweilen mit je einem kleinen
Loche versehen sind, wäre es nach Verf. vielleicht am Platze, an
irgend eine myrmekophile Erscheinung zu denken. Ref. möchte
jedoch dieselben, wegen ihrer unregelmässigen Stellung und Ausbildung, sowie aus dem Grunde, dass sie bei derselben Art bald
fehlen, bald auftreten — sie scheinen übrigens bei fast allen Arten
der Section *Hypenia* aufzutreten, sind ferner auch bei gewissen
anderen brasilianischen Bergpflanzen nicht allzu selten — eher als
Gallen betrachten, wofür ja auch das Vorhandensein der Löcher
sprechen würde, die übrigens in ihrer Stellung ebenfalls variiren.

Den Schluss bilden Nachträge zu des Verf. Monographie der
Gattung *Galeopsis*.

Taubert (Berlin).

---

1. P h ä n o l o g i s c h e **Beobachtungen** i n   B r e m e n   u n d   B o r g -
   f e l d. 1893. (Deutsches meteorologisches Jahrbuch für 1893,
   meteorologische Station I. Ord. in Bremen. Ergebnisse etc.
   Herausgegeben von **P. Bergholz.** Jahrgang IV. Bremen 1894.)
2. P h ä n o l o g i s c h e **Beobachtungen** i n   B r e m e n   u n d   B o r g -
   f e l d. 1894. (Ebendort. Jahrgang V. Bremen 1895.)

3. **Erscheinungen aus dem Pflanzenreich.** (Deutsches meteorologisches Jahrbuch 1892. Meteorologische Beobachtungen in Württemberg. Bearbeitet von L. Meyer. Stuttgart 1893.)
4. **Erscheinungen aus dem Pflanzenreich.** (Ebendort. 1893. Stuttgart 1894.)
5. **E. Mawley,** Report on the phenological observations for 1894. (Quarterly Journal of the Royal Meteorol. Society. XXI. Nr. 94. April 1895.)
6. **Die Beobachtungen über die Entwickelung der Pflanzen in Mecklenburg-Schwerin in den Jahren 1867—1894.** (Beiträge zur Statistik Mecklenburgs. Vom grossherzoglich-statistischen Bureau zu Schwerin. XII. 3. 2. Abtheilung. Schwerin 1895.)
7. **Instruktion för anställande af fenologiska jakttagelser.** Helsingfors 1895.

Den Schriften Nr. 1 bis 6 ist gemeinsam, dass sie die pflanzenphänologischen Beobachtungen der betreffenden Gebiete einfach mittheilen, sie haben den Werth von Quellenschriften. So nothwendig es ist, dass rein thatsächliche Beobachtungen in irgend welcher Weise verwerthet werden, dass man also Folgerungen und Schlüsse daraus zieht, ebenso nothwendig ist es, dass sie ohne jede Umprägung in der Litteratur niedergelegt werden, damit sie, das Fundament aller weiterer Untersuchung, jedermann zu Gebote stehen. Gibt ein Autor nur Bearbeitung von nicht veröffentlichtem und damit für die grosse Mehrzahl der Fachgenossen meist unzugänglichem Material, ohne dieses selbst mitzutheilen, so darf das nicht gebilligt werden. Ein zweiter Autor kann im anderen Falle vielleicht das gleiche Material nach neuen Gesichtspunkten verarbeiten und zu neuen Schlüssen gelangen. Es erscheint nicht überflüssig, dies hervorzugeben, die Arbeiten von Angot über die französischen phänologischen Beobachtungen der letzten Jahre, und das Kapitel „die Ergebnisse der phänologischen Beobachtungen im Jahre 1893" im Jahrbuch des königl.-sächsischen meteorologischen Instituts, 1893, leiden z. B. an diesem Mangel.

Nr. 1 und 2 enthalten die 1893 und 1894 von Prof. Buchenau in Bremen und von R. Mentzel in Borgfeld angestellten Beobachtungen. In Bremen haben Buchenau und Focke seit 1882, in Borgfeld Mentzel seit 1892 beobachtet, nach der Giessener Instruction von Hoffmann-Ihne. — In Nr. 3 und 4 finden sich die durchweg zahlreichen Aufzeichnungen von etwa 40 württembergischen Stationen von 1892 und 1893. Sie vertheilen sich über das ganze Land. Zu Grunde liegt für 1892 die alte württembergische, schon lange bestehende Instruction, für 1893 ist diese um eine Anzahl vermehrt worden. Vom Jahre 1894 an wird nach einer neuen Instruction beobachtet: „Instruction für die Beobachter der württembergischen meteorologischen Stationen. Herausgegeben vom königl. statist. Landesamt. X. phänologische Beobachtungen." Sie wurde in ihren Grundzügen von Prof. Mack, dem Leiter der meteorologischen Centralstation, von Dr. L. Meyer, dem stellver-

tretenden Leiter, und vom Ber. festgestellt. — Nr. 5 bringt die
Beobachtungen von 109 Orten Englands, Schottlands, Irlands. Eine
kleine Karte zeigt die Lage der Stationen, welche sich am zahl-
reichsten im südöstlichen England finden; Schottland und Irland
weisen wenige auf. Das Hauptgewicht wird auf erste Blüten gelegt, die Species sind nur zum kleineren Theil dieselben, die in
den meisten anderen Instructionen verlangt werden. Die Beobachtungen werden auch diskutirt, vor allem in der Beziehung, dass
das Datum für 1894 mit dem Mitteldatum verglichen wird, jedoch
werden hierbei immer eine Anzahl Stationen zu gewissen Distrikten
zusammengefasst und für diese ein Gesammtdatum berechnet. . . .
Die englische Phänologie kann von der continentalen noch manches
Gute annehmen. — Während die eben erwähnten Schriften die
phänologischen Beobachtungen jährlich veröffentlichen, fasst Nr. 6
die Beobachtungen eines grösseren Zeitraumes zusammen. In sehr
übersichtlicher tabellarischer Form werden auf 161 Seiten die
Beobachtungen über die Entwicklung der Pflanzen in Mecklenburg-
Schwerin seit 1867 bis 1894 abgedruckt. Die Zahl der Stationen
hat in dieser Zeit öfters gewechselt, gegenwärtig sind es 41, im
Ganzen bringt der Band die Aufzeichnungen von 82 Orten. Die
Stationen sind auf einer besonderen Karte eingetragen. Für die
früheren Jahrgänge ist die Instruction eine recht viele Phasen
fordernde, sie gleicht derjenigen der Schlesischen Gesellschaft für
vaterländische Cultur, vergl. Ihne, Geschichte der pflanzenphänol.
Beobachtungen, p. 34. Von der Mitte der 80er Jahre an hat das
Statistische Büreau in Schwerin, wohin die Beobachtungen jährlich
einlaufen, eine weniger umfangreiche, der Giessener Instruction ähnliche — mehrere Species sind ausgelassen — versendet, nach der
sich jetzt die meisten Beobachter richten. — Nr. 6 ist eine neue,
sich ziemlich eng an die Giessener Instruction anschliessende
Instruction für Finnland. Sie hat Kihlman in Helsingfors zum
Verfasser, der die Redaktion der jährlich von zahlreichen Stationen
eingehenden Aufzeichnungen an Stelle Mobergs übernommen hat.
Mit Jahrgang 1893 (Sammandrag af de klimatol. anteckningarne i
Finland 1893, Öfservigt af Finska Vet. Soc. Förh. XXVI) hat
Moberg seine langjährige, äusserst verdienstvolle Thätigkeit (vergl.
Ihne, l. c. p. 15) beschlossen; leider hat er sich der Ruhe nach
der Arbeit nicht lange erfreuen können; er starb am 30. April 1895.

Ihne (Darmstadt).

Dönitz, Ueber das Verhalten der Choleravibrionen im
Hühnerei. (Zeitschrift für Hygiene. Bd. XX. 1895. p. 31
—45.)

Das schon mehrfach untersuchte und beschriebene Verhalten
der Choleravibrionen im Hühnerei wurde vom Verf. zum Gegenstand einer nochmaligen Untersuchung gemacht. Der Gang der
Untersuchung ist im Wesentlichen derselbe, wie bei den zahlreichen
früheren, so dass eine Beschreibung derselben unterbleiben kann.
Die Resultate seiner Untersuchungen fasst Verf. in folgende
zwei Sätze zusammen:

1. Die Choleravibrionen bilden für sich allein im Hühnerei keine durch den Geruch und durch Bleiacetat nachweisbare Mengen von Schwefelwasserstoff.

2. Das Hühnerei ist ein möglichst ungeeigneter Nährboden für Bakterien-Reincultur.

[Das unter No. 1 genannte Untersuchungsresultat des Verf.'s stimmt nicht überein mit den vom Ref. in Gemeinschaft mit A b e l gefundenen Resultaten, welche ergaben, dass die Choleravibrionen im Ei bald H_2S entwickeln, bald nicht. Dass die Choleravibrionen H_2S bilden können, beweist die Arbeit von P e t r i und S t r a s s e n (Arbeiten aus dem kaiserl. Gesundheitsamt. Bd. VIII. p. 318), daher ist es leicht erklärlich, dass sie dies auch im Hühnerei thun können, welches so leicht H_2S abgebende Verbindungen enthält. Woher diese Differenz zwischen den Resultaten der Untersuchungen des Verf.'s und den Resultaten der Arbeit A b e l's und des Ref. zurückzuführen ist, ist aus der Arbeit D ö n i t z' nicht zu ersehen. Vielleicht spielt dabei die mögliche Verschiedenheit der einzelnen Bacillenrassen eine Rolle. Ref.]

Draër (Königsberg i. Pr.).

Neue Litteratur.[*)]

Geschichte der Botanik:

Davenport, George E., D a n i e l C a d y E a t o n. (The Botanical Gazette. Vol. XX. 1895. p. 366—369. With portrait.)

Marchesetti, C., Pel centesimo anniversario della nascita di M u z i o d e T o m m a s i n i. (Bolletim della Società Adriat. di scienze naturali. XVI. 1895.) 8⁰. 19 pp.

Setchell, William Albert, D a n i e l C a d y E a t o n. (Bulletin of the Torrey Botanical Club. Vol. XXII. 1895. p. 341—351. With portrait.)

Nomenclatur, Pflanzennamen, Terminologie etc.:

Knowlton, F. H., Use of the initial capital in specific names of plants. (Science. N. S. I. 1895. p. 423—424.)

Robinson, B. L., A further discussion of the Madison rules. (The Botanical Gazette. Vol. XX. 1895. p. 370—371.)

Kryptogamen im Allgemeinen:

Ravaud, Guide du bryologue et du lichénologue à Grenoble et dans les environs. [Suite.] (Revue bryologique. Année XXII. 1895. No. 4.)

Algen:

Sauvageau, C., Note sur l'Ectocarpus pusillus Griffiths. (Journal de Botanique. Année IX. 1895. [Suite.] p. 281—291. Avec 4 fig., [Fin.] p. 307—318. Avec 8 fig.)

*) Der ergebenst Unterzeichnete bittet dringend die Herren Autoren um gefällige Uebersendung von Separat-Abdrücken oder wenigstens um Angabe der Titel ihrer neuen Veröffentlichungen, damit in der „Neuen Litteratur" möglichste Vollständigkeit erreicht wird. Die Redactionen anderer Zeitschriften werden ersucht, den Inhalt jeder einzelnen Nummer gefälligst mittheilen zu wollen, damit derselbe ebenfalls schnell berücksichtigt werden kann.

Dr. Uhlworm,
Humboldtstrasse Nr. 22.

Schmidle, W., Beiträge zur alpinen Algenflora. [Fortsetzung.] (Oesterreichische botanische Zeitschrift. Jahrg. XLV. 1895. p. 346—350. Mit 4 Tafeln und 1 Textfigur.)

Whipple, G. C., Some observations on the growth of Diatoms in surface waters. (From the Technol. Quarterly. Vol. VII. 1894. No. 3. p. 214—231.)

Pilze:

Blasdale, Walter C., Observations on Puccinia mirabilissima. (Erythea. Vol. III. 1895. p. 131—135. With 1 pl.)

Chatin, Ad., Truffes (Terfâs) du Maroc et de la Sardaigne. (Comptes rendus des séances de l'Académie des sciences de Paris. T. CXXI. 1895. No. 1.)

Ellis, J. B. and Everhart, B. M., New Fungi, mostly Uredineae and Ustilagineae from various localities, and a new Fomes from Alaska. (Bulletin of the Torrey Botanical Club. Vol. XXII. 1895. p. 362—364.)

Maurizio, Adam, Zur Kenntniss der schweizerischen Wasserpilze nebst Angaben über eine neue Chytridinee. (Sep.-Abdr. aus Jahresbericht der Naturforscher-Gesellschaft Graubündens. XXXVIII. 1894/95. 8°. 30 pp. Mit 8 Figuren.)

M. C. C., Fungus on flies, and plant-lice. (The Gardeners Chronicle. Ser. III. Vol. XVIII. 1895. p. 266—267.)

Poirault, G. et Raciborski, Les phénomènes de karyokinèse dans les Uredinées. (Comptes rendus des séances de l'Académie des sciences de Paris. T. CXXI. 1895. No. 3.)

Poirault, G. et Raciborski, M., Sur les noyaux des Urédinées. (Journal de Botanique. Année IX. 1895. p. 318—324. Avec 14 fig.)

Zopf, W., Zur Kenntniss des regressiven Entwickelungsganges der Beggiatoen nebst einer Kritik der Winogradsky'schen Auffassung betreffs der Morphologie der rothen Schwefelbakterien. (Beiträge zur Physiologie und Morphologie niederer Organismen. Herausgegeben von W. Zopf. Fasc. 5. 1895.)

Muscineen:

Camus, Fernand, Glanures bryologiques dans la flore parisienne. III. (Bulletin de la Société botanique de France. T. XLII. 1895. p. 307—319.)

Cardot, J., Une Fontinale nouvelle, Fontinalis Camusi. (Revue bryologique. Année XXII. 1895. No. 4.)

Debat, Une Mousse nouvelle pour la France, Didymodon Debati Lardière. (Annales de la Société botanique de Lyon. T. XX. 1895.)

Gjokić, G., Ueber die chemische Beschaffenheit der Zellhäute bei den Moosen. (Oesterreichische botanische Zeitschrift. Jahrg. XLV. 1895. p. 330—334.)

Venturi, Considérations sur les Orthotricha urnigera. (Revue bryologique. Année XXII. 1895. No. 4.)

Gefässkryptogamen:

E. J. L., Apogamic Ferns. (The Gardeners Chronicle. Ser. III. Vol. XVIII. 1895. p. 271.)

Makino, T., Fourteen species of Ferns growing in the vicinity of Kyōto. (The Botanical Magazine. Vol. IX. Tokyo 1895. p. 245—246.)

Physiologie, Biologie, Anatomie und Morphologie:

Bailey, L. H., The plant individual in the light of evolution. (Science. N. S. I. 1895. p. 281—292.)

Bertrand, G., Sur la recherche et la présence de la laccase dans les végétaux. (Comptes rendus des séances de l'Académie des sciences de Paris. T. CXXI. 1895. No. 3.)

Bourquelot, E., Maltase et fermentation alcoolique du maltose. (Extr. du Journal de pharmacie et de chimie. 1895.) 8°. 11 pp. Paris (impr. Flammarion) 1895.

Degagny, Charles, Recherches sur la division du noyau cellulaire chez les végétaux. (Bulletin de la Société botanique de France. T. XLII. 1895. p. 319—326.)

Eastwood, A., On heteromorphic organs of Sequoia sempervirens. (Proceedings of the Californian Academy. V. 1895. p. 170—176. With 4 pl.)

Fleurent, E., Sur la constitution des matières albuminoïdes végétales. (Comptes rendus des séances de l'Académie des sciences de Paris. T. CXXI. 1895. No. 4.)

Fujii, K., Physiological researches on the sexuality of the flowers of Pinus densiflora Sieb. et Zucc. (The Botanical Gazette. Vol. IX. Tokyo 1895. p. 275.)

Hertwig, Oscar, The cell outlines of general anatomy and physiologie. Traducted by **M. Campbell.** 8°. 16, 368 pp. New York (Macmillan & Co.) 1895. Doll. 3.—

Holm, Theo., A study of some anatomical characters of North American Gramineae. V. (The Botanical Gazette. Vol. XX. 1895. p. 362—365. With 1 pl.)

Hubert, E. de, Sur la présence et le rôle de l'amidon dans le sac embryonnaire des Cactées et des Mésembryanthémées. (Comptes rendus des séances de l'Académie des sciences de Paris. T. CXXI. 1895. No. 2.)

Robertson, Charles, The fertilization of Flanders flowers. (The Botanical Gazette. Vol. XX. 1895. p. 375—378.)

Saint-Lager, L'appétence chimique des plantes et la concurrence vitale. (Annales de la Société botanique de Lyon. T. XX. 1895.)

Toumey, J. W., Vegetal dissemination in the genus Opuntia. (The Botanical Gazette. Vol. XX. 1895. p. 356—361.)

Van Thieghem, Ph., Observations sur la structure et la déhiscence des anthères des Loranthacées, suivies de remarques sur la structure et la déhiscence de l'anthère en général. (Bulletin de la Société botanique de France. T. XLII. 1895. p. 363—368.)

Systematik und Pflanzengeographie:

Audin, Les Centaurées du Beaujolais. (Annales de la Société botanique de Lyon. T. XX. 1895.)

Avé-Lallemant, Briefe aus Argentinien. (Mittheilungen der Geographischen Gesellschaft und des Naturhistorischen Museums in Lübeck. VII. 1895. p. 53—91.)

Battandier, J. A., Note sur quelques plantes récoltées en Algérie et probablement adventices. (Bulletin de la Société botanique de France. T. XLII. 1895. p. 289—297.)

Bicknell, Eugene P., The genus Sanicula in the eastern United States, with descriptions of two new species. (Bulletin of the Torrey Botanical Club. Vol. XXII. 1895. p. 351—361. With 5 pl.)

Borbás, V. v., A Holdviola fajairól. [De speciebus generis Lunariae Tourn.] (Természetrajzi füzetek. Vol. XVIII. 1895. Pars 1—2. p. 87—96.)

Britton, N. L., The generic name of the water weed. (Science. N. S. II. 1895. p. 5.)

Clarke, C. B., On certain authentic Cyperaceae of Linnaeus. (Journal of the Linnean Society in London. XXX. 1894. p. 299—315.)

Cogniaux, Alfred, Petite flore de Belgique à l'usage des écoles. Adoptée par le gouvernement. Édit. 3. 8°. 346 pp. Avec 138 fig. Bruxelles (Société Belge d'Éditions) 1895. Fr. 3.—

Constantin, Paul, Le monde des plantes. [Merveilles de la nature, publiées par A. E. Brehm. T. II. Série I. 8°. p. 1—32.] Paris (libr. J. B. Baillière & fils) 1895. Fr. —.50.

Coulter, John M. and **Rose, J. N.,** Deanea, a new genus of Umbelliferae from Mexico. (The Botanical Gazette. Vol. XX. 1895. p. 372—373. With 1 pl.)

Coville, Frederick V., Directions for collecting specimens and information illustrating the aboriginal uses of plants. (Smithsonian Institution. Bulletin of the United States National Museum. Part I. 1895. No. 39.) 8°. 8 pp. Washington (Government Printing Office) 1895.

Curtis, C. C., Interesting features of well-known plants of New-York Harbor. (Journal of the New-York Microscopical Society. II. 1895. p. 63—73. With 2 pl.)

Daveau, J., Lettre à M. Malinvaud, contenant la découverte du Bellevalia ciliata Nees dans l'Hérault. (Bulletin de la Société botanique de France. T. XLII. 1895. p. 369.)

Davy, J. Burtt, Transcripts of some descriptions of Californian genera and species. V. (Erythea. Vol. III. 1895. p. 136—138.)

Deane, Walter, Notes from my herbarium. III. (The Botanical Gazette. Vol. XX. 1895. p. 345—348.)

Deflers, A., Descriptions de quelques plantes nouvelles de l'Arabie méridionale. (Bulletin de la Société botanique de France. T. XLII. 1895. p. 297—306.)

Dewey, Lyster H., Tumble mustard. (Bulletin of the Torrey Botanical Club. Vol. XXII. 1895. p. 370.)

Duval, Clotaire, L'Anemone ranunculoides L. à Fontainebleau. (Bulletin de la Société botanique de France. T. XLII. 1895. p. 328—329.)

Fernald, M. L., Supplement to the Portland Catalogue of Maine plants. (Proceedings of the Portland Society of Natural History. II. 1895. p. 73—76.)

Franchet, A., Énumération et diagnoses de Carex nouveaux pour la flore de l'Asie orientale, d'après les collections du Muséum. [Carex cercostachys, C. heteroclita, C. Biwensis, C. fulta, C. Hakkodensis, C. Delawayi, C. Nemurensis, C. calcitrapa, C. arryncha, C. misera, C. Mosoynensis, C. Yunnanensis, C. Prattii, C. dissitiflora, C. cylindrostachys spp. nn.] (Bulletin de la Société philomathique de Paris. Sér. VIII. T. VII. 1895. No. 1.)

Franchet, A., Plantes nouvelles de la Chine occidentale. [Suite.] (Journal de Botanique. Année IX. 1895. p. 291—296.)

Freyn, J., Plantae Karoanae Dahuricae. [Fortsetzung.] (Oesterreichische botanische Zeitschrift. Jahrg. XLV. 1895. p. 341—346.)

Gandoger, Michel, Lettre à M. Malinvaud sur l'unique localité connue de l'Endymion patulus Gren. Godr. (Bulletin de la Société botanique de France. T. XLII. 1895. p. 370—372.)

Gillot, H., Plantes nouvelles pour la flore de l'Allier. (Extr. de la Revue scientifique du Bourbonnais et du centre de la France. 1895.) 8°. 7 pp. Moulins (impr. Auclaire) 1895.

Gillot, F. H., Note sur le Scleranthus intermedius Schur. (Annales de la Société botanique de Lyon. T. XIX. 1894.)

Grieve, J., Note on the occurence of a variegated form of the common mistletoe, Viscum album. (Proceedings and Transactions of the Edinburgh Botanical Society. Vol. XX. Part I. 1895. p. 227.)

Hackel, E., Duthiea novum Graminearum genus. (Verhandlungen der k. k. zoologisch-botanischen Gesellschaft in Wien. Bd. XLV. 1895. Heft 5. p. 200—203.)

Hackel, E., Neurachne Muelleri n. sp. (Oesterreichische botanische Zeitschrift. Jahrg. XLV. 1895. p. 329.)

Halácsy, E. von, Beitrag zur Flora von Griechenland. [Fortsetzung.] (Oesterreichische botanische Zeitschrift. Jahrg. XLV. 1895. p. 337—341.)

Kawakami, T., Phanerogams of Shōnai. (The Botanical Magazine. Vol. IX. Tokyo 1895. p. 252—255.)

Keller, Die Treskavica-Planina, ein bosnisches Landschafts- und Vegetationsbild. (Biologisches Centralblatt. Bd. XV. 1895. No. 12.) 18 pp.

Kränzlin, F., Catasetum ferox Kränzlin n. sp. (The Gardeners Chronicle. Ser. III. Vol. XVIII. 1895. p. 232.)

Lachmann, P., Sur la présence des plantes calcicoles dans le massif cristallin de Belledonne. (Annales de la Société botanique de Lyon. T. XIX. 1894.)

Lotsy, John P., Some Euphorbiaceae from Guatemala. (The Botanical Gazette. Vol. XX. 1895. p. 349—355. With 2 pl.)

Magnin, Ant., Quelques remarques sur la composition du sol de la côtière de la Dombes et son influence sur la dispersion des plantes. (Annales de la Société botanique de Lyon. T. XX. 1895.)

Magnin, Ant., Florule adventive des Saules têtards de la région lyonnaise. (Annales de la Société botanique de Lyon. T. XIX. 1894.)

Makino, T., Mr. H. Kuroiwa's collections of Liukiu plants. [Cont.] (The Botanical Magazine. Vol. IX. Tokyo 1895. p. 255—257.)

Marchesetti, C., Flora dell' isola di Sussino di Muzio di Tommasini con aggiunte e correzioni. (Atti d. Museum civ. di Storia Naturale Trieste. IX. 1895.) 8°. 96 pp. Trieste 1885.

Matsumura, J., A new Corean Thalictrum. (The Botanical Magazine. Vol. IX Tokyo 1895. p. 276.)

Meyran, O., Observations sur la flore du plateau central. [Suite.] (Annales de la Société botanique de Lyon. T. XIX. 1894.)

Montel, Plantes des cantons de Saint-Gervais-d'Auvergne et de Pontaumur rares ou intéressantes pour la flore d'Auvergne. (Bulletin de la Société botanique de France. T. XLII. 1895. p. 332—342.)

Motelay, L., Questions de priorité. (Bulletin de la Société botanique de France. T. XLII. 1895. p. 327—328.)

Mueller, Ferdinand, Baron von, Descriptions of new *Eucalyptus* from south-western Australia. (From Australian Journal of Pharmacy. August 1895.)

  Eucalyptus Kruseana. Branchlets terete; leaves small, opposite, sessile, mostly cordate-orbicular, some verging into a renate form, on both sides as well as the branchlets, peduncles, pedicels and calyces whitish-grey, copiously glandular-dotted, the venules faint, the peripheric close to the edge of the leaves; peduncles compressed, axillary, 3—4 flowered, about half as long as the leaves; pedicels variously shorter than the whole calyx, sometimes quite abbreviated; flowers small; tube of the calyx at first almost hemiellipsoid; operculum semiovate-conical, slightly pointed, about as long as the calyx-tube; filaments yellowish-white, inflected before expansion; anthers somewhat longer than broad, opening by longitudinal slits; stigma hardly broader than the style; fruit-bearing calyx globular-semiovate, devoit of angulation, contracted at the summit, the rim narrow; valvules enclosed, but nearly reaching the orifice, usually four. J. D. Batt, Esq., near Fraser's Range. Height of the plant unrecorded, but probably of shrubby stature. Leaves firm, of $^2/_3$—$1^1/_3$ inch measurement. Calyces, inclusive of the lid, hardly above $^1/_3$ inch long. Fruit-calix as broad as long, measuring fully $^1/_3$ inch. Matured seeds as yet unavailable. Related to *Eucalyptus gamophylla*, *E. orbifolia* and *E. Perriniana*. The latter however is from cold mountain-regions of Tasmania, and its leaves, free from each other only in the early stage of the young plants, become connate when the trees attain some height, they then resemble those of *E. Risdoni* (probably the *E. erfoliata* of Desfontaines), although the species belongs to the series of Parallel-antherae. *E. gamophylla* is likewise separated from the present new species by the concrescently paired leaves; moreover its pedicels are almost obliterated, the fruit-bearing calyces are much longer than broad, bearing the valvules at a higher insertion. The differences of *E. orbifolia* are obvious, consisting in scattered stalked leaves, larger flowers, semiglobular calyx-tube, proportionately longer operculum and exserted fruit valvules.

  This *Eucalyptus* is offered as a phytologic tribute to Mr. J o h n K r u s e, a leader here in the chemical and pharmaceutic profession on the further raising of which he has during 40 years exercised amongst us a vast influence; but this offering is made at a time of great sadness, when our genial friend is prostrated hopelessly on his sickbed, yet when also his days are still brightened by the filial attachment of his illustrious son, who has already youthfully won his laurels on the fields of the sublimest of all arts, he having advanced to a position of renown, which but few mortals are occupying within the range of musical science.

Owatari, T., Plants collected in Izu and Sagami. (The Botanical Magazine. Vol. IX. Tokyo 1895. p. 250—252.)

Packy, J., Zur Hochgebirgsflora der Philippinen. (Sitzungsberichte der königl. böhmischen Gesellschaft der Wissenschaften. 1895.) 8°. 2 pp.

Procopianu-Prokopovici, A., Ueber die von H e r b i c h in der Bukowina aufgestellten Pflanzenarten. (Verhandlungen der k. k. zoologisch-botanischen Gesellschaft in Wien. Bd. XLV. 1895. Heft 5.) 8°. 5 pp.

Ridley, H. N., Linospadix Micholitzii Ridley n. sp. (The Gardeners Chronicle. Ser. III. Vol. XVIII. 1895. p. 262.)

Robertson, C., Harshberger on the origin of our vernal flora. (Science. N. S. I. 1895. p. 371—375.)

Roze, E., Le Chelidonium laciniatum Miller. (Journal de Botanique. Année IX. 1895. p. 296—300, 301—307.)

Saint-Lager, Les Gentianella du groupe grandiflora. (Annales de la Société botanique de Lyon. T. XX. 1895.)

Sargent, C. S., A northern forest. (The Garden and Forest. VIII. 1895. p. 282. With 1 fig.)

Sargent, C. S., The tree Yuccas in the United States. (The Garden and Forest. VIII. 1895. p. 301. With 1 fig.)

Sarntheim, Ludwig, Tirol und Vorarlberg. [Flora von Oesterreich-Ungarn. II.] [Fortsetzung.] (Oesterreichische botanische Zeitschrift. Jahrg. XLV. 1895. p. 357—361.)

Small, John K., Studies in the botany of the southeastern United States. IV. (Bulletin of the Torrey Botanical Club. Vol. XXII. 1895. p. 365—369. With 1 pl.)

Tommasini, M. de, Alcuni cenni sulla flora di Duino e di suoi dintorni. (Atti d. Museum Civ. di Stovia Natuiale Trieste. Vol. IX. 1895.)

Toumey, J. W., Notes on the tree-flora of the Chiricahua Mountains. I. II. (The Garden and Forest. VIII. 1895. p. 12—13, 22. With figs.)

Trelease, William, The pignuts. (The Botanical Gazette. Vol. XX. 1895. p. 373.)

Uline, Edwin B. and **Bray, William L.,** Synopsis of North American Amaranthaceae. III. (The Botanical Gazette. Vol. XX. 1895. p. 337—344.)

Vail, A. M., The june flora of a Long Island swamp. (The Garden and Forest. VIII. 1895. p. 282.)

Vance, L. J., The future of the Long-leaf pine belt. (The Garden and Forest. VIII. 1895. p. 278.)

Van Tieghem, Ph., Sur le groupement des espèces en genres dans la tribu des Psittacanthées de la famille des Loranthacées. (Bulletin de la Société botanique de France. T. XLII. 1895. p. 343—362.)

Phaenologie:

Roze, E., Le retard de la fleuraison des plantes printanières aux environs de Paris, en 1895. (Bulletin de la Société botanique de France. T. XLII. 1895. p. 330—331.)

Palaeontologie:

Ettingshausen, C., Freiherr von, Auszug aus einem Vortrag über die Tertiärflora Australiens. (Mittheilungen des Naturwissenschaftlichen Vereins für Steiermark. Heft XXXI. 1895. p. 310—317.)

Kerner, F. von, Kreidepflanzen von Lesina. (Jahrbuch der geologischen Reichsanstalt. Bd. XLV. 1895. Heft 1. p. 39—58. Mit 5 Tafeln.)

Nathorst, A. G., Frågan om istidens växtlighet i mellersta Europa. (Ymer. Tidskrift utgiben af svenska sällskapet för Antropologi och Geografi. Årg. 1895. Heft 1/2. p. 40—54. Mit Tafel 5.)

Ward, L. F., The mesozoic flora of Portugal compared with that of the United States. (Science. N. S. I. 1895. p. 337—346.)

Teratologie und Pflanzenkrankheiten:

De Kayser, F., Het bestrijden der aardappelplaag. 8°. 16 pp. s. l. 1895. Fr. —.10.

Herzberg, P., Vergleichende Untersuchungen über landwirthschaftlich wichtige Flugbrandarten. (Beiträge zur Physiologie und Morphologie niederer Organismen. Herausgegeben von W. Zopf. Fasc. 5. 1895.)

Miyoshi, M., Ueber Membrandurchbohrung durch Pilzfäden. (The Botanical Magazine. Vol. IX. Tokyo 1895. p. 243—245.)

Rompel, Jos., Drei Carpelle bei einer Umbellifere, Cryptotaenia canadensis. (Oesterreichische botanische Zeitschrift. Jahrg. XLV. 1895. p. 334—337. Mit 3 Figuren.)

Shirai, M., A new parasitic Fungus on the Japanese cherry tree. (The Botanical Magazine. Vol. IX. Tokyo 1895. p. 241—243.)

Vivand-Morel, Prolifération de la Reine-Marguerite (Callistephus sinensis). (Annales de la Société botanique de Lyon. T. XX. 1895.)

Viviand-Morel, Sur un exemple de torsion de l'Hypericum tetrapterum. (Annales de la Société botanique de Lyon. T. XX. 1895.)

Medicinisch-pharmaceutische Botanik:

A.

Ranwez, F., Exposition des plantes médicinales et utiles à La Haye. (Annales de pharmacie. 1895. No. 8.)

Sawada, K., Plants employed in medicine by the Japanese pharmacopoeia. (The Botanical Magazine. Vol. IX. Tokyo 1895. p. 246—250.)

B.

Artaud, Les toxines microbiennes. 8⁰. Avec fig. Paris (J. B. Baillière & fils) 1895. Fr. 3.50.

Backer, de, Thérapeutique de certaines affections microbiennes par les ferments figurés purs. (Revue générale de l'antisepsie méd. et chir. 1895. p. 33.)

Boeri, G., I veleni dell' organismo o le autointossicazioni. 16⁰. 104 pp. fig. Milano 1895. Lire 1.—

Burckhard, G., Zwei Beiträge zur Kenntniss der Formalinwirkung. (Centralblatt für Bakteriologie und Parasitenkunde. Erste Abtheilung. Bd. XVIII. 1895. No. 9/10. p. 257—264.)

Fermi, G. e Aruch, E., Di un altro blastomiceto patogeno della natura del così detto Cryptococcus farciminosus Rivoltae. (Riforma med. Vol. II. 1895. No. 29. p. 339—342.)

Guinard, L. et Artaud, J., Quelques particularités relatives au mode d'action et aux effets de certaines toxines microbiennes. (Archives de méd. expérim. 1895. No. 3. p. 388—417.)

van't Hoff, H. J., Eigenthümliche Selbstreinigung der Maas vor Rotterdam. (Centralblatt fur Bakteriologie und Parasitenkunde. Erste Abtheilung. Bd. XVIII. 1895. No. 9/10. p. 265—266. Mit 6 Figuren.)

Ottolenghi, S., Beitrag zum Studium der Wirkung der Bakterien auf Alkaloide. — Wirkung einiger Saprophyten auf die Toxicität des Strychnins. (Centralblatt für Bakteriologie und Parasitenkunde. Erste Abtheilung. Bd. XVIII. 1895. p. 270—276.)

Ringeling, H. G., Sur la présence des germes de l'oedème malin et du tétanos dans l'eau de la cale d'un navire. (Archives de méd. expérim. 1895. No. 3. p. 361—367.)

Sergent, E., La bile et le bacille de Koch. La tuberculose des voies biliaires. (Comptes rendus de la Société de biologie. 1895. No. 15, 16. p. 336—338, 351—354.)

Unna, P. G., Phlyktaenosis streptogenes, ein durch Streptokokkenembolisation erzeugtes, akutes Exanthem. (Deutsche Medicinal-Zeitung. 1895. No. 52. p. 569—571.)

Technische, Forst-, ökonomische und gärtnerische Botanik:

Bush, B. F., A list of the trees, shrubs and vines of Missouri. (From the Report of the State Horticultural Society. XXXVIII. 1895. p. 353—393.)

Cordonnier, Anatole, Les engrais pratiques en horticulture; culture fruitière sous verre; arbres en pots; culture du chrysanthème grande fleur. 8⁰. 76 pp. Illustré de 21 photogravures et dessins et de 2 grandes pl. hors texte. Bailleul (L'auteur) 1895. 50 Cent.

Czullik, A., Das k. k. Lustschloss Laxenburg und seine Parkanlagen. 8⁰. 18 Abbildungen. 1 Plan. Wien (C. Gerold's Sohn) 1895.

Dewèvre, Alfred, Les caoutchoucs africains. Étude monographique des lianes du genre Landolphia. (Extr. des Annales de la Société scientifique de Bruxelles. T. XIX. 1895. Partie II.) 8⁰. 80 pp. Bruxelles (F Hayez) 1895.

Freudenreich, E. von, Dairy bacteriology: A short manual for the use of students in dairy schools, cheese makers, and farmers. Transl. from the German by J. R. A. Davis. 8⁰. 122 pp. London (Methuen) 1895. 2 sh. 6 d.

Gerard, J. N., American Irises. (The Garden and Forest. VIII. 1895. p. 286.)

Girard, Aimé et Lindet, L., Recherches sur la composition des raisins des principaux cépages de France. (Comptes rendus des séances de l'Académie des sciences de Paris. T. CXXI. 1895. No. 4.)

Guéry, P., Traité complet de vinification, suivi du travail des vins mousseux, pratique et procédés de la Champagne, et du traitement des maladies des vins. 8⁰. VI, 312 pp. Avec 38 fig. dans le texte. Annecy (libr. Abry) 1895.

Kellerman, W. A., Ohio forest trees. 16 pp. Columbus 1895.

Leblanc, René, Notions de sciences physiques et naturelles appliquées à l'agriculture. Cinquante expériences, pour l'école primaire. Cours supérieur. Livre d'élève. Édit. 3, augmentée de questions pour le certificat d'études primaires. 8⁰. 216 pp. Avec fig. Paris (libr. André fils) 1895. Fr. 1.—

Nicholls, H. A. Alford, Petit traité d'agriculture tropicale. Traduit de l'anglais par E. **Raoul.** 8⁰. XVI, 381 pp. Paris (libr. A. Challamel) 1895.

R. L. H., Droseras and their cultivation. (The Gardeners Chronicle. Ser. III. Vol. XVIII. 1895. p. 267.)

Sargent, C. S., Kalmia latifolia var. myrtifolia. (The Garden and Forest. VIII. 1895. p. 315. With 1 fig.)

Sargent, C. S., Carpinus cordata. (The Garden and Forest. VIII. 1895. p. 294. With 1 fig.)

Trimble, H., On the tanning properties of the bark of three North American trees. (The Garden and Forest. VIII. 1895. p. 293.)

Wolley-Dod, C., Cone flowers. (Garden. XLVII. 1895. p. 418—419. With 1 pl.)

Personalnachrichten.

Verliehen: Prof. Dr. **A. v. Kornhuber** anlässlich seines Rücktrittes von einer vieljährigen erfolgreichen Lehrthätigkeit der Titel eines Hofrathes.

Ernannt: Dr. **Carl v. Dalla Torre** zum a. o. Professor der Zoologie an der Universität Innsbruck. — Privatdocent Dr. **Julius Pohl** zum a. o. Professor der Pharmakologie an der deutschen Universität Prag.

Inhalt.

Ausgegeben: 9. October 1895.

Druck und Verlag von **Gebr. Gotthelft** in Cassel.

Band LXIV. No. 2.   XVI. Jahrgang.

Botanisches Centralblatt.

REFERIRENDES ORGAN

für das Gesammtgebiet der Botanik des In- und Auslandes.

Herausgegeben

unter Mitwirkung zahlreicher Gelehrten

von

Dr. Oscar Uhlworm und Dr. F. G. Kohl
in Cassel. ——— in Marburg.

Zugleich Organ
des

Botanischen Vereins in München, der Botaniska Sällskapet i Stockholm, der Gesellschaft für Botanik zu Hamburg, der botanischen Section der Schlesischen Gesellschaft für vaterländische Cultur zu Breslau, der Botaniska Sektionen af Naturvetenskapliga Studentsällskapet i Upsala, der k. k. zoologisch-botanischen Gesellschaft in Wien, des Botanischen Vereins in Lund und der Societas pro Fauna et Flora Fennica in Helsingfors.

| Nr. 41. | Abonnement für das halbe Jahr (2 Bände) mit 14 M. durch alle Buchhandlungen und Postanstalten. | 1895. |

Die Herren Mitarbeiter werden dringend ersucht, die Manuscripte immer nur auf *einer* Seite zu beschreiben und für *jedes* Referat besondere Blätter benutzen zu wollen.   Die Redaction.

Wissenschaftliche Original-Mittheilungen.*)

Ueber Variationskurven und Variationsflächen der Pflanzen.
Botanisch-statistische Untersuchungen

von

Prof. Dr. F. Ludwig
in Greiz.

Mit 2 Tafeln.**)

(Fortsetzung.)

Einen vollen Einblick in die obwaltenden Gesetze erhielt ich jedoch bei graphischer (geometrischer) Darstellung der gewonnenen statistischen Ergebnisse. Es ergab sich dann, dass das Diagramm nicht nur constante Hauptgipfel hatte (bei

---

*) Für den Inhalt der Originalartikel sind die Herren Verfasser allein verantwortlich.   Red.

**) Die Tafeln liegen einer der nächsten Nummern bei.

Leucanthemum bei 21 etc.), sondern in der grossen Zahl überhaupt constanten Verlauf. Daher operirte ich mit den grossen Zahlen nun überhaupt nicht mehr, um Durchschnittsverhältnisse festzustellen, sondern um den ganzen gesetzmässigen Variationscomplex festzulegen. Ich schlug damit eine Methode ein, die, wie ich erst nachträglich erfuhr, Q u é t e l e t in seinen späteren Untersuchungen (vgl. besonders dessen Buch: Anthropométrie ou mesure des différentes facultés de l'homme. Brüssel, Gent und Leipzig 1871) auf anthropologischem Gebiet einschlug.

Q u é t e l e t hat das Gesetz von den grossen Zahlen dahin ergänzt, dass nicht nur das Mittel der Variation in der grossen Zahl der Beobachtungen constant bleibt, sondern auch die vom M i t t e l a b w e i c h e n d e n W e r t h e (die den „causes accidentelles" entspringen) gesetzmässig auftreten.

Stellt man (wie wir dies oben für *Chrysanthemum Leucanthemum* thaten) die überhaupt vorkommenden Grössen als die Abscissen, die Häufigkeit ihres Auftretens durch die Ordinaten eines rechtwinkligen Coordinatensystems dar, so geben die Endpunkte der Ordinaten, wenn man sie verbindet, eine Curve constanten Verlaufes. Und zwar stimmen d i e s ä m m t l i c h e n C u r v e n , so lange die Variationen um ein e i n z e l n e s M e r k m a l schwanken (einfache Curven Q u é t e l e t s), m i t d e n b i n o m i a l e n W a h r s c h e i n - l i c h k e i t s - C u r v e n   N e w t o n s   u n d   P a s c a l s (la loi du binome illustré par les recherches de Newton et de Pascal) überein. Man erhält diese Curven, wenn man das Binom $(a+b)^n$ für die verschiedenen Werthe von n entwickelt, dann je nach der Natur des Problems b = 1; a = 1 oder a = m setzt und die einzelnen Elemente der so erhaltenen Zahlenreihe in gleichen Entfernungen senkrecht auf eine Abscisse aufträgt (für a = b erhält man symmetrische, für a = mb unsymmetrische Curven). Für a = b = 1 werden z. B. die betreffenden Elemente der Formel*)

$$(a+b)^n = a^n + n\,a^{n-1}\,b + \frac{n(n-1)}{1.2}\,a^{n-2}\,b^2 + \frac{n(n-1)(n-2)}{1.2.3}\,a^{n-3}\,b^3 + \ldots$$

$$
\begin{array}{llllll}
1 + 1 & & & & = 2 \\
1 + 2 + 1 & & & & = 2^2 \\
1 + 3 + 3 + 1 & & & & = 2^3 \\
1 + 4 + 6 + 4 + 1 & & & & = 2^4 \\
1 + 5 + 10 + 10 + 5 + 1 & & & & = 2^5 \\
(n_0) + (n_1) + (n_2) + (n_3) + (n_n) & & & & = 2^n
\end{array}
$$

---

*) Bekanntlich dient das N e w t o n 'sche Binom $(a+b)^n$ zur Berechnung der Aussichten, aus einer Urne mit weissen und schwarzen Bällen eine beliebige Combination herauszugreifen. Ist a die Wahrscheinlichkeit, einen schwarzen, b die, einen weissen Ball zu greifen, so ist bei einmaliger Wiederholung die Wahrscheinlichkeit dafür, dass der schwarze Ball r mal gegriffen wird $n_r\,a^{n-r}\,b^r$; die Zahl der überhaupt möglichen Fälle $(a+b)^n = (n_0)$ $a^n + (n_1)\,a^{n-1}\,b + (n_2)\,a^{n-2}\,b^2 + \ldots (n_r)\,a^{n-r}\,b^r + \ldots (n_n)\,b^n$ u. s. w. Dies liegt der Anwendung auf die Variabilität zu Grunde (vgl. des Näheren Q u é t e l e t , Anthropométrie etc).

Das Auftreten der Varianten einer naturhistorischen Species nach constanten Curven weiss V e r s c h a f f e l t durch folgendes Raisonnement zu be-

Das Element für den Mittelwerth (Gipfelwerth der Curve) bei paariger Anzahl von Einzelwerthen wird

$$T = \frac{n\,(n\text{-}1)\,(n\text{-}2)\,\ldots\,(\tfrac{n}{2}+1)}{1\,.\,2\,.\,3\,.\,4\,\ldots\,\tfrac{n}{2}}$$

Ist also die Zahl der Einzelbeobachtungen (die grosse Zahl) $2^n = N$, so kommen auf die Grösse mittlerer Eigenschaft T beobachtete Einzelfälle (T Ordinate des Gipfels der Curve), während für die Nachbargrössen die Häufigkeit des Vorkommens im Verhältniss der dem Mittelwerth benachbarten Binomialcoefficienten abnimmt. Die Curve für $2^{18} = 1 + 18 + 153 + 816 + 3060 + 8568 + 18564 + 31824 + 43758 + 48620 + 43758 + . . + 153 + 18 + 1 = 262144$ setzt also z. B. eigentlich $N = 262144$ Einzelbeobachtungen voraus, von denen auf das mittlere Merkmal $T = 48620$ fallen (Gipfel der Quételet'schen Curve), während die Häufigkeit der benachbarten Vorkommnisse durch die Ordinaten vom Verhältniss 43758 : 31824 etc. ausgedrückt wird.

Reducirt man die grosse Zahl auf je 1000 Einzelbeobachtungen, so erhält man an Stelle der obigen Binomialcoefficienten die folgende Vertheilung der Frequenz der Einzelfälle:

																			Sa.
1.	500	500	0	0	0	0	0	0	0	0	0	0	0	0	0	0	0	0	1000
2.	250	500	250	0	0	0	0	0	0	0	0	0	0	0	0	0	0	0	1000
3.	125	375	375	125	0	0	0	0	0	0	0	0	0	0	0	0	0	0	1000
4.	62	250	376	250	62	0	0	0	0	0	0	0	0	0	0	0	0	0	1000
5.	31	156	313	313	156	31	0	0	0	0	0	0	0	0	0	0	0	0	1000
6.	16	94	234	312	234	94	16	0	0	0	0	0	0	0	0	0	0	0	1000
7.	8	55	164	273	273	164	55	8	0	0	0	0	0	0	0	0	0	0	1000
8.	4	31	109	219	274	219	109	31	4	0	0	0	0	0	0	0	0	0	1000
9.	2	18	70	164	246	246	164	70	18	2	0	0	0	0	0	0	0	0	1000
10.	1	10	44	117	205	246	205	117	44	10	1	0	0	0	0	0	0	0	1000
11.	1	5	27	80	161	226	226	161	80	27	5	1	0	0	0	0	0	0	1000
12.	0	3	16	54	121	193	226	193	121	54	16	3	0	0	0	0	0	0	1000
13.	0	1	9	35	87	157	210	210	157	87	35	9	1	0	0	0	0	0	1000
14.	0	1	6	22	61	122	183	210	183	122	61	22	6	1	0	0	0	0	1000
15.	0	1	3	14	42	91	153	196	196	153	91	42	14	3	1	0	0	0	1000
16.	0	0	2	8	28	67	122	175	196	175	122	67	28	8	2	0	0	0	1000
17.	0	0	1	6	18	47	95	148	185	185	148	95	47	18	6	1	0	0	1000
18.	0	0	0	3	11	33	71	121	167	185	167	121	71	33	11	3	0	0	1000
19.	0	0	0	2	8	22	52	96	144	176	176	144	96	52	22	8	2	0	1000
20.	0	0	0	1	4	15	37	74	120	160	176	160	120	74	37	15	4	1	1000

gründen: „Jede beliebige erbliche Eigenschaft ist nicht nur in qualitativem, sondern auch in quantitativem Sinn erblich; und wenn die Messung einer gegebenen Eigenschaft bei einer Anzahl Individuen einer nämlichen Art nicht genau zu demselben Werth führt, so kommt das daher, weil viele uns theils bekannte, theils unbekannte, theils in dem Organismus, theils in der Aussenwelt liegende Ursachen auf die Vererbung einwirken und sie in ihrem Grade zu modificiren streben. Gesetzt, die einwirkenden Ursachen wären unendlich an der Zahl und diejenigen, welche den Werth der betreffenden Eigenschaften zu vergrösseren suchen, überböten nicht die ungünstigen Umstände, so müssten die Gesetze der Wahrscheinlichkeitslehre ihre völlige Anwendung finden. Es würden die Resultate der Messungen bei einer genügenden Anzahl Individuen zu einer graphischen Darstellung verwerthet Anleitung geben zu einem mit der binomialen Curve Newton genau übereinstimmenden Diagramm." (Ber. d. deutsch. botan. Ges. XII. 1894. p. 351).

$$T = \frac{n\,(n\text{-}1)\,(n\text{-}2)\,\ldots\,\frac{n}{2}+1)}{1\,.\,2\,.\,3\,\ldots\,\frac{n}{2}} \cdot \frac{1000}{2^n}\,; \qquad T_{n+2} = T_n\,\frac{n+1}{n+2}$$

Qu é t e l e t hat die Gültigkeit des Binomialgesetzes zunächst in glänzender Weise bestätigt gefunden hinsichtlich der Variabilität des Menschen. Nicht nur die Gesammtgrösse des menschlichen Körpers, sondern auch die Grössenverhältnisse der einzelnen Körpertheile etc. variiren innerhalb der gleichen Alters-classe eines Landes (Belgien, Frankreich etc.) um einen mittleren Werth, und bei graphischer Darstellung erhält man die binomiale eingipfelige Curve, so dass Qu é t e l e t bis in alle Einzelheiten Masse, Gewichte etc. eines „mittleren Menschen" in seiner Anthropo-metrie zu bestimmen vermochte „Qu'on prenne", sagt Qu é t e l e t (l. c. p. 412), „les hommes d'un même âge, qui ont trente ans par exemple, qu'on les mesure pour la hauteur, pour le poids, pour la force ou pour toute autre qualité physique quelconque, même pour une qualité intellectuelle ou morale, et l'on verra ces hommes se ranger, à leur insu et d'après la grandeur des mesures de la plus reguliére. Dans quelque ordre qu'on les prenne, ils se classent numériquement pour chaque âge comme les ordonnées d'une même courbe. Cette loi est uniforme et la courbe que je nomme binomiale reste la même; elle est parfaitement régulière, quelle que soit l'épreuve à laquelle on veuille soumettre la nature humaine. Un peuple ne doit donc point être considéré comme un assemblage d'hommes n'ayant aucaus rapports entre eux: il forme un ensemble, un corps des plus parfaits, composé d'éléments qui jouissent des propriétés les plus belles et les plus admirable-ment coordonnées."

Von den zahlreichen Tabellen, aus denen die Uebereinstimmung der aus den statistischen Ergebnissen gewonnenen Curven mit den nach dem Binomialgesetz construirten hervorgeht, soll hier nur eine einzige herausgegriffen werden.

Circonférence des poitrines des soldats du Potomac.

pouces anglais.	Nombre d'hommes: mesuré.	reduit.	calculé.
28	2	1	1
29	4	3	3
30	17	11	11
31	55	36	32
32	102	67	69
33	180	119	121
34	242	160	170
35	310	204	190
36	251	166	169
37	181	119	120
38	103	68	68
39	42	28	31
40	19	13	11
41	6	4	3
42	2	1	1
	1516	1000	1000

Die Zahl der gleichalterigen Soldaten von verschiedener Brustweite ordnet sich also völlig nach der Binomialcurve für 2^{18}, wie die Uebereinstimmung der auf 1000 reducirten Zahlen (dem 2. Bd. d. Internationalen statist. Congr. in Berlin von 1863, p. 751 entnommen) mit den in der vorletzten Tabelle (Reihe 18) mitgetheilten Zahlen ergiebt.

Q u é t e l e t hat bereits die Gültigkeit des binomialen Gesetzes auch für die Variabilität der Thiere und Pflanzen behauptet und an einem eklatanten Beispiel nachgewiesen, wie selbst unorganische Erscheinungen (die Abweichungen der Temperaturen vom Mittel) sich nach dem gleichen Gesetz zahlenmässig ordnen. F r a n c i s G a l t o n hat dann hauptsächlich auf anthropometrischem Gebiet die Gültigkeit des Q u é t e l e t'schen Gesetzes mannigfach bestätigt und die Curvenlehre und ihre praktische Verwendung weiter ausgebaut. (F. G a l t o n , Hereditary Genius London 1869 — English Men of Science, their Nature and Nurture London 1874. — Inquires into Human Faculties, Natural Inheritance London 1889. Vgl. auch die Litteraturangaben bei H. d e V r i e s , V e r s c h a f f e l t , A m m o n ; deren Werke weiter unten citirt sind.)

Auf botanischem Gebiet war es hauptsächlich H u g o d e V r i e s und nach ihm V e r s c h a f f e l t , die für die verschiedensten pflanzlichen Eigenthümlichkeiten eine Variabilität nach dem Q u é t e l e t'schen Gesetz (und damit auch die Existenz von m i t t l e r e n M e r k m a l e n der Pflanzenspecies, deren Bestimmung Gegenstand der „Phytometrie"*) wäre) erwiesen haben.

H u g o d e V r i e s (Ueber halbe Galtoncurven als Zeichen discontinuirlicher Variation. Ber. d. d. Bot. Gesell. Bd. XII. 1894. Heft 7) sagt: „Bekanntlich hat der belgische Anthropologe Q u é t e l e t entdeckt, dass die Variationen eines einzelnen Merkmales, bei zahlreichen Individuen der nämlichen Art oder Rasse untersucht, (symmetrisch) um ein Centrum grösster Dichtigkeit gruppirt sind. Die Gruppirung folgt dem bekannten Gesetze der Wahrscheinlichkeitslehre, also der binomialen Curve N e w t o n s . Je grösser die Zahl der untersuchten Einzelfälle, um so genauer stimmen die Beobachtungen mit diesem allgemeinen Gesetze überein . . In den letzten Jahrzehnten hat unsere Kenntniss auf diesem Gebiete namentlich durch die musterhaften Untersuchungen G a l t o n s und seiner Schule wichtige Bereicherung erfahren. . . . Seit vielen Jahren habe ich, namentlich an meinen Rasen-Culturen Material für solche Curven gesammelt. E s h a t s i c h d a b e i d a s

---

*) Für die Dimensionen der Blätter hat schon P o k o r n y versucht, Mitteldimensionen festzustellen. Die P o k o r n y'schen Mittel dürften aber nur Medianwerthe im Sinne Q u é t e l e t s darstellen, da sie die Durchschnittswerthe einzelner Blattmessungen sind. Bei Erneuerung der P o k o r n y'schen Untersuchungen wären die wahren Mittelwerthe durch Bestimmung des Curvengipfels nach dem Q u é t e l e t'schen Gesetz zu ermitteln. (Vergl. A. P o k o r n y , Ueber phyllometrische Werthe zur Charakteristik der Pflanzenblätter. Band LXXII. der Sitzber. d. k. Akad. d. Wiss. I. Abth. Dec.-Heft. Jahrg. 1875. 21 p. und 2 Tafeln.)

Quételet'sche Gesetz ganz allgemein bestätigt." Als-
Beispiel führt H. de Vries unter anderen an:

Oenothera Lamarckiana. Die Länge der reifen untersten Frucht
des Hauptstengels an 568 Pflanzen eines Standortes variirte von
15—34 mm und war im Mittel etwa 24 mm, die Beobachtungen
ergaben:

Mm   15 16 17 18 19 20 21 22 23 24 25 26 27 28 29 30 31 32 33 34
Individuen 1 1 5 11 17 27 37 62 74 83 79 51 43 32 18 13 5 5 3 1

(Ed. Verschaffelt, der nach Galton eine andere graphische
Darstellung anwendet*), fand für die gleiche Pflanze die Curven für
Länge und Breite der Rosetten- und Stengelblätter und die Länge
der Blüte. De Vries hat ferner für *Helianthus annuus* die Frucht-
länge, für *Coreopsis tinctoria* die Zahl der Strahlblüten, für
Anethum graveolens die Anzahl der Strahlen des endständigen
Schirmes bestimmt, wo überall die Zahlenreihen Curven ergeben,
die in hinreichender Weise mit der Wahrscheinlichkeitscurve übereinstimmen. Ed. Verschaffelt (Ueber graduelle Variabilität
von pflanzlichen Eigenschaften l. c.) hat u. A. das Gewicht der
Kartoffelknolle, Länge des ersten Internodiums unterhalb des männlichen Blütenstandes von *Zea Mays*, die Dimensionen der Blattspreite von *Ginkgo biloba* und von *Hedera Helix* var. *arborea*, das
Gewicht der Pflaume, die Zahl der Narbenstrahlen von *Papaver
somniferum*, die Anzahl Samen in der Frucht der Bohne (*Phaseolus
vulgaris*) nach der statistischen Methode untersucht und das
Quételet'sche Gesetz bestätigt gefunden.**)

H. de Vries hat schliesslich auch für die von mir publicirten
Variationscurven der *Compositen* (soweit nur ein Gipfel vorhanden,
bei den übrigen hinsichtlich des allgemeinen Verlaufes) die Uebereinstimmung mit den Quételet'schen Wahrscheinlichkeitscurven
hervorgehoben (H. de Vries, eine zweigipflige Variationscurve.
Archiv für Entwickelungsmechanik der Organismen. Band II.
Heft 1. p. 55.).

3. Summationscurven der *Umbelliferen*.

Die gesetzmässigen Ergebnisse bei den *Compositen* liessen
erwarten, dass auch bei den in biologischer Hinsicht verwandten
Inflorescenzen der *Umbelliferen* ähnliche Gesetzmässigkeiten in der
grossen Zahl sich ergeben würden. Die Untersuchungen wurden
begonnen mit *Aegopodium Podagraria*, wo die Resultate
zunächst zu weiteren Zählungen wenig ermuthigend waren (da

---

*) Die von Verschaffelt benutzte, dem Galton'schen Vertheilungs-
schema entsprechende Form der Wahrscheinlichkeitscurve erhält man, wenn
man die Elemente der Binomialentwicklung nicht als Ordinaten wählt, sondern
horizontal nach einander auf einer Horizontallinie abträgt, in der Mitte eines
jeden Abschnittes eine Ordinate errichtet, diese successive = 1, 2, 3, 4 etc.
mm lang macht und schliesslich deren Gipfel verbindet.

**) Verschaffelt hat in dem Verhältniss des Galton'schen Quartil-
und Medianwerthes $\frac{Q}{M} = V$ ein empirisches Maass für die Variabilität gefunden (vgl. Ber. d. D. B. Ges. XXII. Heft 10. p. 353).

an dem gleichen Standort oft sämmtliche Exemplare von demselben Rhizom entsprungen sind). Erst die statistischen Feststellungen bei *Torilis Anthriscus, Heracleum Sphondylium, Pimpinella Saxifraga, Orlaya grandiflora, Chaerophyllum aureum* und *Silaus pratensis* etc. führten zur Auffindung der die Zahl der Strahlen (Döldchen) der Hauptdolden der *Umbelliferen* beherrschenden Gesetze.

Heracleum Sphondylium.

Die Zahlen der Hauptstrahlen der Dolde (Zahl der Döldchen) waren die folgenden bei 500 Zählungen:

6	7	8	9	10	11	12	13	14	15	16	17	18	19	20	21	22	23	24	25
bei 2	12	27	29	**72**	53	59	**72**	53	43	22	18	9	15	5	3	3	1	—	2

Dolden.

Die Zählungen setzen sich aus den folgenden Einzelzählungen zusammen:

	6	7	8	9	10	11	12	13	14	15	16	17	18	19	20	21	22	23	24	25	Döldchen	Sa.
	1	5	13	12	14	14	20	**31**	28	23	10	9	2	11	3	1	1	—	—	2	"	200
bei	—	3	3	1	8	11	16	**19**	10	5	4	6	7	2	1	2	2	—	—	—	"	100
	1	1	8	11	**23**	18	11	8	7	5	3	2	—	1	—	—	—	1	—	—		100
	—	3	3	5	**27**	10	12	14	8	10	5	1	—	1	1	—	—	—	—	—		100

Exempl.

Hiervon wurden die ersten 300 Exemplare auf Wiesen bei Schmalkalden und Schleusingen gesammelt, die letzten 200 an einem trocknen Chausseerand zwischen Schleusingen und Erlau in Thüringen. Das Diagramm der ersten 300 Zählungen stellt Taf. II, Fig. 1A, das der letzten 200 Fig. 1B und das der gesammten Zählungen C dar. Die Curven B und C stellen die einfachen Variationscurven dar, wie sie bei den *Compositen* häufig beobachtet wurden, mit einem Hauptgipfel und secundären Maximis und zwar liegt bei

A der Hauptgipfel bei 13, Nebengipfel bei 8, 10 etc.

B „ „ „ 10, „ „ 10, 13, 15 etc.

C stellt eine **z w e i g i p f e l i g e C u r v e** dar mit den Hauptgipfeln bei 10 und 13.

Beim Zählen von weiteren 200 Exemplaren von einer Wiese trat im Verlauf der 2gipfeligen Curve nur eine Erhöhung des Gipfels bei 13 im Verhältniss zu dem bei 10 ein. Es lagen demnach **2 R a s s e n v o r m i t d e n H a u p t g i p f e l n b e i 1 0 u n d 1 3** und die Mischkurve ist von der relativen Häufigkeit der Rassen abhängig, wie dies bei *Torilis* noch weiter zu erörtern ist.

Torilis Anthriscus.

Die Variationscurven für die Zahl der Hauptdolden-Strahlen sind auch hier in der Regel mehrgipfelig bei Berücksichtigung eines grösseren Areals und zwar fand ich sie **z w e i - o d e r d r e i - g i p f e l i g m i t d e n H a u p t e r h e b u n g e n b e i 8, 10, (5).** Dieselben kommen gleichfalls durch **S u m m a t i o n** (der Ordinaten) **e i n f a c h e r V a r i a t i o n s c u r v e n v e r s c h i e d e n e r R a s s e n** zu Stande. Um Schmalkalden fand ich verbreitet die 8er- und die 10er-Rasse, die oft ausgedehnte Areale jede für sich einnahmen. Fig. 2 stellt bei A die **einfache Curve der Achter-Rasse** nach Zählung von Exemplaren am Grasberg bei Schmalkalden, bei B die **einfache Curve der Zehner-Rasse** vom Stillerthor bei Schmalkalden und bei C die Curve der Exemplare eines wenig ausgedehnten Standortes bei Schmalkalden dar. Fig. 2D stellt die durch Summation der Ordinaten von A, B, C erhaltene Curve dar. Die zu Grunde liegenden Zahlen sind für:

	5	6	7	8	9	10	11	12	13
A	1	11	18	**45**	28	20	5	4	1
B	—	1	5	8	13	**25**	12	5	2
C	—	5	7	9	8	**12**	8	1	1
D	I	17	30	**62**	49	**57**	25	10	4

Die theoretische Summationscurve bei Einzelrassen (A, B, C) stimmt nahezu mit der **zweigipfeligen Curve** überein, die meine ersten 443 Zählungen ergaben (Fig. 3, F). Das Ergebniss dieser Zählungen war:

5	6	7	8	9	10	11	12	13	14	15	16
4	27	47	**135**	108	**117**	72	17	9	3	3	1

In einem Haine am Wolfsberg bei Schmalkalden fand ich sodann auf einer Ausdehnung von mehr als einem Ar ausschliesslich eine strahlenarme Form (die ich nachdem bei Greiz häufiger antraf). Die Zählung von 500 Exemplaren ergab, dass es sich hier (Fig. 3E) um eine **dritte Rasse** von *Torilis* mit dem **Gipfel bei 5** handelt:

3	4	5	6	7	8	9	10
7	60	**213**	152	46	18	3	1

Die Summe aller Zählungen, die ich bisher vorgenommen, ergab:

3	4	5	6	7	8	9	10	11	12	13	14	15	16
7	74	**244**	237	132	**177**	117	**125**	34	17	9	3	3	1

Die Curve ist in Fig. 2G dargestellt. Es ist aber klar, dass die **Gesammtcurven** von Zählungen, die auf die verschiedenen Rassen keine Rücksicht nehmen, sehr verschieden ausfallen können, je nach der relativen Häufigkeit der Einzelrassen in dem gezählten Material. G ist durch Summation von E und F entstanden. Es sind also von der Rasse 5 fast ebensoviel Exemplare wie von der 8- und 10-Rasse zusammen berücksichtigt. Nimmt man die 5 etwa in der Frequenz der 10, so würde man die dreigipfelige Curve ($C_{5,\ 8,\ 10}$) Fig. 4 H (Ordinaten = $F + \dfrac{E}{2}$) erhalten. Zum Vergleich ist auch noch die Curve mit den Ordinaten $F + \dfrac{E}{3}$ dargestellt, um zu zeigen, wie der eine Gipfel dann von der 5 auf die 6 übergeht (wegen der grossen Nähe der 6 an beiden Gipfeln vgl. auch *Pimpinella* und *Aegopodium*).

Es ist von allgemeinem Interesse, zu verfolgen, in welcher Weise eine polymorphe Curve bei zunehmender Zahl der untersuchten Individuen sich ausgestaltet und sollen hier noch die progressiven Aenderungen der zweigipfeligen Curve mit Zunahme der gezählten Individuen für die ersten 543 Zählungen von *Torilis* zu dem Zweck kurz erörtert werden.

Die nach und nach gewonnenen Zahlen waren:

	5	6	7	8	9	10	11	12	13	14	15	16
I	—	4	9	42	34	21	27	6	4	3	—	1
II	1	7	14	61	56	49	41	7	5	3	—	1
III	1	8	19	72	69	76	53	12	7	3	3	—
IV	3	16	29	90	80	97	67	13	8	3	3	1
V	4	27	47	135	108	117	72	17	9	3	3	1

Stellt man sich die entsprechenden Curven übereinander dar (die Zeichnungen sind hier nicht dargestellt), so ist leicht zu erkennen, wie zwar der Hauptgipfel 8 von Anfang an vorhanden ist, wie sich aber in dem absteigenden Ast bei 10 zunächst ein Minimum (vor dem Maximum bei der Zahl 11) findet, das dann verschwindet, um einem Haupt-Maximum bei 10 Platz zu machen (erst zuletzt macht sich der erhöhte Einfluss der 8er-Rasse wieder geltend). Die charakteristische Zwischenform bei III, wie das erste Auftreten eines Minimums im absteigenden Ast etc. in den ersten Zählungen deuten häufig das spätere Maximum in der grossen Zahl an.

Die Individuen von *Torilis* sind stark verästelt und man trifft — ähnlich wie auch bei anderen *Umbelliferen* — nicht selten die den Rassen eigenen Zahlen bereits an demselben Individuum zugleich im Uebergewicht. (Die späteren Rassenunterschiede also bereits im Individuum vorbereitet.) Zuweilen sind alle oder die Mehrzahl der Dolden eines Individuums von gleicher Strahlenzahl.   (Fortsetzung folgt.)

Ueber ursprüngliche Pflanzen Norddeutschlands.

Berichtigung zu dem Aufsatze in Bd. LXIII. No. 10/11 dieses Jahrgangs.

Von
Ernst H. L. Krause
in Schlettstadt.

Dass die jetzt in Norddeutschland wachsenden hapaxanthen Arten erst nach der Eiszeit, und zwar grossentheils unter menschlichem Einfluss, eingewandert sind, habe ich nie bestritten. Aber nicht nur diese, sondern auch die perennirenden Arten sind erst nach der Eiszeit eingewandert. Durch die vorhergegangene Eiszeit erklärt sich also die allgemeine Artenarmuth der norddeutschen Flora. Aber die verhältnissmässige Armuth dieser Flora an Hapaxanthen lässt sich trotz Höck und Erdmann nicht auf die Eiszeit schieben.

Originalberichte gelehrter Gesellschaften.

Botaniska Sektionen af Naturvetenskapliga Studentsällskapet i Upsala.

Sitzung vom 3. December 1891.

Dr. A. Y. Grevillius legte

monströse Früchte von *Aesculus Hippocastanum*

vor, die sich durch das Auftreten accessorischer Fruchtblätter auszeichneten. Ein Aufsatz über diesen Gegenstand mit dem Titel „Om fruktbladsförökning hos *Aesculus Hippocastanum* L." ist in Bihang till K. Vetenskaps-Akademiens Handlingar. Bd. XVIII. Afd. III. No. 4 veröffentlicht.

Sitzung vom 4. Februar 1892.

Prof. F. R. Kjellman gab eine Mittheilung:

Ueber die Ausbildung der Placenta

und suchte dabei nachzuweisen, dass bei verschiedenen Pflanzen (wie *Cyclanthera explodens*, *Solanum*-Arten, *Hyoscyamus niger*, *Datura Stramonium*, *Cuphea platycentra*, *Agrostemma Githago*, *Lysimachia vulgaris*, *Papaver somniferum* u. a.) die Placenta eine derartige Organisation besitzt, dass sie zur Samenverbreitung dieser Pflanzen in wesentlichem Grade mitzuwirken scheint.

Licentiat K. Starbäck demonstrirte:

Eine neue *Nectria*-Art,

die auf *Orchideen*-Körben im Gewächshause des botanischen Gartens zu Upsala vorkam und *N. granuligera* benannt wurde. Dieselbe ist unter Nummer 1082 in Rehm's „*Ascomycetes* exsiccati" vertheilt worden.

Sitzung vom 18. Februar 1892.

Dr. A. Y. Grevillius theilte seine

Untersuchungen über die Anatomie des Stammes und der Blätter einiger *Veronica*-Formen

aus den Alvar der Insel Öland mit.

Herr Knut Bohlin hielt einen Vortrag:

Ueber Schneealgen aus Pite-Lappmark.

Vortr. gab zuerst eine geschichtliche Darstellung der angestellten Forschungen über die Organismen des Schnees und des Eises und theilte das Hauptsächlichste mit, was man zur Zeit über die Lebenserscheinungen und die Verbreitung dieser abgehärteten Pflanzen und zwar speciell über diejenigen Algen wusste, welche man auf dem Schnee und dem Eise in den arktischen und alpinen Regionen angetroffen hatte.

Vortr. hatte im Sommer 1891 eine Reise quer durch Pite-Lappmark in Norwegen hinein gemacht und dabei an zwei Orten „rothen Schnee" gefunden.

Erst auf dem Grenzrücken zwischen Schweden und Norwegen und zwar ungefähr gerade vor dem See Quouelletesjaur wurde ein Schneefeld von etwa ein paar hundert Meter Länge angetroffen, wo der Schnee in den Vertiefungen seiner Oberfläche schwach rosenfarben war. In den mitgebrachten Proben waren, wie es sich herausstellte, folgende Algenformen enthalten:

Sphaerella nivalis. Diese Alge, welche die Hauptmasse bildete, war nur im ruhenden, kugelförmigen Stadium vorhanden. Diam. cell. 8—20—50 μ.

Zygnema sp. (steril).

Conferva sp. Lat. cell. 10 μ, long. 25 μ.

Cladophora sp. Nur ein einziges kleines Stückchen eines Astes wurde in der Probe gefunden.

Stigonema sp.

Gloeocapsa sanguinea Kg. Die äusserste, fast farblose Hülle zeigte eine sehr schroffe Oberfläche.

Gloeocapsa Magma Kg.

Oscillaria sp. Ein schön blaugrüner, wie es schien, ganz frischer Faden von 100 μ Länge und 7,5 μ Dicke war das einzige, was man von dieser Gattung finden konnte.

Ausserdem kam in der Probe ziemlich reichlich eine Form vor, über welche Vortr. nicht ganz im Klaren war. Sie bestand normal aus einem drei- bis vierarmigen Kreuz. Wenn die Arme drei an der Zahl waren, lagen sie gewöhnlich nicht ganz in derselben Ebene, sondern bildeten die Kanten einer sehr niedrigen dreiseitigen Pyramide mit der Mitte der Zelle als Spitze.

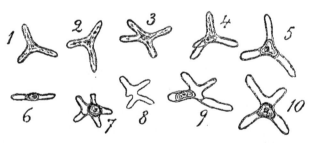

Waren es vier Arme, so lagen sie oft in zwei gegeneinander annähernd winkelrechten Ebenen (Fig. 4). Bisweilen wurden Individuen mit fünf Armen gefunden, diese hatten aber meist ein etwas monströses Aussehen (Fig. 7 und 8); wenn ein dreiarmiges Individuum auf der Kante steht, bekommt es mitunter ein Aussehen, als ob es nur zwei Arme besässe (Fig. 6). Der Zellinhalt, welcher zuerst gleichmässig vertheilt war (Fig. 1), zog sich allmählich gegen das Centrum des Kreuzes (Fig. 2 und 3) und wurde dort von den Armen durch Zellwände abgegrenzt, welche gegen die Längsrichtung der Arme winkelrecht waren (Fig. 4). Das

letztere Stadium, welches bei Weitem das häufigste war, zeigte in
der Mitte der Zelle ein sporenähnliches Körperchen (Fig. 5, 10).
Ueber die Entstehungsweise desselben ist man sich nicht ganz
klar; an gewissen Exemplaren konnte man ausserhalb der dicken,
gelben und stark lichtbrechenden Wand der Spore einen schwachen
Streifen von derselben Farbe und Lichtbrechung, wie die Zellwand
der Arme (Fig. 5, 10); in anderen Fällen liess sich nichts Aehnliches beobachten (Fig. 9).

Im ersteren Falle sieht es also aus, als ob der Zellinhalt,
nachdem er sich im Centrum angesammelt und dort gegen die
Arme abgegrenzt worden, sich mit einer e i g e n e n Zellwand um-
gebe. Möglich ist, dass die Spore sich in gewissen Fällen gegen
die ursprüngliche Zellwand so stark presst, dass diese so dünn
wird, dass man sie bei dem Vergleich mit der dicken Sporenwand
nicht leicht wahrnehmen kann. Der Inhalt der Spore scheint
irgend ein öliger Stoff zu sein. Bisweilen liegt die Spore etwas
excentrisch, ja sogar im äussersten Ende eines der Arme (Fig. 9).

Da die meisten der vom Vortr. eingesammelten Algen, worunter
auch der grössere Theil von *Sphaerella nivalis,* sich durch die
Conservirungsflüssigkeit (Kaliumacetat) entfärbt hatten, kann man
nicht mit völliger Gewissheit behaupten, der genannte Organismus
sei eine Alge. Alle Wahrscheinlichkeitsgründe sprechen jedoch
dafür. Er kam nämlich in verhältnissmässig grosser Menge in
verschiedenen, offenbar auf einander folgenden Entwicklungsstufen
vor, was entschieden zu beweisen scheint, dass er auf dem Schnee
gelebt und sich dort entwickelt hat. Jeder Gedanke an Pilzsporen
oder dergleichen fällt dadurch weg.

Ist er mit vier Armen und einer in der Mitte liegenden Spore
versehen, so erinnert er unbestreitbar sehr an eine kleine *Mougeotia,*
deren copulirende Zellen sich von ihrem Zusammenhang mit den
übrigen Zellen des Fadens frei gemacht haben. Wahr ist auch,
dass man bisweilen solche aus ihrer Verbindung mit den sterilen
Zellen gelösten copulirenden *Mougeotia*-Fäden auf einem so jungen
Stadium erblickt, dass sich nur der Copulationscanal gebildet hat,
aber nichts Weiteres. Dass es sich indessen hier kaum um eine
solche Erscheinung handeln kann, geht aus den nachfolgenden
Verhältnissen hervor:

1. Keine sterilen, geraden, durch ihre Grösse und ihr Aussehen
   im Uebrigen an die oben genannte Form erinnernden Zellen
   waren zu finden, welche die sterilen Zellen des zerfallenen
   Mougeotia-Fadens repräsentiren könnten.
2. Losgerissene *Mougeotia*-Zellen haben uhrglasförmig abgerundete
   Enden, was hier nicht der Fall ist (siehe Figg.).
3. Ein dreiarmiges Kreuz würde eine Copulation voraussetzen,
   wo die Mitte einer Zelle sich mit der Spitze einer anderen
   vereinigt hätte. Noch seltsamer wäre eine Copulation, wodurch
   ein fünfarmiges Kreuz entstanden sein könnte.

Der oben erwähnte Organismus erinnerte ein wenig an diejenigen Formen, welche E h r e n b e r g, Infusorien. Tab. X. Fig.
XIV c—d, unter dem Namen *Staurastrum paradoxum* abgebildet hat.

Noch mehr erinnerte er aber an eine der Gattung *Polyedium* nahestehende, von P. Reinsch*) unter dem Namen *Cerasterias raphidioides* beschriebene Form. Auch diese stellte ein drei- bis mehrarmiges Kreuz dar; unter den vielen Formen dieser Art hatte eine stumpfe Arme, ungefähr wie bei der auf dem Schnee gefundenen. Die Breite der Arme von *Cerasterias raphidioides* Reinsch schwankte zwischen 2 und 4 μ, die der Schneealge zwischen 2,5—5 μ. Die Fortpflanzung von *Cerasterias raphidioides* war ganz unbekannt. Vorausgesetzt, dass die auf dem Schnee gefundene Alge zur Gattung *Cerasterias* zu bringen wäre, so könnte man sich leicht denken, dass eine Art, die auf einem so kargen Lokale, wie es der Schnee ist, es nöthig hat, ihre Existenz durch irgend eine Art von dickwandigen Sporen zu schützen, dass aber solche bei südlicheren Formen überflüssig sind. Da die Entwicklung so unvollständig bekannt und nur an todtem Material untersucht worden war, wäre es vielleicht gewagt, eine neue Art aufzustellen. Da dies nun jedoch versucht wurde, so geschah es aus dem Gesichtspunkte der Bequemlichkeit. Für die gefundene Art wird daher der Name *Cerasterias nivalis*, obgleich nur vorläufig, vorgeschlagen.

Cerasterias nivalis K. Bohlin (Bot. Not. 1893. p. 46).

Species 3—5 radiis obtusis instructa, aplanosporo (akineto?) in medio cellulae vulgo formato. Cr. radiorum 2,5—5 μ. Habitat in nive.

Am 11. August, einige Tage nach dem oben beschriebenen Funde, wurde auf dem Hochgebirge Tjidtjakk ca. 3500' über dem Meere ein kleines Schneefeld angetroffen, wo der Schnee stellenweise äusserst schwach hellroth war. Es stellte sich aber heraus, dass die von dort mitgebrachte Probe verhältnissmässig weniger von *Sphaerella nivalis*, dagegen mehr von anderen Algen, besonders *Desmidiaceen* und *Diatomeen* enthielt. Da sich diese aber grösstentheils in fragmentarischem Zustande befanden, so wäre es wahrscheinlich oder doch möglich, dass sie nicht alle wirklich auf dem Schnee gelebt hätten, sondern zusammen mit einer Menge anderer organischer oder unorganischer Reste, z. B. Pollenkörnern, Moosblättern, Bastzellen, Flügelschuppen von Schmetterlingen, staubfeinen Mineralbestandtheilen u. s. w., dorthin geweht wären.

Diejenigen Formen, welche verhältnissmässig reichlich in vollständigen Exemplaren und mit I n h a l t vorkamen und also wahrscheinlich auf dem Schnee gewachsen waren, waren ausser *Sphaerella* folgende:

Gloeocapsa Magma Kg.

Mougeotia sp. (steril). Lat. 7,5 μ.

Euastrum elegans Kg. Long. 23 μ, lat. 15 μ.

Cosmarium Phaseolus Bréb. Long. 27 μ, lat. 27,5 μ.

Cosmarium undulatum Corda. Long. 30 μ, lat. 24 μ.

Cosmarium tinctum Ralfs. Long. 7,5 μ, lat. 6 μ.

In dieser letzteren Collecte war das Thierleben durch eine kleine Poduride vertreten.

---

*) P. Reinsch, Algenflora des mittleren Theiles von Franken.

Sitzung vom 31. März 1892.

Licentiat T. **Hedlund** hielt einen Vortrag:

Ueber verschiedenartige Excipulum-Typen bei
den Flechten.

(Siehe He dl un d, Kritische Bemerkungen über einige Arten
der Flechtengattungen *Lecanora* (Ach.), *Lecidea* (Ach.) und *Micarea*
(Fr.). [Bihang till K. Vetenskaps-Akademiens Handlingar. Band
XVIII. Afd. III. No. 3.])

Gust. O. Malme:

Ein Fall von antagonistischer Symbiose zweier
Flechtenarten.

Bevor die Schwendener-Bornet'sche Flechtentheorie
anfing, allgemeineren Eingang unter den Lichenologen zu finden,
war man eine Zeit lang geneigt, fast alle „Lichenes parasitantes"
zu den *Ascomyceten* zu zählen. Diese Parasiten können sich indessen der befallenen Flechte gegenüber in verschiedener Weise
verhalten. In einigen Fällen scheint das Hyphensystem des Parasiten
sich nicht im Geringsten umzubilden, um mit den Gonidien des
Wirthes in eine nähere Verbindung zu treten, und auch keine
eigenen solcher zu besitzen. In diesem Falle kann wohl kaum
von einer Schmarotzerflechte die Rede sein, es liegt dann lediglich
ein auf einer Flechte schmarotzender *Ascomycet* vor.

In anderen Fällen werden die Hyphen der angegriffenen
Flechte nach den Untersuchungen des Prof. Th. Fries*) und
des Oberlehrers S. Almqvist**) zerstört, während ihre Gonidien
unbeschädigt bleiben und, wie es scheint, zusammen mit den
Hyphen der angreifenden Pflanze einen neuen Flechtenthallus
bilden.

In noch anderen Fällen werden sowohl die Gonidien, als die
Hyphen der angegriffenen Flechte zerstört und die angreifende ist
mit eigenen Gonidien versehen, die wahrscheinlich sämmtlich sich
aus den Algen, mit welchen das junge Mycel zuerst in Verbindung
trat, entwickelt haben. Verf. will hier über einen Fall von solcher
antagonistischer Symbiose zweier Flechten berichten, um einigermaassen dazu beizutragen, die Aufmerksamkeit auf diese wahrscheinlich nicht seltene, aber vielfach übersehene, interessante
Erscheinung zu lenken.

An offen, etwas hoch gelegenen Mauern, an Wanderblöcken
und an trockenen, dem Winde ausgesetzten Granitfelsen kommt
im südlichen und mittleren Schweden nicht selten eine, wie es
scheint, hauptsächlich Skandinavien zukommende *Lecanora*-Art,
L. atriseda (Fr.) Nyl., vor, leicht erkennbar an ihrem dunkelbraunen,
gewöhnlich aus zerstreuten Wärzchen bestehenden Thallus und
ihren zuletzt convexen Apothecien. Ausserhalb Skandinaviens

---

*) Th. M. Fries, Lichenographia Scandinavica. p. 343.
**) S. Almqvist, Monographia Arthoniarum Scandinaviae. p. 7.

dürfte sie sehr selten sein. In Deutschland war sie, nach Sydow's Zusammenstellung der Flechten Deutschlands*) zu urtheilen, im Jahre 1887 noch nicht gefunden; in England**) war sie vor dem Jahre 1872 nur an einem einzigen Locale beobachtet worden. In gewissen Gegenden Schwedens ist sie, wie erwähnt, keineswegs selten. So z. B. wurde sie vom Verf. in den Sommern 1890 und 1891 an vielen Orten Schonens beobachtet, und besonders auf dem Linderödsås fehlte sie wohl an keinem für dieselbe passenden Lokal. Obgleich sie nicht in grösserer Menge vorkam, kann man doch sagen, dass sie — nebst *Rhizocarpon geographicum* (L.) und mehreren *Lecideen*, z. B. *L. fuscoatra* (L.), *L. convexa* (Fr.) *α) musiva* (Körb.), *L. lapicida* (Ach.), *L. plana* Lahm. und *L. pycnocarpa* Körb. — einen wesentlichen Bestandtheil der Flechtenvegetation der alten Mauern bildet.

In der Umgegend von Stockholm, wo *Lecanora atriseda* (Fr.) z. B. in den Bergen ausserhalb Danviken auch nicht selten ist, machte Verf. auf seinen Excursionen daselbst im Jahre 1889 die Beobachtung, dass dieselbe immer im Thallus von *Rhizocarpon geographicum* (L.) eingesprengt vorkam. So war es auch stets in Schonen der Fall. Nachdem Verf. auf dieses Verhältniss aufmerksam geworden war, war es ihm in der Regel nicht schwer, überall, wo letztere Pflanze an offenen, trockenen Localen vorkam, wenigstens eine oder die andere Thalluswarze von *Lecanora atri-seda* (Fr.) auf derselben aufzuspüren. Auch in Östergötland, im südwestlichen Södermanland, in Bohuslän und in der Gegend von Upsala hat Verf. dasselbe Verhältniss zwischen diesen beiden Flechtenarten beobachten können. Es lag also nahe, anzunehmen, dass *Lecanora atriseda* (Fr.), wo sie vorkommt, stets an *Rhizocarpon geographicum* (L.) gebunden ist.

Eine Untersuchung aller Herbarexemplare derselben, die dem Verf. zu Gebote standen, hat eine Stütze für diese Vermuthung geliefert. So oft als so vollständige Exemplare vorlagen, dass man von den die *Lecanora* begleitenden Flechten etwas sehen konnte, zeigte sie sich zunächst von dieser *Rhizocarpon*-Art umgeben. Besonders deutlich tritt dies an Exemplaren hervor, die von E. Fries in Femsjö gesammelt sind (Originalexemplare).

Dass die *Lecanora* das *Rhizocarpon* angreift, und nicht umgekehrt, geht schon aus einer makroskopischen Untersuchung hervor, es zeigt sich dies aber noch deutlicher, wenn man das Mikroskop zur Hilfe nimmt. Nicht selten findet man Thalluswarzen, die zum Theil aus einer noch unzerstörten *Rhizocarpon*-Warze bestehen, während ein anderer Theil ganz und gar zu einem Theil des *Lecanora*-Thallus übergegangen ist. Der *Lecanora*-Theil ist ziemlich scharf begrenzt, während der *Rhizocarpon*-Theil nach ersterem zu seine charakteristische gelbe Farbe allmählich einbüsst und schwarz

---

*) P. Sydow, Die Flechten Deutschlands. Berlin 1887.
**) W. A. Leighton, The Lichen-flora of Great-Britain, Ireland and the Channel Islands. Ed. II.

mit einer etwas blauen Abstufung wird.*) Gelingt es, einen ganzen
Schnitt durch eine solche Warze zu erhalten, was jedoch mit
gewissen Schwierigkeiten verknüpft ist, weil sich derselbe an der
Grenze zwischen dem *Rhizocarpon*-Theil und dem *Lecanora*-Theil
leicht zerbröckelt, so stellt es sich heraus, dass ersterer aus einer
dünnen Corticalschicht, einer ebenfalls dünnen und wenig zusammenhängenden Gonidialschicht**) und einer aus kurz gegliederten
Hyphen zusammengesetzten Medullarschicht besteht. In letzterem,
der aus denselben Schichten besteht, ist die Corticalschicht beträchtlich dicker und mehr zusammenhängend, und die Medullarschicht besteht aus ziemlich langgegliederten Hyphen, die sich
durch Jod nicht blau färben. Zwischen ihnen befindet sich eine
dunkle Partie, die unter dem *Rhizocarpon*-Theil hervorragt und,
wie sich nach passender Behandlung mit Kalilauge, Salpetersäure
und Jod herrausstellt, aus Ueberresten von *Rhizocarpon*-Hyphen,
abgestorbenen Gonidien und Hyphen besteht, welche von der
Lecanora auslaufen. Hier und da in demjenigen Theile dieser
Partie, der dem noch nicht angegriffenen Theile von *Rhizocarpon*
am nächsten liegt, befinden sich vereinzelte Knäuelchen von noch
lebenden Gonidien, mit Hyphen umgeben, die letzterer Flechte
angehören. Aus dem Gesagten geht hervor, dass es die Medullarschicht ist, in welche die *Lecanora*-Hyphen zuerst hineindringen,
und dass die über der Medullarschicht liegende Gonidialschicht
(sammt der Corticalschicht) sodann zerstört oder in kleine Knäuelchen,
die allmählich getödtet werden, zersprengt wird. Verf. hält es
also für wahrscheinlich, dass die *Lecanora*-Hyphen die Nahrung,
welche etwa in der Medullarschicht des *Rhizocarpon* ausgespeichert
ist, aus dieser holen. Von da dringen sie in die Gonidialschicht
hinauf und zerstören dieselbe, und erst wenn benachbarte Theile
des *Rhizocarpon* vollständig getödtet worden sind, dringt die
Gonidialschicht der *Lecanora* hervor und ihre Corticalschicht entwickelt sich.

Dass Gonidien aus *Rhizocarpon* in den *Lecanora*-Thallus lebend
eingeschlossen und seiner Gonidialschicht einverleibt werden, hat
Verf. nicht bemerken können. Es spricht nichts dafür, dass dies
der Fall wäre. Wie die Gonidien getödtet werden, ob die *Lecanora*-
Hyphen deren Membran durchbohren und dieselben aussaugen,
oder ob das Tödten in anderer Weise geschieht, hat er noch nicht
entscheiden können; er ist jedoch wenig geneigt, ersteres Verfahren anzunehmen.

Da an einem älteren Thallus von *Lecanora atriseda* häufig
nur zerstreute Reste von *Rhizocarpon* im Umkreise desselben übrig
sind und der Nahrungstransport in einer Pflanze, wie der vorliegenden, wahrscheinlich nicht über verhältnissmässig besonders
lange Strecken stattfindet, sondern die einzelnen Thalluswarzen

---

*) Man trifft auch ganze Warzen, die ungefähr gleichzeitig auf ihrer ganzen
Oberfläche diese dunkle Farbe angenommen haben.
**) Die Gonidien sind bei dieser Flechte, wie bei den *Archilichenes* im All-
gemeinen, mit kurz gegliederten Hyphen umsponnen, nicht durch Haustorien an
denselben befestigt.

wohl ein ziemlich selbständiges Leben führen, ist es anzunehmen, dass nur die in Bildung begriffenen und die jüngeren Thalluswarzen aus der hier besprochenen Symbiose einigen Nutzen ziehen; die älteren müssen dasselbe Leben führen, wie die Steinflechten im Allgemeinen.

Ein Verhältniss, übereinstimmend mit dem zwischen den erwähnten zwei Flechten bestehenden, findet auch zwischen *Lecidea intumescens* (F. W.) und *Lecanora sordida* (Pers.) statt, was von Th. M. Fries u. A. hervorgehoben worden ist. Ueber das Vorkommen von *Lecidea intumescens* sagt er in Lichenogr. Scand. p. 529: „... inter crustam *Lecanorae sordidae*, supra quam mortifera sese expandit ...“ Der Verlauf dieses Tödtens ist hier fast ganz derselbe, wie der oben geschilderte. Diejenigen Knäuelchen von Gonidien (und dieselben umgebenden Hyphen), welche entstehen, wenn die Gonidialschicht der angreifenden Flechte zersprengt wird, sind doch hier bedeutend zahlreicher und leichter wahrnehmbar, als bei *Rhizocarpon geographicum* (L.). Je näher sie der angreifenden Flechte liegen, in desto höherem Grade ist das Chlorophyll der Gonidien zerstört und ihre Membran gleichzeitig dunkler geworden. Zuletzt sind nur Haufen von getödteten schwarzbraunen Gonidien übrig. Dass die Hyphen der angreifenden Flechte die Membran der absterbenden Gonidien durchbohrt hätten, hat Verf. nicht beobachtet.

Dass eine Flechtenart in ihrem Vorkommen an eine besondere andere streng gebunden ist und für ihr Gedeihen dieselbe tödten muss, dürfte wohl keine besonders seltene Erscheinung sein. Es erfordert aber Untersuchungen an verschiedenen Stellen in der Natur, um für jeden einzelnen Fall ein bestimmtes Urtheil abgeben zu können. Möglich mag es etwa bisweilen sein, dass diejenige, welche auf einem Gebiete eine gewisse Art angreift, auf einem anderen eine andere befällt. Unter Flechten, welche Verf. im Verdacht hat, dass sie sich in derselben Weise wie *Lecanora atriseda* (Fr.) verhalten, mögen zwei an vielen Stellen des östlichen Schonens vorkommende *Buellia*-Arten genannt werden: *B. verruculosa* (Borr.) und *B. aethalea* (Ach.)*), welche beide an *Rhizocarpon distinctum* Th. Fr. gebunden zu sein scheinen.

Botanische Gärten und Institute.

Beal, W. J., Notes from a Botanic Garden. I. (The Garden and Forest. VIII. 1895. p. 303.)

Goodale, G. L., The New York Botanic Garden. (Science. N. S. II. 1895. p. 1—2.)

---

*) „Maculas minutas inter alios lichenes saepe format“ ... Th. Fries Lich. Scand. p. 604.

Instrumente, Präparations- und Conservations-Methoden etc.

Centanni, Eugenio, Notiz über experimentelle Technik. I. Saug- und Druck-
birne. II. Flasche zur Aufsammlung des Serums. III. Filter für Emulsionen.
IV. Tafel zur Befestigung von Kaninchen. (Centralblatt für Bakteriologie und
Parasitenkunde. Erste Abtheilung. Bd. XVIII. 1895. No. 9/10. p. 276—282.
Mit 6 Figuren.)

Eber, W., Instruction zur Untersuchung animalischer Nahrungsmittel auf Fäulniss.
8°. V, 42 pp. Berlin (Richard Schoetz) 1895.   M. 1.—

Tschernogubow, Eine leichte und schnelle Methode zur bakterioskopischen
Diagnose der Lepra. (Archiv für Dermatologie und Syphilis. Bd. XXXI.
1895. Heft 2. p. 241—243.)

Referate.

Schostakowitsch, W., Ueber die Reproductions- und
Regenerationserscheinungen bei den Lebermoosen.
(Flora oder allgemeine botanische Zeitung. Bd. LXXIX 1894.
Ergänzungsband. p. 350—384.)

Die überaus bedeutende Verbreitung der Lebermoose ist in
hohem Grade durch die Fähigkeit zur ausgiebigen ungeschlechtlichen Fortpflanzung bedingt. Diese geschieht entweder vermittelst
der Adventivsprosse oder der aus einer oder vielen Zellen bestehenden, von der Mutterpflanze sich ablösenden, besonderen Gebilde,
welche Brutzellen, Brutkörnchen oder Brutknospen heissen, je nachdem sie aus einer oder vielen Zellen bestehen. Es giebt aber
keine bestimmte Grenze zwischen Adventivsprossen und Brutknospen. Diese Gebilde stellen bezüglich der Art der Pflanzen-
entwickelung aus ihnen das Analogon der Sporen der betreffenden
Lebermoose dar:

Das Licht übt einen bedeutenden Einfluss auf die Pflanzenent-
wickelung aus der Brutknospe aus. Sporen von *Preissia* z. B.,
die man bei schwachem Licht cultivirt, erreichen nur das erste
Entwickelungstadium. Sie bilden nur einen Keimschlauch und
eine Keimscheibe, eine von den Zellen der ersteren wächst wieder
zu einem Schlauche aus. Mit dem Uebergange des Vorkeimes in
die vollkommene Pflanze geht diese Fähigkeit verloren, dann bildet
die Pflanze im Halbdunkel schmale, gelbliche Sprosse, welches die
gewöhnliche Folge des Etiolement darstellt.

Es besitzt fast jede Zelle der Lebermoose die unter gewöhnlichen Bedingungen latente Eigenschaft, die ganze Pflanze wieder
zu erzeugen. Letztere Fähigkeit kommt eben nur unter gewissen
äusseren Einflüssen zum Vorschein. Diese Fähigkeit ermöglicht
allen Lebermoosen ihre erstaunliche Lebensfähigkeit, doch zeigen
die verschiedenen Organe diese Eigenschaft in gar verschiedenem
Grade.

Die nothwendigste Bedingung für das Zustandekommen der Regeneration besteht in dem Vorhandensein einer gewissen Menge von plastischen Baustoffen. So erzielte S c h o s t a k o w i t s c h von 42 Pflanzen 159 Sprosse, alle von der Unterseite, ungeachtet der verschiedenen Lagen zur Schwerkraft und Lichtquelle. Der Strom der Nährstoffe erklärt wohl die Regeneration zum Theil, denn an der apicalen Schnittfläche sammelt sich ein Ueberschuss von Baustoffen, zu dem der Wundreiz, welcher einen Strom der Nährstoffe zu der Beschädigungsstelle hervorruft, hinzutritt.

39 Figuren dienen zur Veranschaulichung der Arbeit.

E. Roth (Halle a. d. S.).

_____

Göbel, K., U e b e r d i e S p o r e n a u s s t r e u u n g b e i d e n L a u b m o o s e n. (Flora oder allgemeine Botanische Zeitung. 1895. Ergänzungsband. 27 pp. 1 Tafel und 13 Textfig.)

Die Hygroscopicität der Peristomzähne ist schon lange bekannt, ebenso, dass durch sie bei feuchtem Wetter die Kapselmündung verschlossen wird. Die Vortheile, welche für die Sporenaussaat daraus erwachsen, hat Verf. an anderem Orte schon früher hervorgehoben. Noch blieb die Frage unbeantwortet, was die biologische Bedeutung des inneren Peristoms ist, das oft (_Fontinalis_) in so eigenartiger Weise entwickelt ist, ferner wie die Kapseln von _Diphyscium_ und _Buxbaumia_ sich stets verhalten, bei denen das Peristom eine gefaltete Haut darstellt. Und wie ist es mit den Moosen, die gar kein oder nur ein rudimentäres Peristom besitzen? Lässt sich der Mangel dieser Einrichtung irgendwie mit sonstigen Bauverhältnissen der Pflanze oder mit den Lebensbedingungen, unter denen dieselbe steht, in Zusammenhang bringen? Ist der Peristommangel ein ursprüngliches oder ein durch Reduction entstandenes Verhalten? Diese Fragen sucht der Verf. in der vorliegenden Schrift zu lösen, und wenn er auch seine ursprüngliche Absicht, eine vergleichend morphologische Untersuchung der Peristommodificationen in den verschiedenen Verwandtschaftkreisen der Moose zu geben, theils wegen des grossen Umfanges einer solchen Untersuchung, theils wegen Materialmangels nicht auszuführen vermochte, so ist doch auch die vorliegende, in engeren Grenzen gehaltene Arbeit reich an interessanten Ergebnissen und an Anregung zu weiteren Untersuchungen. Die wesentlichsten Resultate fasst Verf. in folgender Weise zusammen: Die grosse Mannigfaltigkeit in der Ausbildung des Moosperistoms ist biologisch nur verständlich durch das Princip der allmählichen Sporenaussaat. Daneben dient das Peristom vielfach als hygroskopischer Verschluss der Mooskapsel, was bisher gewöhnlich als Hauptbedeutung desselben aufgefasst wurde. Die Ausbildung des Peristoms scheint in den verschiedenen Verwandtschaftsreihen mehrmals unabhängig von einander vor sich gegangen zu sein, theilweise dürfte auch Rückbildung des Peristoms stattgefunden haben. Biologisch verständlich ist das Fehlen des Peristoms:

1. bei kleinen Mooskapseln mit verhältnissmässig wenig Sporen;

2. durch das Vorhandensein anderer Einrichtungen zur Sporen-
verbreitung. Solche sind:
  a) die Explosion der Kapseln bei *Sphagnum* und *Phascum
     patens;*
  b) die Spaltkapsel von *Andreaea* (mit langsamer Auswärts-
     krümmung und allmählicher Ablösung der Sporen);
  c) die Verengerung der peristomlosen Kapselmündung durch
     allmähliches Ablösen des Deckels (*Physcomitrium*) oder
     die stehenbleibende Columella;
  d) Entstehung einer basalen Oeffnung (*Phascum*-Arten).
Für die Sporenaussaat in Betracht kommen die Länge der
Seta, die Veränderungen des Innenraums der Kapseln und die
Beschaffenheit der Kapselmündung. Letztere wird bedingt entweder
durch das Peristom allein, oder es wird das Columellagewebe mit
herangezogen. Für ersteren Fall, Peristom allein an der Aussaat
betheiligt (und aus dem Amphithecium hervorgehend), lässt sich eine
Reihe von Typen, die allerdings vielfach nicht scharf von einander
getrennt sind, unterscheiden.
  I. Das Peristom dient nur als hygroskopischer Verschluss der
     Kapsel.
 II. Es sichert ausserdem die allmähliche Entleerung.
     1. Bei einfachem Peristom:
        a) Durch Entwickelung langer Peristomzähne, die in
           trockenem Zustand über der Kapselöffnung eingebogen
           bleiben.
        b) Durch Verbundenbleiben an der Spitze.
     2. Bei doppeltem Peristom:
        a) Das innere Peristom dient nur zur Verengung der
           Kapselmündung.
        b) Es entwickelt Schleuderorgane.
Die Columella ist bei der Sporenaussaat mitbetheiligt:
     1. Bei *Tetraphis*, wo sie sich an der Bildung der Peristom-
        zähne betheiligt, welche entgegen anderen Angaben hygro-
        skopisch sind.
     2. Bei *Splachnaceen*, wo sie zur Verengung der Kapsel-
        mündung dient.
     3. Bei den Porenkapseln der *Polytrichaceen*, wo sie das
        Epiphragma bildet.
Das merkwürdige Haarperistom von *Dawsonia* besteht aus
Zellreihen, die nach des Verf. Auffassung denselben Ursprung
haben, wie die Peristomzähne der *Polytrichaceen*, so dass das
Peristom selbst überall dem Amphithecium angehören würde. Das
Dawsonia-Peristom lässt sich von dem *Tetraphis*-Peristom ableiten.
Primitive Laubmoossporogonien mit wenig vorgeschrittener Sterili-
sirung des Sporogons finden sich wahrscheinlich bei *Nanomitrium*.
Die höhere Ausbildung der Kapseln ist bedingt durch eine Weiter-
entwickelung des sterilen Gewebes. Die Ausbildung desselben wird
um so mehr als eine abgeleitete zu gelten haben, in je späterem
Entwickelungszustand sie eintritt.

Heinricher (Innsbruck).

Sadebeck, R., Ueber die knollenartigen Adventiv-bildungen auf der Blattfläche von *Phegopteris sparsiflora* Hook. (Berichte der Deutschen Botanischen Gesellschaft. Bd. XIII. 1895. pp. 21—32. Tafel III.)

An der Blattfläche eines westafrikanischen Farns, *Phegopteris sparsiflora* Hook., gelangen paarweise längliche, keulenförmige, knollenartige, in geotropem Sinne stets nach unten gerichtete Adventivbildungen zur Anlage, welche dicht mit schwarzbraunen Spreuschuppen bedeckt sind, eine Länge von 3 cm und eine Dicke von 2—3 mm erreichen und in entwickeltem Zustande sich mehr oder weniger verzweigen. In der Structur und Wachsthumsweise stimmt dieser knollenartige Körper mit dem kriechenden Rhizom der Mutterpflanze im Wesentlichen überein. Die Knöllchen — daher vielleicht auch als blattbürtige Rhizome aufzufassen — besitzen ein gleiches Scheitelwachsthum vermittelst einer dreiseitig sich segmentirenden Scheitelzelle und denselben Verzweigungsmodus wie die Rhizome, indem die Anlagen der Verzweigungen auch hier auf Seitensprosse zurückzuführen sind, welche am Vegetationspunkte entstehen. So lange die Knöllchen aber mit der Mutterpflanze in Verbindung sind, erfolgt weder die Anlage von Wurzeln, noch an den jungen Blättern die Differenzirung der Lamina oder der einzelnen Gewebeformen. In den rückwärts vom Scheitel gelegenen Theilen des Knöllchens resp. den einzelnen Verzweigungen desselben, wo die Gewebe in den Dauerzustand übergehen, findet die Ablagerung von Stärke statt, welche die sämmtlichen Zellen des Grundparenchyms vollständig anfüllt. Die jungen Blätter, welche an dem Scheitel zur Anlage gelangt sind, führen dagegen keine Reservestoffe.

Die Verbindung mit dem Mutterorgan und dem Leitungssystem desselben wird nur durch ein einziges Bündel hergestellt, welches sich erst in dem Knöllchen verzweigt. Die Befestigung ist daher eine sehr lose; hieraus erklärt sich das leichte Abfallen der rhizom-artigen Knöllchen.

Da durch die geringe Anzahl der zur Reife gelangenden Sporangien die Erhaltung der Art nicht in gleicher Weise gesichert ist, wie bei anderen Farnen, so gewinnt die mitunter sehr reiche Entwicklung der Adventivknöllchen um so mehr Bedeutung für die Oekonomie der Pflanze, als die Knöllchen ihrer Structur nach die zarten Prothallien an Widerstandsfähigkeit gegen äussere schäd-liche Einflüsse offenbar weit übertreffen.

Brick (Hamburg).

Hanausek, T. F., Ueber symmetrische und polyembryo-nische Samen von *Coffea arabica* L. (Berichte der deutschen botanischen Gesellschaft. Bd. XIII. 1895. Heft 3. p. 73—78. Mit 1 Tafel.)

In der Einleitung bespricht der Verf. die Symmetrie der Kaffeesamen nach der im Archiv der Pharmacie erschienenen

Arbeit*) und vergleicht hiermit die Angaben, welche in
Marchand's Untersuchungen (Recherches organographiques et
organogeniques sur le *Coffea arabica* L. Paris 1864) mit der
Symmetrie in Beziehung gebracht werden können. Es wird auch
gezeigt, dass Marchand lange vor O. Jäger (Bot. Ztg. 1881)
den dunklen Streifen im Endosperm, welchen Jäger Mittel-
schicht, der Ref. Trennungs- oder Auflösungsschicht
(1884) genannt haben, gesehen und als „ligne embryonnaire"
bezeichnet hat, welche bei der Keimung zur „cavité embryonnaire"
wird. Auch die physiologische Bedeutung der Zellen dieser Schicht,
gewissermaassen als Saugorgane (Hirsch. 1890) zu wirken und
nach Bildung des Spaltes die gelösten Reservestoffe zum Embryo-
hinzuleiten, hat Marchand schon erkannt.

Weiter folgt die Beschreibung polyembryonischer Kaffeesamen, welche theils aus der Sammlung des Verf. stammen, theils
dank der Güte des Herrn Dr. R. Pfister-Zürich zur Untersuchung vorlagen. Mit Ausnahme eines einzigen Objectes waren
alle untersuchten Muster diploembryonisch, d. h. jeder Same
enthielt zwei wohl ausgebildete Embryonen. Es konnte nun festgestellt werden, dass jedem Embryo ein selbstständiges Endosperm
zukommt, dass also in einem Samen zwei vollständig von einander getrennte Endosperme vorhanden sind. Das äussere (grössere)
Endosperm stellt einen asymmetrischen, auf der Ventralseite breit-
offenen Körper dar, an welchem der eine Längsrand nach vorn
(ventral) umgeschlagen ist und gewissermaassen ein Dach bildet;
der andere Längsrand liegt tiefer und endet in eine Kante. In
dem Hohlraum liegt das innere (zweite) Endosperm, welches bis
auf die Grösse und den weniger regelmässigen Umriss einem
normalen Kaffeesamen gleicht. Auch an dem sog. Perlkaffee
konnten diese Verhältnisse beobachtet werden; ebenso war der
Dimorphismus in beiden Endospermen („Rechts"- und „Links"-
Samen) zumeist schön entwickelt. Ein Same bestand zweifelsohne
aus drei Endospermen, wenn auch das dritte leider nicht mehr gefunden werden konnte. Dass die beiden Endosperme der diploembryonischen Samen zwei vollständig getrennte selbstständige
Gewebekörper waren, liess sich durch die zwei selbstständigen
Samenhäute, sowie dadurch nachweisen, dass jedes Endosperm an
seiner äussersten Zellreihe eine sehr kräftig entwickelte Cuticula
besitzt, wie sie auch am normalen Samen sich vorfindet.

Bei der Behandlung mit Chlorzinkjod konnte auch eine
charakteristische Differencirung der Endospermzellwände (entgegen
anderen Autoren) constatirt werden: Eine Mittellamelle (vom Reagens
nur wenig angegriffen), ein tiefblau-violetter Mantel als erste und
eine zart-violette, fast zerfliessende Schicht als zweite Verdickungs-
schicht; damit kommt auch die verschiedenartige Beschaffenheit der
einzelnen Abtheilungen der Reservecellulose zum Ausdruck.

In dem Schlusssatz ist leider das Wörtchen „je" ausgeblieben,
wodurch der Satz an Verständlichkeit einbüsst (daher auch das

---

*) Bot. Centralbl. Beiheft. Bd. V. Heft 3. p. 176 ff.

unrichtige Ref. in der Chem. Ztg.). Der Satz soll lauten: „Indem
nun die beiden Bestandtheile (Endosperme) des
diploembryonischen Kaffeesamens in toto von je
einer Cuticula umsäumt sind, so ist jeder Zweifel
an dem Vorhandensein zweier selbstständiger Endosperme ausgeschlossen."

T. F. Hanausek (Wien).

Schwendener, S., Die jüngsten Entwicklungsstadien
seitlicher Organe und ihr Anschluss an bereits vorhandene. (Sitzungsberichte der königlich-preussischen Akademie
der Wissenschaften zu Berlin. XXX. 1895. Mit einer Tafel.)

Diese Schrift soll die Einwände bekämpfen, welche in
jüngster Zeit gegen die Theorie der Blattstellung erhoben wurden. So
behauptet Raciborski, dass bei *Nymphaea, Nuphar* und *Victoria*
ein Contact zwischen den jüngsten Anlagen nicht bestehe. Als
Ergebniss der Untersuchungen des Verf. an frischen Rhizomen von
Nuphar luteum und *Nymphaea alba* konnte ein Contact zwischen
den jüngsten Blattanlagen in gleicher Weise nachgewiesen werden,
wie dies der Verf. schon früher für *Helianthus, Dipsacus* u. A. beschrieben hat. Die Verhältnisse werden durch die beigegebene
Tafel erläutert. Es ergiebt sich aus Querschnitten durch die jüngsten
Anlagen am Rhizom von *Nymphaea alba*, dass die Blätter rechtsläufig
angeordnet sind, „mit Divergenzen der Hauptreihe, welche dem
Grenzwerthe ziemlich nahe liegen". Ein Contact besteht hier auf
den Dreier- und Fünferzeilen. Freilich sprossen zwischen den vor-
gerückteren Blattanlagen schon sehr früh zahlreiche Haare hervor,
durch welche wohl die Blätter etwas auseinander gedrängt werden;
ihre Umrisslinien bewähren sich dann nicht mehr. Auf den Dreier-
und Fünferzeilen ist aber die Druckwirkung keineswegs aufgehoben,
da die dichtstehenden Haare als eine feste Zwischenmasse die
Lücken zwischen den Blättern vollständig ausfüllen. Aehnliche
Verhältnisse zeigt *Nuphar luteum* und die von Schumann und
Raciborski besprochene *Victoria regia*, welche der zuletzt genannte Autor ungenau wiedergegeben hat. (cf. Flora, Jahrg. 94.
B. 78. p. 268. Fig. 8.)

Bei *Elodea Canadensis* hat die Behauptung Frank's, dass
bei schlanken Vegetationskegeln „die Anlagen der seitlichen Organe
in regelmässiger Stellung ohne gegenseitigen Contact" hervortreten,
nur für die Orthostichen ihre Richtigkeit, nicht aber für die
Schrägzeilen, auf welchen Berührungen zwischen den einzelnen
Gliedern zweifellos bestehen. Aehnliche Verhältnisse fand Verf.
noch bei *Hippuris vulgaris, Ceratophyllum demersum, Myriophyllum
proserpinacoides* und *Stratiotes aloides*.

Es ergiebt sich also aus dem Studium der Entwicklungsgeschichte, dass die neuen Anlagen sich in gesetzmässiger Weise an
die vorhergehenden anschliessen und zwar unter voller Ausnutzung des vorhandenen Flächenraumes, mit Contact zwischen den

bezüglichen Entwicklungsfeldern oder den von Anfang an deutlich erkennbaren Umrisslinien.

Das thatsächliche Vorhandensein von Druckwirkungen, welches Raciborski und in neuester Zeit C. de Candolle bestreiten, hat Verfasser neuerdings in jungen Blütenköpfchen von *Helianthus*, eine Divergenzänderung in der Stammspitze von *Pandanus* nachgewiesen. Die nun folgende Beweisführung kann hier in Kürze nicht wiedergegeben werden und muss in dieser Beziehung auf das Original verwiesen werden.

Die Theorie des Verf. wurde in den Hauptzügen beifällig aufgenommen von Schuhmann (Neue Untersuchungen über den Blütenanschluss, Leipzig 1890) und A. Weisse über die Blattstellungen an Axillar- und Adventivknospen (Flora. Jahrg. 1889, Bd. 72, p. 114 und Jahrg. 1891, Bd. 74, p. 58, ferner Pringsheim's Jahrb. Bd. XXVI 1894 p. 236).

Chimani (Bern).

Sorauer, P., Eine mit der „Sereh" des Zuckerrohres verwandte Krankheitserscheinung der Zuckerrüben. (Export. 1894. Nr. 30).

Verf. beschreibt eine Krankheit der Zuckerrüben, die er „bakteriöse Gummosis" nennt. Es treten bei dieser Krankheit kurze, tonnenförmige, 2 μ lange und schlanke, kleinere Bakterien auf. Diese Bakterien setzen Rohrzucker in Invertzucker über.

Der krankhafte Zustand äussert sich darin, dass die Blätter der Rübe welk werden und der Wurzelkörper dunkel und zähe erscheint. Das Vieh geht beim Genuss solcher Rüben unter Aufblähen und Erbrechen zu Grunde. Im Wurzelkörper beginnt das Erkranken an der Spitze, und die Schwarzfärbung geht von der Spitze auf das Parenchym über.

In den Gefässsträngen selbst erkranken vor allem die Weichbastregionen, deren Inhalt sich klumpig ballt und braun wird. Die dunkel gewordenen Theile reagiren alkalisch und sondern reducirende Substanzen ab. Die Gefässe, sowie auch das Parenchym werden beim Erkranken aufgelöst und produciren eine gummiartige Flüssigkeit.

Leider giebt uns Verf. in dieser kurzen Notiz keine näheren Angaben über das Auftreten und die Bedeutung der Bakterien bei dieser Krankheit der Rüben; er nimmt an, dass die parasitäre Erkrankung an eine Disposition der Rübe gebunden ist. Diese Krankheit der Zuckerrüben hat viel analoges mit der unter dem Namen „Sereh" bekannten, oft auftretenden Krankeit des Zuckerrohres. Die Aehnlichkeit besteht bei beiden Arten im Verluste von Rohrzucker unter Zunahme von Invertzucker, im Dunkelwerden der Gefässbündel und im Auftreten von Bakterien. Der Unterschied der Krankheit soll sich nur darin äussern, dass beim Zuckerrohr, welches in Indiana gebaut wurde, nur eine bestimmte Bakterienart auftrat, während Verf. deren wenigstens zwei beobachtet hat.

Rabinowitsch (Berlin).

Reinsch, A., Die Bakteriologie im Dienste der Sand-
filtrationstechnik. (Centralblatt für Bakteriologie und Parasitenkunde. Bd. XVI: Nr. 22. p. 881—896).

Auf Grund einer langen Reihe vergleichender Versuche kommt
Verf. zu der Ansicht, dass die Schlammdecke eines Sandfilters
unzweifelhaft die grösste Menge der im Rohwasser vorhandenen
Keime zurückhält, dass aber doch das Wasser, nachdem es die
Schlammdecke passirt hat, immer noch genug Keime enthält, um
vom hygienischen Standpunkte aus als unbrauchbar gelten zu
müssen. Zur thunlichsten Befreiung von Mikroorganismen ist es
unbedingt nothwendig, dass das Wasser eine Sandschicht von
mindestens 400—600 mm Höhe passirt. In den untersten Stein-
schichten nimmt das Wasser, wahrscheinlich durch Losspülen von
den Steinen, wieder eine gewisse Menge von Bakterien auf, und es
erscheint deshalb für die Praxis vortheilhaft, die Sandfilter so zu
bauen, dass die Sandschicht möglichst hoch und die Steinschicht
möglichst niedrig wird.

Kohl (Marburg).

Berichtigung.

In No. 2 von Bd. LXII. dieser Zeitschrift unterzieht Herr
Correns meine Abhandlung „On the Correlation in the Growth
of Roots and Shoots" (Annals of Botany. VIII. 1894. p. 265 ff.) einer
Besprechung. Er stellt hierbei den am Schlusse von mir zu-
sammengefassten Resultaten einige in den Tabellen gegebene
Zahlenwerthe in einer Weise gegenüber, dass beim Leser die
Meinung erweckt werden muss, als ob beide sich im Widerspruche
mit einander befänden.

Für den, welcher die Arbeit aufmerksamer als der Herr Be-
richterstatter durchgelesen hat, liegt die Sache vollkommen klar.
Tabelle 3 (*Vicia Faba*) liefert die Belege dafür, dass bei kurzer
Versuchsdauer die Keimstengel von Ser. 3 denen von Ser. 1
gegenüber deutlich gefördert waren, während Tabelle 4 zeigt,
dass bei längerer Versuchsdauer die Keimstengel von Ser. 3
schliesslich hinter denen von Ser. 1 erheblich zurückgeblieben sind. Betreffs der Wurzeln von *Vicia Faba* be-
ziehe ich mich im Résumé ausschliesslich auf die in Tabelle 4 gegebenen Schlussresultate.

Was die Keimpflanzen von *Zea Mays* (Tabelle 1) betrifft, so
ist der Herr Referent offenbar durch die Worte „very much the
same" irre geführt worden. Dieselben bedeuten nicht, wie er zu
glauben scheint, vollständige Gleichheit, sondern sind nach Auto-
rität des Herrn Professor Sydney Vines in Oxford, welcher sich
seiner Zeit der Uebersetzung meines Aufsatzes freundlichst unterzogen hatte, gleichbedeutend mit „kein erheblich verschiedenes". Diese letzten drei Worte standen in meinem deutschen
Manuscript, und für diese wünsche ich die Vertretung zu über-
nehmen.

Berlin, den 24. September 1895. L. Kny.

Neue Litteratur.[*]

Geschichte der Botanik:

Britten, James, Charles Cardale Babington. (Journal of Botany British and foreign. Vol. XXXIII. 1895. p. 257—266. With portr.)

Van Heurck, Henri, Julien Deby. Notice nécrologique. (Bulletin de la Société belge de microscopie. Année XXI. 1895. p. 122—131.)

Nomenclatur, Pflanzennamen, Terminologie etc.:

Mc K. Cattell, J., American nomenclature. (Journal of Botany British and foreign. Vol. XXXIII. 1895. p. 281—282.)

Allgemeines, Lehr- und Handbücher, Atlanten:

Hoffmann, C., Botanischer Bilderatlas. Nach de Candolle's natürlichem Pflanzensystem. 2. Aufl. Mit 80 Farbendruck-Tafeln und zahlreichen Holzschnitten. Lief. 3. 4⁰. p. 17—24. Mit 4 Tafeln. Stuttgart (Julius Hoffmann) 1895. M. 1.—

Willkomm, M., Bilder-Atlas des Pflanzenreiches nach dem natürlichen System. 3. Aufl. Lief. 9. 8⁰. p. 87—96. Mit 8 farbigen Tafeln. Esslingen (J. F. Schreiber) 1895. M. —.50.

Algen:

Balbiani, E. G., Sur la structure et la division du noyau chez le Spirochona gemmipara. (Extr. des Annales de micrographie. 1895. No. 7, 8.) 8⁰. 43 pp. Paris (libr. G. Carré) 1895.

Batters, E. A. L., Some new British marine Algae. (Journal of Botany British and foreign. Vol. XXXIII. 1895. p. 274—276.)

Darbishire, Otto Vernon, Die Phyllophora-Arten der westlichen Ostsee deutschen Antheils. (Sep.-Abdr. aus Wissenschaftliche Meeresuntersuchungen, herausgegeben von der Commission zur Untersuchung der deutschen Meere in Kiel und der Biologischen Anstalt auf Helgoland. N. F. Bd. I. 1895. Heft 2.) 4⁰. 38 pp. Mit 48 Figuren. Kiel (Schmidt & Klaunig) 1895.

Sauvageau, C., Sur les sporanges pluriloculaires de l'Asperococcus compressus Griff. (Journal de Botanique. Année IX. 1895. p. 336—338. Avec 1 fig.)

Solms-Laubach, H., Monograph of Acetabularieae. (Transactions of the Linnean Society of Botany. 1895. No. 6. With 4 pl.)

Wildeman, Ém. de, Sur quelques espèces du genre „Endoderma". (Bulletin de la Société belge de microscopique. Année XXI. 1895. p. 111—115.)

Pilze:

Chatin, Ad., Truffes (Terfâs) de Chypre (Terfezia Claveryi), de Smyrne et de La Calle (Terfezia Leonis). (Comptes rendus des séances de l'Académie des sciences de Paris. T. CXXI. 1895. No. 9.)

Eisenschitz, Siddy, Ueber die Granulirung der Hefezellen. (Centralblatt für Bakteriologie und Parasitenkunde. Zweite Abtheilung. Bd. I. 1895. No. 18/19. p. 674—680.)

Jaczewski, A., Les Chaetomiées de la Suisse. (Bulletin de l'Herbier Boissier. Année III. 1895. p. 494—496.)

Matruchot, L., Structure, développement et forme parfaite des Gliocladium. (Revue générale de Botanique. T. VII. 1895. No. 80.)

Poirault, C. et Raciborski, Sur les noyaux des Urédinées. (Comptes rendus des séances de l'Académie des sciences de Paris. T. CXXI. 1895. No. 6.)

---

[*] Der ergebenst Unterzeichnete bittet dringend die Herren Autoren um gefällige Uebersendung von Separat-Abdrücken oder wenigstens um Angabe der Titel ihrer neuen Publicationen, damit in der „Neuen Litteratur" möglichste Vollständigkeit erreicht wird. Die Redactionen anderer Zeitschriften werden ersucht, den Inhalt jeder einzelnen Nummer gefälligst mittheilen zu wollen, damit derselbe ebenfalls schnell berücksichtigt werden kann.

Dr. Uhlworm,
Humboldtstrasse Nr. 22.

Poirault, G. and **Raciborski, M.,** Sur les noyaux des Urédinées. [Suite.] (Jounal de Botanique. Année IX. 1895. p. 325—332.)

Renault, B., Sur quelques bactéries anciennes. (Bulletin du Muséum d'Histoire naturelle. 1895. No. 6.)

Sappin-Trouffy, Origine et rôle du noyau, dans la formation des spores et dans l'acte de la fécondation, chez les Urédinées. (Comptes rendus des séances de l'Académie des sciences de Paris. T. CXXI. 1895. No. 8.)

Stendel, F., Gemeinfassliche, praktische Pilzkunde für Schule und Haus. Ausg. B. 2. Aufl. 8⁰. XI, 87 pp. Mit 25 den Text erläuternden, treu nach der Natur gemalten Illustrationen auf 17 Tafeln in Zehn-Farbendruck. Tübingen (Osiander's Verlag) 1895. M. 2.50.

Tracy, S. M. and **Earle, F. S.,** Mississipi Fungi. (Mississipi Agricultural and Mechanical College Experiment Station. Bull. No. XXXIV. 1895. p. 80—122.)

Winkler, Willibald, Zur Charakterisirung der Duclaux'schen Tyrothrixarten, sowie über die Variabilität derselben und den Zusammenhang der peptonisirenden und Milchsäurebakterien. [Fortsetzung und Schluss.] (Centralblatt für Bakteriologie und Parasitenkunde. Zweite Abtheilung. Bd. I. 1895. No. 18/19. p. 657—674. Mit 2 Tafeln.)

Muscineen:

Lett, H. W., Riccia glaucescens in Ireland. (Journal of Botany British and foreign. Vol. XXXIII. 1895. p. 283.)

Lützow, G., Die Laubmoose Norddeutschlands. Leichtfassliche Anleitung zum Erkennen und Bestimmen der in Norddeutschland wachsenden Laubmoose. 8⁰. VIII, 220 pp. Mit 127 Abbildungen auf 16 Tafeln. Gera (Fr. Eug. Köhler) 1895. M. 4.—

Warnstorf, C., Beiträge zur Kenntniss exotischer Sphagna. [Fortsetzung.] (Allgemeine botanische Zeitschrift für Systematik, Floristik, Pflanzengeographie etc. Jahrg. I. 1895. p. 172—174.)

Gefässkryptogamen:

Asada, G., Additions to the list of Ferns collected iu Kyōto. (The Botanical Magazine. Vol. IX. Tokyo 1895. p. 294.)

Christ, H., Ueber einige javanische Arten von Diplazium. (Annales du Jardin botanique de Buitenzorg. Vol. XII. 1895. p. 217—222.)

Christ, H., Zur Farn-Flora der Sunda-Inseln. (Annales du Jardin botanique de Buitenzorg. Vol. XIII. 1895. p. 90—96.)

Physiologie, Biologie, Anatomie und Morphologie:

Bonnier, Gaston, Influence de la lumière électrique continue sur la forme et la structure des plantes. [Suite.] (Revue générale de Botanique. T. VII. 1895. No. 80.)

Bonnier, Gaston, Recherches expérimentales sur l'adaptation des plantes au climat alpin. (Annales des sciences naturelles. Botanique. Sér. VII. T. XX. 1895. No. 4—6.)

Delpino, Fed., Sulla viviparità nelle piante superiori e nel genere Remusatia Scott. (Estr. dalle Memorie della R. Accademia delle scienze dell' istituto di Bologna. Ser. V. T. V. 1895.) 4⁰. 11 pp. Con 1 tav. Bologna (tip. Gamberini e Parmeggiani) 1895.

Gain, E., Recherches sur le rôle physiologique de l'eau dans la végétation. [Fin.] (Annales des sciences naturelles. Botanique. Sér. VII. T. XX. 1895. No. 4—6.)

Galloway, B. T. and **Woods, Albert F.,** Water as a factor in the growth of plants. (Repr. from the Yearbook of the U. S. Department of Agriculture. 1894. p. 165—176.) 8⁰. Illustr. Washington (Government Printing Office) 1895.

Jumelle, Henri, Revue des travaux de physiologie et chimie végétales parus de juin 1891 à août 1893. [Suite.] (Revue générale de Botanique. T. VII. 1895. No. 80.)

Kissling, P. B., Beiträge zur Kenntniss der chemischen Lichtintensität auf die Vegetation. 8⁰. 28 pp. Mit 3 graphischen Darstellungen. Halle a. S. (W. Knapp) 1895. M. 3.—

Monti, Rina, Sulle granulazioni del protoplasma di alcuni ciliati. (Estr. dal Bollettino scientifico. 1895. No. 1.) 8⁰. 11 pp. Pavia (tip. Bizzoni) 1895.

Soldaini, G., Sopra i prodotti di scomposizione del composto bromurato dell' alcaloide deliquescente del Lupinus albus. (Estr. dall Orosi, giornale di chimica, farmacia ecc. 1895. No. 2.) 8⁰. 14 pp. Firenze (tip. Minorenni corrigendi ⟩ 1895.

Van Wisselingh, C., Sur les bandelettes des Ombellifères. Contribution à l'étude de la paroi cellulaire. (Extr. des Archives Néerlandaises. T. XXIX. 1895. 8⁰. 34 pp. Avec 2 pl.)

Vaudin, L., Sur la migration du phosphate de chaux dans le plantes. (Comptes rendus des séances de l'Académie des sciences de Paris. T. CXXI. 1895. No. 8.)

Wildeman, Ém. de, Sur l'attache des cloisons cellulaires chez les végétaux. (Bulletin de la Société belge de microscopie. Année XXI. 1895. p. 83—93.)

Yasuda, A., An inverted cutting of Gingko biloba. (The Botanical Magazine Vol. IX. Tokyo 1895. p. 277—278.)

Systematik und Pflanzengeographie:

Bagnall, J. E., New Staffordshire plants. (Journal of Botany British and foreign. Vol. XXXIII. 1895. p. 283.)

Bennett, Arthur, Carex notes. (Journal of Botany British and foreign. Vol. XXXIII. 1895. p. 282—283.)

Bonnet, Ed., Géographie botanique de la Tunisie. (Journal de Botanique. Année IX. 1895. p. 343—348.)

Brown, N. E., Stapelia longidens N. E. Br. n. sp. (The Gardeners Chronicle. Ser. III. Vol. XVIII. 1895. p. 324.)

Coincy, Auguste de, Plantes nouvelles de la flore d'Espagne. III. (Journal de Botanique. Année IX. 1895. p. 332—336.)

Druce, G. C., Cornwall plants. (Journal of Botany British and foreign. Vol. XXXIII. 1895. p. 282.)

Druce, G. C., Plymouth casuals. (Journal of Botany British and foreign. Vol. XXXIII. 1895. p. 282.)

Fiek, E., Eine botanische Fahrt ins Banat. [Schluss.] (Allgemeine botanische Zeitschrift für Systematik, Floristik, Pflanzengeographie etc. Jahrg. I. 1895. p. 174—176.)

Flatt, Karoly, A Lotos növenyekröl. (Különlenyomat a Természettudományi Közlöni. XXXIV. 1895. p. 97—109.)

Focke, W. O., Ueber den wilden Reis und andere ziemlich seltene Pflanzen bei Timmersloh. (Sitzungsbericht des naturwissenschaftlichen Vereins zu Bremen vom 25. September 1895. — Weser-Zeitung. 1895. No. 17540.)

Freyn, J., Ueber neue und bemerkenswerthe orientalische Pflanzenarten. [Fortsetzung.] (Bulletin de l'Herbier Boissier. Année III. 1895. p. 466—478.)

Girod, P., Les familles végétales. Partie I. Monocotylédones. 8⁰. 24 pp. Avec 8 pl. Clermont-Ferrand (impr. Mont Louis) 1895.

Hellwig, Th., Der Schlossberg bei Bobernig und Umgebung. Botanische Skizze. (Allgemeine botanische Zeitschrift für Systematik, Floristik, Pflanzengeographie etc. Jahrg. I. 1895. p. 176—179.)

Hiern, W. P., Juncus tenuis Willd. in Devon. (Journal of Botany British and foreign. Vol. XXXIII. 1895. p. 282.)

Hutchinson, W., Handbook of grasses: treating of their structure, classification, geographical distribution and uses, also describing the British species and their habitats. 8⁰. 92 pp. London (libr. Sonnenschein) 1895. 2 sh.

Jaccard, H., Catalogue de la flore valaisanne. (Sep.-Abdr. aus Neue Denkschriften der allgemeinen schweizerischen Gesellschaft für die gesammten Naturwissenschaften. 1895.) 4⁰. LVI, 472 pp. Basel (Georg & Co.) 1895. M. 20.—

Kawakami, T., Phanerogams of Shōnai. (The Botanical Magazine. Vol. IX. 1895. p. 290—294.)

Kränzlin, F., Masdevallia Lawrencei Kränzlin. (The Gardeners Chronicle. Ser. III. Vol. XVIII. 1895. p. 324.)

Lindau, G., Acanthaceae americanae. [Fin.] (Bulletin de l'Herbier Boissier. Année III. 1895. p. 479—493.)

Makino, T., M. H. Kuroiwa's collections of Liukiu plants. [Cont.] (The Botanical Magazine. Vol. IX. Tokyo 1895. p. 278—285.)

Rendle, A. B., Mr. Scott Elliot's tropical African Orchids. [Cont.] (Journal of Botany British and foreign. Vol. XXXIII. 1895. p. 277—281.)

Roze, E., Le Chelidonium laciniatum Miller. [Fin.] (Journal de Botanique. Année IX. 1895. p. 338—342.)

Schlechter, R., Contributions to South African Asclepiadology. [Cont.] (Journal of Botany British and foreign. Vol. XXXIII. 1895. p. 267—274.)

Tonduz, Ad., Herborisations au Costa-Rica. [Suite.] (Bulletin de l'Herbier Boissier. Année III. 1895. p. 445—465. Avec 2 pl.)

Wettstein, Richard von, Ueber bemerkenswerthe neuere Ergebnisse der Pflanzengeographie. (Vorträge des Vereins zur Verbreitung naturwissenschaftlicher Kenntnisse in Wien. Jahrg. XXXV. 1895. Heft 16.) 8⁰. 21 pp. Mit 2 Abbildungen. Wien (Selbstverlag des Vereins) 1895.

Palaeontologie:

Nathorst, A. G., Frågan om istidens växtlighet i mellersta Europa. (Ymer. 1895. H. 1 o. 2. p. 40—54. 1 taf.)

Williamson, W. C. and **Scott, D. H.,** Further observations on the organisation of the fossil plants of the coal-measures. Part II. Lyginodendron and Heterangium. (From the Proceedings of the Royal Society. Botany. Vol. LVIII. 1895. p. 195—204.) London (Harrison and Sons) 1895.

Teratologie und Pflanzenkrankheiten:

Aderhold, Rudolf, Ueber die Getreide-Roste im Anschluss an einen besonderen Fall ihres Auftretens in Schlesien. (Der Landwirth. 1895. p. 421—422.)

Hartig, R., Das Absterben der Kiefer nach Spannerfrass. (Forstlich-naturwissenschaftliche Zeitschrift. Jahrg. IV. 1895. Heft 10. p. 396.)

Jacobasch, E., Ueber Fasciation. [Schluss.] (Allgemeine botanische Zeitschrift für Systematik, Floristik, Pflanzengeographie etc. Jahrg. I. 1895. p. 169—172.)

Knauth, Das Auftreten des Kiefernspanners (Fidonia piniaria). (Forstlich-naturwissenschaftliche Zeitschrift. Jahrg. IV. 1895. Heft 10. p. 389.)

Pierce, Newton B., Grape diseases on the Pacific coast. (U. S. Department of Agriculture. Farmers Bulletin No. XXX. 1895.) 8⁰. 14 pp. With 3 fig. Washington (Government Printing Office) 1895.

Swingle, Walter T., The grain smuts: their cause and prevention. (Repr. from the Yearbook of the U. S. Department of Agriculture. 1894. p. 409—420.) 8⁰. Illustr. Washington (Government Printing Office) 1895.

Went, F. A. F. C., Cephaleuros Coffeae, eine neue parasitische Chroolepidee. (Centralblatt für Bakteriologie und Parasitenkunde. Zweite Abtheilung. Bd. I. 1895. No. 18/19. p. 681—687. Mit 1 Tafel.)

Yasuda, A., Injury of leaves caused by a kind of humble-bee. (The Botanical Magazine. Vol. IX. Tokyo 1895. p. 294—305.)

Medicinisch-pharmaceutische Botanik:

A.

Butcher, A. H., Materia medica: Tables designed for the use of students. 8⁰. Edinburgh (Livingstone), London (libr. Simpkin) 1895.   1 sh.

Herissey, De l'inversion du sucre de canne dans quelques sirops acides de la pharmacopée française. (Journal de pharmacie et de chimie. 1895. No. 4—9.)

Prentiss, D. W. and **Morgan, Francis P.,** Anhalonium Lewinii (Mescal buttons). A study of the drug, with especial refence to its physiological action upon man, with report of experiments. (The Therapeutic Gazette. Ser III. Vol. XI. 1895. p. 577—585. With 2 fig.)

Sawada, K., Plants employed in medicine in the Japanese pharmacopaeia. [Cont.] (The Botanical Magazine. Vol. IX. Tokyo 1895. p. 285—290.)

B.

Artaud, Jean, Les toxines microbiennes. Contribution à l'étude de leur action physiologique. [Thèse.] 8⁰. 142 pp. Paris (libr. J. B. Baillière et fils) 1895.

Basenau, F., Over het lot van cholera-bacillen in versche melk. (Nederlandsch Tijdschrift v. Geneesk. 1895. No. 20. p. 1023—1033.)

d'Espine, A., Sur le streptocoque scarlatineux. (Comptes rendus des séances de l'Académie des sciences de Paris. T. CXX. 1895. No. 18. p. 1007—1009.)

Kaufmann, P., Bemerkung zur Arbeit des Dr. Poliakoff: „Ueber Eiterung mit und ohne Mikroorganismen." (Centralblatt für Bakteriologie und Parasitenkunde Erste Abtheilung. Bd. XVIII. 1895. No. 9/10. p. 283)

Marpmann, G., Bakteriochemische Probleme. (Deutsch-amerikanische Apotheker-Zeitung. 1895. No. 11, 12. p. 142—143, 155—156)

Mazet, C., Sur l'empyème du sac lacrymal; étude bactériologique et clinique. (Archives de méd. expérim. 1895. No. 3. p. 368—387.)

Presser, L., Ueber die Behandlung des Typhus abdominalis mit Injectionen von Culturflüssigkeiten von Bacillus typhi und Bacillus pyocyaneus. (Zeitschrift für Heilkunde. Bd. XVI. 1895. Heft 2/3. p. 113—128.)

Ruete, A. und Enoch, C., Bakteriologische Luftuntersuchungen in geschlossenen Schulräumen. (Münchener medicinische Wochenschrift. 1895. No. 21, 22. p. 492—494, 517—519.)

Technische, Forst-, ökonomische und gärtnerische Botanik:

Analyses des pommes à cidre présentées dans les concours de Saint-Servan (1892), Ploermel (1893), Abbeville (1894). 8°. 19 pp. Vannes (impr. Lafolye) 1895

Bisset, Gabriel François, Etude sur la vinification des vins rouges. 8°. 61 pp. Béziers (impr. Bouineau) 1895.

Boiveau, Raimond, Traitement pratique des vins. Traitement special de chaque genre de vins; opérations; falsifications; analyses etc. Édit. 4, rev. et corr. 8". 526 pp. Bordeaux (libr. Robin) 1895. Fr. 5.—

Burberry, H. A., The amateur Orchid cultivators' guide book. Edit. 2. 8°. 172 pp With illustr. London (libr. Simpkin) 1895. 5 sh.

Burgtorf, F., Wiesen- und Weidenbau. Praktische Anleitung zur Auswahl und Cultur der Wiesen- und Weidenpflanzen, nebst Berechnung der erforderlichen Samenmengen. 4. Aufl. 8°. VIII, 167 pp. Mit 54 Holzschnitten. Berlin (Paul Parey) 1895. M. 2.50.

Bustert, H. und Herz, F. J., Rothe Käse. (Mittheilungen des landwirthschaftlichen Vereins im Algäu. Jahrg. VI. 1895.)

Cambier, Th., De l'aération des moûts en distillerie. (Journal de la Distillerie française. Année XII. 1895. No. 581, 582. p. 348, 357.)

Cerny, Franz, Die Hefengabe und ihr Einfluss auf die Gährung. (Oesterreichische Brauer- und Hopfenzeitung. Jahrg. VIII. 1895. No. 17. p. 225)

Chassevant, A., Actions des sels métalliques sur la fermentation lactique. (Comptes rendus de la Société de biologie. 1895. No. 8. p. 140—142.)

Cormouls-Houlès, Expériences d'alimentation à la pomme de terre faites au domaine des Faillades. (Annales de la science agronomique française et étrangère. Sér. II. Année I. T. I. 1895. p. 426—432.)

Dejonghe, Gaston, Aération des moûts en distillerie. (Journal de la Distillerie française. Année XII. 1895. No. 586, 587. p. 408, 418)

Dejonghe, G., Fabrication de l'aérolevure pressée. [Suite.] (Moniteur industriel. 1895. No. 35.)

Favre, H., Les engrais dans le Var et en Provence. 8°. 116 pp. Draguignan (impr. Latil) 1895. Fr. 1.25.

Fischer, Paul, Hefereinzucht im Brauereigrossbetrieb mit specieller Rücksicht auf die Anlage der Pobst Brewing Co. (Der Amerikanische Bierbrauer. Jahrg. XXVIII. 1895. No. 9. p. 477.)

Flores, Vinc., Note intorno all' oleificio in Sardegna e sui modi di migliovarlo. (Estr. dalla Sardegna agricola. 1894. No. 6, 9, 11, 12.) 8°. 53 pp. Bari (tip. Corriere delle Puglie) 1895.

Girard, Aimé, Application de la pomme de terre à l'alimentation du bétail. Production de la viande. Mémoire I. (Annales de la science agronomique française et étrangère. Sér. II. Année I. T. I. 1895. p. 331—426.)

Girard, Aimé et Lindet, L., Recherches sur la composition des raisins et des principaux cépages. (Extr. du Bulletin de ministère d'agriculture. 1895.) 8°. 90 pp. Paris (Impr. nationale) 1895.

Goldberg, V., Ueber die Milchsäurebacillen oder den sogenannten Normal-Säure-Erreger. (Milchzeitung. Jahrg. XXIV. 1895. No. 36. p. 585.)

Gouirand, G., Sur la présence d'une diastase dans les vins cassés. (Moniteur industriel. 1895. No. 22.)

Grandeau, L., Recherches de M. Bernard Dyer sur l'approvisionnement probable du sol en principes fertilisants. (Annales de la science agronomique française et étrangère. Sér. II. Année I. T. I. 1895. p. 432—477.)

Guy, C., Statistique du vignoble algérien. Rapport lu à la Société d'agriculture d'Alger. 8⁰. 7 pp. Alger (impr. Fontana & Co.) 1895.

Henry, L., Le greffage. (Supplément aux Annales de l'Association haut-marnaise d'horticulture, de viticulture et de sylviculture. 1895. No. 6.) 8⁰. 12 pp. à 2 col. Langres (impr. Lepitre-Rigollot) 1895.

Hugounenq, Sur le dosage du sulfate de potasse dans les vins. (Journal de pharmacie et de chimie. T. I. 1895. No. 4—9.)

Koningsberger, J. C., Dierlijke vijanden der koffiecultuur. (Korte berichten uit 's Lands Plantentuin. Uitgaande van den directeur der inrichting. Overgedrukt uit Teysmannia. Dl. VI. Afl. 7. 1895.) 8⁰. 5 pp. Batavia (G. Kolff & Co.) 1895.

Koningsberger, J. C., Dierlijke vijanden der koffiecultuur. (Overgedrukt uit Teysmannia. 1895. No. 5.) 8⁰. 10 pp. Batavia (G. Kolff & Co.) 1895.

Kukla, A., Die antiseptische Kraft des Antimicrococcins. (Oesterreichische Brauer- und Hopfenzeitung. Jahrg. VIII. 1895. No. 14. p. 187.)

Larbalétrier, A., Les plantes d'appartement, de fenêtres et de balcons; soins à leur donner. 8⁰. 185 pp. Avec 18 fig. Paris (libr. F. Alcan) 1895. Fr. —.60.

Müller-Thurgau, Ueber neuere Erfahrungen bei der Anwendung von Reinhefen in der Weinbereitung. (Vortrag, gehalten auf dem 14. Deutschen Weinbau-Congress in Neustadt a. d. Haardt vom 24.—28. August 1895.)

Nessler, J., Düngung der Wiesen, Felder und Weiden. (Sep.-Abdr. aus Landwirthschaftliches Wochenblatt. 1895) 4⁰. 27 pp. Mit 1 Abbildung. Karlsruhe (G. Braun's Hofbuchhandlung) 1895. M. —.35.

Nessler, J., Ueber die Ursachen des Krankwerdens der Weine. (Vortrag, gehalten auf dem 14. Deutschen Weinbau-Congress in Neustadt a. d. Haardt vom 24—28. August 1895.)

Noack, R., Der Obstbau. Kurze Anleitung zur Anzucht und Pflege der Obstbäume, sowie zur Ernte, Aufbewahrung und Benutzung des Obstes, nebst einem Verzeichniss der empfehlenswerthesten Sorten. 3. Aufl. 8⁰. IV, 179 pp. Mit 92 Abbildungen. Berlin (Paul Parey) 1895. M. 2.50.

Nobbe, D., Untersuchungen und Versuche über Bodenimpfung mit den symbiotisch auf den Wurzeln der Leguminosen lebenden Bakterien. (Vortrag, gehalten auf der I. Sitzung der Abtheilung für Agriculturchemie und landwirthschaftliches Versuchswesen am 16. September 1895 gelegentlich der 67. Versammlung der Gesellschaft deutscher Naturforscher und Aerzte in Lübeck.)

Prior, E., Sind die Hefen Frohberg und Saaz der Berliner Brauerei-Versuchsstation Hefetypen im physiologischen Sinne? [Fortsetzung.] (Centralblatt für Bakteriologie und Parasitenkunde. Zweite Abtheilung. Bd. I. 1895. No. 18/19. p. 688—700. Mit 1 Figur.)

Raidelet, Aimé, Une révolution dans la culture de la ramie. Le foin de ramie ensilé, mémoire adressé à M. le ministre de l'agriculture. 8⁰. 16 pp. Lyon (impr. Rey) 1895.

Reichard, Albert und **Riehl, Albert,** Zur Kenntniss und zur Bekämpfung der Sarcinakrankheit. (Zeitschrift für das gesammte Brauwesen. Jahrg. XVIII. 1895. No. 37. p. 301)

Römer, B., Grundriss der landwirthschaftlichen Pflanzenbaulehre. Ein Leitfaden für den Unterricht an landwirthschaftlichen Lehranstalten und zum Selbstunterricht. 5. Aufl. [Landwirthschaftliche Lehrbücher No. 24.] 8⁰. IX, 177 pp. Mit 73 Abbildungen von G. Böhme. Leipzig (Landwirthschaftliche Schulbuchhandlung) 1895. M. 1.80.

Rümpler's Zimmergärtnerei. Anleitung zur Zucht und Pflege der für die Unterhaltung in bürgerlichen Wohnräumen geeignetsten Ziergewächse. 3. Aufl., umgearbeitet von W. Mönkemeyer. 8⁰. IV, 276 pp. Mit 131 Abbildungen. Berlin (Paul Parey) 1895. M. 2.50.

Stenglein, M., Maischversuche in einer Hefewürzefabrik. (Alkohol. Jahrg. V. 1895. No. 28. p. 436.)

Tamaro, Dom., Frutticoltura. Ed. 2, riveduta ed ampliata dall' autore. 1. Moltiplicazione delle piante da frutto. 2. La potatura degli alberi da frutto. 3. Delle forme. 4. La coltivazione delle piante da frutto. 5. Malattie delle piante da frutto. 8°. XI, 225 pp. fig. Milano (Ulrico Hoepli edit.) 1895.

The world's markets for American products. The German empire. (U. S. Department of Agriculture. Section for foreign markets. Bull. No. II. 1895.) 8". 91 pp. With 1 pl. Washington (Government Printing Office) 1895.

Van Dam, L., Théorie allemande de la saccharification. (Bulletin de l'Association belge des chimistes. 1895. No. 4.)

Webber, H. J., Fertilization of the soil as affecting the Orange in health and disease. (Repr. from the U. S. Department of Agriculture. 1894. p. 193—202.) 8°. With 2 fig. Washington (Government Printing Office) 1895.

Werner, H., Der Kartoffelbau nach seinem jetzigen rationellen Standpunkte. 3. Aufl. 8°. IV, 194 pp. Berlin (Paul Parey) 1895.   M. 2.50.

Wischin, Rudolf, Ueber den Einfluss von schwefliger Säure auf Traubenmost. (Zeitschrift für Nahrungsmittel-Untersuchung, Hygiene und Waarenkunde. Jahrg. IX. 1895. No. 16. p. 245.)

Zipser, J., Die textilen Rohmaterialien und ihre Verarbeitung zu Gespinsten. (Die Materiallehre und die Technologie der Spinnerei.) Ein Lehr- und Lernbuch für textile, gewerbliche und höhere technische Schulen, sowie zum Selbstunterricht. 1. Die textilen Rohmaterialien. (Die Materiallehre.) 8°. VII, 79 pp. Mit 23 Zeichnungen. Wien (Franz Deuticke) 1895.   M. 1.20.

Personalnachrichten.

Gestorben: Am 15. August der Professor der Botanik und Director des Botanischen Intitutes zu Bukarest, **D. Brandza,** im Alter von 48 Jahren.

Inhalt.

Ausgegeben: 16. October 1895.

Druck und Verlag von **Gebr. Gotthelft** in Cassel.

Band LXIV. No. 3.   XVI. Jahrgang.

Botanisches Centralblatt.

REFERIRENDES ORGAN

für das Gesammtgebiet der Botanik des In- und Auslandes.

Herausgegeben

unter Mitwirkung zahlreicher Gelehrten

von

Dr. Oscar Uhlworm und Dr. F. G. Kohl

in Cassel.   in Marburg.

Zugleich Organ

des

Botanischen Vereins in München, der Botaniska Sällskapet i Stockholm, der Gesellschaft für Botanik zu Hamburg, der botanischen Section der Schlesischen Gesellschaft für vaterländische Cultur zu Breslau, der Botaniska Sektionen af Naturvetenskapliga Studentsällskapet i Upsala, der k. k. zoologisch-botanischen Gesellschaft in Wien, des Botanischen Vereins in Lund und der Societas pro Fauna et Flora Fennica in Helsingfors.

| Nr. 42. | Abonnement für das halbe Jahr (2 Bände) mit 14 M. durch alle Buchhandlungen und Postanstalten. | 1895. |

Die Herren Mitarbeiter werden dringend ersucht, die Manuscripte immer nur auf *einer* Seite zu beschreiben und für *jedes* Referat besondere Blätter benutzen zu wollen. **Die Redaction.**

Wissenschaftliche Original-Mittheilungen.*)

Ueber Variationskurven und Variationsflächen der Pflanzen.

Botanisch-statistische Untersuchungen

von

Prof. Dr. F. **Ludwig**

in Greiz.

Mit 2 Tafeln.**)

(Fortsetzung.)

Pimpinella Saxifraga.

Wie die bisherigen *Umbelliferen*, so hat auch *Pimpinella* mehrere Zahlrassen, und zwar konnte ich hier deutlich eine solche mit dem Gipfel bei 8 und eine mit dem Gipfel bei 13 feststellen.

---

*) Für den Inhalt der Originalartikel sind die Herren Verfasser allein verantwortlich.   Red.

**) Die Tafeln liegen einer der nächsten Nummern bei.

Vor der näheren Beschreibung der Variationsverhältnisse mögen jedoch wieder einige allgemeine Bemerkungen über die Variations-curven, welche durch Summirung der Ordinaten mehrerer einfacher Curven entstehen, hier zur Sprache kommen. Da in den einfachen Variationscurven nach dem Newton-Quételet'schen Gesetz die Merkmale sich am dichtesten nahe dem Hauptmerkmal gruppiren, die Ordinaten nahe am Gipfel also am grössten sind, so muss es bei der Addition zweier Rassen zunächst vorkommen, dass neben den dem Hauptmerkmal eigenen Gipfeln die Gipfel gewisser Zwischen-zahlen besonders hervortreten oder die ersteren übersteigen, schliesslich (bei sehr vielen Zählungen) können diese mittleren Zahlen derart das Uebergewicht bekommen, dass eine einfache Curve mit sehr verbreitertem Gipfel (bei einer der Mittelzahlen) entsteht. Wir nennen letztere die Livi'sche Curve.

Untersuchen wir zunächst die zweirassigen Curven mit 3 oder 4 Gipfeln (1—2 Mittelgipfeln). Gehen wir aus von den bei den *Umbelliferen* (und *Compositen*) häufigsten Gipfelzahlen, so geben folgende Schemata die dem Gipfel nächst gelegenen doppelt auf-tretenden, daher einen hohen Summenwerth ergebenden **fett ge-druckten** Zahlen!

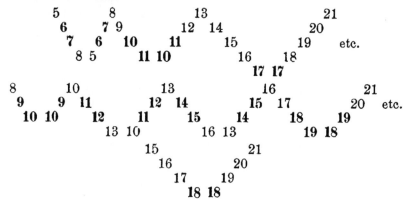

Es lassen sich also in der Summationscurve höhere Mittelgipfel erwarten, wenn die Hauptgipfel der einzelnen betheiligten Rassen liegen bei:

8 und 13	Mittelgipfel	bei	10 und 11
16 und 21	„	„	18 und 19
13 und 21	„	,	17
15 und 21	„	,	18

bei

5 und 8	⎫		⎧	6 und 7
8 und 10	⎪	haben die Nachbarzahlen	⎨	9 und 10
10 und 13	⎬	höhere Werthe	⎪	11 und 12
13 und 16	⎭		⎩	14 und 15

Ebenso treten die Hauptgipfel in höherem Werth als in der einfachen Summe auf, da sie beide auch unter den Nachbarzahlen vorkommen.

Pimpinella Saxifraga.

Bei *Pimpinella Saxifraga* ergaben Zählungen der Dolden-hauptstrahlen bei Schmalkalden (fruchtbare Feldraine) **e i n e   e i n-fache   C u r v e   m i t   d e m   H a u p t g i p f e l 13** (Fig. 6A), solche von einer mageren Waldwiese bei Greiz die **C u r v e** Fig. **6 B, m i t   f a s t   g l e i c h e n   S e i t e n g i p f e l n   b e i 8   u n d 13   u n d   e i n e r   m i t t l e r e n   E r h e b u n g,   d i e   b e i 10, 11   a b g e f l a c h t   w a r.** Die gesammten 1000 Zählungen ergaben die Curve Fig. 6C mit Gipfeln bei 13, 11, 8

	5	6	7	8	9	10	11	12	13	14	15	16	17	18	19	20	21
C	11	24	30	**83**	84	118	**139**	109	**160**	91	69	37	18	19	4	3	1
B	11	24	29	**76**	70	**97**	**97**	63	**74**	27	15	12	2	—	—	—	—
A	—	—	—	—	3	6	32	38	**81**	61	52	24	16	18	4	3	1

Es finden sich also hier die theoretisch vorauszuerwartenden Mittelgipfel zwischen 8 und 13 bei 10 und 11 und in der Haupt-curve (da die 13-Rasse über die 8-Rasse überwiegt die der 8 näher gelegene 11). Zwischen B und C gaben Zählungen an anderen als den genannten Fundorten jedoch auch Curven mit vorwiegendem 8- und dem entsprechend vorwiegendem 10-Gipfel,

„   13- „   „   „   „   11- „

Es sind die auf folgenden Zahlen basirenden:

5	6	7	8	9	10	11	12	13	14	15	16	17	18
4	16	19	**46**	31	**51**	49	29	**30**	15	1	6	1	—
5	7	6	**20**	28	**40**	**44**	31	**38**	10	14	6	1	1

Aegopodium Podagraria.

Als ich mit dieser Pflanze meine *Umbelliferen*-Untersuchungen begann, fehlte mir noch die Kenntniss von der Existenz gesonderter Rassen, ich versäumte daher, die Exemplare je von demselben Standort für sich zu untersuchen und entnahm (wie dies bei vielen *Compositen* mit constanter Variationscurve ja zulässig) das Unter-suchungsmaterial von den verschiedensten Standorten zugleich; es war daher nach unserer nunmehrigen Kenntniss kaum anders zu erwarten, als dass anfangs das Resultat fast regellos erschien und dann nach Zählung von mehreren hunderten von Stöcken (die Gipfeldolde wurde hier nur berücksichtigt) eine **d r e i g i p f e l i g e   C u r v e** erschien, deren **G i p f e l   b e i 15, 18, 21** gelegen sind. Die Curve, die sich aus den ca. 1400 Gesammtzählungen ergiebt, beruht auf folgenden Zahlen (vgl. Fig. 5. Die innere Curve giebt das vorhergehende Resultat bei 1200 Zählungen)

8	9	10	11	12	13	14	15	16	17	18	19	20	21	22	23	24	25	26	27	28	29	30	31	32
8	13	22	34	40	46	92	**126**	120	127	**168**	120	119	**136**	85	47	32	34	21	8	4	2	1	1	1

Die Lage des Mittelgipfels bei 18 bestätigt nach den obigen Erörterungen über Mittelgipfel, dass auch hier eine Summations-curve der beiden Hauptrassen mit 15 und mit 21 Strahlen vor-liegt. Einige der Einzelzählungen bei *Aegopodium* waren:

8	9	10	11	12	13	14	15	16	17	18	19	20	21	22	23	24	25	26	27	28	29	30	31	32	33	34
5	6	15	23	30	32	56	**86**	76	86	**88**	58	67	60	47	20	22	20	14	6	4	—	2	1	1	—	—
—	1	1	7	6	9	17	7	13	14	**45**	20	16	21	9	10	2	5	4	—	—	—	—	—	—	—	—
—	—	—	—	2	7	**13**	8	11	12	19	27	**29**	8	11	4	6	—	2	—	—	—	—	—	—	—	—

Eichler sagt (Blütendiagramme p. 412) von den *Umbelliferen*-Blüten — und dasselbe gilt offenbar bei zusammengesetzten Dolden auch von den Hauptstrahlen — dass sie meist spiralig nach $^2/_5$, $^3/_8$ etc. „oder auch in alternirenden 5—8 zähligen Quirlen angeordnet" seien. Die vorstehenden statistischen Ergebnisse zeigen, dass spiralige und quirlige Anordnung in derselben Species neben einander auftreten können — spiralige bei den Rassen und Dolden mit den Gipfeln bei 5, 8, 13, 21 etc., cyclische — durch Dédoublement — bei denen mit Gipfeln bei 10, 15, $(2\times5, 3\times5)$ 16, 26. (Vgl. auch die Beobachtungen bei *Crataegus coccinea.*

Bei *Aegopodium* kommt nach Eichler wie bei *Daucus, Chaerophyllum* etc. häufig eine Gipfelblüte vor, es wäre dann das Vorkommen der 21 auch so zu deuten, dass der eine Strahl als Fortsetzung der Hauptaxe, die übrigen als cyclische (4×5) Seitenstrahlen aufgefasst werden. Der secundäre Curvengipfel bei 25 macht eine solche Auffassung noch wahrscheinlicher. Der Aufbau wäre dann nur cyclisch $(3 \times 5, 4 \times 5, 5 \times 5,$ am häufigsten aber bei 4×5 mit Gipfelblüte oder Gipfeldolde).

Orlaya grandiflora.

Die Hauptstrahlen dieser hübschen *Umbellifere*, die durch die langen Randfahnen an die *Anthemideen* unter den *Compositen* erinnert, treten fast regelmässig in der Zahl 8 auf, so dass viele Zählungen hier überflüssig scheinen.

Das Ueberwiegen der 8 zeigen bereits die folgenden Zählungen an Exemplaren vom Dollmar in Thüringen:

4	5	6	7	8	9	10	11
1	4	34	46	58	5	5	4

Die Zahl der Randfahnen tragenden äusseren Döldchen ist gleichfalls, wie die der biologisch gleichwerthigen Zungenblüten der *Compositen*, eine der Zahlen des *Fibonacci*, hier 5 (mit 3 grossen äusseren und 2 kleineren inneren Blüten)

3	4	5	6
10	4	143	1

Bei *Chaerophyllum aureum* mit vielstrahlig cymösen Döldchen mit Mittelblüte sind ausser der gleichfalls auffälligeren Mittelblüte auch die randständigen Blüten fruchtbar. Die Zahl der Früchte im Döldchen ausser der Gipfelfrucht, die fast stets vorhanden war, betrug hier vorwiegend 8 oder 5, nämlich:

0	1	2	3	4	5	6	7	8	9	10	11	12	13	14
45	9	4	10	10	49	23	9	20	3	4	7	2	2	2

Die übrigen Blüten des Döldchens sind durch Verkümmerung des Ovars männlich und weniger augenfällig.

Ein geringes Zählmaterial wurde bisher zur Bestimmung der Variationscurven der Hauptdoldenstrahlen folgender *Umbelliferen* verarbeitet, so dass nur die Hauptgipfel deutlich zu erkennen waren:

Oenanthe fistulosa (Todenlache bei Rappeldorf in Thüringen) einästige Curve (halbe Galtoncurve) mit vorwiegend 3 Hauptstrahlen, daneben vermuthlich 5 und 8strahliger Rasse (Mittelgipfel bei (6) 7, siehe oben die Bemerkungen über Schein- oder Mittelgipfel):

Doldenblatt	3	4	5	6	7	8	9	(nachträglich fand ich noch 5
bei	87	30	24	26	32	16	6	zweistrahlige Exemplare).

Silaus pratensis (nur 150 Zählungen):

Doldenstrahlen	4	5	6	7	8	9	10	11	12	Exemplaren.
bei	1	11	21	44	37	19	12	4	1	

Erste Einzelzählung

5	6	7	8	9	10	11	12
3	6	14	17	6	3	—	1

vermuthlich also Livi'sche Summationscurve (Rassen mit 5 und 8 Doldenstrahlen).

Anthriscus silvestris. Nach wenigen Zählungen dürfte ein Hauptgipfel bei 13 liegen.

Bei *Anethum graveolens* hat Hugo de Vries den Hauptgipfel bei 21 Strahlen gefunden, was ich in Thüringen bestätigt fand, es gibt aber auch hier mehrere Rassen (z. B. eine solche mit 13 Strahlen, die ich bei Schleusingen beobachtete).

Falcaria sioides (silicicole Form 27 VIII 95 Reissberg bei Greiz). Die Döldchen haben wie bei *Chaerophyllum* Mittelblüte, die Seitenblüten scheinen in ähnlichen Zahlen wie dort vorzukommen (5 überwiegend). Hauptdoldenstrahlen der End- und grösseren Seitendolden 8 und 13 (10):

Doldenstrahlen	4	5	6	7	8	9	10	11	12	13	14	15	16	17	18
Zahl d. Dolden	2	14	37	53	61	49	34	22	11	19	6	2	1	1	1

Die kleineren Dolden haben gleichfalls Gipfelblüten oder Gipfeldöldchen und häufig 5 Nebenstrahlen, also im Ganzen 6 Strahlen. Da 6 und 8 die Mittelzahl 7 ergiebt, so tritt in den Curven, in denen alle Dolden berücksichtigt sind, schliesslich oft 7 hervor, so in der folgenden eingipfeligen Livi'schen Curve:

4	5	6	7	8	9	10	11	12	13	14	15	16	17	18
2	27	70	107	94	86	77	46	29	35	11	4	1	1	1

Foeniculum capillaceum. Herr Dr. P. Dietel aus Greiz hat an den Exemplaren seines Gartens folgende Zahlen vorgefunden:

I. Zahl der Hauptstrahlen der Dolde:

8	9	10	11	12	13	14	15	16	17	18	19	20	21	22	23	24	25	26	27	28
2	—	1	2	3	6	2	3	5	3	1	1	2	2	4	5	1	2	—	4	1

II. Zahl der Blüten in den einzelnen Döldchen.

1	2	3	4	5	6	7	8	9	10	11	12	13	14	15	16	17	18	19
6	2	7	6	26	9	19	41	26	39	26	34	47	25	54	39	42	47	40

20	21	22	23	24	25	26	27	28	29	30	31	32	33	34	35	36	37	38	39
48	58	36	36	37	29	25	22	10	18	16	10	6	7	6	1	2	—	1	—

Die Döldchenzahl giebt demnach eine polymorphe Curve, die Zählungen zu I sind noch nicht zahlreich genug, doch scheinen auch hier mehrere Maxima vorhanden zu sein.

4. Zur Geschichte der polymorphen Curven.

Zweigipfelige Variationscurven sind von Anthropologen und Zoologen bereits mehrfach beschrieben und als Zeichen für das Vorhandensein zweier Rassen betrachtet worden. Während Quételet bei Feststellung der Variation in der Grösse der Belgier etc. gleichen Alters eingipfelige Binomialcurven erhielt, erhielt Ammon (die natürliche Auslese beim Menschen, Jena 1893) bei den Wehrpflichtigen Badens für verschiedene Amtsbezirke bei graphischer Darstellung der Variation in der Körpergrösse constant 2-gipfelige Curven, wie sich auch hinsichtlich der Schädelform etc. 2-gipfelige Curven ergaben. Ammon schliesst hieraus, dass die heutige Bevölkerung Badens aus einem Gemisch zweier Völkertypen (eines dolichocephalen germanischen und eines brachycephalen vorgermanischen) besteht, was er auch durch weitere Gründe erhärtet. Aehnlich hat A. Bertillon im Département Doubs 2 Maxima der Grösse wahrgenommen und aus dem Vorhandensein der 2 gipfeligen Curve geschlossen, dass an der Bildung der dortigen Bevölkerung zwei Völker theilgenommen haben, die Sequaner und die später eingewanderten Burgunder; andere Gegenden wie das Département Finisterre zeigen dagegen heute nur eingipfelige Variationscurven der Körpergrösse. Von besonderem Interesse für uns sind die von N. Zograf in Russland vorgenommenen Untersuchungen. Zograf fand für die Grössencurven (der 1884—1886 in den Regierungsbezirken Wladimir, Jarolaw und Kostroma ausgehobenen Mannschaften — ebenso wie Anutschin für einen Theil von Nowgorod —) drei Gipfel. Er schliesst daraus, dass die Bevölkerung der fraglichen Gebiete das Mischungsergebniss zweier verschiedener Völker ist, von denen das eine hochgewachsen, das andere klein von Gestalt war. Die am häufigsten vorkommende Grösse (der breite abgeplattete Mittelgipfel) hat sich aus der Vermischung beider ergeben (Scheingipfel! Vgl. unsere Beobachtungen bei *Pimpinella*, *Aegopodium* etc.).

Hätte Zograf kleinere Bezirke für sich dargestellt, so würde das mittlere Maximum zu Gunsten beider wesentlichen Maxima mehr zurückgetreten sein (zweigipfelige Curve — vgl. Ammon l. c.) Umgekehrt hat R. Livi (Sulla statura degli Italiani. Firenze 1883) darauf aufmerksam gemacht, dass Combinationscurven zweier Variationscurven, deren Gipfel nicht zu weit von einander entfernt sind, bei Zählungen im grössten Maassstab eingipfelige Curven ergeben, in denen die alten Maxima verschwunden sind. Diese Livischen Curven, wie wir sie nannten, sind aber an der Abflachung und Längsstreckung sicher von monomorphen Variationscurven zu unterscheiden.

Im Thierreich sind dimorphe Variationscurven von Bateson und Giard veröffentlicht worden. (W. Bateson and H. H.

B r i n d l e y.   On some cases of variation in secondary sexual characters. — Proceed. Zool.-Soc. London. 1892. Part. IV. p. 585, ebenso Bateson, Materials for the study of variation. London 1894). So hat B a t e s o n auf eine lang- und eine kurzzangige Rasse des gemeinen O h r w u r m s (*Forficula auri·cularia*) aus dem Vorhandensein einer zweigipfeligen Curve geschlossen und dann die eine Rasse (die kurzzangige auch in Cambridge und bei D u r h a m entdeckt. Bei dem javanischen Käfer *Xylotrupes Gideon* ergab sich aus dem Vorhandensein der dimorphen Curve die Existenz einer lang- und einer kurzhörnigen Form. Einen ähnlichen Dimorphismus der Variationscurve fand W e l d o n bezüglich der Stirnbreite von *Carcinus moenas* G i a r d fand hier, dass die eine Rasse ihre Existenz einem Parasiten *Portunion moenadis* verdankt und hat weitere Fälle von parasitärem Dimorphismus nachgewiesen, er vermuthet auch, dass in den B a t e s o n'schen Fällen Parasiten (*Gregarinen* etc.) im Spiel gewesen sein könnten. Ich habe durch meinen Freund Dr. E. Z i m m e r - m a n n aus der Gegend von Hirschberg an der Saale vor einigen Jahren Exemplare von *Chrysanthemum inodorum* erhalten, die sämmtlich gefüllt oder doch sehr reichstrahlig waren. Die Ursache der Füllung war, wie ich glaube, *Peronospora Radii*, der die Strahlenblüten reichlich befallen hatte. Doch scheinen die neuen Eigenschaften erblich geworden zu sein, da auch einzelne vom Parasiten nicht befallene Stöcke die Füllung zeigten. Im vorigen Jahre fand Dr. Z i m m e r m a n n die gefüllte Form in der weiten Umgebung von Frössen und Göritz bei Hirschberg an der Saale auf sehr vielen Feldern, besonders Kleefeldern, aber nur an einer Stelle an der Chaussee zwischen beiden Orten noch mit Pilz. Die Mitbenutzung des Materials hätte auch hier einen neuen Curvengipfel ergeben.

Die letzten Fälle entnahm ich der Schrift von H u g o d e V r i e s : „Eine zweigipfelige Variationscurve (mit 2 Fig. im Text) Leipzig 1895" (W. E n g e l m a n n, Sep.-Abdr. aus dem Archiv für Entwicklungsmechanik der Organismen. II. Bd. 1. Heft. p. 52 —64). H u g o d e V r i e s hat in dieser Schrift auch zuerst einen Fall von p f l a n z l i c h e n Combinationscurven erörtert, nämlich den von *Chrysanthemum segetum*.

Er hatte die Samen dieser Pflanze durch Samenaustausch aus 20 verschiedenen Gärten erhalten und gemischt zur Aussaat 1892 verwendet. Die 97 blühenden Pflanzen ergaben für die Randstrahlen der Endköpfchen eine dimorphe Curve mit den Gipfeln bei 13 und 21 (Mittelgipfel bei 17!) Durch Selection (Ausjäten der Pflanzen mit mehr als 13 Strahlen im Köpfchen) erhielt er 1895 eine 13 strahlige Rasse mit den Zahlen:

Strahlenblüten : 9 8 10 11 12 13 14 15 16 17 18 19 20 21
    Individuen : 2 1 0 7 13 **94** 25 7 7 1 2 0 3 0

die auch 1894 lauter Pflanzen mit eingipfeliger Curve bei 13 ergab. H. d e V r i e s schliesst daraus, dass auch in der Natur 2

Rassen mit 13 und 21 Strahlen vorkommen. Auf seine Aufforderung hin bestimmte ich die Variationscurve für die in Thüringen verbreitete Form des *Chrysanthemum segetum* und fand hier ausschliesslich die 13er Rasse. (S. oben die Einzelzählungen).

(Schluss folgt.)

Originalberichte gelehrter Gesellschaften.

Sitzungsberichte der botanischen Section der königl. ungarischen naturwissenschaftlichen Gesellschaft zu Budapest.

Sitzung am 10. October 1894.

Gabriel Perlaky legt die Arbeit **Aladár Richter's** vor über:

„Das Linné-Herbarium, die Conchilien und Insectensammlung und die Linné-Bibliothek in London."

Die hervorragendsten naturwissenschaftlichen Gesellschaften Londons, die Royal Geological-, Chemical und Linnean Society, befinden sich im „New Burlington House" neben dem Picadilly, erbaut 1695—1743. Diese Gesellschaften legen wohl keine Museen an, doch mit um so grösserer Umsicht hüten sie die in ihrer Verwahrung befindlichen Reliquien. In der Royal Society wird ein Teleskop, die Handschrift der Philosophiae naturalis principia mathematica Newton's bewahrt, weiter das Originalmodell der Davy'schen Lampe. Eine solche Reliquie ist die im Erdgeschosse der Linnean Society untergebrachte Linné-Sammlung. Die Aufschrift des einen Schrankes ist: Linnaei Herbarium, die des anderen: Linnaei Insecta et Conchylia. Die Flügelabtheilungen des mittelgrossen Herbariumschrankes enthalten auch die Original-Bibliothek Linné's. Die Pflanzen sind auf Blätter gewöhnlichen grossen Schreibpapiers nach Kew'scher Art geklebt und aus leichtverständlichen Gründen in sehr niedrige Fascikel getheilt. Die Pflanzenpackete sind in zwei von Linné herstammenden, aber mit um so stärkeren Eisenbändern versehenen Kisten verschlossen, welche in dem von der Gesellschaft beigestellten Schrank verwahrt werden. Die Schmetterlinge und Pflanzen Linné's sind trotz ihres anderthalbhundertjährigen Alters wunderbar gut erhalten.

Die in Prachtband gebundenen, mit eigenhändigen Notizen Linné's reich versehenen Bücher geben ein Bild einer wohlgeordneten Hausbibliothek.

Alexander Magocsy-Dietz hält einen Vortrag unter dem Titel:

„Der Aberglaube als Ursache der Waldschädigung" und demonstrirt die eigenartigen Schädigungen der Wälder von Göllniczbánya (Zipser Comitat), welche darin bestehen, dass die Bewohner die Spitzen der Tannen aus Aberglauben in Quirle flechten, wodurch das Wachsthum der Bäume verhindert wird.

Sitzung am 14. November 1894.

Vinzenz Wartha demonstrirt die

Photographie der in dem Aquarium des botanischen Gartens in Budapest cultivirten und blühenden *Victoria regia*

vermittelst Stereoskop und Projection, und legt auch die colorirten Photogrammplatten vor.

Ludwig Fialowszky bespricht die

„ungarischen Namen in einer aus dem Jahre 1551 stammenden lateinischen Botanik".

Julius Istvanffy hält einen Vortrag über:

„Die Pflanzenwelt aus dem Wasser der Budapester Wasserleitung".

Seine seit dem Winter 1892/93 continuirlich fortgesetzten Beobachtungen bezogen sich auf das Vorkommen von Pflanzen im Wasserleitungswasser (Algen und Pilze) und auf deren Fluctuation im Auftreten. Vortr. hat die Resultate seiner Untersuchungen als Orginalarbeit in dieser Zeitschrift ausführlich mitgetheilt.

Vinzenz Wartha bemerkt zu obigem Vortrage, dass die Untersuchung des Wasserleitungswassers sehr wichtig für den Hydrotechniker sei. Er beobachtete es im Laboratorium schon seit langer Zeit, dass in dem destillirten Wasser der Spritzflaschen und Eprouvetten, wenn es längere Zeit in selben gestanden, eine ganze Vegetation entsteht. Wenn er seinen Hörern die Beschaffenheit des Wasserleitungswassers demonstriren will, liess er zuerst das Hauptrohr der Anstalt absperren und dann die Auslaufhähne, so dass die Röhren leer werden; hernach liess er das Hauptrohr öffnen, so dass das mit Vehemenz herbeiströmende Wasser allen Schmutz mit sich reisst, der an den Rohrwänden haftet und ganz trübe aus den Röhren läuft. Er hält die Untersuchung sowohl des aus den Hähnen laufenden als auch des unmittelbar aus den Filtern strömenden Wassers und der Reservoire für nöthig.

Julius Istvanffy entgegnet, dass er nur die Sandfilter und deren Wasser untersucht habe, zu den Reservoirs aber hätte er nicht gelangen können. Die von ihm nachgewiesenen Pflanzen sind zweifellos aus der Leitung in seine Gefässe gelangt und bilden sonach einen Bestandtheil des Leitungswassers.

Julius Istvanffy legt hierauf eine Arbeit **Carl Flatt's** vor:

Was verstehen wir unter Clusius' Pannonia?

Carl Flatt beweist hierin im Gegensatze zu deutschen Autoren, welche ein Ober-Pannonien mit dem Hauptsitze Wien als Pannonia des Clusius vertheidigen, dass dasselbe ein Stück rein ungarischen Landes sei, das wir mit keinem Nachbarn zu theilen hätten.

Clusius verstand unter Pannonia niemals einen Theil Landes, zu welchem Wien gehörte, sondern den Kreis jenseits der Donau in Ungarn, welches er Pannonia transdanubiana und Kroatien-Slavonien, welches er Pannonia interamnis nannte. Flatt kommt endlich zu dem Resultate, dass auf Basis der aus Clusius' Werken entnommenen Daten ausgesprochen werden kann, dass keine einzige Bemerkung zu der Annahme berechtigt, als ob Clusius unter dem Namen Pannonia ein Land bezeichnet hätte, das nicht zu den Ländern der Krone des heiligen Stephan gehörte. Ja sogar dort, wo er eine genauere Localitätsbezeichnung für nothwendig hielt, wird eine scharfe Grenze zwischen Oesterreich und Pannonien, ja sogar zwischen Wien und Pannonien gezogen.

Sitzung am 12. December 1894.

Ludwig Simonkai sprach:

„Ueber die Arten und Abarten von *Stipa*".

Unsere früheren Botaniker machten bezüglich der bei uns vorkommenden *Stipa*-Arten keinen Unterschied, sondern bezeichneten alle mit dem Collectivum *Stipa pennata* L. Victor Janka war der Erste, der im Jahre 1865 durch die Unterscheidung von *St. Lessingiana* Trin. et Rup. und *St. Grafiana* Stev. und der Aufhellung ihrer Fundorte in Siebenbürgen die Aufmerksamkeit unserer Botaniker auf selbe richtete. Seit dieser Zeit beschäftigten sich Mehrere sowohl mit den in Ungarn, als auch den benachbarten Ländern vorkommenden *Stipa*-Arten, so dass wir derzeit über eine ziemlich grosse Formenreihe berichten können. Anlass zu diesem Resumé giebt der Umstand, dass Simonkai im laufenden und vergangenen Jahre in der Umgebung von Budapest auf sehr interessante *Stipa* gestossen ist, und zwar vorzüglich auf dem Dreihotterberg (Hármas határhegy). Unter diesen ist die eine die für die russische Steppe charakteristische *St. Tirsa* Stev., die andere eine eigenthümliche Variation der Art *St. pennata*, von welcher in der Litteratur keine Erwähnung geschieht und die Simonkai *St. villifolia* benennt.

Wenn man die *St. bromoides* und *St. capillata* L. bei Seite lässt, da deren Fahne nicht gefiedert ist, ist es zweifellos, dass in der ungarischen Flora mehrere Arten mit gefiederter Fahne zu unterscheiden sind.

Ein haarfeines, raubes, nach der Spitze zu borstenförmig auslaufendes Blatt hat *St. Lessingiana* und *St. Tirsa*, deswegen kann man diese zwei noch vor dem Reifen der Frucht mit Sicherheit unterscheiden.

Vollkommen orientalisch ist *St. Lessingiana* Trin. et Rup., weil deren westlichster Standpunkt in Siebenbürgen ist und sie gegen Osten von Südrussland an bis Persien, Turkestan und bis zum Ural heimisch ist. Diese Lessing'sche *Stipa* lässt sich von der *St. Tirsa* durch ihre Frucht und deren frühzeitigere Reife unterscheiden. *St. Lessingiana* reift Anfangs Juni, und die Samenhülle ist klein, gewöhnlich nicht länger als 10 mm, auf der ganzen

Oberfläche gleichmässig flaumig, an der Spitze, oder dort, wo sie am Spelz fusset, pinselförmig behaart; *St. Tirsa* hingegen reift im Juli, weil ihr Blütenstengel erst Anfangs Juni sich zu entwickeln beginnt, die Samenhülle wird 18—30 mm lang, der Spelz ist nackt, auf den unteren Theilen gewöhnlich mit einer Gebräme ähnlichen Haarreihe versehen, oder aber schütterhaarig. *St. Tirsa* ist ebenfalls eine orientalische Pflanze, da sie eine herrschende Grasart der Steppen Russlands ist, doch dringt sie tief in Europa ein gegen die Mitte und gegen Norden, und zwar bis nach Böhmen und Schweden.

Der allerauffallendste und auch pflanzengeographisch unterstützte Charakterzug ist der, dass die am Mittelmeer und so auch bei Fiume wachsenden *Stipa*-Arten sich constant von den continentalen Formen derselben Arten unterscheiden, und zwar ist bei der mediterranen *Stipa* der Stengel unter dem Blütenstand dicht flaumig, bei den continentalen nackt. Ueberdies ist dieselbe sehr ähnlich der *St. Grafiana* Stev. sowohl hinsichtlich der Frucht, als auch der harten binsenförmigen Blätter. Čelakovský nannte diese mediterranen *Stipa* im Jahre 1883 *St. Gallica*, ein besserer und älterer aus 1878 stammender Namen ist *St. eriocaulis* Borb. Die anderen fadenförmigen oder plattblätterigen continentalen und unter ihrem Blütenstande nackten *Stipa* Ungarns, *St. aperta* Janka (*St. Joannis* Cel.), *St. Austriaca* (Beck.), *St. Grafiana* Stev. sind nur als Varietäten einer und derselben Art zu betrachten, und zwar, wie auch Hackel meint, der *St. pennata* Linné. Linné führt seine *Stipa* aus „Austria und Gallia" an und alle drei Varietäten kommen typisch, von Oesterreich angefangen, durch Deutschland und die Schweiz bis nach Frankreich hin vor.

Die auf dem von Linné bezeichneten Territorium wachsende *Stipa pennata* wurde von den Autoren mit vollkommener Uebereinstimmung beschrieben als nacktstenglig und nacktblättrig, nur Čelakovský erwähnt (Oesterr. bot. Zeitschr. 1884. p. 320), er habe von Laun eine *St. Grafiana* bekommen mit dicht kurzhaarigen und dazwischen länger behaarten Blattscheiden.

Auf dem ganzen Gebiete von Oesterreich an bis Frankreich fand man auch nicht eine einzige *Stipa*, dem Formenkreise *pennata* angehörend, deren jedes Blatt und besonders die Wurzelblätter mit weichen Haaren bedeckt wären. Die in den Ofener Bergen vorkommende vollkommen behaarte *St. villifolia* verdiene es daher, von *St. pennata* Linné unterschieden zu werden, wenigstens als eine ungarische Varietät der Art; die kurze Diagnosis derselben wäre: „*Stipa villifolia*: Parte aristae inferiori nuda circiter 8—9 cm longa nec non magnitudine et pilositate glumellae, cum *St. Austriaca* (Beck.) convenit; sed distinguitur ab ea et ab omnibus *St. pennatae* L. varietatibus foliis basilaribus patule villosis canescentibusque. Habitat in monte Háromhatárhegy ad Budapestinum copiose."

Vinzenz Borbas erwähnt, dass er die *St. Tirsa* auf dem vom Vortr. angeführten Standorte schon vor 5—6 Jahren gesammelt habe

(s. Weihnachts-Nummer des Magyar Hirlap. p. 29). Sie blüht bei uns am spätesten (Anfang Juli), während die übrigen Arten schon Ende Mai oder Anfang Juni reife Samen besitzen. Sie kommt auch bei Gyöngyös vor (L. Richter und Steffek). Unter den erwähnten Arten ist *St. Joannis* Čelak. die häufigste und hält Borbás diese für die echte *St. pennata* L. sensu stricto, was auch die durch Linné angezeigte geographische Verbreitung beweist. Die behaartblättrige Form werde in Südrussland benannt *St. pennata var. dasyphylla* Czern. (Consp. pl. Charkow. 1859. p. 75).

Alexander Mágocsy-Dietz empfiehlt der Aufmerksamkeit der sich mit *Stipa* Beschäftigenden die Behaarung der *Stipa*-Frucht, indem es bekannt sei, dass dieselbe eine bedeutende Rolle bei der Verbreitung der Samen spielt. Auch das ist noch festzustellen, ob irgend ein Zusammenhang zwischen der Bodenbeschaffenheit und der Behaarung besteht.

V. Borbás behauptet, dass Formen, bei denen die Haare der Blütenspelzen bis zu der Spitze hinreichen (*St. Grafiana*) oder vor dem oberen Drittel schon verschwinden (*St. pennata*) auf demselben engeren Standorte vorkommen, z. B. im Wolfsthal bei Budapest, also unter ganz gleichen Vegetationsverhältnissen.

Arpad Degen erwähnt in Verbindung mit Obigem, dass er mit Simonkai sein Herbarium revidirend, den interessanten und überraschenden Umstand constatiren konnte, dass der Typus *Stipa barbata* Desf. auch in Ost-Europa, und zwar in Bulgarien einen Repräsentanten habe in der Species *Stipa Szovitsiana* Trin. Diese bisher nicht nur in Bulgarien, sondern auch in Europa beobachtete *Graminee* entdeckte Johann Wagner am Südabhange des Balkan bei Slivno („Sinite Kamen“-Berg).

V. Borbas: Bei Pressburg kommt eine abweichende Form der *St. pennata* vor, bei welcher der obere Theil der sonst kahlen Granne federhaarig ist, doch nicht so dicht, wie bei *St. barbata*. Diese ist die *St. intrapennata* Borb. (Geogr. atque enum. pl. comit. Castriferrei. p. 156).

2. Julius Istvanffy legt unter dem Titel:

„Neuere Untersuchungen über die Secretbehälter der Pilze“

seine anatomischen Befunde über die Familie der *Thelephorei* vor. In seinem Aufsatze über diesen Gegenstand, den er bereits mit Olav Olsen in Münster begann, und in seiner in den Magyar növénytani lapok, 1887, XI. Jahrg. erschienenen Arbeit beschäftigte er sich nur mit den Pilzen höherer Ordnung. In allen diesen Arbeiten und in einer späteren Studie, welche unter dem Titel: „Daten zur physiologischen Anatomie der Pilze“ in den Termeszetrajzi Füzetek (Bd. XIV) erschien, konnte er nur wenige *Thelephorei* untersuchen. In seiner letzten Arbeit nahm er die Secretbehälter nur so weit in Betracht, als es das Feststellen der Gewebesysteme erforderte. Dieselben und andere ähnliche Gebilde,

welchen er im dritten, dem Ernährungssysteme angehörenden Gewebe den Platz anwies, spielen hier die Rolle eines Transpor-
tationssystems, und als secretirende und aufspeichernde Anord-
nungen schmiegen sie sich an die vom Verf. zuerst unterschiedenen
physiologischen Gewebesysteme an. Da in neuerer Zeit die Aufmerksamkeit sich wieder diesen interessanten Organen zuwandte,
wie Dangeard's und Bambeke's Berichte bezeugen, sah der
Vortr. sich veranlasst, mit seinen Studien vorzutreten. Nun bearbeitete er die Familie der *Thelephorei* und indem es seine Ueberzeugung sei, dass die vergleichenden anatomischen Untersuchungen
zu einem erspriesslichen Ziele nur dann führen, wenn auch die
tropischen Formen geprüft werden, bearbeitete er das im ungarischen Nationalmuseum befindliche Material. Er hatte hiebei Gelegenheit zu interessanten Beobachtungen, insbesondere, wenn er
solche Arten prüfte, welche nicht nur in Europa, sondern auch
unter den Tropen heimisch sind. Bambeke bekräftigte in seiner
neuesten Arbeit die Resultate des Vortr. und citirt öfters die
ungarische Arbeit. (van Bambeke, Hyphes vasculaires du mycé-
lium des *Autobasidiomycètes*. Bruxelles 1894.) Vortr. unterscheidet
nach der anatomischen Untersuchung der *Thelephorei*, mit welcher
sich vor ihm noch keiner befasste, drei Formen von Secretbehältern,
und zwar die Gruppen der rohr-, der knüppel- und der kugelförmigen Secretbehälter. Die festgestellten Unterschiede können
auch systematisch verwerthet werden. Er legt die Zeichnungen
derselben vor und demonstrirt deren Entwicklung.

Gabriel Perlaky theilt mit unter dem Titel:

„Floristische Mittheilungen",

dass die kronenfrüchtige *Valerianella*, welche Sadler, Kerner,
Borbás u. a. m. für *V. coronata* hielten, nicht die Linné'sche
coronata sei, sondern *V. hamata* Bastard, und zwar auf Grund der
Linné'schen Beschreibung und Robertus Morisonus Historia
plant. univ. Oxoniensis.

Den bei Szt. Endre vorgefundenen *Elymus* hält er für *Elymus*
crinitus, weil dieser sich von Linné's *E. caput medusae* unterscheidet, welcher eine spanisch-portugiesische Pflanze sei, von dort
bekam die Pflanze auch Schreber, der in seinem über die Gräser
geschriebenen Werke die classische Pflanze dieses Standortes ab-
zeichnete und beschrieb. Deshalb glaubt er auch, dass das Vor-
gehen Boissier's und Anderer unrichtig sei, welche diese zwei
Pflanzen vereinigen und er betrachtet *E. crinitus* als östlichen
Stellvertreter des *E. caput medusae*.

Sodann legt er *Papaver Argemone* L. vor, welches ein neuer
Bürger des Pester Comitates geworden ist und am 29. Mai 1892
bei Pilis-Szent-Kereszt gefunden wurde.

Simonkai entgegnete hierauf, dass er in Bezug auf *E. crinitus*
mit dem Vortr. nicht gleicher Ansicht sei, indem er den östlichen
Elymus für verschieden von dem heimischen hält.

Gabriel Perlaky hält seine Behauptung aufrecht, dass
unsere Pflanze nicht *E. caput medusae* sei; sollte der Unterschied
zwischen dem Schreber'schen *E. crinitus* gross sein, so sei unsere
Pflanze eine neue Art.

Instrumente, Präparations- und Conservations-Methoden.

Amann, J., Der Nachweis des Tuberkelbacillus im
Sputum. (Centralblatt für Bakteriologie und Parasitenkunde.
I. Abtheilung. Bd. XVII. No. 15. p. 513—522.)

Die Homogenisirung der zu untersuchenden Sputum - Masse
sucht Amann entweder durch anhaltendes Verreiben zwischen
matt geschliffenen Glasplatten oder durch Sedimentation zu erreichen,
bei welch letzterer aber alle solche Mittel streng auszuschliessen
sind, welche die Färbbarkeit der Tuberkelbacillen irgendwie zu
beeinträchtigen vermögen.

Mit der verriebenen oder sedimentirten Sputum-Masse werden
mehrere Objectträger belegt, bei Zimmertemperatur getrocknet und
dann fixirt. Die Fixirung erfolgt entweder durch Hitze, welche
das Albumin der Masse zum Gerinnen bringt, oder durch Behandlung mit einem gleichtheiligen Gemisch von absolutem Alkohol
und Aether. Als sicherste und bequemste Farblösung empfiehlt
Amann das Karbol-Fuchsin. Einige Tropfen der Farblösung
werden auf einen Objectträger gebracht und über einer kleinen
Flamme bis zur Dampfbildung erwärmt. Hierauf wird das
Präparat mit der belegten Seite nach unten leicht auf die Farblösung aufgedrückt. Bei der schwierigen Entfärbung kann man
mit Vortheil Salpetersäure verwenden, in welcher die Präparate
aber ja nicht zu lange verbleiben dürfen. Bessere Ergebnisse
zeigte eine mit Pikrinsäure gesättigte 20 procentige Schwefelsäure.
Zur Nachfärbung des Grundes hat sich Malachitgrün am besten
bewährt.

Kohl (Marburg).

Haegler, Carl S., Zur Agarbereitung. (Centralblatt für
Bakteriologie und Parasitenkunde. I. Abtheilung. Bd. XVII.
No. 16. p. 558—560.)

Haegler hat durch Centrifugirung des Agar das schwierige
Verfahren der Agarklärung so vereinfacht und verkürzt, dass z. B.
die Klärung der Gelatine durch Filtration mehr Zeit und Material
beansprucht.

Auf dem Cylinder der Centrifuge wird eine Schüssel einge-
schraubt und der Deckel mit den Schrauben in der Peripherie

fest verschlossen. Die Agarmischung kocht während dieser Zeit. Ist der Moment der Klärung gekommen, so wird zuerst die Centrifugenschüssel erwärmt und dann durch einen Trichter die kochende Agarmasse in die schwach rotirende Centrifuge eingegossen. Hierauf werden Trichter und Wärmequelle entfernt und die Centrifuge- in raschen Gang versetzt. Nach spätestens einer halben Stunde findet man in der Schüssel einen abgekühlten und erstarrten Kuchen Nähragar von grösstmöglicher Klarheit. Alle Trübungen sind in einer 2—3 mm dicken Schicht an der Peripherie sedimentirt. Die Grenze zwischen klarem Agar und der Trübungszone ist vollständig scharf, so dass sich die letztere leicht bei nochmaligem schwachen Rotiren mit einem Messer abtrennen lässt.

Kohl (Marburg).

Bergonzoli, Gaspare, Ancora sulla formalina. (Estr. dal Bollettino scientifico. 1895. No. 1.) 8⁰. 4 pp. Pavia (Tip. Bizzoni) 1895.

Günther, C., Einführung in das Studium der Bakteriologie mit besonderer Berücksichtigung der mikroskopischen Technik. Für Aerzte und Studirende. 4. Aufl. 8⁰. VIII, 461 pp. Mit 72 nach eigenen Präparaten vom Verfasser hergestellten Photogrammen auf 12 Tafeln. Leipzig (Georg Thieme) 1895.
M. 10.—

Magnin, G., Précis de technique microscopique et bactériologique. Précédé d'une préface de **Mathias Duval.** 8⁰. VI, 257 pp. Paris (libr. Doin) 1895.

Müntz, M., Procédés pour reconnaître la fraude des beurres par les matières grasses animales et végétales. [Suite et fin.] (Annales de la science agronomique française et étrangère. Sér. II. Année I. T. I. 1895. p. 321 —329.)

Soldaini, A., Sopra alcuni metodi di estrazione degli alcaloidi dei semi di Lupinus albus. (Estr. dall' Orosi, giornale di chimica, farmacia ecc. 1895. No. 3.) 8⁰. 16 pp. Firenze (tip. Minorenni corrigendi) 1895.

Trubert, Albert, Analyse chimique des matières agricoles, des boissons fermentées, des vinaigres et des urines. 8⁰. 131 pp. Gap (libr. Fillon & Co.) 1895.

Wildeman, Ém. de, L'appareil à projection du Dr. Edinger permettant de dessiner et de photographier des préparations microscopiques sous un faible grossissement. (Bulletin de la Société belge de microscopie. Année XXI. 1895. p. 132—134. Avec 2 pl.)

Wright, L., A popular handbook to the microscope. 8⁰. 256 pp. Illustr. London (Rel. Tract. Society) 1895.
2 sh.

Sammlungen.

Macfarlane, J. M., The organization of botanical museums for schools, colleges and universities. (Biological lectures delivered at the Marine Biological Laboratory of Wood's Holl in the summer session of 1894. Lecture IX. p. 191—204. With 5 fig.) Boston (Ginn & Co.) 1895.

Referate.

Zukal, Hugo, N e u e   B e o b a c h t u n g e n   ü b e r   e i n i g e *Cyanophyceen.* (Berichte der deutschen botanischen Gesellschaft. 1894. p. 256—266.)

1. Z o o s p o r e n b i l d u n g b e i *Cylindrospermum stagnale.* Verf. hatte bereits früher unter der Bezeichnung „K ö r n e r a u s s t r e u u n g“ eigenartige Erscheinungen beschrieben, neuerdings hat er sich nun davon überzeugen können, dass es sich in diesen Fällen um eine ächte Zoosporenbildung handelt. Die Zellen der genanten Alge enthalten nur im jugendlichen Zustande eine Art von Centralsubstanz, an der Peripherie derselben entstehen kleine Körnchen, die die Reaction der rothen Körner B ü t s c h l i’ s zeigen. Später wurden in den Zellen dagegen nur Cyanophycinkörner beobachtet, und zwar besassen dieselben namentlich in den Dauersporen eine deut- lich blaugrüne Färbung.

Anfangs August beobachtete nun aber Verf., dass sich die Cylindrospermum-Gallerte verflüssigt hatte und dass die Fäden der Alge in grosser Menge das Culturgefäss erfüllten. In den klaren und durchsichtigen Zellen dieser Fäden schwammen je 2—5 auf- fallend grosse, glänzende, farblose Körner, die eine schwache wimmelnde Bewegung zeigten. In zahlreichen Fällen wurde dann aber auch beobachtet, dass der gesammte Inhalt der betreffenden Zellen durch einseitige Oeffnung der Membran derselben in Frei- heit gesetzt wurde und dass dann die Körnchen eine immer mehr an Intensität zunehmende Eigenbewegung zeigten. Bei starker Ver- grösserung konnte an diesen „Zoosporen“ eine contractile Plasma- haut, aber keine Cilie nachgewiesen werden; in Eosinlösung trat eine Gallerthülle hervor. Verf. konnte bei denselben ferner zwei verschiedene Formen unterscheiden: die ersteren maassen durchschnittlich 3,5 μ und besassen eine ausgesprochen elliptische Gestalt, die letzteren waren gewöhnlich nicht viel über 1 μ gross und mehr kugelig. Später legten sich nun meist eine von den grossen und eine von den kleinen Zoosporen zusammen und es wuchs dann, ohne dass eine Verschmelzung der Protoplasten stattfände, die kleinere Zelle zu der Grösse der anderen heran. Durch spätere Theilungen wuchsen diese Zellen zu kleinen Kolonien heran, die von einer Gallerte zusammengehalten wurden, aber zunächst noch eine deutliche taumelnde Bewegung zeigten.

Da Verf. die Körnerausstreuung bereits bei verschiedenen *Cyano- phyceen* beobachtet hat, so nimmt er an, dass diese Algen allgemein eine derartige Schwärmsporenbildung besitzen. Schliesslich weist er noch darauf hin, dass es nach seinen Beobachtungen nicht unwahr- scheinlich erscheint, dass die Zoosporen aus den Cyanophycinkörnern entstehen.

2. *Lyngbya Bornetii* n. sp. Die betreffende Alge findet sich in klaren Gebirgsbächen auf Moosen. Der Zellinhalt der jungen Fäden besteht ausschliesslich aus einem farblosen Protoplasma und

Zellsaft. Das erstere zeigt eine deutliche Wabenstructur und zwar werden diese Waben in den älteren Fäden immer enger und enger; nur diejenigen im Inneren der Fäden bewahren noch längere Zeit ihr grösseres Volum. Es zeigte sich dann auch in sofern eine Differenzirung zwischen denselben, als nur die peripherischen gefärbt waren und zwar war das blaugrüne Farbstoffgemisch ausschliesslich im Protoplasma enthalten. Die in den jugendlichen Zellen ganz fehlenden Körner zeigten auch hier zunächst die Reactionen der rothen Körner, später die der Cyanophycinkörner. Eine Centralsubstanz konnte nicht nachgewiesen werden, dagegen fand Verf. an den Querwänden linsenförmige Körper, die vielleicht ein Umwandlungsproduct der Körner darstellen.

3. *Calothrix parietina.* Verf. beobachtete bei derselben eine deutliche Wabenstructur, bei den dickeren Fäden auch eine Art Centralsubstanz.

4. Bei *Anabaena hallensis* beobachtete Verf. innerhalb der alten Cyanophycinkörner würfelige Krystalle, die wahrscheinlich aus Proteïnstoffen bestehen.

5. Als Ergänzung zu älteren Angaben giebt Verf. eine Abbildung von seiner *Oscillaria* spec., deren Chromatophor eine fibrilläre Structur besitzt.

Zimmermann (Jena).

Golenkin, M., Algologische Untersuchungen. (Bulletin de la Société Imp. des Naturalistes de Moscou. 1894. No. 2. 14 p.)

1. Vorkommen von Jod bei *Bonnemaisonia asparagoides.* Verf. fand, dass die genannte Alge beim Trocknen auf weissem Papier dieses intensiv blauviolett färbte; die gleiche Färbung wurde auch erhalten, als die frische Alge in Stärkekleister gebracht wurde. Die mikroskopische Untersuchung ergab ferner, dass die durch Stärkekleister sichtbar werdende Jodausscheidung auf ganz bestimmte Zellen localisirt ist, die sich namentlich an den jüngeren Theilen und Cystocarpien befinden. Dieselben enthalten je eine Vacuole mit stark lichtbrechendem und im auffallenden Lichte irisirendem Inhalte. Ueber die chemische Zusammensetzung desselben lieferten die angestellten Reactionen keine sicheren Anhaltspunkte; bemerkenswerth ist aber, dass sich die betreffenden Zellen mit Cyaninlösung intensiv braun färbten und dass Verf. ebenfalls einen braunen, in Wasser ziemlich schwer löslichen Niederschlag erhielt, als er Cyanin und Jodlösung zusammenbrachte.

2. Sporenkeimung von *Bonnemaisonia.* Beiläufig theilt Verf. in diesem Abschnitte mit, dass er bei sehr zahlreichen *Florideen* grosse Mengen von *Florideen*-Stärke beobachtet hat, dass dieselbe dagegen bei den Exemplaren, die reichlich fructificiren, fast gänzlich verschwindet. In den keimenden Sporen konnte er auch deutliche Corrosionserscheinungen beobachten.

Bei der Keimung zerfallen die Sporen zunächst in einen etwa 32 zelligen Körper, und zwar herrscht bezüglich der Orientirung der verschiedenen Wände keine Constanz. Dadurch, dass diese

Zellen fast sämmtlich zu Zellfäden auswachsen, entsteht nun ein Pflänzchen, welches an Jugendstadien von A n t i t h a m n i o n oder C h a n t r a n s i a erinnert. Die weitere Entwicklung konnte bisher nicht beobachtet werden.

3. E l a i o p l a s t e n b e i d e n *Florideen.* Während H a n s e n angiebt, dass bei *Laurencia* und anderen *Florideen* Glycogen führende Zellen vorkommen, zeigt Verf., dass der Inhalt der betreffenden Zellen mit dem der Elaioplasten der höheren Gewächse vollständig übereinstimmt; gegen Glycogen spricht speciell, dass die durch Jodjodkalium bewirkte Färbung beim Erwärmen nicht verschwindet und dass der Inhalt der Elaioplasten weder in kaltem noch in kochendem Salz- oder Süsswasser löslich ist. Die gleichen Reactionen zeigten auch die grossen gelben Kugeln in den Zellen der mittleren Schicht von *Dictyota dichotoma*; um nachzuweisen, dass der Inhalt derselben nicht mit dem der kleinen Kugeln übereinstimmt, genügt es, die Sprosse in sehr verdünnte Lösung von Methylgrün in Meerwasser zu bringen, es färben sich dann die kleinen Kugeln prachtvoll grün, während die grossen gelb bleiben.

4. Bei *Sebdenia Monardiana* beobachtete Verfasser in der zweitäussersten Zellschicht e i g e n a r t i g e I n h a l t s k ö r p e r, die mit den Elaioplasten eine gewisse Aehnlichkeit haben, aber nach ihrem mikrochemischen Verhalten sicher aus einem Mineralsalze bestehen. Die nähere Zusammensetzung desselben konnte bisher nicht festgestellt werden.

5. Verf. fand, dass die schon von K l e m m im Zellsaft von *Derbesia Lamourouxii* beobachteten faserigen Körper durch starke Fluorescenz ausgezeichnet sind; sie erscheinen im durchfallenden Lichte gelblich, im auffallenden schön bläulichgrün; nach ihren Reactionen sind sie den Protëinstoffen am meisten ähnlich. Bei der Cultur der Alge in Glasschalen verschwanden die betreffenden Körper.

Zimmermann (Jena).

Fischer, Ed., D i e Z u g e h ö r i g k e i t v o n *Aecidium penicillatum.* (Hedwigia. XXXIV. 1895. p. 1—6. Mit Abbildung.)

Ueber die Zugehörigkeit von *Aecidium penicillatum* Müll., einer *Roestelia*-Form auf *Sorbus Aria*, *S. chamaemespilus* und *Pirus Malus*, sind drei verschiedene Meinungen geltend gemacht worden: Es wird zu *Gymnosporangium clavariaeforme*, zu *G. juniperinum* oder zu einem besonderen *G.* gehörig angegeben. Die Sculptur der Peridienzellen, besonders die Beschaffenheit der Seitenwände, giebt nun für die *G.* gute Speciesmerkmale ab. Bei *Aec. penicillatum* sind die Seitenwände der Peridienzellen mit mehr oder weniger parallelen und ziemlich dicht nebeneinander stehenden, breiten, schräg transversal verlaufenden Leisten besetzt, zwischen denen nicht selten auch rundliche oder längliche Höcker stehen; bei dem *Aecidium* von *G. juniperinum* (*Roestelia cornuta*) sind schräge, mehr oder weniger dicht stehende, längliche Höcker oder ganz kurze Leisten, welche die ganze Seitenfläche bedecken, vorhanden, während das *Aecidium* von *G. clavariaeforme* viel weniger tiefe Peridienzellen besitzt, deren Seitenwände zahlreiche, unregelmässig gestaltete, ungleich grosse und nicht einseitig verlängerte Höcker tragen. *Aecidium penicillatum* muss deshalb als eine besondere Art, resp. als Aecidiumform eines besonderen *Gymnosporangium* betrachtet werden. Nach Infectionsversuchen von Hartig, Peyritsch u. A. muss dies ein *G.* auf *Juniperus communis* sein; es ist aber weder *G. clavariaeforme* noch *G. juniperinum*, sondern ein besonderes, für welches der Name *G. tremelloides* A. Braun nach dem Vorgange von Hartig vorgeschlagen wird.

Beschrieben und abgebildet werden ferner noch die Skulpturen der Peridienseitenwände von *Roestelia cancellata*, (zu *G. Sabinae*), *Aecidium* zu *G. confusum* Plowr., *R. globosa* Thaxt. (zu *G. globosum* Farl.), *R. aurantiaca* Peck, (zu *G. clavipes* Cooke et Peck), *R. pyrata* (Schw.) Thaxt. (zu *G. macropus* Lk.), *R. transformans* Ellis (zu *G. Ellisii* Berk.?) und *R. botryapites* Schw. (zu *G. biseptatum* Ellis).

Brick (Hamburg).

Knuth, Paul, Die Blütenbesucher derselben Pflanzenart in verschiedenen Gegenden. Ein Beitrag zur blütenbiologischen Statistik. (Beilage zum Programm der Ober-Realschule zu Kiel. I. Hälfte. 1895, II. Hälfte 1896. 30 pp.)

Eine junge Wissenschaft, welche noch keine lückenlosen Beobachtungsreihen aufzuweisen hat, dürfte stets von zusammenfassenden Arbeiten Vortheil ziehen, da einerseits die in der Litteratur zerstreuten Beobachtungen unter einheitlichen Gesichtspunkten vereinigt werden, andererseits die Aufmerksamkeit auf die noch auszufüllenden Lücken gelenkt wird.

Von dieser Ansicht geht wohl auch Verf. aus, wenn er es unternimmt, die Blütenbesuche derselben Pflanzenart in verschiedenen Gegenden statistisch zu bearbeiten. Als Grundlage dienen ihm 100 Pflanzenarten der verschiedensten Familien, die sich folgendermaassen auf die Herm. Müller'schen Blumenklassen vertheilen: Windblüten 17, Pollenblumen 8, offene Honigblumen 10, Blumen mit theilweiser Honigbergung 12, Blumen mit verborgenem Honig 12, Blumengesellschaften 16, Bienenblumen 20, Falterblumen 5 Arten.

Ausser auf seine eigenen zahlreichen Arbeiten stützt sich Verf. dabei auf Untersuchungen von Herm. Müller, E. Loew, J. Mac Leod, Charles Robertson und C. Verhoeff, wodurch sich das statistische Material verbreitet über die Alpen, Belgien, Brandenburg, Illinois, Mittel-Schleswig, nordfriesische Inseln, ostfriesische Inseln, Ost-Holstein, Pyrenäen, Schlesien, Thüringen und Westfalen; auch aus einigen anderen Gegenden sind einzelne Beobachtungen verwerthet, so z. B. aus Mecklenburg, Nassau, Schweden (Aurivillius) etc.

6*

Zur Eintheilung der Insecten nimmt Verf. die Loew'schen Insectengruppen an, zergliedert dieselben aber, um eine genauere Statistik zu ermöglichen, weiter, wodurch folgendes Schema zu Stande kommt:

Vögel.	Insekten.												
	Eutrope.					Hemitrope.					Allotrope.		
		Hymenopteren.						Dipteren.					
Trochilus Colubris	Lepidopteren. (Sphingiden.)	Apis.	Bombus, Psithyrus.	Sonstige langrüss. Bienen.	Kurzrüss. Bienen, langrüss. Wespen.	Lepidopteren, Sonst. Grossschm.	Syrphiden.	Bombyliden.	Conopiden.	Musciden, Empiden u. s. w.	Hymenopteren, kurzrüssel. Wespen.	Coleopteren.	Sonstige Insekten.

In dieses Schema sind sämmtliche Beobachtungen eingetragen, und dürfte es sich empfehlen, dieses Schema als allgemein gültig anzunehmen und überall, wo blütenbiologische Studien gemacht werden, dieselben in gleicher Weise aufzuzeichnen!

Bezüglich der Statistik selbst, sowie der daran geknüpften Betrachtungen muss auf das Original verwiesen werden, zwei Sätze aber, die nicht nur für die Blütenbiologie, sondern von allgemeinem Interesse sind, seien noch angeführt:

„1. Je ausgeprägter eine Blume ist, d. h. je verwickelter ihre Blüteneinrichtung ist und je tiefer sie den Honig birgt, desto weniger sind die Blütenbesucher von der Insectenfauna eines Gebietes abhängig, desto mehr gehören sie überall denselben oder ähnlichen blumentüchtigen Arten an.

2. Je flacher und oberflächlicher die Lage des Honigs ist, desto wechselnder ist der Blumenbesuch in den verschiedenen Gegenden, desto mehr ist er von der für das betreffende Gebiet charakteristischen Insectenwelt abhängig."

Appel (Coburg).

Saporta, Sur les rapports de l'ancienne flore avec celle de la région provençale actuelle. (Bulletin de la Société Botanique de France. Tome XL. p. X—XXXVI. Mit 3 Tafeln.)

Verf. stellt folgende verwandtschaftliche Beziehungen zwischen fossilen und lebenden Arten auf:

I. Aus dem Gyps von Aix (oberes Eocän):

a) Stammeltern im Gebiet nicht mehr vorkommender Arten:

Callitris Brongniartii Endl., *C. quadrivalvis* aus Algier; *Notelea grandaeva*, *N. excelsa* von den Canaren; *Myrsine subretusa* Sap., *M. retusa* ebenda; *Zizyphus ovata* O. Web. Sap., *Z. Spina* Christi aus Tunis; *Amygdalus obtusata* Sap., *A. communis* in Kleinasien; *Ailanthus* und *Catalpa*, deren jetzige Vertreter in Süd- und Ostasien leben.

b) Arten, deren Nachkommen das Gebiet noch heute bewohnen:

O. humilis Sap., *O. Atlantidis* Ung., *O. carpinifolia; Quercus antecedens* Sap., *Qu. Ilex; Qu. spinescens* Sap., *Qu. coccifera; Olea proxima* Sap., *O. Europaea; Fraxinus longinqua* Sap., *Fr. oxyphylla; Nerium refertum* Sap., *N. Oleander; Styrax atavium* Sap., *St. primaevum* Sap., *St. officinale; Hedera Philiberti* Sap., *H. Helix; Cornus confusa* Sap., *C. mas; Paliurus tenuifolius* Sap., *P. aculeatus; Pistacia reddita* Sap., *P. Terebinthus; P. aquensis* Sap., *P. Lentiscus; Rhus rhomboidalis* Sap., *Rh. Coriaria; Cercis antiqua* Sap., *C. Siliquastrum.*

II. Aus dem unteren Oligocän von Saint-Zacharie:

a) (wie oben):

Betula pulchella Sap., *B. Dahurica* in Central-Asien; *Alnus prisca* Sap., *A. orientalis* und *A. subcordata* ebenda; *Zelkova Ungeri* Kov., *Z. crenata* vom Kaukasus; *Populus mutabilis* Al. Br., *P. Euphratica* in Nord-Afrika und Central-Asien.

b) (wie oben):

Ostrya tenerrima Sap., *O. Atlantidis* Ung., *O. carpinifolia; Carpinus cuspidata* Sap., *C. orientalis; Castanea palaeopumila* Sap., *C. vesca; Ulmus primaeva* Sap., *U. discerpta* Sap., *U. montana; Celtis Nouleti* Mar., *C. australis; C. latior* Mar., *C. australis; Acer pseudo-campestre* Ung., *A monspessulanum*, ähnlich auch dem *A. trifidum* Thbg. von Japan; *Pistacia Lentiscus oligocaenica* Mas., *P. Lentiscus; Rhus Palaeocotinus* Sap., *Rh. Cotinus; Crataegus palaeocantha, Cr. oxyacantha; Cercis Tournoueri* Sap., *C. Siliquastrum.*

III. Aus der aquitanischen Stufe von Céreste und Bois-d'Asson:

a) *Callitris Brongniartii* Endl. (vergl. unter Ia); *Sequoia Tournalii* (Brngt.) Sap., *S. sempervirens* von Californien; *Glyptostrobus Europaeus* Heer, *Gl. pendulus* in China; *Sabal major* Ung., *S. umbracutifera* (Antillen); *Phoenix pseudo-silvestris, Ph. silvestris* (Ostindien); *Myrica laevigata* Heer, *M. salicina* (Abyssinien); *M. fraterna* Sap., *M. sapida* (Nepal); *M. Pseudo Faya* Sap., *M. Faya* (Canaren); *Betula oxydonta* Sap., *B. cylindrostachya* (Inner-Asien); *Alnus Kefersteinii* Goepp., *A. subcordata* (Kaukasus); *Carpinus Heeri* Ett., *C. viminea* (Nepal); *Fagus pristina* Sap., *F. ferruginea* (Amerika); *Populus mutabilis* Heer, *P. Euphratica; P. Zaddacki* Heer, *P. ciliata* (Nepal); *P. cerestina* Sap., *P. suaveolens* (Inner-Asien); *Microptelea minuta* Sap., *M. sinensis* (Ost-Asien); *Zelkova Ungeri* vergl. IIa; *Z. Protokeaki* Sap., *Z. Keaki* Miq. (Japan); *Celtis cernua* Sap., *C. Caucasica* (Kaukasus); *Laurus superba* Sap., *Persea gratissima* (Tropen); *Myrsine Radobojana* Ung. und *M. celastroides* Ett., *M. Africana* (Nord-Afrika); *Nelumbium protospeciosum* Sap., *N. speciosum* (tropisches Asien); *Magnolia spectanda* Sap., *M. grandiflora* (Louisiana); *Acer tenuilobatum* Sap., *A. crataegifolium* (Japan); *A. consobrinum* Sap., *A. purpurascens* (Nippon); *A. confusum* Sap., *A. Buergerianum* (Yokoska); *A. trilobatum* Al. Br., *A. rubrum* (Amerika), sowie *A. rufinerve* (Japan) und *A.* sp. ined. (China); *Berchemia multinervis* Heer, *B. volubilis* (Amerika) und *B.* sp. ined. (Yunnan); *Ailanthus oxycarpa, A. glandulosa* (China); *Calpurnia pulcherrima* Sap., *C. aurea* (Ostindien).

b) *Juniperus Oxycedrus miocenica* Mar., *J. Oxycedrus; Smilax antecessor* Sap., *Sm. Mauritanica; Alnus praecurrens* Sap., *A. incana; Carpinus Heeri* Ett., *C. orientalis* (vergl. auch unter IIIa); *Ostrya Atlantidis* Ung., *O. çarpinifolia; Fagus pristina* Sap., *F. silvatica* (vergl. auch unter IIIa); *Salix gracilis, S. fragilis; Populus oxyphylla* Sap., *P. nigra; P. palaeoleuce* Sap., *P. alba; P. tremulaefolia* Sap., *P. tremula; Ulmus discerpta* Sap., *U. montana; Laurus conformis* Sap., *L. nobilis; Fraxinus ulmifolia* Sap., *F. oxyphylla; Olea primordialis* Sap., *O. Europaea; Styrax primaevum* Sap., *St. officinale; Acer recognitum* Sap., *A. opulifolium*, ähnlich auch dem *A. granatense, A. Reginae-Amaliae* und *A. tauricolum; A. opuloides* Heer, *A. Opulus; A. pseudocampestre* Ung., *A. campestre; Rhamnus franguloides* Sap., *Rh. Frangula; Cydonia proxima* Sap., *C. vulgaris.*

Einzelne Gesichtspunkte werden des näheren erörtert: Die oft continuirliche Formenreihe mit kaum merklichen Uebergängen zu

der recenten Species, das mehr sporadische Vorkommen von Arten,
deren Stammeltern im Gebiet weiter verbreitet waren. Erst vom
Aquitanien an finden sich die folgenden Typen:

> *Alnus glutinosa, Corylus Avellana, Carpinus Betulus, Quercus Robur, Toza*
> und *infectoria, Platanus, Liquidambur, Liriodendron, Ficus Carica, Tilia, Carya,*
> *Pterocarya, Ilex Aquifolium, Acer Pseudoplatanus* und *platanoides, Sorbus tor-*
> *minalis.*

Bei einzelnen der genannten Formen lässt sich das Vordringen
nach dem Gebiet verfolgen; so bei *Carya* und *Pterocarya*, die
zuerst im Eocän von Grönland, später in der Schweiz, zuletzt in
Süd-Frankreich auftreten, ähnlich *Sorbus torminalis*, die im Eocän
von Spitzbergen gefunden ist, während *Ficus Carica* vom Orient
her Europa besetzt zu haben scheint. Es folgt eine sehr eingehende
Besprechung der Gattung *Quercus*, die mit den Formenkreisen:

> *Cerris (Qu. Palaeocerris* Sap., *Qu. subcrenata* Sap.), *Ilex (Qu. Praeilex* Sap.),
> *Toza (Qu. Farnetto pliocaenica* Sap., *Qu. Elephantis* Sap.), *Infectoria (Qu. His-*
> *panica* Rér., *Qu. Mirbeckii antiqua* Sap.) und *Robur (Qu. lacerata* Sap., *Lamottii*
> Sap., *obtusiloba* Sap., *palaeopubescens* Sap.) vertreten ist.

Die besprochenen Fossilien sind durch einen Holzschnitt und
3 Tafeln mit 30 Abbildungen erläutert.

Fischer (Heidelberg).

Engelhardt, H., Ueber neue fossile Pflanzenreste vom
Cerro de Potosi. (Isis. 1894. Mit 1 Tafel.)

Bereits früher (Isis 1887) veröffentlichte Verf. Mittheilungen
über fossile Pflanzenreste vom Cerro de Potosi in Bolivia; der
Kern dieses Berges besteht aus Rhyolith, der in den daselbst befindlichen Schiefern eine mächtige Spalte ausgefüllt und dieselben
überdeckt hat. Diese Schiefer treten in bedeutender Höhe zu
Tage aus; auf der nordöstlichen Seite des Berges sind sie stark
zersetzt, auf der südwestlichen enthalten sie, etwa 150 m über der
Halde der Mina Forsados, fossile Pflanzenreste.

Verf. beschreibt nun in vorliegender Abhandlung auf Grund
eines völlig unzulänglichen, fragmentarischen Materials 46 „neue"
Arten, die auf der beigegebenen Tafel zur Veranschaulichung gebracht werden. Mit erstaunlicher Leichtigkeit hat Verf. die
Gattungen ermittelt, denen die von ihm untersuchten Fossilien angehören sollen; auch vergleicht er seine fossilen „Arten" fast in
allen Fällen mit recenten. Sieht man sich als Kenner der süd-
amerikanischen Flora seine Identificirungen betreffs der Genera
jedoch etwas genauer an, so muss man die Kühnheit bewundern,
mit der Verf. dabei zu Werke gegangen ist. Es ist ja eine bekannte Thatsache, dass nicht wenige Phytopaläontologen ein den
gewöhnlichen Forschern abgehendes Talent zu besitzen glauben,
auch die fragmentarischesten Fossilien mit Sicherheit generisch
unterbringen zu können. Andrerseits sei aber auch daran erinnert,.
dass ein grosser Theil der phytopaläontologischen Untersuchungen
von den hervorragendsten Systematikern als fast völlig werthlos
keine oder sehr geringe Berücksichtigung gefunden hat, wie das z. B.
in Engler-Prantl's „Natürlichen Pflanzenfamilien" fast bei jeder

Familie geschieht. Ueberdies hat einer der bedeutendsten Phytopaläontologen, der so überaus skeptische S c h e n k, seine Fachgenossen mit Recht davor gewarnt, voreilige Identificirungen vorzu-
nehmen, die nur geeignet sind, ganz falsche Vorstellungen der vorweltlichen Pflanzenwelt zu erwecken. Hätte Verf. S c h e n k's
Warnung sowie die negativen Erfolge vieler seiner Fachcollegen
berücksichtigt, so wäre er nicht auf die verfehlte Idee gekommen,
auf Grund seines mangelhaften Materials fossile „neue Arten"
recenter Genera zu schaffen. Wir können vor den sämmtlichen
„Arten" die Zugehörigkeit zu der vom Verf. angezogenen Gattung
mit Sicherheit bei keiner, mit einiger Wahrscheinlichkeit nur bei
zweien (*Podocarpus*, *Myrica*) anerkennen; bei allen übrigen ist die
generische Identificirung höchst zweifelhaft oder völlig daneben
gelungen. Da die Mehrzahl der „neuen" Arten des Verfassers zur
Familie der *Leguminosae* gehört, sei es Ref. gestattet, etwas näher
auf dieselben einzugehen. Vorausgeschickt sei, dass Verf. die von
ihm untersuchten, angeblichen *Leguminosen*-Reste, abgesehen von
den Früchten, sämmtlich als Foliola betrachtet, eine Ansicht, die
doch durchaus nicht nothwendig ist, obschon sie bei einigen zu-
treffend sein mag. Die Foliola betrachtet er nun als von Arten
der Gattungen *Lonchocarpus*, *Drepanocarpus*, *Machaerium*, *Dal-
bergia*, *Platypodium**), also als von *Dalbergieae* stammend. Wenn
Verf. nur wüsste, wie ungemein schwierig, oft unmöglich es selbst
bei recenten Foliolis dieser Tribus sogar für den Kenner ist, einen
Schluss auf das Genus zu machen, so würde er wohl davon Ab-
stand genommen haben, seine Reste als neue Species dieser Gattungen
aufzustellen. In noch höherem Maasse gilt dies von den den Gattungen
Sweetia, *Caesalpinia*, *Peltophorum*, *Cassia* — nach Verf. gehören
diese Genera zu den *Mimosoideae* — sowie *Mimosa*, *Acacia*, *Entero-
lobium* etc. zugeschriebenen Arten. Ein Zeichen geringer *Leguminosen*-Kenntniss ist es, wenn Verf. *Hedysarum* als mit *Aeschynomene*
identisch betrachtet; von ersterer Gattung, die in Südamerika gänzlich fehlt, beschreibt er aber eine „Art". Erheiternd wirkt des
Verf. Bemerkung unter *Sweetia tertiaria*, dass B r i t t o n, der diese
Art durch einen Druckfehler *Swertia tertiaria* nennt, dieselbe zur
Gattung *Swertia* rechne, mit der sie jedoch nicht in Beziehung gebracht werden könne, da diese in die Familie der *Contorten* (sic!)
und nicht in die der *Mimosen* gehöre!

Hätte sich Verf. damit begnügt, darauf hinzuweisen, dass die
von ihm untersuchten Reste Aehnlichkeiten mit Arten von *Dalbergien-*,
Caesalpiniaceen- resp. *Mimosaceen*-Gattungen zeigen, so wäre nichts
dagegen einzuwenden, so aber muss getadelt werden, dass Verf.
völlig werthlose Identifikationen vornimmt, die nur zu irrigen Vorstellungen betreffs der vorweltlichen Pflanzenwelt Südamerikas Anlass geben können.

Als einziges Verdienst des Verf. ist anzuerkennen, dass er
einen weiteren Nachweis zu der schon bekannten Thatsache er-

---

*) Verf. stellt diese Gattung zu den *Mimosoideae*! Ref.

bracht hat, dass früher die Vegetation der Anden um Potosi eine
wesentlich andere, mehr oder weniger tropische gewesen sein muss,
die mindestens Gesträuche, wahrscheinlich auch Bäume aufwies,
während sie jetzt einen wüsten- bis steppenartigen Charakter trägt,
und nur aus krautartigen Gewächsen besteht. Ueber die Ursachen
dieser Veränderung gegen das Tertiär vergleiche man die interessanten Auseinandersetzungen in O. Kuntze „Geognostische
Beiträge".

Taubert (Berlin).

Miyoshi, Manabu, Die Durchbohrung von Membranen
durch Pilzfäden. (Sep.-Abdr. aus Jahrbücher für wissenschaftliche Botanik. Bd. XXVIII. Heft 2.) 20 pp. Mit 3 Fig.
im Text. Berlin 1895.

Im Anschluss an seine früheren Arbeiten stellt sich Verf. die
Aufgabe, die beim Durchbohren von Membranen seitens der Pilzfäden wirksamen Kräfte zu studiren. Er unterscheidet dabei, abgesehen von allgemeinen Wachsthumsbedingungen, 1. Reizwirkung
des Substrates, 2. Enzymbildung seitens des Pilzes und 3. dessen
mechanische Kraftwirkung, welch letztere meist nach vorheriger
Bildung von Haftorganen zu Tage tritt. Der erste Punkt ist durch
frühere Arbeiten des Verfs. eingehend behandelt worden, der zweite
durch eine Reihe von Versuchen anderer Autoren, es kamen also
vorwiegend die Kraftleistungen in Frage, welche im Sinne der
Pfeffer'schen „Druck- und Arbeitsleistungen" untersucht wurden.
Dabei wurden die zu durchbohrenden Häute auf eine dünne Schicht
Nährgallerte gelegt und entweder direct mit Pilzsporen (*Botrytis
cinerea*, *B. tenella*, *B. Bassiana* und *Penicillium glaucum*) besäet,
oder erst nach Ueberdecken mit einer weiteren Schicht nährstofffreier
Gallerte. Als Versuchshäute dienten: Künstliche Cellulose, Epidermis von *Allium Cepa*, Blatt von *Tradescantia discolor*, Collodium-
haut, paraffinirte Cellulose, Pergamentpapier, Hollundermark, Kork,
Fichtenholz, Chitin und Blattgold. *Botrytis cinerea* und *Penicillium*
durchbohrten alle diese mit Ausnahme der Chitinhäute (Insecten-
flügel). Letztere wurden von *B. tenella* und *Bassiana* durchbohrt.
De Bary u. A. fanden, dass die Pilzfäden an den Durchbohrungs-
stellen pflanzlicher Membranen an Dicke abnehmen, sich einschnüren.
Verf. bestätigt dies, fand aber beim Durchwachsen dicker Collodium-
häute das umgekehrte Verhalten, die Hyphen waren dick an-
geschwollen und gingen in korkzieherartigen Windungen durch die
Haut.

Da beim Durchwachsen von Goldblatt eine Enzymwirkung
ausgeschlossen war, so wurde an diesem nach Pfeffer'scher
Methode mittelst belasteter Glasnadeln der geleistete Druck ermittelt.
Derselbe betrug $1/10$ Atmosphäre; eine obere Grenze der möglichen
Druckwirkung wurde nicht festgestellt.

Dass die Pilze ganz verschiedenartige Häute zu durchbohren
vermögen, erklärt Verf. dadurch, dass sie auch mehrere verschiedene
Enzyme auszuscheiden im Stande sind. Weiter schliesst er, dass

es allen parasitischen und saprophytischen Pilzen möglich sei, in
Pflanzen einzudringen, und dass die Prädisposition für bestimmte
Pflanzenkrankheiten lediglich davon abhänge, ob der eingedrungene
Pilz einen ihm zusagenden Nährboden findet.

Albert (Geisenheim).

Schilberszky, Karl, A szölötökének egy újabb betegsé-
géröl. [Ueber die neue Rebenkrankheit „gommose
bacillaire."] (Gyümölcskertész. V. évfolyam. 3—4—5—6 szám.)

Anlässlich der in der ungarischen Ortschaft Ruszt durch
G. Linhart constatirten ersten Fälle von „gommose bacillaire"
schildert Verf. die bisher bekannt gewordenen sämmtlichen Thatsachen und Beobachtungen verschiedener — vorwiegend fran-
zösischer — Forscher, welche sich auf diese Rebenkrankheit beziehen. Da wir zur Zeit nur einer nicht genügend erforschten,
demzufolge gewissermaassen unbekannten und in seinem physiologischen Verhalten problematischen Krankheitserscheinung gegenüberstehen, konnte die ungarische Regierung vorläufig einzig allein
derart das Ueberhandgreifen der Krankheit hemmen, dass sie einen
dringenden Erlass ausgab, laut welchem die sämmtlichen Reben der
für krank befundenen Parcelle ausgerottet werden mussten, wie auch,
dass der Versand aus sämmtlichen Weingegenden der Ortschaft Ruszt
bis zum Erlass weiterer Entschlusses eingestellt werden musste.
Wie wenig positives und für den praktischen Weinbau anwendbares
über die als „gommose bacillaire" bezeichnete Krankheit
thatsächlich bekannt gemacht ist, beweisen am besten jene Contro-
versen, welche zwischen den verschiedenen rühmlichst bekannten
Autoritäten auf dem Gebiete der Phytopathologie — wie Beccari,
Prillieux und Delacroix, Marion, Couanon, Foëx und
Viala — bestehen. Vollkommen berechtigt erscheint dennoch
Couanon's Zweifel, ob überhaupt ein Grund vorliegt, dass wir
uns über diese Krankheit derart beunruhigen? und ob es sich
eigentlich hier um eine ganz neue Rebenkrankheit handelt, oder
wir nur einer der schon bekannten und ähnliche Symptome zeigenden
Krankheitserscheinungen gegenüberstehen? Aehnlicher Ansicht sind
die Forscher Foëx und Viala. Der Infectionsversuch Prillieux'
und Delacroix's ist derart unzulässig, dass man aus diesem
einzigen Experiment nicht für die Praxis allgemein gültige Conse-
quenzen ziehen darf. Aehnliche Versuche müssen in mehreren
Serien vielfach erprobt werden, um genaue Resultate erhalten zu
können, welche im praktischen Leben als maassgebend berücksichtigt zu werden verdienen.

Die Krankheit kennzeichnet sich durch die an der Rebenober-
fläche erscheinenden Pusteln; wenn an dieser Stelle die Rinde auf-
gerissen wird, befindet sich unter derselben eine klebrige Masse
von gelatinösem Charakter, anfangs von weisser, später aber
gräulich-brauner Farbe, in welcher eine Anzahl von Bakterien
gefunden worden ist. Die derartig kranken Rebenstöcke tragen
Trauben mit Beeren von gräulicher Farbe und schon im Juni zeigen

sich die Blätter in herbstlicher Färbung, welche zu Trockenwerden
der Blätter führen. Die Untersuchung der an die trockenen Blatt-
partien angrenzenden grünen Gewebe zeigte nur in einigen Fällen
das Vorhandensein von Bakterien, so dass diese nicht als directe
Erreger der Blattdürre betrachtet werden können.

Es ist aber trotz all diesem auf Grund bisheriger Beobachtungen eine Thatsache, dass in mehreren Gegenden Frankreichs,
so besonders im Departement Var, die Reben aus irgend welcher
Ursache successive geschwächt sind.

Foëx und Viala fanden auf ein und demselben Terrain von
der *Phylloxera* angegriffene und solche von der „gommose
bacillaire" leidende Reben, jedoch waren die äusseren Symptome
in beiden Fällen gleich. Nach den Angaben von Foëx und Viala
ist die „gommose bacillaire" die Folge der Erkrankungen
durch *Phylloxera*. In anderen Fällen konnte nachgewiesen werden,
dass Weingebiete, welche mit Wurzelschimmel behaftet waren, sowie andere, welche vorher durch die im Jahre 1893 starke
Peronospora gelitten haben, die Symptome der „gommose bacillaire" zeigten.

Verf. glaubt, dass die in Rede stehende Krankheit nicht eine
selbstständige Erscheinung ist, sondern als secundäre Folge anderer
Krankheitszustände zu betrachten ist, eine gelegentliche Ansiedelung
von Bakteriencolonien in dem früher schon kranken oder ab-
geschwächten Pflanzenkörper. Die mit gommose bezeichneten
Erscheinungen sind ferner nicht so gefährlichen Charakters, wie
man von mancher Seite dies veröffentlichte, sie geht sogar von sich
selbst zurück, ohne jede Anwendung von Maassregeln. Es ist
jedenfalls nothwendig, dass der innige Zusammenhang der gommose mit gewissen Rebenkrankheiten ins Klare gelegt werde. Als
Abwehr gegen diese Erscheinung empfielt Verf. alles aufzubieten,
dass sämmtliche bekannten Rebenkrankheiten, sobald sie auftreten,
localisirt oder ganz vernichtet werden.

Schilberszky (Budapest).

Neue Litteratur.[*)]

Geschichte der Botanik:

Carruthers, William, William Crawford Williamson. (Journal of
Botany British and foreign. Vol. XXXIII. 1895. p. 298—300.)
L'œuvre de M. Pasteur. (Revue scientifique. Sér. IV. T. IV. 1895. p. 419
—420.)

*) Der ergebenst Unterzeichnete bittet dringend die Herren Autoren um
gefällige Uebersendung von Separat-Abdrücken oder wenigstens um Angabe
der Titel ihrer neuen Veröffentlichungen, damit in der „Neuen Litteratur" möglichste
Vollständigkeit erreicht wird. Die Redactionen anderer Zeitschriften werden
ersucht, den Inhalt jeder einzelnen Nummer gefälligst mittheilen zu wollen,
damit derselbe ebenfalls schnell berücksichtigt werden kann.

Dr. Uhlworm,
Humboldtstrasse Nr. 22.

Bibliographie:

Barnhart, John Hendley, On the two editions of Emory's Report. 1848. (Bulletin of the Torrey Botanical Club. Vol. XXII. 1895. p. 394—395.)

Pirotta, R., Rivista bibliografica italiana per il 1894. (Malpighia. Anno IX. 1895. p. 438—451.)

Nomenclatur, Pflanzennamen, Terminologie etc.:

Coville, Frederick V., The nomenclature question: theoretical objections to a stable nomenclature. (The Botanical Gazette. Vol. XX. 1895. p. 428—429.)

Kellerman, W. A., On plant names. (Journal of the Columbus Horticultural Society. X. 1895. p. 7—10.)

Millspaugh, C. F., Decapitalization. (The Botanical Gazette. Vol. XX. 1895. p. 429.)

Allgemeines, Lehr- und Handbücher, Atlanten etc.:

Willkomm, M., Bilderatlas des Pflanzenreichs, nach dem natürlichen System. 3. Aufl. Lief. 10. 8°. p. 97—102. Mit 8 farb. Tafeln. Esslingen (J. F. Schreiber) 1895. M. —.50.

Algen:

Balsamo, F., Iconum Algarum index adjecto generum Algarum omnium indice systematico. Fasc. I. 4°. 32 pp. Neapoli (Sumptibus auctoris) 1895. 50 Cent.

Brebner, G., On the origin of the filamentous thallus of Dumontia filiformis. (Journal of the Linnean Society. Botany. XXX. 1895. No. 211. With 2 pl.)

Groves, H. and **Groves, J.,** Notes on the British Characeae, 1890—1894. (Journal of Botany British and foreign. Vol. XXXIII. 1895. p. 289—292. With 1 pl.)

Harvey, F. L., Contributions to the Characeous plants of Maine. I. (Bulletin of the Torrey Botanical Club. Vol. XXII. 1895. p. 397—398.)

Lagerheim, G., Ueber das Phycoporphyrin, ein Conjugatenstoff. (Sep.-Abdr. aus Videnskabsselskabets Skrifter. 1895.) 8°. 25 pp. Mit 2 Figuren. Christiania (Jacob Dybwad) 1895. M. 1.—

Maly, G. W., Beiträge zur Diatomeenkunde Böhmens. (Verhandlungen der k. k. zoologisch-botanischen Gesellschaft in Wien. 1895. Heft 7.)

Sauvageau, C., Note sur l'Ectocarpus Battersii Bornet. (Journal de Botanique. Année IX. 1895. p. 351—364. Avec 5 fig.)

Stoneman, Bertha, The rhizoids of filamentous Algae. (The Botanical Gazette. Vol. XX. 1895. p. 417—419.)

Tilden, Josephine E., A contribution to the bibliography of American Algae. (Minnesota Botanical Studies. Bull. No. IX. 1895. p. 295—421.)

Tilden, Josephine E., List of fresh-water Algae collected in Minnesota during 1894. (Bulletin of the Geological and Natural History Survey of Minnesota. IX. 1895. p. 228—237.)

Pilze:

Russell, H. L., Investigations on Bacteria. (The Botanical Gazette. Vol. XX. 1895. p. 419—422.)

Flechten:

Müller, J., Thelotremeae et Graphideae novae. (Journal of the Linnean Society. Botany. XXX. 1895. No. 211.)

Muscineen:

Holzinger, J. M., A preliminary list of the Mosses of Minnesota. (Bulletin of the Geological and Natural History Survey of Minnesota. IX. 1895. p. 280—294.)

Jack, J. B., Beitrag zur Kenntniss der Lebermoosflora Tirols. (Verhandlungen der k. k. zoologisch-botanischen Gesellschaft in Wien. 1895. Heft 6.)

Gefässkryptogamen:

Brebner, G., On the mucilage-canals of the Marattiaceae. (Journal of the Linnean Society. Botany. XXX. 1895. No. 211. With 1 pl.)

Jenman, G. S., Asplenium (Euasplenium) Oroupouchense, Prestoe M. S., n. sp. (The Gardeners Chronicle. Ser. III. Vol. XVIII. 1895. p. 388.)
Smith, Ferns, British and foreign. The history, organography, classification, and enumeration of the species of garden Ferns. With a treatise on their cultivation etc. etc. New and enl. edit. 8°. 466 pp. London (W. H. Allen) 1895.   7 sh.

Physiologie, Biologie, Anatomie und Morphologie:

Andrews, Frank M., Development of the embryo-sac of Jeffersonia diphylla. (The Botanical Gazette. Vol. XX. 1895. p. 423—425. With 1 pl.)
Arthur, J. C., Development of vegetable physiology. (The Botanical Gazette. Vol. XX. 1895. p. 381—402.)
Balbiani, Sur la structure et la division du noyau chez les Spirochaete gemmipara. (Annales de la Société belge de microscopie. 1895. No. 6.)
Gibelli, G. et Ferrero, F., Ricerche di anatomia e morfologia intorna allo sviluppo del fiore e del frutto della Trapa natans. (Malpighia. Anno IX. 1895. p. 379—437. Con 1 tav.)
Hegelmaier, F., Ueber Orientirung des Keimes in Angiospermensamen. (Botanische Zeitung. Jahrg. LIII. Abth. I. 1895. Heft VII. p. 143—173.) Leipzig (Arthur Felix) 1895.
Lubbock, J., On stipules, their forms and functions. (Journal of the Linnean Society. Botany. XXX. 1895. No. 211.)
Macloskie, George, Antidromy of plants. (Bulletin of the Torrey Botanical Club. Vol. XXII. 1895. p. 379—387.)
Schrötter von Kristelli, Zur Kenntniss des Farbstoffes von Cucurbita Pepo L. (Verhandlungen der k. k. zoologisch-botanischen Gesellschaft in Wien. 1895. Heft 7.)

Systematik und Pflanzengeographie:

Beeby, W. H., Varieties. (Journal of Botany British and foreign. Vol. XXXIII. 1895. p. 315—316.)
Bennett, Arthur, Carex salina Wahl. var. (Journal of Botany British and foreign. Vol. XXXIII. 1895. p. 315.)
Bonnet, Ed., Géographie botanique de la Tunisie. [Suite.] (Journal de Botanique. Année IX. 1895. p. 349—351.)
Brown, N. E., Pilea Spruceana Wedd. (The Gardeners Chronicle. Ser. III. Vol. XVIII. 1895. p. 388.)
Dewey, Lyster H., Laphamia ciliata sp. nov. (The Botanical Gazette. Vol. XX. 1895. p. 425.)
Druce, G. C., Melampyrum pratense L. var. hians. (Journal of Botany British and foreign. Vol. XXXIII. 1895. p. 314—315.)
Druce, G. Claridge, Artemisia Stelleriana Besser in Cornwall. (Journal of Botany British and foreign. Vol. XXXIII. 1895. p. 316.)
Franchet, A., Plantes nouvelles de la Chine occidentale. [Suite.] (Journal de Botanique. Année IX. 1895. p. 364—368.)
La Mance, L. S., Iris hexagona. (The Garden and Forest. VIII. 1895. p. 329.)
Murray, G., An introduction to the study of seaweeds. 8°. 288 pp. With 8 col. pl. and 88 illustr. London (Macmillan) 1895.   7 sh.
Olive, Edgar W., Observations upon some Oklahoma plants. (Bulletin of the Torrey Botanical Club. Vol. XXII. 1895. p. 390—394.)
Prain, D., An account of the genus Argemone. [Cont.] (Journal of Botany British and foreign. Vol. XXXIII. 1895. p. 307—312.)
Rendle, A. B., Mr. Scott Elliot's tropical african Orchids. [Concl.] (Journal of Botany British and foreign. Vol. XXXIII. 1895. p. 293—298.)
Sargent, C. S., The American white birches. (The Garden and Forest. VIII. 1895. p. 355. With 1 fig.)
Schlechter, R., Asclepiadaceae Elliotianae. (Journal of Botany British and foreign. Vol. XXXIII. 1895. p. 300—307.)
Sheldon, E. P., Compilation of records of some Minnesota flowering plants. (Bulletin of the Geological and Natural History Survey of Minnesota. IX. 1895. p. 223—227.)
Stratton, Frederic, Spartina Townsendi in I. of Wight. (Journal of Botany British and foreign. Vol. XXXIII. 1895. p. 315.)

Toumey, S. W., Opuntia fulgida. (The Garden and Forest. VIII. 1895, p. 324
—326. With 1 fig.)
Towndrow, Richard F., Sparganium neglectum in Merioneth. (Journal of
Botany British and Foreign. Vol. XXXIII. 1895. p. 316.)

Phaenologie

Baker, Carl F., Blooming period of Argemone platyceras. (Journal of
Botany British and Foreign. Vol. XXXIII. 1895. p. 316.)

Palaeontologie:

Knowlton, F. H., Description of a new problematic plant from the lower
Cretaceous of Arkansas. (Bulletin of the Torrey Botanical Club. Vol. XXII.
1895. p. 387—390.)

Teratologie und Pflanzenkrankheiten:

Arthur, J. C., Deviation in development due to the use of unripe seeds. [Cont.]
(The American Naturalist. Vol. XXIX. 1895. p. 904—913.)
Jack, J. G., Another herbarium pest. (The Garden and Forest. VIII. 1895.
p. 323—324. With 1 fig.)
Lloyd, Francis E., Teratological notes. (Bulletin of the Torrey Botanical
Club. Vol. XXII. 1895. p. 396—397. With 1 pl.)
Sladeck, C., Billigstes, probates Schutzmittel für Obstbäume, Sträucher, Garten
und Feld gegen Schädlinge, insbesondere Ungeziefer, auch Anleitung zur
Befestigung junger Bäume. 8°. 12 pp. Mit 6 Abbildungen. Schmalkalden
(Otto Lohberg) 1895. M. —.25.
Small, John K., Teratological notes. (Bulletin of the Torrey Botanical Club.
Vol. XXII. 1895. p. 399—400. With 3 fig.)
Smith, Erwin F., Root tubercles of Leguminosae. (The American Naturalist.
Vol. XXIX. 1895. p. 898— 903.)

Medicinisch-pharmaceutische Botanik:

A.

Penhallow, D. P., Rhus poisoning. (The Garden and Forest. VIII. 1895.
p. 359.)

B.

Bar et **Rénon,** Ictère grave, chez un nouveau-né atteint de syphilis hépatique,
paraissant du au Proteus vulgaris. (Comptes rendus de la Société de biologie.
1895. No. 17. p. 379—380.)
Reymond, E., La salpingo-ovarite à streptocoques. (Annales de gynécologie.
1895. Juin. p. 459—476.)
Berdoe, E., Microbes and disease demons: The truth about the anti-toxin
treatment of diphtheria. 8°. 93 pp. London (Swan Sonnenschein) 1895. 1 sh.
Boix, E., De l'action hypothermisante des produits de culture du Bacillus coli
communis. (Comptes rendus de la Société de biologie. 1895. No. 20. p. 439
—440)
Charrin et **Ostrowsky,** L'Oïdium albicans, agent pathogène général. Pathogénie
des désordres morbides. (Comptes rendus des séances de l'Académie des
sciences de Paris. T. CXX. 1895. No. 22. p. 1234—1236.)
Fajardo, Informe acerca del transporte del vibrión colerígeno en el tasajo
platense. (Anal. d. depart. nacion. de higiene. Buenos Aires 1895. No. 14/15.
p. 285—291.)
Ficker, M., Ueber Wachsthumsgeschwindigkeit des Bacterium coli commune auf
Platten. [Inaug.-Diss] 8°. 33 pp. Leipzig (Barth) 1895.
Hoeber, L., Ueber die Lebensdauer der Cholera- und Milzbrandbacillen in
Aquarien. [Inaug.-Diss.] 8°. 35 pp. Würzburg 1895.
Maffucci, A. und **Sirleo, L.,** Neuer Beitrag zur Pathologie eines Blastomyceten.
(Centralblatt für allgemeine Pathologie. 1895. No. 11. p. 438—448.)
Marmorek, A., Le streptocoque et le sérum antistreptococcique. (Annales de
l'Institut Pasteur. 1895. No. 7. p. 593—620.)
Marmorek, A., Der Streptococcus und das Antistreptococcen-Serum. (Sep.-Abdr.
aus Wiener medicinische Wochenschrift. 1895.) gr. 8°. 28 pp. Wien (Perles)
1895. M. 1.—

Righi, J., Sulla presenza del diplococco del Fränkel nel sangue, nelle urine e nelle feci degli ammalati di meningite cerebro-spinale epidemica. (Riforma med. 1895. No. 146—148. p. 843—846, 855—858, 867—870.)

Schrank, J., Bakteriologische Unteisuchungen fauler Kalkeier. (Zeitschrift des allgemeinen österreichischen Apotheker-Vereins. 1895. No. 17. p. 395 p. 451—397.)

Zawadzki, A. et **Brunner, G.,** Trois nouvelles espèces de vibrions-virgules. (Archives des sciences biologiques de St. Pétersbourg. T. III. 1895. No. 5. —460.)

Technische, Forst-, ökonomische und gärtnerische Botanik:

Dejonghe, G., Fabrication de l'aérolevure pressée. (Moniteur industriel. 1895. No. 33—35.)

Jack, J. G., The hazels. (The Garden and Forest. VIII. 1895. p. 344—346. With 1 fig.)

Lucas, E., Kurze Anleitung zur Obstcultur. Ein Leitfaden bei Vorträgen über Obstbau an Seminarien, pomologischen und Gartenbauinstituten, landwirthschaft-lichen Lehranstalten und Fortbildungsschulen, wie auch zum Selbstunterricht. 9. Aufl. Bearbeitet von **F. Lucas.** 8⁰. VIII, 150 pp. Mit 33 Holzschnitten und 4 Tafeln. Stuttgart (Eugen Ulmer) 1895. M. 1.65.

Prinsep, H. C., Potato crop at Buxted Park. (The Gardeners Chronicle. Ser. III. Vol. XVIII. 1895. p. 392.)

Salfeld, A., Die Boden-Impfung zu den Pflanzen mit Schmetterlingsblüten im landwirthschaftlichen Betriebe. 8⁰. VII, 100 pp. Mit 6 Holzschnitten und 2 farbigen Tafeln. Bremen (M. Heinsius Nachf.) 1895. M. 2.—

Schaeffer, La sapinière idéale. 8⁰. 7 pp. Besançan (impr. Jacquin) 1895.

Smith, J. B., Why certain hickories died. (The Garden and Forest. VIII. 1895. p. 352—353. With 1 fig.)

Töllner, Carl Fr., Ueber Milchconservirungsmittel. (Milchzeitung. Jahrgang XXIV. 1895. No. 38. p. 618.)

Vleminck, Eg., Voornaamste in de landbouw gebruikte meststoffen. 8⁰. 116 pp. Bruxelles (Callewaert frères) 1895. Fr. —.75.

Ward, H. W., Morella cherry culture. (The Gardeners Chronicle. Ser. III. Vol. XVIII. 1895. p. 392—394.)

Weber, C., Leitfaden für den Unterricht in der landwirthschaftlichen Pflanzen-kunde an mittleren bezw. niederen landwirthschaftlichen Lehranstalten. 2. Aufl. 8⁰. VIII, 170 pp. Stuttgart (Eugen Ulmer) 1895. M. 2.50.

Wollny, E., Untersuchungen über den Einfluss des specifischen Gewichtes der Saatknollen auf die Quantität und Qualität des Ertrages der Kartoffelpflanze. (Forschungen auf dem Gebiete der Agriculturphysik. 1895. p. 359—364.)

Wollny, E., Forstlich-meteorologische Beobachtungen. V. Untersuchungen über den Einfluss der Pflanzendecken auf die Grundwasserstände. (Forschungen auf dem Gebiete der Agrikulturphysik. 1895. p. 392—402. Mit 1 Abbildung.)

Zangemeister, Wilh., Kurze Mittheilungen über Bakterien der blauen Milch. (Centralblatt für Bakteriologie und Parasitenkunde. Erste Abtheilung. Bd. XVIII. 1895. No. 11. p. 321—324.)

Personalnachrichten.

Ernannt: **Rodney H. True** zum Lehrer der pharma-kognostischen Botanik an der Universität von Wiskonsin. — Dr. **W. A. Setchell,** Lehrer der Botanik an der Yale University, zum Professor der Botanik an der Universität von Californien. — Dr. **J. E. Humphrey** zum Docenten der Botanik an der John Hopkins Universität.

Verlag von Arthur Felix in Leipzig.

General-Register
der ersten fünfzig Jahrgänge der
Botanischen Zeitung.
Im Auftrage von Redaction und Verlag herausgegeben von
Dr. Rudolf Aderhold,
Lehrer der Botanik und Leiter der botanischen Abtheilung der Versuchs-
station am Königl. Pomologischen Institute zu Proskau.
In gr. 4. V. 392 Spalten. 1895. Brosch. Preis 14 Mark.

Verlag von Arthur Felix in Leipzig.

Atlas der officinellen Pflanzen.
Darstellung und Beschreibung der im Arzneibuche für das deutsche Reich
erwähnten Gewächse.
Zweite verbesserte Auflage von
Darstellung und Beschreibung
sämmtlicher in der Pharmacopoea borussica aufgeführten
officinellen Gewächse
von
Dr. O. C. Berg und C. F. Schmidt,
herausgegeben durch

Dr. Arthur Meyer,	**Dr. K. Schumann,**
Professor an der Universität und	Professor und Kustos am kgl.
in Marburg,	bot. Museum in Berlin.

Bis jetzt sind erschienen 14 Lieferungen in gr. 4, enthaltend Tafel 1—82,
colorirt mit der Hand.
Das ganze Werk wird in 28 Lieferungen ausgegeben.
Preis pro Lieferung 6 Mk. 50 Pf.

Inhalt.

Ausgegeben: 23. October 1895.

Druck und Verlag von Gebr. Gotthelft in Cassel.

Band LXIV. No. 4. XVI. Jahrgang.

Botanisches Centralblatt.

REFERIRENDES ORGAN

für das Gesammtgebiet der Botanik des In- und Auslandes.

Herausgegeben

unter Mitwirkung zahlreicher Gelehrten

von

Dr. Oscar Uhlworm und Dr. F. G. Kohl

in Cassel. in Marburg.

Zugleich Organ

des

Botanischen Vereins in München, der Botaniska Sällskapet i Stockholm, der Gesellschaft für Botanik zu Hamburg, der botanischen Section der Schlesischen Gesellschaft für vaterländische Cultur zu Breslau, der Botaniska Sektionen af Naturvetenskapliga Studentsällskapet i Upsala, der k. k. zoologisch-botanischen Gesellschaft in Wien, des Botanischen Vereins in Lund und der Societas pro Fauna et Flora Fennica in Helsingfors.

| Nr. 43. | Abonnement für das halbe Jahr (2 Bände) mit 14 M. durch alle Buchhandlungen und Postanstalten. | 1895. |

Die Herren Mitarbeiter werden dringend ersucht, die Manuscripte immer nur auf *einer* Seite zu beschreiben und für *jedes* Referat besondere Blätter benutzen zu wollen. Die Redaction.

Wissenschaftliche Original-Mittheilungen.[*])

Ueber Variationskurven und Variationsflächen der Pflanzen.

Botanisch-statistische Untersuchungen

von

Prof. Dr. F. **Ludwig**

in Greiz.

Mit 2 Tafeln.[**])

(Schluss.)

5. Darstellung des gesammten Variationscomplexes.

Unter den *Compositen* und *Umbelliferen*, die bisher Gegenstand von Untersuchungen über Variabilität geworden sind, giebt es, wie es bislang den Anschein hat, eine Anzahl, bei denen die in

---

[*]) Für den Inhalt der Originalartikel sind die Herren Verfasser allein verantwortlich. Red.

[**]) Die Tafeln liegen einer der nächsten Nummern bei.

Frage kommenden Merkmale völlig dem Newton-Quételet'schen
Gesetz folgen, d. h. eine einfache Variationscurve geben, die, von
Beobachtungsfehlern abgesehen, mit der Binomial- oder Wahrscheinlichkeitscurve übereinstimmt (*Centaurea, Coreopsis, Senecio
nemorensis* etc.) Das andere Extrem bilden solche Species, deren
mehrgipfelige oder Livi'sche Curve durch Summation der Ordinaten einzelner bestimmter Rassen zu Stande kommt und je nach
der Betheiligung der Rassen sich verschieden gestaltet (*Heracleum*
etc.) Bei diesen schon finden sich die charakteristischen Eigenthümlichkeiten der Rasse daneben auch in den Grenzen der Species
oder gar (*Torilis, Pimpinella*) des Individiums vereinigt vor. Schliesslich begegnen uns solche Species, in denen in der Hauptsache
die sonstigen Rassenmerkmale in der einheitlichen Species vereinigt
sind, oder bei denen doch seltener diese zur Rassenselbstständig-
keit fortgeschritten sind (*Leucanthemum vulgare*). Die letzteren
liefern bei Darstellung der Variation in der Ebene Curven mit
secundären Maximis von in der grossen Zahl constanten Formen,
während die Gesammt- (Misch)- Curven der mehrrassigen Arten
bei der ebenen Darstellung Curven wechselnder Form ergeben.

Vielleicht dürfte es auch für diese später gelingen, den
ganzen Variationscomplex in nahezu constanter Form darzustellen,
wenn man bei der Darstellung die dritte Dimension des Raumes
zu Hilfe nimmt. Schon gibt es Fälle anderer Variationsgebiete,
in denen dies gelungen ist und auf die hier etwas näher eingegangen werden soll. Ausführlich ist bereits von Quételet
(Anthropométrie ou mesure des differentes facultés de l'homme.
Bruxelles 1871. p. 266) der gesammte Variationscomplex der
Körpergrösse der Menschen eines Gebietes behandelt worden. Die
Grössenvariation der Bewohner von gleichem Alter stimmt hier
zahlenmässig genau überein mit bestimmten Binomialcurven,
während Breite und Höhe der Curve von Alter zu Alter schwankt.
Ordnet man die Curvenebenen der successiven Alterszustände
parallel hintereinander an, so dass die Gipfel (die mittlere Grösse)
in eine Ebene senkrecht zu den Binomialcurven zu liegen kommen,
so giebt die Gesammtheit der Binomialcurven eine bisymmetrische
Fläche, welche den gesammten Variationscomplex einheitlich umfasst. Die Coordinaten dieser Variationsfläche (auf ein dreiaxig-
rechtwinkliges Coordinatensystem bezogen) ergeben 1. die Altersjahre von der Geburt an, 2. die verschiedenen Grössen innerhalb
desselben Alterszustandes (symmetrisch zur mittleren Grösse geordnet — auf der einen Seite extrem die Zwerge, auf der
anderen Seite die Riesen), 3) die Häufigkeit oder Individuenzahl
für die betr. Grösse. Es sind dreierlei Curven, welche diese
Fläche (vgl Fig. 7) bestimmen. 1. die parallel zu einander
stehenden Binomialcurven, 2. deren Gipfel verbindend die
Curve der mittleren Individuenzahl der succesiven Alterszustände
(nombre d'individus à de taille moyenne), welche nahezu übereinstimmt mit der Curve der Mortalität für die verschiedenen
Altersjahre des Menschen, und 3. die Curve für die extremen
Grössen der verschiedenen Alterszustände (courbe des nains et des

géants), welche nahezu eine **Parabel** darstellt. Alle drei Curven liegen in drei senkrecht zu einander gelegenen Ebenen.

Der Variationsfläche für die Grösse des Menschen eines Gebietes (z. B. Belgien) völlig analog lässt sich der Variationscomplex in der Grösse der Bäume einer Species (auf dem gleichen Gebiet) durch eine Fläche einheitlich constant darstellen. Die Bäume gleichen Alters variiren auch hier um einen mittleren Werth und ihre Variationscurven stimmen mit den binomialen Wahrscheinlichkeits-Curven nahezu überein. Stellt man die Curven für die verschiedenen Altersjahre parallel zu einander auf die Ebene, so dass ihre Gipfel in eine dazu senkrechte Ebene fallen, so geben ihre Durchschnittspunkte mit der ersteren auch hier die Curve der Riesen und Zwerge, während die Curve, auf der die Gipfel aller dieser Curven liegen, die Höhenwachsthumscurve für die betreffende Baumspecies darstellt. Die letztere, die Curve der gesetzmässigen Höhenzunahme, ist aber in ihrem allgemeinen Verlauf die durch **Weber** bestimmte **logarithmische** Curve. Stellt nämlich H den Maximalwerth des eigentlichen Höhenwachsthums, p eine für jede Baumart (innerhalb derselben Bonitätsclasse gewachsen) durch das ganze Leben des Baumes constante bestimmbare Grösse und ha die Höhe im Alter a (ausschliesslich des gleichfalls für die einzelne Species bekannten Jugendstadiums) dar, so ist

$$ha = H \left(1 - \frac{1}{1{,}0 \, p^a}\right)$$

Die für die verschiedenen Werthe construirten Curven der einzelnen Baumspecies stimmten nach **Weber's** Untersuchungen genau überein mit den Curven, welche aus dem umfangreichen Material gewonnen waren, das den praktischen Ergebnissen der deutschen forstlichen Versuchsanstalten entnommen wurde (**Weber**, Sitzungsberichte d. bot. V. München vom 9. Dec. 1889, vgl. auch meinen Aufsatz in der Zeitschr. für math. naturw. Unterricht 1890, p. 244 ff. Gesetz des Höhenwachsthums der Bäume.) Es sind also alle Elemente der **Quételet**'schen Variationsfläche für das Höhenwachsthum der einzelnen Baumart völlig bestimmbar.

6. **Gesetz der Entwickelung nach den Zahlen des Fibonacci. Variationscurve des** *Crataegus***-Androeceums.**

Die Variationscurven der *Compositen* - Randstrahlen haben sämmtlich, soweit sie bisher bestimmt wurden, die Hauptgipfel bei den Zahlen des **Fibonacci** 3, 5, 8, 13, 34, 55 etc., sowohl die monomorphen wie die mit secundären Maximis versehenen. Auch die secundären Maxima liegen, soweit sie besonders hervorragen, hauptsächlich bei diesen Zahlen. Daneben kommen am häufigsten und allein noch regelmässig die Doppelten und seltener weitere Vielfache dieser Zahlen vor, meist durch wirkliche Verdoppelung der Organanlagen, zuweilen aber wohl nur in den Schein- oder Mittel-Gipfeln, da wo zwei Rassen ineinander greifen, z. B. bei *Achillea Ptarmica* (?), wo die ordentlichen Gipfel (Rassengipfel) bei 8 (überwiegend) und 13 gelegen sind.

Die Gipfel der Variationscurven der Randstrahlen bei folgenden Arten mögen noch einmal in der Reihe ihrer Häufigkeit zusammengestellt werden:

Chrysanthemum Leucanthemum **21**, 13, 34, 16, 26,
Chrysanthemum inodorum **21**, 13, 16 (34?),
Chrysanthemum segetum **13** 17! (Scheingipfel) **21** (nach de Vries),
Chrysanthemum viscosum
Chrysanthemum coronarium } 13, *Ch. Chamomilla* **13**,
Anthemis arvensis **8**, 13, 5, 16 (21) (13-Rasse beob.),
Anthemis Cotula **13**, 8 (besondere Rasse),
Anthemis tinctoria **21**, (26), (34),
Achillea millefolium **5**,
Achillea Ptarmica **8**, 10! 13,
Achillea nobilis, moschata, tomentosa, tanacetifolia, macrophylla,.
　　Vallesiaca haben **5** Randstrahlen;
Achillea atrata, alpina etc **8**,
Centaurea Cyanus **8**, (13),
Senecio nemorensis **5**, 3,
Senecio Fuchsii **5**, 3,

Bei den folgenden Arten wurde nur der Hauptgipfel bestimmt:

Senecio viscosus **13**,
Senecio Jacobaea **13**,
Senecio silvaticus **13**,
ebenso bei *Senecio paludosus* und weiteren Arten;
Senecio erucaefolius **21**,
Senecio subalpinus **21**,
Solidago Virga aurea **8**,
Bidens cernuus **8**,
Bidens foeniculifolia 5, *Bidens leucanthus* 5, *Bidens grandiflora* 5
　　(nach de Vries),
Aster canus **8**,
Aster Tripolium, Aster tenuifolium **13**,
Ligularia Sibirica **8**,
Coreopsis tinctoria, C. passalis, C. Atkinsoniana **8**,
Dahlia variabilis **8**, *Sogalgina trilobata* **8**,
Tagetes patula **8**,
Tagetes signata **5**,
Cosmea lutea 5 und 8, *Cosmea bipinnata, purpurea* **8**,
Cosmidium filiformis, C. Buridgeanum **8**,
Gymnopsis uniserialis **5**,
Erigeron Canadensis **13**, *Lasthenia glabrata* **13**,
Tolpis barbata **13**, *Gailardia* sp. **13**, *Madia elegans* 21 (de Vries),
Dimorphotheca pluvialis **13**, *Cineraria* sp. **13**, *Cineraria crispa f.*
　　rivularis **21**, *Aronicum Clusii* **34**,
Telekia sp. **55**, *Helianthus annuus* (55).

Auch bei *Dipsaceen* treten die gleichen Zahlen häufig auf, so bei *Scabiosa suaveolens* **8** etc.

Von *Umbelliferen* liegen nunmehr folgende Beobachtungen vor:
Heracleum Sphondylium, Gipfel der Variationscurven für die Zahl
der Hauptstrahlen der Dolde:
$$\begin{cases} \textbf{10, 13, 8, } 15 \\ \textbf{13, } 8, \textbf{ 10} \\ \textbf{10, 13} \end{cases}$$

$$\textit{Torilis Anthriscus} \begin{cases} \textbf{5} \\ \textbf{8}, \ (10) \\ \textbf{10} \\ \textbf{5 8 10} \end{cases}$$

Falcaria sioides: (5), **8, 13,** 10 (7!),

$$\textit{Pimpinella Saxifraga} \begin{cases} \textbf{13 } 15 \\ \textbf{8 } 10! \ 11! \ \textbf{13} \\ \textbf{13 } 11! \ \textbf{8} \end{cases}$$

Aegopodium Podagraria: **15** 18! **21** 25,
Orlaya grandiflora 8, *Silaus pratensis* 5 6! 7! 8,
Anthriscus silvestris 13, *Oenanthe fistulosa* 3 5? 7! 8,
*Pimpinella· magna ·*13·, *Anethum·graveolens·* **21,** 13 34,
Daucus Carota 21, 34 etc.
Orlaya grandiflora, Döldchen mit Randfahnen **5, 3,**
Chaerophyllum aureum, Randblüten der Döldchen **5, 8,**
Foeniculum capillaceum, Zahl der Blüten im Döldchen **5, 8, 10,
13, 15, 21.**

Mit Ausnahme der mit Ausrufungszeichen versehenen Zahlen,
die, wie wir oben gezeigt haben, von Scheingipfeln herrühren,
treten auch hier die Zahlen des F i b o n a c c i und häufiger als
bei den *Compositen*, deren Dupla and Multipla auf:

3 5 (10 15 20(?) 25) 8 13 21 34

Und zwar finden sich diese Zahlen in den Arten wie
in den Rassen und selbst bei dem Individuum oft neben einander,
seltener tritt bei den Rassen oder gar schon bei den Arten nur
eine Gipfelzahl auf; was aber die einzelnen Rassen, bezw. Arten
charakterisirt, das sind die den obigen Zahlen zugehörigen Haupt-
gipfelzahlen.

Es spielt sich demnach in der ersten Anlage der fraglichen
Organe der *Compositen* und *Umbelliferen* (von denen hier allein
die Rede ist) eine, gewisse Hauptstadien durchlaufende Entwicklung
ab, die den ganzen Familien eigen ist (succesives Auftreten
der Zahlen des F i b o n a c c i 3, 5, 8, 13, 21, 34, 55 etc. und
— durch Dédoublement oder fortgesetzte Theilung der Uranlagen
— ihrer einfachen Multipla). Die Stufe, bis zu welcher vor der
definitiven Ausgestaltung und Zahl der betreffenden Organe die
Entwicklung fortschreitet, ist bei gewissen Arten (mit einfachen
Variationscurven) eine erblich bestimmte. Bei anderen Arten wird
zwar meist eine bestimmte Hauptstufe eingehalten, aber es giebt Individuen, die auf früherer oder späterer Stufe stehen bleiben. Da
auch bei diesen Arten die Variationscurve constant ist (*Chrysanthemum Leucanthemum* etc.), sich von den einfachen Variationscurven
(*Chrysanthemum segetum* in Thüringen, *Centaurea Cyanus*, *Senecio*

viscosus etc.) nur durch secundäre Maxima (von constanter Lage
und Ordinate) unterscheidet, so muss die Grösse der entwickelten
Neigung, auf anderen Stufen stehen zu bleiben, auch erblich ge-
regelt sein, constant dem Keimplasma inhärieren. Von solchen
sich abzweigenden Individuen aus sind dann bei einer dritten
Gruppe von Arten neue Rassen entstanden, die für sich zunächst
wieder einfache Variationscurven ergeben (*Pimpinella* etc.) Die
ebenen Variationscurven solcher Arten sind zwei- oder mehrgipfelig
(pleomorph), von bestimmter Lage der Gipfel aber veränderlicher
Gestalt je nach der relativen Häufigkeit der einzelnen Rassen (s.
oben). Die ganze Art umfasst dann entweder nur solche Rassen
einfacher Curve oder daneben noch die Mutterrasse mit der
Variationscurve II O. (mit Secundärgipfeln).

Wie ist nun der Entwickelungsgang durch die Hauptreihe
des Fibonacci (der nicht auf die *Umbelliferen* und *Compositen*
beschränkt ist, sondern in der gleichen Gesetzmässigkeit im Pflanzenreich und wahrscheinlich auch im Thierreich [cf. Ludwig, Einige
Abschnitte aus der math. Bot. Zeitschr. für math. naturw. Unterr.
XIX, p. 334 Anm.] weit verbreitet ist) zu erklären?

Das Auftreten der Blüten, Axen, Blätter in den genannten
Zahlen und ihre Anordnung nach den Divergenzbrüchen der
Hauptreihe $^1/_2$, $^1/_3$, $^2/_5$, $^3/_8$, $^5/_{13}$, $^8/_{21}$, $^{13}/_{34}$, $^{21}/_{55}$ stehen in v i e l e n
F ä l l e n in sichtbarem Zusammenhang. Bei *Chrysanthemum* bilden
z. B. die 21 Randstrahlen die äusseren Glieder der 21-Parastichen
der Divergenz $^{21}/_{55}$ ($^{13}/_{34}$, $^{34}/_{89}$), in den Fällen der Verdoppelung
(16 Randstrahlen) fand ich auch in einzelnen Fällen die ent-
sprechenden Parastichen der Scheibenblüten verdoppelt (auch bei
Fichtenzapfen kommt ein Dédoublement der Schuppen öfter vor).
Bei *Helianthus annuus* mit 55 Randstrahlen bildeten diese die
äusseren Glieder der 55-Parastichen der Scheibe, deren Divergenz
$^{89}/_{233}$ betrug. Bei *Euphorbia Cyparissias* finden sich in der Regel
13, bei *Euphorbia helioscopia* 5 etc. Seitenstrahlen I. Ordnung in
der Trugdolde, die gleichfalls in deutlichem Zusammenhang mit der
Blattstellung stehen (die Spirale ist zu einem Scheinquirl zusammengezogen). Eine Erklärung von Zahl und Anordnung wird in diesen
Fällen auf dasselbe hinauslaufen, es fragt sich nur, was das Primäre
ist, Zahl oder Anordnung.

Zur Erklärung der Anordnung giebt es verschiedene Hypo-
thesen, von denen die mechanische Erklärung S c h w e n d e n e r's
die weiteste Verbreitung besitzt und zur Erklärung vieler
Erscheinungen herangezogen werden kann, und auch die
D e l p i n o 'sche Hypothese der sphaerotaktischen Säule und der
Phyllopodien unter Physiologen und Morphologen Anhänger gefunden hat. Neuerdings hat auch C a s i m i r D e C a n d o l l e eine
eigene Hypothese von Neuem begründet (Nouvelles considérations
sur la phyllotaxis 1895) und D e l p i n o hat dessen Einwände gegen
die phyllopodiale Hypothese zurückgewiesen in den Studi fillotassici
(I. Casimiro De Candolle e la teoria fillopodiale) in Malpighia IX,
1895. (Im Uebrigen vergl. L u d w i g, Einige wichtigere Abschn,
aus der math. Botanik, Zeitschr. f. math. naturw. Unterr. XIV,

p. 170—175, XIX, p. 329). Auf eine Möglichkeit, das Vorkommen der bestimmten Z a h l e n bei den Organen höherer
Gewächse u n a b h ä n g i g v o n d e r D i v e r g e n z zu erklären, habe
ich (l. c. XIX, p. 335 ff) hingewiesen. Man hat nämlich nur nöthig,
anzunehmen, dass die Theilungen, welche der Ausbildung der
Organe zu ihrer definitiven Zahl in der gemeinschaftlichen Organ-
anlage vorangehen, nach dem Vermehrungsgesetz des F i b o n a c c i
vor sich gehen — wie dies thatsächlich O t t o M ü l l e r (Ber. d. D.
Bot. Ges. I, p. 35—44, P r i n g s h e i m s Jahrb. für wiss. Bot.
Bd. XIV, H. 2, p. 231—290) für eine niedere Alge, *Melosira
arenaria*, nachgewiesen hat — um das succesive Zustandekommen
der Zahlen 1, 2, 3, 5, 8, 13, 21, 34, 55 . . . zu verstehen. Wie
bei dem Zustandekommen der Zahlen 2, 4, 8, 16, 32, 64, 128 etc.
(bei anderen *Bacillariaceen, Oscillariaceen, Palmellaceen, Protococcaceen*, Bildung der *Ascomyceten*-Sporen, der Zähne des Moosperi-
ristoms etc.) eine in gleichem Rhythmus erfolgende Zweitheilung
angenommen werden muss, so kommt man zu den Zahlen des
F i b o n a c c i durch die Annahme einer rhythmischen Zweitheilung,
bei der aber die beiden Theile nicht gleichwerthig sind, sondern
im Verhältniss der Mutter zur Tochter stehen, von denen die
erstere im gleichen Rhythmus sich weiter vermehrt, während die
letztere erst heranreifen muss, um von der nächsten Generation
an sich regelmässig zu vermehren. — Kämen die Zahlen der
Umbelliferen-schirme etc. nach diesem Gesetz der Vermehrung der
Melosira-Zellen zu Stande, so würden die verschiedenen Arten sich
nur dadurch unterscheiden, dass bei der einen erblich die Ausgestaltung der Organe in einem früheren, bei der anderen in einem
späteren Theilungsstadium erfolgt.

Die 5 Kelchblätter der Rose und viele andere in den Zahlen
des F i b o n a c c i auftretenden Organe zeigen nun aber auch eine
A n o r d n u n g nach den Brüchen der Reihe des goldenen Schnittes
($^2/_5$, $^3/_8$ etc.), die sich (bei der nur einmal vorkommenden Zahl
der Organe) kaum nach der mechanischen Hypothese (gegenseitigen
Druck etc.) erklären lassen wird. Auch für solche Fälle lässt sich
jedoch das Vermehrungsgesetz des F i b o n a c c i heranziehen. Es
sind über die Theilungsrichtung nur die beiden Annahmen zu
machen, 1) dass Neubildungen a b w e c h s e l n d nach beiden Seiten
zu stattfinden und 2) dass die e r s t e jeweilige N e u b i l d u n g
eines Organs in der R i c h t u n g erfolgt, in w e l c h e r das
O r g a n s e l b s t a b g e g l i e d e r t wurde. Das Schema in Fig. 9
würde dann die succesive Bildung und Anordnung der Theilungs-
producte veranschaulichen.

Wir schliessen dieses Capitel mit der Erörterung eines Falles,
in dem die Anordnung der Organe, für deren Anzahl die Variations-
curve bestimmt wurde, als die der $^3/_8$ Stellung sich ergab. Be-
kanntlich kommen in dem Andröceum der *Rosaceen* (im weiteren
Sinne) die Staubgefässe vorwiegend in Multiplis von 5 vor, so bei
Potentilla pentandra 5; *Horkelia, Fresia* 10; *Potentilla alba* $2 . 5 +$
$5 = 15$; *Comarum, Fragaria* und vielen *Potentilla* sp. $2 . 5 + 5 +$
$5 = 20$; *Potentilla fruticosa, Potentilla rupestris* $2 . 5 + 2 . 5 + 5$

$= 25$; *Mespilus* $10 + 10 + 10 = 30$: *Waldsteinia geoides* $10 + 10 + 10 + 10 = 40$; *Prunus Padus* $2 \cdot 5 + 10 + 2 \cdot 5 = 30$; *Prunus Virginiana* $2 \cdot 5 + 5 + 5$; *Pirus communis, Sorbus Aucuparia* $2 \cdot 5 + 5 + 5 = 20$ (bei *Rosa* nach H o f m e i s t e r $30 + 20 + 30 + 20 + 30$; *Rubus caesius* $25 + 15 + 25 + 15 + 25$, *Rubus idaeus* $35 + 25 + 35 + 25 + 35$, *Rubus fruticosus* $45 + 35 + 45 + 35 + \ldots$)

Die Variationskurven bestätigen das. So fanden sich z. B. für *Pirus communis*:

Staubgefässe	13	14	15	16	17	18	19	20	21	22	23	24	25	26	27	28	29	30	31
bei Individuen	3	8	5	15	22	25	41	65	30	29	17	16	11	13	10	1	—	—	3

für *Crataegus Oxyacantha*:

Staubgefässe	10	11	12	13	14	15	16	17	18	19	20	21	22	23	24	25	26
bei Individuen	1	—	—	2	2	4	6	19	28	34	59	10	5	1			

Unerwartet war dagegen das Resultat bei *Crataegus coccinea*; von der die Zählungen an v e r s c h i e d e n e n Bäumen bei Greiz übereinstimmend das Maximum bei 8 ergaben, nämlich:

Staubgefässe:	4	5	6	7	8	9	10	11
Individuenzahl:	—	21	68	189	206	87	16	—
	—	5	36	71	131	52	5	—
	—	4	13	32	38	26	6	—
Tausend:	—	30	117	292	375	159	27	—

(vergl. die Tausendcurve Fig. 8)

Es sind im einfachsten Falle 5 episepale Staubgefässe vorhanden, die sich zum Theil verdoppeln, bis dann im höchsten Fall $2 \cdot 5$ Staubgefässe erreicht sind (ausnahmsweise fand ich einigemal 4zählige Blüten mit 4 Sep., 4 Pet., 2×4 Stam.). Die Form der Curve gleicht allerdings gewissen Summations- oder Livischen Curven. Der Gipfel bei 8 liesse sich als Scheingipfel auffassen, während die ordentlichen Gipfel zurückgetreten. Man müsste dann an demselben Baum 2 Hauptentwickelungsstufen annehmen, um die die Variationen schwanken. Hiergegen spricht aber die bestimmte Reihenfolge, in der die Verdoppelung der Stamina stattfindet. Denkt man die 5 Staubgefässe nach $^2/_5$ nummerirt, so beginnt die Spaltung bei No. 1 und schreitet allmählich bis zur 5 fort, wie es das Schema in Fig. 10 darstellt. Die 8 Staubgefässe zeigen demnach ihrem Alter nach geordnet genau die $^3/_8$ Stellung. Schon oberflächliche Beachtung der einzelnen und paarweise vorkommenden Staubgefässe zeigt das. So zählte ich auf 80 Staubgefässe 75 mit der Anordnung 2, 2, 1, 2, 1 und nur 5 mit der Anordnung 2, 2, 2, 1, 1. Die Entwicklung des 8-Andröceums (Fig. 10) ist nach dem Schema in Fig. 9 leicht verständlich. Während bei *Crataegus Oxyacantha* etc. simultane Zweitheilung der 5 Stamina eintritt, liegt bei den von mir beobachteten Exemplaren von *Crataegus coccinea* eine Theilung nach dem Vermehrungsgesetz des F i b o n a c c i vor. Cyclische und acyclische Anordnung dürfte demnach bei den *Pomaceen* ebenso wie bei den *Umbelliferen* innerhalb derselben Gattung und Art nebeneinander auftreten. Eine solche Art scheint auch *Prunus spinosa* zu sein, wo in der Regel 20 Stamina vorwiegen, Dr. P. Dietel aber an einem Standort bei Leipzig das folgende Resultat erhielt:

Zahl der Stamina:	15	16	17	18	19	20	21	22	23	24	25	26
Zahl der Blüten:	1	4	7	18	21	20	30	8	7	3	2	1

(Die Erklärung der Figuren folgt in nächster Nummer.)

Botanische Ausstellungen und Congresse.

Bericht
über die Sitzungen der botanischen Section der 67. Versammlung deutscher Naturforscher und Aerzte in Lübeck am 15.—20. September 1895.

Von

Dr. F. G. Kohl.

I. Sitzung. Vorsitzender: Senator Dr. Bremer (Lübeck).

Dr. H. Klebahn (Bremen) spricht

über die Entwicklung der Kenntniss der heteröcischen Rostpilze und über die Ergebnisse seiner Kulturversuche mit solchen.

Eines der bemerkenswerthesten Resultate der Forschung der letzten Zeit ist, dass eine Reihe von bisher für einheitlich gehaltenen Arten auf Grund von Culturversuchen in verschiedene, im Allgemeinen morphologisch nicht von einander abweichende Arten oder Formen zerlegt werden müssen. In grösserer Zahl sind derartige Formen besonders von Plowright in verschiedenen Gruppen der Rostpilze, vom Vortr. unter den Kiefernrosten und jüngst von Eriksson unter den Getreiderosten nachgewiesen worden. Eriksson's Angaben bezüglich der *Puccinia graminis* und anderen Grasarten kann Vortragender betreffs der *Puccinia coronata* bestätigen. Sowohl *Puccinia coronata* (Aecidien auf *Frangula*) wie auch *Puccinia coronifera* (Aecidien auf *Rhamnus*), in welche Vortragender die alte *Puccinia coronata* bereits zerlegt hatte, sind nach neuen Untersuchungen weiter zu spalten. *Puccinia coronifera* auf *Avena sativa* kann nicht auf *Lolium perenne*, *Holcus*-Species etc. übertragen werden, *Puccinia coronifera* auf *Lolium* nicht auf *Avena sativa*, *Holcus*-Species etc. Ebenso scheinen innerhalb der *Puccinia coronata* die Formen auf *Calamagrostis* und *Phalaris* verschieden zu sein. Es entsteht nun die Frage nach der systematischen Deutung dieser Formen. Nach Plowright's Vorgange hat Vortr. sie als Species betrachtet, Schroeter nennt sie species sorores, Eriksson formae speciales, Magnus Gewohnheitsrassen. Obgleich Vortr. die Entstehung dieser Formen durch allmälige ausschliessliche Gewöhnung an einen einzigen oder wenige Wirthe zugiebt, so scheint ihm doch der Nachweis,

dass es sich ausschliesslich um Gewohnheitsrassen handle, nicht
erbracht. An Kiefernrosten gelang es Vortr. nachzuweisen, dass
derartige specialisirte Formen an Orten vorkommen, wo die
beiderlei Zwischenwirthe (*Euphrasia* und *Melampyrum)* nebeneinander um die Kiefern herum wachsen, an Orten also, wo die Gelegenheit zur Verwischung der Unterschiede gegeben wäre. Die
vom Vortr. mit *Puccinia Digraphidis* Sopp. ausgeführten Versuche ergeben die Identität der Aecidien auf *Convallaria Polygonatum*,
Majanthemum und *Paris*, welche man nach Soppitt, Plowright und z. Th. nach des Vortr. Untersuchungen für verschieden
halten musste. Die dreijährige in Culturen ausgeführte Beschränkung der *Puccinia Digraphidis* auf dem Aecidienwirth *Polygonatum* und der Umstand, dass *Paris* in mindestens einer Stunde Umkreis vom Fundorte des Pilzes nicht vorkommt, hat die Fähigkeit
des Pilzes, alle vier Wirthe zu befallen, nicht vermindert. Vortr.
kann sich der Ansicht, Soppit habe eine auf *Convallaria* be-
schränkte Gewohnheitsrasse der *Puccinia Digraphidis* vor sich
gehabt, vorläufig nicht anschliessen, hält eine Wiederholung der
Versuche mit Material von Soppit's Fundort für wünschenswerth
und überhaupt die Sammlung einer grösseren Zahl von Thatsachen
insbesondere Weiterführung der Culturen mit Eriksson's *Puccinia
graminis* f. sp. *Tritici* und ähnlicher nicht scharf fixirter Formen,
bevor ein abschliessendes Urtheil über den systematischen Werth
der specialisirten Formen gefällt werden' kann.

II. Sitzung.   Vorsitzender: Geheimrath Professor Dr. Strasburger (Bonn).

Professor **von Fischer-Benzon** (Kiel) sprach

über die Geschichte des Beerenobstes.*)

Von den Beeren tragenden Pflanzen waren einzelne schon im
Alterthum bekannt. Dahin gehören der Hollunder, in Norddeutschland Fliederbeere genannt, Brombeere und Himbeere und Erdbeere.
Ursprünglich war der Hollunder (*Sambucus nigra* L.), ebenso wie
der Zwerghollunder (*Sambucus Ebulus* L.), nur Heilpflanze; später
sind seine Beeren dann auch als Genussmittel in Gebrauch genommen. Brombeeren und Himbeeren sind von den Alten, wie es
scheint, nicht deutlich von einander unterschieden worden. Ihre
Früchte wurden ebenso wie diejenigen der Maulbeere *morum* genannt, von dieser aber durch das Adjectivum *silvestre* oder ein
ähnliches unterschieden. Aus dem Saft dieser Früchte wurde durch
Zusatz von Wein, Honig und Gewürz ein *moratum* genanntes
Getränk bereitet, das schon in Carls des Grossen Capitulare de
villis angeführt wird, nach dem 13. Jahrhundert aber in Vergessen-
heit gerathen ist. Bei den alten Griechen wird die Erdbeere scheinbar
nicht erwähnt, wohl aber bei den Römern. Im Mittelalter war sie eine
angesehene Heilpflanze; aus der häufigen Erwähnung ihrer Beeren
in den Pflanzenesswaaren folgt aber auch, dass man sie gegessen

---

*) Erscheint demnächst im Botanischen Centralblatt.

hat. Im 16. Jahrhundert fand sie ebenso wie die Himbeere Eingang in die Gärten; die Brombeere scheint in Deutschland niemals cultivirt worden zu sein.

Durch den Einfluss der arabischen Medicin sind die Berberitze und die Johannisbeere Nutzpflanzen und dann später Culturpflanzen geworden. Aus Holz und Wurzeln eines Strauches, den die Araber *amirberis* und *berberis* nannten, wurde das Heilmittel *Lycium* gewonnen. Möglich ist es nun, dass man an unserer Berberitze ähnliche Eigenschaften entdeckte und dann auf sie den Namen *berberis* übertrug. Aeltere deutsche Namen sind Versich, Saurach, Erbsel und Weinling; aus den sauren Beeren wurde nicht nur in Deutschland, sondern auch in Frankreich Wein bereitet. Mit dem Namen *ribes* (nach abendländischer Schreibweise) bezeichneten die Araber eine Heilpflanze, *Rheum ribes* L., aus deren Stengeln und Blattstielen sie ein säuerliches, kühlendes Getränk bereiteten, das sie bei Fieberkrankheiten anwendeten. Diese Pflanze kommt in Syrien etc. vor, fehlt aber in Europa und Nordafrika. Als nun die Araber ihre Herrschaft nach Westen ausbreiteten, suchten sie in den neugewonnenen Ländern nach der Heilpflanze *ribes*, und da sie diese selbst nicht fanden und allmählich die Zahl derjenigen Aerzte wuchs, welche *ribes* nicht mehr gesehen hatten, so suchte man nach solchen Pflanzen, auf welche die überlieferte Beschreibung einigermaassen passte. So gelangte man dahin, den Sauerampfer und die Kermeskörner als *ribes* zu bezeichnen und zu benutzen, und vom 14. Jahrhundert auch die Johannisbeere, die *ribes* und St. Johannsträublein genannt wurde. In Südostdeutschland hat man die Johannisbeere zuerst gebraucht, und von da aus hat sich ihre Cultur nach Norden und Westen hin verbreitet.

Die Cultur der Stachelbeeren scheint zuerst in Frankreich im 15. Jahrhundert versucht worden zu sein, wenigstens fehlt in Deutschland jede Angabe über eine frühere Cultur. Der französische Name g r o s e i l l i e r ist aus einem deutschen Worte groseller oder kroseller hervorgegangen, das sich bis in's 10. Jahrhundert zurückverfolgen lässt. Dieses Wort diente zur Bezeichnung eines stacheligen oder dornigen Strauches, der rothe Früchte trug; in erster Linie scheint es unseren Weissdorn bedeutet zu haben, daneben den Christdorn (*Ilex aquifolium* L.) und die Heckenrose (*Rosa canina* L.), vielleicht auch die Berberitze. Die Uebertragung auf die Stachelbeere ist etwa im 15. Jahrhundert erfolgt. Merkwürdigerweise scheint die Stachelbeere erst Heckenpflanze gewesen zu sein; erst allmählich rückte sie in den Garten vor.

Dr. **Kuckuck** (Helgoland) gab

eine Beschreibung der Biologischen Anstalt auf Helgoland,

im besonderen ihrer botanischen Abtheilung.

Helgoland ist für das Studium der Meeresalgen der günstigste Punkt der deutschen Meeresgewässer und deshalb für diese Zwecke von den deutschen Botanikern von jeher bevorzugt worden. Den

energischen Bemühungen eines Botanikers, des leider zu früh ver-
storbenen Pringsheim, ist es auch ganz besonders zu verdanken
gewesen, dass der Gedanke eines Helgoländer Meereslaboratoriums
zur Wirklichkeit wurde.

Die Aufgaben der Station ergeben sich aus einer Denkschrift
der Königl. preussischen Regierung, aus welcher Vortragender die
wichtigsten Stellen mittheilt. Ausser den rein wissenschaftlichen
Arbeiten widmet sich die Station auch der Lösung praktischer
Fischereifragen.

Ueber die Lage des Stationsgebäudes, die Vertheilung der
einzelnen Räumlichkeiten, die an der Station angestellten Beamten
u. s. w. ist im Botan. Centralbl. schon früher (1893 No. 18/19 auf
p. 139—142) berichtet worden.

Die jetzige Einrichtung kann nur als eine provisorische betrachtet werden. Vor Allem macht sich das Fehlen genügend
grosser Aquariumräumlichkeiten auf die Dauer sehr fühlbar.
Grade in dieser Hinsicht muss bei einem Neubau für die weit-
gehendsten Bedürfnisse gesorgt werden, da rationelle Cultur- und
Zuchtversuche viel Platz beanspruchen. Auch wird darauf Bedacht
genommen werden müssen, dass die Laboratorien mit kleinen an
eine Leitung angeschlossenen Seewasseraquarien ausgestattet sind.

Ein Vorzug der Station ist die gute Versorgung mit Instru-
menten aller Art und sämmtlichen Chemikalien.

Die algologischen Arbeiten werden durch eine bereits recht
vollständige algologische Bibliothek, durch ein Herbarium und eine
Sammlung conservirter Algen erleichtert. Die Beschaffung von
lebendem Arbeitsmaterial stösst auf keine Schwierigkeiten, so lange
die Besucher während der schönen Jahreszeit kommen.

Eine mit Petroleummotor ausgestattete Kutterschaluppe, zwei
Segelboote und ein Ruderboot, sowie eine geschulte, unter Leitung
eines Fischmeisters stehende Bedienungsmannschaft stehen jederzeit
zur Verfügung.

In Folge der beschränkten Räumlichkeiten muss von physiologischen Arbeiten und ausgedehnten Culturversuchen vorläufig abgesehen werden. Ebenso wird man sich für floristisch-systematische
Arbeiten besser an die grossen Algenherbarien in Kiel, Hamburg,
Berlin u. s. w. wenden, da das allgemeine Algenherbarium der
Helgoländer Anstalt in beschränkten Grenzen gehalten werden
soll.*) Dagegen bietet Helgoland ein günstiges Terrain für morphologisch - entwicklungsgeschichtliche Untersuchungen; auch zu
physiologischen und biologischen Beobachtungen, bei denen weit-
läufige Experimente nicht erforderlich sind, besonders zu Beobachtungen über Endophytismus und Epiphytismus, über Anpassungs-
erscheinungen, über Mimikry u. s. w. findet sich reichlich

---

*) Bezüglich der deutschen Meeresküsten einschliesslich der angrenzenden
Küstenstriche von Schweden und Norwegen, Dänemark und England wird natürlich möglichste Vollständigkeit angestrebt. Die floristische Sammlung wird
später im alten Conversationshause untergebracht werden, welches als Museum
eingerichtet werden soll.

Gelegenheit. Endlich wird derjenige, der sich für die Pflanzen des Planktons interessirt, von dem bei Helgoland zu Gebote stehenden Formenreichthum, der z. B. viel grösser ist wie in der Adria, überrascht sein.

Die Anstalt übernimmt auch die Versendung von lebendem Material; wird conservirtes Material gewünscht, so ist die genaue Angabe der Conservirungsmethode zu empfehlen. Die Preisberechnung ist eine mässige.

Zum Schluss legte Vortr. den ersten Jahresbericht der biologischen Anstalt vor, in welchem derjenige, welcher sich eingehender zu unterrichten wünscht, einen ausführlichen Bericht von Professor Heincke über die Gründung und Einrichtung der Station sowie über ihre Thätigkeit im Jahre 1893 findet.

Professor Dr. **Kohl** (Marburg) sprach

über Assimilationsenergie und Spaltöffnungs-
mechanik.

Nach einer historisch-kritischen Untersuchung des Standes der Frage nach den Wechselbeziehungen zwischen Lichtabsorption, Assimilation und Transpiration der chlorophyllführenden Pflanzen erörterte Vortr. die Mitwirkung der Stomata bei den letztgenannten Processen und betonte die Nothwendigkeit einer gründlichen Untersuchung über den Mechanismus der Spaltöffnungen und die Ursachen, welche ihn in Bewegung setzen. Da die Turgorverhältnisse der Schliesszellen, Nebenzellen und übrigen Epidermiszellen bei der Bewegung der Stomata eine hervorragende Rolle spielen, bestimmte Vortr. dieselben bei einer Reihe von Pflanzen am lebenden Blatt und constatirte, dass die Relation $S > N > E$ häufig zurecht besteht, dass dagegen seltener der Relation $S < N < E$ oder $S < N = E$ genügt wird, wenn S den Turgor der Schliesszellen, N den der Nebenzellen, E den der übrigen Epidermiszellen darstellt. Es zeigte sich nun, dass, je mehr die Schliesszellen in Bezug auf die Turgorgrössen sich im Uebergewicht befinden, sie um so leichter und flotter auf den Oeffnungsmechanismus in Bewegung setzende Reize reagiren etc. Nach vollkommener Entspannung sämmtlicher Epidermiszellen erhält man eine differente Gleichgewichtslage, den ursprünglichen Zuschnitt jeder Spaltöffnung. Die allmälige Entspannung der einzelnen Zellen lässt deren Beitrag an der Schliesszellenbewegung erkennen. Die meisten der bisher als functionslos bezeichneten Stomata wurden auf diese Weise als beweglich und functionirend constatirt. *Azolla* repräsentirt in Bezug auf die Stomata einen besonderen Typus, *Salvinia* hat bewegungslose Spaltöffnungen. Die zur Oeffnung des Spaltes führende Turgorsteigerung in den Schliesszellen ist, wie Vortr. wahrscheinlich zu machen sucht, auf die Wirkung eines diastatischen Fermentes zurückzuführen. Geschlossene Stomata mit Diastase-Lösung behandelt, öffnen sich. Die Umsetzung der Stärke in den noch unbekannten turgorsteigernden Stoff vollzieht sich meist in Folge von Lichtwirkung. Temperatursteigerung der umgebenden Luft führt ebenso mehr oder

minder rasche Oeffnung der Stomata herbei, wobei der Feuchtig-
keitsgehalt der Umgebung keine Rolle spielt. Dunkle Wärmestrahlen öffnen den Spalt und halten bereits geöffnete Stomata offen,
allein auch directes, durch 3 cm dicke Eisplatten geworfenes und
der Wärmestrahlen beraubtes Licht bringt die Stomata zum Oeffnen.
Versuche mit dem Spectrophor ergaben das überraschende Resultat,
dass die Strahlen zwischen B und C und die Strahlen bei F im
Blau die allein wirksamen des Spectrums sind. Im Gelb, Grün,
Violett, Ultraroth und Ultraviolett erfolgt keine Bewegung. Daraus
erklären sich die Befunde von Deherain, Wiesner etc. bezüglich der Transpiration in den verschiedenen Spectralregionen. Es
sind also die in den Chlorophyllkörnern der Schliesszellen absorbirten rothen und blauen Strahlen, welche neben den dunkeln
Wärmestrahlen nicht nur die Production der Stärke, sondern auch
die der Stärke umsetzenden Fermente in den Schliesszellen der
Stomata bewirken. Hieraus ergeben sich eine ganze Reihe interessanter Folgerungen.

H. Molisch (Prag) erweiterte seine Untersuchungen

über die Ernährung der Algen

und macht über deren Ergebnisse etwa folgende Mittheilungen:
Die untersuchten Süsswasseralgen brauchen zu ihrer Ernährung
mit einer Einschränkung bezüglich des Calciums dieselben Elemente
(C, H, O, N, S, K., Mg, P und Fe) wie die höhere grüne Pflanze.
Bei den Versuchen hat sich die überraschende Thatsache ergeben,
dass zahlreiche Algen, *Microthamnion Kützingianum* Naeg., *Stichococcus baccillaris* Naeg., *Ulothrix subtilis* (?) Kg., und *Protococcus* sp.,
des Kalkes völlig entbehren können, während andere, wie *Spirogyra*
und *Vaucheria*, in einer sonst completen, aber kalkfreien Nährlösung
alsbald zu Grunde gehen. Es verhalten sich demnach gewisse
Algen wie niedere Pilze, die ja bei vollständigem Ausschluss von
Kalk sich gleichfalls normal entwickeln. Der bisher als richtig
anerkannte Satz, dass jede grüne Pflanze Calcium zu ihrer Ernährung benöthigt, ist nicht mehr allgemein richtig, denn er gilt
für einen Theil der Algen nicht. Dies wirft ein interessantes
Streiflicht auf die Beurtheilung der Function des Kalkes in der
Pflanze, und zwar insofern, als des Verf.'s Versuche weder für die
Annahme Boehm's, dass der Kalk zum Aufbau der vegetabilischen
Zellhaut nothwendig sei, noch für die Ansicht Loew's sprechen,
der den Kalk bei dem Aufbau des Zellkernes und der Chlorophyllkörner eine Rolle spielen lässt. Wir kennen nämlich jetzt zahlreiche Pilze und Algen, welche ohne jede Spur von Kalk ihre
Membranen, Zellkerne, beziehungsweise Chlorophyllkörner ausbilden.
Der Kalk ist also nicht ein wesentlicher Bestandtheil jeder lebenden
Zelle, sondern dürfte wahrscheinlich in verschiedene Stoffwechsel-
processe eingreifen, höchstwahrscheinlich in erster Linie der Anhäufung freier Säuren oder ihrer giftig wirkenden löslichen Salze
entgegenzuwirken haben, wie dies A. F. W. Schimper plausibel
gemacht hat. Der von den Versuchsalgen assimilirte Stickstoff

musste in gebundener Form dargeboten werden, da die Algen den freien Stickstoff der Atmosphäre nicht zu assimiliren vermochten, in Uebereinstimmung mit den Beobachtungen Kossowitsch's und im Widerspruche mit denen Frank's.

Herr Professor **Magnus** (Berlin) sprach

über das Mycel und den Parasitismus einer neuen
Sclerospora-Art,

die der bekannte Mykologe, Herr Lehrer W. Krieger, bei König- stein i./Sachsen bei *Phalaris arundinacea* entdeckt hatte. Vortr. nennt sie *Sclerospora Kriegeriana*. Die von ihr befallenen Blätter markiren sich äusserlich kaum; man erkennt die *Sclerospora* am besten bei Betrachtung der Blätter bei durchfallendem Lichte, wo die grossen Oosporen deutlich als durchscheinende Punkte zu er- kennen sind. Ihr intercellulares Mycel wuchert hauptsächlich direct an den Seiten der Gefässbündel in deren Längsrichtung. Es ist durch stellenweise beträchtliche Erweiterungen sehr ausgezeichnet. Diese Erweiterungen drücken die benachbarten Gewebezellen zu- sammen, was sich leicht aus dem mechanischen Widerstande des Blattgewebes erklärt, der dessen Ausbuchtung nach aussen hindert. Das Mycel entbehrt gänzlich der für *Peronosporeen* charakteristischen Haustorien. Hingegen presst es sich stellenweise mit warzenförmigen Auswüchsen (Saugwärzchen) namentlich den benachbarten Weich- bastelementen des Bündels an, aus denen es hauptsächlich das Material zu seinem Wachsthume zu schöpfen scheint. Durch diese Art des Parasitismus ist *Scl. Kriegeriana* unter den *Peronosporeen* sehr ausgezeichnet. Oogonien werden zahlreich in der Nähe der Bündel in der für *Peronosporeen* charakteristischen Weise gebildet und durch anliegende Antheridien befruchtet. Wie es für *Sclero- spora* charakteristisch ist, bilden sie ihre Wand sehr stark aus. An der Wand des reifen Oogons erkennt man 2 Tüpfel, von denen der eine der Anheftung an der Stielzelle, der andere der Eintrittzelle des Befruchtungsschlauches des Antheridiums entsprosst.

Vom Hauptmycel an den Bündeln gehen häufig Auszweigungen in das zwischen den Bündeln liegende Parenchym, von dem oft Stränge nach den Spaltöffnungen ziehen. Dort angelangt, treten sie zuweilen mit einer kurzen, aussen als weisse Hervorragung deutlich sichtbaren Papille hervor. Unter der Spaltöffnung bilden sie charakteristische seitliche Ausbuchtungen. Drei möchten rudimentär gebliebene Conidienträger sein, die sich vielleicht unter anderen Umständen oder in anderen Jahreszeiten vollständiger ent- wickeln. Von den beiden anderen auf Gräsern bekannten *Sclerospora*- Arten; der *Scl. graminicola* (Savr.) Schroet. auf *Setaria viridis* in Europa und Nordamerika und der *Scl. macrospora* Sacc. auf *Alopecurus* in Australien, unterscheidet sich *Scl. Kriegeriana* durch die Grössenverhältnisse der Oogonien. In der Art ihres Auftretens scheint sich die australische *Scl. macrospora* Savr., von der Saccardo sagt: „oogoniis crebre parallele serratis", ihr zu nähern.

Dr. **Klebahn** (Bremen) spricht zunächst

über das Verhalten der Zellkerne bei der Auxosporenbildung von *Epithemia.*

Während der bei dieser Auxosporenbildung sich abspielenden
Vorgänge beobachtete V. merkwürdige Erscheinungen an den Zellkernen. Der Zweitheilung der Mutterzellen geht eine Viertheilung
der Zellkerne voran, jede Tochterzelle erhält also zwei Zellkerne, von denen der eine gross bleibt und das gewöhnliche Aussehen eines Zellkernes annimmt, während der
andere klein wird, und einem Nucleolus vergleichbar sich mit
Haematoxylin besonders intensiv färbt. Bald nach der Verschmelzung der Tochterzellen sind die kleinen Kerne verschwunden,
und in den beiden aus der Conjugation hervorgehenden Zellen
liegen nur noch die vier grossen Kerne, je zwei in jeder Zelle.
Während der Streckung dieser beiden Zellen verschmelzen die je
zwei Kerne jeder Auxospore zu einem, bald früher, bald später.
Pyrenoidähnliche Gebilde (2—3) finden sich neben den Kernen in
jeder Zelle, und zwar in der Längsachse neben den Zellkernen.
Jede Auxospore erhält eines dieser Gebilde aus der Mutterzelle.
Es macht sich eine auffallende Aehnlichkeit zwischen den geschilderten Vorgängen und den vom Verf. bei *Closterium* und
Cosmarium beobachteten geltend, nur vollzieht sich bei letztgenannten Algen die Ausscheidung der kleinen Kerne nach der Kern-
verschmelzung, bei *Epithemia* vor derselben. Die Vorgänge bei
Epithemia haben daher mehr Analogie mit der Bildung der
Richtungskörperchen im Thierreich, als die bei *Closterium.* Ob die
Deutung dieser Erscheinungen als „Reductionstheilung" die richtige
ist, müssen spätere Untersuchungen aufklären. Auch in den Fällen
der Auxosporenbildung, wo nach den bisherigen Beobachtungen
zwei Zellen ohne Verschmelzung zu zwei Auxosporen werden,
finden nach Verf. Veränderungen an den Zellkernen statt.

(Schluss folgt.)

Gelehrte Gesellschaften.

The Botanical Society of America. (The Botanical Gazette. Vol. XX. 1895.
p. 403—405.)

Botanische Gärten und Institute.

Niedenzu, Franz, Hortus Hosianus. Bericht über die
Gründung des Königl. botanischen Gartens am
Lyceum Hosianum. (Index lectionum in Lyceo Regio
Hosiano Brunsbergensi per hiemem 1895/96. instituen-
darum. 4⁰. p. 12—32.) Brunsbergae 1895.

Die sehr ausführliche Schilderung wird damit motivirt, dass
die Gründung eines neuen, nach wissenschaftlichen Grundsätzen angelegten botanischen Garten zu den Seltenheiten gehört. Als Ab-

schnitte finden wir 1. Zweck des hiesigen botanischen Gartens. 2. Platz-, Topographische-, Boden- und Wasserverhältnisse. 3. Einrichtungsarbeiten. 4. Einrichtungs- und Unterhaltungskosten. 5. Pflanzenbestand, 1. System, 2. Arznei- und Giftpflanzen, 3. Culturpflanzen, 4. Alpinum. 6. Benutzung. Nach Analogie dieses Liliputaners dürfen wir nach der Verlegung des botanischen Gartens in Berlin nach Dahlem mehrere Foliobände erwarten.

Jedenfalls hat die ganze Anlage Niedenzu ungeheuer viel zu verdanken, da er nach seinen eigenen Angaben 1893 während etwa 4 Monaten täglich von früh 6 bis Abends 7 Uhr im Garten oder für denselben beschäftigt war, im zweiten Jahr dauerte diese Zeit etwa 2, 1895 etwa $1^{1}/_{2}$ Monate.

Der jährliche Etat vertheilt sich auf Arbeitslohn 550 Mk., Sämereien und junge Pflanzen 50 Mk. Düngung 75 Mk. Instandhaltung der Wege 25 Mk. Ergänzung und Ausbesserung von Geräthen, kleinen Baulichkeiten u. s. w. 100 Mk. Insgemein 100 Mk. Weitere 100 Mk. dienen als Reserve für die weiteren Ausgaben wie Ueberschreitungen. Gewächshäuser sind zunächst nicht in Aussicht genommen. — Die Ausgaben betrugen bis jetzt über 5000 Mk., darunter allein 1700 Mk. für einen Stachelzaun.

Was den Bestand anlangt, so wurde ein sehr bedeutender Theil aus den umliegenden Fluren gestellt, dann schenkten die botanischen Gärten zu Berlin und Breslau, der Rest wurde gekauft. Am 20. Juli 1895 waren 1050 Arten von 550 Gattungen aus 122 Familien vorhanden.

Das Areal umfasst 1,1 ha, liegt unmittelbar am Weichbild der Stadt, wobei selbst die tiefsten Stellen noch oberhalb des höchsten Standes des Hochwassers vom Jahre 1884 als des höchstbekannten sich erheben. Wasser ist in Teichen vorhanden und lässt sich leicht durch Anlage einer Leitung von einem der Stadt gehörenden grossen Teich beschaffen, welcher etwa 180 m oberhalb des Gartens liegt und so keine Betriebsunkosten mit sich bringen würde.

Namentlich für die Anlage von Schulgärten wird die Schilderung gute Dienste leisten.

E. Roth (Halle a. d. S.)

Instrumente, Präparations- und Conservations-Methoden etc.

Ilkewitsch, Konstantin, Ein neuer beweglicher Objecttisch. (Centralblatt für Bakteriologie und Parasitenkunde. I. Abtheilung. Bd. XVII. Nr. 9/10. p. 311—315).

Ilkewitsch legt einen zweckmässig eingerichteten beweglichen Objecttisch grosse Bedeutung bei, da derselbe eine ungleich genauere Durchsuchung des Materials ermögliche und dabei Zeit- und Kraftersparniss mit Entlastung und Schonung des untersuchenden Auges vereinige. Besonders vortheilhaft ist ein solcher Objecttisch bei solchen Präparaten, welche die ganze Oberfläche des Objectglases einnehmen und mit Immersionssystemen ohne Deckgläser untersucht werden. Die bisher gebräuchlichen Objecttische haben nun den Fehler, dass sie nur für Stative von bestimmter Form und Grösse brauchbar sind, dass sie, einmal entfernt, sich nicht wieder genau in gleicher Stellung anbringen lassen, und dass sie endlich nur eine theilweise Durchsuchung des Präparates gestatten. Alle diese Mängel werden durch den von J. vorgeschlagenen Apparat beseitigt. Derselbe bietet ausserdem noch den Vortheil, dass besonders interessante Stellen im Präparate mit Leichtigkeit markirt und dann schnell wieder aufgefunden werden können.

Kohl (Maiburg.)

Banti, G., Eine einfache Methode, die Bakterien auf dem Agar und dem Blutserum zu isoliren. (Centralblatt für Bakteriologie und Parasitenkunde. I. Abtheilung. Bd. XVII. Nr. 16. p. 556—557).

Banti füllt Tuben von 2—3 cm Weite in der gewöhnlichen Weise mit Agar, lässt denselben schräg erstarren und richtet dann die Gläser auf, so dass das Kondensationswasser sich auf dem Grunde sammelt. Der zu untersuchende pathologische Stoff wird mit einigen ccm Bouillon oder sterilisirtem Wasser gemischt, und dann werden mit einer Platinöse 1—3 Tropfen dieser Mischung in das Kondensationswasser dreier Tuben gebracht. Nachdem nun dieses durch Schütteln des Glases gehörig gemengt ist, lasse man es, indem man das Glas vorsichtig neigt, über die schräge Fläche des Agars laufen; dann wird das Glas wieder gerade gestellt, so dass das Wasser wieder auf dem Grunde zusammen läuft, und die Tuben werden in den Thermostaten gebracht. Auf der Oberfläche des Agrars entwickeln sich nun die einzelnen Kolonien, die sich bei schwacher Vergrösserung untersuchen und sehr leicht verpflanzen lassen. Je weiter der Tubus und je schräger die Agarfläche, desto besser gelingen diese Culturen. Man kann auch eben so gut in den Tuben geronnenes Blutserum anwenden.

Kohl (Marburg).

Bujwid, O., Bemerkungen über die Filtration bakterienhaltiger Flüssigkeiten. (Centralblatt für Bakteriologie und Parasitenkunde. Erste Abtheilung. Bd. XVIII. 1895. No. 11. p 332 – 3 3)

Büx, J., Ein Beitrag zur bakteriologischen Typhus-Diagnose. [Inaug.-Diss.] 8⁰. 35 pp. Würzburg 1895.

Erlanger, R. von, Zur sogenannten japanischen Aufklebemethode. (Zeitschrift für wissenschaftliche Mikroskopie und für mikroskopische Technik. Bd. XII. 1895. p. 186—187.)

Friedländer, Benedict, Zur Kritik der Golgi'schen Methode. (Zeitschrift für wissenschaftliche Mikroskopie und für mikroskopische Technik. Bd. XII.

Lee, Arthur Bolles, Note sur la „méthode japonaise" pour le montage de coupes en séries. (Zeitschrift für wissenschaftliche Mikroskopie und für mikroskopische Technik. Bd. XII. 1895. p. 187.)

Nuttall, George H. F., Ein einfacher, für Mikroskope verschiedener Construction verwendbarer Thermostat. (Centralblatt für Bakteriologie und Parasitenkunde. Erste Abtheilung. Bd. XVIII. 1895. No. 11. p. 330—332. Mit 2 Figuren.)

Strasser, H., Weitere Mittheilungen über das Schnitt-Aufklebe-Mikrotom und über das Verfahren der provisorischen Montirung und Nachbehandlung von Serienschnitten auf Papierunterlagen. (Zeitschrift für wissenschaftliche Mikroskopie und für mikroskopische Technik. Bd. XII. 1895. p. 154—168.)

Unkelhäuser, J. B., Beitrag zum Identitätsnachweis des Bacterium coli commune und des Typhusbacillus. [Inaug.-Diss.] 8°. 26 pp. Würzburg 1894.

Referate.

Lagerheim, G., Ueber das Phycoporphyrin, ein Conjugatenfarbstoff. (Christiania Videnskabs-Selskabs Skrifter. I. Mathem.-naturv. Klasse. 1895. Nr. 5. p. 1—25).

Die bisher bekannten Algenfarbstoffe, Phycoerythrin, Phycophaein, Phycopyrrin, Phycoxanthin, Phycocyan, sind fast sämmtlich an protoplasmatische Körper gebunden. Nur 2 Algengattungen, *Mesotaenium* Naeg. und *Ancylonema* Berggr. (welche beide Gattungen vielleicht am besten zu vereinigen sind), sind dem Verf. bekannt, für welche gefärbter (violett, purpurn) Zellsaft angegeben wird. Auch bei anderen Desmidiaceen, *Penium* und *Cylindrocystis*, kommen gelbliche Farbstoffe vor, die bisher nicht untersucht worden sind, und von welchen Verf. nur den vielleicht Anthochlor enthaltenden *Cylindrocystis*-Farbstoff etwas untersucht hat. Einige andere Algen enthalten offenbar violetten Zellsaft, worüber Verf. jedoch keine eigene Untersuchungen gemacht hat (z. B. *Zygogonium ericetorum*, *Zygnema* (*purpureum* Wolle, *Javanicum* (Mart.) De Toni, etc.), *Spirogyra nitida* var. *atro-violacea* Mart. und *Mougeotia capucina*).

Verf. hat zwar *Ancylonema*, *Mesotaenium* und ein *Penium* untersucht, aber die Alge, welche zur Darstellung des Farbstoffes diente, war *Zygnema purpureum* Wolle aus der Gegend von Tromsö. Auf diese Art gründet Verf. eine neue *Zygnemaceen*-Gattung: *Pleurodiscus*. Chromatophoren 2, wandständig oder etwas excentrisch, scheibenförmig; ihre etwas variable Lage dürfte durch Aenderung in der Beleuchtung bedingt sein. Jedes Chromatophor besitzt ein centrales Pyrenoid mit Stärkehülle; sonst kommt keine Stärke in den Zellen vor. Assimilationsprodukte desshalb vielleicht Glycose. Zahlreiche Gerbstoffvacuolen. Der Zellsaft, welcher die den grössten Theil der Zelle einnehmende Vacuole ausfüllt, ist selten farblos, sondern enthält oft eine Lösung von einem purpurbraunen Farbstoff, „Phycoporphyrin'.

Diesen Farbstoff erhielt Verf. in grösserer Menge für seine Untersuchungen auf folgende Weise: Die Algenmasse wurde mit absolutem Alkohol übergossen, dann zwischen leinenen Tüchern gepresst; wenn man sie darauf in destillirtes Wasser legt, löst sich der Farbstoff in das umgebende Wasser. Noch vorhandene Spuren von Chlorophyll werden durch Ausschütteln der Lösung mit Aether beseitigt. Die Lösung von einem eisenbläuenden Gerbstoff zu befreien, konnte Verf. jedoch nicht. Diese Lösung zeigt eine ziemlich starke Fluorescens mit blaugrauer Farbe. Das Absorptionsspectrum wurde nur vermittelst eines Abbé-Zeiss'schen Spectrumokulars bei Tageslicht untersucht; es zeigte keine Absorptions-Bänder oder -Streifen, sondern nur Endabsorption, besonders der blauvioletten Hälfte. Am besten wurden die Strahlen zwischen λ 700 und λ 610 durchgelassen. Es werden somit zum Theil diejenigen Strahlen am besten durchgelassen, die vom Chlorophyll am stärksten absorbirt werden. Dagegen hat der vorliegende Farbstoff die Eigenschaft, die violetten Strahlen zu verschlucken, mit dem Chlorophyll gemeinsam. Die frisch zubereitete (gerbstoffhaltige Lösung verändert die Farbe des violetten Lackmuspapiers nicht. Mit Ammoniak wird die Lösung braun; mit Aetznatron schön gelbroth, nicht fluorescirend, wobei ein gelblicher Niederschlag entsteht; mit Salzsäure bläulichgrün (bis Entfärbung); mit Schwefelsäure und Salpetersäure entfärbt. Uebrigens kann eine erfolgreiche chemische Analyse des Farbstoffes erst dann vorgenommen werden, wenn derselbe rein (vor allem gerbstofffrei) vorliegt.

Verf. wird seine Untersuchungen über das Pycoporphyrin fortsetzen.

Nordstedt (Lund).

Hauptfleisch, P. Die Auxosporenbildung von *Brebissonia Boeckii* Grunow. Die Ortsbewegung der *Bacillariaceen*. (Sep.-Abdr. a. d. Mittheilungen des naturwiss. Vereins für Neuvorpommern und Rügen. Jahrg. XXVII. 1895. 8°. 30 pp. Mit 10 Abbildungen im Texte.)

Die Auxosporenbildung von *Brebissonia Boeckii* findet genau so statt, wie sie für *Frustulia Saxonica* beschrieben worden ist. Die Vorbereitung dazu geschieht in der Weise, dass einzelne Individuen an dem Gallertstiele sitzen bleiben und eine Hüllgallerte auszuscheiden beginnen, dass dann andere meist kleinere Individuen zu jenen hinkriechen, sich mit einem ganz kurzen Gallertpfropf an das oberste Ende des Stieles ansetzen und ihrerseits Hüllgallerte ausscheiden. Die Hüllgallerten fliessen zusammen, aber die zur Auxosporenbildung austretenden Plasmakörper berühren sich nicht einmal, sondern bilden jeder für sich eine Auxospore: desshalb scheint es vom Verf. etwas gewagt, die grösseren Individuen als weibliche, die kleineren als männliche zu bezeichnen.

Im zweiten Theile seiner Arbeit beschreibt Verf. nun die Erscheinungen, welche sich bei der Bewegung[*] der *Bacillariaccen*

---

[*] Warum die verunglückte Uebersetzung von Locomotion (Bewegung vom Orte), nämlich Ortsbewegung (Bewegung des Ortes), gewählt wurde, sieht Ref. nicht ein, da der Ausdruck Bewegung genügt hätte; es ist das ein aus der leidigen Verdeutschungsucht entspringender Fehler.

beobachten lassen und erklärt auch die Ursache der Bewegung. Oft sieht man beim Herumkriechen der *Bacillariaceen* von ihnen Körperchen nachgeschleppt und so in einer Flüssigkeit, die viele solche Körperchen enthält, eine Wegspur gebildet werden: dies rührt von den die Zellen umschliessenden Gallerthüllen her, von denen sich etwas Masse durch die anhaftenden Partikeln abtrennt und in Form von feinen Fädchen ausgezogen wird; an den Fädchen werden die Partikeln nachgezogen, bis sie abreissen. Das Vorhandensein solcher Fädchen hat Verf. auf verschiedene Art, auch durch Färbung derselben, nachweisen können. Mit den Ursachen der Bewegung stehen diese Vorgänge in keinem Zusammenhang, aber die Bewegung von Fremdkörpern an den Seiten der Zellen entlang wird durch dieselben Kräfte bewirkt, wie die Bewegung der Zellen selbst, und diese Kräfte werden ausgeübt von Protoplasmafäden, die durch die Schale an gewissen Stellen herausgestreckt werden. Verf. konnte dieselben bei verschiedenen Arten, die er beschreibt, nachweisen. Bei einigen *Naviculeen* und *Cymbelleen* zeigte es sich ganz deutlich, dass die Raphe von einem Kanal durchzogen wird, der mit dem Zelllumen in offener Communication steht, wie dieses von Protoplasma ausgekleidet ist und von seinem Protoplasma aus feine Fortsätze durch die Poren der Aussenmembran entsendet. Die Fortsätze enden, wenn sie durch Färbung sichtbar gemacht sind, in einen Knopf. aber dieser ist offenbar ein Kunstproduct, durch Contraction der feinen Pseudopodien entstanden. Solche Organe wurden auch bei *Nitzschien* und *Pinnularien* (hier an den Längskanten) nachgewiesen. Natürlich ist an den Stellen, wo die Plasmafäden heraustreten, keine Gallerthülle um die Zelle vorhanden, resp. sie ist da unterbrochen. Diese Erklärung der Bewegung gilt besonders für die auf festem Substrat kriechenden *Bacillariaceen*, welches auch die gewöhnliche Bewegung derselben ist. Diejenigen, welche schwimmen, können dazu offenbar dieselben pseudopodienähnlichen Organe benutzen.

Verf. setzt sich auch mit den von S c h u l t z e , O. M ü l l e r und B ü t s c h l i L a u t e r b o r n vorgebrachten Ansichten auseinander, man muss ihm aber zugeben, dass seine Erklärung, auf den wirklichen Nachweis solcher äusserer Plasmafäden gestützt, bei weitem als die beste anzusehen ist und dass er die Frage, mit welcher die Bewegung der *Bacillariaceen* die Forscher immer noch beschäftigte, durch seine schönen Untersuchungen grossentheils gelöst hat.

Möbius (Frankfurt a. M.).

Richter, Paul, N e u e A l g e n d e r P h y k o t h e k a u n i v e r s a l i s F a s c. XIII. (Hedwigia. 1895. p. 22—26. 4 Fig. im Text.)

1. *Gongrosira Schmidlei* P. Richt. sp. n.

Eine Form, welche *G. pygmaea* Kütz. sehr nahe steht, sich aber in verschiedenen Punkten wesentlich davon unterscheidet. Der Thallus bildet bis 2 mm grosse, hellgrüne, rundliche Polster, welche mit kohlensaurem Kalke inkrustirt sind. Die Spitzen der Zellfäden

ragen aus dem Polster hervor. Meistens enthalten nur die obersten
Zellen Chlorophyll. Das Chlorophor bildet eine wandständige, oft
durchbrochene Platte mit mehreren Pyrenoiden. Es sind
5 — 6 Zellkerne vorhanden. Die Zellen sind 9—12 μ dick und
1--5 mal so lang. Die Schwärmsporen entstehen in den Endzellen
zu 2—4.

2. *Cosmarium Gerstenbergii* P. Richt sp. n.

Diese Spezies nähert sich *Cosm. leve* Rabenh. und kennzeichnet
sich durch eine schwache, am Scheitel befindliche Erosion. Nach
Behandlung mit Holzessig, welcher mit grünem Anilin gefärbt war,
wurden kleine Wärzchen auf der Zellmembran sichtbar, welche sich
bei näherer Untersuchung als die bekannten Porenkanälchen der
Desmidiaceen erwiesen. Verf. empfiehlt daher diese Färbungsmethode für den Nachweis der Porenkanälchen.

3. *Gloecapsa Reichelti* P. Richt. sp. n.

Die Jugendzustände dieser Alge haben grosse Aehnlichkeit mit
Chroococcus membraninus (Menegh.) Näg. und *Chr. varius* A. B r a u n.
Die Dauerformen besitzen starre, dunkelblaue, leicht crenulirte
Hüllen. Zellen ohne Hüllen 2,5—3,5 μ, mit denselben 6—7 μ gross.
Familien 7—20 μ lang und 6—12 μ breit. Die Hüllen der Dauer-
zustände sind 16—20 μ gross.

4. *Merismopedium affixum* P. Richt. sp. n.

Eine neue interessante Salzwasserform, welche kleinen Sandkörnchen anhaftet. Die Folge davon ist, dass durch die fortwährend Reibung der Sandkörnchen aneinander die Täfelchen
leicht aufgelöst werden. Die Zellen sind dicht gedrängt, 1,5—2 μ
dick. Die Täfelchen haben eine Länge bis zu 17 μ und eine Breite
bis zu 9 μ.

Lemmermann (Bremen).

Beyerinck, W., M., U e b e r *Spirillum desulfuricans* a l s U r -
s a c h e   v o n   S u l f a t r e d u k t i o n. (Centralblatt für Bakteriologie
und Parasitenkunde. II. Abtheilung: Landwirthschaftl.-technol.
Bakter., Gährungsphysiologie und Pflanzenpathologie. Bd. I.
Nr. 1. p. 1—9; Nr. 2. p. 49—59 und Nr. 3. p. 104—114.)

Die Bildung von Schwefelwasserstoff und anderen Sulfiden
unter dem Einfluss des Lebens ist nach B e y e r i n c k eine über-
raschend weit verbreitete Naturerscheinung, die aus rein wissenschaftlichen wie geologischen und hygienischen Gründen einer besonderen Beachtung werth erscheint. Die Sulfidbildung durch
Mikroorganismen kann nun auf verschiedene Weise stattfinden,
nämlich 1) durch Zersetzung schwefelhaltiger Proteïnkörper; 2)
direct aus regulinischem Schwefel; 3) aus Sulfiden und aus Thio-
sulfaten, indem die Thiosulfate vorher in Schwefel und Sulfid zerlegt werden; 4) durch Sulfatreduktion. Die ersten beiden Fälle
sind aber auch ohne Vermittelung von Mikroben möglich. Die
einfachste Methode, Schwefel unter directem Einfluss des Lebens
in Schwefelwasserstoff überzuführen, ist die Einführung von Schwefel-
blumen in irgend eine stark faulende Flüssigkeit oder in eine durch

Alkoholhefe stark gährende Zuckerlösung. Holschewnikoff's
Bacterium sulfureum zerlegt Natriumthyosulfat unter H^2S-Bildung.
Ferner hat Zelinsky ein *Bact. hydrosulfureum ponticum* beschrieben, welches Schwefelwasserstoff entwickelt aus einem Gemisch
von: $1^0/_0$ Ammontartrat, $1^0/_0$ Traubenzucker, $^1/_8{}^0/_0$ Natriumthio-
sulfat, $0,1^0/_0$ Kaliumphosphat und Spuren von Calciumchlorid. Die
theoretische Erklärung der Schwefelwasserstoffbildung durch Mikroorganismen bietet viele Schwierigkeiten. Petri und Massen
geben an, der Vorgang beruhe auf der Wirkung von Wasserstoff
im status nascens, welcher durch die Mikroben gebildet werde.
Wenn dem aber so wäre, so müsste doch nothwendigerweise in den
reducirenden Zellen die Gegenwart des Wasserstoffes nachzuweisen
sein; Verf. hat dagegen bei dem von ihm entdeckten Sulfidfermente
auch nicht die geringste Spur von Wasserstoffbildung bemerken
können. Hoppe-Seyler brachte den Vorgang in Zusammenhang mit der Methangährung der Cellulose, welche bei Gegenwart
von Gips und Eisenoxyd einen anderen Verlauf nimmt wie bei der
Abwesenheit dieser Körper und nur mit deren Mithilfe Schwefel-
eisen und Calciumkarbonat erzeugt. Auch dieser Erklärungsversuch
stösst vielfach auf Unwahrscheinlichkeiten. B. ist der Ansicht, dass
hier mehrere biologische Processe neben einander verlaufen, und
dass es im allgemeinen noch als verfrüht bezeichnet werden muss,
eine tiefer gehende Erklärung für diese noch keineswegs genügend
erforschten Vorgänge aufzustellen. Die quantitative Bestimmung
des bei der Reduktion erzeugten Schwefelwasserstoff geschieht am
besten auf jodometrischem Wege. Indessen findet man immer viel
weniger Schwefelwasserstoff als der theoretischen Berechnung nach
vorhanden sein müsste. Diese Differenz kann auf verschiedene
Quellen zurückgeführt werden; sie erklärt sich nämlich 1) durch
die Abscheidung von regulinischem Schwefel aus den Sulfiden, 2)
durch die Bindung von Schwefel als Sulfid oder Thiosulfat und
3) durch die Bindung des Schwefels beim Aufbau der organischen
Bakteriumsubstanz. Alle Reduktions- und Bestimmungsversuche
müssen übrigens bei Sauerstoffabschluss stattfinden. Die Natur
zeigt uns die Sulfatreduktion im Wasser bisweilen im Grossen an
vernachlässigten und durch Spülwasser verunreinigten Stadtgräben.
Sobald das Bakterienleben derselben durch den Gehalt des Wassers
an organischen Stoffen seinen Sauerstoffgehalt auf Null bringt, tritt
die Sulfatreduktion ein. Sämmtliche Fische starben alsdann ab,
und auch in der mikroskopischen Fauna finden tief greifende Veränderungen statt. Zu entsprechenden Laboratoriumsversuchen im
Kleinen liefert jeder Grabenschlamm die nöthigen Sulfidfermente,
insbesondere im Hochsommer. Man braucht alsdann dem Grabenwasser unter Ausschluss von Sauerstoffzutritt und Säure bildenden
Zuckerarten nur eine geringe Menge organischer Stoffe beizufügen,
um eine vollständige Sulfatreduktion zu erzielen; Phosphate und
andere salzige Körper müssen dabei vorhanden sein. Die Reduktion
findet am besten in sehr verdünnten Nährlösungen statt und gelingt
bei Gegenwart noch anderer Bakterien weit besser als in Reinculturen, weil die Endprodukte des Bakterienlebens dem Wachs-

thum des Sulfidfermentes nur förderlich sind. Das Sulfidferment
häuft sich hauptsächlich in dem am Boden der Lösung sich
niedersetzenden anorganischen Schlamm an, der hauptsächlich
aus Calciumphosphat und Karbonat besteht und auch Eisenphosphat
und -Karbonat als geeignetes Substrat enthalten kann. Das einfachste Recept zur Herstellung einer Flüssigkeit, in der bestimmte
Sulfatmengen unter Bildung von Schwefelwasserstoff vollständig
zum Schwinden gebracht werden können, ist folgendes: Zu 1 l
Grabenwasser setzt man 3 ccm einer Malzwürze von ca. 10 °
Balling, 1 gr krystallisirtes Natriumkarbonat (Na^2 CO^3 + 10 H
^{2}O) und 0,2 gr. Moorsalz (Fe SO^4 + (NH^4) ^{2}SO^4 + 6 H^{2}O). Die
Isolirung des B.'schen Sulfidfermentes hat viele Mühe gekostet und
zuerst zahlreiche fehlgeschlagene Versuche verursacht. Da das
Ferment in den Rohkulturen den anderen Bakterien gegenüber
immer nur in geringer Menge auftrat, so musste zunächst ein Mittel
ausfindig gemacht werden, um die Sulfidbakterien anzuhäufen.
Dies gelang mit Hülfe von Trennungskölbchen, die B. in sehr
sinnreicher Weise eigens für den erstrebten Zweck konstruirte und
in welchen eine ziemlich scharfe Trennung von obligaten und
fakultativen Aërobien, resp. Anërobien bewerkstelligt werden kann.
Als für das Wachsthum des Fermentes in hohem Grade bei den
Culturversuchen förderlich erwies sich ferner die Anwesenheit der
gewöhnlichen kleinen Wasserspirillen. Die Isolirung gelang am
besten mit einer Agarnährmasse, aber auch mit Gelatine, ohne dieselbe zu verflüssigen. Die erzielten, äusserst kleinen Kolonien
zeigen ihre charakteristischen Eigenschaften aber erst dann, wenn
dem Nährboden Eisensalze zugesetzt werden. Die Kolonien können
alsdann in zwei Formen auftreten, entweder mit einer diffusen, sich allmählich in die Umgebung verlierenden Schwefeleisensphäre oder ohne
eine solche als intensiv schwarze Punkte. Die Schwefeleisensphäre kann
sowohl eine gleichmässige, nach ausen zu sich allmählich verlierende
Färbung des Nährbodens darstellen, als auch in Gestalt eines aus
kleinen Kügelchen und unregelmässigen Klumpen zusammengesetzten
Niederschlages auftreten. Die einzelnen Spirillen sind 4 μ lang.
1 μ dick, wenig gewunden, mässig beweglich und zum Theil mit
einem Schwärmfadenbüschel am Ende versehen. B. glaubt das
von ihm entdeckte Ferment vorläufig den Spirillen angliedern zu
müssen und benennt es daher *Spirillum desulfuricans*.

Kohl (Marburg).

Fischer, Ed., Die Entwickelung der Fruchtkörper von
Mutinus caninus. (Berichte der deutschen Botanischen Gesellschaft. Bd. XIII. 1895. Heft 4.)
    Durch seine eingehende entwicklungsgeschichtliche Untersuchung
liefert Verf. neue Beiträge zum Verständniss der Systematik der
Phalloideen. Die Entwickelung der Fruchtkörper von *Mutinus caninus*
wurde Schritt für Schritt verfolgt und mit der Entwickelung der
anderen *Phalloideen* verglichen.
    Ein ungefähr 2 mm langer Fruchtkörper von *Mutinus caninus*
besteht aus einem homogenen dichten Geflecht; die einzelnen

Partien sind noch sehr wenig scharf von einander abgehoben, man kann aber schon einen, wenn auch nur schwach differenzirten „Centralstrang", ein heller aussehendes Geflecht und die erste Anlage einer Rinde unterscheiden. Beim nächsten Stadium der Entwickelung ist aus dem heller aussehenden Geflecht die spätere Gallertschicht der Volva entstanden, an welche nach innen eine dunklere Geflechtzone grenzt und von unten ein axiler Cylinder sich ansetzt. Es folgt dann als Neubildung die erste Anlage der Gleba, welche in derselben Weise wie die der anderen *Phalleen* ihre Ausbildung erfährt. Der Fruchtkörper verlängert sich bedeutend, besonders der sterile Theil desselben, und der glebaführende Abschnitt bekommt eine kugelige Gestalt und ist vom unteren Theil scharf abgegrenzt. Die Stielachse reicht in diesem Stadium der Entwickelung bis an die Innengrenze der Volva.

Bei der Betrachtung der Entwickelung von *Mutinus caninus* gewinnt man den Eindruck einer von der Mitte nach oben und unten fortschreitenden Differenzirung. Das eine Geflecht geht allmählich in das andere über. Es entwickeln sich nun die Tramawülste, und die Stielwandung legt sich wie bei den anderen *Phalleen* an. Bei der weiteren Differenzirung des Fruchtkörpers bildet sich das Pseudoparenchym der Stielwand aus und werden deutlicher die Unterschiede zwischen dem sporentragenden und dem unteren Theile des Receptaculums ausgeprägt. Im oberen Receptaculumtheile sind die Kammern gegen die Stielachse offen, im unteren Theile dagegen wird eine Lage geschlossener Kammern von einer Lage nach aussen offener bedeckt. Beim weiteren Wachsthum des Fruchtkörpers von *Mutinus caninus* vergrössern sich die Zellen immer mehr, und es tritt endlich die Streckung des Receptaculums und das Emporheben der Gleba ein.

Es haben nun die entwicklungsgeschichtlichen Untersuchungen von Fischer ergeben, dass sich *Mutinus* schon in den völlig jungen Stadien der Entwickelung von *Ithyphallus impudicus* unterscheidet und zwar durch die erste Glebaanlage, wie durch die Gestalt der von der Volvagallert umschlossenen Geflechtspartie. Weitere vergleichende Betrachtungen führen endlich den Verf. dazu, die nach innen an die Gallertschicht der Volva grenzende Geflechtszone als gleichwerthig mit dem zwischen Stiel und Gleba liegenden Geflechte zu betrachten. Daraus folgt nun, dass bei den *Phalleen* die Gleba völlig unabhängig mitten im Zwischengeflechte entsteht.

Rabinowitsch (Berlin).

Steiner, J., Ein Beitrag zur Flechtenflora der Sahara. (Sep.-Abdr. aus Sitzungsberichte der Kaiserlichen Akademie der Wissenschaften in Wien. Mathem.-naturw. Classe. Band CIV. Abth. I. 1895. April. 11 pp.)

Obwohl es sich nur um die Bearbeitung von 13 bei der Oase Biskra im nordwestlichen Theile der Sahara auf Turonkalk durch Fr. Kerner von Marilaun gesammelten Flechten handelt, ist dieser Beitrag doch, wie Verf. mit Recht hervorhebt, werthvoll, weil bisher nur wenig von dort bekannt geworden ist. Entsprechend

dem Auftreten einer grossen Zahl endemischer Phanerogamen scheint
dem Verf. das dortige Verhalten der Flechtenflora zu sein, da die
kleine Zahl vier bisher unbekannte und der Sahara wahrscheinlich
eigenthümliche Arten umfasst.

Der Aufzählung und theilweise ausführlichen Beschreibung der
heimgebrachten Flechten sind noch jener Gegend angehörige und
von andern Sammlern herrührende Arten besprochen, weil die
Gelegenheit, an sie die Systematik berührende Bemerkungen anzu-
knüpfen, dem Verf. als günstig erschien. Es sind *Psorotichia
numidella* Forss., *Omphalaria nummularia* Dur., *O. tiruncula* Nyl.
und *Gyalolechia interfulgens* (Nyl.).

Die vom Verf. als neue beschriebenen Arten sind:

*Collemopsidium calcicolum, Heppia subrosulata, Lecanora (Aspicilia) platy-
carpa* und *Endocarpon (Placidium) subcompactum.*

Von den übrigen Funden verdient keiner hervorgehoben zu
werden. Anscheinend wäre dieses der Fall bei *Endocarpon subcrustosum* (Nyl.) Stizb., allein nur für den, der sich über die
neuesten Ergebnisse der biologischen Forschung mit Nichtachtung
hinwegsetzt. Nach diesen Ergebnissen lässt sich die Nothwendigkeit,
der Einheit von Gebilden, wie dem genannten und *Endocarpon
subcompactum* Steiner, nachzuspüren nicht auf die Dauer ablehnen,
ohne jeden so verfahrenden Lichenologen einer naheliegenden.
Gefahr auszusetzen. Beide Arten werden nämlich mit solchen Gebilden verglichen, deren Zusammensetzung aus z w e i Flechten zu
e i n e m makroskopischen Körper vom Ref. als leicht und sicher
nachweisbar hingestellt ist.

Mit Recht betont Verf. am Schlusse, dass auch dieser kleine
Beitrag die schon durch N y l a n d e r und N o r r l i n bekannte Eigen-
thümlichkeit jenes Gebietes als des Landes der *Glaeolichenen,
Heppien* und *Endopyrenien* kennzeichnet.

Der auch vom Verf. angenommene Terminus Pycnospora muss
von lichenologischer Seite zurückgewiesen werden. Ganz abgesehen
von der falschen Namensbildung ist dieser mykologische Terminus
als solcher unstatthaft. Vermag sich Verf. nicht zur Annahme der
einschlägigen Terminologie des Ref. zu bequemen, die bereits von
Seiten T u c k e r m a n 's geschehen ist und weiterhin nur eine Frage
der Zeit sein kann, so muss er den alten Terminus, der allerdings
ebenso unstatthaft von Hause aus war, weitergebrauchen.

Minks (Stettin).

Jack, Jos. B., B e i t r ä g e z u r K e n n t n i s s d e r *Pellia*-A r t e n.
(Flora oder Allgemeine Botanische Zeitschrift. Bd. LXXXI.
Ergänzungsband. 1895. Heft 1. 16 pp. Mit 1 lith. Tafel.)

Dr. G o t t s c h e hat im Jahre 1867 gelegentlich der Besprechung
einer dänischen Schrift über Lebermoose sich der Prüfung der
verschiedenen Angaben der Schriftsteller über *Pellia* unterzogen
und uns sein Urtheil mit gewohnter Gründlichkeit in einer Abhandlung in Hedwigia, 1867, No. 4, p. 49—59, und No. 5, p. 65.
—75 gegeben.

Als Resultat seiner diesbezüglichen Untersuchungen schlug er damals vor, die drei bei uns vorkommenden *Pellia*-Formen unter dem Collectivnamen *P. epiphylla* zu vereinigen und charakterisirt dieselben wie folgt:

A. forma *Dillenii* — involucro squamiformi — calyptra exserta;

B. forma *Neesiana* — involucro tubulosa (interdum imperfecto), calyptra exserta;

C. forma *Taylori* — involucro perianthiiformi, calyptra inclusa.

Limpricht stimmt diesem Vorschlage in Kryptogamenflora von Schlesien, p. 328 (1877), nicht zu, sondern führt diese Formen Gottsche's als besondere Arten: *P. epiphylla* Dillen, *P. Neesiana* Gottsche und *P. calycina* (Tayl.) Nees auf. — Ausser den bereits von Limpricht hervorgehobenen Unterscheidungsmerkmalen hat Verf. besonders die Elaterenträger (fälschlich oft für Elateren angesehen) der genannten Arten einer eingehenden Prüfung unterzogen und dadurch ein neues Moment für die Unterscheidung von *P. epiphylla* und *P. calycina* gewonnen.

Bei *P. epipylla* äussert sich Verf. über diese Verhältnisse folgendermaassen:

„20—30 bräunliche Schläuche, welche fast alle an ihrem Grunde gewöhnlich zu einer ganz kurzen oder auch bis zu 0,1 mm hohen compacten Säule vereinigt sind, bilden die mit dem Boden der Kapsel verwachsenen Träger der freien Elateren. Diese Schläuche sind unter sich sehr verschieden, einzelne ganz dünn, die meisten aber bis 0,025 mm dick, am oberen Ende conisch, stumpf und enthalten je eine einfache oder zweitheilige, gewöhnlich aber drei- bis viertheilige braune Spiralfaser, durch welche der sonst farblose Schlauch seine Färbung erhält. Zuweilen sieht man auch solche Träger, deren Spiralfasern fünf- bis sechstheilig sind; sehr selten findet man auch einen kurzen stumpfen Schlauch am Grunde der Säule, welcher nur Ringfasern zeigt. An ihrem oberen freien Ende sind diese Elaterenträger mehr oder weniger hakenförmig gekrümmt, wodurch es denselben möglich wird, die eigentlichen Elateren (mit den Sporen) kürzere oder längere Zeit zurückzuhalten, auch ohne mit denselben verwachsen zu sein, d. h. nach bereits vollzogener Loslösung von den Trägern." (Taf. 1. Fig. 3 u. 6.) — *P. Neesiana* weicht hinsichtlich des Kapselinhaltes von *P. epiphylla* nicht ab und Elaterenträger, sowie die Sporen bieten kein greifbares Merkmal zur Unterscheidung beider; hier kommen nur Blütenstand und die Bildung der Fruchthülle in Betracht. *P. epiphylla* ist einhäutig, *P. Neesiana* zweihäutig; die Fruchthülle der ersteren bildet eine schuppenartige, nach der Laubspitze zu offene Tasche, bei letzterer ist sie ringförmig bis kurz-röhrenförmig, über deren Rand die Haube hervortritt. — Ueber die Elaterenträger von *P. calycina* sagt Verf.: „Auf dem Grund der Kapsel sieht man öfters bis zu 100 blassgelblicher Elaterenträger in der Form langer Fäden; dieselben sind unter sich nicht verwachsen, aber dauernd dem Boden der Kapsel aufgesetzt. Es sind zarte, dünne Schläuche, deren Membran aber ohne Anwendung eines Färbemittels schwer zu sehen ist. Sie sind 0,60—0,80 mm lang, fast gleichförmig, kaum 0,005 mm dick und umschliessen eine zweitheilige Spiralfaser, welche oft sehr unregelmässig und schlaff gewunden ist; in einzelnen, etwas dickeren Schläuchen kommen auch dreitheilige Spiralfasern vor." (Vergl. Taf. 1. Fig. 9 u. 14.) — *P. calycina* ist ebenso wie *P. Neesiana* zweihäusig, weicht aber von dieser ausser durch die Elaterenträger noch durch die kelchartige, an der Mündung eingeschnitten-gelappte Fruchthülle mit meist eingeschlossener Haube ab.

Von p. 7 (des Separatabdrucks) —16 finden sich kritische Bemerkungen des Verf.'s über die einschlägige Litteratur von Schmidel (1860) bis Goebel (1895) und zuletzt Berichtigungen der Bestimmungen von *Pellia* in verschiedenen Sammlungen, die in der Arbeit selbst nachzulesen sind.

Warnstorf (Neuruppin).

Zopf, Wilhelm, Cohn's Hämatochrom ein Sammelbegriff.
(Biologisches Centralblatt. Bd. XV. No. 11. p. 417–427.)

Der von Cohn als Hämatochrom bezeichnete rothe Farbstoff der Blutalge, *Haematococcus pluvialis* (Nova Acta Leopold.
Bd. XXII. Theil II. 1850), ist angeblich von dem Rhodophyll
der *Florideen* und dem purpurnen Phycochrom, wie es in vielen
Oscillarineen enthalten, verschieden; dagegen wird der in den Algen
(oder gewissen Organen derselben) aus den Familien der *Volvocineen*,
Protococcaceen, *Palmellaceen*, in *Trentepohlia*, *Bulbochaete* etc. vorkommende rothe Farbstoff von Cohn als Hämatochrom an-
gesehen. Diese Auffassung hat Verf. einer Prüfung unterworfen.
Bei *Trentepohlia* und *Haematococcus* erweisen sich die Färbungen
bei näherer Betrachtung als deutlich unterscheidbar; noch auffallender
ist der Farbenunterschied bei den alkoholischen Lösungen. Nach
früheren Untersuchungen des Verfs. (Zur Kenntniss der Färbungs-
ursachen niederer Organismen. I. Ueber das Hämatochrom, in
Beiträge zur Physiologie und Morphologie niederer Organismen.
Heft I. p. 30—40) ist das sogenannte Hämatochrom in *Trentepohlia iolithus* seiner chemischen Natur nach ein Carotin, das
dem Mohrrüben-Carotin sehr nahe steht. — Verf. unterwarf nunmehr auch die Farbstoffe von *Haematococcus* einer eingehenden
Untersuchung. Nach der Färbung des alkoholischen Auszuges zu
schliessen, mussten mindestens drei Farbstoffe darin enthalten sein:
Chlorophyll, ein gelbes Carotin (bekanntlich ein regelmässiger
Bestandtheil des Chlorophylls) und ein rother Farbstoff, der
einigen Reactionen zufolge ebenfalls als ein Carotin anzusehen
war. Zur Trennung dieser drei Stoffe wurde der von Kühne und
Maly angegebene Weg eingeschlagen. — Das gelbe wie das rothe
Carotin wurden spectroskopisch untersucht und eine Anzahl Farben-
reactionen festgestellt. Das gelbe Carotin von *Haematococcus*
steht dem aus *Trentepohlia iolithus* gewonnenen in chemischer Hinsicht
nahe. Das rothe Carotin in *Haematococcus*, in grösserer Menge
vorkommend als das gelbe, bedingt sehr wahrscheinlich die rothe
Farbe der Algen; es wurde gleichfalls ausführlich untersucht. Das
somit festgestellte Vorkommen von zwei ganz verschiedenen Caro-
tinen in *Haematococcus* verdient namentlich insofern Beachtung, als
es sich hier um den ersten Fall eines derartigen Vorkommens bei
Algen überhaupt handelt. Die gleichzeitige Production zweier
Carotine (eines gelben und eines rothen) ist bisher erst von
Zopf bei gewissen Pilzen (*Polystigma rubrum* und *Nectria cinnabarina*) (Beiträge zur Physiologie und Morphologie niederer Organismen. Heft III. p. 35—46) beobachtet worden. (Für thierische
Organismen ist diese Thatsache seit langem festgestellt.)

So ergibt sich, dass der Cohn'sche Begriff des Hämato-
chroms ein Sammelbegriff ist (er umfasst das rothe Carotin aus
Haematococcus pluv. und das gelbe von *Trentepohlia iolithus*). Ob
die übrigen von Cohn als Hämatochrom-Erzeuger namhaft
gemachten Algen noch andere Carotine enthalten, bleibt künftigen
Untersuchungen vorbehalten.

Verf. gibt sodann eine Zusammenstellung der bisher unterschiedenen Carotine thierischen und pflanzlichen Ursprungs. (Bekanntlich sondert er die Carotine in zwei Gruppen, die mit Alkalien
und alkalischen Erden Verbindungen eingehenden, wahrscheinlich
Sauerstoff haltigen Carotinine, und die solche Verbindungen
nicht bildenden Eucarotine, die, wie das Carotin der Mohrrübe
und der grünen Blätter, wohl Kohlenwasserstoff sind.)

Die Carotine kommen in den Pflanzen theils in Fett gelöst,
theils frei, in mikrokrystallinischer Form vor (z. B. bei *Haematococcus*, *Micrococcus rodochrous* und *Erythromya*). Die Annahme
von Kühne u. A., dass die Carotine stets an Fett gebunden
auftreten (daher als Fettfarbstoffe [Lipochrome] bezeichnet), trifft
somit nicht zu. Scherpe (Berlin).

Maquenne, L., Sur la respiration des feuilles. (Comptes-
rendus des séances de l'Académie des sciences de Paris. Tome
CXIX. p. 100—102.)

Verf. sucht die Frage zu beantworten, ob bei der normalen
pflanzlichen Respiration die erzeugte Kohlensäure gleich wie bei
der Fermentation in Folge Spaltung einer vorher oxydirten Substanz
entsteht oder ob sie in Folge einfacher Verbrennung eines in Luft
direct oxydirbaren Stoffs, den die Pflanze dauernd selbst erzeugt,
sich bildet. Im ersteren Falle würde die Sauerstoff Absorption nach
jeder Richtung hin von der Kohlensäure-Production unabhängig sein,
im andern Falle der Austausch beider Gase in engem Zusammenhang stehen.

Die intercellulare Athmung, die auch bei Sauerstoffmangel, ja
selbst im luftleeren Raum statt hat, spricht zwar zu Gunsten der
ersten Annahme; da aber die Kohlensäure-Abscheidung dann viel
geringer als unter normalen Verhältnissen und von einer geringen
Menge Alkohol begleitet ist, so hält Verf. den ganzen Vorgang mit
Müntz für anormal.

Verf. glaubt, den Mechanismus der pflanzlichen Respiration am
besten aufklären zu können mit Hülfe der zweiten obigen Annahme
sowie Beobachtung der Lebensthätigkeit einer der Luft beraubten
Pflanze. Er sagt: angenommen die lebende Zelle sondert beständig
ein verbrennbares Product ab, welches durch den einfachen Eintritt in die Luft sich oxydirt und Kohlensäure abgiebt, so muss
dies Product sich doch in der Zelle anhäufen, wenn man es systematisch der Einwirkung des Sauerstoffs entzöge, und später, wenn
man die Pflanze wieder mit Luft in Verbindung brächte, müsste die
Respiration um so viel bedeutender sein.

Verf. verglich nun die Respiration verschiedener Arten von
Blättern nämlich *Evonymus Japonicus*, *Syringa*, *Dianthus*, *Aster* und
Buxus, im normalen Zustand und nach einem Aufenthalt von etlichen
Stunden im luftleeren Raum. Zu den jemaligen beiden Versuchen
wurden natürlich Blätter derselben Pflanzen von gleichem Alter
und möglichst gleichem Gewicht verwandt.

Er fand, dass in allen Fällen, in denen die Pflanze der Wirkung des luftleeren Raumes widerstanden hatte, so dass Verände-

rungen irgend welcher Art nicht constatirbar waren, dass sie dann, nachdem sie wieder an die Luft gebracht wurde, eine viel grössere Menge Kohlensäure absonderte, als die gleiche Pflanze unter normalen Verhältnissen. Die Dauer des Aufenthaltes im luftleeren Raum betrug 4 Stunden; es wurde dafür Sorge getragen, nach Ablauf jedes Versuchs, bevor man die Blätter wieder an die Luft brachte, sämmtliche Kohlensäure abzuziehen, welche in Folge der intercellularen Athmung abgeschieden worden war.

Verschiedene Blätter, so vom Getreide, der Luzerne, der Kartoffel, ertragen einen längeren Aufenthalt im luftleeren Raum nicht. Nach Verlauf einiger Stunden schon werden sie schlaff, wechseln die Farbe und nehmen endlich einen specifischen Geruch an, der eine tiefgehende Veränderung im Gewebe anzeigt. Die Blätter dieser Pflanze dürfen also zur Anstellung solcher Versuche nicht benutzt werden.

Gewöhnlich lässt sich übrigens nach Angabe des Verf. in diesen besonderen Fällen das umgekehrte wie bei den widerstandsfähigeren Arten beobachten, nämlich es ist dann die Verminderung des erzeugten Kohlensäure-Quantums correlativ der Abnahme der vitalen Functionen und lässt sich auf keine andere Weise erklären.

Nach Angabe des Verf. wird auch die Sauerstoff-Absorption der Pflanze durch den Aufenthalt derselben im luftleeren Raum beeinflusst. Weitere Mittheilungen auch hierüber sollen folgen.

Eberdt (Berlin).

Noll, F., Ueber die Mechanik der Krümmungsbewegungen bei Pflanzen. (Flora. 1895. Ergänzungsband. p. 36—87.)

Der Aufsatz ist eine „Entgegnung auf Grund älterer und neuer Beobachtungen" und hauptsächlich gegen Kohl (Mechanik der Reizkrümmungen 1894) und Pfeffer (Druck- und Arbeitsleistungen durch wachsende Pflanzen 1893) gerichtet. Er vertheidigt die früher vom Verf. ausgesprochene und von den beiden genannten Autoren angefochtene Anschauung, dass die ungleiche Verlängerung der beiden Seiten bei Krümmungen auf dem Einflusse des gereizten Protoplasmas auf die Dehnbarkeit der Membranen beruhe. In der vorliegenden Abhandlung wird der Gegenstand nicht nur theoretisch erörtert, sondern es werden auch einige neue Beobachtungen und Versuche mitgetheilt. Da Verf. selbst die hauptsächlichsten Ergebnisse dieser Untersuchungen am Schlusse zusammenstellt, so können wir nichts besseres thun, als diese Zusammenstellung wörtlich wiederzugeben:

„1. Die Auffassung von Kohl über die Mechanik der Reizkrümmungen steht mit den beobachteten Thatsachen in Widerspruch; keine einzige der gemachten Beobachtungen kann zu ihren Gunsten angeführt oder ausgelegt werden.

2. Die Einwände, welche Kohl andrerseits gegen die bisherige Auslegung der Versuche und Beobachtungen, insbesondere auch gegen meine Arbeiten in dieser Richtung erhebt, sind durchgehends nicht stichhaltig.

3. Die beobachteten Erscheinungen weisen unmittelbar darauf hin, dass die Convexmembranen beim Krümmungsvorgang stärker

(elastisch und plastisch) gedehnt werden, als die Membranen der Concavseite, welche in umgekehrter Richtung beeinflusst werden.

4. Dafür, dass die Streckung der Convexmembranen durch Intussusceptionswachsthum vor sich gehe und dieses jene nachweisbaren Veränderungen nur zur Folge habe, sind andererseits keine realen Anhaltspunkte zu finden. Die von Pfeffer beobachteten Entspannungserscheinungen insbesondere zwingen nicht zur Annahme von Intussusceptionswachsthum.

5. Als Erscheinungen, welche bei der Annahme von Dehnungsvorgängen unmittelbar verständlich und erklärlich werden, die aber mit Intussusceptionsvorgängen nicht in gleicher Weise vereinbar sind, wurden uns bekannt:

a) der mikroskopische Nachweis der Verdünnung, welche die Membranen bei der Streckung erfahren;

b) die bei collenchymatischen Geweben auffallende relative Verarmung an Trockensubstanz in den Membranen;

c) die bei dem Dehnungsvorgang nothwendig anzunehmende Qualitätsänderung in der Membran, die sich theils als Quellung (wachsendes Collenchym), theils als veränderte Farbenreaction (Collenchym und Rindenparenchym) deutlich kundgibt;

d) die bei der Turgorerniedrigung und Plasmolyse auftretenden Bewegungsverhältnisse.

6. Diese Thatsachen sind sämmtlich völlig verständlich und erklärlich, wenn man annimmt, dass die Membranen in ihren Dehnungsverhältnissen vom Protoplasma qualitativ beeinflusst und verändert werden können, und zwar in zweierlei Weise:

a) in ihrer elastischen Dehnbarkeit (wie bereits bekannt ist);

b) in ihrer plastischen Dehnbarkeit und daraus folgender Deformation.

Die plastische Deformation kommt durch theilweise oder völlige Entspannung der elastischen Deformation zu Stande. Die Energiequelle für die plastische Deformation ist im Wesentlichen also in der gespeicherten Energie der elastischen Spannung gegeben. Für die qualitative Aenderung der Dehnbarkeit spricht die beobachtete Contractionsanomalie.

7. Für die Umwandlung der elastischen Spannung in eine plastische (nach aussen spannungslose) Deformation ist ein bekanntes Analogon bei der Vulkanisirung des Kautschuks gegeben. Die plastischen Deformationen und Entspannungserscheinungen bei Pflanzenmembranen finden eine zureichende Erklärung durch die Annahme, dass das Protoplasma einen oder mehrere Stoffe abscheidet, der auf die Membranen ähnlich einwirkt wie der vulkanisirende Schwefel auf den vegetabilischen Kautschuk."

Möbius (Frankfurt a. M.).

Chauveaud, Gustave, Mécanisme des mouvements provoqués du *Berberis*. (Comptes rendus des séances de l'Académie des sciences de Paris. Tome CXIX. p. 103—105).

Bekanntlich genügt eine leichte Berührung der Innenseite des Staubfadens von *Berberis*, um eine intensive Beugung desselben und Entleerung der Anthere auf das Pistill zu veranlassen. Verschiedene Erklärungen existiren für diesen Vorgang, die bekannteste ist wohl die Pfeffer'sche, nach welcher der Wasserzufluss nach der gereizten Stelle eine bedeutende Rolle spielen soll. Nach Verf. verhält sich jedoch die Sache nicht so, denn wenn man einen Staubfaden an seiner Basis abscheidet und ihn, ohne dass er mit Wasser in Berührung kommt, an einer anderen Stelle wieder aufrichtet, so gelingt es nicht allein, eine neue Beugung hervorzurufen, sondern nach seiner Rückkehr in den Ruhezustand kann man den Vorgang eine ganze Zeit lang sich wiederholen lassen.

Verf. ist der Meinung, dass ein besonderes Gewebe, welches etwa $^2/_3$ des Transversalschnittes sowie der Länge des Staubfadens ausmacht, an der Bewegung betheiligt ist. Es besteht aus langgestreckten, fest aneinander gefügten engen Zellen, zwischen denen sich jedoch, namentlich an den Enden kleine Intercellularen befinden. Die Querwände dieser Zellen sind dünn, ihre Längswände dagegen dick, mit zahlreich eingestreuten dünnen Stellen. Diese letzteren, in Transversalen angeordnet, sollen gleichzeitig einen rapiden Austausch zwischen den Zellen ermöglichen und ausserdem die günstigste mechanische Disposition für eine Beugung im Sinne der Länge bilden.

Dieses elastische Gewebe ist nun von einer Zell-Lage überdeckt, welche die Fortsetzung der Epidermis nach der Innenseite bildet, aber der Form und dem Inhalt der Zellen nach total von dieser verschieden ist. Die Zellen sind auf ihrer freien Seite rundlich und ihre Wände, bis auf die Hinterwand, welche merkbar verdickt ist, sehr dünn. Ihr Inhalt, der bei Weitem undurchsichtiger als der der übrigen Epidermiszellen ist, besitzt besondere Eigenschaften. In der That ist es nach Ansicht des Verf. diese obere Lage, welche sich etwa in der mittleren Region der inneren Längsseite des Staubfadens befindet, die das wirklich reizbare active Element bildet. Das oben beschriebene, darunter liegende Gewebe verleiht ihm nur seine Elastizität und Geschmeidigkeit. Das übrige gewöhnliche Gewebe ist an der Bewegung nur passiv betheiligt.

Im Ruhezustand zeigt sich das Protoplasma jeder Zelle des Bewegungsgewebes als dickes, der Hinterwand der Zelle anliegendes Band. Auf einen kleinen Reiz hin reagirt das Protoplasma, das Band wird plötzlich schlaff, breitet sich aus, krümmt sich zu einem Bogen und während seine Ränder an den Transversalwänden ziehen, presst seine convexe Mitte gegen die äussere Wand, welche sich noch mehr wölbt, so dass die Zelle sich verkürzt und dicker wird. Natürlich hat zufolge seiner Lage die Deformation des Bewegungsgewebes eine Krümmung des Fadens nach innen zur Folge. Der Wechsel des Volumens ist trotz der grossen Deformation nur unbedeutend. Der Vorgang ist also genau derselbe, wie ihn Kohl in seiner Schrift über die Mechanik der Reizkrümmungen für geo-, helio- etc. tropische Krümmungen der Stengel und Wurzeln nachgewiesen hat.

Die empfindliche Region und die eigentliche Bewegungsregion sind also ein und dasselbe und es ist hiernach leicht einzusehen, warum nur an einer bestimmten Stelle schon die leiseste Berührung eine sehr lebhafte Reaction herbeiführt, während an einem benachbarten Punkt keine Wirkung eintritt.

Die Contractilitäts-Bewegungen sind ausserordentlich schnell und schwer zu verfolgen; völlige Integrität der Zellen ist zu ihrem Eintritt nothwendig. Die extremen Phasen der Bewegung lassen sich mit Hilfe von Osmiumsäure sichtbar machen. Man sieht dann im Ruhezustand das Protoplasma als dunkelschwarz gefärbtes Band der hinteren Wand der Zellen des Bewegungsgewebes anliegen. Auf einem Längsschnitt giebt die Gesammtheit dieser eng zusammen liegenden schwarzen Bänder einen ziemlich gradlinigen Streifen, dessen Färbung sich nach seinen Enden hin abschwächt. Im gespannten Zustand dagegen sondert sich in jeder Zelle des Bewegungsgewebes das Protoplasmaband in Form eines schwarzen Bogens ab, und die Gesammtheit dieser Bögen bildet auf dem Longitudinalschnitt einen langen, sanft gewellten Streifen, dessen allgemeine Form eine sehr ausgeprägte Curve zeigt. Die Bänder heben sich gewöhnlich von dem übrigen, ungefärbt bleibenden Theile des Schnittes ab.

Verf. hat Photographien der einzelnen Schnitte aufgenommen.

Eberdt (Berlin).

Lo Forte, G., Di alcuni apparecchi di disseminazione nelle Angiosperme. (Nuovo Giornale botanico italiano. N. Ser. Vol. II. p. 227—257).

Wenn eine Wanderung der Organismen nicht stattgefunden hätte, würden auch die einzelnen Arten, beziehungsweise die typische Form, eine gleichmässige Entwicklung, anstatt eine Zersplitterung in Abarten und in spezifischen Arten, erfahren haben. Die individuellen Variationen, hätten sie sich überhaupt geltend gemacht, würden durch die Kreuzung bald ausgeglichen worden sein. Zu dem Verständnisse der Wanderungen der Pflanzenarten trägt aber das Studium ihrer Verbreitungsweisen wesentlich bei. Wenn es uns gelänge, letztere genauer zu kennen und mit der genauen Kenntniss der orohydrographischen Verhältnisse der Länder in Einklang zu bringen, durch welche die einzelnen Pflanzenarten gewandert sind, so würden wir gar leicht den genealogischen Stammbaum der Pflanzenwelt aufbauen können. Diese die leitenden Gedanken der vorliegenden Arbeit, welche gegen M. Wagner (1882) offen ankämpft, weil er in der Isolirungs („ségrégation") die hauptsächliche Ursache der Entwicklung erblickt, und dabei der Selbstauslese (der natürlichen Auswahl) jede Wichtigkeit abspricht. Lo Forte betrachtet aber die Isolirung nur als einen speziellen Fall der natürlichen Auswahl; wird letztere, in ihrer biologischen Function, zu einer Wanderung, so wird dadurch die Entstehung einer grossen Verschiedenheit von Formen veranlasst, welche eine Speziesgruppe oder selbst eine Gattung constituiren. Die wandernde Art unterlag, im einfachsten Falle, zweierlei Wanderungsbewegungen.

Die eine führte sie in neue Gebiete, welchen sich anpassend, dieselbe zur neuen Art ward; die andere führte diese Art in die
Heimath der Mutter-Art zurück oder doch wenigstens in ein Gebiet,
worin andere directe Abkömmlinge derselben Mutter-Art bereits
eine verschiedene Abänderung in der Entwicklung erfahren hatten.

Beweisend dafür sind, nach Verf., die Fälle, wo einzelne
Gruppen von Arten, welche nur spärliche oder ungenügende Verbreitungsmittel, besitzen auch sehr beschränktes Gebiet einnehmen;
ferner dass die Gattungen, welche auf eng begrenzten Flächen vorkommen, gewöhlich artenarm sind, mit sehr geringen spezifischen
Unterschieden unter ihren Arten; ganz das Gegentheil lässt sich
bei Gattungen beobachten, welche weit ausgedehnte Gebiete bewohnen (man vergleiche z. B. *Malvaviscus* und *Trifolium*).

Pflanzen mit saftigen Früchten sind zumeist beschränkt, entweder in der Artenzahl der Gattungen oder bezüglich ihrer Verbreitung. Hiermit ist nicht gesagt, dass bei artenreichen Familien
auch andere Verhältnisse sich einstellen durften. So lässt sich
ganz gut bei den Korbblütlern nachweisen, dass einige Arten derselben die Verbreitungsmittel mehr ausgebildet haben als andere
Arten, welche, im Laufe der Zeit dieser verlustig geworden sind,
während noch andere Arten dieselben unverändert erhalten haben.
Nicht weniger lässt sich für die Familien der Schmetterlingsblütler, der
Kreuzblütler, der Doldengewächse, der Lippenblütler u. ähnl. ein
Gleiches behaupten, wie denn auch Verf. an einer Reihe einzelner
Beispiele die Tragweite seiner Aeusserung zu unterstützen be-
müht ist.

Eine grosse Anzahl von nicht aufspringenden Früchten und
von Samen unterzog Verf. einer eingehenden Prüfung, um zu dem
bekannten Ergebnisse zu gelangen, dass, wenn auch eine nicht
geringe Zahl von Pflanzenarten ihre Samen in die Nähe der Mutterpflanze fallen lässt, gibt es doch welche bei denen die Samen
durch Thiere, durch den Wind oder durch Wasser verbreitet werden.
Die Anpassungen der Früchte und Samen an die beiden ersten
Verbreitungs-Vermittler sind zwar äusserlich sehr verschieden, doch
wesentlich einander ähnlich. Hingegen sind ausserordentlich verschieden, je nach Form und Ausbildung, je nach dem Ursprunge und
je nach der Function die Verbreitungsmittel, welche eine Anpassung
an das Wasser zeigen. — Es bleibt dabei nicht ausgeschlossen, dass
ein Anpassungsmittel an irgend einen der drei Verbreitungsvermittler
nöthigenfalls auch einer Verbreitungsweise auf anderem Wege zu
Gute kommen könne. Der Grund dafür ist in der geradeweis vor
sich gegangenen Anpassung der pflanzlichen Organe an die Lebensbedingungen zu suchen.

Die weiteren Ausführungen des Verf. bringen Belege von über
fünfzig Beispielen dafür, dass ein Transport der Samen durch grosse
Wassermassen und eine hierauf folgende Keimung möglich sind.
Unter anderem dürften die vielen Arten, welche die alte und die
neue Welt gemeinsam beherbergen, auf dem Wasserwege im hohen
Norden, woselbst die beiden Continente einander näher gerückt sind,
eingewandert sein.

Die auf dem Wasserwege natürlich stattfindende Verbreitung der Früchte und Samen ist ein hochwichtiger Faktor in der Entwicklungs-geschichte der Arten.

Auf die ausführlich vorgebrachten Beispiele näher einzugehen, scheint hier nicht geboten, da ohnehin die allgemeinen Begriffe des Verf. mit einiger Weitläufigkeit, jedoch in ihrer wirklichen Form, wiedergegeben worden sind. Daran durfte nicht geschmälert werden, wenn auch Ref. die Ansichten des Verf. nicht theilt und wenn auch ein grosser Theil des Vorgebrachten nicht neu ist.

Solla (Vallombrosa).

Dixon, H. H., On the vegetative organs of *Vanda teres*. (Proceedings of the Royal Irish Academy. Ser. 3. Vol. III. 1894. p. 441—458.) Pl. XI.—XIV.

Zunächst schildert Verf. die Laubknospen, welche den hohl-cylindrischen, den Stengel umgebenden Petiolus durchbrechen und dadurch das Aussehen endogener Bildungen erhalten. Die Stammstructur zeigt eine deutliche Differenzirung in Rinde, Mark-und Bündelring, letzterer ist von verholzten Markstrahlen durch-zogen. Das Verhalten und die Structur der in den Stamm ein-tretenden Blattspuren werden vom Verf. eingehend geschildert; sie bieten nichts abnormes. Die cylindrischen Blätter bestehen wesent-lich aus chlorophyllhaltigem, wenig differenzirtem Parenchym, in welchem dicke und dünne Bündel verlaufen; erstere sind nach. innen gelegen und bilden ein nach oben offenes $\bigvee$, während die letzteren nach aussen gelegen sind und mit den dicken Bündeln alterniren. Grosse Schläuche mit Schleim und Raphiden sind im Parenchym zerstreut. Die ebenfalls cylindrischen Blätter von *Dendrobium teretifolium* sind von einem engen axilen Spalt durch-zogen, dessen Seiten der Blattoberfläche entsprechen. Die Blätter von *Brassavola Harveni* sind in ihrem Basaltheile mit einem cen-tralen Spalte versehen, wie bei *Dendrobium teretifolium*, weiter nach oben aber mit einem bis zur Oberfläche reichenden Spalte, wie bei *Vanda teres*. Das Velamen der Wurzel ist zweischichtig; die äussere Schicht ist von fibrösen Tracheiden gebildet, die innere aus viel dickwandigeren, getüpfelten, stellenweise verdoppelten Ele-menten. Die Wurzelhauben ruhender Vegetationspunkte sind von einer dicken Cuticula überzogen, während sie an activen Spitzen stark collabirt sind.

Schimper (Bonn).

Conwentz, H., Beobachtungen über seltene Waldbäume in Westpreussen mit Berücksichtigung ihres Vor-kommens im Allgemeinen. (Abhandlungen zur Landes-kunde der Provinz Westpreussen. Herausgegeben von der Provinzial - Commission zur Verwaltung der westpreussischen Provinzialmuseen. Heft IX.) 4°. X, 163 pp. 3 Tafeln und 17 Textfiguren. Danzig 1895.

I. *Pirus torminalis* Ehrh. Von dieser Art werden für Westpreussen ausser einigen vernichteten 39 gegenwärtige Standorte
beschrieben und kartographisch dargestellt. Diese Standorte liegen
an der Ostgrenze des Verbreitungsgebietes der Art, welche in Ost-
preussen nicht vorkommt und für Polen nicht sicher nachgewiesen.
ist. *Pirus torminalis* wächst in Westpreussen meist auf Kiefern-
boden II. bis III. Klasse, wo Kiefer, Eiche und Weissbuche den
Hauptbestand bilden, die stärksten Stämme haben in 1 m Höhe
1,47 bzw. 1,70 bzw. 1,94 m Umfang, ein Stammquerschnitt von
etwa 0,35 m Durchmesser zeigte 102 Jahresringe. Reiche
Fruktifikation wird nicht selten beobachtet.

II. *Pirus Suecica* Garke hat 3 Standorte am Ufer der Danziger
Bucht und einen bei Karthaus. Ein weiterer liegt in Pommern.
zwischen der Lupow und Leba, wo ausserdem früher noch einer
gewesen ist. Ferner kommt die Art bei Kolberg vor, ihr Indigenat
auf Hiddensö ist zweifelhaft. Nicht selten finden sich cultivirte
Bäume in Ortschaften, welche den wilden Standorten benachbart
sind. Das Hauptgebiet der Art liegt in Südskandinavien, die
deutschen Standorte sind vorgeschobene Posten. Das stets vereinzelte Auftreten und das Vorkommen auf verschiedenen, z. Th.
jung alluvialen Böden spricht für späte Einwanderung.

III. *Picea excelsa* Lk. f. *pendula* Jacq. et Hér. Trauerfichte.
Bei dieser Form hängen nicht nur die Seiten-, vielmehr auch die
Hauptäste lang strickartig herunter. Man kennt nur 4 urwüchsige
Exemplare, je eins in Ost- und Westpreussen und 2 am Harz.
Alle diese werden beschrieben und abgebildet.

E. H. L. Krause (Schlettstadt).

Prillieux et Delacroix, La brûlure des feuilles de la
Vigne produite par l'*Exobasidium Vitis*. (Comptes rendus
des séances de l'Académie des sciences de Paris. Tome CXIX.
p. 106—108.)

Unter dem Namen Rougeot oder Brûlure ist in verschiedenen
Gegenden Frankreichs eine Krankheit der Blätter des Weinstocks
bekannt, welche im Stande zu sein scheint, beträchtlichen Schaden
anzurichten. Die Krankheit beginnt damit, dass die Blätter eine
fahlgraue Farbe annehmen, welche infolge der Austrocknung besonders am Rande röthlichgrau wird. Zur selben Zeit machen sich
auf der Blattspreite Flecken bemerkbar, die sich purpurroth färben.
Anfangs verändern dieselben kaum den grünen Farbenton des
Blattes, aber mit ihrem Wachsthum wird auch ihre Färbung in-
tensiver, und häufig findet man Blätter, deren Randpartie ausgetrocknet
und gelb ist, während die noch lebende Mittelpartie der Spreite sich
rosenroth färbt.

An den abgestorbenen Stellen beobachtet man eine Art matt
weiss gefärbter Efflorescenzen, da und dort kleine Häufchen wie
von Gips oder Kreidestaub bildend. Sie werden durch die Fruchtträger eines Parasiten hervorgerufen, welche das kranke Blattgewebe
durchbrechen und unzählige Sporen um sich verstreuen.

Verf. erhielten ähnliche Blattproben aus· dem Bordelais, der
Charente und Beaujolais. An allen constatirten sie das Vorhandensein desselben Parasiten, der ihnen nicht von dem verschieden zu
sein schien, welchen Viala und Boyer im Jahre 1891 auf Wein-
beeren beobachteten und als *Aureobasidium Vitis* beschrieben.

Das Mycelium ist leicht gelblich, septirt, die intercellular verlaufenden Verzweigungen sind hyalin. Es sendet Büschel von theils
sterilen, theils fertilen Fäden aus, welche die Blattoberfläche durchbrechen. Diese letzteren schwellen zumeist keulenförmig an zu
wirklichen Basidien, die auf kurzen Sterigmen eine wechselnde
Menge Sporen bilden. Zuweilen bleiben diese Fäden aber auch
cylinderisch. Theils sind diese Basidien Endglieder, theils Seiten-
äste von Mycelfäden. Die stets hyalinen Basidien haben eine Breite
von 8—10 μ; die Insertion der Sporen ist zumeist terminal.

Die hyalinen geraden bald eiförmigen bald cylindrischen Sporen
sind nach Form und Grösse sehr verschieden. Ihre Grösse schwankt
zwischen 12 bis 16 μ der Länge und 4 bis 6,5 μ der Breite nach.
Sie keimen durch Sprossung nach Art der Hefen. In ihrem Plasma
bilden sich Vacuolen, welche dasselbe oft in mehrere Massen zerlegen.

Verf. sind der Ansicht, dass dieser Pilz nicht so besondere Kenn-
zeichen hat, dass man ihn daraufhin von der Gattung *Exobasidium*
trennen könne. Durch die Unregelmässigkeit in der Sporenform etc.
entfernt er sich zwar etwas von dem Typus *Exobasidium*, nähert
sich ihm aber hauptsächlich durch die gleiche Art der Keimung,
welche nur dadurch etwas verschieden ist, dass die Sporen beim
Keimen keine Scheidewand bilden. Von den *Hypochneen* dagegen,
zu welchen Viala und Boyer ihre Art *Aureobasidium* gezogen
haben, ist er dagegen ausserordentlich verschieden, denn diese Gruppe
hat regelmässige, 2—4 Sterigmata tragende Basidien. Der in Rede
stehende Parasit also, welcher im Mai und Juni die Brûlure der
Blätter hervorruft und im Herbst die Früchte angreift, muss nach
den Verf. zu der Gattung *Exobasidium* gezogen werden unter dem
Namen *Exobasidium Vitis.*

Durch Behandlung mit kupferhaltigen Lösungen scheint man
die Krankheit nicht haben aufhalten zu können, doch kann der
Grund dafür vielleicht darin zu suchen sein, dass sie nicht in
genügender Menge angewandt worden sind.

Eberdt (Berlin).

Prillieux et **Delacroix,** Maladie bacillaire des vignes du
Var. (Bulletin de la Société botanique de France. Tome XLI.
1894. p. 384—385.)

Eine neuerdings im Département du Var und in Tunesien auf-
getretene, anscheinend mit dem „mal nero" der Italiener identische
und nachweisbar aus Italien eingeschleppte Krankheit des Weinstocks soll von Bakterien, die massenhaft im Holze nachgewiesen
wurden, bedingt sein.

Schimper (Bonn).

Debray, F., La brunissure en Algérie (Comptes rendus des séances de l'Académie des sciences de Paris. Tome CXIX. p. 110 et 111.)

Die Brunissure trat im Monat Mai in verschiedenen Weinpflanzungen der Umgegend von Algier auf. Das Wetter war zu dieser Zeit kalt, neblig und stürmisch. Die von der Krankheit befallenen Reben entwickeln sich sehr langsam, die Vegetation stockt und die Blätter bleiben kleiner als normale, dahingegen wachsen in wärmeren Strichen die Reben wie gewöhnlich und ihre unteren Blätter erkranken nur, während die oberen gesund zu bleiben scheinen, oder es können auch die ganzen Triebe vertrocknen.

Auf den erkrankten Blättern waren die von V i a l a und S a u v a g e a u beschriebenen Erscheinungen zu beobachten. Zuerst treten braune Flecken auf, dann werden die ganzen Blätter braun, bei einigen Sorten, so dem „Carignan" und „petit Bouschet", fehlen die Flecken vielfach und die Blätter färben sich roth. Die schwefelgelbe Farbe der Unterseite der Blätter wird durch den in den Blatthaaren sitzenden Parasiten hervorgerufen. Stark erkrankte Blätter sind vielfach gefältelt und ihr Rand aufgebogen.

In allen Fällen zeigten die Stämme die Symptome, welche als Anthracnose ponctuée bekannt und beschrieben sind, eine Krankheit, deren Erreger bisher unbekannt war. Meist sind diese Symptome sehr auffällig, in anderen Fällen weniger und nur am unteren Stammtheil sichtbar. Jedenfalls zeigen sie sich immer sehr deutlich an Exemplaren, die durch die Krankheit getötet werden.

Der Parasit wurde in den oberflächlichen Zellen der Triebe, Ranken, Blattstiele und -Spreiten gefunden und zwar sowohl auf der Oberfläche der Organe wie auf den Haaren. Er bildet abgeplattete oder unregelmässige kugelige Häufchen, gelappt oder netzförmig, mit meist sehr kleinen Vacuolen.

Sporenbildung beobachtete Verf. auf den Haaren der Weinblätter. Das Plasmodium überzieht die Oberfläche eines Haares oder verklebt mit seiner Masse, welche mehr als 0,1 mm Durchmesser erreichen kann, mehrere. Auf seiner Oberfläche sieht man sich Lappen bilden, welche sich stielen. Die völlig entwickelten Sporen sind doppelt contourirt, oval, platt, 10 bis 12 μ, seltener nur 8 bis 9 μ lang. Behandlung der kranken Stöcke mit Schwefel, Bordelaiser Brühe (Kupferkalkbrühe) oder aufgelöstem oder gepulvertem hydraulischen Kalk hatte keinen Erfolg.

Eberdt (Berlin).

Halsted, B. D., Some fungus diseases of Beets. (New Jersey Agricultural College Experiment Station. Bulletin No. 107. 1895. January.)

Nur zwei von den verschiedenen beschriebenen Krankheiten sind für New Jersey von Bedeutung. Die Beschreibung eines Root Rot of Beets wird gegeben und durch Photogravüren illustrirt. Eine unbestimmte Species von *Phyllosticta* wurde nachgewiesen und durch Inokulation als Ursache der Krankheit erkannt. Die ergriffenen Theile der Runkelrüben werden nicht weich, sondern gehen in trockene Fäulniss über, schrumpfen zusammen und färben sich schwarz. Die Pycniden der Pilze sind sehr zahlreich und entwickeln sich auf in einem feuchten Behälter aufbewahrten frischen Rübenschnitten binnen zwei Tagen nach der Inokulation. Legt man etwas feuchten Baumwollstoff auf die inokulirten Stellen, so entwickeln sich auf ihm zahlreiche Pycniden frei von Fremdstoffen. Die Sporen sind oval und farblos. Verf. beschreibt sodann eine *Phyllosticta* an Rübenblättern, welche grosse, kreisförmige, todte Flecken verursacht, auch diese Erscheinung durch Photogravüren veranschaulichend. Zwar ist die Pycnide etwas kleiner, jedenfalls aber identisch mit denen an der Rübe selbst, da inficirte Rübenlätter, auf gesunde Rüben gelegt, hier die charakteristische Krankheit hervorrufen. Hieraus ergibt sich die Nothwendigkeit, beim Unterbringen der Rüben im Felde alle Blätter sorgfältig zu entfernen.

Der Beet Leaf Spot (*Cercospora beticola* Sacc.) wird durch eine Photogravüre von inficirten Blättern illustrirt und soll der wichtigste Pilz auf Rüben im Staate sein. Experimente erweisen, dass der Ertrag bei Behandlung mit Bordeaux-Mischung um 26 % erhöht werden kann.

Es folgen kurze Bemerkungen über das Auftreten des Beet Rust (*Uromyces betae* Pers.) in Californien und des White Rust (*Cystopus Blittii* Biv.) in Jowa; auch des Vorkommens des Scab auf Zuckerrüben im Westen geschieht Erwähnung.

Atkinson (Ithaca, N. Y.).

Phisalix, C., Recherches sur la matière pigmentaire rouge de *Pyrrhocoris apterus* (L.). (Comptes reudus des séances de l'Académie des sciences de Paris. Tome CXVIII. Nr. 23. p. 1282—1283).

Verf. hat von der krapproth gefärbten Feuerwanze (*Pyrrhocoris apterus*), welche im zeitigen Frühjahr häufig am Fusse der Lindenstämme in grossen Mengen sich findet, zwei Liter gesammelt. Die Insecten wurden im luftverdünnten Raum getrocknet und mit Schwefelkohlenstoff, der alles Fett und allen Farbstoff aufnahm und weinroth gefärbt dadurch erschien, ausgezogen. Alkohol und Petroleum zogen aus denselben eine gelblich färbende Substanz aus. Diese Lösungen lieferten ein Absorptionsspectrum, welches demjenigen des Carotins, des rothen Farbstoffs der Mohrrübe, sehr ähnlich war und sich auch sonst ähnlich verhielt. Der nach der Trennung von dem Fette durch Abdampfen erhaltene Farbstoff war unlösbar in Wasser und nahm bei der Behandlung mit concentrirter schwefliger Säure eine blaugrüne Färbung an. Auch dies weist auf eine enge Verwandschaft mit dem Carotin hin, denn letzteres wird durch dasselbe Reagens indigblau gefärbt.

Der Wanzenfarbstoff wurde in die Adern von Meerschweinchen und Mäusen eingespritzt und zeigte sich physiologisch indifferent. Diese spectroskopischen und physiologischen Untersuchungen sprechen also für Gleichheit oder nahe Verwandtschaft des Wanzen-

farbstoffs und des Carotins.   Immerhin wird die Gleichheit der
beiden, die Verf. annehmen möchte, nur durch die Elementar-
Analyse nachgewiesen werden können.

Eberdt (Berlin).

Levy und **Thomas,** Experimenteller Beitrag zur Frage
der Mischinfection bei Cholera asiatica (Archiv für
experimentelle Pathologie und Pharmacologie. Bd. XXXV. p. 109.)

Die Rolle, welche die einzelnen Bakterienspecies bei der Mischinfection spielen, ist eine verschiedene: beim Tetanus üben die
begleitenden Bakterien nach Vaillard und Rouget nur eine
„begünstigende“ Wirkung auf das Wachsthum des Nicolaier-
schen Bacillus aus, während der tetanische Prozess ausschliesslich
von diesem abhängig ist.   Für die Cholera asiatica hat Metschni-
k'off nachgewiesen, dass verschiedene, aus dem Mageninhalt ge-
züchtete Mikroorganismen einen begünstigenden Einfluss auf das
Wachsthum des Kommabacillus ausüben, während es auf der
anderen Seite hindernde Lebewesen, z. B. in den Eingeweiden der
Meerschweinchen, giebt.   Nach Blachstein müssen bestimmte,
in den Cholerafaeces vorhandene Bacillen mit dem Vibrio zusammen-
wirken, um eine Infection zu Stande zu bringen.

Verff. experimentirten mit einer Massaouahcultur.   Während
ein sehr virulenter Bac. coli comm. bei intraperitonealer Infection
an Meerschweinchen keinen begünstigenden Einfluss auf das Zustandekommen der Cholerainfection erkennen liess, war ein solcher
deutlich bei der Mischinfection mit Proteus Hauser.   Verff. bereiteten
sich, um von den Virulenzschwankungen unabhängig zu sein, aus
stark giftigen Proteusculturen ein Toxalbumin.   Es ergab sich
nun, dass bei intravenöser Injection die tödtliche Minimaldosis des
Massaouahvibrio für erwachsene Kaninchen durch gleichzeitige
Application von Stoffwechselproducten des Proteus vulgaris Hauser
auf das 6—8fache heruntergedrückt wurde.   Dagegen gelangen
Versuche, vom Magen aus mit Hilfe des Proteus Cholera bei
Kaninchen zu erzeugen, nicht.

Schmidt (Bonn).

Wiesner, Julius, Der *Upas*-Baum und dessen derzeitige
Verbreitung auf den Sunda-Inseln. (Zeitschrift des
allgemeinen österreichischen Apotheker-Vereins. 1895. XXXIII.
p. 313—316.)

Ein mehrmonatlicher Aufenthalt in den Tropen hat dem Be-
gründer der Wiener physiologischen Schule nicht nur Gelegenheit
gegeben, das Studium einiger pflanzenphysiologischer Fragen im
tropischen Gebiet betreiben zu können, sondern auch interessante,
auf anatomische oder physiologische Eigenthümlichkeiten bezug-
nehmende Pflanzen und Pflanzentheile zu sammeln und schliesslich
für naturforschende Freunde Manches zu besorgen, unter anderem
ein Quantum des Milchsaftes vom *Upas*-Baum, für Hofrath
Ludwig. Hierbei konnte er eine in Europa über diesen Baum

herrschende Meinung berichtigen. In der Litteratur finden sich über das Vorkommen von *Antiaris toxicaria* nur mehr oder minder ungenaue Berichte; von der Seltenheit seines Vorkommens scheint nur Miquel's Flora von Niederländisch-Indien das Richtige zu enthalten.

Ueber den Baum wurden von dem Oberförster S. H. Koorders in Buitenzorg folgende Auskünfte ertheilt. Jener Baum, nach welchem der Autor der *Antiaris toxicaria*, Leschenault, die Beschreibung dieser Species gegeben hat, ist gefällt. „Auf ganz Java sind nur drei Baumindividuen von *Antiaris* aus dem engeren Verwandtschaftskreise der *Antiaris toxicaria* bekannt, von denen aber nur eines nachgewiesenermaassen sicher *A. toxicaria* ist." Einer dieser Bäume wurde von Greshoff untersucht, wobei sich herausstellte, dass sein Milchsaft gänzlich unschädlich ist. Dieser Baum gehört daher zu *Ant. innoxia* Blume. Den giftigen Baum nennen die Malayen *Pohon oupas* oder *Antjar*, den ungiftigen *Kaijoe tjidako*. Der zweite der genannten drei Bäume ist giftig. Von dem dritten ist nichts Näheres bekannt. Der giftige Baum, die echte *Antiaris toxicaria*, wurde von der Direction des botanischen Gartens in Buitenzorg der Cultur unterworfen und gegenwärtig wurde eine grosse Anpflanzung von *Upas*-Bäumen durchgeführt. Sowohl im botanischen Garten selbst, als auch in einer Dependance derselben gedeihen zahlreiche Exemplare dieses Gewächses.

Es ist bekannt, dass in alten Angaben über diesen Pfeilgift-baum dessen „Ausdünstungen" als verderblich und selbst tödtlich bezeichnet worden sind. (In der bekannten Oper „die Afrikanerin" wird davon ausgiebiger Gebrauch gemacht, obwohl ein anderer Baum gemeint ist.) Rumphius und der Arzt der ostindischen Compagnie, Foersch, schreiben dem *Upas*-Baum furchtbare Wirkungen zu. „Im Umkreise von 15 Meilen mache der Baum die Gegend zu einer Stätte des Todes. Menschen und Thiere werden durch Einathmung des Gifthauches getödtet". Aber mit der näheren Erkenntniss des Naturobjects schwanden diese phantastischen An-schauungen, von den giftigen „Ausdünstungen" konnte kein Natur-forscher der Gegenwart etwas bemerken. Auch Wiesner hat dies durch eigene Beobachtung bestätigen können.

T. F. Hanausek (Wien).

Eichhorn, Fritz, Untersuchungen über das Holz der Rotheiche. (Forstlich-naturwissenschaftliche Zeitschrift. Jahr-gang IV. 1895. Heft 6. p. 233—264, Heft 7. p. 281—296).

Von den amerikanischen Eichen hat in Deutschland die *Quercus rubra* die weiteste Verbreitung gefunden, welche von allen Eichen am weitesten nach Norden geht. Ihre Schnellwüchsigkeit ist bedeutend. Ein Stamm im Badischen zeigt auf frischem und tiefgründigen sandigen Lehmboden mit 24 Jahren eine Höhe von 14,8 m bei einem mittleren Brusthöhendurchmesser von 18,4 cm. Im Alter soll das Wachsthum bedeutend nachlassen; eine Höhe von 27 m und Brusthöhendurchmesser von 1 m sollen nicht allzu häufig überschritten werden.

Die Ausschlagfähigkeit ist als gut zu bezeichnen; die Rotheiche eignet sich wohl zum Schälwaldbetrieb, über die Güte der Rinde sind die Ansichten getheilt. Obwohl im allgemeinen frosthart, ist die *Quercus rubra* wegen des frühzeitigen Vegetationsbeginns den Spätfrösten leicht ausgesetzt.

Nachdem 1880 Anbauversuche mit exotischen Hölzern Seitens des preussischen Ministeriums für Landwirthschaft, Domänen und Forsten beschlossen waren, konnte Schwappach bereits ein Jahr darauf von der Rotheiche berichten: von keiner der anderen bei den Anbauversuchen erprobten Holzarten ist bereits in gleichem Umfang der Beweis des Gedeihens in Deutschland geliefert, wie bei der Rotheiche, welche bereits im Jahre 1740 eingeführt wurde. Jedenfalls erscheint nach ihrem guten waldbaulichen Verhalten der fernere Anbau derselben in grösserem Umfange gerechtfertigt. Freilich ist der Anbau hinter der Erwartung zurückgeblieben; nur Hannover und Baden verfügen über Bestände, sonst sind die Rotheichen meist einzelständig, selten horstweise und nur häufiger als Alleebaum in Parks.

In Betreff der Güte des Holzes überwiegen die ungünstigen; vor allem soll es sich zu Fassdauben eignen und in der Möbelschreinerei gut verwendbar sein. In Amerika wird es fast nur als Brennholz verwandt und nur bei Fehlen von Weisseichenholz in der Technik verwendet.

Weshalb das Rotheichenholz schlechter als unser Eichenholz ist, wurde bisher nur mit Vermuthungen beantwortet. Zweck der Arbeit Eichhorn's ist es vermuthlich, durch Untersuchung der anatomischen und chemischen Verhältnisse des Rotheichenholzes die Verschiedenheiten desselben gegenüber unseren Eichen und speciell der *Quercus Robur* festzustellen. Verf. operirte mit vier Stämmen, zweien aus der Pfalz, einem bei Rastatt gewachsenen und einem aus dem Forstamt Zwingenberg am Neckar.

Verf. geht dann auf die Zuwachsuntersuchungen ein, schildert den Höhenwuchs, den Flächenzuwachs, schildert das Verhalten von Splint und Kern, die Rindenbildung und Rindenbreite. Die anatomischen Untersuchungen klingen in zahlreichen Tabellen aus, wie über specifisches Trockengewicht, Substanzmenge und Schwindeprocent; Gefässe im Frühjahrsholz; Antheil der Frühjahrsholzgefässe, der Tracheidenzüge, des Sklerenchyms; Kronenansatz; Antheil der Gewebe am Holz der verschiedenen Höhen der zehn äussersten Ringe; Länge der Zellen, Antheil der grossen Markstrahlen am Holz u. s. w.

Eichhorn giebt als Resultat kund, dass noch verschiedene Fragen zu erledigen sind, ehe wir den Einfluss der Gerbstoffe und ihrer Oxydationsprodukte auf das Holz festzustellen vermögen. Die Bearbeitung dieser Probleme, deren nicht geringstes die Ermittelung einer genauen Gerbstoffbestimmungsmethode ist, dürfte indessen Sache des Fachmannes, nicht des Laien sein.

Unter diesen Verhältnissen war es Verf. nicht möglich, die Frage, wesshalb das Rotheichenholz geringere Dauer als unser Eichenholz aufweist, in unzweifelhafter Weise zu beantworten. Nach seiner Meinung können aber nur Untersuchungen des Gerbstoffgehaltes zur Beantwortung der Frage führen.

E. Roth (Halle a. d. S.)

Herfeldt, E., Die Bakterien des Stalldüngers und ihre Wirkung. (Centralblatt für Bakteriologie und Parasitenkunde. Abth. II. Bd. I. No. 2. p. 71—79 und No. 3. p. 114—118.)

Herfeldt hebt hervor, dass die Zersetzungsprocesse, welche der Dünger erleidet, nicht nur einfache Verwesungs- und Fäulnissprocesse, sondern auch Gährungsvorgänge verschiedenartiger Natur in sich schliessen und fast ausschliesslich durch die Lebensthätigkeit einer enormen Menge von verschiedenen Bakterienarten erfolgen. Fettsäuren werden meist in der Form von Kalksalzen vergährt. Von den Amidoverbindungen sind in dieser Beziehung besonders Leucin und Tyrosin erforscht, bei welch letzterem z. B. *Bacillus putrificus coli* die Rolle des Gährungserregers spielt und nach Fitz Paraoxybenzensäure und aus dieser Phenol bildet. Die faulige Gährung ist die rasche und intensive Zersetzung von Eiweissstoffen durch die Lebensthätigkeit bestimmter Bakterienarten, wobei übelriechende gasige Producte gebildet werden. Der nähere Verlauf dieser Gährung ist abhängig von der Bakterienart, der Art des Gährmaterials und äusseren Verhältnissen. Betheiligt sind dabei z. B.: *Bacillus saprogenes, B. coprogenus foetidus, B. pyogenes foetidus;* Trimethylamin wird bei der Fäulniss entwickelt durch *B. ureae, B. prodigiosus, B. fluorescens foetidus.* Pepton und Ammoniak bilden bei der fauligen Gährung *B. pyocyaneus* und *B. janthinus,* während die gewöhnlichsten Fäulnissbakterien wie *Proteus vulgaris, Pr. mirabilis* und *Pr. Zenkeri* Peptone und stinkende Gase erzeugen. Genau erforscht sind die Producte der Zerlegung der Eiweissmoleküle durch *B. putrificus coli, B. fluorescens liquefaciens* und *B. butyricus.* Für den richtigen und in landwirthschaftlicher Hinsicht erwünschten Gang der Zersetzung des Düngers sind hauptsächlich die anaëroben Bakterien von Bedeutung, da durch die energischer wirkenden aëroben Bacillen eine zu weit gehende Zersetzung des Düngers herbeigeführt wird und dann Werttheile desselben luftförmig entweichen. Bei der ammoniakalischen Gährung wird der Harnstoff direct durch die Lebensthätigkeit von Bakterien in kohlensauren und karbaminsauren Ammoniak zerlegt, und zwar stellte Pasteur als Erreger derselben zuerst seinen *Micrococcus ureae* fest. Später constatirte Miquel, dass auch gewisse Stäbchenbakterien (*Bac. ureae*) und sogar Schimmelpilze sehr energische ammoniakalische Gährungen einzuleiten und durchzuführen im Stande sind. Schwefelwasserstoffgährung wird durch *Bacterium sulfureum* und *Proteus sulfureus* verursacht. Bei einem gewissen Grade von Wärme und Feuchtigkeit, Abschluss von Luft und Vorhandensein einer genügenden Menge cellulosehaltigen Materials findet auch Cellulosevergährung

statt, und zwar spielen hier hauptsächlich *Amylobacter*-Arten die
Rolle der Gährungserreger. Auch anderweitige Kohlehydrate können
vergährt werden.

Kohl (Marburg).

Neue Litteratur.[*)]

Geschichte der Botanik:
Micheletti, L., Commemorazione di Adolfo di Bérenger. (Bullettino della
Società Botanica Italiana. 1895. p. 132—137.)
Allgemeines, Lehr- und Handbücher, Atlanten:
Willkomm, M., Bilder-Atlas des Pflanzenreiches nach dem natürlichen System.
3. Aufl. Lief. 11. 8⁰. p. 103—112. Mit 8 farbigen Tafeln. Esslingen
(J. F. Schreiber) 1895.   M. —.50.
Algen:
Borzì, A., Probabili accenni di conjugazione presso alcune Nostochinee.
(Bullettino della Società Botanica Italiana. 1895. p. 208—210.)
Schmidle, W., Beiträge zur alpinen Algenflora. [Fortsetzung.] (Oesterreichische
botanische Zeitschrift. Jahrg. XLV. 1895. p. 387—391. Mit 4 Tafeln und
1 Figur.)
Pilze:
Berlese, A. N., Prima contribuzione allo studio della morfologia e biologia di
Cladosporium e Dematium. (Rivista di Patologia Vegetale. Vol. IV. 1895.
p. 2—45. Con 6 tav.)
Neumann, Otto, Ueber den Gerbstoff der Pilze. [Inaug.-Diss.] 4⁰. 46 pp.
Dresden (Rudolf Barth) 1895.
Voglino, Pietro, Ricerche intorno alla struttura della „Clitocybe odora" Bull.
(Atti della Reale Accademia delle Scienze di Torino. Vol. XXX. 1895.) 8⁰.
16 pp. Con 1 tav. Torino (Carlo Clausen) 1895.
Flechten:
Micheletti, L., Sui Licheni. (Bullettino della Società Botanica Italiana. 1895.
p. 215—217.)
Muscineen:
Bauer, Ernst, Beitrag zur Moosflora Westböhmens und des Erzgebirges.
(Oesterreichische botanische Zeitschrift. Jahrg. XLV. 1895. p. 374—377.)
Massalongo, C., Sopra una Marchantiacea da aggiungersi alla flora europea.
(Bullettino della Società Botanica Italiana. 1895. p. 154—156.)
Micheletti, L., Flora di Calabria. Contribuzione I. Muscinee. (Bullettino
della Società Botanica Italiana. 1895. p. 169—176.)
Physiologie, Biologie, Anatomie und Morphologie:
Abbado, M., Divisione della nervature e della lamina in alcune foglie di
Buxus sempervirens L. (Bullettino della Società Botanica Italiana. 1895.
p. 179—181.)
Aloi, Antonio, Dell' influenza dell' elettricità atmosferica sulla vegetazione
delle piante. III. (Bullettino della Società Botanica Italiana. 1895. p. 188
—195.)
Baccarini, P., Sui cristalloidi fiorali di alcune Leguminose. (Bullettino della
Società Botanica Italiana. 1895. p. 139—145.)

[*)] Der ergebenst Unterzeichnete bittet dringend die Herren Autoren um
gefällige Uebersendung von Separat-Abdrücken oder wenigstens um Angabe der
Titel ihrer neuen Publicationen, damit in der „Neuen Litteratur" möglichste
Vollständigkeit erreicht wird. Die Redactionen anderer Zeitschriften werden
ersucht, den Inhalt jeder einzelnen Nummer gefälligst mittheilen zu wollen, damit
derselbe ebenfalls schnell berücksichtigt werden kann.

Dr. Uhlworm,
Humboldtstrasse Nr. 22.

Eberdt, Oscar, Die Einwirkung innerer und äusserer Bedingungen auf die Transpiration der Pflanze. (Prometheus. Bd. VI. 1895. No. 45.)

Haacke, Kritische Beiträge zur Theorie der Vererbung und Formbildung. [Schluss.] (Biologisches Centralblatt. Bd. XV. 1895. No. 15.)

Minot, Ueber die Vererbung und Verjüngung. (Biologisches Centralblatt. Bd. XV. 1895. No. 15.)

Poljauec, Leopold, Ueber die Transpiration der Kartoffel. (Oesterreichische botanische Zeitschrift. Jahrg. XLV. 1895. p. 369—374.)

Systematik und Pflanzengeographie:

Arcangeli, G., Sull' Hermodactylus tuberosus. (Bullettino della Società Botanica Italiana. 1895. p. 182—184.)

Arcangeli, G., Sul Narcissus italicus Sims, e sopra alcuni altri Narcissus. (Bullettino della Società Botanica Italiana. 1895. p. 210—215.)

Beguinot, A., Sulla presenza in Italia della Oxalis violacea L. (Bullettino della Società Botanica Italiana. 1895. p. 110—111.)

Błocki, Br., Ein Beitrag zur Flora von Galizien und der Bukowina. (Deutsche botanische Monatsschrift. Jahrg. XIII. 1895. p. 133—135.)

Fantozzi, P., Erborazioni in Garfagnana e sopra un caso di pleiotaxia nel Myosotis palustris With. (Bullettino della Società Botanica Italiana. 1895. p. 145—150.)

Halácsy, E. von, Beitrag zur Flora von Griechenland. [Fortsetzung.] (Oesterreichische botanische Zeitschrift. Jahrg. XLV. 1895. p. 382—387. Mit 1 Tafel.)

Höck, Fr., Ranales und Rhoeadales des norddeutschen Tieflandes. [Fortsetzung.] (Deutsche botanische Monatsschrift. Jahrg. XIII. 1895. p. 138—140.)

Meigen, Fr., Formationsbildung am „eingefallenen Berg" bei Themar an der Werra. (Deutsche botanische Monatsschrift. Jahrg. XIII. 1895. p. 136—138.)

Murr, Josef, Auf den Wotsch! Ein Vegetationsbild aus Südsteiermark. [Fortsetzung.] (Deutsche botanische Monatsschrift. Jahrg. XIII. 1895. p. 132 —133.)

Murr, Josef, Ueber mehrere kritische Formen der „Hieracia Glaucina" und nächstverwandten „Villosina" aus dem nordtirolischen Kalkgebirge (Oesterreichische botanische Zeitschrift. Jahrg. XLV. 1895. p. 392—394.)

Nicotra, L., Per un importante provvedimento. (Bullettino della Società Botanica Italiana. 1895. p. 137—139.)

Nicotra, L., Un punto da emendarsi nella costituzione dei tipi vegetali. (Bullettino della Società Botanica Italiana. 1895. p. 161—168.)

Römer, S., Ueber die geographische Verbreitung der Waldsteinia trifolia Koch. (Correspondenzblatt des Vereins für Siebenbürgische Landeskunde. Jahrg. XVIII. 1895. No. 7—8. p. 93—94.)

Sarntheim, Ludwig, Tirol und Vorarlberg. [Flora von Oesterreich-Ungarn. II.] [Schluss.] (Oesterreichische botanische Zeitschrift. Jahrg. XLV. 1895. p. 398 —407.)

Schack, H., Beiträge zur Flora von Meiningen. (Deutsche botanische Monatsschrift. Jahrg. XIII. 1895. p. 140—143.)

Sommier, S., Considerazioni fitogeografiche sulla valle dell' Ob. (Bullettino della Società Botanica Italiana. 1895. p. 204—207.)

Sterneck, Jacob von, Beitrag zur Kenntniss der Gattung Alectorolophus All. [Fortsetzung.] (Oesterreichische botanische Zeitschrift. Jahrg. XLV. 1895. p. 377—382. Mit 4 Tafeln und 1 Karte.)

Strachler, Adolph, Zwei neue Weiden-Tripelbastarde. (Deutsche botanische Monatsschrift. Jahrg. XIII. 1895. p. 129—131.)

Warnstorf, C., Ueber das Vorkommen einer neuen Bidens-Art in der Umgegend von Neuruppin. (Oesterreichische botanische Zeitschrift. Jahrg. XLV. 1895. p. 391—392.)

Teratologie und Pflanzenkrankheiten:

Arcangeli, G., Sopra varii fiori mostruosi di Narcissus e sul N. radiiflorus. (Bullettino della Società Botanica Italiana. 1895. p. 157—159.)

Baccarini, P., Intorno ad una malattia della Palma da Datteri. (Bullettino della Società Botanica Italiana. 1895. p. 196—203.)

Baroni, E., Sulle gemme di Corylus tubulosa Willd. deformate da un acaro. (Bullettino della Società Botanica Italiana. 1895. p. 177—178.)

Berlese, Antonio, Le Cocciniglie italiane viventi sugli agrumi. (Rivista di Patologia Vegetale. Vol. IV. 1895. p. 74—180. Con 200 incisioni e 12 tav.)

Keller, A., La Cochylis o tignuola delle vite: poche parole. 8⁰. 15 pp. Padova (tip. L. Penada) 1895.

Massari, M., Alcune foglie mostruose nel Cocculus laurifolius DC. (Bullettino della Società Botanica Italiana. 1895. p. 150—154.)

Misciattelli, Margherita Pallavicini, Zoocecidii della flora italica conservati nella regia stazione di patologia vegetale. [Cont.] (Bullettino della Società Botanica Italiana 1895. p. 111—122.)

Paoletti, Giula, Note di teratologia vegetale. (Estr. dal Bulletino della società veneto-trentina di scienze naturali. T. VI. 1895. No. 1.) 8⁰. 4 pp. Padova (tip. Prosperini) 1895.

Peglion, Vittorio, Sopra i trattamenti antiperonosporici. (Rivista di Patologia Vegetale. Vol. IV. 1895. p. 67—73.)

Saccardo, Francesco, Manipolo di Cocciniglie raccolte in provincia d'Avellino. (Rivista di Patologia Vegetale. Vol. IV. 1895. p. 46—55.)

Saccardo, P. A. ed **Berlese, A. N.,** Una nuova malattia del frumento. (Rivista di Patologia Vegetale. Vol. IV. 1895. p. 56—66. Con 2 tav.)

Sidler, Versuche über Bekämpfung der Pflanzenfeinde. (IV. Jahresbericht der deutsch-schweizerischen Versuchsstation und Schule für Obst-, Wein- und Gartenbau in Wädensweil. 1893/94. p. 96—98.)

Voglino, P., I Funghi più dannosi alle piante coltivate. La ticchiolatura o brusone del melo (Fusicladium dentriticum (Walh.) Fuckel). La Ruggine delle fragole (Sphaerella Fragrariae). (Estr. dal giornale Il Coltivatore di Casale Monf. 1895.) 8⁰. 18 pp. Con 1 tav. col. Torino (F. Casanova edit.) 1895.

Technische, Forst-, ökonomische und gärtnerische Botanik:

Alpe, Vit., Sulla coltivazione intensiva del frumento. (Estr. dal Nuovo Eco cattolico di Crema. 1895.) 8⁰. 29 pp. Crema (tip. L. Melerc) 1895. 10 Cent.

Bernheimer, Oscar, Beiträge zur Kenntniss reiner Weinhefen. (Sep.-Abdr. aus Allgemeine Weinzeitung. 1895) 8⁰. 15 pp. Wien (Selbstverlag des Verf.'s) 1895.

Bousies, de, La culture forestière du pin sylvestre en Belgique. 8⁰. 22 pp. Bruxelles (J. Lebègue & Co.) 1895.					Fr. —.50.

Kelhofer, Zur Beurtheilung der 94er Traubensäfte gegenüber der 93er. III. Ueber die Zusammensetzung des Schönungsniederschlags bezw. die Entnahme von Gerbstoff aus dem Most bei Zusatz steigender Mengen des Schönungsmittels. IV. Borol, ein neues Perouospora-Bekämpfungsmittel. V. Untersuchung dreier Hensel'scher Mineraldünger. VI. Untersuchung der Früchte der gewöhnlichen und der süssfrüchtigen Eberesche VII. Ueber die Zusammensetzung und die Vergährbarkeit des „Fruchtzuckers". (IV. Jahresbericht der deutsch-schweizerischen Versuchsstation und Schule für Obst-, Wein- und Gartenbau in Wädensweil. 1893/94. p. 79—81, 86—89, 90—91, 91—92, 92, 93—96.)

Müller, K., Praktische Pflanzenkunde für Handel, Gewerbe und Hauswirthschaft. Ein Handbuch der sämmtlichen für den menschlichen Haushalt nützlichen Pflanzen. Neue wohlfeile [Titel-]Ausgabe. In 10 Lieferungen. Lief. 1. 8⁰. p. 1—32. Mit 3 farbigen Tafeln. Gera-Untermhaus (Fr. Eugen Köhler) 1895. M. —.30.

Müller-Thurgau, I. Einfluss des Stickstoffs auf die Wurzelbildung. II. Düngungsversuche bei Topfpflanzen. III. Die Thätigkeit pilzkranker Blätter. IV. Züchtung neuer Obstsorten. V. Prüfung der Wirksamkeit eines Schutzmittels der Reben gegen Frühjahrsfröste. VI. Behandlung des Gummiflusses an Steinobstbäumen. VII. Heranzucht von Reben, welche der Reblaus widerstehen. IX. Gewinnung und Vermehrung von Weinheferassen. X. Ansiedelung guter Hefen im Weinbergsboden. XI. Eigenschaften und Verwendung der Reinhefen. XII. Conservirung von ungegohrenem Traubenweine. XIII. Untersuchung kranker Obst- und Traubenweine. (IV. Jahresbericht der deutsch-schweizerischen Versuchsstation und Schule für Obst-, Wein- und Gartenbau in Wädensweil. 1893/94. p. 48—79.)

Petermann, A., Composition de quelques vins de fruits et de baies. (Extr. du Bulletin de l'Agriculture. 1895. — Bulletin de la Station Agronomique de l'État. 1895. No. 59.) 8°. 16 pp. Bruxelles (impr. Xavier Havermans) 1895.
Rigolo, Fr., La coltura del granoturco, expressamente compilata pel contadino. 8°. 24 pp. Oderzo (tip. G. B. Bianchi) 1895. 20 Cent.
Stutzer, A., Leitfaden der Düngerlehre für praktische Landwirthe, sowie zum Unterricht an landwirthschaftlichen Lehranstalten. 5. Aufl. Zugleich 10. Aufl. der Schrift „Stallmist und Kunstdünger". 8°. VIII, 141 pp. Leipzig (Hugo Voigt) 1895. M. 2.—
Weiss, M. und **Luedecke,** Zweckmässigste Behandlung und Düngung von Wiesen und Weiden mineralischen wie Moorbodens, um dauernd die quantitativ wie qualitativ höchsten Erträge zu erzielen. Zwei preisgekrönte Schriften. (Preisschriften und Sonderabdrücke der Illustrirten Landwirthschaftlichen Zeitung. 1895. No. 8 und 9.) 8°. 51 bezw. 62 pp. Berlin (F. Telge) 1895. M. 1.50.

Personalnachrichten.

Gestorben: Am 27. August zu Wien der Stadtgärtner **G. Sennholz,** der auch in floristischer Hinsicht eifrig thätig war. — Am 29. August zu Wien der frühere Bibliothekar der k. k. geologischen Reichsanstalt Dr. **A. Senoner. — W. C. Williamson** im Alter von 79 Jahren. — Am 28. September in Garges bei Paris der berühmte Gelehrte **Louis Pasteur** an den Folgen eines Schlaganfalles im Alter von 73 Jahren.

Anzeigen.

Sämmtliche bis jetzt erschienenen Bände des

██ Botanischen Centralblattes ██

sind **einzeln**, wie **in's Gesammt** durch die unten verzeichnete Verlagshandlung zu beziehen.

Cassel.   # Gebrüder Gotthelft
                                  ### Verlagshandlung.

Inhalt.

Ausgegeben: 30. October 1895.

Druck und Verlag von Gebr. Gotthelft in Cassel.

Band LXIV. No. 5.   XVI. Jahrgang.

Botanisches Centralblatt.

REFERIRENDES ORGAN
für das Gesammtgebiet der Botanik des In- und Auslandes.

Herausgegeben

unter Mitwirkung zahlreicher Gelehrten

von

Dr. Oscar Uhlworm und Dr. F. G. Kohl
in Cassel.   in Marburg.

Zugleich Organ
des
Botanischen Vereins in München, der **Botaniska Sällskapet i Stockholm,**
der Gesellschaft für Botanik zu Hamburg, der **botanischen Section der**
Schlesischen Gesellschaft für vaterländische Cultur zu Breslau, der
Botaniska Sektionen af Naturvetenskapliga Studentsällskapet i Upsala,
der k. k. zoologisch-botanischen Gesellschaft in Wien, des **Botanischen**
Vereins in Lund und der **Societas pro Fauna et Flora Fennica in**
Helsingfors.

Nr. 44.	Abonnement für das halbe Jahr (2 Bände) mit 14 M. durch alle Buchhandlungen und Postanstalten.	1895.

Die Herren Mitarbeiter werden dringend ersucht, die Manuscripte
immer nur auf *einer* Seite zu beschreiben und für *jedes* Referat besondere Blätter benutzen zu wollen.   Die Redaction.

Wissenschaftliche Original-Mittheilungen.*)

Ueber die oblito-schizogenen Secretbehälter der Myrtaceen.

Von
Dr. Gotthilf Lutz.

Mit 2 Tafeln.**)

Einleitung.

Unter den vielen Pflanzenfamilien, die man in Hinsicht ihrer
Secrete und der Secretbehälter untersucht hat, ist diejenige der
Myrtaceen verhältnissmässig wenig berücksichtigt worden. Diejenige Pflanze, welche der Familie den Namen gegeben hat, *Myrtus
communis*, sowie noch einige wenige andere wurden von H ö h n e l,

---

*) Für den Inhalt der Originalartikel sind die Herren Verfasser allein
verantwortlich.   Red.
**) Die Tafeln liegen einer der nächsten Nummern bei.

Frank, Leblois und Anderen untersucht, doch waren die Resultate sehr verschieden und die Untersuchungen zu wenig umfassend, als dass etwas Allgemeines über die ganze Familie hätte festgestellt werden können.

In kurzen Zügen will ich hier dasjenige mittheilen, was bis jetzt bekannt war; ebenso auch einige Begriffe und Bezeichnungen, die in dieser Arbeit immer wiederkehren, deuten und klarlegen. Dann werde ich zu den Ergebnissen meiner eigenen Studien über die Secretbehälter der *Myrtaceen* übergehen.

Ueber die Litteratur der schizogenen Gänge überhaupt soll hier nicht noch einmal referirt werden; dieselbe ist schon oftmals besprochen worden.[1])

Höhnel[2]) hat speciell *Myrtus communis* und *Myrtus latifolia*, *Eugenia australis* und *Eucalyptus cornuta* näher untersucht und gefunden, dass die „Drüsen" schizogen seien. Auf die Details dieser Arbeit werde ich später noch, namentlich bei der Besprechung von *Myrtus communis*, zurückkommen.

Von A. Leblois[3]) erfahren wir nur weniges, was die *Myrtaceen* betrifft: „Chez les *Myrtacées* on rencontre des poches sécrétrices dans l'écorce de la tige et dans le parenchyme des feuilles, surtout dans la partie de ces organes la plus rapprochée de l'épiderme supérieure".

Mit Höhnel stimmt, wenigstens was die Bildung der Secretbehälter anbetrifft, Frank[4]) überein. Meine eigenen Untersuchungen stimmen ziemlich mit denen Frank's, weniger mit denen von Höhnel's überein und werde ich auch da jeweilen später die Resultate vergleichend neben einander stellen.

M. Martinet[5]) hat zwar hauptsächlich die *Aurantiaceen* beschrieben, doch am Schluss seiner Arbeit bemerkt er noch:

---

[1]) Vergleiche: Meyen. Secretionsorgane der Pflanzen. Berlin 1837. Frank. Beiträge zur Pflanzenphysiologie. Leipzig 1868. Martinet. Organes de sécrétion des végétaux 1872. (Ann. sc. nat. Série V. T. V.) Müller. Untersuchungen über die Vertheilung der Harze etc. und die Stellung der Secretbehälter im Pflanzenkörper. (Pringsh. Jahrb. V.) Höhnel. Anatomische Untersuchungen über einige Secretionsorgane der Pflanzen. (Sitzungsberichte der Wiener Academie. Bd. LXXXIV. 1881. Abtheilung 1.) Lange. Ueber die Entwickelung der Oelbehälter in den Früchten der *Umbelliferen*. Königsberg 1884. Van Tieghem. Sur les canaux sécréteurs du péricycle dans la tige etc. (Bull. soc. bot. d. France. 1884.) Mayer. Entstehung und Vertheilung der Secretionsorgane der Fichte und Lärche. (Bot. Centralbl. IX. 1884.) Tschirch. Ueber die Milchsaftbehälter der Asa etc. liefernden Pflanzen. (Arch. d. Pharm. 1886.) Tschirch. Angewandte Pflanzenanatomie. Wien und Leipzig 1889. p. 477. Tschirch. Berichte der deutschen botanischen Gesellschaft. Bd. XI. Jahrgang 1893. Heft 3. Bécheraz. Ueber die Secretbildung in den schizogenen Gängen. [Inaugural-Dissertat.] Bern 1893. Sieck. Die schizolysigenen Secretbehälter, u. a. m. [Inaugural-Dissertat.] Bern 1895. Vergl. auch die Uebersicht der Litteratur in Tschirch's Angewandter Anatomie, p. 485.

[2]) Höhnel. Anatomische Untersuchung über einige Secretionsorgane der Pflanzen. (Sitzungsberichte der Wiener Academie. 84. I.)

[3]) Leblois, A. Annales d. sc. nat. Série VII. 1887.

[4]) Frank. Beiträge zur Pflanzenphysiologie. Leipzig 1868.

[5]) Martinet, M. Organes de sécrét. d. végétaux. (Annales d. sc. nat. Série VI. T. XIV. 1871.)

„Toutes ces glandes intérieures (des *Rutacées, Myrtacées*) produisent une huile essentielle plus ou moins abondante. Le tissu subit toujours une phénomène de resorption analogue à celui que j'ai signalé dans les Orangers" und sagt also damit, dass auch bei den *Myrtaceen* die Bildung der Secretbehälter eine lysigene sei. Diese letztere Ansicht vertritt auch noch M. J. Chatin.[1]) Eine neue Theorie dagegen stellten Tschirch[2]) und Haberlandt[3]) auf, indem sie die Behauptung aussprachen, dass ein Secretraum sich schizogen zu entwickeln anfangen könne, um sich dann später auf lysigenem Wege zu vergrössern.

Van Tieghem[4]) spricht sich in allen Fällen für schizogene Bildung aus.

F. Niedenzu[5]) bemerkt folgendes: „Die Oeldrüsen entstehen hier — bei den *Myrtaceen* — immer lysigen. Das Oel liegt meist nicht frei im Drüsenraum, sondern durchtränkt ein von den aufgelösten Zellen restirendes Protoplasmagerüst."

Wir sehen also aus diesen Citaten, welche Meinungsverschiedenheiten herrschen. Desshalb unternahm ich es auf Vorschlag von Herrn Prof. A. Tschirch, die *Myrtaceen* ganz speciell zu meinem Studium zu machen.

Bevor ich aber zum speciellen Theil meiner Arbeit übergehe, scheint es mir angezeigt zu sein, noch einige Bemerkungen über die Secretbehälter im Allgemeinen zu machen.

Höhnel spricht in seiner Arbeit nur von „Drüsen". Nach den heutigen Ansichten ist aber dieser Ausdruck nicht unbedingt richtig. Allerdings, wenn man vom entwicklungsgeschichtlichen Standpunkt ausgeht, wäre diese Bezeichnung, in vielen Fällen wenigstens, hier am Platze, insofern man nämlich mit dem Namen „Drüse" alle jene Gebilde bezeichnet, die von der Epidermis ausgehen, gleichgültig, ob sie dann nach aussen oder nach innen in das Gewebe hinein sich ausbilden.

Betrachtet man aber die Sache vom histologischen Standpunkt, dann kann man diese Oelbehälter nicht Drüsen nennen, sondern überlässt diesen Namen besser nur den Gebilden, welche aus der Epidermis nach aussen hin auswachsen, wie das z. B. bei *Mentha piperita*[6]) und *Cannabis* der Fall ist.

Als ein Beispiel, zu welchen Misslichkeiten die Bezeichnung „Drüse" Anlass geben kann, nenne ich gerade hier die Familie der *Myrtaceen*. Da handelt es sich immer um intercellulare Behälter; diese entstehen aber in einem Fall aus einer oder zwei Epidermiszellen, wie bei *Myrtus communis*; es wären also Drüsen.

---

[1]) Chatin, M. J. Etudes histologiques et histogéniques sur les glandes foliaires intérieures. (Annales d. sc. nat. Série VI. 1875.)
[7]) Tschirch, Angewandte Anatomie, p. 477.
[2]) Haberlandt, Physiologische Pflanzenanatomie. 1884.
[4]) Van Tieghem, Annales d. sc. Série VII. T. I. 1885.)
[5]) Niedenzu, F., behandelt die *Myrtaceen* in Engler u. Prantl, die nat. Pflanzenfamilien. 1893. Lief. 81.
[6]) Vergl. Tschirch-Oesterle, Anatom. Atlas der Pharmakognosie etc. p. 74.

In der gleichen Familie haben wir aber auch Pflanzen, bei denen die Epidermiszellen nicht Theil nehmen an der Bildung der Secretbehälter; diesen dürfte also wohl besser der Namen einer Drüse nicht gegeben werden. So hätten wir also hier verschiedene Bezeichnungen der Secretbehälter, die doch in ihrem Aufbau und Aussehen in den meisten Fällen kaum zu unterscheiden sind.

Desshalb lässt man also besser für diese Bildungen den Namen „Drüse" ganz fallen und spricht von Secretbehältern, wenn es sich — wie bei den *Myrtaceen* — um rundliche Bildungen und von Secretgängen, wenn es sich um langgestreckte Canäle handelt.[1]) Man unterscheidet bekanntlich nun schizogene und lysigene Secretbehälter, sowie noch, nach Tschirch's Terminologie, schizolysigene, je nachdem sie durch Auseinanderweichen ursprünglich verbundener Zellen, oder durch Auflösen, beziehungsweise Zerreissen der Membranen einer Gruppe von Zellen, oder aber durch Combination beider Entstehungsarten entstehen.

Arthur Meyer[2]) behauptet nun, es hätte sich herausgestellt, dass alle bisher genauer untersuchten intercellularen Secretbehälter schizogen entständen; es könnten desshalb die Namen schizogen und lysigen, die sich auf die Genesis beziehen, bei dem fertigen Zustande der Secretbehälter nicht mehr zur Unterscheidung benutzt werden. Er wählt desshalb zur Bezeichnung der einen der beiden Arten einen, sich auf den fertigen Zustand beziehenden Namen und bezeichnet sie als symplastische Secretbehälter, während er die andere Categorie, die de Bary als schizogene Secretbehälter bezeichnete, interzellulare Secretbehälter nennt.

Die symplastischen Secretbehälter Meyer's, die schizolysigenen Tschirch's würden dann den Uebergang bilden von den Zellfusionen zu den interzellularen Secretbehältern.

Wir aber halten noch an den alten Bezeichnungen, wie ich sie oben nannte, fest, da dieselben den Thatbestand besser bezeichnen und kein Grund vorliegt, sie durch neue zu ersetzen.

Ferner sind die Secretbehälter entweder protogene, d. h. solche, welche sehr früh im Gewebe entstehen, wenn dieses sich differenzirt, oder hysterogene, wenn sie erst in späteren Stadien der Pflanze auftreten. Bei den *Myrtaceen* sind die Secretbehälter stets protogen. Im Allgemeinen sind die schizogenen Secretbehälter von einer mechanischen Scheide umschlossen, welche aus einem Zellenring besteht, dessen Zellen gewöhnlich etwas fester gebaut sind, als die umliegenden. Innerhalb dieser mechanischen Scheide befinden sich dann die Secretionszellen oder sezernirenden Zellen, welche im jungen Stadium etwas gegen den Intercellularraum vorgewölbt sind, später aber flach werden. Diese Secretionszellen sind meistens mit körnigem Protoplasma erfüllt, enthalten selber aber niemals Secret. Es kann also auch nicht in ihnen gebildet werden; die Secretbildung erfolgt nach

---

[1]) Tschirch, Angewandte Anatomie. p. 478.
[2]) Meyer, Arthur, Wissenschaftliche Drogenkunde. Theil I. Berlin 1891.

Tschirch's Untersuchungen in der sogenannten resinogenen Schicht.

Tschirch sagt:[1] „Das Secernirungsepithel enthält kein Oel bezw. Harz, kann also auch niemals diese Stoffe als solche in den Canal secerniren, vielmehr bildet sich das Secret unmittelbar nach Austritt der resinogenen Substanzen durch die Membran der Secernirungszellen an der Aussenseite derselben. Bei näherer Untersuchung dieses Ortes hat sich nun ergeben; dass es die gegen den Canal gerichtete äussere, verschleimte Partie der Wand der Secernirungszellen ist, in der die Oelbildung erfolgt. Der Canal ist nämlich stets, gleichviel zu welcher Familie die untersuchte Pflanze gehört, mit einer sehr zarten „cuticularisirten" in concentrirter Schwefelsäure und in Schultze'scher Flüssigkeit unlöslichen Haut ausgekleidet, die man gewissermassen als die „Cuticula" der Secernirungszellen auffassen kann. Zwischen dieser Haut und der scharf contourirten, aus Cellulose bestehenden innersten Partie der gegen den Canal gerichteten Aussenwand der Secernirungszellen liegt eine mit Balsam untermischte Schleimmasse, die resinogene Schicht."

Das Untersuchungsmaterial stammte hauptsächlich aus der Sammlung von Prof. Tschirch, die derselbe aus Indien mitgebracht. Ich schöpfte sowohl aus dem Alkoholmaterial, wie aus dem Herbarium indicum, ferner verdanke ich frisches Untersuchungsmaterial Herrn Prof. Klebs (botan. Garten in Basel), Herrn Prof. Penzig (botan. Garten in Genua) und Herrn Prof. L. Fischer (botan. Garten in Bern). Ich sage allen diesen Herren für die freundliche Unterstützung meinen verbindlichsten Dank.

Spezieller Theil.

Myrtus communis.

Vorausschicken möchte ich hier, dass gerade diese Myrtacee am meisten Schwierigkeiten in der ganzen Familie bot. Dazu tragen verschiedene Umstände bei, wie z. B. das ausserordentlich zarte Gewebe der jüngsten Blattknospen, die man eben meistens zur Untersuchung heranziehen muss, um die Anfänge der Secreträume beobachten zu können. Durch Härten mit Alkohol oder mit Picrinsäurelösung, wie man im Allgemeinen bei solchen Objecten verfährt, würden in diesem Falle ganz andere, ja sogar eventuell falsche Resultate erhalten werden, denn in diesem zarten Gewebe bringen auch Reagentien, die sonst häufig ohne Schaden angewendet werden, Veränderungen hervor, die den Beobachter

---

[1] Tschirch, A., Berichte der deutschen botanischen Gesellschaft. Band **XI**. Jahrgang 1893. Heft 3. und Pringsh. Jahrb. XXV. Heft 3. Dargestellt ist die resinogene Schicht auch in Frank und Tschirch, Pflanzenphysiologische Wandtafeln, Taf. LVII., sowie in Tschirch und Oesterle, Anatomischer Atlas der Pharmacognosie, Tafel 1 und 38.

irreleiten können. In diesem Falle, z. B. wo es sich um das Studium von Oel- und Harzbehältern handelt, verbietet sich Alkohol schon von selbst, indem derselbe selbstverständlich das vorhandene Secret löst, die Membranen der secernirenden Zellen zusammenfallen und so kein klares Bild mehr geben.

Selbst in diesen jüngsten Blättern, ja sogar theilweise schon im Vegetationskegel, waren die Oelbehälter zum grössten Theil fast vollkommen ausgebildet, und es braucht jeweilen eine grössere Anzahl von Schnitten, um einige Anfangsstadien zu finden. Diese letztere Beobachtung steht im Gegensatz zu dem, was F r a n k in seiner diesbezüglichen Arbeit sagt, nämlich, dass er leicht in jungen Blättern alle Entwickelungsstadien gefunden.

Wenn nicht ausdrücklich etwas anderes bemerkt ist, beziehen sich alle folgenden Beobachtungen auf lebendes Material.

Ueber die Vertheilung der Secretbehälter bei *Myrtus communis* ist kurz folgendes zu bemerken:

Wenn man ein Blatt gegen das Licht hält, sind die Oelbehälter als helle, runde Punkte über die ganze Blattspreite in grosser Anzahl unregelmässig vertheilt zu erkennen; etwas zahlreicher sind sie an der Basis des Blattes und dort sind sie auch gewöhnlich etwas grösser. Die obere, dem Licht zugekehrte Seite des Blattes ist in der Anzahl der Secretbehälter etwas bevorzugt, was aus zahlreichen Zählungen deutlich hervorging und zwar ist das Verhältniss der Blattoberseite zur Unterseite wie 1,3 zu 1. In der Mittelrippe der Blätter waren nie Secretbehälter zu finden, wohl aber in allen jüngern Stengeln, welche noch nicht verholzt waren; sie fanden sich aber da nur in der Rindenschicht. Auf den ersten Blick sieht man bei dem vollständig ausgebildeten Secretbehälter, dass derselbe direct unter der Epidermis des Blattes liegt und in der That lehrt uns auch die Entwicklungsgeschichte, dass es die Epidermiszellen sind, aus welchen die Secretbehälter gebildet werden. Während F r a n k in seiner ausführlichen Arbeit als erstes Stadium eine runde, dünnwandige, chlorophylleose, mit körnigem Protoplasma erfüllte Zelle von etwas grösserem Durchmesser, als die grünen Zellen, annimmt, fand H ö h n e l, dass die „Drüse" aus einer oder zwei Epidermiszellen hervorgehe.

Meine Untersuchungen haben ergeben, dass als erste Anlage des Secretbehälters eine einzige, etwas grössere Epidermiszelle zu betrachten sei, welche nach aussen wenig erhöht ist (Fig. 1). Wenigstens habe ich verhältnissmässig oft im Vegetationskegel und den anliegenden jüngsten Blättchen solche Epidermiszellen gefunden. Ebenso fand sich dort auch folgendes Stadium, welches auch mit dem von H ö h n e l beobachteten übereinstimmt und als zweites zu betrachten ist. Die Epidermiszelle hatte sich durch eine Tangentialwand getheilt und zwar so, dass die obere Theilzelle ungefähr die Hälfte einer gewöhnlichen Epidermiszelle betrug, während die untere Theilzelle sich schon ganz bedeutend gegen das Blattinnere hervorgewölbt hatte. (Fig. 2.)

In diesem Stadium, welches nun ungefähr demjenigen entsprechen würde, welches F r a n k als erstes aufgefasst hat, tritt in der grössern, innern Zelle deutlich zum ersten Mal das feinkörnige Plasma auf, das dieselbe sofort von allen andern Zellen der Nachbarschaft unterscheiden lässt; ferner enthält diese Zelle kein Chlorophyll, was allerdings auch bei einer Tochterzelle einer Epidermiszelle nicht zu erwarten ist.

Als merkwürdige Reaction dieses körnigen Inhaltes sei hier bemerkt, dass sich derselbe weder mit Wasser, noch Chloralhydratlösung, noch mit Alkohol verändert.

Durch alle späteren Entwicklungsstadien des Secretbehälters findet man diesen Inhalt und nur in den vollkommen ausgebildeten Behältern, da wo sich auch schon eine verkorkte Lamella gebildet hat und die Secretionszellen durch die Menge des gebildeten Oeles fast vollkommen zusammengedrückt sind und die Oelproduction auch jedenfalls aufgehört hat, ist dieses körnige Protoplasma verschwunden.

Nun entstehen weitere Tochterzellen und zwar so, dass sich Querwände bilden, welche die Epidermiszelle in zwei theilen und ebenso auch die darunterliegende grössere (Fig. 3).

Von diesem Stadium an ist die Weiterentwickelung eine verschiedene; denn entweder bleiben von jetzt an die beiden Epidermiszellen während der weiteren Bildung des Secretbehälters in der Theilung beschränkt, oder aber jede von ihnen wird noch durch je eine Tangentialwand in zwei neue getheilt. (Fig. 4.) So kommt es, dass der fertig gebildete Oelbehälter von der Blattoberfläche entweder durch zwei Zellreihen, respective vier Zellen, oder aber durch eine Zellreihe, respective zwei Zellen getrennt ist. Allerdings ist der letztere Fall weitaus der häufigere und wird auch nur dieser als normal aufzufassen sein. (Fig. 5.) Um später nicht mehr darauf zurückkommen zu müssen, gedenke ich hier der Beobachtungen, die von Höhnel und Frank gemacht haben und die ich bestätigt gefunden habe, dass nämlich diese beiden Epidermiszellen leicht bei einem Flächenschnitt den Ort einer Oelbehälteranlage verrathen, indem sie an den Seitenwänden viel weniger gewellt sind, als die übrigen Oberhautzellen; auch scheinen sie etwas dickere Wände zu haben und liegen ausserdem noch mit fast geraden Flächen einander an. (Fig. 6.)

In diesem Zustande bleiben nun die Epidermiszellen und verändern sich auch bei den ausgewachsenen Blättern nicht wesentlich; ebenso betheiligen sie sich an der ferneren Entwickelung der Secretbehälter nicht mehr, höchstens werden sie noch etwas flacher, was dem mechanischen Drucke zuzuschreiben ist, den der Oelbehälter auf sie ausübt.

Es bleiben also jetzt noch die zwei, mit körnigem Protoplasma erfüllten, innern, aus der Epidermiszelle abgetheilten Zellen übrig, aus denen, wie es scheint, immer der Secretbehälter hervorgeht. Dies vollzieht sich durch fortgesetzte Theilung durch Quer- und Längswände.

Zunächt entsteht wieder eine Querwand, so dass nun vier Zellen abgetheilt werden (Fig. 7), die in der Mitte durch Auseinanderweichen bald einen kleinen Intercellularraum entstehen lassen. In diesem, immerhin noch sehr jungen Stadium des Behälters war schon mittelst Osmiumsäure (1 : 100) eine Spur von Oel im Intercellularraum nachzuweissen. Dagegen war niemals in den umliegenden Zellen, den Secernirungszellen, Oel zu finden, was mir wichtig erscheint, indem damit erwiesen ist, dass nicht etwa das Oel in ihnen vorgebildet wird, um dann durch Diffusion oder gar durch Zersprengen der Zellen in den Intercellularraum zu gelangen, sondern, dass der Ort der Secretbildung an der nach innen vorgewölbten Membran der Secernirungszelle zu suchen ist.

Diese innere Wand wurde schon von Tschirch besprochen; es ist nach ihm die resinogene Schicht und findet sich Näheres darüber in der Einleitung dieser Arbeit.

Bécheraz hat auch Studien über schizogene Gänge gemacht und dort eine resinogene Schicht in Form einer Schleimmembran gefunden. Hier, wo es sich um schizogene Secretbehälter, nicht um Gänge handelt, konnte ich nicht mit Sicherheit eine Schleimmembran nachweisen. Bei einigen Präparaten waren zwar an den Secernirungszellen, gegen den Intercellularraum hin, Gebilde in Form von Kappen schwach wahrzunehmen, doch habe ich in dieser Hinsicht nichts weiteres gefunden; ebenso konnte ich auch nicht mit Bestimmtheit Schleim an diesem Ort nachweisen, da, wie schon oben gesagt, gerade bei *Myrtus communis* diese Zellen so zart und gegen alle Reagentien empfindlich sind, dass es sehr schwer ist, Sicheres darüber auszusagen. Immerhin wäre es interessant, in dieser Hinsicht noch weitere Studien zu unternehmen, insbesondere, da ich, wie später dargelegt werden soll, in der Familie der *Myrtaceen* Pflanzen mit deutlicher resinogener Schicht an den Secretzellen gefunden habe, ja sogar eine Pflanze, bei der es überhaupt nicht bis zur Oel- oder Harzbildung kam, sondern bei der nur Schleim vorhanden war.

Wir hatten oben die Entwicklungsgeschichte bis zu dem Punkte verfolgt, wo der junge Secretbehälter aus vier Zellen mit einem Interzellularraum bestand. Diese vier Zellen theilen sich durch Radialwände noch einige Zeit lang weiter, bis ungefähr die Zahl von 20 bis 25 Zellen erreicht ist. Diese sind anfangs noch ziemlich gegen den Intercellularraum vorgewölbt, flachen sich aber immer mehr ab, in Folge des Druckes, den das inzwischen reichlich abgesonderte Oel auf sie ausübt.

In diesem Stadium ist der Secretbehälter fertig.

Aus der ganzen Entwicklung von der ersten grossen Epidermiszelle an bis zu den durch Theilung entstandenen Tochterzellen, den Secretionszellen, geht mit absoluter Sicherheit hervor, dass wir es mit schizogen entstandenen Behältern zu thun haben. Da Tschirch und Haberlandt darauf hinwiesen, dass sich solche Secretbehälter in späteren Stadien, auch wenn ihr Ursprung schizogen, auf lysigenem Wege erweitern können, so wurde von mir besonders eifrig darnach gesucht, ob nicht etwa solche

Stadien, an denen eine lysigene Erweiterung nachzuweisen wäre, auch hier zu finden seien, jedoch ohne Resultat. Die Entwicklung ist rein schizogen.

Charakteristisch ist es nun, dass an diesem so ausgebildeten Secretbehälter, welcher die Grösse von ungefähr 85 bis 110 μ erreicht hat, jetzt eine verkorkte Wand entsteht, welche den Kranz der Secernirungszellen einschliesst. Die nach aussen liegende Wand der Secernirungszellen verkorkt. Behandelt man den Querschnitt eines Blattes von *Myrtus communis* mit concentrirter Schwefelsäure und verfolgt dann die allmälige Auflösung des Gewebes, so bemerkt man, wie die äussere Wand der Secernirungszellen erhalten bleibt in Form eines continuirlichen Kreises. Diese verkorkte Membran war bei den noch nicht entwickelten Secretbehältern niemals nachzuweisen. Schliesslich obliterieren die secernirenden Zellen vollständig. (Vergl. *Myrtus acris*.)

Die Phloroglucin-Salzsäure-Reaction ergab kein Resultat; eine Verholzung der mechanischen Scheide, wie das, wie wir später sehen werden, bei einigen *Myrtaceen* zu finden ist, ist also hier nicht vorhanden.

Zum Schlusse sei noch auf eine andere eigenthümliche Erscheinung hingewiesen, auf die auch von Höhnel schon aufmerksam machte, und die ich ebenfalls wahrgenommen habe, dass nämlich bei den jüngsten Blättern auch äussere Drüsen vorhanden sind, die aber kein Oel erzeugen und auch sehr bald abfallen. (Fig. 8.) Sie sind nie mehr bei älteren Blättern zu finden. Dieselben entstehen aus dem äusseren Abschnitte der Epidermiszelle, während der Oelbehälter, wie oben erwähnt, aus dem innern gebildet wird.

(Fortsetzung folgt.)

Originalberichte gelehrter Gesellschaften.

Sitzungsberichte der botanischen Section der königl. ungarischen naturwissenschaftlichen Gesellschaft zu Budapest.

Sitzung am 9. Januar 1895.

Julius Istvánffi hielt einen Vortrag über:

„Theatrum Fungorum von Clusius und Sterbeek im Lichte der modernen Forschung".

Sterbeek, ein Antwerpener Seelsorger aus dem 17. Jahrhundert, edirte im Jahre 1675 einen voluminösen Band mit dem Titel: Theatrum Fungorum oft het Torneel Der Campanoelien. In diesem populären Werke stellte er alles das zusammen, was er über gute und giftige Pflanzen wusste, und legte auf 32 Stahlstichtafeln originale und copirte Darstellungen einiger hundert Pilze vor. Das Werk Sterbeeks interessirt uns Ungarn einerseits deshalb, weil er gleich in der Einleitung behauptet, dass „unter allen Pflanzendeterminatoren die meisten Pilznamen von Ungarn aufgezeichnet wurden, was davon zeugt, dass in Ungarn die Pilze gut gekannt und genossen werden, führt auch die ihm curios scheinenden Namen an, wie Bicza, Bikalya, Baba, Varganya etc.“ Diese Namen stammen von Stefan Bejthe, er schrieb selbe Clusius auf, als derselbe in Transdanubien botanisirte und bei Graf Balthasar Batthyány sich aufhielt. Die Beschreibung der Pilze in Clusius' 1601 erschienenen Historia Fungorum wird nur von wenigen mangelhaften Holzschnitten unterstützt, so dass deren Determinirung grosse Schwierigkeiten bereitete und man lieber Sterbeek's Werk benutzte. Man supponirte den Abbildungen Sterbeek's, dass sie naturgemässe Darstellungen böten, und fand sie daher zur Aufhellung der Clusius'schen Illustrationen ganz entsprechend.

Istvánffy weist nach, dass Sterbeek mit wenigen Ausnahmen die bunten Abbildungen aus Clusius' Werke benutzte, sie einfach copirte.

Er weist nun nach, dass Britzelmayr in seiner im Jahre 1894 erschienenen Studie über Sterbeek irrte, weil er, die Bilder betreffend, nicht in Betracht zog, dass von den 135 *Hymenomyceten* 70 Copien wären, und selbe mit der Determinirung Britzelmayr's sich nicht decken. Sowohl Britzelmayr als auch andere Mycologen, wie der Ungar Kalchbrenner, irrten in der Beurtheilung des Sterbeek'schen Werkes, indem sie die Illustrationen Clusius' der ungarischen Pilze nicht kannten und indem sie den originalen Text Sterbeek's in holländischer (flamländischer) Sprache nicht lasen, in welchem derselbe den Ursprung einzelner Abbildungen angab.

Vortr. copirte dieselben aus dem Codex der Leydener Bibliothek im Jahre 1893.

Alexander Mágocsy-Dietz hielt einen Vortrag über:

„Die Epiphyten Ungarns“.

Er zählt jene Pflanzen auf, welche bei uns auf Bäumen, insbesondere auf abgestutzten Weiden, vegetirend vorkommen. Er weist bezüglich dieser nach, dass deren Samen theils mit Hilfe des Windes, theils durch Vögel verschleppt, auf diese Vegetationsorte gelangen, weshalb auch diese Epiphyten fleischfrüchtig sind oder flugfähige Samen besitzen.

Er erwähnt sodann, dass dem Secretariate der Gesellschaft aus Tarczal ein Rhizom der *Cicuta virosa* eingesandt wurde, mit der Mittheilung, eine Anzahl Rinder wäre in Folge Genusses der Pflanze gefallen.

Er legt hierauf eine absonderliche sterile Myceliumform vor, welche früher *Ozonium stuposum* genannt wurde.

Sodann demonstrirte derselbe einen auf der *Azalea Pontica* parasitisch lebenden Pilz, *Exobasidium discoideum* Ellis, welchen Dr. Géza Horvath aus dem Caucasus brachte und den man bisher nur aus Amerika kannte.

Ludwig Simonkai skizzirt in Verbindung mit der Beschreibung unserer *Pinus*-Arten aus der Gruppe der *Diploxylon*

die charakteristische Verbreitung der *Pinus*-Arten in pflanzengeographischer Beziehung.

Er theilt mit, dass unter den beiläufig 70 *Pinus*-Arten der Welt bei uns höchstens 7—8 wildwachsend vorkommen. Er unterscheidet unter denselben zwei Gruppen, und zwar die der *Haploxylon* und der *Diploxylon*. Bezüglich der heimischen Arten der letzteren Gruppe beschäftigt er sich mit den charakteristischen Zügen und der pflanzengeographischen Verbreitung der *Pinus Pinaster* Solander, *Pinus Laricio* Poir., *Pinus Pallasiana* Lemb., *P. nigra* Arm. und auch mit *P. Pumilio* Haenke und *P. Mughus* Scop. und deutet auf jene Missverständnisse hin, welche diesbezüglich hier zu Lande herrschen.

Vinzenz Borbás erklärt die Missverständnisse dadurch, dass die Autoren ohne genauere Untersuchung die Meinungen Anderer nachschrieben, im guten Glauben habe er auch Fiume und Kroatien als Standort gewisser *Pinus*-Arten citirt und sich nachträglich überzeugt, dass selbe dort nur als angepflanzt zu betrachten seien. Die Unsicherheit betreffs der Flora Fiumes stammte daher, dass man unter Fiume ein grosses Territorium versteht, und öfters stammt eine Pflanze der Flora Fiumes von entfernten Inseln. Eine andere Ursache wäre die „Flora croatica" von Schlosser und Vukotinovics; wenn deren Zusammenstellung auch ein unvergängliches Verdienst der Autoren bildet, so ist deren Autenticität doch anzuzweifeln, da sehr viele der angeführten Pflanzen, so auch viele *Pinus*-Arten, von dem dort forschenden Botaniker nicht gefunden werden. Die Veranlassung zu diesem Uebelstande wurde einst von Vukotinovics mündlich mitgetheilt und um fernerhin Irrthümer zu vermeiden, wäre er bemüssigt, dieselbe zu veröffentlichen. Wormartiny, Klingsgräff und Schlosser hielten einst eine Sitzung, nahmen irgend eine Flora vor, lasen die Pflanzennamen, und frugen bei jedem, wer dieselbe in Kroatien gesehen habe, und schrieben als Fundort Kroatien zu vielen solchen Pflanzen, welche daselbst faktisch nicht anzutreffen sind. Borbás hat eine ganze Schaar derartiger Pflanzen in der Oesterr. bot. Zeitschr. 1885. p. 124—125 nachgewiesen.

Sitzung am 13. Februar 1895.

Julius Istvánffi hielt einen Vortrag unter dem Titel:

Neuere Untersuchungen über den Zellkern der Pilze.

Auf der Basis der an interessanteren Species der *Mycetes* angestellten Beobachtungen weist er nach, dass ein Zellkern in jedem Entwicklungsstadium der *Myceten* nachweisbar sei, ohne Zellkern gebe es auch hier keine Fortentwicklung, kein Wachsthum, keine Fruchtbildung u. s. f. Er illustrirte seinen Vortrag mit zahlreichen Originalzeichnungen über das Vorkommen, die Rolle und die Theilung der Zellkerne.

Karl Schilberszky referirt:

Ueber die Eintheilung des Botanischen Gartens
zu München,

welchen er im Jahre 1893 besucht hat, und befasst sich besonders
mit dem Victoriahaus und mit den von Director Göbel in den
letzten Jahren geplanten und von Garten-Inspector Kolb bereits
ausgeführten pflanzenbiologischen Gruppen. Letzteren schenkt Vortr.
besonderes Interesse, indem er in den lebenden, systematisch ge-
ordneten biologischen Objecten ein wesentliches Moment der
autoptischen Pädagogik sieht. Eine glücklich zu nennende Idee,
deren Ausführung berechtigt ist auf Grund vorgelegter biologischer
Thatsachen, das weitere Beobachten und Forschen im Sinne der
Biologie zu erwecken.

In dem hierauf folgenden Gedankenaustausch erwähnt **Julius
Klein,** dass der Initiator der biologischen Gruppen Heinricher,
Professor in Innsbruck, gewesen wäre, **Staub** hingegen meinte,
man hätte in Berlin den Anfang gemacht mit dem Aufstellen solcher
biologischer Gruppen; laut Meinung **Mágocsy's** hätte die betreffende
Idee Heinricher von Graz nach Innsbruck verpflanzt, in welch
ersterem Orte er Assistent gewesen war, indem schon Leitgeb im
alten Grazer Botanischen Garten sich mit der Anlegung solcher
Gruppen beschäftigte.

Rudolf Francé demonstrirt unter dem Titel:

Ein Höhlen-bewohnender Pilz

die *Isaria Eleutherathorum* Nees ab Esenb., welche auf verschiedenen
Höhlen-bewohnenden Käfern vorkommt und welche er in mehreren
Höhlen des Biharer Comitates, besonders in der Höhle von Fonácza,
im November 1894, fand.

Gabriel Perlaky legte die Arbeit **Aladár Richter's:**

Der javanische Gift- oder Upasbaum (*Antiaris toxicaria*
Leschen), insbesondere vom histologischen Standpunkt,

vor und weist, auf histologischen Untersuchungen fussend, nach, dass
im indischen Archipel ausser *A. toxicaria* nur die Species *A. Bennettii*
Seem. und *A. Saccidora* Dol vorkommen, von welchen die letztere
aus physiologischen Gründen kaum von *A. toxicaria* zu unterscheiden wäre.

Der Schriftführer legt hierauf einige

Bemerkungen **Ludwig Simonkai's**

vor über den Sitzungsbericht vom 12. December 1894.

Die *Stipa dasyphylla* Czern. ist auf p. 75 des Conspectus pl.
Charkow ohne alle Charakteristik mitgetheilt und zählt daher als nomen
nudum nach den Gesetzen der Nomenclatur nicht; hingegen wird
dieselbe auf p. 283 im Lindemann, Fl. Cherson. II (1882) mit
folgenden Worten determinirt: „Foliis planis, demum convolutis
pilosis." Den Original-Untersuchungen und den Vergleichungen zu

Folge stimmt diese Pflanze nicht überein mit der *St. Austriaca* Beck., ihre Frucht und ihre Blätter in Betracht gezogen, sondern mit der starren, beinahe knusperigen und hartblätterigen *St. Grafiana* Stev., und entspricht auch nicht unserer *villifolia*, deren Blätter viel zarter, grasartiger sind, auch die Früchte sind kleiner als die der *St. dasyphylla*, deren Stengelblätter, und besonders die obersten, behaart sind, deren Grund der Blütenachse haarig und walzenförmig ist, während die Stengelblätter unserer behaartblätterigen *Stipa*, und besonders die obersten, behaart sind und deren Blütenachsengrund gänzlich kahl und gekritzt ist.

Des Ferneren zeigt sich der in der Sitzung vom 12. December 1894 demonstrirte neue *Elymus*, welchen Gabriel Perlaky bei Szt. Endre (Pester Comitat) fand, nach Vergleichung mit den portugiesischen und südfranzösischen Exemplaren nur als *E. Caput medusae* L.

In der Sitzung vom 4. Mai 1894 wurde unsere *Nymphaea thermalis* ohne Widerspruch *Nymphaea mystica* genannt, während nach De Candolle *Costalia mystica* Salisb. nichts anderes als *Nymphaea Lotus* DC. oder *N. Aegyptiaca* Simk. sei; hingegen wäre *N. mystica* Salisb. gleich *N. thermalis* DC., so dass der Speciesname *mystica* unbedingt zu streichen sei und *N. thermalis* zu behalten wäre.

Sitzung vom 13. März 1895.

Ferd. Filarszky:

Ueber Anthocyan und einen interessanten Fall der Nichtausbildung dieses Farbstoffes.

Verf. spricht im Allgemeinen über das Vorkommen, die chemische Natur, das Auftreten und die Veränderlichkeit des Anthocyans, er schildert die Einflüsse des Lichtes, der Wärme und insbesondere der Bodenverhältnisse auf die Ausbildung dieses Farbstoffes und erörtert schliesslich die Lebensaufgabe desselben, wobei er hervorhebt, dass es in allen Fällen als Schutzmittel dient, wie auch . bei der Umwandlung des Lichtes in Wärme eine wichtige Rolle spielt, aber in der Biologie der Blüten und Früchte vielfach missdeutet und überschätzt wird.

Im Anschluss hieran zeigt Verf. sowohl in getrocknetem Zustande, als auch in Formalin ausgezeichnet conservirte Exemplare von *Vaccinium Myrtillus* L. und dessen Farbenvarietät var. *leucocarpum* Dumortier vor, welche er am Fusse der Hohen Tátra in grösserer Anzahl gesammelt und die in der ungarischen Flora bisher blos von einem Standorte, Brassó (Kronstadt in Siebenbürgen), verzeichnet ist.

Vinzenz Borbás erwähnt, Ascherson und Magnus hätten darüber in den Arbeiten der Wiener Zoolog.-botan. Gesellschaft 1891 geschrieben. Der Albinismus der Früchte wäre bei den Gartenarten häufig, doch käme derselbe auch im Freien vor, z. B. hätte er im vorigen Jahre auf dem Mecsek (bei Pécs, Baranyaer Comitat) eine solche Varietät des rothen Hollunders (*Sambucus racemosa*) angetroffen.

Karl Schilberszky:

Neuere Beiträge zur Kenntniss der Polyembryonie,

worüber Verf. im Botan. Centralbl. selber referirt.

Mágocsy-Dietz legte eine Arbeit **Aladár Richter's** vor:

Ueber die Zwergform von *Botrychium Lunaria* Sid.

Er fand auf einem Punkte des Kalkplateaus von Murány auf dem „Pod Stozski" und auf dem Bergriesen des Straczenaer Thales 3—9 cm hohe zwerghafte *Botrychien*. Eingehende Untersuchungen ergaben, dass dieselben zwerghafte oder junge Individuen von *B. Lunaria* quasi forma *pumila* seien, wenn auch die reifen Sporen ein wenig warzig seien. Die Warzen sind wohl kleiner und zusammenfliessend, auch sind die Sporen kleiner als die von *B. Lunaria*. Ihr Standplatz war auf magerem, subalpinem Boden, die reifen Sporen waren alle entleert. Die Ursache ihrer Zwerghaftigkeit kann daher nicht ihre Jugend sein, vielmehr müsse man an Ort und Stelle die Ursache derselben suchen. So viel sei Thatsache, dass er normal entwickelte *B. Lunaria* im ganzen Gömörer Comitate nur in der Umgegend von Dobsina gefunden habe.

Sitzung vom 3. April 1895.

Julius Istvánffi spricht:

Ueber die Flora des Balaton-(Platten-)Sees,

und theilt mit, er habe während der Winter 1894 und 1895 den das Eis des Platten-Sees bedeckenden Schnee untersucht und in demselben 28 Algenarten gefunden, welche andere seien, als die im arktischen oder alpinen Schnee vorgefundenen. Durch die neudeterminirten erhöht sich die Zahl der im Schnee lebenden Algenarten auf 98.

Unter dem Titel:

Mykologische Angaben

legt er 50 von ihm selbst gemalte Abbildungen von *Hymenomyceten* vor. Diese wurden zunächst in den Siebenbürger Comitaten und in der Umgebung von Budapest gesammelt und waren auf den betreffenden Standorten in der Litteratur nicht erwähnt. Vier Arten wären in unserem Vaterlande ganz neu, eine derselben wäre ein nur in Frankreich und Deutschland bekannter *Ascomycet*, die *Laboulbenia Rougetii*, welche auf dem in der Höhle von Fonicza lebenden Leuchtkäfer *Pristonychus clavicola* vegetirt, welche auch eine neue Varietät wäre.

Ludwig Simonkai hält einen Vortrag:

Ueber die frostempfindlichen und froststandigen *Pinus*-Arten Ungarns.

Vortr. hebt hervor, dass das Ausserachtlassen der pflanzengeographischen Gesichtspunkte die Quelle vieler Irrthümer sei. So macht K o e h n e in seiner Dendrologie zwischen der Gruppe *Laricio* und *Pinaster* nur den Unterschied, dass die Knospen der ersteren harzig, der zweiten harzlos seien, allein im Frühjahr fällt das Harz von *Laricio* ab, und so verschwinde auch dieser Unterschied. Auf Grund dieser Angaben behauptete er, dass *Pinaster* auch in Ungarn vorkäme. *Pinaster* wäre jedoch als frostempfindliche Art eine Eigenthümlichkeit der mesothermen Zone und überdauere die frostigen Winter des mikrothermen Gürtels, wohin auch Ungarn gehört, nicht. Ihre der mesothermen Zone angepasste Natur wäre ihre Hauptcharakteristik, und darin bestände ihr Unterschied von unseren frostständigen *Pinus*-Arten, also auch von *Laricio*.

Karl Schilberszky meint, dass man das Verhalten der Temperatur gegenüber bei den Pflanzen der pflanzengeographischen Gürtel im Allgemeinen nicht als ausschlaggebend annehmen dürfe, indem viele Pflanzen in Folge akklimatisirender Fähigkeit auch in anderen Zonen fortkommen, so überdauern Cedern in Alcuts auch ohne Strohbedeckung die strengsten Winter.

Vinzenz Borbás weist auf die Quelle jener Widersprüche hin, welche zwischen ihm und dem Vortr. von Zeit zu Zeit auftauchen. Das wäre die beste Art, deren systematische Charakteristik auch mit dem pflanzengeographischen Unterschiede übereinstimmt. S i m o n k a i genüge eine zufällige Grenze, damit er ohne organographische Unterschiede die Arten als verschieden hinstelle. Er kann zwei Arten nicht als verschieden auffassen, weil dieselben anderswo wachsen. Auch nach seiner Auffassung müsse man die geo- graphischen Ursachen und Unterschiede in Betracht ziehen, doch dürfe man den botanischen Stempel nicht aufgeben, weil derselbe mit der geographischen Verbreitung nicht übereinstimme.

Julius Klein machte während des Vortrages S i m o n k a i ' s die Beobachtung, dass derselbe eben die botanische Charakteristik für wichtig halte, doch als Ergänzung der organographischen Daten halte er die pflanzengeographischen für beherzigenswerth und ohne letztere halte er jene für ungenügend.

Alexander Magocsy-Dietz bespricht unter dem Titel:

Eine neue W e i n s t o c k - K r a n k h e i t in Ungarn,

die in Ruszt beobachtete „Gommose bacillaire", welche identisch mit dem italienischen „mal nero" zu sein scheint, von welchem man behaupte, dass diese Krankheit von Bakterien verursacht werde.

Karl Schilberszky meint, dass diese Krankheit nur aus irgend einer Ursache kranke Stöcke ergreife, und dass sie daher keine unabhängige bakteriöse Krankheit sei.

Sitzung vom 8. Mai 1895.

Ludwig Fialowsky hält einen Vortrag:

U e b e r E x e m p l a r e v o n k n o l l i g e n W u r z e l n d e r *Lunaria* i n d e r ä l t e r e n L i t t e r a t u r.

Vortr. erinnert an jene älteren Autoren, die mit der perennirenden knolligen Wurzel der *Lunaria* sich beschäftigten und legt
die Photographien der von B o r b á s gesammelten *Lunaria*-Arten vor.

Ludwig Thaisz spricht:

Ueber die Wiesenuntersuchung im Interesse der landwirthschaftlichen Botanik.

Vortr. würdigt die Wichtigkeit der gute Pflanzen tragenden
Wiesen vom landwirthschaftlichen Standpunkte, stellt den Unterschied
in botanischer Hinsicht zwischen guten und mageren Wiesen fest
und stellt eine Skala auf betreffs der Wiesenschätzung in qualitativer
und quantitativer Hinsicht.

Karl Schilberszky demonstrirte:

Die makrandrischen und mikrandrischen Blüten von *Convolvulus arvensis,*

welche letztere als pathologische Umwandlungen heterandrischen
doch homostylen Blüten entsprechen. Auf den mikrandrischen
Blüten wären auf den auf dem Grunde des Blütenkelches sich befindlichen Nectarien sowohl, als auf den Antheren die Conidien eines
Schimmelpilzes anzutreffen, welcher *Thecaphora Lathyri* Kühn. ähnlich
ist, und gleichen dieselben, den eigenthümlichen Sprossungen zu
folgern, sehr dem Gährungspilze *Saccharomyces apiculatus.* Als
charakteristische Thatsache erwähnt er, dass dieselben auch in noch
geschlossenen, ganz jungen Knospen anzutreffen wären, in makran-
drischen Blüten jedoch niemals.   E d u a r d H e c k e l erwähnt, dass
die Umwandlung dieser Blüten in ursächlichem Zusammenhange
mit der *Thomisus onustus* genannten Spinne stehe, indem letztere
die die Blüten besuchenden Insecten vernichtet, so dass selbe zur
Selbstbestäubung gezwungen ist; hierdurch entstehe eine Schwächung,
die nachfolgende Generation werde vom Schimmelpilz ergriffen und
die Blüte deformirt. Vortr. kann hingegen mit voller Bestimmtheit
behaupten, dass die Deformation nicht dadurch entsteht, sondern
durch die locale Infection, hervorgerufen durch den Schimmelpilz,
welche unabhängig ist vom Selbstbestäuben der Pflanze, und er unterstützt seine Behauptung dadurch, dass er an einer und derselben
Pflanze nicht nur mikrandrische, sondern auch makrandrische Blüten
antraf.   Sind die Blüten abgeblüht, so entwickelt sich in den mikrandrischen während der Reife der Samenkapsel eine braune Staub-
masse, welche aus Ruhesporen besteht, und an den rissigen Samen
haftend gelangen sie selten während der Keimung in die keimende
Pflanze.

Nach O. K i r c h n e r erscheinen die mikrandrischen Blüten zur
Herbstzeit, wenn der Insectenbesuch spärlich ist, doch entspricht
das nicht der Wahrheit, indem solche Blüten vom Juni angefangen anzutreffen sind.

Julius Istvanffi spricht:

**Ueber die Vergleichung der Floren der Thermen der
Margitinsel und Aquincum.**

Aus der unter dem Namen römisches Bad bekannten Therme
Aquincum weist er 60 Arten Algen und Bakterien, sowie auch
Pilze nach. Unter diesen sind nur 10—12 gemeinsam den
aus der Margitinsel stammenden, deren 43° C haltende Therme
eine vollkommen thermale Flora besitzt. In dem lauwarmen
Wasser Aquincums leben nur 4—5 thermale oder subthermale
Formen, meistens Blaualgen, welche sich an den Brettern des Aus-
flusscanals um die Qellen absetzen und als dunkelblauer, sammet-
artiger Ueberzug zu erkennen sind. Die Kiesel- und Grünalgen
bilden den grössten Theil der Flora des römischen Bades, unter
welchen viele für Ungarn neue Arten vorkommen.

Congresse.

Arcangeli, G., Parole pronunziata alla inaugurazione del Congresso botanico
di Palermo. (Bullettino della Società Botanica Italiana. 1895. p. 130—132.)

Sammlungen.

Collins, F. S., Holden, J. and **Setchell, W. A.** Phycotheca
Boreali-Americana. Fascicle II. Malden, Mass. 1895.

Der zweite Band dieser kritisch bestimmten und sauber präparirten Sammlung enthält Material, oft von verschiedenen Standorten,
der folgenden Arten:

51. *Clathrocystis aeruginosa* Henfrey.
52. *Phormidium Setchellianum* Gomont.
53. *Lyngbya Lagerheimii* (Moeb.) Gomont.
54. *Lyngbya versicolor* (Wartm.) Gomont.
55. *Plectonema Wollei* Farlow.
56. *Hormothamnion enteromorphoides* Grunow.
57. *Nostoc parmelioides* Kuetz.
58. *Nostoc pruniforme* Ag.
59. *Nostoc ellipsosporum* Rab.
60. *Scytonema crispum* (Ag.) Bornet.
61. *Stigonema panniforme* (Ag) Born & Flah.
62. *Dichothrix penicillata* Zan.
63. *Tetraspora lubrica* var. *lacunosa* Chauv.
64. *Tetraspora bullosa* var. *cylindracea* (Hilse) Rab.
65. *Hydrodictyon reticulatum* (L.) Lagerh.
66. *Enteromorpha micrococca* Kuetz.
67. *Stigeoclonium fasciculare* Kuetz.
68. *Chaetophora cornu-damae* (Roth) Ag.
69. *Schizomeris Leibleinii* Kuetz.
70. *Schizogonium murale* Kuetz.
71. *Chaetophora elegans* (Roth) Ag.
72. *Oedogonium crassiusculum* Wittr.

73. *Oedogonium undulatum* (Breb.) Al. Br.
74. *Oedogonium nodulosum* Wittr.
75. *Coleochaete pulvinata* Al. Br.
76. *Chaetomorpha aerea* (Dillw.) Kuetz.
77. *Cladophora lanosa* var. *uncialis* (Harv.) Thuret.
78. *Vaucheria terrestris* Lyng.
79. *Caulerpa juniperoides* J. Ag.
80. *Caulerpa crassifolia* var. *Mexicana* J. Ag.
81. *Punctaria plantaginea* (Roth.) Grev.
82. *Punctaria latifolia* Grev.
83. *Stilophora rhizodes* (Ag.) J. Ag.
84. *Dictyota dentata* Lamour.
85. *Glossophora Kunthii* (Ag.) J. Ag.
86. *Zonaria Tournefortii* (Lamour) Farl. And. & Eaton.
87. *Bangia fusco-purpurea* Lyng.
88. *Bangia ciliaris* Carm.
89. *Liagora decussata* Mont.
90. *Gelidium Coulteri* Harv.
91. *Iridaea laminarioides* Bory.
92. *Eucheuma isiforme* (Ag.) J. Ag.
93. *Rhodomela subfusca* (Woodw.)
94. *Amansia multifida* Lamour.
95. *Bryothamnion triangulare* (Gmel.) Kuetz.
96. *Callithamnion dasyoides* J. Ag.
97. *Antithamnion Pylaisaei* (Mont.) Kjellm.
98. *Ceramium Hooperi* Harv.
99. *Rhodochorton membranaceum* Magnus.
100. *Gloeosiphonia verticillaris* Farlow.

Wie aus dieser Liste ersichtlich, stammen die Arten aus sehr verschiedenen Theilen des nordamerikanischen Gebiets.

Humphrey (Baltimore, Md.).

Botanische Gärten und Institute.

Royal Gardens, Kew.

Vanillas of Commerce. (Bulletin of miscellaneous information. No. 104. 1895. p. 169—178.) Ausgegeben Anfangs September.

Dieser Artikel enthält einen werthvollen Beitrag zur Geschichte und zur Systematik der Vanille des Handels von **R. A. Rolfe,** der zum Theil einer im Manuscript vorliegenden Monographie der Gattung *Vanilla* von demselben Verf. entnommen ist. Hier seien nur einige der wesentlichsten Punkte hervorgehoben. Clusius erwähnt zuerst die echte Vanille, deren Früchte er als „Lobus oblongus aromaticus" beschreibt, und zwar in den Exoticorum Libri Decem (1605). Abgebildet wurde die Pflanze zuerst 1651 von Hernandez in seiner Nova Plantarum Mexicanorum Historia unter dem Namen *Araco aromatica*, aber ohne Blüten. Weder er noch Clusius kannten die Bedeutung der Vanille als Gewürz, obwohl Hernandez sie als Drogue bezeichnet. Sieben Jahre später erwähnt Piso in seiner Mantissa aromatica zuerst den Namen „Vaynilla" (Diminutiv von vaina = Schote) und den Ge-

brauch derselben als eines Bestandtheiles der Chocolade. Etwas
ausführlicher bezieht sich D a m p i e r r e in seinen „Voyages" (1676)
auf die Vanille und ihre Gewinnung und Zubereitung. Soweit
handelte es sich immer um ein und dieselbe Pflanze, und zwar um
die echte Vanille. Von 1696 (Verf. sagt irrthümlich 1796. Ref.)
an aber datirt eine immer mehr zunehmende Verwirrung in der
Nomenclatur und der Naturgeschichte der Vanille. Der Anstoss
dazu wurde von P l u k e n e t und S l o a n e gegeben, von dem
Ersteren, indem er zwar die echte mexikanische Vanille abbildet,
aber sie zugleich mit einer anderen Art von Jamaica identificirt
und neu benennt, von dem Letzteren, indem er zwar die alten,
richtigen Bezeichnungen anführt, sie aber als in Jamaica einheimisch
bezeichnet. Wenige Jahre darauf (1703) wurde die Gattung zuerst
als solche von P l u m i e r aufgestellt und diagnosticirt. P l u m i e r
nennt drei Arten, von denen aber nur zwei wirklich zu *Vanilla*
gehören und dem entsprechen, was wir heute als *V. inodora* und
V. phaeantha kennen. Merkwürdiger Weise wird die echte *Vanilla*
aber gar nicht von ihm erwähnt, sondern uur im Allgemeinen
gesagt, dass diese Pflanzen den Spaniern unter dem Namen *Vanilla*
bekannt seien. Eine dritte Art, *V. Pompona*, wurde bald darauf
von M e r i a n (1705) in ähnlicher Weise mit der echten Vanille
vermengt, und diese drei Arten waren es, welche L i n n é 1753
unter dem Namen *Epidendrum Vanillae* in die Species Plantarum
aufnahm. Dabei blieb es aber nicht lange. S w a r t z stellte
P l u m i e r ' s Gattung *Vanilla* 1799 wieder her und führte zwei
Arten unter derselben an, von denen die eine *V. aromatica* offenbar
die echte Vanille umfassen sollte, in Wirklichkeit aber L i n n é ' s
Epidendrum Vanillae, also einer Sammelart, die die aromatische
Vanille des Handels ausschloss, entsprach. Bald darauf wurden
lebende Pflanzen der echten Vanille nach England gebracht und
mit Erfolg cultivirt. Das Verdienst dieser Einführung wird dem
M a r q u i s v o n B l a n d f o r d zugeschrieben. Eine dieser Pflanzen
blühte im Garten von C h a r l e s G r e v i l l e. Sie wurde 1807 von
S a l i s b u r y als *Myobroma fragrans* und 1808 von A n d r e w s als
Vanilla planifolia beschrieben und abgebildet. Obwohl nun aber
beide Autoren die echte Vanille vor sich hatten, verwechselten sie
sie doch mit einer von P l u m i e r ' s Arten, der heutigen *Vanilla
phaeantha*, und hielten sie für eine von der echten Vanille sicherlich
verschiedene Art. Ableger von G r e v i l l e ' s Pflanze gelangten
nach Belgien und Frankreich und 1819 von hier nach Java, wo
die Pflanze von B l u m e als *V. viridiflora* beschrieben wurde, und
1821 nach Réunion, wo sich alsbald nach der Entdeckung der
künstlichen Befruchtung durch den Sclaven E d w a r d A l b i n s die
noch heute blühende Vanille-Industrie entwickelte. Ein ähnliches
Schicksal hat auch wahrscheinlicher Weise die von den Philippinen
beschriebene *V. majaijensis* gehabt. Die von S a l i s b u r y und
A n d r e w s aus G r e v i l l e ' s Garten beschriebene Pflanze trug
Früchte, wie aus einer von B a u e r 1807 angefertigten Zeichnung
hervorzugehen scheint, aber es war Ch. M o r r e n von Lüttich vorbehalten, nachzuweisen, dass dies die echte Vanille des Handels

sei (1838). Die ersten ausführlichen Angaben über die Vanille-
Gewinnung und Vanille-Cultur in Mexiko verdankt man Humboldt
(1811) und Schiede (1827). Nach Humboldt hatte man zur
Zeit seiner Anwesenheit in dem Vanille-District von Mexiko (Veracruz
und Oajaca) eben begonnen, die Pflanze in Cultur zu nehmen, da
das Sammeln der wilden Früchte zu umständlich war. Von den
übrigen Arten von *Vanilla* sind bisher nur *V. Pompona* und vielleicht *V. Gardneri* im Handel. Die Früchte der ersteren sind seit
Langem unter dem Namen der „westindischen Vanillous" bekannt.
Sie sind reich an ätherischem Oele und sehr wohlduftend. Da sie
sich aber nicht gut trocknen lassen, ist ihr Gebrauch hauptsächlich
auf den frischen Zustand beschränkt. *V. Gardneri*, eine neue, von
Rolfe beschriebene Art, ist wahrscheinlich die Quelle der „süd-
amerikanischen Vanille", die aber, wie es scheint, hauptsächlich
zum Zwecke der Vermengung mit der echten Vanille in den Handel
gebracht wird. Andere Arten mit aromatischen Früchten, aber
bisher unbeachtet geblieben, sind *Vanilla appendiculata* Rolfe von
British Guiana und *V. odorata* Presl von Guayaquil in Ecuador.

Am Schlusse werden die folgenden Arten unter Anführung der
Synonyme und Angabe der geographischen Verbreitung beschrieben:

1. *V. planifolia* Andr. Von Vera Cruz bis Costa Rica. 2. *V. phaeantha*
Rchb. f. Cuba, St. Vincent, Trinidad. 3. *V. Pompona* Schiede. Von Vera Cruz
über Central-Amerika bis Colombia, Venezuela und Guiana. 4. *V. Gardneri*
Rolfe (neu). Brasilien: bei Rio, Gardner, 245; in Pianhy, Gardner, 2733;
in Goyaz, Gardner, 3449; in Pernambuco, Ridley, Lea und Ramage, und
vielleicht auch Burchell, 894 und 9829 von Rio, bezw. Para. 5. *V. appendiculata* Rolfe (neu). British Guiana, Corentyne River, E. F. im Thurn. 6. *V.
odorata* Presl. Ecuador, Guaquil.

Stapf (Kew).

———

Decades Kewenses. Plantarum novarum in Herbario
Horti Regii conservatarum decades XX et XXI.
(Bulletin of miscellaneous information. No. 104. 1895. p. 180
—186.) Ausgegeben Anfangs September.

Die hier beschriebenen neuen Arten entstammen zum grössten
Theil einer von Theodor Bent in den Dhofar-Bergen Südost-
Arabiens angelegten Sammlung.

Violaceae: 191. *Jonidium durum* Baker, Dhofar-Berge, 2000 Fuss, Bent, 132.
Polygalaceae: 192. *Polygala Dhofarica* Baker, Dhofar-Berge, 300 Fuss,
Bent, 186.
Zygophylleae: 193. *Fagonia nummularifolia* Baker, Merbat, am Fuss der
Dhofar-Berge, Bent, 68.
Leguminosae: 194. *Cassia (Serma) oocarpa* Baker, Merbat, am Fuss der
Dhofar-Berge, Bent, 69.
Araliaceae: 195. *Dizygotheca Reginae* Hemsl., Neu-Caledonien.
Compositae: 196. *Pluchea mollis* Baker, Hafar, Dhofar, Bent, 9. — 197.
P. laxa Baker, Merbat, am Fusse der Dhofar-Berge, Bent, 7. — 198. *Cardun-
cellus kentrophylloides* Baker, Dhofar-Berge, 2600 Fuss, Bent, 192. — 199.
Centaurea (Calcitrapa) Dhofarica Baker, Hafa, Dhofar, Bent, 35.
Ericaceae: 200. *Rhododendron Formosanum* Hemsl., Formosa, South Cape,
A. Henry, 1976.
Asclepiadeae: 201. *Glossonema edule* N. E. Brown, Fuss der Dhofar-Berge,
Bent, 175.
Boragineae: 202. *Trichodesma Africanum* Baker, Dhofar-Berge, Bent.

Convolvulaceae: 203. *Ipomoea (Strophipomoea) punctata* Baker, Derbat,
Dhofar-Berge, B e n t, 229.

Solanaceae: 204. *Hyoscyamus flaccidus* Wright, Dhofar-Berge, 1500 Fuss,
B e n t.

Labiatae: 205. *Orthosiphon comosum* Baker, Dhofar-Berge, 2600 Fuss,
B e n t, 152. — 206. *Teucrium (Polium) nummularifolium* Baker, Dhofar-Berge,
B e n t.

Piperaceae: 207. *Peperomia Malaccensis* Ridley, Malacca, D e r r y.

Euphorbiaceae: 208. *Euphorbia (Rhizanthium) oblongicaulis* Baker, Dhofar-
Küste, B e n t, 61. Dieselbe Art war auch auf B e n t's früherer Expedition nach
Hadramant gesammelt und in lebenden Exemplaren nach Kew gebracht worden,
wo sie im vorigen Jahre blühte. — 209. *Croton (Eucroton) confertus* Baker,
Derbat, Dhofar, B e n t, 231.

Gramineae: 210. *Arthrostilidium Prestoi* Munro (mss. in herb. Kew),
Trinidad, P r e s t o.

Stapf (Kew).

N e w Orchids. D e c a d e XIV. (Bulletin of miscellaneous information.
No. 104. 1895. p. 191—195.) Ausgegeben Anfangs September.

Es werden die folgenden Arten von **R. A. Rolfe** beschrieben:

131. *Pleurothallis rotundifolia*, Jamaica, M o r r i s, verwandt mit *P. unistriata*
Rolfe, aus der Gruppe der *Apodae Caespitosae.* — 132. *Coelogyne carinata*, Neu-
Guinea, verwandt mit *Coelogyne lamellata* Rolfe von den Neuen Hebriden. —
133. *Eulophia deflexa*, Natal, A l l i s o n, verwandt mit *E. barbata* Spreng. —
134. *Polystachya Zambesiaca*, Oberer Zambesi, B u c h a n a n, wahrscheinlich ver-
wandt mit *P. Lawrenceana* Kränzl. — 135. *Batemania Peruviana*, Peru. — 136.
Maxillaria parva, Brasilien, verwandt mit *M. pumila* Hook. — 137. *Luisia
Cantharis*, Shan-Staaten, verwandt mit *L. volucris* Lindl. Der Name soll an die
Form der Lippe, die einer *Cantharide* ähnlich ist, erinnern. — 138. *Angraecum
stylosum*, Madagascar. — 139. *Notylia brevis*, Anden von Süd-Amerika, verwandt
mit *N. micrantha* Lindl. — 140. *Pelexia saccata*, Guatemala, verwandt mit
P. maculata Rolfe.

Stapf (Kew).

Siam Benzoin. [Continued.] (Bulletin of miscellaneous information.
No. 104. 1895. p. 195—198.)

Dieser Artikel enthält ein im siamesischen Ministerium des
Innern ausgearbeitetes Memorandum über das siamesische Benzoin
(siehe Referat in Bot. Centralbl. Bd. LXIII. p. 301), aus dem ebenfalls
hervorgeht, dass das Gebiet, innerhalb welches dieser Artikel gewonnen wird, auf das französische Uferland des oberen Mekong
beschränkt ist und zwar vorzüglich auf die Provinz Luang Prahang.
Die systematische Stellung des Baumes bleibt aber nach wie vor
dunkel. Der Baum wächst in kleinen Beständen von 50 oder 60
Individuen auf den Gehängen der Berge. Die Gewinnung des
Benzoins findet namentlich in der Zeit vom Juli bis November
statt, d. i. jener Zeit, wo die Arbeitskraft der Bevölkerung nicht
durch den Reisbau in Anspruch genommen wird.

Stapf (Kew).

Diagnoses A f r i c a n a e. VII. (Bulletin of miscellaneous information.
No. 105. 1895. p. 211—230.) Ausgegeben Ende September.

Die hier angeführten neuen Arten sind einer Sammlung entnommen, welche Miss E d i t h C o l e und Mrs. L o r t P h i l i p p s

kürzlich in Somali-Land, hauptsächlich in der Golis-Kette, südlich von Berbera anlegten. Das Gebirge erhebt sich bis zu 1770 m und ist an vielen Stellen mit Wald bedeckt.

Cruciferae: 257. *Farsetia longistyla* Baker, verwandt mit *F. stenoptera* Hochst. *Polygalaceae:* 258. *Polygala Somaliensis* Baker, verwandt mit *P. Fischeri* Gürke.

Caryophyllaceae: 259. *Arenaria vestita* Baker.

Malvaceae: 260. *Abutilon molle* Baker, verwandt mit *A. fruticosum* Guill. et Perott. — 261. *Hibiscus argutus* Baker, verwandt mit *H. micranthus* L. und *H. crassinervis* Hochst.

Meliaceae: 262. *Turraea lycioides* Baker.

Anacardiaceae: 263. *Rhus myriantha* Baker.

Leguminosae: 264. *Lupinus Somaliensis* Baker, verwandt mit *L. varius* und *L. pilosus* Linn. — 265. *Crotolaria Philippsiae* Baker. — 266. *C. aurantiaca* Baker, verwandt mit *C. intermedia* Kotschy. — 267. *C. leucoclada* Baker, verwandt mit *C. striata* DC. — 268. *Indigofera tritoides* Baker.

Crassulaceae: 269. *Crassula Coleae* Baker. — 270. *Kalanchoë Somaliensis* Baker, verwandt mit *K. marmorata* Baker (= *K. grandiflora* A. Rich. non W. et A.].

Cucurbitaceae: 271. *Momordica dissecta* Baker, verwandt mit *M. cissampeloides* Klotzsch.

Rubiaceae: 272. *Pentas glabrescens* Baker, verwandt mit *P. pauciflora.* — 273. *P. pauciflora* Baker. — 274. *Oldenlandia rotata* Baker, mit der Tracht eines *Galium.*

Compositae: 275. *Vernonia amplexicaulis* Baker. — 276. *V. gomphophylla* Baker, verwandt mit *V. atriplicifolia* Jaub. et Spach. — 277. *V. cryptocephala* Baker. — 278. *Pulicaria Aylmeri* Baker, verwandt mit *P. podophylla* Jaub. et Spach. — 279. *Senecio bipinnatus* Baker, verwandt mit *S. deltoideus* Less. — 280. *Senecio (Kleinia) longipes* Baker. — 281. *Senecio (Kleinia) Gunnisii* Baker. — 282. *Carduncellus cryptocephalus* Baker. — 283. *Centaurea (Microlonchus) Aylmeri* Baker, verwandt mit *C. Somaliensis* Oliv. et Hiern.

Plumbagineae: 284. *Statice xipholepis* Baker, verwandt mit *S. macrorhabdos* Boiss. und *S. Griffithii* Aitch. et Hemsl.

Oleaceae: 285. *Jasminum Somaliense* Baker, verwandt mit *J. Mauritianum* Bojer und *J. auriculatum* Vahl.

Asclepiadeae: 286. *Asclepias Philippsiae* N. E. Brown. — 287. *A. integra* N. E. Brown. Diese Art liegt auch von folgenden Standorten vor: Somali, Adda Gallah, James et Thrupp; Kilimandscharo, Smith, Volckens, 567; Lanjora, Johnston. — 288. *Caralluma Edithae* N. E. Brown, verwandt mit *C. retrospiciens* N. E. Brown. — 289. **Edithcolea** N. E. Brown, gen. nov.; *E. grandis* N. E. Brown.

Boragineae: 290. *Heliotropium albo-hispidum* Baker, verwandt mit *H. strigosum* Willd. — 291. *Trichodesma stenosepalum* Baker, verwandt mit *T. heliocharis* S. Moore.

Convolvulaceae: 292. *Convolvulus sphaerophorus* Baker, verwandt mit *C. glomeratus* Choisy. — 293. *C. (Astrochlaena) Philippsiae* Baker, verwandt mit *C. malvaceus* Oliv. und *C. hyosciamoides* Vatke. — 294. *Ipomoea (Orthipomoea) cicatricosa* Baker. — 295. *I. (Strophipomoea) heterosepala* Baker, verwandt mit *I. sagittata* Ker.

Scrophularineae: 296. *Verbascum (Lychnitis) Somaliense* Baker, verwandt mit *V. Sinaiticum* Benth. — 297. *Linaria patula* Baker, verwandt mit *L. macilenta* Decne. — 298. **Cyclocheilon** Oliv. gen. nov.; *C. Somaliense* Oliv.

Acanthaceae: 299. **Phillipsia** Rolfe gen. nov.; *P. fruticulosa* Rolfe. — 300. *Asystasia Coleae* Rolfe, verwandt mit *A. rostrata* Solm.

Verbenaceae: 301. *Lantana concinna* Baker, verwandt mit *L. microphylla* Franch.

Labiatae: 302. *Ocimum staminosum* Baker, verwandt mit *O. menthaefolium* Hchst. — 303. *O. verticillifolium* Baker. — 304. *Coleus vestitus* Baker, verwandt mit *C. barbatus* Benth. und *C. lanuginosus* Hochst. — 305. *C. gamphophyllus* Baker, verwandt mit *C. lanuginosus* Hochst. und *C. barbatus* Benth. — 306. *Orthosiphon calaminthoides* Baker. — 307. *O. molle* Baker. — 308. *Ballota fruticosa*

Baker. — 309. *Leucas (Ortholeucas) Jamesii* Baker. — 310. *L. (Loxostoma) pauci-juga* Baker, verwandt mit *L. microphylla* Vatke. — 311. *L. (Loxostoma) thymoides* Baker, verwandt mit *L. microphylla* Vatke. — 312. *L. (Loxostoma) Coleae* Baker.

Illecebraceae: 313. *Paronychia (Anoplonychia) Somaliensis* Baker, verwandt mit *P. capitata* Lam.

Euphorbiaceae: 314. *Jatropha palmatifida* Baker.

Orchideae: 315. *Habenaria (Bonatea) Philippsii* Rolfe, verwandt mit *H. Kayseri* Känz.

Amaryllideae: 316. *Haemanthus (Gyasis) Somaliensis* Baker, verwandt mit *H. puniceus* L. — 317. *Vellosia (Xerophyta) acuminata* Baker.

Liliaceae: 318. *Chlorophytum tenuifolium* Baker. — 319. *Ornithogalum (Beryllis) sordidum* Baker, verwandt mit *O. Eckloni* Schlecht. — 320. *Iphigenia Somaliensis* Baker, verwandt mit *I. Indica* Kunth.

Commelinaceae: 321. *Cyanotis Somaliensis* C. B. Clarke, verwandt mit *C. nodiflora* Kunth.

Cyperaceae: 322. *Kyllinga microstyla* C. B. Clarke, sehr ähnlich kleinen Exemplaren von *K. triceps* Kottb. — 323. *Cyperus Somaliensis* C. B. Clarke, verwandt mit *C. leucocephalus* Retz. — 324. *Mariscus Somaliensis* C. B. Clarke, verwandt mit *M. leptophyllus* C. B. Clarke.

Filices: 325. *Pellaea lomarioides* Baker, von der Tracht von *Cheilanthes farinosa* Kaulf.

Die drei neuen Gattungen werden wie folgt beschrieben:

Edithcolea N. E. Brown. Calyx 5-partitus. Corollae tubus parvus; limbus magnus, rotatus, 5-lobus, lobi valvati. Corona duplex, columnae staminum affixa; lobi coronae exterioris breves, patentes, emarginato-bifidi, intus concavi vel saccati; lobi coronae interioris antheris oppositi, erecti, lineares, apicibus triangulari-dilatatis conniventibus echinulatis. Columna staminea prope basin corollae affixa; antherae erectae, oblongae, exappendiculatae; pollinia in quoque loculo solitaria, erecta, apice pellucida. Stylus apice subcompressus, truncatus, brevissime bicornulatus. Folliculos non vidi. — Herba succulenta, ramosa, aphylla, caules angulati, angulis spinoso-dentatis. Flores prope apicem ramorum enati, pedicellati, magni.

Die Gattung ist mit *Caralluma* verwandt, aber durch die sehr grosse Blumenkrone mit relativ kleiner Kronenröhre und die etwas abweichende Corona verschieden.

Philippsia Rolfe. Calyx elongato-tubulosus, 5-angulatus, apice 5-dentatus. Corollae tubus longe cylindraceus, apice in faucem brevem paululo ampliatus; limbus subaequalis, patens, lobis 5-brevibus rotundatis contortis. Stamina 4, subaequalia, ad medium faucis affixa, subexserta, filamentis gracilibus, antherae oblongae, loculis aequalibus parallelis muticis. Discus inconspicuus. Stylus gracilis, apice crassiusculus; ovula in quoque loculo 2. Capsula calyce clauso inclusa, oblongo-linearis, acuta. Semina 4, plano-compressa, retinaculo brevi fulta.

Verwandt mit *Satanocrater* und *Physacanthus* aus der Tribus der *Ruellieae*, charakterisirt durch den engen, röhrenförmigen Tubus.

Cyclocheilon Oliv. Calyx herbaceus, subetubulosus, lateraliter bilabiatus vel potius in plano medio fere bipartitus, labiis vel segmentis reniformi-orbiculatis integerrimis. Corolla bilabiata, calycem superans, tubo oblique ampliato, labio superiore bilobato, labio inferiore trilobato, lobis patentibus omnibus subaequalibus rotundatis, lobo centrali labii inferioris caeteris paullo minore. Stamina didynama, inclusa; filamenta laxe pilosa; antherae liberae, glabrae v. basi tantum pilosae, loculis aequalibus divergentibus breviter mucronatis. Ovarium biloculare, glabrum, ovoideo-globosum, compressiusculum; ovula anatropa in loculis geminata, oblique collateralia; stylus gracilis, apice oblique stigmatiferus. Capsula —.

Stapf (Kew).

Shu-Lang Root *(Dioscorea rhipogonoides* Oliv.). (Bulletin of miscellaneous information. No. 105. 1895. p. 230—231.)

Dieser Artikel besteht im Wesentlichen aus einer Notiz über die Shu-Lang-Wurzel von Dr. **Aug. Henry.** *Dioscorea rhipogonoides* wurde zuerst von F o r d in Hongkong gefunden. Später

erst, gelegentlich eines Ausfluges am Canton Fluss hinauf, entdeckte
F o r d , dass die Wurzel dieser Pflanze einen viel gesuchten Färbe-
stoff liefere. In den Gebirgen Formosas ist die Aɪt sehr häufig
und die Wurzel wird allgemein zum Färben und Gerben der
Fischernetze gebraucht. Die Hauptquelle für die Shu-Lang-Wurzel
ist aber Tonkin, von wo grosse Quantitäten über Lungtschau in
Kwangsi nach China eingeführt werden. Die französische Bezeichnung dafür ist „faux gambier". Die Pflanze wird in Tonkin
stellenweise gebaut, aber sie soll dabei an Werth verlieren. Dieses
tonkinesische Shu-Lang dient namentlich zum Färben von Baumwoll-
stoffen, von Seide (den sogen. „Cantons"), von *Boehmeria*-Faser-
Stoffen („grass cloth") und von Fischernetzen. Die Farbe so gefärbter Stoffe ist ein dunkles Braun oder röthliches Schwarz.

Stapf (Kew).

Arcangeli, G., Rendiconti della gestione della Società botanica italiana dal
1893 al 1895. (Bullettino della Società Botanica Italiana. 1895. p. 125—129.)

Instrumente, Präparations- und Conservations-Methoden.

Bleisch, Max, E i n A p p a r a t z u r G e w i n n u n g k l a r e n A g a r s
o h n e F i l t r a t i o n. (Centralblatt für Bakteriologie und Parasitenkunde. I. Abtheilung. Bd. XVII. Nr. 11. p. 360—362).

Der von B l e i s c h zur Gewinnung klaren Agars ohne Filtration construirte Apparat ist bei der Firma J. K l ö n n e und G.
M ü l l e r in Berlin (Luisenstr. 49) käuflich zu haben und unterscheidet sich im Princip von dem gewöhnlichen Scheidetrichter insofern, als er gestattet, die klar gewordene Flüssigkeit ohne wesent
liche Beunruhigung des Sedimentes und ohne Entleerung desselben
zu unternehmen. Er besteht im wesentlichen aus einem länglich-
funden, oben und unten je einen Tubus tragenden Glasgefässe,
dessen unterer Tubus durch einen mittelst einer Klammer festge-
haltenen, durchbohrten Gummipfropfen verschlossen ist. Durch die
Oeffnung des Pfropfens führt in den Innenraum des Gefässes ein
dicht anliegendes, aber doch verschiebbares Glasrohr, welches so
weit aus dem unteren Tubus hervorragt, dass man es bequem an-
fassen kann. Sein unteres Ende wird behufs ruhigerer Führung von
einer durchbohrten und am Apparate befestigten Glasplatte gestützt. Das Ganze ruht in einem Holzgestell.

Kohl (Marburg).

Schmidt, Ad., E i n e e i n f a c h e M e t h o d e z u r Z ü c h t u n g
a n a ë r o b e r C u l t u r e n i n f l ü s s i g e n N ä h r m e d i e n. (Centralblatt für Bakteriologie und Parasitenkunde. I. Abtheilung. Band
XVII. Nr. 13/14. p. 460—461).

S c h m i d t verwandte ein dickwandiges Reagenzglas, welches
oben durch einen durchbohrten Kautschukpfropfen verschlossen

wird, in den man ein oben U-förmig umgebogenes Glasrohr in der Art fest einsetzt, dass es nicht durch den ganzen Kautschukpfropfen hindurch geht, sondern einige mm von dessen unterer Fläche entfernt bleibt. Man füllt das sterile Reagenzglas mit der Nährflüssigkeit bis etwa 5 mm unterhalb des oberen Randes an, setzt vorsichtig den Stopfen mit dem Glasrohre auf, durch welches die vorhandene Luft entweicht, und drückt ihn dann langsam so weit nach unten, dass die Nährflüssigkeit bis an die Biegung der Röhre empor steigt, auf welchem Niveau sie stets durch ev. Nachfüllen zu erhalten ist. Die so beschickten Gläschen kann man lange Zeit aufbewahren, ohne eine spontane Infection befürchten zu müssen. Man impft sie, nachdem man den Stopfen vorsichtig geöffnet hat und ihn dann in der beschriebenen Weise wieder aufsetzt. Die anaëroben Mikroorganismen wachsen in diesen Röhrchen sehr gut.

Kohl (Marburg).

Petruschky, Johannes, Ueber die Conservirung virulenter Streptococcenculturen. (Centralblatt für Bakteriologie und Parasitenkunde. I. Abtheilung. Bd. XVII. Nr. 16. p. 551—552).

Petruschky empfiehlt die richtige und zielbewusste Verwendung des Eisschrankes als ein einfaches Mittel, um ohne grosse Mühe das Leben und die Virulenz der sonst so empfindlichen Streptococcenculturen viele Monate hindurch ohne jeden Nährbodenwechsel constant erhalten zu können. Wenn die Streptococcenculturen in Gelatine nach zweitägigem Wachsthum bei 22⁰ genügend sich entwickelt haben, werden sie einfach in den Eisschrank gestellt und können monatelang in demselben verbleiben, ohne an Virulenz einzubüssen. Auch für andere pathogene Bakterien ohne Dauerformen hat sich diese Methode vortheilhaft bewährt, so insbesondere für den Choleravibrio.

Kohl (Marburg).

Henssen, Otto, Ueber das Wachsthum einiger Spaltpilzarten auf Nierenextrakt-Nährböden. (Centralblatt für Bakteriologie und Parasitenkunde. I. Abtheilung. Bd. XVII. Nr. 12. p. 403—411).

Aus den Untersuchungen von Henssen ergiebt sich, dass der frische Saft der Carnivoren-, Herbivoren- und Omnivoren-Niere einen entwicklungshemmenden Einfluss auf das Wachsthum der verwendeten Spaltpilze ausübt, der sich bei den verschiedenen Arten in mehr oder weniger ausgesprochener Weise geltend macht. Am auffallendsten äussert sich derselbe bei den Erregern der Diphtherie, der *Cholera asiatica* und des Abdominaltyphus. Weniger ungünstig werden Milzbrandbacillen, Rotzbacillen und das *Bacterium coli* beeinflusst. Letzteres unterscheidet sich auf dem frischen Nierensafte vom Typhusbacillus durch sein ungleich besseres Wachsthum, ein Befund, der vielleicht diagnostisch verwerthbar ist. Der entwicklungshemmende Einfluss des frischen Nierensaftes wird durch das Kochen nicht nur aufgehoben, sondern die aus gekochtem Nierensafte bereiteten Nährböden bieten den Spaltpilzen sogar ausserordentlich günstige Wachsthumsbedingungen. Die Nieren der 3 untersuchten Thierspecies (Hund, Rind, Schwein) verhielten sich im allgemeinen gleichartig; nur bleibt merkwürdigerweise das Wachsthum der Milzbrandbacillen auf gekochtem Schweinenierensafte vollständig aus. Aus dem Verhalten des frischen Nierensaftes zum Wachsthum der Spaltpilze darf man vielleicht schliessen, dass auch die specifischen Gewebe, welche diesen Saft produciren, bakterienwidrige Eigenschaften besitzen, und dass auch intra vitam diese Eigenschaften hervortreten. Somit nimmt die Niere an dem Kampfe des Gesammtorganismus gegen eingedrungene Spaltpilze aktiven und energischen Antheil.

Kohl (Marburg).

Dietel, Ein einfaches Mittel, die Keimporen in der Sporenmembran der Rostpilze deutlich sichtbar zu machen. (Zeitschrift für angewandte Mikroskopie. Bd. I. 1895. No. 3.)

Marpmann, G., Die modernen Einschlussmittel. [Fortsetzung.] (Zeitschrift für angewandte Mikroskopie. Bd. I. 1895. No. 2.)

Marsson, Th., Beiträge zur Theorie und Technik des Mikroskops. (Zeitschrift für angewandte Mikroskopie. Bd. I. 1895. No. 2.)

Referate.

Brun, Jacques, Diatomées lacustres, marines ou fossiles. Espèces nouvelles ou insuffisamment connues. (Le Diatomiste. Vol. II. 1895. Avril-Mai. Planches XIV—XVII.)

Es ist eine ausserordentlich schöne Arbeit, welche die Beschreibungen und Abbildungen vieler neuer oder wichtiger *Bacillariaceen* enthält.

Auf den vier Tafeln werden folgende Arten illustrirt:

Taf. XIV: *Navicula Helvetica* J. Br. (mit *N. Perrotetti* Grun. und *N. vitrea* Cleve verwandt). — *Diploneis Lacus-Lemani* J. Brun. und var. *gibbosa*. — *Pinnularia* (*divergens* W. Sm. var.?) *parallela* J. Brun. — *Neidium affine* Cleve var. *rhodana* J. Brun. — *Melosira* (*Cyclotella*) *catenata* J. Br. (ähnlich der *Cyclotella subsalina* Grun). — *Actinocyclus Helveticus* J. Brun (Synon. *Cyclotella comta* var. *radiosa* Grun. (1878) in Cleve et Möller + Diat. n. 174). — *Gomphonema Helveticum* J. Brun und var. *incurvata*. — *Surirella Helvetica* J. Brun. — *Rhizosolenia Eriensis* H. L. Sm. (f. *genevensis*). — *Cymatopleura Brunii* P. Petit (wahrscheinlich nur eine Varietät von *Cymatopleura Hibernica* W. Sm.). — *Cocconeis Thomasiana* Brun (der *Cocconeis Lagerheimii* Cleve und der *C. speciosa* Greg. nahe verwandt). — *Cymbella Cistula* Hempr. var. *gibbosa* J. Br. — *C. capitata* J. Brun (wahrscheinlich, wie Verf. meint, ist *Pinnularia biceps* Greg. Micr. Journ. IV. (1856) t. I. f. 28 eine *Cymbella*-Art). — *C. glacialis* J. Brun (mit *C. anglica* Lagerst. nahe verwandt). — *C. amphicephala* Naeg. var. *unipunctata* J. Brun. — *Ceratoneis Arcus* Kuetz.

Taf. XV: *Surirella curvifacies* J. Brun. — *Coscinodiscus flexuosus* J. Brun. — *Auliscus translucidus* J. Brun (diese Art kommt in der Nähe von *Aul. australiensis* Grev., *Aul. nebulosus* Grev. und *Pseudauliscus anceps* Rattr.). — *Aul. curvato radiosus* J. Brun. — *Surirella Wolfensbergeri* J. Br. (mit *Surirella baccata*

Leud.-Fortm. verwandt). — *S. Chinensis* J. Brun (es wäre besser, diese Art
S. Sinensis zu benennen). — *S. recedens* A. Schm. var. *arenosa* J. Brun. —
Asteromphalus flabellatus Bréb. (f. *trigona*). — *Coscinodiscus Tumulus* J. Brun.
Taf. XVI: *Mastogloia Peragallii* Cleve var. *circumnodosa* J. Brun (dem
M. antiqua Cleve und *M. electa* A. S. sehr nahe). — *M. amoena* J. Brun und
var. *turgida*. — *M. gibbosa* J. Brun. — *M. (cuspidata* Cleve var.?) *punctifera*
J. Brun. — *M. (obesa* Cleve var.?) *Polynesiae* J. Brun. — *M. Grevillei* W. Sm.
var. *Genevensis* (vielleicht mit *M. costata* O'Meara identisch). — *M. (Orthoneis*)
pacifica J. Brun. — *M. De-Tonii* J. Brun. — *M. (Orthoneis) Indica* J Brun (mit
Orthoneis naviculoides Grev. verwandt). — *M. serians* J. Brun (mit *M. japonica*
Castr. verwandt). — *M. Kelleri* J. Brun. — *M. (Orthoneis) cocconeiformis* Grun.
var. *Polynesiae* J. Brun. — *M. Castracani* J. Brun. — *Cocconeis Scutellum* Ehr.
var. *obliqua* J. Brun. — *Achnanthes curvirostrum* J. Brun. — *Ach. manifera*
J. Brun (der Art Floegel's *Ach. Danica* sehr ähnlich).
Taf. XVII: *Actinoptychus baccatus* J. Brun (kommt in der Nähe der *Omphalo-
pelta antarctica* Castr.). — *A. constellatus* J. Br. (dem *A. excellens* Sch. ähnlich).
— *Diploneis vagabunda* J. Br. (f. *minor*). — *Chaetoceros Kelleri* J. Br. — *Diploneis
didyma* Ehr. var. *obliqua* Brun. — *Epithemia Hirundinella* J. Brun (warum nicht
Cystopleura? Anmerk. des Ref.). — *Aulacodiscus Tabernaculum* J. Brun. —
Isodiscus coronalis J. Brun (vom *Isodiscus mirificus* Rattr. verschieden). — *Navi-
cula (Libellus) tubulosa* J. Brun. — *Pseudosynedra sceptroides* J. Brun. — *Amphora
De-Tonii* J. Brun (ähnlich den *A. alveolata* Leud.-Fortm., *A. tessellata* Gr. et St.,
A. monilifera Greg.). — *Stauroneis Thaitiana* Castr. var. *Polynesiae* J. Brun. —
Pinnularia lateradiata J. Brun. — *P. Floridae* J. Brun. — *Hantzschia segmentalis*
J. Brun.

J. B. de Toni (Padua).

Dietel, P., Ueber die Unterscheidung von *Gymnosporangium
juniperinum* und *G. tremelloides*. (Forstlich-naturwissenschaftliche Zeitschrift. 1895. Heft 8.)

Da R. Hartig durch Aussaat einer dem *Gymnosporangium
juniperinum* ähnlichen Teleutosporenform auf *Pirus Malus* die
Roestelia penicillata erhalten hatte, so betrachtete er dieses
Gymnosporangium als eine eigene Art (*G. tremelloides*), da zu
G. juniperinum die *Roest. cornuta* gehört. Diese Trennung der
Arten hat auch neuerdings E. Fischer betont auf Grund einer
Vergleichung der Peridienzellen. Es wird nun hier der Nachweis
geführt, dass auch nach der Art des Auftretens und nach der
Gestalt der Teleutosporen sich die beiden Arten leicht unterscheiden
lassen. Das zu *Roest. cornuta* gehörende *G. juniperinum* tritt auf
den Nadeln und in kleinen Zweigpolstern auf, während *G. tremelloides*
grössere Polster an den Aesten des Wachholders bildet. Bei
letzterer Art haben ferner die Sporen eine nirgends besonders
verdickte Membran, während die Sporen von *G. juniperinum*, die
durchschnittlich erheblich kürzer als diejenigen der anderen Art
sind, über jedem Keimporus eine dicke, farblose Papille tragen.
Die Lage der Papillen ist eine sehr verschiedenartige, die seitlich
gelegenen sind oft schnabelartig vorgezogen.

Dietel (Reichenbach i. Voigtl.).

Dietel, P., New North American *Uredineae*. (Erythea.
Vol. III. 1895. No. 5. p. 77—82.)

Die beschriebenen Arten sind folgende:

Aecidium Blasdaleanum Dietel et Holway auf *Amelanchier alnifolia* und
Crataegus rivularis, Aec. Tonellae D. et H. auf *Collinsia tenella, Uromyces Suks-*

dorfii D. et H. auf *Silene Oregana*, *Urom. aterrimus* D. et H. auf *Allium unifolium*, *Puccinia Dichelostemmae* D. et H. auf *Dicholostemma congestum*, *Pucc. Parkerae* D. et H. auf *Ribes lacustre*, *Pucc. Wulfeniae* D. et H. auf *Wulfenia cordata*, *Pucc. amphispilusa* D. et H. auf *Polygonum* sp., *Pucc. mirifica* D. et H. auf *Borrichia frutescens*, *Pucc. graminella* (Speg.) auf *Stipa eminens*, *Pucc. Panici* D. auf *Panicum virgatum*, *Pucc. subnitens* D. auf *Distichlys spicata*, *Pucc. adspersa* D. et H. auf einem unbestimmten Grase, *Pucc. effusa* D. et H. auf *Viola lobata* und *Viola ocellata*.

Von besonderem Interesse ist *Pucc. graminella.* Es ist dies die Teleutosporenform zu dem von S p e g a z z i n i aus Argentinien beschriebenen *Aecidium graminellum*, welches mit den Teleutosporen gemeinschaftlich in reichlicher Entwickelung in Californien aufgefunden wurde. Es ist dies also eine autöcische Art ohne Uredo auf einem Grase. — Bemerkenswerth ist auch *Aecidium Blasdaleanum*, da es nicht von dem auf *Pomaceen* bisher ausschliesslich gefundenen *Roestelia*-Typus ist.

Dietel (Reichenbach i. Voigtl.).

Müller, J., B e i t r ä g e z u r F l o r a v o n A f r i k a. IX. L i c h e n e s U s a m b a r e n s e s. (E n g l e r ' s Botanische Jahrbücher. Bd. XX. 1894. Heft 1/2. p. 238—298.)

Den Hauptantheil dieser Arbeit bildet die Bearbeitung der von H o l s t im deutschen Gebiete Ostafrikas, Usambara, gesammelten Lichenen, einen viel geringeren Antheil dagegen die von einer Anzahl anderer Sammler im Gebiete des Kilimandscharo aufgenommenen Flechten, die sämmtlich sich im Königlichen Botanischen Museum zu Berlin befinden.

Die Arbeit umfasst 295 Arten und 123 Varietäten, unter denen 55 als neue Arten und 26 als neue Varietäten vom Verf. benannt und beschrieben sind. Die ihm auffallend geringe Anzahl von Neuheiten erklärt Verf. dadurch, dass zahlreiche von Anderen gesammelte Flechten des äquatorialen Afrika schon in anderen Arbeiten von ihm als neue beschrieben sind und dass eine bedeutende Reihe von Arten sich als mit solchen übereinstimmend herausstellte, die bis jetzt nur aus Amerika oder dem mehr östlichen Theile der alten Welt bekannt waren.

Verf. ist es aufgefallen, dass aus diesem Gebiete keine neue Flechtengattung vorlag (was allerdings bei dem von ihm beliebten Maassstabe viel sagen will), während die Phanerogamen in Centralafrika so viele neue Gattungen lieferten. Dagegen bieten die neuen Arten, und zwar ganz besonders bei den *Graphideen*, viele sehr hervorragende Gebilde, und selbst unter den nicht neuen Arten sind mehrere zum Theil durch die Tracht, zum Theil durch grosse Seltenheit auffallende Formen.

Einen besonderen Lehrwerth hat diese Arbeit dadurch erhalten, dass bei den Arten und Varietäten durchgängig die allgemeine geographische Verbreitung kurz angegeben ist und zwar nach dem dem Verf. aus allen aussereuropäischen Gebieten vorliegenden Stoffe.

Bei dem Vergleiche dieser Angaben hat nun Verf. gefunden, dass 70 der aufgeführten Arten, also 23 %, gegenwärtig nur in Afrika gefunden sind. Dann gibt es 30 Arten, also 10 %, die das

Gebiet gemeinschaftschaftlich hat mit dem östlicheren wärmeren Theile der alten Welt, und 40 Arten, also 13 %, die zugleich auch im wärmeren Amerika vorkommen. Der ganze Rest von 155 Arten, also 54% und mehr als die Hälfte, kommt zugleich in Amerika, in Afrika und in den östlicheren Gebieten vor und dazu noch in der Weise, dass über 100 Arten, also etwa ⅓ aller Arten, recht eigentlich als gemeine um den tropischen und subtropischen Erdgürtel verbreitete zu betrachten sind.

Dieses so auffallende Ergebniss steht für den Verf. im grellsten Widerspruche mit der geographischen Verbreitung der Phanerogamen und bestätigt ihm endgiltig die Vorstellung, die er schon in „Linnaea" im Jahre 1880 ausgesprochen hatte, dass die Verbreitung der Lichenen, sowie überhaupt der sporentragenden Landpflanzen, ihre eigenen Gesetze befolge. Die leichten Sporen werden von den mächtigen Winden dieser Striche weit über die Meere fortgetragen, und so gerathen die Arten, je nach den Umständen und den eigenthümlichen Bedürfnissen, in einem mehr oder weniger der Verbreitung günstigen Kreislaufe um die Erde.

Die 295 Arten des Verzeichnisses vertheilen sich folgendermaassen auf die Gattungen:

Leptogium 6, *Collema* 1, *Synechoblastus* 2, *Physma* 1, *Gonionema* 1, *Sphaerophorus* 1, *Tylophoron* 2, *Sphinctrina* 1, *Stereocaulon* 1, *Cladonia* 10, *Baeomyces* 1, *Roccella* 1, *Usnea* 6, *Ramalina* 8, *Theloschistes* 1, *Anaptychia* 3, *Peltigera* 5, *Nephromium* 1, *Stictina* Nyl. 8, *Sticta* 6, *Parmelia* 25, *Candelaria* 1, *Pseudophyscia* 1, *Physcia* 9, *Pyxine* 4, *Pannaria* 4, *Coccocarpia* 1, *Phyllopsora* 4, *Placodium* 1, *Lecanora* 14, *Lecania* 1, *Callopisma* 5, *Diploschistes* 1, *Pertusaria* 12, *Lecidea* 12, *Patellaria* 11, *Blastenia* 2, *Heterothecium* 1, *Lopadium* 1, *Buellia* 7, *Secoliga* 1, *Biatorinopsis* 1, *Coenogonium* 3, *Ocellularia* 2, *Leptotrema* 1, *Platygrapha* 2, *Opegrapha* 7, *Graphis* 12, *Graphina* 7, *Phaeographis* 5, *Phaeographina* 7, *Arthonia* 10, *Arthothelium* 7, *Helminthocarpon* 2, *Gyrostomum* 1, *Mycoporum* 2, *Glyphis* 2, *Sarcographa* 3, *Chiodecton* 7, *Dichonema* 1, *Strigula* 1, *Porina* 3, *Clathroporina* 2, *Arthopyrenia* 1, *Pyrenula* 7, *Anthracothecium* 7, *Trypethelium* 4, *Melanotheca* 1, *Pleurotrema* 1, *Astrothelium* 1 und *Parmentaria* 1.

Die 55 neuen Arten gehören an den Gattungen:

Baeomyces 1, *Sticta* 2, *Parmelia* 1, *Physcia* 1, *Phyllopsora* 2, *Lecanora* 2, *Pertusaria* 2, *Lecidea* 3, *Patellaria* 4, *Blastenia* 1, *Lopadium* 1, *Buellia* 1, *Secoliga* 1, *Platygrapha* 2, *Opegrapha* 2, *Graphis* 4, *Graphina* 2, *Phaeographis* 2, *Arthonia* 2, *Arthothelium* 4, *Helminthocarpon* 1, *Mycoporum* 1, *Chiodecton* 3, *Porina* 1, *Chlathroporina* 2, *Anthracothecium* 2, *Melanotheca* 1, *Pleurotrema* 1, *Astrothelium* 1 und *Parmentaria* 1.

Minks (Stettin).

Warnstorf, C., Botanische Beobachtungen aus der Provinz Brandenburg im Jahre 1894. *Bryophyten.* (Sep.-Abdr. aus Abhandlungen des Botanischen Vereins der Provinz Brandenburg. XXXVII. 1895. p. 48—52.)

Aus dem Laubmoosverzeichniss sind als bemerkenswerth anzuführen:

Phascum Floerkeanum W. et M. vom Werder im Gudelaksee bei Lindow, *Pottia Heinrii* Br. eur. von einem Grabenrande am kleinen Wall bei Neuruppin und *Anomodon longifolius* Hartm. von alten Eichen in Laubwäldern bei Berlinchen.

Als neu werden beschrieben:

Leucobryum glaucum Hpe. var. *orthophyllum* von Cladow bei Potsdam;
Ceratodon purpureus Brid. var. *mammillosus* von Grabenufern bei Ruppin und
Amblystegium Juratzkanum Schpr. var. *fallax* von alten am Wasser stehenden
Weiden bei Arnswalde.

Von den angeführten Lebermoosen sind *Riccia Hübeneriana*
Lindenb. auf Uferschlamm eines Fischteiches in Stegelitz bei Berlin
und *R. pusilla* Warnst. von sandigem Thonboden bei Neuruppin
beachtenswerthe Erscheinungen. Letztere Art wird wie folgt beschrieben:

In sehr kleinen, meist kreisrunden, auf der Dorsalseite im frischen Zustande
graugrünen Rosetten, welche höchstens bis 7 mm Durchmesser messen. Lacinien
am Grunde etwa 1 mm breit, nach der Spitze allmählich verbreitert und hier
mehr oder weniger tief herzförmig eingeschnitten; die beiden kurzen Segmente
abgerundet und bis auf eine deutliche Mittelfurche convex, im übrigen die
Laubstöcke schwach concav, unterseits stark convex, in der Mittellinie mit
Rhizoiden und zu beiden Seiten derselben mit violetten Ventralschuppen besetzt;
Seitenränder ohne Wimperhaare. Laub ohne Lufthöhlen; Zellen im Querschnitt
quadratisch bis kurz rechteckig; sämmtlich mit Chlorophyll, die der Epidermis
gegen die Seitenränder hin öfter leer und undeutlich vorgewölbt. Laub trocken
etwas bleich-graugrün, durch die wenig sich nach oben umbiegenden Seitenränder
ausgehöhlt, seitlich die violetten Ventralschuppen zeigend. Antheridienstifte nicht
bemerkt; Früchte in der basalen Hälfte der Lacinien zahlreich, durch Zerreissen
der oberen Zellschichten endlich freigelegt. Sporen schwarz, undurchsichtig,
auch in Schwefelsäure sich wenig aufhellend, kugeltetraëdrisch, auf allen Flächen
durch ziemlich hohe Verdickungsleisten gefeldert und mit schmalem, wenig
durchscheinendem, unregelmässig gekerbtem Saume, bis 87 μ diam. — Von
R. Warnstorfii Limpr., mit welcher diese zierliche Art vielleicht wegen ihrer
Kleinheit verwechselt werden könnte, durch die eigenthümliche graugrüne
Färbung, durch viel weniger getheilte Lacinien, welche nach vorn deutlich
verbreitert sind und durch im trockenen Zustande nur schwach emporgehobene
Seitenränder des Laubes, wodurch dasselbe concav erscheint, verschieden.

Warnstorf (Neuruppin).

Grevillius, A. Y., Ueber Mykorrhizen bei der Gattung
Botrychium nebst einigen Bemerkungen über das Auf-
treten von Wurzelsprossen bei *B. Virginianum* Swartz.
(Flora. Bd. LXXX. 1895. Heft II. p. 445—453.)

Die gelblich-grauen, „teigähnlichen Massen", wie Milde zuerst
diese Formen nannte, wurden von Russow, dann von Kuhn
näher studirt. Letzterer constatirte, dass die genannten Massen aus
zusammengeflochtenen Pilzhyphen bestehen. Verf. hat nun sämmtliche skandinavische und einige ausländische *Botrychium*-Arten
daraufhin untersucht. Diese Arten repräsentiren beinahe alle
Formen innerhalb der Gattung und wurden an den unten genannten
Standorten gesammelt:

B. Lunaria Sw.: Grönland; Schweden, Medelpad Söråker.
    „   „   var: Norwegen, Ostfinmarken, Varanger.
B. lanceolatum Ångstr.: Schweden, Ume Lappmark Baggböle, Pite Lapp-
    mark Piteå.
B. matricariaefolium A. Br.: Schweden, Ume Lappmark Baggböle, Vester-
    botten Koddis.
B. simplex Hitchc.: Deutschland, Tilsit.
B. boreale Milde: Grönland; Schweden, Pite Lappmark Piteå, Vesterbotten
    Koddis; Norwegen, Dovre (Drivstuen und Jerkin).
B. ternatum Sw.: Schweden, Medelpad Söråker, Ångermanland Tåsjö.

B. *ternatum Australasiaticum* Milde: Hawaische Inseln Kauai; Japan, Yokohama.

B. *obliquum* Willd.: Vereinigte Staaten von Nord-Amerika, Massachusetts, Salem.

B. *subbifoliatum* Brack.: Hawaische Inseln Kauai.

B. *australe* R. Br.: Neu-Zeeland.

B. *daucifolium* Wall.: Ceylon.

B. *lanuginosum* Wall.: Ceylon.

B. *Virginianum* Sw.: Schweden, Medelpad Söråker, Ångermanland Tåsjö; Brasilien.

Sämmtliche Wurzeln dieser Arten zeigten die erwähnten Hyphengebilde. In Bezug auf das Auftreten derselben waren sowohl in den verschiedenen Theilen derselben Wurzel, als auch in den entsprechenden Regionen anderer Wurzeln, Unterschiede zu finden.

Den jüngsten Wurzeltheilen fehlen diese Pilzgebilde. In einer Entfernung von 1 mm (*B. lunaria*) bis 2 cm (*B. boreale*) kommen zuerst intracelluläre Hyphenfäden vor, welche aber hier noch nicht Knäuel bilden. Es scheint, dass die Hyphen nur nächst der Wurzelhaube, wo die Epidermiswand dünn genug ist, eindringen können. In älteren, sowie in jüngeren Theilen finden sich die Hyphengebilde meist in der Nähe reichlich stärkeführender Zellen, welche vermuthlich den Hyphen zur Nahrung dient, während die pilzführenden Zellen selbst stärkefrei sind.

Hinter den ersten Hyphenfäden sind in einer Entfernung von wenigen Millimetern die in Zellen eingeschlossenen Hyphenknäuel anzutreffen, welche bei verschiedenen Arten so reichlich auftreten, dass sie einen aus mehreren Zellschichten bestehenden Mantel bilden. Sie erfüllen die Zelle fast vollständig, als eine graubraune Masse, welche durch eine stielförmige Hyphe mit der Zellwand verbunden ist. Am mächtigsten ist der Mantel bei *B. lanceolatum* entwickelt; er nimmt hier fast die Hälfte des Querschnittsradius ein und besteht aus etwa 7 Zellschichten. Es wäre jedenfalls von Interesse, das symbiotische Verhältniss zwischen diesem Pilze und der Wirthspflanze zu untersuchen. Verf. hatte keine Gelegenheit, dieses Verhalten zu prüfen.

Was nun die Wurzelsprosse betrifft, so wurden dieselben bis jetzt nur bei *Ophioglossum vulgatum* L. beobachtet. Verf. hat Wurzelsprosse auch an *B. Virginianum* Sw. beobachtet, doch ist er nicht in der Lage, zu entscheiden, ob die Entstehung derselben auf gleiche Weise vor sich geht, wie bei *Oph. vulgatum* L.

Chimani (Wien).

Möbius, M., Ueber einige an Wasserpflanzen beobachtete Reizerscheinungen. (Biol. Centralbl. Bd. XV. Nr. 1 u. 2. 44 pp. mit 8 Holzschnitten.)

Eine äusserst interessante Arbeit, welche viele neue Gesichtspunkte eröffnet und ein schwieriges Kapitel der Pflanzenphysiologie in einem neuen Lichte erscheinen lässt! Sie gliedert sich in vier Hauptabschnitte, welche der Reihe nach zur Besprechung kommen sollen.

1. Die Wirkungen der Dunkelheit auf *Ceratophyllum*.

„Lässt man abgeschnittene, im Wasser aufrecht schwimmende Sprosse von *Ceratophyllum demersum* einige Tage lang im Dunkeln stehen, so haben sie nach Ablauf dieser Zeit ein auffallend verändertes Aussehen gewonnen: Die Internodien haben sich bedeutend verlängert und die bei normalem Wachsthum aufwärts gerichteten Blätter haben sich nach unten geschlagen, ebenso sind die Seitenzweige abwärts gebogen." Von zwei Sprossen, welche eine Länge von 10 resp. 15 cm besassen, wurde der erstere an einem nach Westen gerichteten Fenster aufgestellt, der zweite dagegen in einen dunklen Schrank gebracht. Nach 7 Tagen hatte sich ersterer um 1 cm, letzterer um 6 cm, d. h. um 40 % seiner ursprünglichen Grösse verlängert. Aehnliche Erscheinungen sind ja schon von den Landpflanzen seit längerer Zeit bekannt. Während sich jedoch bei diesen nur die neugebildeten Internodien stark verlängern, handelt es sich bei *Ceratophyllum* um eine nachträgliche Streckung der älteren Internodien, eine Erscheinung, zu welcher bislang wohl kaum ein Analogon bekannt ist. Die Streckung selbst beruht laut mikroskopischer Untersuchung auf einer Verlängerung der Zellen. Die Epidermiszellen der am Licht wachsenden Pflanzen sind fast quadratisch (20—40 μ lang), die der verdunkelten Exemplare dagegen doppelt so lang wie breit (50 bis 95 μ lang).

Ebenso interessant ist die auffallende Stellungsveränderung der Blätter und Seitenzweige. Während diese bei normalen Wachsthumsverhältnissen mehr oder weniger stark aufwärts gerichtet sind, biegen sich die Seitenzweige bei verdunkelten Exemplaren nach unten und die Blätter der Hauptachse schlagen sich zurück; die Blätter der Zweige behalten dagegen ihre Lage zu ihrer Achse bei. Die Blätter von *Ceratophyllum* besitzen eine Art Stiel, dessen Epidermiszellen sich in der Dunkelheit stark strecken und zwar auf beiden Seiten des Blattes. Durch die ausserdem noch eintretende Epinastie wird dann das Blatt nach unten umgebogen. „Dass es sich bei der Dunkelstellung nicht um eine Abnahme des Turgors handelt, in Folge dessen die Seitenzweige und Blätter, dem Zuge der Schwere folgend, umbiegen, zeigt schon eine Umkehrung der verdunkelten Pflanzen, wobei jene Organe nicht in die normale Lage zurückkehren." Auch an ein Heruntersinken der Endknospe in Folge ihrer eigenen Schwere ist nach den Ermittelungen des Verf. nicht zu denken. Er befestigte an das obere Ende einer Pflanze einen schweren Gegenstand, an das untere einen Kork und brachte sie in umgekehrter Stellung in ein verdunkeltes Glasgefäss. Die Seitenzweige der Pflanze richteten sich nach oben, die daran befindlichen Blätter schlugen sich nach unten um und die Blätter der Hauptachse nahmen nach und nach eine fast horizontale Lage ein. Als dieselbe Pflanze hierauf ans Licht gebracht wurde, änderte sich schliesslich die Stellung so, „dass die Achse der Seitenzweige mit der horizontalen über derselben spitze Winkel von 20—45 ° und alle Blätter (abgesehen von denen der Endknospen) an Haupt- und Seitenspross mit ihren Tragachsen an der Basis ungefähr rechte

Winkel bildeten." Ein am 6. Sept. am Licht invers aufgestellter Spross veränderte sich bis zum 21. Sept. so, „dass die meisten Blätter, abgesehen von denen der Endknospe, in annähernd horizontaler Stellung waren und von den Seitenzweigen der unterste und oberste abwärts gerichtet war, der zweite an der Spitze ganz und der dritte annähernd horizontal stand." Ins Dunkle gesetzt, zeigte er dieselbe Erscheinung wie der erste Spross. Verf. ist auf Grund mehrerer instruktiver Versuche zu der Ueberzeugung gekommen, dass es sich bei der Aufrichtung der Seitenzweige nicht um negativen Geotropismus handeln kann, sondern dass man es in diesem Falle mit einer Wechselwirkung der Achsen, Blätter und Seitenzweige zu thun hat, wie aus folgenden Sätzen des Verfassers hervorgeht:

1. „Auf die Seitenzweige übt die Hauptachse eine Wirkung aus, die sich darin äussert, dass die ersteren sich der Basis der letzteren zubiegen, wenn diese selbst eine vertikale Richtung einnimmt, mag dann die Basis nach unten oder oben gekehrt sein, aber nicht, wenn sie sich in horizontaler Lage befindet."

2. „Auf ihre Blätter übt die Hauptachse eine gleiche Wirkung wie auf ihre Seitenzweige aus, nur dass diese Wirkung bloss halb zur Geltung kommt, wenn jene invers gerichtet ist."

3. „Die Seitenzweige bewirken, dass sich die Blätter nach deren Basis umbiegen, aber nur, wenn sie vertikal stehen und zwar mit der Basis nach unten."

Das Aufrichten der Seitenzweige bei invers aufgestellten Pflanzen erklärt Verfasser durch den positiven Heliotropismus. Bei zwei in wagerechter Stellung am Licht wachsenden Sprossen, bei denen die aufwärts gerichteten Blätter einen viel kleineren Winkel mit der Hauptachse bildeten, als die nach unten hängenden Blätter und Seitenzweige, hatten sich letztere nach 11 Tagen soweit aufgerichtet, dass sie jetzt einen viel kleineren Winkel mit der Hauptachse bildeten, als die Blätter der Oberseite.

2. Die Wirkungen der Dunkelheit auf andere Wasserpflanzen.

Verf. untersuchte ausser *Ceratophyllum* noch *Myriophyllum spicatum, M. proserpinacoides, Ranunculus divaricatus, Najas major, Cabomba* spec., *Elodea Canadensis* und *Hippuris vulgaris.*

Von diesen zeigten nur die beiden *Myriopyllum* - Arten die bereits geschilderte Erscheinung des Zurückschlagens der Blätter, während eine Streckung der Internodien bei fast allen Versuchspflanzen bemerkt wurde.

3. Der Einfluss des Lichtes auf die Wurzelbildung bei *Elodea*.

Im Dunkeln kultivirte Pflanzen streckten sich in 10 Tagen zwar um 5,2 cm, blieben aber auffallender Weise wurzellos, während am Licht stehende Exemplare reichliche Wurzelbildung zeigten. Durch die Dunkelheit wurde auf die Pflanzen ein Reiz ausgeübt; die Internodien streckten sich bedeutend und verbrauchten alle noch vorhandenen plastischen Stoffe, so dass für die Wurzelbildung nichts

übrig blieb. Ist diese Argumentation richtig, so ergiebt sich von
selbst die weitere Frage: Warum werden bei den im Licht wachsenden Pflanzen die neugebildeten Stoffe nicht zur Streckung der
Internodien, sondern zur Wurzelbildung gebraucht? Verf. ist der
Ansicht, dass unter dem Einfluss des Lichtes die Entstehung der
wurzelbildenden Stoffe begünstigt wird. Er stützt sich dabei auf die
von Sachs aufgestellte Theorie, nach welcher von der Pflanze besondere Stoffe zur Bildung der Wurzeln, Blätter, Blüten etc. ausgebildet werden.

4. Schlussbemerkungen.

In diesem inhaltreichen Kapitel, welches manche neue Anregung bietet und daher wohl verdient, recht genau studirt zu
werden, behandelt Verf., nachdem er noch einmal kurz die Resultate
seiner Culturversuche besprochen hat, vor allen Dingen die beiden
Begriffe „Reiz“ und „Auslösung“. Während Pfeffer den Reiz-
begriff nur als einen besonderen Fall der Auslösung betrachtet
wissen will, ist Verf. der durchaus zu billigenden Meinung, dass
beide Begriffe streng von einander zu scheiden sind. Die Auslösung ist ein rein mechanischer Vorgang, welcher sich durch
physikalische Gesetze erklären lässt; das ist aber bei der Reizwirkung nicht möglich. Es ist klar, „dass das Aufspringen der
reifen Früchte von *Impatiens* durch Berührung und die geotropische Ab-
wärtskrümmung einer Keimwurzel zwei ganz heterogene Begriffe sind.
Der erstere ist ein Auslösungsprozess, der physikalisch zu erklären
ist, der andere ist ein Reizvorgang, bei welchem dies nicht möglich ist.“ In welcher Weise das Protoplasma einen Reiz empfindet,
und wie es kommt, dass in Folge dieses Reizes eine Aenderung im
Wachsthum oder eine chemische Umsetzung erfolgt, ist freilich eine
Frage, welche noch ihrer Lösung harrt. Es giebt aber „unbestreitbar Erscheinungen, die dem Lebendigen eigenthümlich sind, ihm
allein zukommen; für diese Erscheinungen giebt es bestimmte Gesetze, und da wir den Bewegungen der Materie, welche nach bestimmten Gesetzen verlaufen, eine Kraft zu Grunde legen, so ist kein
Grund ersichtlich, warum wir nicht von Lebenskraft sprechen
sollen.“ Diese Lebenskraft zeigt sich wieder als Gestaltungs-
trieb und als Reizbarkeit. Ersterer wirkt selbstständig, letztere
erfordert noch zwei andere Faktoren, die Lebenskraft des Protoplasmas und ein äusseres Agens.

Lemmermann (Bremen).

Kny, L., Bestäubung der Blüten von *Aristolochia Clematitis*.
(Sep.-Abdr. des Textes zur IX. Lieferung der „Botanischen
Wandtafeln“. Taf. XCII. Berlin 1895.)

Verf. gibt eine genaue Beschreibung der Blütentheile von
Aristolochia Clematitis. Bis zum Beginn der Geschlechtsreife ist die
Blüte aufgerichtet. Der Stiel geht allmählich in den Fruchtknoten
über. Vom oberen breiteren Theile des Fruchtknotens hebt sich
scharf das im Innern mit zahlreichen Haaren besetzte Perigon ab.
Die Reusenhaare bestehen aus einer Reihe kurzer und breiter

Gliederzellen. Das „Gynostemium" besteht aus einer sechslappigen Narbe und aus sechs mit der Narbe verschmolzenen Antheren. Die Bestäubung von *Aristolochia Clematitis* wird von kleinen *Dipteren, Ceratopogon pennicornis* vollbracht. Durch die ganze Einrichtung ihrer Blüte ist *Aristolochia Clematitis* der Wechselbefruchtung angepasst; bleibt dieselbe aber aus, so keimen die Pollenkörner derselben Blüte, welche auf die Narbe gelangen und wachsen zu langen Pollenschläuchen aus. Selbstbefruchtung ist also beim Fehlen der Wechselbefruchtung bei *Aristolochia Clematitis* nicht ausgeschlossen.

Rabinowitsch (Berlin).

Freyn, J., Neue Pflanzenarten der pyrenäischen Halbinsel. (Bulletin de l'Herbier Boissier. 1893. No. 10. p. 542—548.)

Als solche werden aufgeführt und beschrieben:

Arabis (Turistella) Reverchoni, Genista Anglica β pilosa, Trifolium (Lagopus) Hervieri, Astragalus (Malacotrix) Arragonensis, Vicia (Euvicia Vis.) Lusitanica, Valerianella (Sect. Syncaelae Pomel) Willkommii, Scabiosa tomentosa Cav. var. *cinerea, Leontodon (Dens Leonis* Koch) *Reverchoni, Linaria supina* Desf. var. *glaberrima, Thymus (Pseudothymbra) Portae.*

Fischer (Heidelberg).

Penzig, O., Considérations générales sur les anomalies des *Orchidées* (Extrait des Mémoires de la Société nationale des sciences naturelles et mathématiques de Cherbourg. Tome XXIX. 8⁰. p. 79—104. Cherbourg 1894.)

Verf. hat es unternommen, verschiedene Missgestaltungen der Organe der *Orchideen* zu untersuchen. Abweichungen vom gewöhnlichen normalen Typus kommen bei den *Orchideen* im allgemeinen sehr oft vor, und zwar sind es alle Organe, die anormale Ausbildung zeigen können. Bei den Wurzeln dieser Familie tritt zuweilen büschelförmige Vereinigung auf (*Phalaenopsis Schilleriana* und *Aërides crispa*). Adventivknospen treten bei den *Orchideen* sogar an den Luftwurzeln auf (*Phalaenopsis Schilleriana, Cyrtopodium* sp., *Saccolobium micranthum*). Besonders interessant sind die Fälle, wo die Wurzelspitze in beblätterte Keime übergehen kann (*Catasetum tridentatum, Neottia Nidus avis*). Die Inflorescens der *Orchideen* bietet im allgemeinen im normalen Zustande wenig Eigenthümlichkeiten; gelegentlich können aber anormale Theile an derselben auftreten. An der Inflorescens treten zuweilen Adventivknospen auf, die zur axexuellen Vermehrung der Pflanze dienen. Zuweilen treten diese Knospen sogar an der Stelle der Blüten auf (*Oncidium Lemonianum, Onc. Papilio, Phalaenopsis Schilleriana*. Die anormale Stellung der Blüte kann zuweilen fehlen (*Orchis fusca, O. maculata, Goodyera repens, Neottia Nidus avis, Catasetum purum*), die Blüten zeigen dann ihre normale Stellung, indem die Unterlippe gegen die Hauptachse gedreht ist.

Die meisten Missbildungen können an den Blüten selbst beobachtet werden.

Mehrgliedrige Blüten oder solche, die secundär zweigliedrig geworden sind, kommen häufig vor (*Dendrobium*, *Phajus*, *Epidendrum*, *Cattleya*, *Neottia*, *Orchis*, *Ophrys*, *Cypripedium*, *Paphiapedium*). In manchen Fällen scheinen wir aber nur pseudo zweigliedrige Blüten vor uns zu haben. Verf. beschreibt vier verschiedene Typen dieser pseudodimeren Blüten der *Orchideen*.

Am Kelche der *Orchideen* konnte Verf. mannigfaltige Missbildungen beobachten, indem die Kelchblätter verschieden untereinander verwachsen sind. Bei den Blumenblättern kommen dagegen seltener Missbildungen vor. Häufig können Metamorphosen der Blütentheile nachgewiesen werden, die sich auf verschiedene Weise gestalten können und durch Veränderung der einzelnen Theile der Blüte charakterisirt sind.

Verf. geht besonders ausführlich auf die Metamorphosen des Androeceums der *Orchideen* ein und beschreibt dann einige wenige Missbildungen, die am Gynaeceum der *Orchideen* auftreten.

Am Ende der Arbeit verspricht Penzig eine eingehendere Besprechung der in diesem Werke nur angedeuteten Missbildungen der *Orchideen*.

Rabinowitsch (Berlin).

Schwarz, Frank, Die Erkrankung der Kiefern durch *Cenangium Abietis*. Beitrag zur Geschichte einer Pilzepidemie. 8⁰. 126 pp. 2 Taf. Jena (G. Fischer) 1895.
Preis 5 M.

Das Hauptgewicht der vorliegenden Untersuchungen ruht auf Erforschung der Ursachen der Krankheit, ihrer Verbreitung und ihrer Symptome; eine genauere Beschreibung des *Cenangium Abietis* wird zwar gegeben, aber nur anatomische Details, keine Culturresultate.

Die Krankheit tritt an den jüngeren Trieben der Kiefer auf und äussert sich durch Verwelken derselben. Da an stärkeren Zweigen zuletzt Apothecien auftraten, war ein Pilz als Ursache verdächtig. Die nähere Untersuchung bestätigte dies. In der Rinde und im Mark der Triebe sass das Mycel, das zuletzt bei der Fruchtreife auch im Holz wucherte. Die Infection geht während der Vegetationsruhe vor sich und zwar am Grunde der jungen Knospen, wo dem eindringenden Keimschlauch sich der geringste Widerstand bietet. Gegen Ende des Sommers reifen die Apothecien. Ausserdem finden sich Pykniden. Die einen enthalten kleine stäbchenförmige, einzellige, die anderen viel grössere, sichelförmig gekrümmte, mehrzellige Conidien. Dass diese Pykniden zu *Cenangium* gehören, ist wohl zweifellos, aber ein stricter Beweis ist bisher noch nicht dafür gegeben.

Als Ursache der Erkrankung waren von Kienitz und Hartig Frost- und Feuchtigkeitswirkungen angesehen worden; Verfasser geht darauf näher ein und beweist die Richtigkeit seiner Ansicht.

Der grösste Theil des Buches ist den Nachweisen für die geographische Verbreitung der Epidemie gewidmet. Dieselbe trat 1892 sehr stark auf und verschwand dann allmählich wieder. Besonders stark war der Osten Deutschlands heimgesucht; bis hinauf nach Riga und westlich bis Mecklenburg erstreckte sich die Krankheit. Im Westen und Süden trat sie nur sporadisch auf und verursachte auch nicht so grossen Schaden.

Wie immer bei Pflanzenkrankheiten, so stellten sich auch hier eine Reihe von Folgekrankheiten ein, welche grösseren Schaden als die *Cenangium*-Krankheit verursachten, aber erst durch letztere ermöglicht werden, weil die Bäume nicht mehr Widerstandskraft besassen, sie zu überwinden. Dahin gehören ausser Pilzkrankheiten vor allem Insectenfrass.

Die Ursache der *Cenangium*-Epidemie sucht Verfasser in der Combination zweier Factoren. Der Pilz war durch die vorhergegangenen feuchten Jahre infectionstüchtig geworden und hatte an Ausbreitung gewonnen, die Kiefern dagegen waren durch Frost und Nässe geschwächt worden, so dass der Parasit geringen Widerstand fand. Die Gründe, womit Verfasser diese Anschauung belegt, sind einleuchtend.

Dies ist in Kürze der Hauptinhalt der Arbeit. Es finden sich noch zahlreiche wichtige und interessante Einzelheiten, die indessen in der Arbeit selbst nachzulesen sind.

Lindau (Berlin).

Hennings, P., Die wichtigsten Pilzkrankheiten der Kulturpflanzen unserer Kolonieen. (Deutsche Kolonialzeitung. 1895. 1. Juni.)

Verf. stellt hier die wichtigsten Pilze zusammen, die auf den Culturpflanzen unserer Kolonieen grösseren Schaden anrichten. Von den näher bekannten Krankheiten werden Bemerkungen über die Art ihrer Verbreitung und ihrer Bekämpfung gemacht. Auf fast jeder einzelnen Culturpflanze, Kaffee, Reis, Mais, Bohnen etc., finden sich eine grössere Zahl von Pilzen, die aber nicht alle im gleichen Maasse schädlich sind.

Lindau (Berlin).

Lubinski, Wsewolod, Ueber die Anaërobiose bei der Eiterung. (Centralblatt für Bakteriologie und Parasitenkunde. Bd. XVI. No. 19. p. 769—775.)

Lubinski weist darauf hin, dass bei Untersuchungen über die Eiterung, welche bekanntlich das pathogene Product einer ganzen Reihe verschiedener Mikroben ist, die anaëroben Aussaaten am meisten Erfolg versprechen, da der vor Luftzutritt geschützte Eiterungsfocus ganz günstige Lebensbedingungen für die obligaten Anaëroben darbietet. Am häufigsten fand Verf. den *Staphylococcus pyogenes aureus* als Eiterungserreger. Die anaëroben Culturen desselben zeichnen sich durch den Mangel an Pigment und das flache dünne Wachsthum aus; sobald man Luft zuführt, fängt

auch in entsprechend fortschreitender Weise die Pigmentbildung
wieder an. Die Virulenz dieses Mikroben nimmt bei anaërober
Züchtung entschieden zu. Bei fortgesetzter Luftentziehung nimmt
die chromogene Fähigkeit der Culturen von Generation zu Generation
immer mehr ab und erlischt schliesslich völlig. *Staphylococcus
pyogenes albus* wurde bei Züchtung in der Sauerstoffathmosphäre
farblos, verlor seine Virulenz und hörte auf, Gelatine zu verflüssigen; d. h. er verwandelte sich eben in die als *Staphylococcus
aereus albus* bekannte Varietät. Eine derartige Verwandlung ist
recht wohl auch unter natürlichen Verhältnissen möglich, je nachdem sich die Mikroben auf der Oberfläche des inficirten Organismus
oder in der Tiefe seiner Gewebe befinden. Verf. kommt deshalb
zu der Ansicht, dass alle die als Eiterungserreger bekannten
Staphylococcen-Arten nicht selbstständige Species, sondern nur
physiologische Varietäten einer und derselben, sich unter dem Einfluss entgegengesetzter Lebensbedingungen verändernden Art sind.
Bei *Bacillus pyocyaneus* zeigte es sich, dass derselbe zwar zu
seinem Wachsthum die Anwesenheit von Sauerstoff fordert, aber
doch lange Zeit ohne Sauerstoff aushalten kann, ohne seine Lebensfähigkeit zu verlieren. *Streptococcus erysipelo-pyogenes* wuchs bei
Abwesenheit von Sauerstoff sehr gut, und zwar wurden dann seine
Ketten aus ungewöhnlich grossen kugelförmigen Gebilden zusammengesetzt. Endlich war Verf. auch noch so glücklich, gelegentlich
seiner Untersuchungen drei neue Anaëroben aufzufinden. Es sind
dies: 1) Ein obligat-anaërober, mit Anilinfarben und nach Gram
leicht färbbarer Bacillus, der etwas längere Stäbchen wie der
Tetanus-Bacillus darstellt und ebenso wie dieser an einem Ende
eine grosse ovale Spore bildet. Auf Gelatineplatten bilden sich
flache grauliche Colonien von strahlig-runzligem Aussehen, welche
auf Agar meist Gasblasen enthalten. Gelatine wird auch in Stichculturen nicht verflüssigt, wohl aber bilden sich dabei in Agar Risse
und übelriechende Gase. Längs des Impfstiches sieht man einen
graulichen Faden mit strahlenförmig auseinander gehenden Fort-
sätzen. Der Bacillus ist pathogen, doch haben die Krankheitserscheinungen nichts mit dem Tetanus gemein. 2) Ein obligat
anaërober Bacillus in Form sehr dünner, ziemlich langer, meist
doppelt und mit Anilin langsam färbbarer Stäbchen, die auf
Gelatine kleine, durchsichtige Punktcolonien bilden. 3) Ein kurzes,
dickes Stäbchen mit abgerundeten Enden, welches auf Agarplatten
runde, mattgraue Colonien bildet, Gelatine verflüssigt, Bouillon
trübt und auf festen Nährböden einen schwachen citronengelben
Farbstoff producirt. Versuchsthieren eingeimpfte Reinculturen dieses
Bacillus riefen eine eiterige Entzündung hervor.

                                        Kohl (Marburg).

Otto, R., Ein vergleichender Düngungsversuch mit
    reinen Pflanzen-Nährsalzen bei Kohlrabi und
    Sommer-Endivien-Salat. (Gartenflora. Jahrg. XLIV. 1895.
    Heft 19. p. 522—526.)
    Die Düngungsversuche bei Kohlrabi (Erfurter Dreibrunner)
und Sommer-Endivien-Salat hatten den Zweck, die Wirkung ver-

schiedener hochconcentrirter Düngemittel oder Pflanzen - Nährsalze, welche die Firma H. und E. Albert in Biebrich a. Rh. unter ihrer Markenbezeichnung PKN, AG und WG in den Handel bringt, einer vergleichenden Prüfung für verschiedene Gemüsearten, insbesondere auf Kraut und Salat, zu unterziehen und zwar in erster Linie auf das Wachsthum und die Entwickelung der betreffenden Pflanzen überhaupt, sodann aber im besonderen, um zu untersuchen, durch welches von diesen künstlichen Düngegemischen die Ausbildung der Köpfe (daneben auch die der Blätter) am meisten beeinflusst wird.

Die drei Düngermischungen PKN, AG und WG enthalten die drei wichtigsten Pflanzen-Nährstoffe Kali, Phosphorsäure und Stickstoff in leicht löslicher und für die Pflanzen sehr schnell aufnehmbarer Form. Sie unterscheiden sich wesentlich jedoch in dem Mengenverhältniss der einzelnen Nährstoffe, so ist PKN am phosphorsäurereichsten ($19^0/_0$), dann folgt AG ($16^0/0$) und schliesslich WG ($13^0/0$). Bezüglich des Kaligehaltes steht auch PKN ($35^0/0$) oben an, es folgt wiederum AG ($20^0/0$) und WG ($11^0/0$). AG und WG weisen einen gleich hohen Stickstoffgehalt von $13^0/0$ auf, PKN enthält jedoch nur einen solchen von $7^0/0$. — Diese Düngermischungen mussten also voraussichtlich wegen ihrer verschiedenen Mengen an leicht aufnehmbaren Nährstoffen eine verschiedene Wirkung auf die gedüngten Pflanzen ausüben, wie dies ja auch die Versuche deutlich bestätigt haben.

Bezüglich der Versuchsanstellung und der Beobachtungen während der Entwickelung der Pflanzen im Einzelnen sei auf das Original verwiesen. Hervorgehoben sei hier nur, dass von den Versuchsbeeten (je 1,5 m lang und 1 m breit) das äusserste links ungedüngt war, das zweite 450 g PKN, das dritte 450 g AG und das vierte 450 g WG erhielten. Die Düngung wurde 4 Tage vor dem Einsetzen der Pflanzen gleichmässig durch Mischen mit etwas Erde auf das Beet ausgestreut und dann durch Eingraben bis Spatentiefe innig mit dem Boden vermengt.

I. Kohlrabi (Erfurter Dreibrunner).

Bei der Ernte am 8. Juli, nach 48 tägiger Vegetation, wurde getrennt bestimmt pro Beet: a) die Gesammtmenge der Blätter (nebst Blattstielen), b) das Gesammtgewicht und die Grösse der Köpfe.

a) Die Blattmasse.

1. Ungedüngt. Es wurden geerntet von 11 normal entwickelten Pflanzen 1550 g Blattmasse, d. i. pro 1 Pflanze = 141 g Blattmasse.

2. PKN. 10 sehr gute Pflanzen mit 2400 g Blattmasse, d. i. pro 1 Pflanze = 240 g.

3. AG. 9 sehr gute Pflanzen mit 2010 g Blattmasse, d. i. pro 1 Pflanze = 223 g.

4. WG. 8 sehr schöne Pflanzen mit 1840 g Blattmasse, d. i. pro 1 Pflanze = 230 g.

Hiernach steht also in der Blattproduktion, berechnet auf
1 Pflanze, oben an PKN (240 g), dann folgt WG (230 g), darauf
AG (223 g), schliesslich ungedüngt (141 g).

Die mit Hülfe der Düngung producirte Blattmasse ist demnach pro 1 Pflanze fast doppelt so gross,
als die ungedüngte. Im Allgemeinen ist zwischen den
einzelnen Düngungen kein erheblicher Unterschied,
was die Blattmenge anbelangt, zu constatiren.

b) Die Köpfe.

Weit erheblicher war der Einfluss der verschiedenen Düngungen
auf die Grösse und das Gewicht der Köpfe.

Es wurden die Köpfe, wie vorher die Blattmengen, sämmtlich
im luftrockenen Zustande gewogen, nachdem sorgfältig die Wurzeln
und Blattstiele vollständig entfernt waren.   Geerntet wurden:

1. **Ungedüngt. 11 gute Köpfe im Gesammtgewicht
   von 1715 g, d. i. pro 1 Kopf = 156 g.** Der
   kleinste dieser Köpfe wog 56 g (Umfang 15,5 cm),
   der grösste hingegen 279 g (Umfang 26,5 cm).
2. **PKN. 10 sehr gute Köpfe im Gesammtgewicht
   von 2185 g, d. i. pro Kopf = 218,5 g.** Der
   kleinste dieser Köpfe wog 138 g (Umfang 21 cm),
   die grössten Köpfe wogen je 271 g (Umfang 27 cm).
   Es wurden 5 von diesem Gewicht erhalten.
3. **AG. 9 sehr gute Köpfe im Gesammtgewicht von
   2000 g, d. i. pro 1 Kopf = 222 g.** Der kleinste
   Kopf wog 95 g (Umfang 20 cm), der grösste 289 g
   (Umfang 27,5 cm).   Ausser letzterem noch 3 Köpfe
   à 280 g.   Es waren 6 sehr grosse Köpfe, daneben
   3 kleinere.
4. **WG. 8 sehr schöne grosse Köpfe im Gesammtgewicht von 1960 g, d. i. pro 1 Kopf = 245 g.**
   Der grösste Kopf hatte ein Gewicht von 315 g!
   (Umfang 29 cm), der kleinste wog 130 g (Umfang
   22 cm).

   Hinsichtlich des Geschmackes waren alle geernteten
   Köpfe, selbst die grössten, vorzüglich und vor Allem
   sehr saftreich.

Hiernach hat also beim Kohlrabi die Düngung mit WG den
grössten Erfolg sowohl im Gewicht (pro 1 Kopf 245 g) als auch
in der äusseren Ausbildung (Umfang bis 29 cm) ergeben.   Darauf
folgt die Düngung mit AG (pro 1 Kopf 222 g Gewicht, Umfang
bis 27 cm), sodann PKN (Gewicht pro 1 Kopf 218,5 g, Umfang
bis 27 cm), schliesslich ungedüngt (Gewicht pro 1 Kopf 156 g,
Umfang bis 26,5 cm).

Nach diesen Versuchen scheint für die Kopfausbildung beim
Kohlrabi am meisten die Mischung WG geeignet zu sein mit gleichem
Gehalte an Phosphorsäure und Stickstoff (je 13%) und einem annähernd gleich hohen Gehalte an Kali (11%).   Ein höherer Phos-
phorsäuregehalt (16%) und Kaligehalt (20%), wie er in AG vor-

handen ist, hatte nicht ganz so gut gewirkt. Noch geringer war der Erfolg bei PKN, welches noch mehr Phosphorsäure (19⁰/o) und Kali (35⁰/o) aufweist.

Das relative Verhältniss von Kali, Stickstoff und Phosphorsäure ist demnach sehr wahrscheinlich für die Ausbildung der Köpfe von Bedeutung. Aber auch die Mischungen PKN und AG haben einen sehr guten Ertrag gegenüber der ungedüngten Parzelle erzielt.

II. Sommer-Endivien-Salat.

Die Versuchsanstellung, d. h. der Boden, die Vorbereitung desselben, die Düngung etc., war genau die gleiche, wie beim Kohlrabi.

Die Ernte erfolgte gleichmässig bei allen Pflanzen am 10. Juli. Die Köpfe wurden abgeschnitten, sorgfältig von Erde gereinigt und lufttrocken in ihrer Gesammtheit gewogen. Erhalten wurden:

1. **Ungedüngt.** 10 gute Köpfe im Gesammtgewicht von 2920 g, d. i. pro 1 Kopf 292 g. Die Höhe der grössten Köpfe war 25 cm.

2. **PKN.** 11 sehr gute Köpfe im Gesammtgewicht von 5950 g, d. i. pro Kopf 541 g. Die Höhe der Köpfe war bis 34 cm, 1 Kopf nur 25 cm hoch, die meisten 28—29 cm.

3. **AG.** 10 sehr schöne Köpfe im Gesammtgewicht von 6730 g, d. i. pro 1 Kopf 673 g. Sämmtliche Köpfe 33—34 cm hoch.

4. **WG.** 10 gute Köpfe im Gesammtgewicht von 6050 g, d. i. pro 1 Kopf 605 g. Höhe der Köpfe 25 bis 32 cm.

Hiernach ist als der höchste Gewichtsertrag beim Endivien-Salat erzielt bei der Düngung mit AG (pro 1 Kopf 673 g!), es folgt WG (pro 1 Kopf 605 g), dann PKN (pro 1 Kopf 541 g), schliesslich ungedüngt 292 g pro 1 Kopf.

Die gedüngten Parzellen haben hier also pro 1 Kopf über nochmal soviel an Gewicht als die ungedüngten ergeben. Die Differenzen zwischen den einzelnen Düngungen betragen pro 1 Kopf doch immerhin circa 70 g! Also ein ganz bemerkenswerther Unterschied.

Hier bei Endivien-Salat hat also augenscheinlich das Düngegemisch AG sich am besten bewährt, welches von den drei geprüften Mischungen einen hohen Stickstoffgehalt von 13⁰/o, daneben einen mittleren Gehalt an Kali (20⁰/₀) und Phosphorsäure (16⁰/o) besitzt. Es folgt in ihrer Wirkung die Mischung WG auch mit 13⁰/o Stickstoff, aber mit weniger Kali (11⁰/o) und Phosphorsäure (13⁰/o), schliesslich PKN mit weniger Stickstoff (7⁰/₀), aber viel Kali (35⁰/o) und Phosphorsäure (19⁰/₀).

Die Form der Blätter war entsprechend der Grösse der einzelnen Köpfe bei den verschiedenen Düngungen eine mehr oder weniger in die Breite und Länge gehende, d. h. die grössten Köpfe hatten auch die relativ grössten und breitesten Hüllblätter.

Die Erfolge, welche in allen Fällen sowohl beim Kohlrabi als auch beim Sommer-Endivien-Salat mit den genannten Düngermischungen erzielt wurden, sind gewiss sehr in die Augen springend und lohnen eine solche, auch im Preise kaum in Betracht kommende, Düngung mit diesen Nährsalzen reichlich.

Otto (Proskau).

Severin, S. A., Die im Miste vorkommenden Bakterien und deren physiologische Rolle bei der Zersetzung desselben. (Centralblatt für Bakteriologie und Parasitenkunde. Abtheilung II. Bd. I. Nr. 3. p. 97—104 und Nr. 4. p. 160—168).

Severin benutzte zu seinen Untersuchungen Pferdemist. Die mikroskopische Betrachtung desselben ergab, dass die Bacillenform vorherrschend ist, während Kokken verhältnissmässig selten auftreten. Hefenpilze und Sarcinen kamen gar nicht vor. Die Bacillen in einem 3 Monate alten Miste färbten sich nach der Ziehl'schen Doppelfärbung roth, glichen also hierin den Tuberkel- und Leprabacillen. Bei verackertem Miste treten nach zwei Wochen die bacillären Formen ganz zurück und Mikrobakterien und Kokken dafür in den Vordergrund. Vermittels des Plattenculturenverfahrens wurden aus einer Mistprobe 9 und aus einer zweiten 7 Bakterien· arten ausgeschieden. Von diesen wurden drei bezüglich ihrer physiologischen Bedeutung einer näheren Untersuchung unterworfen. Nr. 1 bildete auf Agar-Agar braune, glattrandige, kahnförmige Kolonien, die später je 1 Bündel stachelförmiger Fortsätze aussandten. Gelatineculturen sehen einem braunen Knäuel ähnlich und bewirken Verflüssigung der Gelatine. Nichtculturen sind durchsichtig, weiss, mit feinzackigen Rändern versehen. In Bouillonculturen haben die einzelnen Stäbchen 1—3 μ Länge, 1 μ Dicke, abgerundete Enden und körniges Plasma. Die runden, grossen Sporen sind an einem Ende angehäuft. Auf Kartoffeln bilden sich dünne, glänzend grauweisse Auflagerungen. Milch gerinnt nach 2 Tagen. Im Ganzen erinnert dieser Mikroorganismus sehr an *Bac. mycoides*. Nr. 2 bildet auf Agar-Agar ebenfalls braune, glattrandige, ölige, runde oder kahnförmige Kolonien. Diejenigen auf Gelatine haben Himbeerenform und dadurch viel Aehnlichkeit mit *Micrococcus agnatilis*. Strichculturen sehen flach, weissglänzend und undurchsichtig aus. Stichculturen tragen einen fayenceweissen Kopf mit gezackten Rändern, der sich dann weiter ausbreitet, ohne jedoch die Gelatine zu verflüssigen. Die Einzelstäbchen in Bacillenculturen sind im allgemeinen dick, plump, überaus verschiedenartig gekrümmt und geendigt, nicht selten in orthrosporer Theilung begriffen. Länge 0,5—4,0 μ; Breite 0,5—1 μ. Endosporenbildung wurde nicht beobachtet und Milch nicht zum Gerinnen gebracht. Bei Nr. 3 sind die Agar Kolonien rund oder oval, braun, mit sanft ausgebuchteten Rändern und höckeriger Oberfläche. Die Gelatine-Kolonien erscheinen klein, rund, glatt, hellgelblichbraun, mit dunklerem Rande. Strichculturen sind grauweiss, matt glänzend und undurchsichtig; Stichculturen weiss und durchsichtig. Die sehr beweglichen Einzelstäbchen haben abgerundete Enden, sind 1—10 μ

lang und 0,4—0,6 μ breit. Endosporenbildung und orthrospore Theilung gelangten nicht zur Beobachtung. Kartoffel- und Milch-kulturen schlugen fehl. Bei dem mit diesen 3 Mikroorganismen angestellten Experimenten ergab sich, dass bei Gegenwart derselben die Ausscheidung von CO_2 fast 60 mal grösser war, als ohne sie. Es ergiebt sich also daraus, dass die Zersetzung des Mistes fast ausschliesslich unter Einfluss der Lebensthätigkeit von Mikro-organismen vor sich geht und nur in geringem Grade durch den oxýdirenden Einfluss des Sauerstoffs der Luft bedingt wird. Die Energie der Ausscheidung von CO_2 erreicht bei allen 3 Mikro-organismen nach 10—15 Tagen ihren Höhepunkt und nach Verlauf von 2 Monaten ihren Abschluss. Der Bacillus Nr. 2 wirkt ener-gischer als 1 und 3; er scheidet auch während der ganzen Zeit NH_3 aus, was bei 3 gar nicht und bei 1 nur theilweise der Fall ist. Die Symbiose wirkt auf die Thätigkeit der Mikroorganismen sehr fördernd ein; werden sie von einander getrennt, so verringert sich der anfangs noch energische Oxydationsprocess sehr schnell.

Kohl (Marburg).

Ausgeschriebene Preise.

Preisausschreiben des allgemeinen deutschen Sprachvereins.

Deutsche Pflanzennamen für die deutsche Schule.

Der für unsere Jugend so wichtige und anziehende Unterricht in der Pflanzenkunde wird durch die unverständlichen und darum schwer zu lernenden lateinischen Benennungen sehr beein-trächtigt. Dem Verlangen nach deutschen Pflanzennamen für die deutsche Jugend steht die Schwierigkeit entgegen, dass es eine einheitliche deutsche Pflanzenbezeichnung nicht giebt. Wie die fleissige Sammlung von Pritzel und Jessen (die deutschen Volksnamen der Pflanzen, Hannover 1882) zeigt, weichen die Pflanzenbenennungen in den verschiedenen Gegenden deutschen Gebietes wesentlich von einander ab; für manche Pflanzen giebt es mehr als hundert verschiedene Namen.

Es soll also untersucht werden, wie diesem Uebelstande abzuhelfen sei, auf welchem Wege wir — vielleicht mit Unterstützung des allgemeinen deutschen Sprach-vereins — zu einer einheitlichen deutschen Namen-gebung gelangen können, soweit es das Bedürfniss der Schule erfordert — denn die Kunstsprache der Wissenschaft soll selbstverständlich nicht angetastet werden. Namentlich wäre in Betracht zu ziehen, welche Pflanzen dabei in Frage kommen, und nach welchen Grundsätzen eine Auswahl aus den vorhandenen deutschen Namen zu treffen sei. Das Hauptgewicht ist dabei weniger auf eine erschöpfende Wortliste zu legen, als auf eine gründliche und zuglich gut lesbare, anregende Erörterung der ganzen Frage.

Die Preisarbeiten sind mit einem Wahlspruch zu versehen und bis Ende 1896 an den Vorstand des Vereins einzusenden. Beizufügen ist ein verschlossener Brief mit demselben Kennworte, welcher den Namen des Verfassers enthält.

Für die besten Bearbeitungen der Aufgabe sind z w e i Preise im Betrage von **600** und von **400** Mark ausgesetzt worden.

Das Preisrichteramt haben übernommen die Herren: Professor Dr. B e h a g h e l in Giessen, Professor Dr. D r u d e in Dresden, Professor Dr. D u n g e r in Dresden, Professor Dr. H a n s e n in Giessen, Professor Dr. P i e t s c h in Berlin.

D e r G e s a m m t v o r s t a n d
d e s a l l g e m e i n e n d e u t s c h e n S p r a c h v e r e i n s.
Dr. M a x J ä h n s, Vorsitzender.

Neue Litteratur.[*)]

Allgemeines, Lehr- und Handbücher, Atlanten etc.:

Pilling, F. O., Begleitschrift zu den Anschauungstafeln für den Unterricht in der Pflanzenkunde von **F. O. Pilling** und **W. Müller.** Theil II. [Schluss.] Fingerzeige für Lehrer und Lehrerinnen beim Classenunterricht in der Botanik zu den Tafeln 25—36, nebst Zusammenstellung der Pflanzen sämmtlicher 36 Tafeln nach dem natürlichen System. 8°. V, p. 81—144. Braunschweig (Fr. Vieweg & Sohn) 1895. M. —.50.

Algen:

Jennings, A. Vaughan, Note on the occurrence in New Zealand of two forms of peltoid Trentepohliaceae and their relation to the Lichen Strigula. [Extr.] 8°. 1 p. London (Spottiswoode & Co.) 1895.

Pilze:

Bommer, Ch., Sur le corps radiciforme de Poronia Doumetii Pat. (Revue mycologique. Année XVII. 1895. p. 161—166)

Fautrey, F., Nouvelles espèces sur bois de Rhus Toxicodendron. (Revue mycologique. Année XVII. 1895. p. 171.)

Fautrey, F. et **Lambotte,** Espèces nouvelles de la Côte-d'Or. [Suite.] (Revue mycologique. Année XVII. 1895. p. 167—171. Avec 1 fig.)

Godfrin, Sur une anomalie hyméniale de l'Hydnum repandum. (Revue mycologique. Année XVII. 1895. p. 182—184.)

Lönnegren, A. V., Nordisk svampbok, med beskrifning öfver Sveriges och norra Europas allmännaste ätliga och giftiga svampar, de ätligas insamling, förvaring anvättning, odling och beredning för afsättning i handeln. Lättfattlig framställning. Uppl. 2, förbättr. o. förekade. 8°. 72 pp. Med 64 bilder i färgtryck å 4 planscher efter förfins original-handteckningar. Stockholm (C. A. V. Lundholm) 1895. Kr. 1.25.

Marchal, Emile, Nectria Laurentiana n. sp. (Revue mycologique. Année XVII. 1895. p. 155—158. Avec 3 fig.)

---

*) Der ergebenst Unterzeichnete bittet dringend die Herren Autoren um gefällige Uebersendung von Separat-Abdrücken oder wenigstens um Angabe der Titel ihrer neuen Veröffentlichungen, damit in der „Neuen Litteratur" möglichste Vollständigkeit erreicht wird. Die Redactionen anderer Zeitschriften werden ersucht, den Inhalt jeder einzelnen Nummer gefälligst mittheilen zu wollen, damit derselbe ebenfalls schnell berücksichtigt werden kann.

Dr. U h l w o r m,
Humboldtstrasse Nr. 22.

Möller, Alfred, Protobasidiomyceten. Untersuchungen aus Brasilien. (Botanische Mittheilungen aus den Tropen. Heft VIII. 1895.) 8⁰. XIV, 179 pp. Mit 6 Tafeln. Jena (Gustav Fischer) 1895.   M. 10.—
Quélet et Massée, L'interprétation des planches de Bulliard et leur concordance avec les noms actuels. [Suite.] (Revue mycologique. Année XVII. 1895. p. 141—148.)

Muscineen:

Warnstorf, C., Beiträge zur Kenntniss exotischer Sphagna. [Fortsetzung.] (Allgemeine botanische Zeitschrift für Systematik, Floristik, Pflanzengeographie etc. Jahrg. I. 1895. p. 187—189.)

Physiologie, Biologie, Anatomie und Morphologie:

Arndt, R., Biologische Studien. II. Artung und Entartung. 8⁰. III, 312 pp. Greifswald (Julius Abel) 1895.   M. 6.—
Bütschli, O., Ueber Structuren künstlicher und natürlicher quellbarer Substanzen. (Sep.-Abdr. aus Verhandlungen des naturhistorisch-medicinischen Vereins zu Heidelberg. 1895.) 8⁰. 9 pp. Heidelberg (C. Winter) 1895.   M. —.40.
Frank, A., La nutrition du pin par les champignons des mycorhizes. Traduit par **L. Mangin.** (Revue mycologique. Année XVII. 1895. p. 149—153.)
Hartwich, C., Ueber die Wurzel der Richardsonia scabra. (Sep.-Abdr. aus Schweizer Wochenschrift für Chemie und Pharmacie. 1895. No. 31. 8⁰. 4 pp. Mit 1 Figur.)
Harrow, William, Extraordinary single leaves on the Victoria regia. (The Gardeners Chronicle. Ser. III. Vol. XVIII. 1895. p. 371.)
Kobelt, A., Mitose und Amitose. Ein Erklärungsversuch des Theilungsphaenomens. 8⁰. 63 pp. Mit 2 Tafeln. Basel (Georg & Co.) 1895.   M. 2.—
Loeb, Jacques, Ueber Kerntheilung ohne Zelltheilung. Briefliche Mittheilung an den Herausgeber. (Archiv für Entwickelungsmechanik der Organismen. Bd. II. 1895. Heft 2.)
Vogel, H., Welche Uebereinstimmungen bestehen zwischen den Thier- und Pflanzenkörpern in Beziehung auf ihre chemische Zusammensetzung und ihre physiologischen Functionen? (Prometheus. Bd. VI. 1895. No. 50.)
Vries, Hugo de, Les demi-courbes galtoniennes comme indice de variation discontinue. (Archives Néerlandaises des Sciences exactes et naturelles. T. XXVIII. 1895. Fasc. 5.)
Weismann, August, Neue Gedanken zur Vererbungsfrage. Eine Antwort an Herbert Spencer. 8⁰. IV, 72 pp. Jena (Gustav Fischer) 1895. M. 1.50.

Systematik und Pflanzengeographie:

Beck von Mannagetta, Günther, Die Gattung Nepenthes. Eine monographische Skizze. [Fortsetzung II und III.] (Sep.-Abdr. aus Wiener illustrirte Gartenzeitung. 1895. No. 5, 6.) Mit 1 colorirten Tafel und Abbildungen. Wien (Selbstverlag des Verf.'s) 1895.
Bioletti, F. T., Notes on the genus Nemophila. (Erythea. Vol. III. 1895. p. 139—142. With 1 pl.
Böckeler, O., Diagnosen neuer Cyperaceen. (Allgemeine botanische Zeitschrift für Systematik, Floristik, Pflanzengeographie etc. Jahrg. I. 1895. p. 185—187.)
Brown, N. E., Ceropegia debilis N. E. Brown n. sp. (The Gardeners Chronicle. Ser. III. Vol. XVIII. 1895. p. 358.)
Callier, A., Bemerkungen zur Flora silesiaca exsiccata. [Fortsetzung.] (Allgemeine botanische Zeitschrift für Systematik, Floristik, Pflanzengeographie etc. Jahrg. I. 1895. p. 195—196.)
Cordemoy, E. Jacob de, Flore de l'île de la Réunion (Phanérogames, Cryptogames vasculaires, Muscinées), avec l'indication des propriétés économiques et industrielles des plantes. 8⁰. XXVII, 574 pp. Paris (libr. P. Klincksieck) 1895.
Engler, A. und Prantl, K., Die natürlichen Pflanzenfamilien, nebst ihren Gattungen und wichtigeren Arten, insbesondere den Nutzpflanzen. Unter Mitwirkung zahlreicher hervorragender Fachgelehrten begründet von **Engler** und **Prantl,** fortgesetzt von A. **Engler.** Lief. 123—125. 8⁰. 9 Bogen mit Abbildungen. Leipzig (Wilhelm Engelmann) 1895.   M. 3.—

Sargent, C., The silva of North America: a description of the trees which grow naturally in North America, exclusive of Mexico. Illustr. with fig. and analyses drawn from nature by **C. E. Faxon.** Vol. VII. Cupuliferae. 4⁰. 50 pp. Boston (Houghton, Mifflin & Co.) 1895. Doll. 25.—

Schatz, J. A., Ueber die angebliche Salix glabra Scopoli der württembergischen Flora. (Allgemeine botanische Zeitschrift für Systematik, Floristik, Pflanzengeographie etc. Jahrg. I. 1895. p. 192—193.)

Trautschold, H., Ueber die Winterflora von Nizza. (Allgemeine botanische Zeitschrift für Systematik, Floristik, Pflanzengeographie etc. Jahrg. I. 1895. p. 193—195.)

Palaeontologie

Renault, B., Chytridinées fossiles di Dinantien (Culm.). (Revue mycologique. Année XVII. 1895. p. 158—159.)

Teratologie und Pflanzenkrankheiten:

Ferry, R., Le lysol, ses propriétés, ses applications. (Revue mycologique. Année XVII. 1895. p. 184—185.)

Hartig, Bemerkungen zu dem Artikel des Herrn Oberförster Schilling. (Forstlich-naturwissenschaftliche Zeitschrift. Jahrg. IV. 1895. Heft 11. p. 441.)

Knauth, Das Auftreten des Kiefernspanners (Fidonia piniaria). II. (Forstlich-naturwissenschaftliche Zeitschrift. Jahrg. IV. 1895. Heft 11. p. 389.)

Massee, George, The „spot disease" of Orchids. (The Gardeners Chronicle. Ser. III. Vol. XVIII. 1895. p. 419—420.)

Mc Lachlan, R., Oak-gall and oak-apple. (The Gardeners Chronicle. Ser. III. Vol. XVIII. 1895. p. 370.)

Molliard, Marin, Recherches sur les cécidies florales. [Thèse.] 8⁰. p. 67 —245. Avec 12 pl Paris (libr. G. Masson) 1895.

Schilling, Ueber das Verderben des Nonnenholzes. (Forstlich-naturwissenschaftliche Zeitschrift. Jahrg. IV. 1895. Heft 11. p. 437.)

Thomas, Fr., Die Fenstergalle des Bergahorns. (Forstlich-naturwissenschaftliche Zeitschrift. Jahrg. IV. 1895. Heft 11. p. 429. Mit 7 Figuren.)

Medicinisch-pharmaceutische Botanik:

A.

Elfstrand, Mårten, Studier öfver alkaloidernas lokalisation företrädesvis inom familjen Loganiaceae. (Sep.-Abdr. aus Upsala Universitets Årsskrift. 1895.) 8⁰. 126 pp. O. 2 pl. Stockholm (C. E. Fritze) 1895. Kr. 2.25.

Hartwich, C. und Schroeter, C., Pharmakognostisches und botanisches aus Holland. (Sep.-Abdr. aus Schweizer Wochenschrift für Chemie und Pharmacie. 1895. No. 38, 39. 8⁰. 13 pp. Mit Abbildungen.)

Van Niessen, Der Syphilisbacillus. 8⁰. 92 pp. Mit 4 lithogr. Tafeln und 1 Heliograv. Wiesbaden (J. F. Bergmann) 1895.

Technische, Forst-, ökonomische und gärtnerische Botanik:

Bellet, Daniel, Le vin de Jerez. (Revue scientifique. Sér. IV. T. IV. 1895. p. 464—466.)

Collins, C., Greenhouse and window plants: a primer for amateurs. Edit. by **J. Wright.** 8⁰. X, 160 pp. New York (Macmillan & Co.) 1895. 40 Cent.

Davy, J. Burtt, Pacific slope plants in English gardens. (Erythea. Vol. III. 1895. p. 143—147.)

Galippe, V. et Barré, G., Le pain. Technologie; pains divers; altérations. 8⁰. 216 pp. Paris (libr. Masson; libr. Gauthier-Villars et fils) 1895.

Getreide und Hülsenfrüchte als wichtige Nahrungs- und Futtermittel mit besonderer Berücksichtigung ihrer Bedeutung für die Heeresverpflegung. Herausgegeben im Auftrage des königl. preussischen Kriegsministeriums. II. besonderer Theil 8⁰. XXII, 431 pp. Mit 78 Abbildungen im Texte und 16 Tafeln in Farbendruck. Berlin (E. S. Mittler & Sohn) 1895. M. 12.—

Held, Ph., Die Blumenzucht und Blumenpflege in unseren Hausgärten. Mit einem Anhange: Die Pflege der Blumen im Zimmer und vor den Fenstern. (Des Landmanns Winterabende. Belehrendes und Unterhaltendes aus allen Zweigen der Landwirthschaft. Bd. LVI. 1895.) 8⁰. VI, 105 pp. Mit 32 Abbildungen. Stuttgart (Eugen Ulmer) 1895. M. 1.—

Helweg, L., Laerebog i plantedrivning. Prisbeløunet of alm dansk Gartner-forening. 8⁰. 88 pp. Kjøbenhavn (Gyldendal) 1895. Kr. 1.—
Hesdörffer, M., Handbuch der praktischen Zimmergärtnerei. In ca. 8 Lieferungen. Mit 1 Chromolithographie, vielen Blumentafeln und über 200 Original-Ab-bildungen. Lief. 1. 8⁰. p. 1—48. Berlin (Robert Oppenheim) 1895. M. —.75.
Hicks, Gilbert H., Pure seed investigation. (Repr. from the Yearbook of the U. S. Department of Agriculture. 1894. p. 389—408. With figs.) Washington (Government Printing Office) 1895.
Höhnel, Fr. R. von, Ueber die Jute. (Schriften des Vereins zur Verbreitung naturwissenschaftlicher Kenntnisse in Wien. 1895. p. 31—60. Mit 2 Ab-bildungen.)
Hornberger, R., Ueber die Ursache des Lichtungszuwachses. (Forstlich-naturwissenschaftliche Zeitschrift. Jahrg. IV. 1895. Heft 11. p. 410.)
Lemoine, Emile, Astilbe Lemoinei. (The Gardeners Chronicle. Ser. III. Vol. XVIII. 1895. p. 358—360. With 1 illustr.)
Les **vignobles** et les vins de la Gironde à la treizième exposition de la Société philomatique de Bordeaux. 8⁰. 36 pp. Avec grav. Bordeaux (libr. Feret et fils) 1895.
Martens, Eine Sago-Plantage. (Prometheus. Bd. VI. 1895. No. 46 und 47.)
Thomas, F., Kurze Anleitung zur Zimmercultur der Kakteen. 8⁰. 48 pp. Mit Abbildungen und 1 Farbendruck. Neudamm (J. Neumann) 1895. M. 1.—

Varia:

Henslow, G., Plants of the bible. 8⁰. 160 pp. New York, Chicago (Fleming H. Revell Co.) 1895. 40 Cent.

Personalnachrichten.

Gestorben: Am 24. September der Director der land-wirthschaftlichen Versuchsstation in Bernburg, Prof. Dr. **Hellriegel.** — Der bekannte Lichenologe Dr. E. **Stizenberger** am 27. September in Constanz am Schlagfluss.

Nomenclator botanicus von **Pfeiffer** ist jetzt von der Buchhandlung von R. Hachfeld, Potsdam, statt zu **264 M.** für **44 M.** zu beziehen.

Eine solche Sammlung der verschiedenartigsten Nachweise, von denen schon jede einzelne Reihe in ausführlicher Darstellung ein hohes litterarisches Verdienst sein würde, ist bisher weder versucht noch gegeben worden. Man denke sich nur einen Forscher, welcher täglich genöthigt sein kann, genau zu wissen, welche Pflanzennamen schon und wann sie aufgestellt sind, wer sie aufstellte, wo sie zu finden sind, welche Bedeutung sie bei den einzelnen Forschern besassen, oder was sie etymologisch zu bedeuten haben sollen — und man begreift sofort die ausserordentliche Wichtigkeit eines Werkes, das dem einzelnen Forscher nicht nur eine bedeutende Zeitsumme, sondern auch eine grosse Bibliothek erspart und ihm damit geradezu sein Leben verlängert. Es ist ein Nachschlagebuch, das dem Pulte des betreffenden Forschers nie wieder verschwinden kann, das ihm jeden Augenblick zur Hand sein muss, wenn er nicht zum Nachtheile seiner selbst und der Wissenschaft fortwährend in Irrthümer verfallen will. Jeder, der das Werk gebraucht — und deren sind Hunderte unter den Botanikern, Gärtnern und Pflanzenliebhabern — wird und muss dem Verfasser dankbar die Hand drücken für die ausserordentliche Fülle von Nachweisen, welche von einem Fleisse und einer Gelehrsamkeit zeugen, die beide gerade so selten sind, wie das Bedürfniss eines solchen Werkes die dringendste Nothwendigkeit war. Noch die späteste Nachwelt wird von seinem überwältigenden Riesenfleisse sprechen und es als Muster von Umsicht und Ausdauer preisen. Was die *Synonymia botanica* nur in anderer Form und in leichter Uebersicht als Vorläufer brachte, das führt der **Nomenclator botanicus** in näheren Nachweisen ausführlich aus, so dass wir nun dem Verfasser zwei Werke verdanken, die, unzertrennlich von einander, Alles gewähren, was man von dergleichen litterarischen Catalogen ver-langen kann.

Inhalt.

☞ Der heutigen Nummer liegen die Tafeln zu der in voriger Nummer beendeten Arbeit von Prof. Dr. F. Ludwig bei, die Figurenerklärung folgt in nächster Nummer.

Ausgegeben: 6. November 1895.

Druck und Verlag von Gebr. Gotthelft in Cassel.

Band LXIV. No. 6/7.   XVI. Jahrgang.

Botanisches Centralblatt.

REFERIRENDES ORGAN

für das Gesammtgebiet der Botanik des In- und Auslandes.

Herausgegeben

unter Mitwirkung zahlreicher Gelehrten

von

Dr. Oscar Uhlworm und Dr. F. G. Kohl
in Cassel.   in Marburg.

Zugleich Organ

des

Botanischen Vereins in München, der Botaniska Sällskapet i Stockholm, **der Gesellschaft für Botanik zu Hamburg,** der botanischen Section der **Schlesischen Gesellschaft für vaterländische Cultur zu Breslau,** der **Botaniska Sektionen af Naturvetenskapliga Studentsällskapet i Upsala,** der k. k. zoologisch-botanischen Gesellschaft in Wien, des Botanischen **Vereins in Lund** und der Societas pro Fauna et Flora Fennica in Helsingfors.

| Nr. 45/46. | Abonnement für das halbe Jahr (2 Bände) mit 14 M. durch alle Buchhandlungen und Postanstalten. | 1895. |

Die Herren Mitarbeiter werden dringend ersucht, die Manuscripte immer nur auf *einer* Seite zu beschreiben und für *jedes* Referat besondere Blätter benutzen zu wollen.   **Die Redaction.**

Wissenschaftliche Original-Mittheilungen.*)

Ueber die oblito-schizogenen Secretbehälter der Myrtaceen.

Von
Dr. Gotthilf Lutz.

Mit 2 Tafeln.**)

(Fortsetzung.)

Myrtus acris.

Während *Myrtus communis* bekanntlich ziemlich kleine Blätter hat, ist *Myrtus acris* dagegen durch sehr grosse ausgezeichnet; sie werden nämlich bis 8 cm breit und doppelt so lang. Die hier in sehr grosser Anzahl vorhandenen Secretbehälter sind im durch-

---

*) Für den Inhalt der Originalartikel sind die Herren Verfasser allein verantwortlich.   Red.
**) Die Tafeln liegen einer der nächsten Nummern bei.

scheinenden Blatt leicht sichtbar und befinden sich hauptsächlich auf der Oberseite des Blattes. Im Gegensatz zu *Myrtus communis* findet man sie hier auch häufig in der Mittelrippe des Blattes.

Auch hier waren die Blättchen der Blattknospen dicht besetzt mit zahllosen Haaren und jenen Drüsen, wie sie bei *Myrtus communis* erwähnt wurden und die bald abfallen. In den Blattstielen und den jüngsten, noch nicht verholzten Stengeln waren die Secretbehälter in der Rindenschicht nicht selten zu finden.

Die Bildung der Behälter ist ganz analog derjenigen von *Myrtus communis*; sie gehen auch aus den Epidermiszellen hervor. Diese letzteren zeichnen sich nicht, wie dort, im Flächenschnitt durch ihre gerade und nicht wellige Contur aus und sind desshalb auch nicht leicht von anderen Epidermiszellen zu unterscheiden.

Allerdings erfolgt die Bildung aus der Epidermis nicht so ausschliesslich, wie bei *Myrtus communis*, indem in verschiedenen Fällen Anfangsstadien von Secretbehältern mitten im Blattgewebe gefunden wurden (Fig. 9); auch sind die fertig gebildeten meistens durch mehrere Zellreihen von der Epidermis getrennt; hier ist die Regel, was bei der anderen *Myrtus*-Art nur eine Ausnahme ist.

Der fertig gebildete Secretbehälter weicht in verschiedenen Punkten von den vorher beschriebenen ab. Es bildet sich hier nicht nur eine verkorkte Lamelle, sondern es verkorken die ganzen Secernirungszellen, was übrigens, wenn ich den folgenden Beschreibungen vorgreifen darf, fast bei allen *Myrtaceen* constatirt werden konnte, so dass der Fall von *Myrtus communis* wohl ziemlich vereinzelt dasteheu dürfte. Diese gleiche Bemerkung gilt auch für das dort beschriebene und als mechanische Scheide bezeichnete Gewebe, welches weder hier noch bei irgend einer andern *Myrtacee* so ausgebildet ist. Bei *Myrtus acris* konnte in verschiedenen Fällen, wenn auch nicht immer, eine schwache Verholzung durch Phloroglucin-Salzsäure nachgewiesen werden; und zwar trat nur eine schwache Violettfärbung ein, die sich ausserhalb der verkorkten Secernirungszellen zeigte und sich höchstens noch auf eine einzige Zellschicht erstreckte. Da diese Reaction nur in verhältnissmässig wenigen Fällen auftrat, kann man sie nicht als eine normale Erscheinung auffassen.

Bei den noch jungen Secretbehältern sind die Secernirungszellen stark gegen den Intercellularraum vorgewölbt und mit einem farblosen, hyalinen Inhalt erfüllt, der aber nicht Oel enthält, indem durch Osmiumsäure (1 : 100) keine Bräunung eintritt. Die resinogene Schicht ist da nur als eine leichte Verdickung der Secernirungszellhaut zu erkennen (Fig. 10).

In einem späteren Stadium des Secretbehälters aber, wo die Secernirungszellen von dem charakteristischen körnigen Inhalt erfüllt sind, wird der Beleg etwas deutlicher sichtbar und wird in dem Maasse mächtiger, als der körnige Inhalt in den Secernirungszellen verschwindet. Zuletzt sehen wir dann einen sehr schönen resinogenen Beleg, der den Secretbehälter nach innen lückenlos auskleidet.

In diesem Stadium fangen auch schon die Secernirungszellen an, theilweise zu obliteriren.

Um kurz zu resümiren, lässt sich also deutlich constatiren, dass sich zuerst ein körniger Inhalt in den Secernirungszellen bildet; dann beginnt der resinogene Beleg zu wachsen, indem dieser Inhalt allmälig verschwindet. Wenn der Beleg fast vollkommen gebildet ist, beginnen auch schon die Secernirungszellen zu obliteriren.

Diese Secretbehälter stellen also eine ganz eigene Form dar, deren Bildung nicht schizolysigen zu nennen ist, da von einer Lösung der Membranen nicht die Rede ist. Scheinbar sind zwar die Secernirungszellen verschwunden, in den meisten Fällen wenigstens; aber sie sind nicht durch einen lysigenen Vorgang aufgelöst, sondern sie sind nur zusammengefallen und es liegen ihre Membranen der mechanischen Scheide an, mit einem Wort, sie sind obliterirt.

Daher werde ich den von Tschirch vorgeschlagenen Namen: „oblito-schizogene Behälter“ auch für diese Secretbehälter beibehalten.

Tristania laurina.

Das Untersuchungsmaterial stammt aus dem botanischen Garten von Basel.

Die *Tristania laurina* ist eine derjenigen *Myrtaceen*, die keine Spur von Oel enthält, was bei dieser Familie jedenfalls sehr selten vorkommt.

Die Blätter frischer Zweige waren absolut geruchlos und als dieselben behufs Frischerhaltung in Wasser gestellt wurden, war dasselbe schon in wenigen Stunden so schleimig, dass es Fäden zog, was auf ganz bedeutende Mengen von Schleim hindeutet.

Im durchscheinenden Licht sind mit dem unbewaffneten Auge im Blatt keine Secretbehälter zu erkennen, wie das sonst bei den meisten andern *Myrtaceen* der Fall ist.

Da wir es hier also, wie oben bemerkt, mit einem wasserlöslichen und zwar, wie wir später sehen werden, vollkommen löslichen Schleim zu thun haben, war es von vornherein angezeigt, hier nur mit Alkoholmaterial zu operiren.

Querschnitte durch ein ausgewachsenes Blatt zeigten auf den ersten Blick eine grosse Anzahl von Secretbehältern. Während wir aber, bei *Myrtus communis* zum Beispiel, sonst gewöhnlich auf beiden Blattseiten Behälter wahrnehmen konnten, sind bei der *Tristania laurina* solche nur auf der Oberseite des Blattes zu finden; in keinem einzigen Fall zeigte sich auch nur eine Anlage auf der Unterseite. Da ich mit dieser Bemerkung gerade die Topographie der Secretbehälter berührt habe, soll noch kurz angegeben werden, was etwa darüber zu sagen ist. So zahlreich diese Behälter in dem Blattparenchym vorhanden sind, so selten findet man sie in der Mittelrippe des Blattes und in den Blattstielen; in den letzteren nur hie und da in der Rindenschicht. In Stengeln waren nie welche zu bemerken. Die Form der Secretbehälter ist eine länglich runde, so dass sie im Flächenschnitt vollkommen rund erscheinen (Fig. 11). Im Querschnitt sind sie dagegen fast rechteckig mit abgerundeten Ecken (Fig. 12). In der Längsaxe zählen die ausgewachsenen Behälter 80—100 μ, in der Queraxe 60 bis 80 μ.

Gehen wir nun über zu der Entwicklungsgeschichte, so liegt schon ein grosser Unterschied zwischen *Myrtus communis* und *Tristania laurina* darin, dass der Secretbehälter nicht aus der Epidermis hervorgeht. Auch hier ist die Bildung eine protogene und desshalb ziemlich schwer zu eruiren, da die kleinen Blattknospen von einem äusserst dichten Haarfilz besetzt sind, was für die Erhaltung von schönen Schnitten nicht vortheilhaft ist, da das Messer an diesen feinen Härchen abgleitet.

Als erstes Stadium ist eine etwas grössere Zelle, als die benachbarten, anzunehmen, die sich bald in zwei Tochterzellen, entweder durch eine Längswand, oder durch eine Querwand theilt (Fig. 13). Diese Tochterzellen sind von einem farblosen Inhalt und einer körnigen Masse erfüllt und stechen dadurch deutlich von den andern ab, welche eine gelbgrüne Färbung zeigen. Dann zeichnen sie sich namentlich durch ganz bedeutend grössere Zellkerne aus, als sie die gewöhnlichen Zellen besitzen, was auch darauf deutet, dass sich Zelltheilungen vorbereiten.

In diesem, sowie auch dem folgenden Stadium, wo bereits eine Viertheilung (Fig. 14) und ein kleiner Intercellularraum vorhanden ist, bewirkt Zufliessen von Wasser, oder gar Chloralhydratlösung zu dem Alkoholpräparat noch keine Aenderung; es ist noch kein Schleim gebildet.

Bis dahin ist die Entwicklung ähnlich, wie bei *Myrtus communis,* mit der Ausnahme natürlich, dass dort eine veränderte Epidermiszelle den Ausgang bildet. Nun tritt aber eine kleine Verschiedenheit auf, indem die Zelltheilung nicht mehr in radialem Sinn weiter vor sich geht, sondern nur noch in der Richtung gegen das Blattinnere zu, so dass dann die, bei der Topographie beschriebene, längliche Form zu Stande kommt.

Im Flächenschnitt sehen wir denn auch nie mehr als vier, höchstens fünf Secretionszellen in einem Secretbehälter (Fig. 11).

Auch hier haben wir also ganz deutlich schizogene Entwicklung.

Bei dem entwickelten Secretbehälter sind die Secernirungszellen im Verhältniss sehr gross und lassen nur einen ganz kleinen Interzellularraum frei (Fig. 12).

Zum Unterschiede von allen andern untersuchten *Myrtaceen* wird also hier kein Oel am Interzellularraum in einer resinogenen Schicht gebildet. Dagegen sind die ganzen Secernirungszellen von einem Schleim erfüllt, der, nach Zufliessen von schwach verdünntem Alkohol, eine schöne Schichtung zeigt und sich in mehr Wasser vollkommen löst und den ganzen Secretbehälter mit einer homogenen, durchsichtigen Schleimlösung erfüllt. Eigenthümlicherweise sind dann nicht einmal die primären Membranen der Secretionszellen mehr zu erkennen. Jedenfalls sind dieselben äusserst zart und wohl auch nachträglich verschleimt; eventuell verhindert auch die Brechung des Lichtes im Schleim das Sichtbarwerden dieser zarten primären Membranen. Der Schichtung nach zu urtheilen, handelt es sich um Membranschleim.

Anfangs gelingt es noch, durch Alkohol die Schichtung wieder hervorzurufen; liegen die Schnitte aber längere Zeit in Wasser, so ist auch das nicht mehr möglich und die Secretbehälter erscheinen dann leer (Fig. 15). Solche Behälter sind dann kaum von grossen Zellen zu unterscheiden, besonders auch, da sie nicht von einer mechanischen Scheide umschlossen sind.

Auch eine verkorkte Lamelle, wie bei *Myrtus communis*, ist hier nicht zu finden und ebenso auch nirgends eine Verholzung.

Noch einer Farbenreaction sei hier gedacht, die sich beim Eintrocknen der Alkoholpräparate immer eingestellt hat. In diesem Falle färbt sich nämlich der Schleim in den Secernirungszellen tief gelb, welche Farbe auf Zusatz von Wasser aber sofort wieder verschwindet. Doch wurde nicht näher darauf eingetreten.

Aus dieser ganzen Beschreibung ersehen wir also, dass uns hier eine ganz besondere Modification der Secretbehälter vorliegt. Keine resinogene Schicht, das Secret, der Schleim, in den Secernirungszellen selber enthalten, die fehlende mechanische Scheide, der leere Intercellularraum, alles das sind ausserordentlich eigenthümliche Erscheinungen, wie sie sonst nirgends gefunden wurden. Der Secretbehälter ist gleichsam aus der Art geschlagen, hat seine Bestimmung verfehlt, oder ist in seiner Entwicklung auf halbem Wege stehen geblieben, bezw. in einen Schleimbehälter umgewandelt worden.

Es sei mir hier gestattet, einen Vergleich zu ziehen zwischen diesen Schleimführenden Secretbehältern von *Tristania laurina* und den Schleimcanälen von *Cycas revoluta*, die schon T s c h i r c h untersuchte. Auch *Cycas revoluta* enthält sehr viel Schleim und zwar in langen Canälen, die in der Mittelrippe des Fiederblattes liegen. Aber während wir bei der *Tristania laurina* sehen, dass es die Secernirungszellen sind, welche den Schleim enthalten, finden wir den Schleim in den Canälen von *Cycas* einfach der innern Wand angelagert, ohne dass er durch eine Haut gegen den Intercellularraum abgegrenzt ist. Ferner zeigt er auch keine Schichtung, wie wir es bei dem Schleim der Secretbehälter von *Tristania laurina* so schön wahrnehmen können; vielmehr sind hier viele gekrümmte kleine Stäbchen in den Schleim eingelagert, ganz wie wir es bei der resinogenen Schicht vieler Harzpflanzen finden. Die resinogene Schicht ist, wie T s c h i r c h[*] sagt, ausgebildet, funktionirt aber nicht als solche, wie bei den *Coniferen*.

Eucalyptus citriodora.

Diese *Eucalyptus*-Art zeichnet sich vor allen andern, in Bezug auf die Secretbehälter untersuchten *Eucalypten*, durch sehr eigen-

---

[*] T s c h i r c h, A. Ueber die Bildung von Harzen und äther. Oelen im Pflanzenkörper. (Pringsheim Jahrb. Bd. XXV. Heft 3.)

thümliche Erscheinungen aus. Die frischen Zweige, die wir dem
botanischen Garten von Genua verdanken, erinnern in ihrem Geruch
an die *Melisse*.

Da gerade bei den *Eucalypten* die Heterophyllie der Blätter
nicht selten ist, war es nicht zu verwundern, dass auch bei der
Eucalyptus citriodora eine solche vorhanden. Es waren deutlich
zwei Arten von Blättern zu unterscheiden, die folgende äussere
Merkmale zeigten:

Die einen waren lang und schmal; das Verhältniss der Breite
zur Länge ist etwa 1 zu 5; alte und junge Blätter waren rauh
anzufühlen; die jungen etwas stärker behaart als die ältern; auch
ihre Blattstiele waren dicht behaart. Im Gegensatz zu diesen
waren die andern Blätter kürzer und breiter und sitzen mit den
erstgenannten nie am gleichen Zweige. Sie sind etwa doppelt so
lang als breit und glatt anzufühlen; die alten Blätter zeigten
niemals Haare, die jüngeren nur wenige; auch der Blattstiel ist
schwächer behaart. Ebenso waren die Ansatzstellen der Blattstiele
an die Blätter verschieden, indem nämlich die längeren Blätter
dort eine kleine Mulde bilden, von deren Grund der Stiel
ausgeht, während die nicht behaarten, breitern Blätter diese Ver-
tiefung niemals zeigten.

So ist also die Heterophyllie sehr deutlich ausgesprochen; noch
viel deutlicher aber ist sie ausgeprägt bei der mikroskopischen
Untersuchung der Blätter.

Wenn wir oben von Haaren redeten, so geschah das nur, um
der Beschreibung der Secretbehälter nicht vorzugreifen und gilt
dieser Ausdruck nur für die oberflächliche makroskopische Untersuchung. Betrachtet man nämlich den Querschnitt eines ältern,
langen und schmalen Blattes unter dem Mikroskop, so zeigt sich
folgendes merkwürdiges Bild: Das, was wir als Haare bezeichnet
haben, sind eine Art von gestielten Taschen, die den Secretbehälter
enthalten. Da diese aber, wie wir aus der Entwicklungsgeschichte
sehen werden, aus Epidermiszellen entstehen, müssten sie zwar zu
den wirklichen Haaren gerechnet werden, sind aber von diesen
so sehr verschieden, dass wir ihnen doch lieber eine andere Bezeichnung geben; wir wollen sie „Drüsenhaare“ nennen.

Also die Secretbehälter sind hier in Drüsenhaaren enthalten;
bald sind diese länger und dann liegt der Behälter im äussern
Ende derselben; bald sind sie kürzer, dann ragt der eiförmige
Behälter zum Theil in das Blattgewebe hinein (Fig. 16 und 17).

Um genauer auf diese, so interessante Erscheinung einzugehen, wollen wir die Entwicklungsgeschichte verfolgen.

Die jüngsten uns zur Verfügung stehenden Blättchen hatten
eine Länge von 2 mm und die Breite von 0,3 mm. An Querschnitten durch ein solches Blättchen waren fast alle Entwicklungsstadien der Secretbehälter zu finden. Aus ihnen war zu ersehen,
dass die Bildung eine epidermale ist. Es sind nämlich, wie häufig
zu constatiren war, zwei grössere, mit körnigem, dunklen Inhalt
erfüllte Epidermiszellen, aus denen sich der Secretbehälter, ganz

analog, wie es schon einige Male bei andern *Myrtaceen* beschrieben wurde, entwickelt (Fig. 18).

Aber bald schon — und darin liegt der grosse Unterschied von allen andern *Myrtaceen* — wird der halb entwickelte Behälter, der noch kaum einen kleinen Intercellularraum besitzt, gleichsam aus dem Blattgewebe herausgepresst und über die Epidermis emporgehoben (Fig. 19).

Mit der weitern Entwicklung der Secretbehälter schreitet auch entweder das Wachsthum der Ausstülpung vorwärts, so dass, wie schon oben bemerkt, der ausgebildete Secretbehälter vollkommen ausserhalb der Epidermis zu liegen kommt, oder aber die Ausstülpung wächst nicht mehr und dann liegt der Secretbehälter zur Hälfte in ihr, während der andere Theil desselben in das Blattgewebe hineinragt (Fig. 20).

Bevor wir nun zur Beschreibung dieser Secretbehälter übergehen, sei hier noch bemerkt, dass sich an den jüngsten Blättchen auch noch gewöhnliche wahre Haare befanden, die aber jedenfalls sehr bald abgestossen werden, da sie bei ältern Blättern nur selten noch gefunden werden.

Wir haben also gesehen, dass die Entwicklungsgeschichte dieser Secretbehälter nicht sehr abweicht von derjenigen anderer *Myrtaceen*, mit Ausnahme natürlich der Lage, gewissermassen ausserhalb des Blattes. Ebenso ist auch der Bau des vollkommen entwickelten Behälters im Allgemeinen ziemlich der nämliche. Die Secernirungszellen, die auch hier kein Oel enthalten, sind sehr gross und bleiben lange erhalten, d. h. sie obliteriren zwar auch, aber nicht so früh, wie das bei den andern *Eucalypten* der Fall ist. Noch in vielen Präparaten waren dieselben in vollkommen entwickelten Secretbehältern deutlich und straff gegen den, mit Oel erfüllten Intercellularraum hervorgewölbt zu sehen und wurden durch concentrirte Schwefelsäure nicht gelöst; es sind also auch hier die ganzen Secernirungszellen verkorkt. Eine Verholzung war dagegen nirgends nachzuweisen.

Der körnige Inhalt, der namentlich die beiden Epidermiszellen erfüllt, aus denen der Secretbehälter hervorgeht, aber auch da noch gefunden wird, wo sich noch kein resinogener Beleg an den Secernirungszellen gebildet hat und der Interzellularraum noch sehr klein ist, war hier nicht mehr vorhanden, sondern die Secernirungszellen zeigten einen gelben hyalinen Inhalt, welcher eventuell Schleim enthält. Ganz deutlich war hier der resinogene Belag zu sehen (Fig. 16), welcher aus den charakteristischen Körnchen und bazillenartigen Stäbchen besteht und dem Rande der Secernirungszellen dicht anliegt, gegen den Innenraum zu aber lockerer wird. Nach Zufluss von Alkohol legte er sich fest und dicht an die Secernirungszellen an und war dann im Querschnitt nur mehr als ein schmales, fast homogenes Bändchen zu erkennen.

So sind die Secretbehälter, die, nebenbei gesagt, nicht eine bestimmte Seite der Blätter bevorzugen, bei der einen Art von Blättern der *Eucalyptus citriodora* beschaffen.

Die andern, kurzen und breiten Blätter zeigten merkwürdigerweise diese Ausstülpungen nicht.   Hier liegen die Secretbehälter
vollkommen innerhalb der Epidermis, im Blattgewebe; ihre Entwicklung aber und ihr Bau ist ganz analog den andern (Fig. 21).
Es zeigen also die Blätter, wie in ihrer Form, auch in ihren
Secretbehältern deutliche Unterschiede; dagegen haben sie doch
auch gemeinsame Merkmale, indem nämlich die Blattstiele beider
Blattarten dieselben Ausstülpungen besitzen.   Ferner war bei beiden
eine ganz ungewöhnlich starke Verdickung der äusseren Wände
der Epidermiszellen am Blattrande wahrzunehmen, wie wir eine
solche noch nie sonst gefunden haben.   Ein Querschnitt durch
eine solche Stelle des Blattrandes zeigt uns folgendes Bild: Am
Rande des Blattes ist die Cuticula in Form einer Blase vom
Gewebe abgehoben; der dadurch entstandene Zwischenraum ist
erfüllt von einer tiefgelben Masse, die oft zart geschichtet ist
(Fig. 22).   Durch Alkohol wird dieser Inhalt nicht gelöst, wohl
aber zusammengezogen; da er auch durch Osmiumsäure nicht
gefärbt wird, kann es kein Oel sein, wie es etwa auf den ersten
Blick scheinen möchte.

Durch Glycerin, noch mehr aber durch Chloralhydratlösung,
quillt diese Masse sehr stark an.   Es ist also anzunehmen, dass
wir es hier mit einer Verschleimung der äusseren Epidermiswänden,
mit einer Schleimmembran im Tschirch'schen Sinne zu thun
haben.

Zum Schlusse möchte ich noch darauf hinweisen, dass die
oben erwähnten, eigenthümlichen Ausstülpungen, so abnorm sie
auch erscheinen mögen, doch schon bei *Myrtus communis* angedeutet sind.   Höhnel hat schon bemerkt, dass die jüngsten
Blättchen dort „äusserliche Drüsen“ bildeten, die aber kein Oel
erzeugen und bald abfallen. Dieselbe Beobachtung habe ich auch
gemacht und scheint mir das als ein Beweis, dass die Tendenz,
solche Ausstülpungen zu bilden, auch bei andern, Secretbehälter
führenden Pflanzen vorhanden ist.

Es sind mir noch zwei andere Beobachtungen, welche das
Gleiche bestätigen, bekannt.   Der eine Fall findet sich von
Flückiger und Tschirch*) notirt und betrifft eine *Conifere*.
Wir finden in dem genannten Werke einen Querschnitt durch ein
älteres Internodium von *Juniperus communis* L. abgebildet, der
das gleiche zeigt.

Dann sagt von Höhnel noch: „Ein seltener, aber
interessanter Fall bei *Eugenia australis* besteht darin, dass die
Epidermiszellen anstatt nach innen, nach aussen auswachsen und
so Trichome entstehen, welche eine, allerdings meist nur halb entwickelte Drüse einschliessen und auch bald vertrocknen.“

Eucalyptus amygdalina.

Das Untersuchungsmaterial von *Eucalyptus amygdalina* stammt
ebenfalls aus dem botanischen Garten von Genua.

---

*) Flückiger-Tschirch. Grundlagen der Pharmacognosie. p. 164.
Fig. 99.

Nur bei wenigen der von mir untersuchten *Myrtaceen* sind die Secretbehälter in dieser grossen Anzahl vorhanden, wie bei dieser *Eucalpytus* - Art. Betrachtet man ein Blatt im durchscheinenden Licht, so findet man, dass die ganze Blattspreite dicht besetzt ist mit kleinen hellen Pünktchen. Es sind dies die Secretbehälter, die hier im Vergleich zu andern *Myrtaceen*-Secretbehältern eine relativ ganz bedeutende Grösse erlangen; sie sind ziemlich kugelrund und haben, ausgewachsen, einen Durchmesser bis zu 170 μ. Ein Querschnitt durch ein Blatt zeigt uns, dass beide Blattseiten, sowohl die dem Licht zugekehrte, wie die untere, solche Behälter aufweisen, die auch hier meistens durch eine oder zwei Zellreihen von der Epidermis getrennt sind (Fig. 23). Die Anlage der Secretbehälter geschieht sehr früh und ist nicht immer epidermal, indem sowohl erste Stadien derselben wie auch vollkommen ausgebildete Behälter fast mitten im Blattgewebe gefunden wurden (Fig. 24), was aber auch hier, in Anbetracht der weit grösseren Anzahl der wirklich epidermalen Bildungen, nicht als normal aufzufassen sein wird.

Die Entwicklung aber ist rein schizogen. Deutlich waren hier die Mutterzellen der Secretbehälter in den jungen Knospenblättchen zu sehen. Es waren immer zwei Zellen, die ganz bedeutend grösser als die benachbarten waren und sich ausserdem durch ihren körnigen Inhalt und ihre stärkeren Wandungen auszeichneten (Fig. 24). Wir haben also hier immer zwei Zellen, aus denen der Secretbehälter hervorgeht, während z. B. bei *Myrtus communis* deutlich constatirt werden konnte, dass nur eine Mutterzelle vorhanden. Nur in einigen wenigen Fällen konnte die Entwicklung, die sich aber dort als ganz normale, nach der Art aller schizogenen Behälter vor sich gehend herausstellte, weiter verfolgt werden, denn eigenthümlicher Weise waren bei dem vorliegenden, frischen Material von den ersten Mutterzellen an, bis zu den fertig gebildeten Secretbehältern, mit dem deutlichen resinogenen Beleg und den fast vollkommen obliterirten Secernirungszellen, nur sehr wenige Zwischenstadien zu finden. Dies ist jedenfalls dem Umstand zuzuschreiben, dass die Pflanze, die wir in einem Wintermonat bezogen hatten, damals in einem Ruhepunkt im Wachsen sich befand. Bei den meisten ausgewachsenen Secretbehältern waren die Secernirungszellen nicht mehr ganz erhalten, sondern schon fast vollkommen obliterirt und die Membranen derselben dem innern Rand der mechanischen Scheide, welche auch hier nur schwach angedeutet ist, angelegt, deutlich zu sehen (Fig. 23). Dagegen war überall ein sehr schön ausgebildeter resinogener Beleg vorhanden, der, wie in allen früheren Fällen, so auch hier bakterienförmige Stäbchen und Körnchen enthielt. Der ganze Interzellularraum ist angefüllt mit grösseren und kleineren Oeltröpfchen. Durch langsames Zufliessenlassen von Alkohol verschwindet das Oel und auch die schwammartige resinogene Schicht wird locker, theilweise gelöst, und es bleiben nur die Körnchen und Stäbchen desselben erhalten, die sich theils an die obliterirten Secernirungszellen anlegen, theils im Innenraum des Secretbehälters

herumschwimmen (Fig. 25). Auch hier war eine Verkorkung der
Secernirungszellen zu constatiren, welche sich im Querschnitt als
ein Ring dem Auge zeigte, den wir uns aus den äussern Wänden
der Secernirungszellen entstanden denken müssen, während die
innern Wände derselben, die obliterirten, scheinbar als kleine
Fetzen diesem Ring anhängen.

Gerade hier, wo die Secernirungszellen so früh obliteriren,
scheint mir das ein Beweis zu sein, dass nicht sie die Hauptrolle
spielen bei der Secretbildung, sondern, dass das die Function der
resinogenen Schicht ist, die allerdings wiederum in erster Linie
von den Secernirungszellen gebildet ist, respective einen Theil der
Wand derselben darstellt.

Auch bei *Eucalyptus amygdalina* finden wir in der Rindenschicht der Blattstiele und der noch nicht verholzten Stengel zahlreiche Secretbehälter, die in Form, Anlage und Bau denjenigen
der Blätter gleich sind. Als Charakteristik der jüngsten Blättchen
sei hier noch darauf aufmerksam gemacht, dass sich dort prachtvolle, grosse Sclereiden finden, die oft ein Drittel des Raumes in
einem solchen Blättchen einnehmen.

(Fortsetzung folgt.)

Botanische Ausstellungen und Congresse.

Bericht

über die Sitzungen der botanischen Section der 67.
Versammlung deutscher Naturforscher und Aerzte in
Lübeck am 15.—20. September 1895.

Von

Dr. F. G. Kohl.

(Schluss.)

III. Sitzung.   Vorsitzender: Professor Dr. Klebs (Basel).

Geheimrath Professor Dr. **L. Wittmack** (Berlin) fordert im Anschluss an frühere Mittheilungen

zur Beobachtung des Majorans

in diesem voraussichtlich langen warmen Herbste auf, da sich alsdann die sonst dichten, gedrängten, kurzen Aehren sehr zu verlängern pflegen, so dass sie denen des von Willdenow als besondere Species aufgefasseten *Origanum Majoranoides* ähnlich werden.
Die Verlängerung schreitet oft so weit fort, dass die Aehren sich
in einzelne weit von einander abstehende Quirle auflösen.

Derselbe legte

Schuppen eines abnormen weiblichen Zapfens von
Dioon edule (*Cycadaceae*)

vor. Während die Schuppen der normalen Zapfen dachziegelig
übereinander liegen und an der Spitze von einer seiden-
glänzenden Haut spinnenwebeartiger, verklebter Haare bekleidet

sind, sind die der abnormen an der Spitze zurückgekrümmt und jener Haarfilz kaum angedeutet.

W. wies ferner

Blätter und Blütenstände von *Pueraria Thunbergiana*
(*Papilionaceae*)

vor, welche er von Herrn Baumschulbesitzer Oeconomierath **Späth** in Rixdorf - Berlin erhalten hatte. Diese durch **Späth** einge-führte Schlingpflanze mit *Phaseolus* - artigen Blättern hat sich als vollständig winterhart erwiesen und dürfte wegen ihres schnellen Wuchses bald eine beliebte Zierpflanze werden. Ein erst vor zwei Jahren aus Samen erzogenes Exemplar hat jetzt einen Pfeiler des Späth'schen Wohnhauses bis fast zum Dach bekleidet, wie eine vom Verf. aufgenommene Photographie darthut.

W. legte hierauf die soeben erschienene Schrift des Herrn Dr. C. Schröter-Zürich: Das St. Antönierthal im Grättigau. (Sep.-Abdr. aus dem Landwirthschaftlichen Jahrbuch der Schweiz. IX. 1895) vor und wies auf den pflanzengeographischen Theil dieser trefflichen Schrift hin.

Endlich demonstrirte W. prähistorische Weizenkörner von Herrn Oberförster **Frank** in Schussenried (Württemberg) aus dem dortigen Pfahlbau, bei welchem es ihm zweifelhaft bleibt, ob sie als *Triticum monococcum* oder *Triticum dicoccum* anzusprechen sind, wenn auch einige als sicher der ersten Art angehörig zu be-trachten sind.

Dr. **Hegler** (Rostock) macht Mittheilungen

über Kerntheilungserscheinungen.

Eine ganze Reihe von Beispielen lehrt, dass **Mitose** und **Fragmentation** nicht zu identificiren sind. Nur in den unter Mitose entstehenden Zellen ist die ganze Erbmasse vererbt, unter Fragmentation entstehende Zellen können nicht neue Individuen erzeugen, wohl aber findet in ihnen häufig ein gesteigertes Längen-wachsthum statt; aus den Zellen der Internodien von *Tradescantia*, welche durch Fragmentation sich theilende Zellkerne führen, lassen sich niemals neue Individuen erhalten, aus den Zellen der Knoten mit mitotisch sich theilenden Kernen gelingt es bekanntlich sehr leicht. Die ein sehr gesteigertes Längenwachsthum zeigenden Zellen der Blütenschäfte von *Leontodon* theilen ihre Kerne durch Fragmentation. Man besitzt demnach in der Karyokinese ein Kri-terium des Zellenbegriffs als Träger der Vererbung. Zwischen Mitose und Fragmentation giebt es Mittelformen, die, wie Verf. darlegt, zum Theil als mitotische Theilungen anzusprechen sind. Wenn die Mitose der alleinige Modus der Uebertragung erblicher Eigenschaften ist, so muss sie in der Entwicklung jedes Organismus vorkommen. Besonders zweifelhaft waren in dieser Beziehung bis-her die *Schizophyten*. Es gelang nun H., wie die der Versamm-lung vorgelegten Präparate illustrirten, unter Zuhilfenahme be-sonderer Präparationsmethoden, die karyokinetische Kerntheilung in allen Stadien (Aster, Diaster etc.) bei mehreren Spaltalgen sicht-bar zu machen, sowie Zellkerne in den Sporen von Bakterien zu finden. An der Discussion über diesen Gegenstand betheiligten sich **Kny, Klebahn, Wittmack**.

Dr. O. Warburg (Berlin):

Zur Charakterisirung und Gliederung der *Myristicaceen*.

Die Familie der *Myristicaceen* hat wie die meisten tropischen Familien in der letzten Zeit eine gewaltige Ausdehnung erreicht; während zu Anfang des Jahrhunderts noch nicht 1 Dutzend Arten bekannt waren, zählt der Kew Index deren 130, während in der monographischen Bearbeitung der Familie durch den Verf., trotz vieler nöthig gewordener Streichungen, die Zahl schon auf über 230 Arten gestiegen ist. Aber auch die Begrenzung der Familie ist eine weit umfassendere geworden, fast alle auf morphologische Merkmale gestützten Charaktere dieser Familie haben durch gelegentliche Ausnahmen ihre Schärfe verloren, wodurch freilich nicht verhindert wird, dass in ihrer Gesammtheit die Familie eine ausserordentlich natürliche und festgefügte geblieben ist. Verf. erläutert dies, gestützt auf seine monographischen Untersuchungen, an einzelnen Beispielen, er zeigt, dass häufig die Blüten monoecisch statt dioecisch sind, dass gelegentlich die Stamina fast frei, d. h. nur an der Basis verwachsen sind, dass an Stelle eines 3zähligen Perigons 2—5zählige auftreten, dass statt einer Samenanlage deren 2 vorkommen, ja dass selbst mehrere Fruchtknoten an einer Blüte beobachtet worden sind; ebenso ist die Form, Grösse und Anordnung der Blüten an Inflorescenzen eine sehr mannigfache, desgleichen die Verwachsungsweise des Androeceums etc. Was die Frucht betrifft, so variirt die Grösse zwischen der eines Kirschkernes und eines Kinderkopfes, die Form zwischen langgestreckt, rund und breitgestreckt, das stets 2klappige Pericarp wechselt sehr in Bezug auf Consistenz und Dicke, der Arillus ist zuweilen rudimentär, sonst geschlitzt oder sogar ganz geschlossen. Besonders auffallend aber ist, dass Verf. bei 3 verschiedenen Untergruppen (Gattungen) ein nicht ruminirtes Nährgewebe vorfand, was also einen der grundlegenden Familiencharaktere zu modificiren geeignet erscheint. Diese Fälle sind aber auch in anderer Hinsicht interessant, da sie Aufschluss geben können über eine verschieden gedeutete Erscheinung bei der echten Muskatnuss, nämlich über die Linien, die sich am Nährgewebe hinziehen; Verf. verwirft die Deutungen von **Voigt** und **A. Meyer** und ist der Ansicht, dass es sich um eigenthümliche Schichtungen innerhalb des Endosperms handle, am ähnlichsten wohl den Erscheinungen der Kaffeesamen und der *Umbelliferen*.

Haben also die Geschlechtsorgane der *Myristicaceen* nicht die Constanz, die man ihnen zuschrieb, so kommen die vegetativen Organe der scharfen Abgrenzung der Familie gut entgegen. Die Zweiganordnung, Blattstellung und Form sind recht constant, die Oelzellen an Laub, Blattstielen und Rinde fehlen nur selten; am charakteristischsten aber, und wahrscheinlich durchgehend, sind die Keimschläuche der Rinde, Markscheide etc. Am bemerkenswerthesten und von dem höchsten diagnostischen Werth sind die Haare, die deshalb in einer anderen Abhandlung gesondert besprochen werden. Hier wird nur eine eigenartige Haarbekleidung erwähnt, welche, in einem vom Verf. beobachteten Falle, natürlich abnormer Weise, an die Stelle des Arillus getreten ist, und so von denjenigen, welche die Trichomnatur des Arillus betonen, als Stütze herangezogen werden konnte.

Zum Schluss giebt Verf. eine kurze Uebersicht der von ihm aufgestellten Gliederung der Familie, die er in 14 Gattungen (5 amerikanische, 5 afrikanische und 4 asiatische) zerlegt, welche auf Grund der angegebenen Variationen sich ausserordentlich scharf von einander abheben und keine Uebergänge erkennen lassen. Wenn bisher die Familie nicht in Gattungen zerlegt wurde, so lag es wesentlich an dem mangelhaften Material, sowie der Kleinheit der betr. Theile; bei dem jetzigen Stand der Kenntnisse hingegen erscheint eine solche Zerlegung, da Vortr. schon auf Versuche um die Wende des 18. Jahrhunderts zurückgreifen kann, unvermeidlich.

Derselbe Redner machte weiter Mittheilungen

über die Haarbildung der *Myristicaceen.*

Verf. führt die verschiedenen Haare der *Myristicaceen* auf 2 Grundtypen zurück, das einfach einschenkelige und das einfache zweischenkelige Haar. Diese Grundtypen an und für sich kommen nur selten vor, der erstere Fall ist nur ganz vereinzelt neben complicirteren Haaren beobachtet, der letztere Fall tritt bei schwachbehaarten Arten oder Organen zuweilen in Erscheinung; häufiger sind schon zweischenkelige Haare mit eins bis mehreren kleinen einfachen Trägerzellen. Meist sind aber die Haare deutlich mehrzellig, und zwar besteht die Eigenthümlichkeit darin, dass das obere Ende heraustritt und frei endet; um es mit ähnlichen Erscheinungen der Sprossfolge zu vergleichen, haben wir hier also sympodiale Haare vor uns. Durch Verkürzung des in der Hauptaxe liegenden Theiles jeder Zelle können sie zu Pseudo-Büschelhaaren oder Pseudo-Sternhaaren werden, ebenso können sie durch Verkürzung des hervorragenden Endes zu Pseudo-Gliederhaaren werden, doch findet man dann stets Fälle, welche die wahre Natur erkennen lassen. Auch die aus zweischenkeligen Zellen bestehenden Haare werden in ähnlicher Weise complicirt, hier ragen dann aber beide Enden jeder Zelle frei aus der Axe hervor und geben häufig zu sehr sonderbaren Haarformen Veranlassung.

Auch in diesem Typus kommen Pseudo-Sternhaare vor; Verbindungen beider Typen, nämlich der einschenkeligen und zweischenkeligen Haare, sind gleichfalls nicht ganz ausgeschlossen. Aehnliche Formen scheinen bisher nicht im Pflanzenreich beobachtet worden zu sein und bieten demnach ein ganz vorzügliches diagnostisches Merkmal der Familie.

R. A. Harper machte Mittheilung

„über Kerntheilung und Sporenbildung im Ascus der
Pilze.“

Der Kern des Ascus bei *Peziza* und *Ascobolus* entsteht aus
der Vereinigung mehrerer Kerne, welche im jungen Ascus vorhanden
sind, und der so gebildete Ascuskern theilt sich in näher beschriebener
Weise dreimal, um die Kerne der acht Ascosporen zu erzeugen.
Charakteristische Punkte bei der mitotischen Theilung des Ascuskernes sind folgende: Das Chromatin besteht gerade vor der
Spindelbildung aus einer Gruppe unregelmässiger Körper in der
Mitte des Kernes, welche mittelst sehr feiner, fast achromatischer
Fäden unter einander und mit der Kernwandung in Verbindung
stehen. Während der Spindelbildung und der Trennung der
Tochtersegmente in der Aequatorialplatte bleibt die Kernwand
unversehrt. Sie verschwindet erst nach dem Dispirem - Stadium,
nachdem sie durch Weiterauseinanderweichen der Tochterkerne
durchbrochen ist. Während der ersten Stadien der Theilung ist
das Kernkörperchen stark reducirt. Seine Substanz wird wahrscheinlich zur Spindelbildung verbraucht, wie sie von Strasburger
für die Pollenmutterzellen von *Larix* beschrieben worden ist. Das
Mittelstück zwischen den jungen Tochterkernen ist von den ausgedehnten Spindelfasern gebildet und nicht von der Mutterkern-
wand, wie es von Ejuranin für *Peziza vesiculosa* angegeben
wurde. In der Entstehung des Ascuskernes aus der Vereinigung
mehrerer Kerne und in der darauffolgenden bestimmten Zahl der
Theilungen zeigt der typische Ascus eine interessante Aehnlichkeit mit der typischen Basidie, wie sie von Wager geschildert
worden ist.

Dr. **Karl Müller** (Berlin) verlas den von Geheimrath Cohn
in Breslau verfassten Nekrolog auf Pringsheim und machte
sodann einige Mittheilungen über Farnprothallien und über die
Art der Zelltheilungen und des Zellenwachsthums im Blatt von
Sphagnum, welche zu der bekannten Maschenbildung in denselben führt.

Sammlungen.

Flagey, C., Lichenes Algerienses exsiccati. No. 201—307.
Azéba, Cant. de Mila, Algérie 1895.

Diese Fortsetzung der für die Wissenschaft sehr werthvollen
Sammlung, die in Folge der naheliegenden Umstände leider nur in
einer Auflage von 17 bis 18 Stück erscheinen kann, ist in derselben
Weise, wie die Herausgabe der vorangehenden Centurien, bewerkstelligt worden. Die jeder Nummer beigefügten Zettel stellen in
ihrer Gesammtheit, wie es auch früher geschehen ist, einen Sonder-
abdruck eines in Revue mycologique 1895 erschienenen Aufsatzes
dar, mit der Abweichung, dass jeder Zettel am Kopfe die obige

Bezeichnung der Sammlung trägt. Einige in jenem Aufsatze be-findlichen Verbesserungen finden sich wieder in dem bald erscheinen-den vollständigen Verzeichnisse der Flechten Algeriens. In dieser Fortsetzung sind ebenfalls nicht bloss die Neuheiten mit Diagnosen versehen, sondern auch manche andere wichtigere Flechte. Der Herausgeber ist auch der Sammler dieser Fortsetzung mit Ausnahme einer einzigen Nummer.

Als neue Arten sind folgende acht herausgegeben:

212. *Heppia cervinella* Nyl., 225. *Gyalolechia cinnabarina* Flag., 226 a. *Lecania fuscina* Flag., 226 b. *Lecanora furvescens* Nyl., 266. *Arthonia aphthosa* Flag., 273. *Endocarpon fuscatulum* Nyl., 285. *Leptogium ramosissimum* Flag., 289. *Lethagrium Akralense* Flag.

Auch unter dem Inhalte dieser Fortsetzung sind zahlreiche Nummern in beträchtlichen Höhen (bis 2000 m) gesammelt worden. Allein einen ganz besonderen Reiz gewährt diese Lieferung dadurch, dass der Herausgeber dieselben Stellen der Sahara zum Zwecke der Erforschung des Flechtenwuchses betreten hat, die zuvor Norrlin erforscht und über dessen Erfolge Nylander in Flora. 1878. p. 337 berichtet hatte, nämlich Biskra, El Kantara und Batna. Dadurch kam Flagey in die Lage, die Wissenschaft mit der Vertheilung folgender werthvoller Funde zu fördern:

208, 209. *Placodium interfulgens* (Nyl.), 211. *Peltula radicata* Nyl., 240. *Lecanora corrugata* Nyl. (species propria fide ipsius), 265. *Xylographa cedrina* Nyl., 271. *Endocarpon contumescens* Nyl. und 301. *Collemopsis numidella* Nyl.

Diesen schliessen sich als nicht minder werthvolle Funde Algeriens an:

227. *Lecania arenaria* (Anz.), 284. *Sarcopyrenia gibba* Nyl., 291. *Anema nummularium* Nyl., 294. *Omphalaria nummularia* Nyl., 295. *O. tiruncula* Nyl. st. und 302. *Psorotichia ircrustans* (Wallr.) Arn.

Eigentlich lassen sich alle Vorzüge dieser Exsiccata schwer hervorkehren. Jedenfalls ist einer ihrer Hauptvorzüge der, dass sie zur Erweiterung unserer Kenntniss zahlreicher und selbst längst bekannter Flechten viel beitragen. Aus den beigefügten Bemerkungen erfahren wir manches über das Auftreten und die Verbreitung der Flechten in Algerien. Als Beispiel diene, dass in No. 234 *Lecanora varia* (Ehrh.) von der einzigen Flagey bis jetzt in Algerien be-kannten Stelle vorliegt.

Die übrigen noch nicht erwähnten Nummern sind folgende:

201. *Alectoria jubata* (L.) st., 202. *Evernia prunastri* Ach. st., 203. *Xanthoria polycarpa* (Ehrh.), 204. *Parmelia acetabulum* Neck., 205. *Physcia stellaris* (L.), 206. *Ph. intricata* Schaer., 207. *Ph. lithotea* Nyl., 210. *Placodium miniatum* (Hoffm.), 213. *Heppia* spec.?, 214. *Acarospora squamulosa* Th. Fr., 215. *Sarcogyne pruinosa* v. *microcarpa* Mass., 216. *Coccocarpia plumbea* (Lightf.), 217. *Pannularia nigra* (Huds.), 218. *P. caesia* Nyl., 219. *Caloplaca rubelliana* (Mass.), 220. *C. ferruginea* Huds., 221. *C. caesiorufa* Sommf., 222. *C. cerina* (Ehrh.), 223. *C. aurantiaca* v. *Velana* Mass., 224. *Candelaria vitellina* (Ehrh.), 228. *Lecania Rabenhorstii* Koerb., 229, 230. *Rinodina Bischofii* Koerb., 231. *R. arenaria* Arn., 232. *R. laevigata* (Ach.), 233. *Lecanora pallescens* (L.), 235, 236. *L. conyzaea*, 237. *L. albescens* (Hoffm.), 238. *L. Hageni* v. *umbrina* Ach., 239. *L. Bormiensis* Nyl., 241, 242. *L. subradiosa* Nyl., 243. *L. psarophana* Nyl., 244. *L. farinosa* Flör., 245. *L. calcarea* v. *Hoffmanni* (Ach.), 246. *Pertusaria lutescens* Hoffm. st., 247. *P. multipuncta* (Turn.), 248. *P. dealbata* Nyl. st., 249. *Urceolaria gypsacea* Ach., 250. *Thalloedema candidum* (Web.), 251. *Toninia aromatica* Th. Fr., 252. *Catillaria chalybea*

Th. Fr., 253. *Psora testacea* Ach., 254. *Biatora albofuscescens* Nyl., 255. *B. fusco-rubens* Th. Fr., 256. *B. ochracea* Hepp, 257. *B. chondrodes* Hepp, 258. *Lecidea elaeochromoides* (Nyl.), 259. *L. platycarpa* v. *nobilis* Leight., 260. *L. crustulata* Ach., 261, 262. *L. grisella* v. *subcontigua* Fr., 263. *L. badiopallens* Nyl., 264. *Catocarpus atroalbus* (Flot.), 267. *Opegrapha varia* v. *pulicaris* (Hoffm.), 268. *O. saxicola* Ach., 269. *Endocarpon miniatum* v. *imbricatum* Mass., 270. *E. compactum* (Mass.), 272. *E. hepaticum* Ach., 274. *E. subcrustosum* (Nyl.), 275. *Stigmatomma clopimum* v. *Ambrosianum* (Mass.), 276. *Lithoecia glaucina* Mass., 277. *L. apatela* Mass., 278. *L. fusconigrescens* (Nyl.), 279. *Verrucaria rupestris* Schrad., 280. *V. decussata* Garov., 281. *Amphoridium cinctum* Hepp, 282. *Thelidium absconditum* Kremph., 283. *Arthopyrenia atomaria* (Ach.), 286. *Synechoblastus nigrescens* Trev., 287. *Collema pulposum* Ach., 288. *C. ceranoides* Borr., 290. *C. stygium* v. *stygioides* Flag., 292. *Anema botryosum* Nyl., 293. *Plectopsora cyathodes* Körb., 296. *Omphalaria coralloides* (Mass.), 297. *O. pulvinata* v. *teretiuscula* Flag., 298. *O. pulvinata* (Mass.), 299. *Synalissa symphorea* Nyl., 300. *Collemopsis Schaereri* (Mass.), 303. *Omphalaria affinis* Mass.?, 304. *Tichothecium gemmiferum* Mass., 305. *Buellia badiella* (Nyl.), 306. *Conida apotheciorum* Arn., 307. *Endococcus erraticus* (Mass.).

Das Verfahren des Herausgebers mit der Nomenclatur ist auch bei dieser Fortsetzung wegen seiner Unbeständigkeit nicht zu billigen.

Minks (Stettin).

Roumeguère, C., Fungi exsiccati praecipue Gallici. Centurie LXIX, publiée avec le concours de **Bourdot, F. Fautrey.** Dr. **Ferry, Guillemot,** Dr. **Quélet,** Dr. **Lambotte, E. Niel** et **L. Rolland.** (Revue mycologique. Année XVII. 1895. p. 172—182.)

Botanische Gärten und Institute.

United States Department of Agriculture Office of Experiment Stations. Bulletin Nr. 15. Handbook of Experiment Station Work. A popular digest of the publications of the agricultural experiment stations in the United States. Prepared by the Office of Experiment Stations. Published by authority of the Secretary of Agriculture. 8⁰. 408 pp. Washington, D. C. (Government PrintingOffice) 1893. [Vertheilt 1894.]

Eine von Litteraturangaben begleitete Darstellung, z. Th. populär, z. Th. wissenschaftlich — der Arbeiten, die von den landwirthschaftlichen Versuchsstationen Amerikas ausgeführt worden sind. Die Artikel sind alphabetisch geordnet und besprechen eine grosse Menge Fragen auf dem Gebiete des Acker-, Garten- und Waldbaues. Auch bringt das vorliegende Werk vieles von Interesse auf dem Gebiete der Pflanzen-Pathologie und Pflanzenphysiologie.

Ein vortreffliches Nachschlagewerk, welches vom Departement of Agriculture, Office of Experiment Stations, kostenfrei vertheilt. wird.

J. Christian Bay. (Des Moines, Jowa).

Auszug aus dem Jahresberichte des Kaiserl. botanischen Gartens in St. Petersburg während des Jahres 1891. (Acta horti Petropolitani. Vol. XIII. 1894. No. 14. p. 247—270).

Der Bestand an lebenden Pflanzen, welcher am Ende des Jahres 1890 25505 Arten betragen hatte, erhöhte sich im Laufe des Jahres 1891 auf 25692, theils durch Kauf (344), theils durch Tausch (471).

Das Herbarium des Gartens, welches aus fünf besonderen Sammlungen besteht und in 8377 Packeten enthalten ist, wurde im Laufe des Jahres 1891 um 40 Sammlungen mit 11928 Exemplaren vermehrt.

Die interessantesten Sammlungen darunter sind:

1. Die von Bornmüller aus dem östlichen Anatolien mit 363 Arten.
2. Die von Pringle aus Mexico mit 292 Arten.
3. Die von Professor Makino in Japan gesammelten Pflanzen, 560 Arten.
4. Die von Roborowsky in Central-Asien gesammelten Pflanzen, 4180 Arten.
5. Die von Brshesitzky auf dem Pamir gesammelten Pflanzen, 265 Arten.
6. Von Barbé in Genf: Pflanzen von Schweinfurt in Arabien gesammelt, 322 Arten.
7. Aus dem Stockholmer Museum: Moose aus Sibirien, gesammelt von Arnell, 180 Arten.
8. Aus dem Florentiner Museum: Kryptogamen aus Italien, 1297 Arten.
9. Aus dem Herbarium von Asa Gray: Pflanzen aus Nordamerika, 248 Arten.
10. Aus dem botanischen Garten in Saharanpur: Pflanzen aus Ostindien, gesammelt von Duthie, 324 Arten.
11. Aus dem botanischen Garten in Kew: Das Herbarium von Clarke, bestehend aus indischen Pflanzen, 1919 Arten.
12. Pflanzen aus China, gesammelt von Henry, 258 Arten.
13. Pflanzen aus dem botanischen Garten in Edinburg, gesammelt in Persien und Südafrika, 295 Arten.
14. Aus dem botanischen Garten in Kiew: Pflanzen gesammelt von Lipsky im Kaukasus und in Bessarabien und von Patschosky bei Astrachan, 870 Arten.
15. Aus dem Kopenhagener Museum: Pflanzen aus Grönland und Island, 152 Arten.

Pflanzen aus dem Herbarium des Gartens wurden im Laufe des Jahres 1891 zur wissenschaftlichen Bearbeitung in's Ausland abgegeben: An Crepin in Brüssel, an Schumann und Warburg in Berlin und an Huth in Frankfurt a. O.

Aus den Summen des Gartens wurden bezahlt, um Pflanzen zu sammeln: Levin bei der Expedition des Academikers Rad·

loff in Orchon in der Mongolei, Abel in Mexico, Litze in Rio Janeiro, Braun in Madagascar.

Im Museum des Gartens befanden sich am Ende des Jahres 1891: Karpologische Gegenstände 27000 Nummern, Dendrologische 6900, Paleontologische 1900 und verschiedene Pflanzenproducte 1900.

Die Bibliothek des Gartens wurde im Laufe des Jahres 1891 vermehrt um 343 neue Werke in 365 Bänden und um 151 Fortsetzungen in 158 Bänden und bestand am Ende des Jahres 1891 aus 11765 Werken in 23745 Bänden.

Herder (Grünstadt).

Gezeichnet: 250000 Dollars für den geplanten Botanic Garden in New-York, zu dem die Stadt New-York Grund und Boden und eine halbe Million Dollars geben will.

Lefaivre, Jules, L'art javanais. Le jardin botanique de Buitenzorg. (Extr. du Correspondant. 1895.) 8°. 48 pp. Paris (impr. de Soye et fils) 1895.

Ville, George, Les champs d'expériences à l'école primaire, conférence donnée le 14 juin 1869. 4°. 17 pp. Paris (impr. Maulde, Doumence et Co.) 1895.

Instrumente, Präparations- und Conservations-Methoden.

Zimmermann, A., Ueber ein neues Lupenstativ. (Zeitschrift für Instrumentenkunde. Jahrgang XV. 1895. p. 322—323.)

Die Construction dieses Lupenstatives soll der Lupe bei möglichst einfacher Handhabung und doch völliger Stabilität eine möglichst vielseitige Beweglichkeit verleihen. Dadurch soll ermöglicht werden, sie auch über grössere Objecte hinführen und auf alle Theile derselben einstellen zu können. In seiner äusseren Form gleicht dasselbe sehr dem älteren bekannten Modell von Zeiss; nur ist der ganze Obertheil des neuen Stativs um eine verticale Axe drehbar. Diese Einrichtung soll dazu dienen, die Lupe ohne Aenderung der Einstellung über grosse Flächen hinzuführen. Ist die gewünschte Lage erzielt, so erfolgt die Arretirung mit Hülfe einer an der Axe befindlichen Schraube.

Um die Lupe in der Verticalebene verschieben zu können, sind, wie auch schon bei dem älteren Modell zwei Gelenke vorhanden, die es ermöglichen, die Lupe auch bei horizontaler Stellung des äussersten Armendes bis auf den Tisch hinabzusenken. Während früher aber jedes dieser beiden Gelenke nur durch eine besondere Schraube arretirt werden konnte, ist es durch die bei dem in Rede stehenden Stativ eingeführte Neuerung ermöglicht, beide Gelenke gleichzeitig mit einer Schraube zu arretiren. Der Mechanismus, mit dessen Hilfe dies geschieht, wird, weil er auch vom mechanischen Standpunkte ein gewisses Interesse beansprucht, näher beschrieben.

Die genaue Einstellung des Apparates wird durch Zahn- und Triebbewegung an der Verticalaxe bewirkt. Die Lupe selbst, am entsprechenden Arme drehbar, steckt in einer federnden Hülse und kann mit Hilfe einer, an dem betr. Arme befindlichen Schraube fixirt werden.

Eberdt (Berlin).

_____

Hildebrand, H. E., Einige praktische Bemerkungen zum Mikroskopbau. (Zeitschrift für wissenschaftliche Mikroskopie. Bd. XII. 1895. p. 145—154.)

I. Das continentale Stativ und seine Einstellung. Verf. hat es als einen Uebelstand empfunden, dass an dem gewöhnlichen continentalen Stativ eine bequeme Handhabe zum Transport oder Umlegen fehlt. Er beobachtete auch, dass von Anfängern häufig die mit dem Tubusträger verbundene Prismenhülse zu diesem Zwecke benutzt wird, wodurch die Mikrometerschraube, das Prisma und dessen Befestigung ungebührlich stark auf Druck, Torsion, Biegung etc. in Anspruch genommen werden. Um nun diesem Uebelstande abzuhelfen, schlägt Verf. vor, die Anordnung der einzelnen Theile des Stativs umzukehren und die Prismenhülse fest mit dem Objecttisch zu verbinden, das Prisma aber mit dem Tubusträger. Das Stativ kann so ohne Gefährdung der Mikrometerschraube an der Prismenhülse gefasst werden. Um ferner einen unbeabsichtigten Druck auf die Mikrometerschraube ganz auszuschliessen, befindet sich an der Prismenhülse unterhalb des Tubusträgers noch ein zungenartig verlängerter Ansatz, der dem die Prismenhülse umfassenden Finger einen sicheren und bequemen Halt gewährt.

II. Die Einstellung durch Verschiebung des Tubus mittels der Hand. Da die schraubenartigen Bewegungen des Tubus natürlich mit um so grösserer Leichtigkeit und Präcision ausgeführt werden können, ein je längerer Hebelarm zur Verfügung steht, hat Verf. den gebräuchlichen kleinen und dünnen Ring zum Manipuliren des Tubus abnehmen und durch einen grösseren ersetzen lassen. Dieser stellt eine runde Scheibe von 5 cm Durchmesser dar, an die sich nach unten zu ein 2,5 cm breiter Reifen mit geriefter Aussenfläche ansetzt. Nach den praktischen Erfahrungen des Verf. sollen mit dem in dieser Weise modificirten Tubus von Anfängern viel weniger Deckgläser als sonst durchgestossen werden, weil der Tubus weit besserer Controle unterworfen ist.

III. Der Hufeisenfuss. Verf. beklagt, dass namentlich bei den einfacheren Stativen die Grösse des Hufeisenfusses eine unzureichende ist. In vielen Fällen soll auch die Vertheilung der Unterstützungspunkte eine unzweckmässige sein.

Zimmermann (Braunschweig).

_____

Referate.

Fischer, Alfred, Untersuchungen über Bakterien. (Jahrbücher für wissenschaftliche Botanik. Bd. XXVII. 1894. Heft 1.
163 pp.)

Im Jahre 1891 veröffentlichte Verf. Untersuchungen über die
Plasmolyse der Bakterien (Berichte der Königl. Sächsischen Gesellschaft der Wissenschaften, math.-physik. Classe. 1891. p. 52), aus
denen sich ergibt, dass der Bau der Bakterienzelle der nämliche
ist, wie der der Zelle der höheren Pflanzen. Damit trat Verf. in
Gegensatz zu der von Bütschli vertretenen Ansicht der Kern-
natur des Plasmaleibes der Bakterien. Der Widerspruch, auf den
er bei Bütschli und seinen Anhängern stiess, und der Umstand,
dass seine Arbeit in den Kreisen der Bakteriologen nicht die ge-
bührende Beachtung gefunden hat, bestimmten Verf. zu der vorliegenden Publication. Sie ist eine Ergänzung und Erweiterung
der ersten Arbeit, fördert auch neben anderen Thatsachen neue
Beobachtungen über die Plasmolyse der Bakterienzelle zu Tage.
Bereits in der ersten Abhandlung konnte wider alles Erwarten festgestellt werden, dass bereits sehr verdünnte Lösungen genügen, um
Plasmolyse hervorzurufen. Diese Beobachtung legte den Gedanken
nahe, dass bei der üblichen Deckglasmethode Plasmolyse stattfinden
möchte, indem der auf das Deckglas gebrachte Substrattropfen
durch Verdunstung eine derartige Anreicherung erfahren müsste,
dass er Bakterien zu plasmolysiren im Stande wäre. In der That
lässt sich bei dieser Methode Plasmolyse („Präparations-Plasmolyse")
beobachten. Die üblichen Nährböden für pathogene Bakterien enthalten alle ziemlich viel Salz, mindestens $1/2$—1%. Werden die
Bakterien von diesen Substraten ohne weitere Verdünnung auf das
Deckglas ausgestrichen, so entsteht auf demselben ein zur Plasmoly-
sirung ausreichender Concentrationsgrad der Lösung. Aber auch
Blut, Eiter, Sputum etc. sind reich genug an Salz, um dieselben
Erscheinungen hervorzurufen. Verdünnt man die Bakterien, bevor
man sie auf das Deckglas streicht, bedeutend mit Wasser, so
bleibt beim Eintrocknen die Plasmolyse aus. Werden plasmolysirte
Präparate gefärbt, so hängt es von der Natur der Farblösungen
ab, ob die Plasmolyse erhalten bleibt. Bei Anwendung wässeriger
Anilinfarblösungen verquillt das contrahirte Plasma in der Regel
und damit verschwindet die Plasmolyse. Sie bleibt jedoch erhalten
bei Anwendung gewöhnlicher alkoholischer Fuchsinlösung, Ziel-
schem Carbolfuchsin, Delafield'schem Hämatoxylin. Verf. kann
eine ganze Reihe von Fällen anführen, wo in Folge von Nicht-
beachtung der Plasmolyse bestimmte Erscheinungen ganz falsch
gedeutet worden sind und wo man plasmolysirte und nichtplasmolysirte
Formen als besondere Arten oder Gattungen unterschieden hat.

Auf Zusatz von Wasser wird die Plasmolyse der lebenden
Zellen wieder ausgeglichen. Aehnliches ist aber auch bei einem
längeren Aufenthalte der Bakterien in den plasmolysirenden Lösungen

der Fall. Verf. liess Lösungen verschiedener Concentration von KNO₃, NaCl, NH₄Cl und Rohrzucker auf plasmolysirte *Spirillum Undula, Cladothrix dichotoma,* Choleravibrionen, Typhusbacillus, *Bacillus cyanogenus* und *B. fluorescens* einwirken. In allen Fällen ging die Plasmolyse zurück und verschwand schliesslich, und zwar um so schneller, je höher die Concentration der plasmolysirenden Lösung war, worüber man Näheres in der Arbeit selbst nachsehen möge. Die Versuche wurden nach zwei Methoden ausgeführt: 1. In den hängenden Tropfen der Salzlösung wurde eine Spur der Bakteriencultur gebracht und sofort beobachtet. 2. Unter dem Deckglas gewöhnlicher Objectträgerpräparate wurde fortwährend ein Strom der Salzlösung durchgesogen. Der Ausgleich der Plasmolyse erfolgt durch Eindringen der Salztheile, welche die erforderliche Steigerung des osmotischen Druckes im Innern hervorrufen.

Zur Fixirung der Plasmolyse hatte Verf. bereits in seiner ersten Abhandlung zwei geeignete Methoden angegeben. Auch vor einer nochmaligen Prüfung haben sie Stand gehalten, doch empfiehlt es sich mit Rücksicht auf die Präparationsplasmolyse, anstatt der 5 % Kochsalzlösung verdünnte Lösungen, z. B. 0,5—1 % KNO₃, 0,25 bis 0,5 % NaCl, 0,25—0,5 % NH₄Cl anzuwenden. Für auf Agar cultivirte Bakterien schlage man folgendes Verfahren ein: „Eine winzige Spur des Agarbeleges werde auf einem Objectträger in 3—5 Tropfen einer schwachen Salzlösung (0,5—1% KNO₃, 0,25—0,5% NaCl) verrieben und dann sogleich ein kleines Tröpfchen davon auf dem Deckglas ausgestrichen. Diese Methode ist für die Plasmolyse aller auf Agar verschiedenster Zusammensetzung cultivirten Bakterien anwendbar und sei hiermit empfohlen. Die auf das Deckglas zu übertragenden Tröpfchen nehme man nicht zu gross, eine kleine Platinöse voll, damit das Eintrocknen schnell (3—10 Minuten) erfolgt und die Plasmolyse nicht wieder zurückgeht." Mit der Fixirung der Plasmolyse lässt sich für gewisse Bakterien (z. B. *Spirillum Undula*) direct eine Geisselbeizung nach Löffler verbinden.

Aus der Fähigkeit der Bakterienzelle, plasmolysirt zu werden, ergibt sich, dass sie denselben Aufbau besitzt wie die Pflanzenzelle. Bütschli's Centralkörper (Kern) existirt nicht, sondern ist nur der schwach contrahirte Protoplast. „Dieser hat denselben Bau, wie in ausgewachsenen Pflanzenzellen, er besteht aus einem der Zellwand angepressten dünnen Schlauch (Primordialschlauch, Wandbeleg) aus Protoplasma und umschliesst den Zellsaft, der den grössten Theil des Zellinneren erfüllt. In dem durch Salzlösungen so leicht plasmolysirbaren Protoplasten würde man erst nach Zellkernen zu suchen haben."

Ein grosser Abschnitt der Arbeit ist der Morphologie und Physiologie der Geisseln gewidmet. Seit man an allen beweglichen Bakterien Geisseln gefunden hat, gelten diese als die Bewegungsorgane, während ältere Forscher den Sitz der Bewegung in den Plasmaleib verlegten. Die plasmolytischen Untersuchungen liefern den endgültigen Beweis, dass die Geisseln die Bewegungsorgane

sind. Bei der Plasmolyse hervorrufenden Concentration einer Lösung
hört die Bewegung nicht auf; es werden die Geisseln nicht eingezogen, verhalten sich vielmehr ebenso, wie im nicht plasmoly-
sirten Zustand. Demnach sind die Geisseln keine Pseudopodien,
sondern verhalten sich wie die Geisseln des Flimmerepithels und
der Infusorien. In der Regel bleibt bei der Plasmolyse eine kleine
Plasmapartie in Zusammenhang mit der Geissel. Wählt man die
Concentration der Lösung stärker, als zur Plasmolyse erforderlich
ist, so hört die Bewegung auf, aber die Geisseln werden auch jetzt
nicht eingezogen, sondern werden nur starr, wahrscheinlich in Folge
des Wasserverlustes (Trockenstarre). Nach Auswaschen der Lösung
beginnt die Bewegung wieder. Starre der Geisseln und damit
Bewegungslosigkeit der Bakterien kann ferner hervorgerufen werden
durch Mangel an Sauerstoff, durch minderwerthige Nährlösungen
(Hungerstarre) oder durch specifische Stoffe (Giftstarre). Aus
mangelnder Bewegung darf man noch nicht auf mangelnde Bewegungsfähigkeit, d. h. auf Abwesenheit von Geisseln, schliessen.
Das trifft auch auf den Heubacillus zu, der Geisseln immer ausser
im Haut bildenden Stadium besitzt.

Die Geisseln lassen sich in polare und diffuse Geisseln ein-
theilen. Jene sitzen stets nur an einer bestimmten Stelle, bei den
gestreckten Formen meistens an einem Ende, zuweilen stehen sie
an einer Längsseite, aber dem Ende genähert. Die polaren Geisseln
sind entweder Einzelgeisseln (Choleravibrionen, *Chromatium*) oder
Geisselbüschel (Spirillen, *Bacillus fluorescens longus*, *Bacterium
Termo*, *Cladothrix*-Schwärmer etc.). Letztere bestehen bei *Bacterium
Termo* aus 3—4, bei *Bacillus fluorescens longus* vielleicht aus 5—10,
bei Spirillen und den *Cladothrix* Schwärmern aus ungefähr 8—12
Geisseln. Bei *Spirillum Undula* verflechten sich die Geisseln eines
Büschels oft zu zopfartigen Gebilden. Die Geisseln eines Büschels
sind entweder gleich lang (*Bacterium Termo*, *Bacillus fluorescens
longus*) oder in längere Haupt- und kürzere Nebengeisseln unter-
schieden, ohne dass bestimmte Zahlenverhältnisse obzuwalten scheinen
(*Spirillum Undula*). „Die diffusen Geisseln bedecken bald in dichterer,
bald in lockerer Vertheilung die ganze Oberfläche der Bakterienzelle,
so dass an ihr keine Stelle als bevorzugt erscheint." Die Zahl der
Geisseln ist nach Arten verschieden, wurde von L ö f f l e r für Typhus-
bacillen auf 12 angegeben, sie sind immer annähernd von gleicher
Länge. Die Dickenverhältnisse der Geisseln scheinen auch
Schwankungen zu unterliegen, doch lässt sich etwas Bestimmtes
nicht sagen, weil durch die angewandte Färbungsmethode eine
Quellung hervorgerufen wird. Zum Färben benutzt Verf. die
L ö f f l e r'sche Methode mit folgender Aenderung der Beize: 2 g
trockenes Tannin, 20 g Wasser, 4 ccm Eisensulfatlösung (1 : 2),
1 ccm conc. alkoholische Fuchsinlösung.

Oft findet man auf den Deckglaspräparaten Bakterien ohne
Geisseln, während diese isolirt zwischen jenen liegen. Diese Geisseln
wurden unter der Einwirkung störender Einflüsse, z. B. Verdünnung,
bei der Präparation abgeworfen, und zwar in toto abgeworfen.
Nun finden sich aber auch Bruchstücke von Geisseln. Ein Ab-

brechen in Folge fieberhaft gesteigerten Schlagens ist ausgeschlossen, da den Geisseln eine gewisse Biegsamkeit zukommen muss. Nach Verf. würde sich die Erscheinung folgendermaassen erklären. Beim Schlagen verwickeln sich die Geisseln eines und desselben Individuums oder, was wahrscheinlicher ist, verschiedener Individuen. Ein gewaltsame Trennung derselben wird ein Zerreissen von Geisseln zur Folge haben, woher die Bruchstücke rühren. Geisselbruchstücke können auch dadurch auftreten, dass abgeworfene Geisseln theilweise bis zur Unkenntlichkeit verquellen. Auf störende Einflüsse reagirt die Bakterie auch durch Einrollung der Geisseln. Eingerollte Geisseln findet man häufig in grosser Menge isolirt, und zwar sind diese entweder schon im eingerollten Zustande abgeworfen worden oder die im gestreckten Zustande abgeworfenen Geisseln haben sich nachträglich aufgerollt. Die lebend abgeworfenen, also auch die eingerollten Geisseln, verquellen ziemlich schnell und sind etwa in $^1/_4$—1 Stunde ganz verschwunden. Anders verhalten sich die abgestorbenen Geisseln; diese verquellen nicht. Künstlich getödtete oder abgestorbene Zellen, welche ihre Geisseln nicht abgeworfen hatten, bewahren diese noch lange Zeit, bis schliesslich ihre Substanz zerstört wird, aber nicht unter den Quellungs-Erscheinungen der lebendigen Geisseln.

Ueber die Entwicklung der Geisseln war bisher nichts Thatsächliches bekannt. Verf. hat dieselbe bei der Theilung von *Spirillum Undula* beobachtet. „Der erste Schritt zur Theilung besteht in der Entwicklung eines zweiten Geisselbüschels an dem anderen Ende. Die Geisseln sprossen als kurze Fädchen hervor. Ihre endgültige Länge scheinen die Geisseln zwar schnell, aber doch sicher nicht augenblicklich zu erreichen, was wohl daraus folgt, dass in lebhafter Theilung begriffene Spirillen die jungen Geisselbüschel auf verschiedenen Stadien des Wachsthums zeigen." Bei der Keimung der Sporen von *Bacillus subtilis*, einem Bacterium mit diffusen Geisseln, beobachtete Verf., dass die Keimstäbchen noch keine Geisseln entwickeln, sondern dass diese erst entstehen, nachdem die Stäbchen einige Zeit hindurch sich vermehrt haben. Allgemein erscheinen die Geisseln bei 30° ungefähr 6—7 Stunden nach der Aussaat der Sporen. Noch bevor die Bewegung der Bacillen allgemein wird, sind die Geisseln schon vorhanden und rufen durch die Schwingungen schaukelnde und wackelnde Bewegungen hervor." Auch hier treten die Geisseln nicht auf einmal in ihrer ganzen Länge auf, sondern wachsen allmählich. Da bei der Theilung von Bacillen mit diffusen Geisseln ihre Zahl sich nicht vermindert, so müssen zwischen den alten Geisseln neue entstehen.

An der Sporenbildung nimmt die Substanz der Geisseln nicht Theil, womit es im Einklang steht, dass manche Bakterien während der Sporenbildung fortfahren zu schwärmen. *Bacillus Solmsii, B. limosus, Clostridium butyricum* verlieren nach Verf. die Geisseln nach der Sporenbildung nicht, während bei *Bacillus subtilis* diese mit beginnender Sporenbildung wahrscheinlich hinfälliger werden. An Stäbchen mit reifen Sporen konnte Verf. nur selten noch einige diffuse Geisseln beobachten. Bei Involutionsformen desselben Bacteriums verhalten sich die Geisseln folgendermaassen: „Vollendete Involutionen, die blasig aufgetrieben, birn- oder citronenförmig gestaltet waren, bewegten sich nicht mehr, dagegen schwärmten Stäbchen, die nur durch grössere Dicke von anderen sich unterschieden, aber doch schon als beginnende Involutionsformen aufzufassen waren, noch lebhaft umher. Für andere Bakterien vermuthet Verf. ein Sitzenbleiben der Geisseln, namentlich für solche, bei denen während der Sporenbildung die Geisseln erhalten blieben.

Die von Löffler in Blutserumculturen des Rauschbrandbacillus zuerst aufgefundenen Zöpfe verflochtener Geisseln, welche auch für andere Bakterien nachgewiesen sind, erklärt unser Verf. aus einer Verflechtung der Geisseln verschiedener Individuen, welche später abgeworfen werden. Voraussichtlich behalten sie nach der Trennung von der Zelle noch für kurze Zeit die Fähigkeit zu eigener Bewegung.

Verf. theilt einige Angaben über die Entstehung der Cylindergonidien von *Cladothrix dichotoma* mit. Sie besitzen ein aus Haupt- und Nebengeisseln (8—12) bestehendes Geisselbüschel, das auf der einen Längsseite entweder der Spitze oder der Basis genähert steht. Die sich ablösenden einzelnen Glieder oder Gliederketten der Fäden von *Cladothrix* werden entweder durch eine Auflösung und Zersetzung der Scheide frei oder sie wandern selbständig aus ihr aus. Unter solchen Umständen ist schon vor der Trennung der Glieder von einander die Möglichkeit der Bildung von Geisseln, da sie seitlich sitzen, gegeben. Zopf's Annahme, dass sie plötzlich hervorbrechen, war nicht das Ergebniss der Beobachtung, sondern folgte aus der allerdings irrigen Voraussetzung, dass die Geisseln an den Enden sitzen.

Der letzte Abschnitt der Arbeit beschäftigt sich mit der Systematik der Bakterien. Verf. tritt für eine Systematik auf Grund morphologischer Merkmale ein. Er will seinen Versuch aber zunächst beschränken auf die Stäbchenbakterien, Vibrio und Spirillen; um ihn aber mit Erfolg durchführen zu können, ist eine Nomenclaturänderung unerlässlich. Der Grundgedanke der Eintheilung ist der, die Morphologie der Geisseln und Sporenbildung zu benutzen und in geeigneten Namen zum Ausdruck zu bringen. Die erwähnten Bakterien werden zunächst in zwei Familien gruppirt: *Bacillaceï* und *Spirillaceï*. Letztere Familie enthält die Gattungen *Vibrio* und *Spirillum*. Erstere Familie wird weiter in vier Unterfamilien getheilt: *Bacilleï*, *Bactrinieï*, *Bactrilleï* und *Bactridieï*. Ihnen gehören die in der nachstehenden tabellarischen Uebersicht verzeichneten Gattungen an:

Geisseln	Endosporen Sporenhaltige Stäbchen			Arthrosporen
	cylindrisch	spindelig	keulig.	
—	*Bacillus*	*Paracloster*	*Paraplectrum*	*Arthrobacter*
Polare Einzelgeissel	*Bactrinium*	*Clostrinium*	*Plectrinium*	*Arthrobactrinum*
Pol. Geisselbüschel	*Bactrillum*	*Clostrillum*	*Plectrillum*	*Arthrobactrillum*
Diffus	*Bactridium*	*Clostridium*	*{Plectridium {Diplectridium*	*Arthrobactridium.*

In Bezug auf weitere Einzelheiten über die Systematik muss auf die Abhandlung verwiesen werden.

Die interessante Darstellung unseres Verfs. ist durch fünf instructive Tafeln illustrirt, von denen vier nach Zeichnungen angefertigt wurden, während die fünfte eine Reproduction von Photographien ist.

Wieler (Aachen).

———

Lintner, C. J. und **Kröber, E.**, Zur Kenntniss der Hefeglycase. (Berichte der Deutschen Chemischen Gesellschaft. Bd. XXVIII. 8.)

Nach Emil Fischer wird Maltose durch Hefeauszug in Glycose gespalten. Gelegentlich von Versuchen über die Vergährbarkeit der Isomaltose hat der eine der Verfasser die gleiche Beobachtung gemacht, und an diese Versuche anknüpfend die Ansicht ausgesprochen, dass das Maltose spaltende Enzym nicht identisch sei mit Invertin, sondern vielleicht der Glycase näher stehe. Röhrmann identificirte das fragliche Enzym mit der Glycase. Emil Fischer wies die Verschiedenheit des maltosespaltenden Enzyms und des Invertins nach, indem er als Hauptbeweis dafür anführte, dass beim Auslaugen der frischen Hefe mit Wasser nur das Invertin in Lösung ginge.

Die Annahme Röhrmann's, dass das maltosespaltende Enzym mit der im Mais enthaltenen Glycase identisch sei, bezeichnete er als verfrüht, und schlug zur Unterscheidung des ersteren Enzymes von anderen „glycasischen" die Bezeichnung „Hefeglycase" vor.

Die Verfasser haben nun an der Hand zahlreicher Versuche nachgewiesen, dass die Hefeglycase in der That ein von der Maisglycase und dem Invertin verschiedenes Enzym ist.

Das Temperaturoptimum für das Invertin liegt, nach Kjedahl, bei 52—53°, dasjenige für Glycase, nach Geduld, bei 57—60°.

Das Optimum für das Maltose invertirende Enzym dagegen liegt nach den Versuchen der Verfasser bei etwa 40°. Bei einer länger dauernden Einwirkung einer Temperatur von 55° wird das Enzym bereits abgetödtet.

Hollborn (Rostock).

———

Massee, George, A revision of the genus *Cordyceps*. (Annals of Botany. Vol. IX. 1895. No. XXXIII. 44 pp. With plates I and II.)

Das interessante Genus der *Hypocreaceen*, *Cordyceps*, dessen Arten auf *Arthropoden* schmarotzen, ist schon längere Zeit einer Revision bedürftig. Verf., dem das reiche Material des Kew-Herbariums zur Vornahme einer solchen zu Gebote stand, hat die Gattung von Neuem bearbeitet und giebt nach einer kurzen Darstellung der Morphologie, Entwickelungsgeschichte (*Botrytis, Isaria, Ascus*-Form) eine Zusammenstellung der emendirten Arten. Es gehören von diesen der alten Welt 22, nämlich Europa 8, Asien 5, Afrika 1, Australien 6, Ostindien 2 Species ausschliesslich an. In

der neuen Welt kommen 23 Arten, nämlich in Nordamerika 9,
Westindien 4, Südamerika 8 ausschliesslich vor. 6 Arten sind in
der alten und neuen Welt häufig, nämlich *C. clavulata*, *C. myrmecophila*,
C. entomorrhiza, *C. militaris*, *C. sphingum*, *C. Armeniaca*; am
weitesten verbreitet ist *C. entomorrhiza*. Die Arten der emendirten
Gattung — deren Unterschiede von *Cordylia*, *Corallomyces*, *Claviceps*
erörtert werden — sind in folgender Weise systematisch zusammengestellt:

I. Perithecien ganz oder theilweise eingesenkt.

1. Sporen mit Querwänden.

1. *Cordyceps Barnesii* Thwaites auf *Melolonthiden*. Ceylon.
2. *C. palustris* Berk. auf einem unbestimmten Insect. S. Carolina.
3. *C. insignis* Cke. et Rov. auf einem unbestimmten Insect. S. Carolina.
4. *C. Puiggarii* Speg.
5. *C. alutacea* Quélet. Frankreich.
6. *C. sobolifera* Berk. et Br. auf einer Käferlarve *(Melolonthide?)*. S. Amerika.
7. *C. sphaecocephala* (Kl.) auf Wespen. Jamaika, Cuba, Brasilien.
8. *C. myrmecophila* Ces. auf *Formica rufa*. Europa, Nord- und Südamerika,
   Ceylon, Borneo.
9. *C. curculionum* Sacc. auf *Heilipus celsus*. Peru.
10. *C. Wallaysii* Westend. Belgien.
11. *C. cinerea* Sacc. auf Larve und *Imagocines Carabus*. Deutschland,
    Frankreich.
12. *C. unilateralis* Sacc. auf Ameisen, *Atta cephalotus* Fabr. Brasilien.
13. *C. australis* Speg. auf Ameisen, *Pachycondyla striata*. Brasilien.
14. *C. martialis* Speg. auf einem *Cerumbyciden*. Brasilien.
15. *C. goniophora* Speg. auf *Mutilla*. Brasilien.
16. *C. Ditmari* Quél. auf einer grossen blaubauchigen Fliege. Frankreich,
    Deutschland, Irland.
17. *C. larvicola* Quél. auf der Larve von *Helops caraboides* Panz. Frankreich.
18. *C. stylophora* Berk. et Br. S. Carolina.
19. *C. gentilis* Sacc. auf Wespen. Borneo.
20. *C. Hawkesii* Gray auf Raupen von *Piclus* (?). Tasmanien.
21. *C. Forquinoni* Quél. auf *Musca rufa* und *Dasyphora pratorum*. Frankreich.
22. *C. Barberi* Giard auf Larven von *Diatraea saccharalis* Fab. Barbados.
23. *C. Gunnii* Berk. auf Raupen von *Cossus*, *Hepialis*. Australien.
24. *C. flavella* Berk. et Curt. auf Raupen. Cuba.
25. *C. Lloydii* Fawcett auf Ameisen, *Camponotus atriceps*. Guiana.
26. *C. dipterigena* Berk. et Br. auf *Dipteren*. Ceylon.
27. *C. bicephala* Berk. S. Amerika.
28. *C. velutipes* Mass. n. sp. auf einer *Elateriden*-Larve. S. Afrika.
29. *C. clavulata* Ell. et Ev. auf *Lecanium* auf *Fraxinus*, *Carpinus*, *Ulmus* etc.
    Vereinigte Staaten von Nordamerika, Canada, Grossbritannien.
30. *C. armeniaca* Berk. et Curt. auf *Coleopteren*. S. Carolina, Rangoon,
    Ceylon.
31. *C. caloceroides* Berk. et Curt. Cuba.
32. *C. sinensis* (Berk.) Sacc. auf Raupen von *Gortyna* (?). China, Japan,
    Thibes.
33. *C. entomorrhiza* (Dickson) Fr. auf verschiedenen Insecten, allgemein
    verbreitet.
34. *C. herculea* Sacc. Nordamerika.
35. *C. Langloisii* Ell. et Ev. auf *Hymenopteren*. Nordamerika.
36. *C. nutans* Pat. auf *Hemipteren*. Japan.
37. *C. Odyneri* Quél. auf *Odynera*-Larve. Frankreich.
38. *C. Sherringii* Massee. Westindien.

2. Sporen ungetheilt.

39. *C. albida* Pat. Venezuela.
40. *C. Doassansii* Pat. auf Schmetterlingspuppen. Frankreich.

II. Perithecien oberflächlich.

1. Sporen septisch.

41. *C. Taylori* Sacc. auf Raupen. Australien.
42. *C. Henleyae* Mass. auf *Hepialus*-Raupen. Australien.
43. *C. Hugelii* Cord. auf *Hepialus virescens* (Larven). Neu-Seeland.
44. *C. militaris* Lk. auf Larven verschiedener Insecten (meist Schmetterlinge). Europa, Amerika, Ceylon etc.
45. *C. typhulaeformis* Berk. et Cooke. Java.
46. *C. acicularis* Rav. auf *Niotobates* (?). S. Carolina.
47. *C. falcata* Berk. auf Raupen.
48. *C. Ravenelii* Berk. auf Käferlarven. Amerika.
49. *C. Sphingum* Sacc. auf *Sphingiden, Dipteren*-Larven etc. Europa, Amerika.
50. *C. superficialis* Sacc. Nordamerika.
51. *C. memorabilis* Ces. auf *Staphylinus*. Europa.

2. Sporen ungetheilt.

52. *C. isarioides* Curt. auf *Lepidopt*. Nordamerika.

Unzureichend beschriebene Arten.

53. *C. Sinclairi* Berk. auf *Orthopteren*. Neu-Seeland.
54. *C. Melelonthae* Sacc. auf *Lachnosterna fusca, Ancyloncha puncticollis*. Nordamerika.
55. *C. coccigena* Sacc. auf *Coccus*. Neu-Guinea.
56. *C. gigantea* (Mont.) auf *Mygale cubana* Walk. Cuba.
57. *C. Cicadae* (Miq.) auf *Cicaden*-Larven etc. Nordamerika.
58. *C. Mawleyi* Westwood auf Raupen. England.
59. *C. albella* Berk. et Curt. auf *Orthopteren*. Ceylon.
60. *C. fuliginosa* Ces. auf *Orgyia antiqua*. Italien.
61. *C. (?) appropinquans* Jacc. Borneo.
62. *C. Humberti* Rob. auf einer Wespe, *Icaria cincta*. Senegal.

Auszuschliessende Arten.

C. setulosa Quél. auf *Poa* ist zu *Claviceps* zu stellen.
C. racemosa Berk. wahrscheinlich = *Balanophora Hookeriana*. (Zusammenhang mit einer Raupe zufällig.)

Ludwig (Greiz).

Tranzschel, W., *Peronospora corollae* n. sp. (Hedwigia. Band XXXIV. 1895. Heft 4. p. 214.)

Eine neue *Peronospora*-Art (*P. corollae*) wird aufgestellt und folgendermaassen charakterisirt:

Caespitulis laxis, griseis; hyphis conidiophoris singulis, basi bulboso-inflatis, 300—470 μ altis, 4—6-ies furcatis; ramis sub angulo acuto exeuntibus rectis, ultimis ramulis subulatis, acutis; conidiis oblongo-ellipsoideis, utrinque attenuatis, membrana violascente instructis, 32—40 $\leftrightharpoons$ 17—20 μ, oosporis membrana (episporio) castaneo-brunnea, crassa, plicata instructis, 32—36 μ diam., episporio 7—9 μ crasso.

Hab. in pagina interiori corollae *Campanulae persicifoliae* L. ad Beresaika Rossiae.

Von *Peronospora violacea* Berk., der diese neue Art am nächsten steht, ist *P. corollae* Tranzsch. hauptsächlich durch die Form der Conidien verschieden.

J. B. de Toni (Padua).

Bomansson, J. O. et **Brotherus, V. F.,** Herbarium Musei Fennici. Enumeratio plantarum Musei Fennici, quam edidit Societas pro Flora et Fauna Fennica. Editio secunda. II. Musci. 8⁰. VIII et 80 p. Cum mappa. Helsingforsiae 1894.

In der schwedisch und französisch geschriebenen Einleitung
zu dieser Arbeit, die als Fortsetzung zu der im Jahre 1889
erschienenen Pars I. Plantae vasculares zu betrachten ist, berichten
die Verff. über den starken Zuwachs der in Finnland seit 1859
beobachteten Moose. Bei dem Erscheinen der in diesem Jahre
von W. Nylander und Th. Saelan herausgegebenen „Förteck-
ning öfver finska musei växtsamling" waren 71 *Hepaticae,* 7 *Sphagna*
und 253 *Musci veri* bekannt. Von diesen sind jetzt *Grimmia
conferta* und *Oncophorus gracilescens* weggelassen. In der vorliegenden Editio secunda finden wir von *Hepaticae* 171 Arten,
2 Unterarten, 34 Varietäten und Formen, von *Sphagna* 26 Arten,
6 Unterarten, 53 Varietäten und Formen und von *Musci veri* 498
Arten, 19 Unterarten, 76 Varietäten und Formen. Die systematische Aufstellung der Lebermoose, die von Bomansson bearbeitet sind, ist mit wenigen Abweichungen die der *Synopsis Hepaticarum.* Bei den *Sphagnen,* die auch von Bomansson bearbeitet
sind, sind die neueren Arten Russows, Warnstorfs u. a. berücksichtigt worden. Die Aufstellung der von Brotherus be-
arbeiteten *Musci veri* ist beinahe die von Lindberg in *Musci
scandinavici* befolgte. Auf jeder Seite des Verzeichnisses finden
wir 12 kleine schematische Karten und auf jeder von diesen ist
die Verbreitung einer Art, Unterart, Varietät oder Form in der
Weise angegeben, dass Verkürzungen der Namen der Provinzen,
wo die Pflanze vorkommt, auf der Karte ausgesetzt sind, wodurch
man sogleich die Verbreitung überblicken kann.

Brotherus (Helsingfors).

Glück, Hugo, Die Sporophyllmetamorphose. (Flora oder
Allgemeine botanische Zeitung. Band LXXX. Jahrgang 1895.
Heft 2. p. 303—347.)

Die Arbeit lässt sich in kurzen Worten nicht wiedergeben.
Dieses hat der Verf. wohl selbst vorausgesehen und auf 10 Seiten
die Untersuchungsresultate kurz zusammengefasst. Selbst hierin
vermögen wir ihm nicht zu folgen und müssen uns mit einem Auszug begnügen.

Der erste Abschnitt handelt von dem Sporangienschutzapparat.
Der Entstehungsort der Sporangien gab die Eintheilung.

I. Sind die Sporangien flächenständig, auf der Blattunterseite
sitzend, so besteht der für die Sporangien geschaffene Schutzapparat:

1. Aus Haaren allein, welche entweder auf den Sporangien
selbst oder zwischen diesen sitzen. Der Schutz der Sporangien
durch Haare beruht stets in einer Ueberdachung durch diese,
welche durch Anschwellung oder Verzweigung der Haare, durch
Schirmhaare u. s. w. zu Stande kommt. Hierher gehören sehr
viele *Polypodiaceen;*

2) Gruben, welche nur in Verbindung mit Haaren auftreten,
mit Ausschluss der *Marsiliaceen.* Jedes Receptakel ist in eine
Grube versenkt. Die Sporangien werden ähnlich wie unter 1 von

Haaren überdacht, die hier stets zwischen den ersteren sitzen und gleichzeitig einen Verschluss der Grube herbeiführen. Hierher gehören viele *Polypodiaceen* und *Vittaria*;

3. Indusien, welche eine viel vollkommenere Bedachung wie durch Haare darstellen und häufig durch die Einrollung des Sporophylls unterstützt werden.

II. Schutzapparat der randständigen Sporangien, welcher zu Stande kommt:

1. durch Einrollung des Blattes (*Aneimia, Osmunda*);
2. durch Indusien. Taschenförmig bei *Lygodium*, becherartig bei *Davallia*, napf-, becher- oder krugförmig bei den *Cyatheaceen* und *Hymenophyllaceen*.

III. Besondere Fälle des Sporangienschutzes finden sich bei:

1. den *Ophioglosseen*, wo die Sporangien sich unterirdisch entwickeln. Der Schutz besteht ferner in der Blatteinschachtelung und in der Umfassung des Sporophylls durch den sterilen Blatttheil;.

2. bei den *Lycopodiaceen* kommt der Sporangienschutz zu Stande durch die aufrechte Stellung der Sporophylle, die mit einander alterniren (dachziegelförmiger Schutz); bei *L. annotinum* durch trockenhäutigen Sporophyllrand noch verstärkt;

3. bei den *Equisetaceen* durch unterirdische Entwickelung der Sporangien, durch das Sitzen der Sporangien auf der Innenseite der Sporophylle, durch die alternirende Stellung der mosaikförmig gefügten Sporophyllschilder, welche untereinander verzapft sind, und beim fertilen Spross durch kräftige Blattscheiden;

4. bei den *Salviniaceen* ähnlich bei manchen *Cyatheaceen* durch ein über den Sporangien sich hohlkugelförmig schliessendes Indusium;.

5. bei den *Marsiliaceen* durch starke Behaarung der jugendlichen Sporophylle, dann durch Gruben, in denen die Sporangien entstehen, um von ihnen überdeckt zu werden.

Der zweite Theil beschäftigt sich mit der eigentlichen Sporophyllmetamorphose.

Die Umwandlung der Sporophylle gelangt stets in der eigenartigen Beschaffenheit der Blattspreite zum Ausdruck, häufig gesteigert durch Verlängerung oder Ausbildung eines Stieles und eine vom Laubblatt verschiedene Richtung des Sporophylls.

1. Die Umwandlung der Sporophyllbreite besteht

a) morphologisch in Verkürzung eventuell Verschmälerung, dann in Theilung und drittens in reducirter Theilung. Daneben können verschiedene Combinationen von zwei oder auch drei der genannten Factoren vorkommen, auf welche wir hier nicht eingehen können.

b) Anatomische Umwandlung. Zu betrachten sind das Mesophyll und die Epidermis mit den Spaltöffnungen.

α) Nur bei schwach metamorphosirten Sporophyllen wie bei *Llavea, Cryptogramme, Pteris* u. s. w. findet sich etwa wie beim sterilen Blatt assimilirendes Schwammparenchym vor in der gleichen Ausbildung; mit fortschreitender Metamorphose jedoch verliert das Mesophyll immer mehr den Charakter des Schwammparenchyms,.

indem die Intercellularen an Grösse abnehmen wie bei *Acrostichum quercifolium*; noch mehr tritt dieses bei *Onoclea Struthiopteris* und *Lycopodium annotinum* hervor, bei denen auch die Zahl und Grösse der Chlorophyllkörner vermindert wird. Stark metamorphosirte Sporophylle besitzen nur ein aus parenchymatischen Zellen bestehendes Mesophyll, das nur kleine spärliche Chlorophyllkörner einschliesst. (*Osmunda, Stenosemia, Gymnopteris, Ophioglossum, Botrychium*, viele *Aneimiaceen*, ähnlich bei *Equisetum*.

β. Was zunächst die Umwandlung der Epidermiszellen selbst anlangt, so besteht diese in der Regel in einer Streckung der Epidermiszellwände und häufig noch in einer Drehung der Epidermiszellen in die Länge. Fast bei sämmtlichen Laubblättern finden sich mehr oder weniger gewundene Epidermiszellwände vor. Sehr gering sind die Epidermisunterschiede bei *Lygodium articulatum, Cryptogramme crispa, Llavea cordifolia*. Nicht viel bedeutender bei *Ophioglossum vulgatum, Equisetum Talmateja, Acrostichum palmatum, Polypodium ciliatum, Selaginella spinulosa*. Dagegen grösser bei *Onoclea Struthiopteris, Acrostichum quercifolium, Lomaria vestita, Salpinchlaena scandens*. Das Sporophyll trägt hier polygonale oder etwas gestreckte Zellen mit graden Wänden, während das sterile Blatt sehr stark hin- und hergebogene Epidermiszellwände aufweist. Die grössten Epidermisunterschiede finden sich bei denjenigen Sporophyllen, die kein Schwammparenchym führen, wie *Stenosemia, Osmunda* u. s. w., bei denen die Epidermiszellen des Sporophylls meist noch sehr stark in die Länge gedehnt sind (*Botrychium, Aneimia Phyllitidis*).

Die Anzahl der Spaltöffnungen ist verhältnissmässig beim Sporophyll stets eine geringere als beim Laubblatt, ohne dass jedoch mit fortschreitender Umwandelung die Zahl der Spalten stets verkleinert würde. Das Sporophyll ist entweder auf beiden Seiten in gleicher Weise wie das Laubblatt mit Spalten besetzt, *Osmunda regalis, Lygodium palmatum, Botrychium Lunaria, Ophioglossum vulgatum*, oder es trägt ebenso wie das Laubblatt nur unten Spalten, *Polypodium ciliatum, Llavea cordifolia, Cryptogramme crispa, Aneimia Phyllitidis, Equisetum Telmateja* oder es besitzt ausschliesslich das Sporophyll gar keine Spalten, während das Laubblatt nur unterseits solche trägt. *Lomaria vestita, Salpinchlaena scandens, Stenosemia aurita, Onoclea Struthiopteris, Acrostichum quercifolium*.

Eine Ausnahme macht das Sporophyll von *Acrostichum peltatum*, welches nur oben, das Blatt aber nur unten Spalten trägt.

2. Der Sporophyllstiel.

Die Ausbildung eines Sporophyllstieles oder die Verlängerung des Stieles an der fertilen Spreite findet sich zwar häufig bei vielen Sporophyllen, steht aber in keinem Zusammenhange mit dem jeweiligen Grade der Metamorphose. Bei *Osmunda regalis* ist z. B. der Stiel der fertilen Blätter nicht länger als der der sterilen, was aber bei manchen tiefer stehenden Sporophyllen zutrifft; bei den *Marsilia*-Arten ist meist das Sporophyll sehr kurz im Vergleich zur fertilen Spreite gestielt. Der Sporophyllstiel wird zweimal so lang als der Blattstiel bei *Acrostichum latifolium*, *Drymoglossum piloselloides*, *Onoclea Struthiopteris*, *Blechnum Spicant*, *Davallia heterophylla*, *Lygodium articulatum*. Gabeläste 1. Ordnung — $2^1/2$ mal bei *Acrostichum Aubertii*, dreimal bei *Acrost. recognitum*, *araneosum*, *Lygodium palmatum*, *Trichomanes elegans*, 2—4 mal bei *Acrost. quercifolium*, 5 mal bei *Lygodium corticulatum* (Gabeläste 2. Ordnung), 7—11 mal bei *Lindsaya dimorpha*, 16 mal bei *Gymnopteris decurrens*. Bei den *Equisetaceen* ist das Sporophyll gestielt, das Blatt sitzend. Aehnliche Verhältnisse finden sich zwischen den fertilen und sterilen Blattabschnitten der *Ophioglosseen* vor.

3. Die Richtung des Sporophylls

ist bei vielen heterophyllen Formen wesentlich von der des Laubblattes verschieden; sie ist in den meisten Fällen eine mehr oder weniger verticale gegenüber den schief stehenden Laubblättern. Eine Neigung zur Vertikalstellung zeigen die Sporophylle von *Cryptogramme crispa* und *Osmunda regalis* die fertilen Primär- und Secundärsegmente. Deutlich tritt diese Verticalstellung bereits hervor bei *Blechnum Spicant, Lindsaya dimorpha* und allen *Ophioglosseen*; am schönsten bei *Onoclea Struthiopteris* und vielen *Aneimiaceen*. Auch bei vielen *Lycopodiaceen* sind die Sporophylle eine Verticalstellung einzunehmen bestrebt. Horizontal stehen sie bei *Equisetum* und *Acrostichum peltatum*. Die Verticalstellung der Sporophylle steht, abgesehen von den *Lycopodiaceen*, wohl im engsten Zusammenhang mit der Aussaat.

Nach Glück's Annahme sind alle Sporophylle umgewandelte Laubblätter. Als Beweis dienten ihm die Entwickelungsgeschichte der Blätter und Sporophylle und die Mittelformen, Rückschlagsbildungen und völlig fertilen Blätter.

Die Entwickelungsgeschichte hat bewiesen, dass einmal Blatt- und Sporophyllanlagen identische Gebilde sind, die Entwickelung der Sporophylle hält mit derjenigen der Laubblätter stets bis zu einem gewissen Stadium gleichen Schritt, bis dahin sind sie morphologisch nicht von einander verschieden. Die Sporophylle sind jünger als die Laubblätter, sie entstehen erst durch Umbildungen einer Laubblattanlage. Der Umwandlungsprocess beruht auf einer Hemmung der ursprünglichen Blattanlage. Dass diese Umwandlung stets früher, als die Sporangien angelegt werden, eintritt, bezeugt die Entwickelungsgeschichte und die sterilen Mittelformen. Die Ursache der Sporophyllmetamorphose ist uns bis jetzt unbekannt.

Die Mittelformen bezeugen die Gleichwerthigkeit von Sporophyll- und Laubblattanlagen, da sie entweder durch theilweise Umbildung eigentlicher Laubblattanlagen oder durch ungenügende Ausbildung von eigentlichen Sporophyllanlagen entstanden sind. Da also eine Mittelform bald auf die eine, bald auf die andere Art zu Stande kommen kann, muss die Sporophyll der Blattanlage gleichwerthig sein; dass auch Laubblätter zu Sporophyllen umgebildet werden können, beweisen solche Mittelformen, die bei ein- und derselben Art zahlreich auftreten. Es finden sich ebenso sterile wie fertile Mittelformen.

Zum Beweis werden herangezogen die Rückschlagsbildungen und völlig fertile Blätter. Erstere tragen den Charakter normal steriler Blätter, letztere den normal fertiler. Da ein normales. Laubblatt bald aus einer Laubblatt-, bald aus einer Sporophyll-anlage hervorgehen kann, und ein normales Sporophyll bald aus. einer Sporophyll-, bald aus einer Laubblattanlage entstehen kann, müssen beide Blattanlagen gleichwerthig sein.

Eine Tafel und zahlreiche Figuren im Text sind beigegeben.

E. Roth (Halle a. S.).

Crochetelle, J., et Dumont, J. De l'influence des chlorures. sur la nitrification. (Comptes rendus des séances de l'Académie des sciences de Paris. Tome CXIX. pag. 93—96.)

Schon seit lange ist experimentell festgestellt, dass das Chlorkalium auf die Nitrification des Bodens keinen Einfluss ausübt. Nun haben aber die Verf. in dem Tröpfelwasser kalkhaltigen, mit einer Lösung von Chlorkalium bewässerten Bodens Chlorcalcium beobachtet, dessen Vorhandensein doch die Bildung von Kaliumcarbonat, dessen günstiger Einfluss auf die Nitrification ja bekannt ist, voraussetzt. Die Verf. zogen hieraus den Schluss, dass das Chlorkalium vielleicht nur deshalb wirkungslos bleibe, weil das zur selben Zeit wie das Kaliumcarbonat gebildete Chlorcalcium einen schädlichen Einfluss ausübe. Die Untersuchung bestätigte thatsächlich die Richtigkeit dieser Hypothese. Wenn nun in der That der Einfluss des Chlorcalcium die Ursache der geringen Wirkung des Chlorkalium ist, so müssten sich in denjenigen mit letzterem versetzten Erden, welche etwa durch einen künstlichen Regen des. Chlorcalciums beraubt würden, mehr Nitrate bilden als in denen, in welchen das Chlorcalcium verbleibt. Da das Chlorcalcium leicht löslich ist, so bietet seine Entfernung keine Schwierigkeiten. Die. Verf. erhielten folgende Zahlen:

Salpeterstickstoff in Milligrammen, erhalten innerhalb 20 Tagen in 1000 Gramm Erde.

Dosen auf 1000 gr	Chlorkalium		Chlornatrium	
	Gewaschen.	Nicht gewaschen.	Gewaschen.	Nicht gewaschen.
	mgr	mgr	mgr	mgr
0	35,5	35,5	33,1	33,1
0,25	43,5	35,2	35,2	19,5
0,50	69,3	33,6	52,3	18,2
1,00	57,3	21,4	54,8	17,0
1,50	55,5	19,5	50,4	14,5
2,00	54,2	15,7	45,0	15,7
5,00	50,4	14,5	39,0	16,3
8,00	32,2	13,9	35,2	15,7
10.00	30,1	12,4	32,1	10,1

Hiernach nitrificirt also eine mit 0,50 gr Chlorkalium auf das. Kilogramm versetzte Erde doppelt so stark, als gewöhnliche Erde, vorausgesetzt, dass das Chlorcalcium daraus entfernt worden war. Hieraus ist auch die in den einzelnen Jahren so sehr wechselnde Wirkung der Chlorüre auf die Höhe der Ernte zu erklären. Während eines regnerischen Jahres ist sie günstig, denn das Chlorcalcium wird fortgewaschen, dagegen ist ihre Wirkung gleich Null oder sogar direct schädlich in trockenen Jahren.

In der Dosis von 1—5 auf 1000 übt das Chlorkalium eine günstige Wirkung aus, wie aus der Tabelle ersichtlich ist, aber sobald das Verhältniss grösser wird, nimmt die Menge der gebildeten Nitrate ab.

Das Chlornatrium ruft in der Dosis von 1 auf 1000 eine derjenigen des Chlorkaliums ähnliche Wirkung hervor. Der Grund dafür ist, dass dasselbe in auch nur halbwegs kalihaltigem Boden sich in der That nicht nur in Chlorcalcium und Natriumcarbonat umbildet, sondern dass auch noch Chlorkalium entsteht. Die Verf. erinnern hier an das interessante Experiment Dehérain's, welcher in Blumentöpfen gezogene Bohnen zum Absterben dadurch brachte, dass er sie mit einer Lösung von Chlornatrium begoss und bei der Aschenanalyse feststellte, dass die Pflanzen Chlornatrium überhaupt nicht aufgenommen hatten, sondern an Ueberfülle von Chlorkalium zu Grunde gegangen waren. Man begreift hiernach, dass das Chlornatrium, indem es sich im Boden in Chlorkalium umwandelt, eine derjenigen des direct zugesetzten Chlorkaliums analoge Wirkung ausübt.

Die Wirkung des Chlorkaliums auf die Nitrification ist aber nur eine Folge seiner Umwandlung in Kaliumcarbonat unter dem Einflusse des Kalkes, deshalb ist auch in Erden frei von kohlensaurem Kalk seine Wirkung gleich Null.

Eberdt (Berlin).

Perkin, A. G., und **Hummel, J. J.,** The colouring principes of *Ventilago madraspatana.* (Journal ot the Chemical Society. Vol. LXV, LXVI. p. 923.)

Die Wurzelrinde der zu den *Rhamnaceen* gehörenden, in Südindien und Ceylon wachsenden Pflanze giebt einen in Indien sehr geschätzten Farbstoff. Die Verff. haben aus der Rinde durch Ausziehen mit Schwefelkohlenstoff 5 krystallinische Stoffe, ein Wachs und einen harzigen Farbstoff gewonnen. Die Verff. haben die Zusammensetzung jedes der 5 krystallinischen Stoffe festgestellt und durch eingehende chemische Untersuchungen auch die Constitution der einzelnen Verbindungen zu ermitteln gesucht. Die eine Substanz, von orangerother Farbe, nach der Formel $C_{16}H_{12}O_5$ zusammengesetzt, wird von den Verff. bis auf Weiteres als Emodinmonomethyläther (= Monomethyläther des Trihydroxy-α-methylanthrachinons) angesehen. Die 2. und 3. Substanz, von denen die erstere farblos, die letztere hellgelb gefärbt ist, sind beide nach der Formel $C_{16}H_{14}O_4$ zusammengesetzt und werden als die Methyläther zweier isomeren Trihydroxy-α-methylanthranole angesehen. — Die 4. Substanz, von orangerother Farbe, ist nach der Formel $C_{18}H_8O_8$ zusammengesetzt und steht den vorgenannten Verbindungen nahe; ihre Constitution ist noch nicht aufgeklärt. — Die 5. krystallinische Substanz, von der Formel $C_{17}H_{12}O_5$, chocoladenbraun gefärbt, ist nicht näher bekannt. — Das Wachs (Formel $C_9H_{16}O)n$ ist farblos. — Der harzige Farbstoff, von der Formel

$C_{15}H_{14}O_6$, ist rothbraun und scheint, wie die n erstgenannten Substanzen, ein Abkömmling des α-Methylanthrachinon zu sein. Der Farbstoff ist vielleicht mit dem Alkannin, $C_{15}H_{14}O_4$, dem Farbstoff der *Alkanna tinctoria*, verwandt; die Verf. nennen ihn Ventilagin.

Scherpe (Berlin).

Sanctis, G. de, Sull' esistenza della coniina nel *Sambucus nigra*. (Gazetta chimica italiana. Anno XXV. Vol. I. p. 49.)

Die Decocte der Stengel und Blätter von *Sambucus nigra* wirken erregend auf das Nervensystem. — Die Verf. vermutheten daher die Existenz eines Alkaloids oder einer ähnlichen Substanz in *Sambucus*. Bei der Untersuchung zeigte sich zunächst, dass die Zellen in der Nähe der Fibrovasalstränge ein Alkaloid führen (bei der Behandlung mit Jodjodkalium-Lösung entsteht in ihnen der für Alkaloide charakteristische braune Niederschlag). Es gelang sodann, eine ölige, farblose Flüssigkeit von penetrantem Geruch aus der Pflanze zu gewinnen; die Substanz erwies sich nach den Ergebnissen der Analyse, wie nach ihren Reactionen als Coniin. Auch in den physiologischen Wirkungen stimmt es ganz mit dem aus *Conium maculatum* erhaltenen Alkaloid überein.

Das Vorkommen des bisher nur in einer Umbellifere aufgefundenen Coniins in einem Vertreter der jener ganz fernstehenden *Caprifoliaceen* ist sehr bemerkenswerth.

Scherpe (Berlin).

Chapman, A. C., Essential oil of Hops. (Journal of the Chemical Society. Vol. LXVII, LXVIII. p. 54, 63.)

Dem Verf. ist es gelungen, das ätherische Oel des Hopfens in 4 Fractionen zu zerlegen; die Hauptmenge war in der vierten enthalten. Die 1. Fraction, nach der Formel $C_{10}H_{17}$ zusammen·gesetzt, besteht wahrscheinlich aus einem Gemenge von $C_{10}H_{16}$ (einem Terpen) und $C_{10}H_{18}$ (vielleicht Tetrahydrocumol). Fraction 2, nach der Formel $C_{10}H_{18}O$ zusammengesetzt, zeigt Aehnlichkeit mit dem Geraniol. Fraction 3 ist ein Gemisch von Fraction 2 und 4; letztere besteht lediglich aus einem Sesquiterpen der Formel $C_{15}H_{24}$, das mit den bisher sicher bekannten Sesquiterpen (Cubeben, Caryophyllen, Cedren) nicht identisch ist. Der Verf. gibt dem neuen Sesquiterpen, welcher den Hauptbestandtheil des Hopfens bildet, den Namen Humulen.

Scherpe (Berlin).

Becquerel, Henri et Brongniart, Charles, La matière verte chez les *Phyllies*, *Orthoptères* de la famille des *Phasmides*. (Comptes rendus des séances de l'Académie des sciences de Paris. Tome CXVIII. No. 24. p. 1299—1303.)

Bisher hat man stets angenommen, dass Chlorophyll nur bei den Pflanzen vorkomme, denn immer stellte sich, wenn man es bei den Thieren gefunden zu haben glaubte, heraus, dass es entweder mit der Nahrung aufgenommen war oder von parasitischen Algen herrührte, welche mit den betreffenden Thieren Symbiose eingegangen waren. Die Untersuchung verschiedener grün gefärbter Insecten ergab immer, dass zwischen dem grünen Farbstoff derselben und dem Chlorophyll Identität nicht existirte.

Bei dem sogenannten *Phyllium* (wandelndes Blatt), einer *Orthoptere* aus der Familie der *Phasmiden*, ist nun die Aehnlichkeit mit einem Blatt im Allgemeinen und diejenige des in ihm enthaltenen Farbstoffs mit dem Chlorophyll so augenfällig, dass man an der Identität der beiden Farbstoffe kaum zweifeln kann.

Der eine der Verf. konnte die Entwickelung von *Phyllium pulchrifolium* eingehend studiren, als ihm Eier aus Java gesandt wurden, aus denen sich die Insecten entwickelten. Im Jugendzustand sind die letzteren nicht grün, sondern schön blutroth gefärbt. Das Thier frisst gierig und wird schon nach Verlauf von einigen Tagen gelb und schliesslich grünlich. Mit jeder Häutung nimmt die Intensität der Färbung zu. Die Insecten sind ausschliesslich Pflanzenfresser und nähren sich hauptsächlich von den Blättern von *Psidium pyriferum.*

Die Verf. benutzten nun die Gelegenheit, als sie eine grössere Anzahl Exemplare von *Phyllium crucifolium* Serville von den Seychellen erhalten hatten, den schönen grünen Farbstoff derselben zu untersuchen. Die histologische Untersuchung ergab, dass derselbe in einer Gewebsschicht unter der Chitinmembran in Form von kleinen, intensiv gefärbten, ovoiden, amorph scheinenden Körnern vorhanden war.

Das durchscheinend grüne Insect wurde nun lebend spectroskopisch untersucht und zwar sowohl bei Sonnenlicht als auch bei Drummondlicht. Das so erhaltene Spectrum war dem einer Chlorophylllösung zwar nicht völlig gleich, jedoch sehr ähnlich.

Gautier hat nun früher beobachtet, dass die Zusammensetzung des Chlorophylls je nach der Pflanzenart verschieden sein, und dass ausserdem bei Lösungen eine unberechenbare chemische Zwischenwirkung eintreten kann. Deshalb verglichen die Verf. das Absorptions-Spectrum der lebenden Insecten für die Folge nicht mit dem von Chlorophyll-Lösungen, sondern von lebenden Blättern und fanden nun, namentlich mit dem des Epheublattes und dem von *Psidium pyriferum*, eine solche Uebereinstimmung, dass sie nicht mehr daran zweifelten, es mit echtem Blattgrün zu thun zu haben.

Eberdt (Berlin.)

Sappey, Note sur le *Phyllium.* (Comptes rendus des séances de l'Académie des sciences de Paris. Tome CXVIII. No. 25. p. 1393—1395.)

Veranlasst durch die Arbeit von Becquerel und Brongniart, in der nachgewiesen wurde, dass zwischen *Phyllium* (wandelndes Blatt) und einem gewöhnlichen Pflanzenblatte nicht nur

äussere Aehnlichkeiten existirten, vielmehr der grüne Farbstoff derselben völlig identisch sei, beweist Verf. in der vorliegenden Arbeit,.
dass *Phyllium* wirklich ein Thier und nicht etwa, wie es nach den;
Ausführungen der beiden oben genannten Autoren scheinen könne,
eine Pflanze sei.

Erst aus dieser Abhandlung, Verf. zählt alle Analogieen zwischen
dem betr. Insect und dem Pflanzenblatt genau auf, wird ersichtlich,
wie bedeutend z. B. die Aehnlichkeit des Zellenbaues des Thiers.
mit dem des Pflanzenblattes, des Geäders mit dem von Blattadern,
ist, so dass die Identität des Farbstoffs mit dem Chlorophyll hiernach kaum weiter überraschen kann.

Eberdt (Berlin).

————

Vuyck, L., Over het bloeien van *Lemna.* (Botanisch-
Jaarboek uitgegeven door het kruidkundig genootschap-
Dodonaea te Gent. Zevende Jaargang. 1895. p. 60.) [Mit
deutschem Résumé: Ueber das Blühen von *Lemna.* p. 72.]

In Holland ebensogut wie in dem ganzen temperirten Europa
zeigte sich *Lemna* als eine nur selten blühende Pflanze; und zwar
wurden *L. minor, gibba* und *trisulca,* nicht aber *L. polyrrhiza;*
blühend gefunden. Mit Bezug auf die Structur der *Lemnaceen-*
Inflorescenz kann Verf. sich in den wesentlichen Punkten der Darstellung von Hegelmaier anschliessen. In biologischer Hinsicht:
werden folgende Thatsachen speciell hervorgehoben.

Alle die untersuchten Pflanzen zeigten sich proterogynisch-
diöcisch. Auf diesem Punkt aber sind die Ansichten früherer-
Autoren verschieden und Verf. vermuthet desshalb, dass gewisse
Lemna-Arten sich verschieden verhalten können.

Die Narbe ist trichterförmig und sondert eine zuckerhaltige
Flüssigkeit ab. In der Blüte liegt somit in soweit eine weniger-
vorgeschrittene Arbeitstheilung vor, dass die Narbe zugleich die-
Function eines Nectariums übernommen hat. Verf. schliesst auf-
Insektenbefruchtung, wiewohl er nie Insekten im Akte des Pollen-
transports beobachtet hat. Auf entomophile Blüten deuten die;
stacheligen Pollenkörner, sowie die Nektarabsonderung durch die-
Narbe. Nur bei *Lemna trisulca* wurden Früchte gefunden, und,
es wird daraus gefolgert, dass bei den meisten Arten die vegetative Fortpflanzung allmählich die grösste Bedeutung erlangt hat,.
während, selbst wenn die Pflanze es zum Blühen bringt, eine Bestäubung nur selten stattfindet.

Verschaffelt (Haarlem).

————

Koch, L., Die vegetative Verzweigung der höheren;
Gewächse. (Pringsheim's Jahrbücher für wissenschaftliche-
Botanik. Bd. XXV. Heft. III. p. 380—488. Taf. XV.—XXII.),

Verf. kommt auf Grund eingehender Untersuchungen zu dem-
Ergebniss, dass in der vegetativen Region die Anlage der Seiten--
sprosse stets — einige Wasserpflanzen ausgenommen — entfernt:
vom Vegetationspunkt und durch eine bis mehrere jüngere Blatt--
anlagen von diesem getrennt stattfindet. Fischer (Heidelberg).

Ramme, Gustav, Die wichtigsten Schutzeinrichtungen der Vegetationsorgane der Pflanzen. (Osterprogramm des Friedrichs-Realgymnasiums zu Berlin.) 4°. 26 pp. Berlin 1895.

Der Zweck der vorliegenden Abhandlung ist, eine Uebersicht der wichtigsten, bis jetzt bekannten Schutzmittel, soweit sie sich auf den Schutz der Vegetationspflanzenorgane beziehen, zu geben. Die Besprechung der Schutzeinrichtungen, welche die Regulirung der Absorption und die Einschränkung bezw. Förderung der Transpiration betreffen, sowie derjenigen gegen die Gefahr des Erfrierens kommt im nächsten Jahre.

Die Schutzmittel gegen die Angriffe der Thiere theilt Verf. ein in äussere (mechanische), innere (vorwiegend chemische) und symbiotische Schutzeinrichtungen.

Unter ersteren finden sich besprochen eine feste, dicke Cuticula, ev. mit Kieselsäureausscheidung, — die verschiedenartigen Trichomgebilde, die wir als Wollhaare, Brennhaare, Stechborsten und Angelborsten unterscheiden — Stacheln und Dornen.

Als innere oder chemische Schutzmittel zählt Ramme auch die Gerbsäuren, Oxalsäure, die Alkaloide, die Glycoside, die ätherischen Oele, Schleime aller Art.

Die Symbiose giebt namentlich Anlass zur Besprechung des Ameisenschutzes.

Die Schutzeinrichtungen gegen zu intensive Belichtung nehmen die p. 16—21 ein, sich hauptsächlich bei dem Chlorophyll offenbarend; hier ist zu nennen die Bewegungsfähigkeit der Chlorophyllkörner im Lichte, starke Entwickelung der Cuticula der Blattflächen, dichte oder wollige Haarbedeckung, Ueberzüge von Calciumcarbonat, periodische Bewegung mancher Blätter, verticale Einstellung derselben u. s. w.

Die Schutzeinrichtungen zur Herstellung von Druck-, Zug- und Biegungsfestigkeit beschliessen diesen Theil der Arbeit, welcher namentlich dem Skelett seine Betrachtung schenkt.

Da die Arbeit sich an Schüler wendet, wäre ein etwas grösseres Eingehen auf die heimische Flora und ihrer Beispiele erwünscht gewesen, wie auch mit Anführung der deutschen Namen manchem Collegen am Gymnasium eine weitgehende Hülfe geworden wäre. Besonders aber im Kreise dieser die Botanikstunden gebenden Mathematiker dürfte sich dieses Programm eines lebhaften Beifalls erfreuen, da für engere Berufskreise naturgemäss der Mangel zu genauerer Ausführung fehlen musste.

E. Roth (Halle a. d. S.).

_____

Schilberszky, Karl, Ujabb adatok a többcsirájuság ismeretéhez (4 ábrával). [Neuere Beiträge zur Kenntniss der Polyembryonie.] (Pótfüzetek a Természettudományi Közlönyhöz. T. XXXIV. p. 114—121.)

Ref. unterscheidet vor Allem die zwei Hauptgruppen der polyembryonalen Fälle: 1. eizellbürtigen, 2. adventiven Ursprungs.

Beide Gruppen lassen in Bezug auf Entstehung mehrere Typen unterscheiden. Die eizellbürtigen (inclusive Synergiden-) Duplicat-Embryonen einer Samenknospe betrachtet Verf. als echte Embryonen, die Adventiv-Embryonen dagegen als Pseudo-Embryonen; die echten Embryonen kennzeichnet nämlich der ovulare Ursprung, diejenigen der anderen Gruppe dagegen sind als eine bestimmte Modalität der ungeschlechtlichen Vermehrung innerhalb der Samenknospe zu betrachten.

Die Polyembryonie der Phanerogamen ist nach Verf. nicht alle mal als eine rein teratologische Erscheinung zu betrachten, da dieselbe bei gewissen natürlichen Pflanzenfamilien regelmässig oder sehr häufig vorkommt, so z. B. vornehmlich bei *Coniferen*-Familien, wenigstens in den ersten Stadien der Embryoentwicklung typisch vorhanden ist.

Verf. erwähnt in seiner Arbeit, dass er vor mehreren Jahren auf Grund gewisser Thatsachen darauf hingezeigt hat, dass die Synergiden einzig und allein als rudimentäre Reste, als verkümmerte Schwestern der jetzigen Eizelle zu betrachten sind. Als Hauptbeleg hierfür diente ihm die Entstehungsweise der Synergiden durch freie Zellbildung, ähnlich jener von *Coniferen*-Eizellen in ihren Archegonien (corpuscula). Die Eizelle sammt den Synergiden der *Angiospermen* sind also mit den mehrfachen Centralzellen des *Coniferen*-Embryosackes innerhalb einer Samenknospe analog zu betrachten. Dass derartige Conclusionen auf rein theoretischem Wege resp. auf naturphilosophischer Basis zu richtigen concreten Thatsachen führen können, beweisen die bereits später publicirten Beobachtungen Dodel's und Overton's, welche für den Eizellcharakter der Synergidenzellen schlagende Beweise lieferten. Um jedoch auf diese Weise richtige, durch die späteren directen Beobachtungen zu bekräftigende Meinungen aussprechen zu können, muss die Grundlage solcher theoretischer Folgerungen immer eine sichere, durch genau erprobte Thatsachen bereits klargelegte sein.

Im Weiteren werden die Resultate Dodel's besprochen; er untersuchte viele Samenknospen von *Iris Sibirica* und fand in einigen Fällen ausser der Eizelle auch thatsächlich befruchtete Synergiden vor; letztere nennt er Synergiden-embryonen. Ein Beweis, dass unter gewissen Umständen die Synergiden einen Eizellcharakter besitzen, worauf gestützt auch Dodel sich dahin äussert, dass die Synergiden nichts anderes, als rückgebildete Eizellen resp. Archegonien sind.

Einen zweiten Beweis liefern dazu Overton's Beobachtungen bei *Lilium Martagon*, der ebenfalls Befruchtungsphasen in der Synergidenzelle gesehen hat, welche sich ganz analog mit jener in der Eizelle abspielten.

Die Ansicht gewisser Forscher, dass wahrscheinlich die Synergidenzellen jene klebrige Flüssigkeit absondern, welche auf den Pollenschlauch einen orientirenden Einfluss übt, kann nicht als Gegenbeweis für die obige Auffassung angesehen werden, vielmehr zeigt dieser Umstand darauf hin, dass die ursprüngliche Rolle dieser (einstens gewesenen Ei-) Zellen den geänderten Umständen gemäss im Laufe der Reduction in physiologischer Beziehung eine andere geworden ist. Jedenfalls eine sehr plausible Annahme, welche mit der Reduction resp. des völligen Verlustes von Archegonium innig zusammenhängt und als ein Moment der jüngsten Evolution betrachtet zu werden verdient.

Im Einklang mit den erwähnten Thatsachen weist Verf. noch darauf hin, dass Dodel auch das Eindringen des zweiten Spermakerns in dieselbe Eizelle von *Iris Sibirica* in gewissen Fällen beob-achtete; interessante Fälle, welche zeigen wollen, dass eventuell auch zwei verschiedene Pollenschläuche (vielleicht sogar aus Pollen ganz verschiedener Arten) ein und dieselbe Eizelle mit Erfolg befruchten können. Wenn sich dies durch directe Beobachtungen einstens bewahrheiten würde, müsste man die Entstehung gewisser Hybriden unter anderen auch auf ähnliche Vorgänge zurückführen; überhaupt müsste in diesem Falle die Entstehung von neuen Arten und Formen von wesentlich anderen Gesichtspunkten geprüft und erläutert werden, als es bisher durch rein floristische und systematische Auffassungsweise geschehen ist.

Schilberszky (Budapest).

Baillon, H., Histoire des plantes. Tome XIII. 3. Monographie des Palmiers. p. 245—404. Paris (Hachette et Co.) 1895.

Fünf Reihen stellt der französische Gelehrte auf.

1737 unterschied Linné sechs Gattungen, nämlich: *Phoenix, Chamaerops, Corypha, Coccus, Borassus* und *Caryota,* denen er später noch *Areca* und *Elate* hinzufügte. Von Adanson wurden dann 1763 elf neue Genera creirt. Im Jahre darauf verschmolz Linné durch einen wohl kaum zu rechtfertigenden Akt die Palmen mit den *Hydrocharideen.* 1841 theilte dann Kunth die Familie in fünf Triben, worin ihm die Mehrzahl der Autoren folgt. Der hervorragende Monograph dieser Familie, Ph. von Martius, kam auf Grund seiner umfassenden und eingehenden Studien auf eine Sechstheilung: *Sabalineae, Coryphineae, Lepidocaryeae, Borasseae, Arecineae* und *Cocoineae.* Sein Palmenwerk brauchte die Zeit von 1823 bis 1850 zum Erscheinen; Mohl behandelte darin die Anatomie, Unger den paläontologischen Abschnitt. Von Specialisten in dieser Familie sind ferner zu nennen: Blume, Griffith, H. Wendland, Drude und Beccari.

Man nimmt heutzutage etwa eine Million Arten an, welche sich auf 149 Gattungen ungefähr vertheilen.

Die genaue Eintheilung ist folgende:

I. Corypheae.

No. 1. Spadices interfoliaires, à spathes 1-∞. Fleurs hermaphrodites, polygames ou dioiques, parfues unes (*Nipées*); les carpelles indépendants, à ovules ascendants. Fruit à 1—3 carpelles; le style terminal ou basilaire. Arbres à feuilles rarement pinnatiséquées (*Phoenicéer*), ordinairement orbiculaires ou semi-orbiculaires, cunéiformes à la base, digitinerves et plissées; les segments indupliquées en estivation. 21 genres.

Chamaerops L.	*Phoenix* L.	*Trachycarpus* Wendl. f.
Regio mediterranea occid.	Asia et Afric. calid.	India, Burma, China, Japonica.

Livingstona R. Br.   *Nannorhops* Wendl. f.   *Rhaphidophyllum* Wendl. f. et Dr.
Asia et Ocean calid. India mont. Affghanist.   Florida et Carolina austr.
        Beluchistan. Persia austr.
Acanthorrhiza Wendl. f. .   *Rhapis* L. f.   *Corypha* L.   *Sabal* Adans.
Am. trop. et centr. utraque.   China, Japonia   Asia trop.   Amer. trop. et sub-
                  Suud.   Malaisia.   tropic. utraque.
Teysmannia Rchb. f. et Zoll.   *Serenaea* Hook. f.   *Colpothrinax* Griseb. et Wendl. f.
Malais. penins. et Sumatra.   Florida, Carolina.   Cuba.
? *Chrysophila* Bl.   *Brahea* Mart.   ? *Erithea* S. Wats.   *Thrinax* L. f.
Mexicum.   Am. mont. orient.   Californ. austral.   Antillae, Florida.
              utraque.
Trithrinax Mart.   *Copernicia* Mart.   *Pritchardia* Seem. et Wendl. f.   *Licuala* Rumph.
Brasil., Argent.   Am. trop.   Insul. Sandvic. et Amicorum,   Asia et Ocean.
Chili.   utraque.   America austro-occident.   trop.
            Nipa Wurmb.
        Asia et Ocean trop.

II. *Borasseae.*

No. 2. Spadices interfoliaires, à spathes ∞. Fleurs dioiques; les mâles disposées sur des axes amentiformes, cylindriques, plongées dans les fossettes interposées aux bractées, où elles sont solitaires ou 2-∞ en cyme unipare. Ovaire à trois loges, surmonté du style. Fruit à 1—3 noyaux; les graines ordinairement adhérentes au péricarpe. Arbres à feuilles digitées-flabelliformes. 6 genres.

Borassus L.   *Lodoicea* Commers.   *Latania* Commers.   *Chamaeriphes* Dill.
Afr. et As. trop.   Ins. Sechellae.   Ins. Mascaren.   Afr. trop., Madagascar.
                                  Amb.
    Medemia G. de Wurtemb. et Braun.   ? *Pholidocarpus* Bl.
    Nubia, Abyssinia, Madagasc. occid.   Malaisia.

III. *Rotangeae.*

No. 3. Spadices terminaux ou axillaires, à spathes ∞, distiques, incomplètes et vaginiformes, rarement 1 ou en petit nombre. Fleurs hermaphrodites ou unisexuées. Ovaire à 1—3 loges, complètes ou incomplètes, à style terminal; les ovules ascendants. Fruit chargé de poils dilatés en écaille et s'imbriquant regulièrement, tessellé-loriqué. Graines libres, ombiliquées. — Arbres ou lianes grimpant à l'aide de crocs du sommet des feuilles, qui sont pennées ou flabelliformes. 15 genres.

   Rotang L.   *Plectocomia* Mart. et Bl.   ? *Plectocomiopsis* Becc.
Orb. vet. reg. omn.   India et Oceania trop.   Malaisia, Martabania.
reg. et subtrop.
? *Myrialepis* Becc.   *Ceratolobus* Bl.   *Korthalsia* Bl.   *Metroxylon* Rottb.
Bornea, Perak.   Java, Sumatra.   Oceania trop.   Ocean. trop.
? *Pigafetta* Mart.   *Zalacca* Reinw.   *Eugeissona* Griff.   *Raphia* Pal. — Beauv.
Ocean. trop.   India, Malaisia.   Archip. Malayan.   Afr. trop., Madagascar,
                                     Americ., trop. austro or.
  Oncocalamus Mann et Wendl. f.   *Ancystrophyllum* Mann et Wendl. f.
   Africa trop. occid.   Africa trop. occid.
   Eremospatha Mann et Wendl. f.   *Mauritia* L. f.
     Africa trop. occid.   Amer. trop. aust. Antill.

IV. *Areceae.*

No. 4. Arecées. Fleurs monoiques ou dioiques, souvent en glomérules 3 flores, la médiane femelle. Carpelles libres ou bien plus souvent unis en un ovaire à 1—3-∞ loges, entier ou lobé. Style terminale ou basilaire. Ovule dressé, ascendant, transversal ou descendant, à micropyle généralement inférieur. Fruit à 1-∞ graines, libres ou adhérentes à l'endocarpe; le hile variable; l'embryon assez souvent (*Cocoïnées*) opposé à un pertuis de l'endocarpe. — Arbres ou rarement lianes à feuilles pinnatiséquées. 104 genres.

  Areca L.   *Pinanga* Bl.   *Cyphophoenix* Wendl.   ? *Mischophloeus* Scheff.
Asia et Ocean   Asia, Malaisia.   Nova Caledonia.   Ternata.
trop.
  Kentia Bl.   *Exorrhiza* Becc.   ? *Carpentaria* Becc.   *Gulubia* Becc.
Molucc., Nova Guinea.   Ocean. calid.   Austral. occid.   Molucc., N. Guinea.

Cyphokentia Ad. Br.   *Hydriastele* Wendl. f. et Dr.   *? Vitiphoenix* Becc.
Nova Caledonia.   Australia trop.   Insul. Viti.
Ptychandra Scheff.   *Oenocarpus* Mart.   *Euterpe* Gtn.   *Oncosperma* Bl.
Molucc., Ins. Guinea.   Amer. trop.   Amer. trop. Antill.   Asia trop.
Acanthophoenix Wendl. f.   *Beckenia* Wendl. f.   *Stevensonia* Dunc.
Insul. Mascaren.   Insul. Sechellae.   Insul. Sechellae.
Verschaffeltia Wendl. f.   *Nephrosperma* Balf. f.   *Roscheria* Wendl. f.
Insul. Sechellae.   Insul. Sechellae.   Insul. Sechellae.
Jessenia Karsten.   *Clinostigma* Wendl. f.   *Heterospatha* Scheff.   *Iguanura* Bl.
Amer. austr. calid.   Austral. Polynesia.   Amboina.   Archip. Malayan.
Sommieria Becc.   *Calyptrocalyx* Bl.   *Linospadix* Wendl. f. et Dr.   *Gigliolia* Becc.
Papua.   Amboina Austral.   Oceania calid.   Borneo.
Howea Becc.   *Oreodox* W.   *Nenga* Wendl. f. et Dr.   *? Nengella* Becc.
Ins. Lord Howe.   Amer. trop.   Malaisia.   Nova Guinea, Arch. Malayan.
Gronophyllum Scheff.   *Leptophoenix* Becc.   *Archontophoenix* Wendl. f. et Dr.
Oceania trop.   Nova Guinea.   Australia.
Dictyosperma Wendl. f. et Dr.   *Ptychoraphia* Becc.   *Rhopoloplaste* Scheff.
Insul. Mascaren.   Asia austro-or., Malais.   Molucc., Nova Guinea.
     Philipp.
Actinorhytis Wendl. f. et Dr.   *Loxococcus* Wendl. f. et Dr.   *Ptychosperma* Labill.
Arch. Malayan.   Zeylania.   Oceania trop.
Coleospadix Becc.   *Balaka* Becc.   *Normanbya* F. Muell.   *Ptychococcus* Becc.
Insul. Papuanae.   Oceania.   Australia.   Insul. Papuan.
Drymophloeus Zipp.   *Cyrtostachys* Bl.   *Veitchia* Wendl. f.   *Kentiopsis* Ad. Br.
Oceania trop.   Arch. Malayan.   Ins. Vidi, Nov. Hebrid.   Nova Caledon.
Hyospathe Mart.   *Prestoea* Hook. f.   *Dypsis* Noronh.   *Trychodypsis* H. Bn.
Brasil. or. Guiana,   Antillae.   Madagascar.   Madagascar.
Columbia.
Haplodypsis H. Bn.   *Haplophloga* H. Bn.   *Neodypsis* H. Bn.   *? Dipsidium* H. Bn.
Madagascaria.   Madagascar., Comor.   Madagascar.   Madagasc. centr.
Neophloga H. Bn.   *Phlogella* H. Bn.   *Phloga* Noronh.   *? Ravenea* Bouch.
Madagascar.   Insul. Comor.   Madagascar.   Insul. Comor.
Caryota L.   *Sagnerus* Adans.   *Blancoa* Bl.   *Wallichia* Roxb.
Asia et Ocean. trop.   Asia et Ocean. trop.   Indo-China,   India transgang. et
     Malais.   mont.
Orania Zipp.   *Chamaedorea* W.   *Nunnezharoa* Ruiz. et Pav.   *? Kunthia* H. Bn.
Arch. Malayan.   Amer. calid.   Peruv. et Columb. andin.   Columb. Brasil.
Tapua.   utraque.
? Gaussia Wendl. f.   *Hyophorbe* Gtn.   *? Pseudophoenix* Wendl. f. et Dr.
Cuba.   Insul. Mascar.   Florida.
Synechanthus Wendl. f.   *Reinhardtia* Liebm.   *Ceroxylon* H. B.   *Juania* Dr.
Americ. centr. Colombia.   Mexic. Amer. centr.   Colomb. Venezuela.   Ins.
     J. Fernand.

Wettinia Poepp.   *Catoblastus* Wendl. f.   *Iriartea* Ruiz et Pav.   *Geonoma* W.
Peruv. et Colomb. and.   Americ. austr. trop.   Amer. trop.   Amer. trop.
Asterogyne Wendl. f. *Calyptrogyne* Wendl. f. *? Calyptronoma* Griseb. *Welfia* Wendl. f.
Amer. centr.   Americ. trop.   Antillae, Amer. trop. austr.   Amer. centr.
Manicaria Gtn.   *Leopoldinia* Mart.   *Bentinckia* Becc.   *Podococcus* Mann et Wendl. f.
Am. austr. trop.   Brasil. boreal.   India orient.   Afr. trop. occ.
Sclerosperma Mann et Wendl. f.   *Cocos* L.   *Barbosa* Becc.   *Rhidycoccos* Becc.
Africa trop. occident.   Amer. trop. et   Amer. trop.   Antillae.
     subtrop., Orb.   austro-orient.
     vet. plag. trop.
? Arikuryoba Barb. — Rodr.   *Allagoptera* Nees.   *Jubaea* H. B. K.
Brasilia orient.   Brasil. med. et austr. Boliv.   Chili.
Attalea H. B. K.   *Orbignya* Mart.   *Elaeis* Jacqu.   *? Barcella* Traill.
Amer. trop.   Brasil. Bolivia.   Afr. et Amer. trop.   Brasil. tropic.
Bactris Jcqu.   *Atitara* Barr.   *Astrocaryum* G. F. W. Mey.
Am. trop. et subtrop.   Americ. trop.   Americ. tropic.
     Martinezia Ruiz et Pavon.   *Acrocomia* Mart.
     America tropic.   Am. trop. et extratrop.

V. *Phytéléphasiées.* Spadices dioiques, interfoliaires, amentiformes, allongés
ou capités. Fleurs mâles à périanthe court ou 8, ∞ andres. Fleurs femelles
à 5—10 petales, à staminodes ∞. Fruit 4-∞ loculaires, à long style terminal.
Fruits unis en un gros syncarpe, charnues et cortiqués. Graine à albumen
éburné et plain. Arbres peu élévès, à grandes feuilles pinnatiséquées. 1 genre.
Phytelephas Ruiz et Pavon.

Die Beantwortung der Fragen nach dem Gebrauch und dem
Nutzen der Palmen würde allein Bände füllen, denn die sämmtlichen
Theile dieser Pflanzen finden eine vielseitige Verwendung. Verf.
füllt allein 23 pp. mit diesen Aufzählungen, ohne erschöpfend zu
sein. Man wird also in der Arbeit selbst eine hinreichende Be-
lehrung finden und zudem eine Fülle von Litteraturangaben, um
noch Weiteres nachzulesen.

Die Nummern der Figuren in diesem Hefte reichen von 175
bis 240.

_____

E. Roth (Halle a. S.).

_____

Baillon, H., Histoire des plantes. XIII. 4. Monographie
der *Pandanacées, Cyclanthacées* et *Aracées.* 85 figures dans le
texte. p. 405—515. Paris (Hachette & Co.) 1895.

Mit diesen Einzelbearbeitungen schliesst der XIII. Band des
hervorragenden Werkes und bringt desshalb das so nothwendige
Inhaltsverzeichniss der Gattungen und Untergattungen zu diesem
Volumen auf p. 517—523.

Die 135. Familie bilden die *Pandanacées,* welche 1810 von
R. Brown aufgestellt wurde unter der Bezeichnung *Pandanées*
und von Lindley 1836 als *Pandanaceae* eine Erweiterung erfuhr.
Jussieu vereinigte in einer Gruppe die Arten von *Pandanus, Nipa*
und *Phytelephas.* Wohl vermag man eine grosse Aehnlichkeit
zwischen *Pandanus,* den *Araceen* und *Typhaceen* zu finden, doch
geben morphologische und anatomische Untersuchungen einen sicheren
Anhalt dafür, dass sie zu trennen sind; in gleicher Weise sind die
Cyclanthaceae getrennt zu halten.

Der Nutzen der *Pandanaceen* ist nicht bedeutend, wenn auch
einige Vertreter essbare Samen liefern. Das Holz ist brauchbar
u. s. w.

Pandanus L. f.	*Freycinetia* Gaudich.	*? Sararanga* Hemsl.
Orb. vet. reg. trop. et	Asia trop. or. Ocean trop.	Ins. Salomon N. Guinea.
subtrop.	et subtrop.	

136. *Cyclanthacées.*

Nachdem die wenigen Arten dieser Familie lange Zeit mit den
Araceen oder *Pandanaceen* verbunden waren, trennte sie Poiteau
1822 als *Cyclantheae* ab, doch umfasste diese Abgrenzung nur das
Genus *Cyclanthus.* Reichenbach stellte dann der *Cyclanthus*
die *Carludovica* zur Seite, aus welcher später eine Subtribus wurde.
Schott fügte die *Phytelephas* hinzu. Meissner reihte die *Nipa*
an. Heutzutage fasst man zwei Serien auf:

I. *Cyclanthées.* Fleurs monoïques, les mâles et les femelles disposées en
séries alternantes verticillées ou spiralées. Fleurs femelles nues. Herbes vivaces,
à suc laiteux et à feuilles bipartites; les deux segments symétriques l'un de
l'autre et costés.

Cyclanthus Poit. 3—4 Arten.
America tropica.

II. *Carludovicées.* Fleurs monoiques, disposées en glomérules; une femelle-
centrale, entourée de quatre mâles. Périanthe mâle à dents membreuses. Périanthe-
fémelle 4 mère. Staminodes 4, oppositisépales. Herbes vivaces à suc aqueux.

Carludovica Ruiz et Pav.	*? Stelestylis* Dr.
Americ. trop. Antillae.	Brasilia or.

Carludovica palmata lieferte ursprünglich allein das Material:
zu den berühmten Panamahüten, wozu heute verschiedene Arten-
ihren Zoll beisteuern. Sonach ist von einem Nutzen nichts besonderes zu berichten.

137. *Aracées.*

B. de Jussieu umfasste in seinen *Aroideae* diese Familien,
die *Lemnaceae,* die *Potamogeton-, Ruppia-, Saururus-* und *Menyanthes-*
Arten; gewiss eine vielseitige Gesellschaft. Adanson fügte gar-
noch die wasserbewohnenden Kryptogamen hinzu. Necker ver-
grösserte das Conglomerat durch die *Butomeen* und *Sparganium-*
Species. Blume und Schott brachten dann Ordnung hinein, von
neueren ist namentlich Engler zu nennen.

Darnach hat man jetzt acht Reihen anzunehmen:

I. *Arées.* Fleurs monoiques, rarement disposées sur toute la surface du
spadice, bien plus souvent surmontées d'un appendice parfois très rarement
périanthées; les mâles formées d'une ou quelques étamines libres ou unies; les
femelles à ovaire uniloculaire, pluriovulé, rarement pluriloculaire. Graines droites
ou arquées, albuminées. Plantes vivaces, terrestres ou de marais, souvent tubéreuses, ordinairement latescentes, à feuilles diverses, les nervures réticulées.

Arum Tournef.	*Dracunculus* Schott.	*Helicodiceros* Schott.
Europ. Reg. medit. Orient.	Europ. austr. Ins. Canar.	Mediterr. insul. occident.
Eminium Bl.	*Typhonium* Schott.	*Theriophonum* Bl.	*Homaida* Adans.
Asia occident.	Asia et Ocean calid.	India.	Reg. medit. Orient.
Sauromatum Schott.	*Arisarum* Tournef.	*Arisaema* Mart.	*Ambrosinia* Bassi.
Asia et Africa tropic.	Regio medit.	As., Afr. et Americ.	Ital., Afr. bor.
		calid. et tem.

Pinellia Ten.	*Lagenandra* Dalz.	*Cryptocoryne* Fisch.	*Zomicarpa* Schott.
China, Japon.	India orient.	Asia et Ocean. trop.	Brasilia.
Zomicarpella N. E. Br.	*Xenophia* Schott.	*Scaphispatha* Ad. Br.
Columbia.	Nova Guinea.	Bolivia.
Stylochiton Lepr.	*Spathicarpa* Hook.	*Spanthantheum* Schott.
Afr. trop. et austr.	Brasil., Argent., Paraguaya.	Amer. trop, ? Afr. trop.
Gearum N. E. Br.	*? Gorgonidium* Schott.	*Synandrospadix* Engl.
Brasilia.	Archip. indic.	Argentina.
Asterostigma Fisch. et Mey.	*Taccarum* Ad. Br.	*Mangonia* Schott.
Americ. trop.	Brasilia.	Argent. Brasil. austr.

II. *Colocariées.* Fleurs monoiques dans un spadice ordinairement inappendiculé, à périanthe une ou rarement court, cupuliforme. Etamines connées en
une seule masse prismatique ou obpyramidale, sessile ou paltée. Ovaire 1 pluriloculaire. Herbes vivaces, tubéreuses ou à tige aérienne épaisse, rarement frutescentes et grimpantes.

Colocasia Ludw.	*Alocasia* Schott.	*Schizocasia* Schott.	*Gonatanthus* Kl.
As. et Ocean. trop.	As. trop., Arch.	Nova Guinea, Ins. Thil.	India mont.
	Malayan.

Remusatia Schott.	*Steudnera* K. Koch.	*Caladium* Vent.	*Xanthosoma* Schott.
Ind. et Java mont.	Ind. or., Burmania.	Americ. tropic.	Americ. trop.
Chlorospatha Engl.	*Hapaline* Schott.	*Ariopsis* Grah.	*Syngonium* Schott.
Columbia.	Ind. et Cochinch. mont.	India. mont.	Amer. tropica.

Porphyrospatha Engl.
Amer. central.

III. *Amorphophallées*. Fleurs hermaphrodites ou monoiques, nues ou perianthées, souvent dimères. Embryon macropode, sans albumen. Herbes vivaces, tubéreuses ou à sympode pant; plus rarement arbustes grimpants ou arborescents. Feuilles alternes, sagittées, pédalées ou triséquées, à nervures réticulées.

Amorphophallus Bl.	*Synantherias* Schott.	*Anchomanes* Schott.
Orb. ret. reg. calid.	India peninsul.	Afr. trop. occid.
Pseudohydrosme Engl.	*Thomsonia* Wall.	*Pseudodracontium* N. E Br.
Afr. trop. occid.	India mont.	Cochinchina.
Plesmonium Schott.	*Lasia* Lour.	*Podolasia* N. E. Br.	*Anaphyllum* Schott.
India.	As. et Ocean trop.	Borneo.	India.
Cyrtosperma Griff.	*Dracontium* L.	*Urospatha* Schott.	*? Ophione* Schott.
Aus., As. et Afr. trop.	Amer. trop.	Amer. trop.	Columbia.
Montrichardia Crueg.	*Nephthytis* Schott.	*Oligogynium* Engl.	*Rhektophyllum* N. E. Br.
Amer. trop.	Guinea.	Africa tropic.	Africa trop. occid.
	Cercestis Schott.	*Alocasiophyllum* Engl.
	Africa trop. occid.	Afr. tropic.

IV. *Philodendrées*. Fleurs monoiques, nues; les étamines souvent unies en groupes prismatiques ou obpyramidaux. Staminodes souvent sous le gynérée. Ovaire à plusieurs (2—8) loges; les ovules orthotropes ou anatropes. Graines albuminées, à embryon axile. — Plantes frutescentes, grimpantes, ou suffrutescentes, à entre-noeuds courts. Feuilles alternes, à nervures latérales subparalléles. Spadice souvent (mais non constamment) inappendiculé.

Philodendron Schott.	*? Adelonema* Schott.	*Philonotion* Schott.
America tropic.	Brasil boreal.	Brasilia.
? Taumatophyllum Schott.	*Homalonema* Schott.	*Schismatoglossis* Zoll. et Morr.
Brasilia boreal.	As. et Americ. tropic.	Arch. Malayan.
? Chamaecladon Miqu.	*Gamogyne* N. E. Br.	*? Piptospatha* N. E. Br.	*Rhynchopyle* Engl.
Asia et Ocean trop.	Borneo.	Borneo.	Borneo.
Bucephalandra Schott.	*? Microcasia* Becc.	*Zantedeschia* Spreng.
Borneo.	Borneo.	Africa austral.
Typhonodorum Schott.	*Dieffenbachia* Schott.	*Aglaonema* Schott.	*Aglaodorum* Schott.
Madagascaria.	America tropica.	Asia et Ocean trop.	Oceania tropica.
	Peltandra Rafin.	*Anubias* Schott.
	Amer. bor occid.	Africa trop. occid.

V. *Monstérées*. Fleurs hermaphrodites, nues ou rarement périanthées, le plus souvent dimères. Ovules anatropes ou amphitropes. Plantes ordinairement frutescentes et grimpantes à feuilles distiques, le plus souvent antidromes, à nervures latérales, plus ou moins richement réticulées.

Monstera Adans.	*? Alloschemone* Schott.	*Epipremnum* Schott.
Amer. tropica.	Brasilia boreal.	Arch. Malayan. ins. mar. pacif.
Scindapsus Schott.	*? Cuscuaria* Rumph.	*Rhaphidophora* Schott.
Asia et Ocean. tropic.	Ocean tropica.	Asia et Ocean. calid., Afr. trop.
Rhodospatha Poepp. et Endl.	*Stenospermatium* Schott.	*? Anepsias* Schott.
America trop.	Americ. trop. suband.	Venezuela.
	Spathiphyllum Schott.	*Holochlamys* Engl.
	Amer. trop., Malaisia Ocean trop.	Borneo.

VI. *Callées*. Fleurs hermaphrodites, nues ou souvent périanthées, à étamines hypogynes 4 ou ∞. Ovaire à une ou deux loges uni-ou pluriovulées. Ovules orthotropes ou plus ou moins complètement anatropes. Embryon axile ou macropode et sans albumen. Herbes vivaces, à rhizome rampant ou à tubercule souterrain. Feuilles basilaires, distiques au moins au jeune âge, à nervures latérales nombreuses.

Calla L.	*Aronia* Mitch.	*Spathyema* Rufin.	*Lysichitum* Schott.
Europ. bor. et	America bor.	Americ. bor., Asia	Amer. bor. occid., Japon.,
med., Asia bor.	orient.	bor. orient.	Sibir. occid , Kamtschatka.
Amer. bor. occid.			

VII. *Acorées*. Fleurs hermaphrodites, périanthées ou rarement nues. Etamines hypogynes 4—6. Ovaire à une ou plusieurs loges 1 pluriovulées. Ovules descendants orthotropes ou incomplètement anatropes, ventrifixes, à micropyle inférieur.

Herbes vivaces ou arbustes grimpantes, à feuilles basilaires ou alternes sur la tige; les nervures latérales reticulées.

Acorus L.	*Gymnostachys* R. Br.	*Anthurium* Schott.	*Pothos* L.
Hemisph. bor. reg.	Australia orient.	Amer. trop.	As. et Ocean. calid.
temp.			Malacass.
Anydrium Schott.	*Heteropsis* K.	*Zamioculcas* Schott.	*Culcasia* Pal. Beauv.
Arch. Malayan.	Brasilia, Guiania.	Afr. trop. or.	Africa trop.

VIII. *Pistiées.* Fleurs nues, la femelle solitaire verticalement insérée vers la base du spadice, adnée à la spathe; les mâles peu nombreuses autour du sommet libre de l'axe du spadice. Ovules nombreux, basilaires et orthotropes. Herbe vivace et stolonifère, aquatique à feuilles sessiles, disposées en rosette.

Pistia L.

Orb. utriusque reg. trop. aquae dulces.

Die Familie zählt also 104 Genera mit ungefähr 950 Arten, welche die tropischen und subtropischen Regionen beider Erdhälften bewohnen. In Europa finden sich wenige Gattungen.

Die Beziehungen mit den *Typhaceen* sind nicht zu verkennen, welche sie mit den *Alismaceen* und durch *Sparganium* mit den *Najadaceen* verbinden.

Die *Araceen* sind besonders bemerkenswerth durch den Gehalt an Stärkemehl innerhalb ihrer unterirdischen Organe. Zur Nahrung aber vermag diese Fülle nur zu dienen, wenn sie der bitteren und flüchtigen Extractivstoffe beraubt sind, was meist durch Trocknung und Kochen in Wasser zu erreichen ist. Ihr Saft ist oft von beissender Schärfe, wirkt blasenziehend auf die Haut und vermag bei Mensch und Thier die schrecklichsten Folgen heraufzubeschwören. Das Stärkemehl dient ferner im Grossen zur Gewinnung von Dextrin und Alkohol. Die Knollen der *Colocasia* namentlich bieten ein unseren Kartoffeln ähnliches Nahrungsmittel dar. Die Cultur dieser Gewächse ist bereits uralt, wir finden sie bei den alten Egyptern, sie taucht in Indien auf und kehrt gleicherweise in Polynesien, in Afrika und in Amerika wieder. Auch die Blütensprosse und blätterartigen Hüllen sind der menschlichen Küche von manchen Arten nutzbar gemacht. *Monstera deliciosa* liefert in ihrem Fruchtstande eine freilich zuweilen etwas fade schmeckende Speise, die nicht selten mit der Ananas verglichen wird.

In der Medicin finden wir eine Reihe der *Araceen* vertreten, namentlich pflegt die sogen. Volksmedicin sich mit Vorliebe der oft wunderbar gestalteten Theile dieser Gewächse zu bedienen. Namentlich als Mittel gegen Schlangenbisse geniessen viele Arten eine fast abgöttische Verehrung.

Der Geruch der Spatha ist meistens sehr stark und artet oftmals zu einem beinahe pestilenzialischen Gestank aus, wodurch die *Amorphophallus*, *Dracunculus* und gewisse *Arums* einen besonderen übeln Ruf aufweisen. Der Geruch, welcher an Aas erinnert, dient dazu, die Insecten zur Befruchtung anzulocken. Manche wenige Vertreter, wie *Zantedeschia*, zeichnen sich im Gegensatz dazu durch einen milden, angenehmen Wohlgeruch aus. Die ornamentale Erscheinung erklärt ihr vielfaches Vorkommen in Culturen und Gärten. Manche Species wachsen zu gigantischer Grösse heran.

E. Roth (Halle a. S.).

Gabelli, L., Alcune notizie sulla *Robinia Pseudacacia* dei dintorni di Bologna. (Malpighia. An. VIII. p. 328—330. Mit 1 Taf.)

Die Notizen, welche sich auf die in der Umgegend von Bologna üppig wachsende *Robinia* beziehen, betreffen 14 verschiedene Modificationen der Dornen. Die beigegebene Tafel giebt am anschaulichsten die vom Verf. beobachteten Abweichungen vom normalen Typus. Nichts ist gesagt, ob einzelne der Modificationen durch äussere Ursachen oder durch Lage der Zweige u. dergl. hervorgerufen seien, vielmehr lässt sich aus dem Texte die Vermuthung des Verf. entnehmen, dass die an *R. Pseudacacia* beobachteten abnormen Formen für verwandte Arten normal und typisch sein könnten.

Solla (Vallombrosa).

Knuth, P., Flora der nordfriesischen Inseln. 8⁰. VIII, 163 pp. Kiel und Leipzig (Lipsius & Tischer) 1895. Pr. 2,50 Mk.

Da die nordfriesischen Inseln einen Bestandtheil der Provinz Schleswig Holstein ausmachen, deren Flora in neuerer Zeit besser bearbeitet ist, als die der meisten preussischen Provinzen, könnte man eine Specialflora des Gebiets für wissenschaftlich überflüssig halten. Thatsächlich hätten für wissenschaftliche Zwecke die Diagnosen und Bestimmungstabellen fehlen können, wenn sie auch manchem Sommergast der Inseln erwünscht sein mögen. Wissenschaftlich von Interesse ist namentlich die genaue Statistik der Arten, zumal der Verf. einen Vergleich mit den west- und ostfriesischen Inseln meist beifügt.

Das grösste Interesse verdienen in der Beziehung wohl die Waldpflanzen, da Wälder auf der Insel heute ganz fehlen, sie, soweit nicht nachträgliche Einführung wahrscheinlich wird, also als Relikten aus einer Zeit betrachtet werden können, in der dort Wälder vorkamen, wovon Reste der Bäume in dem untermeerischen Torf zur Genüge Zeugniss geben. Als Stauden, die Verf. für frühere Bewohner dieser Wälder hält*); nennt er in der Einleitung:

Pirola minor (Röm, Sylt, Amrum), *P. rotundifolia* (früher Röm), *Dianthus Carthusianorum* (Amrum), *Veronica spicata* (Röm), *Pulsatilla vulgaris* (Amrum), *Silene Otites* (Röm, Sylt, Amrum), *S. nutans* (Sylt), *Campanula rotundifolia* (Röm, Sylt, Amrum, Föhr), *Koeleria glauca* (Röm). Einige andere Arten wie *Jasione montana* oder *Melandrium rubrum* hätten vielleicht mit demselben Recht hier genannt werden können wie *Campanula rotundifolia*.

Dass *Trientalis*, den Raunkiär auf Sylt in einer Anpflanzung beobachtete, nicht an dieser Stelle genannt wird, erklärt sich wohl daher, weil Verf. ihn für eingeschleppt hält, was natürlich nicht unmöglich, obwohl die Art entschieden zu unseren älteren Waldpflanzen gehört, also muthmasslich auch einst in den Wäldern jenes Gebiets existirt hat. Weit auffallender aber ist mir, dass *Carex ericetorum* weder hier noch überhaupt in der Flora genannt

---

*) Vgl. darüber auch meine „Nadelwaldflora Norddeutschlands (Stuttgart 1893)". p. 366 f.

wird, obwohl gerade Verf. mich*) auf das einstige Vorkommen
dieses wichtigen Kiefernbegleiters, den noch Nolte auf Sylt
sammelte, aufmerksam machte, und hier doch nicht, wie so oft bei
Nolte, ein falsche Bestimmung vorliegt. Selbst wenn die Art
nicht seit den ersten Jahrzehnten dieses Jahrhunderts dort wiedergefunden, hätte sie doch wohl dasselbe Recht, genannt zu werden,
wie die seit 1768 nicht gefundene *Medicago ornithopodioides.*

Statt auf die anderen Gruppen von Gewächsen einzugehen,
die weniger wesentliche Unterschiede von der Flora des benachbarten Festlands aufweisen, sei nur noch auf die ziemlich reichlich
berücksichtigten Culturpflanzen hingewiesen, unter denen merkwürdigerweise Kirschen und Pflaumen fehlen, obwohl sie meines
Wissens mindestens auf Föhr vorkommen.

Die Bestimmungstabellen scheinen für den vorliegenden Zweck
recht brauchbar. Zur systematischen Anordnung ist das System
von de Candolle gewählt, was bei Florenwerken zum leichteren
Vergleich mit anderen sehr angenehm ist.

Hoffentlich wird das Erscheinen der Flora, obwohl Verf.
selbst schon manchen Besuch den Inseln abstattete, nicht den
Schluss der Erforschung dieses wichtigen Gebiets bedeuten, sondern
gerade zu weiterem Studium der Flora anregen. Vorläufig aber
sind wir dem Verf. für dies Werk dankbar, das zum Vergleich
mit den Arbeiten von Buchenau über die „ostfriesischen Inseln"
(vgl. Bot. Centralbl. L. p. 118) werthvoll ist.

Höck (Luckenwalde).

Magnin, A., Florule adventive des Saules de la Région
Lyonnaise. Avec 5 pl. en phototypie. Lyon 1895.

Das so häufige Auftreten der Kopfweide (*Salix alba*) in der
Umgebung Lyons und dessen verschiedenartige Vegetation, die oft
auf dem breiten unregelmässigen Scheitel alter Stämme üppig
wuchert, hat den Verf. veranlasst, diejenigen Epiphyten zusammenzustellen, welche daselbst am häufigsten anzutreffen sind. So fand
er z. B., dass von den in der Umgebung von Beynost an den
Ufern der Sereine stehenden Kopfweiden 49 untersuchte Stämme 17
verschiedene Species aufwiesen, die durch 71 Individuen repräsentirt
waren und zwar:

> *Solanum Dulcamara* 18 Individuen.
> *Ribes Uva-crispa* 15 „
> *Lonicera Xylosteum* 13 „
> *Galeopsis Tetrahit* 12 „

Je eine Art war vertreten durch *Geranium* sp., *Gramineen* sp.,
(1). *Juglans regia, Rhamnus cathartica, Rosa* sp., *Sonchus*
sp., *Lactuca Scariola, Humulus Lupulus, Urtica dioica, Sambucus
nigra, Artemisia vulgaris* und *Chelidonium majus.*

So werden von 6 Orten die beobachteten Epiphyten aufgezählt
und zum Schlusse tabellarisch zusammengestellt. Daraus ergiebt
sich, dass auf ungefähr 4000 untersuchten Stämmen 85 verschiedene

---

*) Vgl. Berichte der deutschen botanischen Gesellschaft. XI. p. 400
Anmerkung 2.

Arten zu finden waren, welche sich wieder in 71 Gatttungen und,
34 Familien theilten. — Wie gelangen nun die Samen oder Früchte
auf diese Weidenart? Verf. sucht dies in 6 Kapiteln tabellarisch
zu veranschaulichen. Daraus ergeben sich folgende 6 Gruppen:

I. Pflanzen mit fleischigen Früchten (oder mit grossen Kernen),
werden durch Thiere, besonders durch Vögel, verbreitet (z. B.
Prunus, *Rubus*, *Quercus*).

II. Früchte, welche mit Anhängseln versehen sind, können an
den Federn oder an den Haaren der Thiere haften und
gelangen so auf die Wirthpflanze. (z. B. *Galium aparine*).

III. Früchte, mit einer Samenkrone versehene oder geflügelte
Samen erleichtern die Verbreitung durch den Wind. (z.
B. *Acer*, *Taraxacum*).

IV. Auch leichte und kleine Samen werden durch den Wind.
zerstreut. (z. B. *Caryophyllées*, Fougères).

V. Können Früchte mit einem Schnell-Apparat die Körner auf
eine gewisse Distanz schleudern. (z. B. *Geranium*).

VI. Ist die Verbreitung bei gewissen Samen zweifelhaft und
nicht sicher festzustellen. (z. B. *Ranunculus*).

Aus der nun folgenden Zusammenstellung ist zu ersehen, dass
die meisten Arten durch Thiere übertragen werden. Für die Gruppe
I und II sind dies 68% (= 270 Pfl.). Die Zerstreuung durch den
Wind beträgt nur 24% (= 94 Pfl.) Gruppe III, IV und V.
Zweifelhaft sind 70% (= 27 Pfl. der Gruppe VI).

Zum Schlusse zählt Verf. jene Gefässpflanzen auf, welche
nicht allein auf Weiden, sondern auch auf anderen Bäumen des
westlichen Europas epiphytisch vorkommen. Diese Tabelle umfasst
181 Arten, welche sich auf 121 Gattungen und 41 Familien vertheilen.   Chimani (Wien).

Koorders, S. H., und **Valeton, Ch.,** Bijdrage No. 1 tot de-
kennis der boomsoorten van Java. Addimenta ad.
cognitionem Florae Javanicae. Pars I. Arbores.
(Mededeelingen uit 's Lands Plantentuin te Buitenzorg. Nr. XI.):
Batavia, s'Gravenhage (G. Kolff & Co.) 1894.

Die Arbeit bezweckt, wie von den Autoren in der „Inleiding"-
hervorgehoben wird, eine kurze, und doch so präcis als mögliche Beschreibung der auf Java meist vorkommenden Baumarten zu geben..
Dieser erste Theil des Buches umfasst schon etwa 120 Arten,
welche sich auf elf Familien vertheilen. Nebst der holländischen.
Beschreibung wird auch eine etwas kürzer gefasste lateinische
Diagnose gegeben. Auch Litteraturangaben und solche Details,.
welche von Interesse sein können, wie geographische Verbreitung,.
Standort, Nützlichkeit, inländische Namen u. s. w. werden nicht
gespart. Hauptsächlich von solchen Eigenschaften wird Meldung
gemacht, welche für das Forstwesen wichtig sind. In einer-
jeder einzelnen Beschreibung angefügten Note wird angegeben,
nach welchem Material (entweder lebenden oder Herbarexemplaren),.
oder wenn keines zur Verfügung stand, nach welchen früheren,
Diagnosen die Darstellung gegeben wurde.

                                    Verschaffelt (Haarlem).

Schultheiss, F., Die Vegetationsverhältnisse der Umgebung von Nürnberg nach phänologischen Beobachtungen. (Sepr.-Abdr. aus der Festschrift, gewidmet der 32. Wanderversammlung bayrischer Landwirthe vom Kreiscomité des landwirthschaftlichen Vereins von Mittelfranken.) Nürnberg 1895.

Der Verfasser, angeregt durch den Aufruf von Hoffmann-Ihne, beobachtet seit 1882 an seinem Wohnort Nürnberg nach dieser (Giessener) Instruction; die vorliegende Arbeit gründet sich somit auf 13jähriges reichhaltiges und — wie sich Ref. mehrfach zu überzeugen Gelegenheit hatte — sehr zuverlässiges Material und verwerthet es zur Aufstellung phänologischer Jahreszeiten. Verf. bespricht die Definition Drudes (Isis 1882) und des Ref. (Naturwissensch. Wochenschrift, Januar 1895), adoptirt die letzteren auch für seine eigenen Aufstellungen, welche hinsichtlich der Pflanzen und Phasen etwas, aber nicht bedeutend abweichen. Er giebt von den einzelnen Jahreszeiten, Vorfrühling, Erstfrühling, Vollfrühling, Frühsommer, Hochsommer, Frühherbst, Herbst, den mittleren Gruppentag, den Anfangs- und Endtermin und die Dauer für Nürnberg an. Solche Zahlen erhalten natürlich erst Bedeutung, wenn Vergleichungen mit anderen Orten angestellt werden. Verf. vergleicht Nürnberg mit Giessen (Hoffmann's langjährige Aufzeichnungen). Es ergab sich: im Erstfrühling ist Nürnberg 1 Tag später, im Vollfrühling sind beide gleich, im Frühsommer ist Nürnberg 1 Tag früher, im Hochsommer sind beide gleich, im Frühherbst ist Nürnberg 2 Tage später, im Herbst sind beide gleich. Im Ganzen ist Nürnberg 0,3 Tage später. Wenn Ref. den Vergleich auf Grund der von ihm für die einzelnen Jahreszeiten aufgestellten Pflanzen und Phasen zieht, so ergiebt sich 0,5 Tag, ein Beweis, wie wenig Ref. und Verf. abweichen. Für andere Orte Bayerns giebt es zur Ermittelung der Werthe für phänologische Jahreszeiten noch nicht ausreichende Daten. Um aber Nürnberg nun doch mit bayrischen Stationen zu vergleichen, wählt Verf. eine Phase des Vollfrühlings, die erste Blüte von *Syringa vulgaris*, und vergleicht das mittlere Datum hierfür an den Orten Nürnberg, München, Treuchtlingen, Regensburg, Lichtenau, Neustadt a. A., Würzburg, Breitengüssbach, Wunsiedel, Bischofsgrün, Kulmbach. Es zeigt sich, dass mit Ausnahme Würzburgs alle Stationen später sind. Ebenso vergleicht Verf. die erste Blüte und den Ernteanfang von *Secale cereale hibernum* an einer Anzahl meist westlich gelegener, klimatisch bevorzugter Stationen (Frankfurt, Hammelburg, Heilbronn, Aschaffenburg, Regensburg, Würzburg, Mannheim). Auf Grund aller Vergleichungen kommt Verf. zu dem Schlusse, dass das Klima Nürnbergs „als befriedigend bezeichnet werden muss. Der Frühling hält in unserer dem fränkischen Jura westlich vorgelagerten Keuperebene in relativ früher Zeit seinen Einzug, und die Vegetationsentwicklung vollzieht sich in einem mässig beschleunigten, dem landwirthschaftlichen Anbau förderlichen Tempo. Der herbstliche Abschluss des Vegetationsjahres ist ein normaler."

Ihne (Darmstadt).

Prunet, A., Sur une nouvelle maladie du blé, causée par une *Chytridinée.* (Comptes rendus des séances de l'Académie des sciences de Paris. Tome CXIX. p. 108—110.)

In verschiedenen südwestlichen französischen Departements zeigt sich das Getreide von einer scheinbar heftigen Krankheit ergriffen, die durch eine *Chytridiacee* verursacht wird. Die Krankheit ist dadurch wohl charakterisirt, dass das Getreide zu wachsen aufhört, gelb wird und in den verschiedensten Stadien abstirbt. Die erkrankten Pflanzen bilden auf den Aeckern Flecke, welche sich mehr und mehr vergrössern und oft beträchtliche Dimensionen annehmen.

Die Zoosporen dieses Pilzes durchbohren die Wände der peripherischen Zellen der Getreidepflanze und dringen in dieselbe ein. Sie keimen zu einem feinen intracellularen, verzweigten, sehr ausgedehnten, nur aus Plasmafäden bestehenden Mycel aus. Hier und dort schwillt ein Faden desselben terminal oder intercalar zu einem Zoosporangium an. Zuerst nackt, umgeben sich die Zoosporangien später mit einer feinen Membran und nehmen eine eibis birnförmige Gestalt an; ausgewachsen haben sie eine Breite von 15—50 μ, dann ist auch das Mycel verschwunden, welches sie im Jugendzustand begleitet. Sie öffnen sich in der Wirthszelle und durch eine apicale, selten auf einer kurzen Papille sitzenden Mündung entweichen die etwa 3 μ breiten, mit einer Cilie versehenen und einen Kern enthaltenden kugeligen Zoosporen. Diese ziehen, nachdem sie sich festgesetzt haben, ihre Cilie ein, umgeben sich mit einer Membran und bilden ein neues Mycelium, welches sich verzweigt, in den Nachbarzellen ausbreitet und eine verschiedene Zahl von Zoosporangien liefert, ebensogut kann man wohl sagen, sie bilden sich direct in Zoosporangien um.

Die Zoosporen, welche die Zellwände durchdringen können, treiben nach dem Festsetzen einen feinen Faden durch die Zellwand und entleeren durch diesen feinen Kanal ihren Inhalt in die Zelle; junge Zoosporangien können sich ebenso verhalten.

Durch den Parasiten sind alle Theile der Wirthspflanze gefährdet, und es können nach und nach Wurzel und Stengel, Blätter und Blüten ergriffen werden. Dringt derselbe in das Ovulum ein, so ist die Pflanze meist total vernichtet. In einer Zelle können sich auch mehrere Zoosporangien finden. Verf. hat deren bis neunzehn gezählt. Kein Gewebe ist ihnen zu hart.

Tritt Nahrungsmangel ein, so bilden sich Ruhezoosporangien oder - Cysten. Diese haben eine braune Farbe, dickere Wände und sind mit conischen, zugespitzten Vorsprüngen besetzt.

Nach der Natur ihres Mycels und der Art der Bildung der Zoosporangien gehört die vorstehend beschriebene *Chytridiacee* zu den *Cladochytrieen.* Aber durch die Art der Wirkung auf die Pflanze, durch ihre bedeutende Ausdehnung, durch die Form und Art der Entleerung der Zoosporangien und die Gleichzeitigkeit des Vorkommens der letzteren und der Cysten weicht sie von jeder einzelnen der bekannten vier Gattungen dieser Familie ab. Verf.

schlägt deshalb vor, eine fünfte Gattung zu schaffen, bezeichnet dieselbe als *Pyroctonum* und nennt die neue Form *Pyroctonum sphaeriecum.*

Zum ersten Mal sieht man hier eine *Chytridiacee* eine im Grossen gebaute Culturpflanze angreifen und eine Krankheit von wohlausgeprägtem epidemischen Charakter verursachen. Obwohl nun zwar in diesem besonderen Falle ausserordentlich günstige Witterungsverhältnisse an seiner Verbreitung die Schuld tragen, so erscheint es doch angezeigt, einem Parasiten gegenüber, der sich so ausserordentlich schnell verbreitet, dessen Reproductionsmittel und Zerstörungsfähigkeit fast unbegrenzt sind, alle Hebel in Bewegung zu setzen.

Verf. räth, die Halme ergriffener Felder zu verbrennen und auf den letzteren nicht sofort wieder Getreide auszusäen, die Verschleppung der Cysten durch aus krank gewesenem Getreide gebildeten Stalldünger auf Getreideäcker zu verhindern, und endlich, da die Cysten sich auch in dem geernteten Getreide vorfinden können, Saatgut aus Gegenden zu beziehen, die von der Krankheit nicht ergriffen sind.

Eberdt (Berlin).

Sorauer, Paul, Ueber die Wurzelbräune der *Cyclamen.* (Zeitschrift für Pflanzenkrankheiten. Bd. V. 1895. Heft 1.)

Als Ursache des Absterbens der Wurzeln von *Cyclamen* stellte der Verf. einen Pilz fest, der schon früher als Veranlassung zur Wurzelbräune der Lupine*) beschrieben, und dem von Z o p f der Name „*Thielavia basicola*" beigelegt wurde. Derselbe gehört nach seiner vollkommenen Fruchtform in die Nähe der echten Mehlthaupilze, zu den mit geschlossenen Schlauchfrüchten verbleibenden *Perisporiaceen.*

Die Mycelfäden dieses Pilzes wurden in grosser Menge auch in der für die *Cyclamen* verwendeten Erde gefunden. Da derselbe Pilz früher von Z o p f als Krankheitserreger an Erbsen und anderen Schmetterlingsblütlern, sowie am Kreuzkraut (*Senecio elegans*) gefunden wurde, so liegt die Vermuthung nahe, dass die *Thielavia* in Bodenarten mit reichem Humusgehalt weite Verbreitung findet, dass sie jedoch nur dann Krankheiten an Pflanzen hervorzurufen im Stande ist, wenn dieselben aus irgend welchen Ursachen besonders günstig für die Ansiedlung des Pilzes sind.

Der Verf. empfiehlt im Falle einer Erkrankung unserer Culturpflanzen durch die *Thielavia*, starken Dungguss und übermässige Bewässerung bei reichlicher Wärme zu vermeiden.

Fette Lauberden, welche sich von dem Pilze durchsetzt erweisen, sind unter Zuführung von Aetzkalk häufig umzustechen und bei der Verwendung mit einem stärkeren Zusatze von Sand zu versehen.

Hollborn (Rostock).

---

*) Zeitschrift für Pflanzenkrankheiten. 1891. p. 72.

Wortmann, Julius, Anwendung und Wirkung reiner-
Hefen in der Weinbereitung. 8°. 62 pp. Mit 12 Text-
abbildungen. Berlin (Paul Parey) 1895.

Verf. sagt in der Vorrede des Buches, dass es von Seiten der
Praxis des öfteren ausgesprochen wurde, es möge einmal alles das,.
was man über die Hefen und ihre Wirksamkeit weiss, und soweit-
es für ein Verständniss der praktischen Verwendung nothwendig·
ist, in einer kurzen, allgemein verständlichen Uebersicht zusammengestellt werden. Diesen Zweck hat Verf. in der vorliegenden
Schrift verfolgt. Ausser den grundlegenden Arbeiten Hansen's.
und den Studien mehrerer anderer Forscher giebt Verf. auch die·
Resultate seiner eigenen für die Praxis so überaus wichtigen Unter--
suchungen.

Der Umstand, dass man in der Weinfabrikation nicht mit·
sterilem Materiale arbeitet, was der Fall in den Brauereien und
Brennereien ist, war die Ursache, dass das Hansen'sche System»
nicht so schnell seinen Eingang in jenen Zweig der Gährungsindustrie
als in den zwei letzteren fand. Man verstand im Anfange nicht
zu schätzen, dass die Einführung einer reingezüchteten, planmässig·
ausgewählten Heferasse gerade auch hier von überaus grosser Be--
deutung sein würde, hier, wo es gilt, die schon im Moste vorhandenen schädlichen Concurrenten vernichten zu können und nicht
ganz auf's Geradewohl zu arbeiten. Alles dies stellt Verf. auf·
eine sehr deutliche Weise dar, und es unterliegt keinem Zweifel,
dass die wenigen Praktiker, welche noch mit skeptischen Augen·
die Anwendung der Reinhefe betrachten, von dieser Arbeit sich.
überzeugt fühlen werden, dass der Weg zum rationellen Betriebe·
allein durch die Einführung des Reinzuchtsystems geht.

Es ist natürlicherweise nicht allein, um schädliche Gährungs-
organismen abhalten zu können, dass die Reinhefe anzuwenden·
ist. Ebenso wie in den übrigen Zweigen der Gährungsindustrie,.
in welchen besonders ausgewählte Arten oder Rassen benutzt werden·
um dem fertigen Product die gewünschten Eigenschaften verleihen·
zu können, so ist dies auch der Fall in der Weinbereitung. Dass.
die Hefe nicht dem Producte alle die guten, gewünschten Eigenschaften verleiht, ergiebt sich von selbst; ein guter Most ist nothwendig, um einen guten Wein zu bekommen. Ein grosser Theil.
aber von dem, was den feinen Wein auszeichnet, nämlich die·
Bouquete, rührt gerade von der angewandten Hefe her. Verf. hat:
dies dargethan, und diese von der Hefe hervorgerufenen Bouquet-
stoffe nennt er die secundären, im Gegensatze zu denjenigen, welche·
vom Moste herrühren, die primären. In einem einzelnen Zweige der
Weinfabrikation hat die Anwendung der reingezüchteten, ausgewählten Heferassen eine besondere Bedeutung bekommen, nämlich·
in der Schaumweinfabrikation, wo es gilt, der Nachgährung-
willen, eine Hefe zu bekommen, die unter den obwaltenden
schwierigen Verhältnissen (viele Kohlensäure und Alkohol) die·
Gährung durchzuführen vermag. Verf. hat sich auch durch seine;
Untersuchungen auf diesem Gebiete verdient gemacht.

Allein es ist nicht nur der Praktiker, der mit Interesse und Ausbeute diese wohlgeschriebene Arbeit lesen wird, dasselbe gilt auch von dem Wissenschafter, dem Biologen. Die Praktiker werden vielleicht die directe Anweisung zur Ausführung der verschiedenen Arbeiten vermissen; eine solche giebt nämlich Verf. nicht.

Als Ausgangspunkt nimmt Verf. in der Einleitung besonders H a n s e n ' s Üntersuchungen. Er bespricht darnach, was die Hefe ist, woher die Hefe kommt, die Veränderungen, welche die Hefe im Moste bewirkt, das Vorkommen von anderen Organismen im Moste, verschiedene Rassen der Hefe, die Verwendung der Reinhefe in der Praxis und endlich das Verfahren der Anwendung der reinen Hefen. Verf. macht kein Hehl aus den vielen Schwierigkeiten, welche hier zu überwinden sind, aber welche zu besiegen doch lohnt. Zuletzt giebt er ein Verzeichnis über die diesbezügliche neue Litteratur.

Klöcker (Kopenhagen).

Ascherson, Paul, E i n e v e r s c h o l l e n e G e t r e i d e a r t. („Brandenburgia", Monatsschrift der Gesellschaft für Heimathkunde der Provinz Brandenburg in Berlin. Jahrgang IV. 1895. Nr. 1. p. 37—60).

Panicum sanguinale, jetzt ein Gartenunkraut, früher im östlichen Norddeutschland eine Feldfrucht gewesen, wird jetzt nur noch um Kohlfurt in der Oberlausitz cultivirt. Die vom Referenten mehrfach geäusserte Vermuthung, *P. sanguinale* sei die „Hirse" der ostdeutschen Slaven gewesen, wird widerlegt. *P. sanguinale* stammt aus südslavischen Landen, ist aber in den ehemals slavischen norddeutschen Gebieten erst nach deren Wiedergermanisirung eingeführt.

E. H. L. Krause (Schlettstadt).

Hollrung, M., D i e E r h ö h u n g d e r G e r s t e n e r n t e d u r c h P r ä p a r a t i o n d e s S a a t g u t e s. (Sep.-Abdr. aus der Sächsischen landwirthschaftlichen Vereins-Zeitschrift. 1894. 12.)

Gerste, welche nach dem Beizverfahren von K ü h n behandelt worden war, hatte eine Verminderung der Keimkraft von 98% auf 89% erfahren. Auf dem Felde ging ihre Keimung nicht ganz so regelmässig vor sich wie bei der unbehandelt gebliebenen Saat, doch zeichnete sie sich schon bald nach dem Auflaufen durch ein üppigeres Blatt aus und behielt dauernd einen Vorsprung. Während die ungebeizte Gerste sehr stark an Flugbrand litt, war derselbe auf den Versuchsparcellen gar nicht zu finden. Ebenso fehlten bemerkenswerther Weise in den letzteren nahezu vollständig jene in formeller Beziehung zwar vollständig ausgebildeten, dabei aber gänzlich tauben, flach gedrückten, am Grunde jedes Kornes bräunlich gefärbten Aehren, wie sie im Laufe des Jahres 1894 sehr häufig auftraten.

Eine Feststellung der gesunden und kranken Gerstenähren

.(flugbrandige, sowie taubkranke) gab als Mittel mehrerer Aus-
zählungen pro 1 qm

Gerste

	gebeizt		ungebeizt	
	gesund	krank	gesund	krank
a)	439	25	352	149
b)	485	1	375	103

Der mittlere durch das Beizen der Gerste erzielte Mehrertrag
betrug pro Morgen an Stroh 420 kg, an Körnern 245 kg.

Hiltner (Tharand).

Meurer, M., Pflanzenformen. Fol. 63 pp. Mit 85 Tafeln
und 135 pp. erläuternden Textes. Dresden (G. Kühtmann) 1895.

Dieses bedeutende Werk, welches eine Einführung in das
ornamentale Studium der Pflanze giebt, ist zwar in erster Linie
„zum Gebrauche für Kunstgewerbe- und Bauschulen, sowie für
Architecten und Kunsthandwerker" bestimmt, kann aber doch ein
weiteres Publikum interessiren, und unter diesem, neben den Jüngern
der bildenden Künste, vorzüglich den Botaniker.

Dass die Kunstformen in vielen Hinsichten von der Natur und
ihren Gesetzen abhängig sind, ist allgemein anerkannt, und besonders
die Alten haben ja die Mehrzahl ihrer Vorbilder direct aus der
Natur genommen. Die Kunst der Jetztzeit aber hat oft die Tendenz,
die unerreichbar schönen Modelle, welche ihr von der Natur gegeben sind, etwas zu vernachlässigen im Vergleich zu den schon
angepassten stylisirten Formen, die seit alter Zeit in die bildenden
Künste eingeführt worden sind; besonders wird der erste Unterricht
im Zeichnen oder Modelliren ganz allgemein mehr nach derartigen
Vorbildern, als mit Hilfe der ursprünglichen Naturformen ertheilt.
Gegen diesen Gebrauch wendet sich Verf., welcher das Auge und
die Hand durch Nachbildung der reinen Naturformen üben und
erziehen möchte; er will gegenüber der bis vor Kurzem vorwaltenden
historisch - archäologischen Tendenz der bildenden Künste deren
Jünger wieder zum directen Studium der im Hervorbringen an-
regender Formen unerschöpflichen Meisterin, der Natur selber, an-
spornen. Freilich darf neben diesem Zurückgehen auf die Natur
das Studium der überlieferten Kunstformen nicht vernachlässigt
werden, und Verf. räth ein gleichzeitiges vergleichendes Studium
der einen und der anderen. Auf anderen Gebieten ist die Nothwendigkeit eines solchen directen Studiums schon allgemein anerkannt, und es wird gewiss kein Maler oder Bildhauer thierische
oder menschliche Formen wiederzugeben suchen, wenn er nicht
vorher genaue und eingehende Studien über Morphologie und
Anatomie der Thiere und des Menschen getrieben hat; das Copiren
schon vorhandener Darstellungen kann zu derartiger Thätigkeit nur
in verhältnissmässig geringem Maasse anleiten. Die Pflanzenformen
aber, welche doch eine so hervorragende Stellung in der Geschichte
der ornamentalen Künste haben, werden von den Meisten ungerechter
.Weise vernachlässigt.

Verf. verwahrt sich ausdrücklich gegen den Vorwurf, dass er die Pflanzenformen stylisiren oder in ein Schema zwingen wolle; er versteht unter „Stylisirung der Naturformen" nicht etwa ein Umändern oder Verbessern der Naturformen nach eingebildeten Schönheitslinien oder nach irgend welchem äusseren Schema (denn die Schönheit der Natur kann durch die Kunst nicht erreicht, geschweige denn verbessert werden), sondern er will nur, dass man die unendlich reichen Formen der Natur, wenn als Vorbilder benutzt, richtig zu wählen wisse, so dass sie dem Gedanken, dem Zweck und der Form des herzustellenden Kunstwerkes entsprechen. Die „Stylisirung" wird sich lediglich auf die Aenderungen beschränken, welche durch die Eigenschaften der künstlerischen Werkstoffe und durch die Bedingungen ihrer technischen Ausführung geboten sind.

Dies sind etwa die Begriffe, welche mit grosser Klarheit und in anregendster Weise im ersten Theile des Werkes auseinander gesetzt sind.

Indem aber Verf. dem angehenden Künstler die Bildungsgesetze der Pflanzenformen auseinandersetzt, leistet er auch dem Botaniker einen bedeutenden Dienst, indem er denselben auf den mechanisch-architectonischen Aufbau einer grossen Anzahl von Pflanzenformen und auf deren künstlerische Bedeutung aufmerksam macht. Es ist dies ein Gebiet, welches von den Fachbotanikern ausserordentlich wenig cultivirt worden ist — und doch sind die hier vom Verf. auseinandergesetzten Principien ganz unentbehrlich, besonders für diejenigen, welche lebende Pflanzen bildlich darstellen wollen. Von besonderer Bedeutung sind, wie man aus den blossen Titeln der einzelnen Abtheilungen ersehen kann, für den Pflanzenzeichner die Capitel: Ueber Projectionen des Pflanzenbildes, Die Methode des projicirenden Pflanzenzeichnens, Individualität der pflanzlichen Typen, Perspectivische Darstellung der Pflanzen, Studium der Blatt-Ueberfälle etc. Interessant sind auch die Anweisungen zur Conservirung von Pflanzenformen, z. B. durch Hinterlegung mit Wachs, zur Herstellung von Abgüssen in Gyps oder Metall, oder von vergrösserten Modellen von Pflanzenformen.

Ganz vorzügliche Darstellungen sind nun in den 85 grossen, künstlerisch ausgeführten Tafeln gegeben. Taf. 1—27 zeigen uns verschiedene Formen von Laubblättern in flacher und schematisirender Darstellung. Taf. 28—45 führen uns dagegen verschiedene Typen von Laubblättern in den Bewegungen ihrer Fläche, naturalistisch und perspectivisch dargestellt, vor. Auf Taf. 46—59 finden wir artistisch verwerthbare Blüten, Blütenknospen und Fruchtformen, Taf. 60—66 beschäftigt sich mit den Stengeln, Blattansätzen, Stützblättern, Blattscheiden u. s. w. Taf. 67—74 sind der Darstellung verschiedener Laubknospen und junger Sprosse in den ersten Entwicklungsstadien gewidmet, und endlich enthalten die letzten zehn Tafeln (75—85) Projectionen von Verzweigungen und Blütenständen.

Zur Erläuterung dieser höchst naturwahr und fein gezeichneten Tafeln dient der letzte Theil des Werkes, in welchem die Figuren jeder einzelnen Tafel ausführlich besprochen und im Detail illustrirt werden. In diesen Capiteln findet der Botaniker ebenfalls neben den für den bildenden Künstler bestimmten Bemerkungen viele interessante Notizen über die vom Verf. benutzten Modelle; auch bildliche Darstellungen von Querschnitten der Blattrippen, Diagramme von Blüten und Früchten, Schemata der Phyllotaxis und für die mechanische Anordnung der Appendiculärorgane am Stamme etc.

Das Gesagte wird hinreichen, um zu zeigen, von wie grossem Interesse für den Botaniker das Studium des Meurer'schen Werkes ist; wir wünschen demselben auch unter den Schülern unserer Wissenschaft eine weite Verbreitung.

Penzig (Genua).

Erläuterungen der Figuren

der Tafeln zur Arbeit von Prof. Dr. F. Ludwig „Ueber Variationscurven und Variationsflächen der Pflanzen".

Tafel I. A. Variationscurven der *Compositen*-Strahlen (Zahl der Strahlenblüten im Köpfchen.)

1. Variationscurve von *Chrysanthemum Leucanthemum* (nach 6000)
2.   „   „ *Chrysanthemum inodorum*   „   1000
3.   „   „ *Anthemis arvensis*   „   1063
4.   „   „ *Anthemis Cotula*   „   583
5.   „   „ *Achillea Millefolium*   „   3083
6.   „   „ *Centaurea Cyanus*   „   500

Zählungen auf 1000 reducirt.

B. Beliebig herausgegriffene Tausendcurven von *Chrysanthemum Leucanthemum*.

C. Beliebig herausgegriffene Hundertcurven von *Chrysanthemum Leucanthemum*.

D. Zwei Quételet'sche Binomialcurven.

Tafel II.   Fig. 1. Variationscurven der Doldenstrahlenzahlen von *Heracleum Sphondylium*.

A. Curve der Dreizehner-Rasse (nach 3000 Zählungen auf Wiesen).

B. Curve der Zehner-Rasse (nach 200 Zählungen an trockenen Chausseerändern).

C. Zweigipfelige Summationscurve nach den gesammten 500 Zählungen.

Fig. 2—4. Variationscurven der Doldenstrahlenzahlen bei *Torilis Anthriscus*.

Fig. 2 A. Monomorphe Curve der Achter-Rasse   von 2 ver-
B.   „   „   „ Zehner-Rasse   schiedenen Standorten.

C. Dimorphe Curve mit den Hauptgipfeln bei 8 und 10 von einem dritten Standort.

D. Dimorphe Summationscurve nach den Zählungen A + B + C.

Fig. 3 F. Eine der Curve D ähnlich gestaltete Curve von 443 älteren Zählungen.

E. Monomorphe Curve einer Fünfer-Rasse (vom Wolfsberg bei Schmalkalden).

Fig. 2 G. Summationscurve der Gesammtzählungen.

Fig. 4 H. Summationscurve für $F + \dfrac{E}{2}$ und $F + \dfrac{E}{3}$.

Fig. 5. Dreigipfelige (Summations-) Curve von *Aegopodium Podagraria* (Zahl der Doldenhauptstrahlen).

Fig. 6. Curven von *Pimpinella Saxifraga* (Zahl der Doldenhauptstrahlen).
A. Monomorphe Curve einer Dreizehner-Rasse.
B. Dimorphe Summationscurve mit gleichen Hauptgipfeln
bei 8 und 13 (und Scheingipfel bei 10, 11).
C. Curve der gesammten 1000 Zählungen mit Hauptgipfeln
bei 13 (überwiegend) und 8 und dem (theoretisch voraus
zu erwartenden) Scheingipfel bei 11.
Fig. 7. Die Quételet'sche Variationsfläche.
Fig. 8. Tausendcurve für die Zahl der Staubgefässe in den Blüten
von *Crataegus coccinea.*
Fig. 9. Schema der Vermehrung nach dem Gesetz des Fibonacci
und der dabei resultirenden Anordnung nach den Diver-
genzen der Braun'schen Hauptreihe.
Fig. 10. Schema für die Reihenfolge der zur 8-Zahl führenden
Dédoublements im Androeceum von *Crataegus coccinea.*

Neue Litteratur.[*)

Geschichte der Botanik:

Day, G., Naturalists and their investigations: Linnaeus, Edward, Cuvier
Kingsley. 8⁰. 160 pp. London (libr. Partridge) 1895.   1 sh. 6 d
Zeiller, R., Le Marquis G. de Saporta. Sa vie et ses travaux. (Revue
générale de Botanique. T. VII. 1895. No. 81.)

Allgemeines, Lehr- und Handbücher, Atlanten:

Kerner von Marilaun, A., The natural history of plants: their forms, growth,
reproduction and distribution. Transl. and edit. by **F. W. Oliver,** with the
assistance of **Marian Busk** and **Mary F. Ewart.** With about 2000 original
woodcut illustr. and 16 pl. in col. Vol. II. The history of plants. 8⁰. 984 pp.
25 sh. Half vol. IV. 8⁰. 518 pp. 12 sh. 6 d. London (libr. Blackie) 1895.

Algen:

Brebner, George, On the origin of the filamentous thallus of Dumontia
filiformis. (Extr. from the Linnean Society Journal. Botany. Vol. XXX. 1895.
p. 436—443. With 2 pl.)
Sauvageau, C., Sur le Radaisia, nouveau genre de Myxophycée. (Journal de
Botanique. Année IX. 1895. p. 372—376. Avec 1 fig.)
Sauvageau, C., Sur deux nouvelles espèces de Dermocarpa (D. Biscayensis et
D. strangulata). (Journal de Botanique. Année IX. 1895. p. 400—403.
Avec 3 fig.)

Pilze:

Bourquelot, Em. et **Hérisey, H.,** Action de l'émulsine de l'Aspergillus niger
sur quelques glucosides. (Bulletin de la Société mycologique de France.
T. XI. 1895. Fasc. 3.)
Charrin, Variations bactériennes. — Atténuations. (Semaine méd. 1895. No. 36.
p. 301—303.)
Fischer, E., Nouvelles recherches sur les Urédinées. (Compte rendu des travaux
présentés à la 75. session de la Société Helvétique des sciences naturelles à
Bâle 1894. No. 9/10. p. 101—102.)

---

*) Der ergebenst Unterzeichnete bittet dringend die Herren Autoren um
gefällige Uebersendung von Separat-Abdrücken oder wenigstens um Angabe der
Titel ihrer neuen Publicationen, damit in der „Neuen Litteratur" möglichste
Vollständigkeit erreicht wird. Die Redactionen anderer Zeitschriften werden
ersucht, den Inhalt jeder einzelnen Nummer gefälligst mittheilen zu wollen, damit
derselbe ebenfalls schnell berücksichtigt werden kann.

Dr. Uhlworm,
Humboldtstrasse Nr. 22.

Fischer, E., Sclerotinia Ledi. (Compte rendu des travaux présentés à la 75. session de la Société Helvétique des sciences naturelles à Bâle 1894. No. 9/10. p. 102—103.)

Godfrin, J., Contributions à la flore mycologique des environs de Nancy. [Suite.] (Bulletin de la Société mycologique de France. T. XI. 1895. Fasc. 3.)

Jaczewski, C. de, Forme ascosporée d'Oïdium Tuckeri. (Compte rendu des travaux présentés à la 75. session de la Société Helvétique des sciences naturelles à Bâle 1894. No. 9/10. p. 109—112. Avec 5 fig.)

Jaczewski, A. de, Les Dothidéacées de la Suisse. (Bulletin de la Société mycologique de France. T. XI. 1895. Fasc. 3.)

Miquel, P. et Lattraye, E., De la résistance des spores des bactéries aux températures humides égales et supérieures à 100°. (Annales de micrographie. 1895. No. 5. p. 205—218.)

Patouillard, N., Énumération des champignons récoltés par les RR. PP. Farges et Soulié dans le Thibet oriental et le Su-tchuen. [Boletus Thibetanus, Hypocrea Cornu Damae nn. spp.] (Bulletin de la Société mycologique de France. T. XI. 1895. Fasc. 3.)

Poirault, G. et Raciborski, M., Sur les noyaux des Urédinées. [Fin.] (Journal de Botanique. Année IX. 1895. p. 381—388.)

Went, F. A. F. C., Monascus purpureus, le champignon de l'ang-quac, une nouvelle Thélébolée. (Annales des sciences naturelles. Botanique. Sér. VIII. T. I. 1895. No. 1.)

Flechten:

Malme, Gust. O., Lichenologiska notiser. III. Bidrag til södra Sveriges lafflora. (Botaniska Notiser. 1895. No. 4.)

Muscineen:

Arnell, H. W. et Jensen, C., Oncophorus suecicus n. sp. (Revue bryologique. Année XXII. 1895. No. 5.)

Camus, Ferdinand, Notes sur les récoltes bryologiques de M. P. Mabille, en Corse. (Revue bryologique. Année XXII. 1895. No. 5.)

Debat, L., Didymodon Debati Husnot n. sp. (Revue bryologique. Année XXII. 1895. No. 5.)

Philibert, H., Le Mnium inclinatum Lindberg. (Revue bryologique. Année XXII. 1895. No. 5.)

Stephani, F., Anthocerus Stableri Steph. n. sp. (Revue bryologique. Année XXII. 1895. No. 5.)

Gefässkryptogamen:

Brebner, George, On the mucilage-canals of the Marattiaceae. (Extr. from the Linnean Society Journal. Botany. Vol. XXX. 1895. p. 444—451. With 1 pl.)

Physiologie, Biologie, Anatomie und Morphologie:

Acqua, Camillo, Sulla formazione dei granuli di amido. (Annuario del R. istituto botanico di Roma. Anno VI. 1895. p. 1—30. Con 1 tav.)

Cocconi, Girolamo, Anatomia dei nettarî extranuziali del Ricinus communis L. (Estr. dalle Memorie della r. Accademia delle scienze dell' istituto di Bologna. Ser. V. T. V. 1895.) 4°. 11 pp. Con 1 tav. Bologna (tip. Gamberini e Parmeggiani) 1895.

Dewèvre, A., Recherches physiologiques et anatomiques sur le Drosophyllum lusitanicum. (Annales des sciences naturelles. Botanique. Sér. VIII. T. I. 1895. No. 1.)

Eriksson, Johan, Studier öfver hydrofila växter. I. Propagationsgrenarne hos Calla palustris L. II. Rötterna hos Huttonia palustris Boerh. (Botaniska Notiser. 1895. No. 4.)

Fayod, V., Structure du protoplasma démontrée au moyen d'injections de gélatine colorée. (Compte rendu des travaux présentés à la 75. session de la Société Helvétique des sciences naturelles à Bâle 1894. No. 9/10. p. 103 —109.)

Jumelle, Henri, Revue des travaux de physiologie et chimie végétales parus de juin 1891 à août 1893. [Suite.] (Revue générale de Botanique. T. VII. 1895. No. 81.)

Malme, Gust. O., Om akenierna hos några Anthemidéer. (Botaniska Notiser. 1895. No. 4.)

Pirotta, Romualdo, Sulla germinazione e sulla struttura della piantina della. Keteleeria Fortunei (Murr.) Carr. (Annuario del R. istituto botanico di Roma. Anno VI. 1895. p. 31—34.)

Romanes, G. J., Darwin, and after Darwin: an exposition of the Darwinian: theory and a discussion of post-Darwinian questions. Part II. Post-Darwinian: questions, heredity and utility. 8⁰. 352 pp. London (libr. Longmans) 1895. 10 sh. 6 d.

Sargent, Ethel, Some details of the first nuclear division in the pollen-mother-cells of Lilium Martagon L. (Repr. from the Journal of the Royal Micro-scopical Society. 1895. p. 283—287. With 10 fig.) London (W. Clowes and sons) 1895.

Schröter, Communications diverses. (Compte rendu des travaux présentés à la 75. session de la Société Helvétique des sciences naturelles à Bâle 1894. No. 9/10. p. 112—114.)

Smith, E. B. and **Tonkin, E. W.,** Diastase. (The Therapeutic Gazette. Vol. XIX. 1895. p. 670—671.)

Stoklasa, Julius, Die Assimilation des Lecithins durch die Pflanze. (Sep.-Abdr. aus Sitzungsberichte der Kaiserlichen Akademie der Wissenschaften in Wien. Mathematisch-naturwissenschaftliche Classe. Bd. CIV. Abth. I. 1895. No. 7.) 8⁰. 11 pp. Mit 1 Tafel. Wien (F. Tempsky) 1895.

Tchouproff, Olga, Quelques notes sur l'anatomie systématique des Acanthacées. (Bulletin de l'Herbier Boissier. Année III. 1895. p. 550—560.)

Wilson, E. B. and **Leaming, E.,** An atlas of the fertilization and karyokinesis of the ovum. 4⁰. 38 pp. London (libr. Macmillan) 1895. 17 sh.

Wunderlich, Johannes, Beiträge zur anatomischen Charakteristik der Cirsium-Bastarde. [Inaug.-Diss.] 8⁰. 40 pp. Mit 2 Tafeln. Altenburg (Pierer's-Hofbuchdruckerei) 1895.

Systematik und Pflanzengeographie:

Alboff, N., Materialien zu einer Flora von Kolchis. [Prodromus florae Colchicae.] 8⁰. XXVI, 287, III pp. Mit 4 lithographirten Tafeln. Tiflis und Genf, April—Juli 1895. [Russisch und Französisch.]

Alboff, Nicolas, La flore alpine des calcaires de la Transcaucasie occidentale. (Bulletin de l'Herbier Boissier. Année III. 1895. p. 512-538.)

Avetta, C., Materiali per la flora dello Scioa. Contribuzione alla conoscenza della flora dell' Africa orientale. IV. (Annuario del R. istituto botanico di. Roma. Anno VI. 1895. p. 44—66. Con 2 tav.)

Bonnet, Ed., Géographie botanique de la Tunisie. [Suite.] (Journal de Botanique. Année IX. 1895. p. 403—408.)

Brunotte, Camille, Contribution à l'étude de la flore de la Lorraine. Note sur la présence aux environs de Nancy de l'Isatis tinctoria L. et du Trifolium resupinatum L. (Journal de Botanique. Année IX. 1895. p. 376—381.)

Chiovenda, E., Sopra alcune piante nuove per la flora romana. (Annuario del R. istituto botanico di Roma. Anno VI. 1895. p. 35—43. Con 1 tav.)

Chodat, R., Polygalaceae novae vel parum cognitae. IV. Un nouveau sous-genre de Polygalacées. (Bulletin de l'Herbier Boissier. Année III. 1895. p. 539—549.)

Conwentz, Einiges über die Auffindung eines untergegangenen Bestandes der Eibe in der Nähe von Hannover. (Sitzungsbericht des naturwissenschaftlichen Vereins zu Bremen vom 14. October 1895. Weser-Zeitung. No. 17561.)

Eibenbäume. (Rostocker Zeitung. 1895. No. 500, 504.)

Franchet, A., Énumération et diagnoses de Carex nouveaux pour la flore de l'Asie orientale. [Suite.] (Bulletin de la Société philomatique de Paris. Sér. VIII. T. VII. 1895. No. 2.)

    [Carex Tonkinensis, C. Shimidzensis, C. eremostachys, C. Fargesii, C. Otaruensis, C. Taliensis, C. fastigiata, C. urostachys, C. Souliei, C. urolepis, C. scabrinervia, C. funicularis, C. levicaulis, C. laticuspis, C. ciliolata, C. crassinervia, C. picea, C. angustisquama, C. Gansuensis, C. brachysandra, C. marginaria, C. usta, C. minuta, C. bidentula, C. Sendaica, C. Sadoensis, C. tricuspis, C. trichopoda, C. Okuboi, C. tenuiseta, C. Tsangensis, C.

Nambuensis, C.Tapinzensis, C.lamprosandra, C. pachyrrhiza, C. Sutchuénensis, C. blepharicarpa, C. Iasiolepis, C. Makinoensis, C. Gifuensis, C. Kamikawensis, C. recticulmis, C. lucidula, C. microstoma, C. macrochlamys, C. grandisquama, C. Matsumurae, C. alterniflora, C. Rouyana, C. Akanensis, C. Myabei, C. Provoti.]

Franchet, A., Plantes nouvelles de la Chine occidentale. [Suite.] (Journal de Botanique. Année IX. 1895. p. 369—372, 389—400.)

Freyn, J., Ueber neue und bemerkenswerthe orientalische Pflanzenarten. [Fortsetzung.] (Bulletin de l'Herbier Boissier. Année III. 1895. p. 497—512.)

Friedrich, P., Beiträge zur Lübeckischen Flora. (Festschrift zur Naturforscherversammlung in Lübeck. 1895. p. 295—307.)

Fritsch, Carl, Ueber einige Orobus-Arten und ihre geographische Verbreitung. Series I. Lutei. Ein Beitrag zur Systematik der Vicieen. (Sep.-Abdr. aus Sitzungsberichte der k. Akademie der Wissenschaften. 1895.) 8°. 42 pp. Mit 1 Kartenskizze. Wien (F. Tempsky) 1895. M. 1.—

Gray, Asa and **Watson, Sereno,** Synoptical flora of North America. Vol. I. Part I. Fasc. I. Cont. and edited by **Benjamin Lincoln Robinson.** Polypetalae from the Ranunculaceae to the Frankeniaceae. 4°. IX, 208 pp. New York, Cincinnati and Chicago (American Book Company) 1895.

Hemsley, W. Botting, Aristolochia elegans in Africa. (The Gardeners Chronicle. Ser. III. Vol. XVIII. 1895. p. 369.)

Hua, Henri, Deux types intéressants de Capparidacées africaines. (Bulletin de la Société philomatique de Paris. Sér. VIII. T. VII. 1895. No. 2.)

Jaccard, Henri, Catalogue de la flore valaisanne. (Sep.-Abdr. aus „Neue Denkschrift der allgemeinen schweizerischen Gesellschaft für die gesammten Naturwissenschaften".) 4°. LVI, 472 pp. Zürich, Basel (Georg & Co.) 1895. M. 20.—

Johannson, K., Två hybrider från Gotland: I. Cirsium acaule (L.) Scop. X arvense (L.) Scop. II. Diplotaxis muralis (L.) DC. X tenuifolia (L.) DC. (Botaniska Notiser. 1895. No. 4.)

Lager, J. E., Orchids in their home. (The Gardeners Chronicle. Ser. III. Vol. XVIII. 1895. p. 422—423.)

Lehmann, Eduard, Flora von Polnisch-Livland mit besonderer Berücksichtigung der Florengebiete Nordwestrusslands, des Ostbalticums, der Gouvernements Pskow und St. Petersburg, sowie der Verbreitung der Pflanzen durch Eisenbahnen. 8°. XIII, 432 pp. Mit 1 Karte. Dorpat 1895.

Lehmann, F. C., Odontoglossum aspidorhinum Lehm. spec. nov. (The Gardeners Chronicle. Ser. III. Vol. XVIII. 1895. p. 356—358.)

Melgunoff, P. P., Flora des Don-Kreises im Gouvernement Woronesh. 8°. Moskau 1895. [Russisch.]

Murr, Jos., Beiträge zur Kenntniss der alpinen Archieracien Tirols. (Allgemeine botanische Zeitschrift für Systematik, Floristik, Pflanzengeographie etc. Jahrgang I. 1895. p. 189—192.)

Neuman, L. M., Om Aira Wibeliana Sonder. (Botaniska Notiser. 1895. No. 4.)

Neger, Ueber den Charakter des südchilenischen Urwaldes. (Forstlich-naturwissenschaftliche Zeitschrift. Jahrg. IV. 1895. Heft 11. p. 425.)

Norman, J. M., Norges arktiske flora. II. Oversigtlig fremstilling af karplanternes udbredning, forhold til omgivelserne m. m. Halvdel 1. 8°. VIII, 442 pp. Christiania (H. Aschehoug & Co.) 1895. 7 Kr. 20 Øre.

Planten en cultuurgewassen (Oost-Indische). Reeks. I. 4°. 14 photolithographiëen op 12 pl. Amsterdam (J. H. de Bussy) 1895. Fr. 5.—

Rydberg, P. A., Flora of the Sand Hills of Nebraska. (Contributions from the U. S. National Herbarium. Vol. III. 1895. No. 3. p. 133—203. With 1 pl.) Washington (Government Printing Office) 1895.

Sargent, C. S., The silva of North America: a description of the trees which grow naturally in North America, exclusive of Mexico. Vol. VIII. 4°. 126 pp. Illustr. with fig. and analyses drawn from nature by **Charles Edward Faxon** and engraved by **Philibert** and **Eugene Picart.** 50 pl. Boston, London (Sampson Low & Co.) 1895.

Smith, John Donnell, Enumeratio plantarum Guatemalensium necnon Salvadorensium, Hondurensium, Nicaraguensium, Costaricensium. Pars IV. 8°. 189 pp. Oquawkae, Illinois (H. N. Patterson) 1895.

Wright, W. G., Open letter. (Erythea. Vol. III. 1895. p. 147—148.)

Teratologie und Pflanzenkrankheiten:

Molliard, Marin, Recherches sur les cécidies florales. (Annales des sciences · naturelles. Botanique. Sér. VIII. T. I. 1895. No. 1.)

Prillieux, Ed., Maladies des plantes agricoles et des arbres fruitiers et forestiers causées par des parasites végétaux. Tome I. 8°. XVI, 421 pp. Avec 190 fig. · Paris (Firmin-Didot & Co.) 1895.

Stoklasa, Julius, Chemische Untersuchungen auf dem Gebiete der Phytopathologie. (Sep.-Abdr. aus Zeitschrift für physiologische Chemie. Bd. XXI. 1895. Heft 1. · p. 79—86.) 8°. Strassburg (K. J. Trübner) 1895.

Vito, Giac. de, Sull' invasione della peronospora viticola nel territorio martinese. 1. Generalità sulla peronospora della vite e sui mezzi per prevenirla e combatterla. 2. La peronospora nel territorio di Martina. 8°. 51 pp. Franca (tip. dell' Unione) 1895.

Medicinisch-pharmaceutische Botanik:

B.

Axenfeld, Th., Ein weiterer Beitrag zur Lehre von der eitrigen metastatischen Ophthalmie. Die für die septische Metastase des Auges im Allgemeinen wichtigen anatomischen und bakteriologischen Verhältnisse. [Habilitationsschrift.] 8°. 96 pp. Leipzig 1894.

Braithwaite, J., On the micro-organism of cancer. (Lancet. 1895. No. 26. · p 1636—1638.)

Brodmeier, A., Ueber die Beziehung des Proteus vulgaris Hsr. zur ammoniakalischen Harnstoffzersetzung. (Centralblatt für Bakteriologie und Parasitenkunde. Erste Abtheilung. Bd. XVIII. 1895. No. 12/13. p. 380—391.)

Bujwid, O., Gonococcus als die Ursache pyämischer Abscesse. (Centralblatt · für Bakteriologie und Parasitenkunde. Erste Abtheilung. Bd. XVIII. 1895. No. 14/15. p. 435.)

Bujwid, O., Ein Fütterungsmilzbrand bei dem Fuchse. (Centralblatt für · Bakteriologie und Parasitenkunde. Erste Abtheilung. Bd. XVIII. 1895. · No. 14/15. p. 435—436.)

Carta, A., Sull' inquinamento delle acque del porto di Genova; ricerche chimiche · e batteriologiche. (Giornale d. r. soc. ital. d'igiene. 1895. No. 3. p. 93—104.)

Cérenville, Tavel, Eguet et Krumbein, Contribution à l'étude du streptocoque et de l'entérite streptococcique. [Mittheilungen aus Kliniken und medicinischen Instituten der Schweiz.] (Annales suisses d. scienc. méd. II. Reihe. 1895. Heft 11.) gr. 8°. 74 pp. Mit 2 Lichtdruck- und 1 Curventafel. Basel · (Carl Sallmann) 1895. M. 3.20.

Charrin et **Nobécourt,** Pleurésie à Proteus. Influence de la grossesse sur l'infection. Influence de l'infection sur les nouveau-nés. (Comptes rendus de · la Société de biologie. 1895. No. 21. p. 452—453.)

Corselli, G. und **Frisco, B.,** Pathogene Blastomyceten beim Menschen. Beiträge zur Aetiologie der bösartigen Geschwülste. (Centralblatt für Bakteriologie und Parasitenkunde. Erste Abtheilung. Bd. XVIII. 1895. No. 12/13. p. 368—373.)

Dmochowski, Z. und **Janowski, W.,** Ueber die Eiterung erregende Wirkung des Typhusbacillus und die Eiterung bei Abdominaltyphus im Allgemeinen. (Beiträge zur pathologischen Anatomie und zur allgemeinen Pathologie. Bd. XVII. 1895. Heft 2. p. 221—368.)

Elschnig, Actinomyces im Thränenröhrchen. (Klinisches Monatsblatt für · Augenheilkunde. 1895. Juni. p. 188—191.)

Goeschel, C., Ueber einen im Lahnwasser gefundenen, dem Cholerabacillus ähnlichen Vibrio. [Inaug.-Diss.] 8°. 43 pp. Marburg 1895.

Grixomi, G., Il criterio di Pfeiffer nella diagnosi batteriologica del colera. · (Riforma med. 1895. No. 159—161. p. 99—103, 112—116, 123—126.)

Hainiss, G., Beiträge zur Lehre der Vaccine-Mikroben. (Orvosi hetilap. 1895. No. 23.) [Ungarisch.]

Kamen, Ludwig, Bakteriologisches aus der Cholerazeit. (Centralblatt für · Bakteriologie und Parasitenkunde. Erste Abtheilung. Bd. XVIII. 1895. · No. 14/15. p. 417—423. Mit 1 Tafel.)

Kutscher, Zur Phosphorescenz der Elbvibrionen. (Centralblatt für Bakteriologie · und Parasitenkunde. Erste Abtheilung. Bd. XVIII. 1895. No. 14/15. p. 424.)

Letzerich, L., Der Bacillus der Parotitis epidemica (Mumps, Mums, Ziegenpeter). Vorläufige Mittheilung. (Allgemeine medicinische Central-Zeitung. 1895. No. 67. p. 792—795.)

Mader, Ein Fall von intermittirender Diplokokkenpneumonie. (Wiener klinische Wochenschrift. 1895. No. 22. p. 397—400.)

Marmier, L., Sur la toxine charbonneuse. (Annales de l'Institut Pasteur. 1895. No. 7. p. 533—574.)

Marmorek, A., Der Streptococcus und das Antistreptokokken-Serum. (Wiener medicinische Wochenschrift. 1895. No. 31. p. 1345—1352 und I—VIII.)

Monod, J., Association bactérienne d'aérobies et d'anaérobies; gangrène du foie. (Comptes rendus de la Société de biologie. 1895. No. 18. p. 354—356.)

Roger, Influence des produits solubles du B. prodigiosus sur l'infection charbonneuse. (Comptes rendus de la Société de biologie. 1895. No. 17. p. 375—376.)

Roncali, D. B., Die Blastomyceten in den Adenocarcinomen des Ovariums. (Centralblatt für Bakteriologie und Parasitenkunde. Erste Abtheilung. Bd. XVIII. 1895. No. 12/13. p. 353 - 368. Mit 1 Tafel.)

Rullmann, Chemisch - bakteriologische Untersuchungen von Zwischendecken-füllungen mit besonderer Berücksichtigung von Cladothrix odorifera. (Forschungberichte über Lebensmittel etc. 1895. No. 7. p. 177—181.)

Thary et Lucet, Mycose aspergillaire chez le cheval. (Recueil de méd. vétérin. 1895. No. 11. p. 337—343.)

Unna, P. G., Die verschiedenen Phasen des Streptobacillus ulceris mollis. (Monatshefte für praktische Dermatologie. Bd. XXI. 1895. No. 2. p. 61—81.)

Vahle, Das bakteriologische Verhalten des Scheidensekrets Neugeborener. (Zeitschrift für Geburtshülfe und Gynäkologie. Bd. XXXII. 1895. Heft 3. p. 368—393.)

Weleminsky, F., Die Ursachen des Leuchtens bei Choleravibrionen. (Prager medicinische Wochenschrift. 1895. No. 25. p. 263—264.)

Welte, E., Studien über Mehl und Brot. VIII. Ueber das Verschimmeln des Brotes. (Archiv für Hygiene. Bd. XXIV. 1895. Heft 1. p. 84—108.)

Technische, Forst-, ökonomische und gärtnerische Botanik:

Blum, J., Die Pyramideneiche bei Harreshausen (Grossherzogthum Hessen). (Bericht über die Senckenbergische naturforschende Gesellschaft in Fankfurt a. M. 1895. p. 93—102. Mit 1 Tafel und 1 Textfigur.)

Canevari, A., Clima e terreno agrario. 8⁰. 72 pp. Milano (tip. G. Civelli) 1895. L. 1.—

Gaslini, Ang., I prodotti agricoli del tropico, con riguardo speciale alla colonia Eritrea: manuale pratico del piantatore. 8⁰. VIII, 270 pp. Milano (U. Hoepli edit) 1895.

Harlay, Observations sur les ferments et champignons producteurs de sucre et d'alcool dans la fabrication de l'Arrak. (Bulletin de la Société mycologique de France. T. XI. 1895. Fasc. 3.)

Hicks, Gilbert H., Pure seed investigation. (Repr. from the Yearbook of the U. S. Department of Agriculture. 1894. p. 389—408. With 9 fig.) 8⁰. Washington (Government Printing Office) 1895.

Krause, L., Ueber den Obstbau in Rostock im 17. Jahrhundert. (Beilage zur Rostocker Zeitung. 1895. No. 506.)

Mell, P. H., Experiments in crossing for the purpose of improving the Cotton fiber. (Agricultural Experiment Station of the Agricultural and Mechanical College, Auburn, Alab. Bull. No. LVI. 1894.) 8⁰. 47 pp. With figs. Montgomery, Alab. (Brown Printing Co.) 1894.

Rostowzew, S., Botanik und Landwirthschaft. (Festrede.) 8⁰. 9 pp. [Russisch.]

Personalnachrichten.

Ernannt: Dr. **G. Lagerheim** in Tromsö zum ord. Professor der Botanik und Director des Botanischen Instituts an der Universität Stockholm.

32 Original-Photographien

südbrasilischer Phalloideen,

aufgenommen von dem Unterzeichneten nach lebendem Material, mit beigedruckten Erläuterungen, in Carton sind zum Preise von 30 Mark zu beziehen von

Dr. Alfred Möller, Idstein.

Inhalt.

Ausgegeben: 13. November 1895.

Druck und Verlag von Gebr. Gotthelft in Cassel.

Band LXIV. No. 8. XVI. Jahrgang.

Botanisches Centralblatt.

REFERIRENDES ORGAN

für das Gesammtgebiet der Botanik des In- und Auslandes.

Herausgegeben

unter Mitwirkung zahlreicher Gelehrten

von

Dr. Oscar Uhlworm und Dr. F. G. Kohl
in Cassel. ———— in Marburg.

Zugleich Organ

des

Botanischen Vereins in München, der Botaniska Sällskapet i Stockholm,
der Gesellschaft für Botanik zu Hamburg, der botanischen Section der
Schlesischen Gesellschaft für vaterländische Cultur zu Breslau, der
Botaniska Sektionen af Naturvetenskapliga Studentsällskapet i Upsala,
der k. k. zoologisch-botanischen Gesellschaft in Wien, des Botanischen
Vereins in Lund und der Societas pro Fauna et Flora Fennica in
Helsingfors.

| Nr. 47. | Abonnement für das halbe Jahr (2 Bände) mit 14 M. durch alle Buchhandlungen und Postanstalten. | 1895. |

Die Herren Mitarbeiter werden dringend ersucht, die Manuscripte
immer nur auf *einer* Seite zu beschreiben und für *jedes* Referat besondere Blätter benutzen zu wollen. **Die Redaction.**

Wissenschaftliche Original-Mittheilungen.*)

Ueber die oblito-schizogenen Secretbehälter der Myrtaceen.

Von
Dr. Gotthilf Lutz.

Mit 2 Tafeln.**)

(Fortsetzung.)

Eucalyptus colossea.

Die Genesis, Entwicklung, Bau, Grösse und Vertheilung der
Secretbehälter von *Eucalyptus colossea* sind im Allgemeinen ziem-
lich übereinstimmend mit denjenigen von *Eucalyptus amygdalina.*
Die Secretbehälter sind auch hier zweifellos schizogen und werden

---

*) Für den Inhalt der Originalartikel sind die Herren Verfasser allein
verantwortlich. **Red.**
**) Die Tafeln liegen einer der nächsten Nummern bei.

in der Regel epidermal gebildet. Wenn wir schon bei einigen andern *Myrtaceen* nur eine schwach entwickelte mechanische Scheide beobachten konnten, kann hier von einer solchen fast nicht mehr die Rede sein.

Die Verkorkung und die Obliteration der Secernirungszellen findet bei diesen Secretbehältern schon sehr früh statt. In einigen Fällen war namentlich sehr schön die resinogene Schicht zu finden, in der sich theilweise schon Oel gebildet, aber noch nicht losgelöst und in den Interzellularraum ergossen hatte (Fig. 26). Man sieht in solchen Fällen im Querschnitt deutlich den verkorkten Ring mit den anhängenden obliterirten Secernirungszell-Resten; darauf liegt die resinogene Schicht in unregelmässiger Breite; theilweise sind die Körnchen und Stäbchen noch gut zu unterscheiden, theilweise aber finden sich grössere und kleinere blasenartige Oeltröpfchen darin. Es wird denn auch in solchen Fällen die ganze resinogene Schicht durch Osmiumsäure (1:100) braun gefärbt, was beweist, dass die ganze Schicht mit Oel durchtränkt ist.

Auch hier waren an verschiedenen Orten die Blasen zu finden, wie sie bei *Eugenia Pimenta* gefunden wurden und dort näher besprochen werden sollen. Hier aber zeigen diese Blasen den grossen Unterschied, dass sie von der resinogenen Schicht ausgehen (Fig. 27), während sie bei *Eugenia Pimenta* scheinbar direct von den Secernirungszellen gebildet werden. Es liegt in diesem Fall einfach ein Vordringen des resinogenen Beleges in den Interzellularraum vor. Durch Alkohol wird natürlich alles Oel gelöst und es bleiben nur die Reste der resinogenen Schicht als Körnchen und Stäbchen übrig.

Bei den jungen Knospenblättchen ist hier nur eine dürftige Haarbildung zu constatiren; niemals waren auch nur Andeutungen von Ausstülpungen, wie sie bei *Eucalyptus citriodora* beschrieben wurden, vorhanden.

Eucalyptus globulus.

Die Secretbehälter bei *Eucalyptus globulus* zeigen die gleichen Verhältnisse, wie wir sie bei den andern *Eucalyptus*-Arten besprochen haben, nur sind sie hier in der Anzahl etwas beschränkter im Vergleich zu andern. In den Blattstielen und den noch nicht verholzten Stengeln findet man in der Rindenschicht ganz bedeutend grössere Behälter, als in den Blättern. Die Obliteration in den Secretbehältern tritt hier sehr viel später ein, als bei den andern *Eucalypten*; in den meisten Fällen waren immer noch einige vollständige, noch nicht obliterirte Secernirungszellen zu finden.

Bei jüngern Stadien der Behälter, da, wo die Secernirungszellen noch erfüllt sind mit dem körnigen Inhalt, waren zarte Kappen an denselben zu sehen. Jedenfalls sind das die Anfänge der resinogenen Schicht, die hier nie sehr deutlich ausgebildet wird, sondern immer mehr als unterbrochene Verdickung der innern Membranen der Secernirungszellen sich zeigt, also keinen continuirlichen Beleg bildet.

Auch hier bei *Eucalyptus globulus* waren die Secernirungs-zellen in spätern Stadien verkorkt.*)

Eucalyptus diversicolor.

Das lebende Untersuchungsmaterial von *Eucalyptus diversicolor* stammte aus dem botanischen Garten von Genua. Die Blätter haben die Form und Grösse von Buchenblättern, sind also sehr verschieden von den Blättern anderer *Eucalyptus*-Arten.

Im durchfallenden Licht lassen sich mit Leichtigkeit die Secret-behälter als helle, runde, verhältnissmässig grosse Punkte unter-scheiden, die in grosser Anzahl unregelmässig über die ganze Blattspreite vertheilt sind. Bei der mikroskopischen Untersuchung zeigen die Secretbehälter an Blattquerschnitten eine birnenförmige Gestalt (Fig. 28). Sie sind aus der Epidermis entstanden und ragen sehr weit in das Mesophyll des Blattes hinein, sind in ihrer Längsaxse etwa doppelt so lang, wie die schön ausgebildeten Palissaden und nehmen oft $^2/_3$ der Blattdicke ein. Fast ausschliess-lich sind die Behälter nur auf der Oberseite des Blattes zu finden. Ihre Grösse schwankt in der Längsaxse zwischen 85—100 μ, in der Queraxse zwischen 60—80 μ.

Aus diesen Zahlen ist also ersichtlich, dass die Secretbehälter von *Eucalyptus diversicolor* zu den grösseren gehören, welche die Gruppe der *Myrtaceen* aufweisen.

Auch bei diesen Secretbehältern ist die Anlage und die spätere Ausbildung derselben ganz analog, wie bei den andern unter-suchten *Myrtaceen*, also rein schizogen mit späterer Obliteration der Secernirungszellen, welche ebenfalls verkorkt sind. Eine Lignin-Einlagerung bei den Secernirungszellen, oder bei dem, den Secretbehälter umgebenden Gewebe, war auch in diesem Fall nicht nachzuweisen. Auch zeichnet sich dieses zuletzt genannte Ge-webe nicht aus durch dickere Wände und etwas kleinere, dichter gedrängte Zellen, wie es bei einigen andern *Myrtaceen*, nament-lich bei *Myrtus communis*, der Fall ist.

Die Eigenschaft, dass die Entwicklung der Behälter nicht immer von Epidermiszellen ausgeht, hat *Eucalyptus diversicolor* mit den andern *Eucalypten* gemein.

Die ersten Anlagen eines Secretbehälters geschehen sehr früh und es waren nur in den zarten, noch kaum differenzirten Knospen-blättchen solche zu finden. Auch diese Thatsache finden wir fast ausnahmslos bei allen *Myrtaceen* wieder und es deutet das, sowie die spätere Verkorkung oder Verholzung der Secernirungszellen darauf hin, dass die Secretbehälter wirklich Behälter von Aus-scheidungsproducten sind. Das Secret, welches sich einmal in diesen Behältern gebildet hat, kann nicht mehr diffundiren, es tritt nicht mehr in den Stoffwechsel der Pflanzen zurück, es bleibt da erhalten, wo es entstanden.

---

*) Tschirch, *Eucalyptus globulus*. (Pharmaz. Zeitung. Berlin. Jahr-gang **XXVI**. No. 88.)

Eucalyptus stricta.

Das Material stammt ebenfalls aus dem botanischen Garten von Genua. Die Secretbehälter sind vielleicht die grössten von. allen Behältern der *Myrtaceen*. Sie sind kugelig und haben einen Durchmesser bis zu 150 μ. In allen Beziehungen stimmen sie vollkommen mit den bisher untersuchten überein. Die Secernirungszellen sind in späteren Stadien verkorkt; sie zeigen aber keine Ligninreaction. Da sie selten direct unter der Epidermis liegen, sondern meistens fast mitten im Mesophyll des Blattes, kann ich nicht annehmen, dass der Ort der Entstehung eine Epidermiszelle sei, und der Behälter nur durch vermehrte tangentiale Theilung derselben soweit in's Blattinnere gedrückt worden sei. Leider waren von *Eucalyptus stricta* keine Blattknospen zu bekommen, so dass die Frage, wo der Ort der Entstehung in diesem Falle ist, nicht gelöst werden konnte.

Eugenia Pimenta.

Auch hier ist die Bildung der Secretbehälter unbedingt schizogen, was durch verschiedene junge Stadien in den Knospenblättchen zur Evidenz nachgewiesen werden kann. Um mich aber nicht zu oft zu wiederholen, werde ich hier und auch später bei der Beschreibung der Secretbehälter der andern *Myrtaceen* nicht die ganze Entwicklungsgeschichte beschreiben, wenn dieselbe nicht durch irgend einen besonderen Umstand der Erwähnung werth ist. Desshalb mag auch an dieser Stelle bemerkt werden, dass in den allermeisten Fällen bei den von mir untersuchten *Myrtaceen* die Genesis der Secretbehälter bis auf das erste Anfangsstadium zurück verfolgt wurde und überall ziemlich analog war, d. h. es zeigte sich, dass wir es mit einer rein schizogenen Bildung zu thun haben.

Während nun bei *Myrtus communis* ganz genau verfolgt werden konnte, dass die Secretbehälter epidermal entstehen, war dies hier nicht möglich und scheint es mir, dass die epidermale Bildung der Behälter bei *Eugenia Pimenta* nicht so stricte durchgeführt ist, wie bei *Myrtus communis*. Ausgewachsene Behälter sind allerdings meistens direct unter der Epidermis gelegen und von dieser durch eine oder zwei platt gedrückte subepidermale Zellen getrennt, doch kamen häufig genug Fälle vor, wo zwei und selbst mehr Zellreihen zwischen dem Secretbehälter und der Epidermis lagen (Fig. 29).

Auch hier werden die Behälter schon sehr früh angelegt und man muss bis auf die allerjüngsten Knospenblättchen zurückgehen, um noch nicht verkorkte, mit straff gespannten Secernirungszellen versehene Secretbehälter zu finden.

Solche jungen Blättchen weisen oft schon eine grosse Anzahl derselben auf; in einem Falle z. B. waren im Querschnitt eines $1^{1}/_{2}$ mm langen Blättchens 11 Secretbehälter zu zählen, die mindestens $^{2}/_{3}$ des ganzen Blattquerschnittes einnahmen.

Die ausgewachsenen Behälter, die auch hier wieder die Blattoberseite bevorzugen, haben eine kugelige Form, der Durchmesser erreicht ungefähr 60—100 μ.

Bei *Eugenia Pimenta* waren besonders schön die Belege, die resinogene Schicht an den Secernirungszellen zu sehen (Fig. 30); aber nur bei den jüngeren Behältern. Später, allerdings nicht so früh, wie bei *Myrtus communis*, obliteriren die Secernirungszellen theilweise und der resinogene Beleg verschwindet.

Eine eigenthümliche Erscheinung, die nicht völlig erklärt werden konnte, obschon sie sich ziemlich häufig zeigte, war folgende: Ganz junge Secretbehälter waren gebildet von 7 bis 10 grossen Secernirungszellen, welche einen körnigen Inhalt zeigten, wie das auch schon mehrere Male besprochen wurde. Eine resinogene Schicht, oder auch nur eine Andeutung davon war nicht vorhanden. Auch war in den Secernirungszellen kein Oel nachzuweisen (mittelst Osmiumsäure). Im Innenraum dieser Secretbehälter selber aber war schon ein Tropfen Oel zu sehen, der aber immer einer Secernirungszelle anlag und meistens auch nicht die kugelige Gestalt eines freiliegenden Tropfen hatte. In derjenigen Secernirungszelle, welcher der Oeltropfen anlag, waren die Körnchen so gegen denselben gerichtet, dass man gleichsam annehmen konnte, es existire eine Strömung dorthin (Fig. 31). Vieles liess vermuthen, dass der Oeltropfen von einem feinen Häutchen umgeben sei und durch dieses mit der Secernirungszelle in Verbindung stehe. Durch sehr vorsichtiges Zufliessenlassen, zuerst von verdünntem Alkohol, dann von absolutem Alkohol liess sich das Oel langsam entfernen und in der That blieb ein äusserst feines, zartes Häutchen zurück, welches sich aber ziemlich bald an die Secernirungszelle anlegte und nicht mehr zu erkennen war.

Es liegt also hier der Fall vor, dass sich scheinbar ohne resinogene Schicht doch Oel bildete, was allerdings einen grossen Gegensatz zu den Secretbehältern der andern *Myrtaceen* und zu den schizogenen Behältern überhaupt bilden würde. Eine genaue Erklärung dieser Thatsache ist mir nicht möglich zu geben, doch vermuthe ich, dass hier etwa folgender Vorgang stattfinden könnte: An einer jungen, turgescenten Secernirungszelle bildet sich eine kleine Ausbuchtung, in der sich auf eine zunächst unbekannte Art Oel bildet; diese Ausbuchtung wird mehr und mehr aufgetrieben durch vermehrte Bildung von Secret und zuletzt platzt das Häutchen der Ausbuchtung und das Secret fliesst in den Intercellularraum; oder aber das ganze lösst sich von der Secernirungszelle ab und es gelangt dann ein Tröpfchen Oel, umgeben von einem zarten Häutchen, in den Interzellularraum.

Diese Secretbildung „ohne resinogene Schicht" ist um so merkwürdiger, da, wie schon oben bemerkt, sonst bei *Eugenia Pimenta* sehr schöne Belege gefunden wurden. Ein grosser Unterschied war aber immer zu constatiren zwischen den Secretbehältern, die das Secret auf die eben beschriebene Weise in den Interzellularraum absondern, und denjenigen, welche eine resinogene Schicht zeigten und durch diese das Secret erzeugen. Während die ersteren nämlich Secernirungszellen besassen, die mit dem charakteristischen körnigen Inhalt erfüllt sind, waren die Secernirungszellen, die einen resinogenen Beleg zeigen, immer leer und oft schon flach gedrückt, oder gar obliterirt. Ob diese beiden Arten von Secretbildung in irgend einem Zusammenhang mit einander stehen, konnte nicht eruirt werden; so viel aber scheint mir. jedenfalls sicher zu sein, dass der resinogene Beleg das Produkt eines, im Wachsthum weiter vorgeschrittenen Secretbehälters ist, da dort die Secernirungszellen leer sind, denn die Thatsachen lehren uns ja, dass die Secernirungszellen immer mit einem Inhalt erfüllt sind, so lange nicht eine mehr oder weniger deutlich sichtbare resinogene Schicht vorhanden ist, die die Secretproduction besorgen kann.

Ueber den resinogenen Beleg selber ist folgendes zu sagen: Es sind deutlich zwei verschiedene Arten davon zu unterscheiden, die jedenfalls mit dem Alter der untersuchten Secretbehälter in engem Zusammenhang stehen. Oft sieht man im Querschnitt den Beleg in Form von einem fast überall gleich dicken Band, ohne eine Lücke, den Secernirungszellen angelagert. Er besteht aus kleinen runden Körnchen und stäbchenförmigen Gebilden. Alkohol, Millon'sches Reagens, sowie Osmiumsäure (1 : 100) und auch Jod bringen in diesem Beleg keine Reaction hervor; durch Glycerin aber und durch Chloralhydratlösung noch mehr, entstand eine starke Quellung, die allmälig in eine förmliche Lösung des Beleges überging; es scheinen also auch hier schleimartige Substanzen vorhanden zu sein.

Die zweite Art der resinogenen Schicht zeigt insofern ein anderes Bild, indem sie nicht mehr continuirlich den Secernirungszellen angelagert ist; es ist gleichsam das fortgeschrittenere Stadium des vorhin beschriebenen; der Beleg, welcher sich im Querschnitt als Band zeigt, ist zerrissen (Fig. 32), fehlt stellenweise ganz, an andern Stellen ist es stückweise auf einander gelagert.

Da in denjenigen Secretbehältern, in denen das Secret vollkommen den Interzellularraum ausfüllt, keine Belege mehr zu finden sind, so scheint es mir, dass das oben beschriebene Stadium ein intermediäres Stadium des in Resorption begriffenen resinogenen Beleges ist.

Auch hier, bei *Eugenia Pimenta*, cuticularisiren im späteren Alter die Membranen der Secernirungszellen; es ist das ein principieller Unterschied zwischen den schizogenen Secretbehältern der *Myrtaceen* und den übrigen schizogenen Behältern, die niemals eine Verkorkung zeigen. Auch beweist das, dass, wenn einmal die Secreterzeugung beendigt ist, der Secretbehälter nicht mehr weiter sich ausbildet oder wächst.

Eine Verholzung des den Secretbehälter umgebenden Gewebes war hier niemals zu finden.

Fructus Pimentae. Von *Eugenia Pimenta* D. C., (*Pimenta off.* Lindley, *Pimenta vulgaris* Wight und Arnott, *Myrtus Pimenta* L.) stammen bekanntlich die Fructus Pimentae der Apotheken ab. Es sind die unreifen, an der Sonne getrockneten Früchtchen derselben.

Auch diese Früchtchen enthalten Secretbehälter in grosser Anzahl.*) An einem Querschnitt können wir beobachten, dass sich dieselben nur in der äussern Fruchtschale befinden und zwar sind sie, dicht gedrängt neben einander liegend, zu einem Kreise angeordnet, der nur durch eine oder zwei Zellreihen von der Epidermis getrennt ist. Im übrigen Gewebe der Fruchtschale sind keine Behälter vorhanden.

Die Form der Behälter ist kugelig und ihr Durchmesser variirt zwischen 100 bis 160 μ. Im Allgemeinen machen diese Secretbehälter den gleichen Eindruck, wie diejenigen der Blätter von *Eugenia Pimenta*. Auch hier waren in vielen Fällen die resinogenen Belege noch vorzüglich zu sehen, wie ich sie oben beschrieben.

Die mechanische Scheide ist nur schwach ausgebildet und wenig verholzt. Dagegen zeigen die Secernirungszellen, die natürlich obliterirt sind, eine sehr starke Verkorkung.

Pimenta acris Wight.
(*Myrcia acris* D. C.)

Diese Pflanze liefert auch noch eine besondere Art von Piment.**) Mein Untersuchungsmaterial entstammt der Tschirch-schen Sammlung, die er in Java angelegt. Es waren Zweige und Blätter, die Tschirch dort in frischem Zustand im Garten von Buitenzorg gesammelt und in Alkohol eingelegt hatte.

Die Blätter von *Pimenta acris* sind etwas grösser und im Verhältniss zur Länge breiter, als diejenigen von *Eugenia Pimenta*. Sie hatten bei meinem Material eine dunkelbraunrothe Farbe, die durch die Phlobaphene, welche das ganze Blatt erfüllen, bedingt ist. In besonderer Menge findet man diese Phlobaphene in der Umgebung der Secretbehälter abgelagert, so dass man diese letzteren, namentlich auf der helleren Unterseite des Blattes, leicht als fast schwarze Punkte unterscheiden kann.

Die Behälter liegen unregelmässig zerstreut in grosser Anzahl in der ganzen Blattspreite, hauptsächlich auf der Oberseite des Blattes, auch in der Mittelrippe des Blattes; auch in allen nicht verholzten Stengeln findet man die Secretbehälter, welche eine kugelige Form und einen Durchmesser von 70 bis 120 μ haben.

Da leider bei dem Material keine ganz jungen Knospenblättchen vorhanden waren, konnte die Entwicklungsgeschichte nicht verfolgt werden und seien desshalb die ausgebildeten Secretbehälter beschrieben. Dabei werden wir die Erfahrung machen, dass die Secretbehälter in so engem Zusammenhang mit den Epidermiszellen stehen, dass wir wohl annehmen dürfen, auch diese Behälter würden ihren Ursprung in diesen Zellen nehmen.

Betrachten wir einen Querschnitt durch ein Blatt von *Pimenta acris*, so fallen uns zuerst zwei Thatsachen in die Augen. Erstens

---

*) Vergl. die Abbildungen in Tschirch's Anatomie und in Möller's Mikroskopie.
**) Vergl. Flückiger, Pharmacognosie.

sehen wir von den Secretbehältern, die ziemlich weit in das Blatt-gewebe hineingerückt sind, eine Art Stiel an die Oberfläche des Blattes gehen, und zweitens zeichnet sich die nächste Umgebung des Secretbehälters, sowie dieser Stiel selbst durch seine braunrothe Färbung vor dem andern Gewebe aus. Chloralhydrat, das auf die Phlobaphene, die Ursache dieser Farbe sind, nicht einwirkt, konnte zur Aufhellung des Präparates in diesem Fall nicht benutzt werden, desshalb wurde das Präparat mit concentrirter Salpeter-säure und chlorsaurem Kali bei gewöhnlicher Temperatur behandelt und damit ein befriedigendes Resultat erzielt. Nun sehen wir nämlich, dass dieser Stiel nichts anderes ist, als eine Oeffnung, ein Trichter, der von der Oberfläche des Blattes bis zu dem Secret-behälter führt (Fig. 33). Es sind drei, manchmal auch 4 Zell-reihen. welche den Behälter von der Epidermis trennen und in ihrer Mitte den Trichter frei lassen. Die Cuticula geht nicht etwa über die Oeffnung hinweg, sie so verschliessend, sondern begleitet die Zellen in den Gang hinein. Noch deutlicher sehen wir bei einem Flächenschnitt, dass es eine wirkliche Oeffnung ist. Hier können wir nämlich genau constatiren, dass es meistens zwei und nur in sehr seltenen Fällen drei Epidermiszellen sind, welche den Canal nach aussen begrenzen und ganz den Eindruck von grossen Spaltöffnungen machen. Es zeichnen sich diese zwei Epidermis-zellen, wie schon oben bemerkt, durch ihre braunrothe Farbe, ihre nicht gewellten, starken Seitenwände von den andern Epidermis-zellen aus; in ihrer Mitte sieht man sehr deutlich die unver-schlossene Oeffnung (Fig 34). Neben diesen grossen, den Spalt-öffnungen ähnlichen Oeffnungen dieser Trichter finden wir, haupt-sächlich auf der Unterseite des Blattes, in grosser Anzahl die wirklichen Spaltöffnungen, die im Vergleich zu den ersteren ausser-ordentlich klein sind (Fig. 35).

Kehren wir zurück zu den Secretbehältern. Sie sind in keiner Weise von allen andern unterschieden. Niemals war zu sehen, dass der soeben besprochene Trichter wirklich in den Secret-behälter hineinführt; er war immer durch eine Zelle der mecha-nischen Scheide geschlossen.

Die obliterirten Secernirungszellen sind natürlich auch hier vollkommen verkorkt; resinogene Belege wurden in vielen Fällen noch gefunden, und zeigten auch die uns bekannte Structur mit Körnchen und Stäbchen. Die mechanische Scheide besteht nur aus einer einzigen Zellreihe, deren Membranen eine schwache Ligninreaction zeigte; obenso zeigten diese Reaction auch die sehr starken Wände der Zellen, welche den Trichter umschliessen.

Wir sehen also, dass die Secretbehälter von *Pimenta acris* denselben Typus, wie alle anderen Behälter in der Familie der *Myrtaceen* zeigen. Die Erscheinung der Trichter dagegen steht vereinzelt da; nirgends sonst habe ich ähnliches gesehen.

(Schluss folgt.)

Sammlungen.

Arnold, F., Lichenes exsiccati. 1859—1893. Nr. 1—1600.
(Berichte der Baierischen botanischen Gesellschaft. Band I.
München 1894. pp. 56).

Mit dieser Arbeit ist der Verf. einem lange und vielfach
empfundenen Bedürfnisse nachgekommen, das weit über die Zahl
der Besitzer seiner in einer Auflage von etwa 50 Stück erscheinen-
den Sammlung sich erstreckt. Diese Arbeit krönt aber auch gewissermaassen ein ruhmreiches Lebenswerk, das ebenso von be-
wundernswerthem Fleisse, wie von hochausgebildeter Fachkenntniss
zeugt. Das beste Denkmal aber werden stets bilden die wissenschaftlichen Erfolge, die wir der Benutzung dieser Sammlung verdanken und noch verdanken werden. Und unter den dankbarsten
möchte ich selbst die erste Stelle einnehmen. In Bezug auf die
Güte und den Lehrwerth gehört diese Sammlung neben die durch
W. von Zwackh und H. Lojka herausgegebenen, welche drei
als Muster für alle einstigen Herausgeber solcher Exsiccaten dienen
mögen, sie übertrifft aber selbst die zweite in der Höhe der Zahl,
die noch dazu in einem kürzeren Zeitraume erreicht wurde. Sie
umfasst 1600 Nummern, aber mit Hinzufügung der unter a-f gelieferten Beiträge etwa 2000 Stück und dürfte daher in dieser Hinsicht von einer anderen kryptogamischen Sammlung kaum über-
troffen werden. Zudem ist zu beachten, dass sie seit dem Erscheinen
dieser Arbeit fortgesetzt ist.

Als ein Mangel der Art der Herausgabe wurde es die längste
Zeit hindurch empfunden, dass diese ohne Titel und Jahreszahl geschah. Leider hat der Verf. auch in dieser Arbeit das Versäumte
nicht nachgeholt. Hoffentlich geschieht dieses noch in einem Nachtrage.

Die Arbeit besteht aus folgenden 5 Haupttheilen.

A) Das Verzeichniss der sämmtlichen Nummern ist desshalb
besonders beachtenswerth, weil es zahlreiche Aenderungen der Bestimmungen bringt, die freilich nicht immer oder nicht allgemein
als Verbesserungen angesehen werden dürften. Die Aenderungen
sind leider äusserlich nicht gekennzeichnet.

B) Der zweite Haupttheil besteht in einer systematischen
Uebersicht der Gattungen, in denen die Arten möglichst nach der
Verwandtschaft geordnet sind.

C) Das alphabetische Verzeichniss der Sammler mit ihren durch
die Nummern gekennzeichneten Beiträgen würde seinem Zwecke
nach unverständlich sein, wenn man nicht annimmt, dass der Verf.
damit seinen Mitarbeitern aus Dankbarkeit ein Denkmal stiften
wollte. Sonst würde die Bemerkung, dass ausser dem Verf. mit
seinem Hauptantheile 84 Sammler sich an dem Werke betheiligten,
genügt haben.

D) Neben dem zweiten Hauptabschnitte ist dieser am meisten
geeignet, die ganze Leistung im wohlverdienten Glanze zu zeigen.

Dieser vierte Hauptabschnitt zählt die Nummern nach den 35
Florengebieten mit den zugehörigen Sammlern vertheilt auf. Von
diesen Gebieten haben der Fränkische Jura und Tirol, als vom
Verf. selbst vorwiegend durchforscht, die grösste Anzahl von
Nummern geliefert. Eine Wiedergabe dieses Abschnittes dürfte in
der folgenden Gestalt erwünscht sein.

1. Fränkischer Jura (4 Sammler), 2. Keuper in Franken (4),
3. Fichtelgebirge (1), rauher Kulm (1), Spessart (1) und Pfahl in
Niederbaiern (1), 4. Allgäu (2), 5. Baierische Alpen (3), 6. Ober-
baierische Hochebene (1), 7. München (5), 8. Augsburg (1), 9.
Baden (4), 10. Heidelberg (2), 11. Württemberg (5), 12. Westfalen
(6), 13. Oldenburg (1), 14. andere (11) deutsche Gegenden (12),
15. Tirol (8), 16. Kärnthen (1), 17. Klagenfurt (2), 18. Steiermark
(2), 19. Krain (2), 20. Niederösterreich (4), 21. Salzburger Alpen
und Salzkammergut (5), 22. Böhmen (1), 23. Ungarn, Siebenbürgen,
Banat und Hercegovina (1), 24. Schweiz (4), 25. Frankreich (7),
26. Italien (2), 27. Corfu (1), 28. England (1), 29. Schweden und
Norwegen (6), 30 Insel Gotland (2), 31. Dänemark (2), 32. Afrika
(4), 33. Algier (2), 34. Nordamerika (1), Miquelon (1), Mexico (1)
und Urugnay (1), 35. Neuseeland (2).

E) Der Zweck des letzten Hauptabschnittes dürfte am wenigsten
verständlich sein. Es wird eine Uebersicht des auf *Sorbus Chamaemespilus, Rhodiola rosea, Rhododendron hirsutum, Rh. ferrugineum,
Ilex Aquifolium, Salix retusa, Pinus Mughus* nud *Corylus Avellana*
vorkommenden Flechtenwuchses nach den in der Sammlung vertretenen Nummern gegeben.

Gewiss wird man allgemein seiner unbestreitbaren Zweck-
mässigkeit wegen ein alphabetisches Verzeichniss der Artennamen
am Schlusse der Arbeit vermissen. Hoffentlich folgt auch ein
solches in dem zu erwartenden Nachtrage, mit dem der Verf. eine
schöne Lebensaufgabe mit beneidenswerthem Erfolge abschliessen wird.

                                        Minks (Stettin).

_____

Arnold, F., Dr. H. Rehm, *Cladoniae exsiccatae.* 1869—1895.
Nr. 1—440. (Berichte der Baierischen botanischen Gesellschaft.
Bd. II. München 1895. pp. 34).

Der Verf. dieser Arbeit ist für den letzten und kleineren Antheil der Sammlung auch der Herausgeber, nachdem Rehm als
der erste zurückgetreten war. Da diese für die Kenntniss der
Gattung *Cladonia* sehr wichtige und werthvolle Sammlung nur in
einer Auflage von 16—17 Stück herausgegeben ist, und in Folge
naheliegender Umstände nur wenige die vollständige Sammlung besitzen, wird diese vorliegende Arbeit um so mehr als eine dankens-
werthe Leistung begrüsst werden, die den Gebrauch der Sammlung
über den Kreis der Besitzer hinaus erleichtert oder ermöglicht.
Der Entwurf dieser Arbeit entspricht dem desselben Verf., den er
seiner Arbeit über seine *Lichenes* exsiccati zu Grunde gelegt hat,
übertrifft aber noch in mehreren Punkten jenen. Eine Wiedergabe
des Inhaltes dürfte in der folgenden Fassung erwünscht sein.

Die Arbeit ist in folgende 6 Hauptabschnitte eingetheilt.

A) Der erste Abschnitt ist eine chronologische Uebersicht über·
die herausgegebenen Bände.

B) Im zweiten Abschnitte wird die Aufzähluug der Nummern·
gegeben, in der die Aenderungen der Bestimmungen zu beachten sind..

C) Aus der Aufzählung der Arten nach ihrer angenommenen·
Verwandtschaft unter Beifügung der zugehörigen Nummern erfahren wir, dass 47 Arten dieser formenreichsten Flechtengattung·
in der Sammlung vertreten sind. Hier verdienen die Anmerkungen·
des Verf. Beachtung, namentlich aber die, nach denen der Werth·
der Kriterien W a i n i o's entscheidend beurtheilt werden kann. Besonders zu beachten ist, dass, obgleich in Nr. 285 der Habitus von·
C. silvatica vorhanden ist, diese doch als *Cladonia alpestris* aufgefasst wird, weil die Spermogonien den rothen Stoff W a i n i o's enthalten, dass dagegen bei Nr. 50 das Umgekehrte der Fall ist. In·
einem Anhange weisst der Verf. hin auf die Stellen des Schrift-
thumes, wo die „Jugendzustände der Lager" (d. h. die Lager ohne
Podetien) behandelt sind, und zugleich auf die wenigen Nummern,·
die solche Zustände vorführen, und endlich auf die krankhaften·
Zustände des Lagers.

D) Aus dem alphabetischen Verzeichnisse der 18 Sammler mit·
den gelieferten Nummern ersieht man, dass der Verf. am zahlreichsten·
vertreten ist.

E) Das Verzeichniss der Nummern nach den 15 Florengebieten·
verdient im Auszuge mitgetheilt zu werden.

1. München (3 Sammler), 2. Augsburg (1), 3. Keuper in·
Mittelfranken (2), 4. Fränkischer Jura (1), 5. Spessart (1), 6.·
Bairische Alpen (1), 7. Berlin (1), 8. Hessen (2), 9. Oldenburg (1),·
10. Oesterreich, a) Tirol (3), b) Niederösterreich (1), c. Steiermark·
(1), d. Siebenbürgen, Ungarn (1), 11. Schweiz (2), 12. Griechen-·
land (1), 13. Kaukasus (1), 14. Miquelon (1), 15. Australien (1).·

F) Einen wichtigen Abschnitt, der zur Erleichterung des·
Studiums der Gattung beizutragen geeignet ist, bildet die chronologische Uebersicht der Eintheilungen. Folgende Eintheilungen·
werden mitgetheilt:

1. Die Eintheilung nach A c h a r i u s, Lichenographia universalis·
   (1810),
2. nach A c h a r i u s, Synopsis methodica Lichenum (1814),
3. nach F l ö r k e, De Cladonia difficilimo Lichenum genere·
   commentatio nova (1828),
4. nach W a l l r o t h, Naturgeschichte der Säulchenflechten·
   (1829),
5. nach W a l l r o t h, Flora cryptogamica Germaniae (1831),·
6. nach D e l i s e in Duby, Botanicon Gallicum (1830),
7. nach E. F r i e s, Lichenographia Europaea reformata (1831),·
8. nach v o n F l o t o w, Lichenes Florae Silesiae (1849), die·
   sich, wie der Verf. hervorhebt, zunächst an die von·
   E. F r i e s anlehnt und später von K ö r b e r (Syst. lich.·
   German.) beibehalten wurde,

9. nach S c h ä r e r, Enumeratio critica Lichenum Europaeorum (1850).

Nachdem der Verf. die bemerkenswerthe Erscheinung hervorgehoben hat, dass in neuester Zeit bei der mikroskopischen Untersuchung sich keine mikroskopischen Merkmale als zur Eintheilung verwendbar herausstellten, giebt er

10. die Eintheilung nach N y l a n d e r, Synopsis methodica lichenum (1858),
11. nach M u d d, A Manual of the British lichens (1861),
12. nach Th. F r i e s, Lichenographia Scandinavica (1871),
13. nach L e i g h t o n, The Lichen-Flora of Great Britain (1879),
14. nach W a i n i o, Monographia Cladoniarum (1887—94), die der Verf. als eine Vereinigung der wichtigeren Ergebnisse der bisherigen Methoden mit eigenen und selbstständigen Beobachtungen bezeichnet,
15. nach K r a b b e, Entwickelungsgeschichte der Gattung *Cladonia* (1891),
16. nach C r o m b i e, A Monograph of Lichens fond inn Britain (1894).

Weil der Verf. nur die zusammenhängenden Eintheilungen, wie sie als solche in den verschiedenen Arbeiten aufgeführt sind oder wie sie aus ihnen herausgezogen werben können, berücksichtigt hat, findet man die Aenderungen der Eintheilung nach N y l a n d e r und die Eintheilung nach M ü l l e r A r g. gar nicht erwähnt.

Minks (Stettin).

Eriksson, Jakob, Fungi parasitici scandinavici exsiccati. Index universalis. 8⁰. 12 pp. Stockholm 1895.

Meister, Herbier schaffhousois. (Compte rendu des travaux présentés à la 75. session de la Société Helvétique des sciences naturelles à Bâle 1894. No. 9/10. p. 114.)

Instrumente, Präparations- und Conservations-Methoden etc.

Deycke, G., D i e B e n u t z u n g v o n A l k a l i a l b u m i n a t e n z u r H e r s t e l l u n g v o n N ä h r b ö d e n. (Centralblatt für Bakteriologie und Parasitenkunde. I. Abtheilung. Bd. XVII. Nr. 7/8. p. 241—245).

Auf Veranlassung von D e y c k e hat jetzt die chemische Fabrik von E. M e r c k in Darmstadt die Herstellung von für die bakteriologische Praxis bestimmten Alkalialbuminaten übernommen. Das betreffende Präparat stellt sich dar als ein hellbraunes, in Wasser leicht lösliches und ziemlich stark alkalisch reagirendes Pulver. $1^o/_o$ dieses Alkalialbuminates mit $1^o/_o$ Pepton, $^1/_2{}^o/_o$ Kochsalz, $2^o/_o$ Agar-Agar und $5^o/_o$ Glycerin nebst dem entsprechenden Quantum destillirten Wassers giebt einen für die Isolirung von

Diphtheriebacillen bestimmten Nährboden. Diese Mischung wird durch vorsichtiges tropfenweises Zusetzen reiner Salzsäure neuralisirt, hierauf mit Sodalösung alkalisirt, bei Zimmertemperatur zum Quellen gebracht und dann im Dampfapparate gekocht. Den heissen und durch eine dünne Schicht steriler Watte filtrirten Agar füllt man in Reagenzgläser, sterilisirt $1/2$ Stunde lang im strömenden Dampfe und lässt ihn schliesslich in schräger Lage erstarren. Zur Reinzüchtung von Choleravibrionen verwendet man eine Nährgelatine von folgender Zusammensetzung: $2^1/2 \%$ Alkalialbuminat, 1% Pepton, 1% Kochsalz, 10% Gelatine und das entsprechende Volumen destillirten Wassers werden nach vorheriger Neutralisirung mit Sodalösung alkalisirt, $1^1/2$—2 Stunden im Dampfapparate gekocht und schliesslich im Heisswassertrichter durch Fliesspapier filtrirt. Die in sterile Reagenzgläser aufgefüllte Gelatine wird an 3 hintereinander folgenden Tagen je 10 Minuten lang aufgekocht. Noch bessere Eigenschaften zeigt und insbesondere eine schnellere Diagnose auf Cholera ermöglicht die Mischung von Agar und Gelatine im Verhältniss von 2% Agar-Agar, 5% Gelatine, $2^1/2\%$ Alkalialbuminat, 1% Kochsalz und 1% Pepton. Auf diesem Nährboden findet man schon nach 4—5 Stunden deutlich entwickelte Kolonien, wie sie sich auf gewöhnlicher Gelatine erst nach 15—20 Stunden einzustellen pflegen. Selbstverständlich kann man die Alkalialbuminate auch zu einem dem Dunbar-Koch'schen Peptonwasser analogen flüssigen Nährmaterial verarbeiten, indem man $2^1/2\%$ des Pulvers mit 1% Kochsalz, 1% Pepton und dem nöthigen Quantum Wasser vermengt.

Kohl (Marburg).

Palmirski, W., und **Orlowski, Waclaw,** Ueber die Indol-reaktion in Diphtheriebouillonculturen. (Centralblatt für Bakteriologie und Parasitenkunde. I. Abtheilung. Bd. XVII. Nr. 11. p. 358—360).

Zu denjenigen Bakterien, deren Bouillonculturen die Indolreaktion zeigen, kommt nach den Forschungen von Palmirski und Orlowski noch der Löffler'sche Diphtheriebacillus hinzu. Bei allen Diphteriebouillonculturen rief der Zusatz einer nicht allzu grossen Menge reiner Salzsäure eine prachtvolle tiefe Rothfärbung hervor. Junge Culturen zeigen diese Erscheinung noch nicht; doch tritt bei Zusatz von etwas Kaliumnitrat eine Rosaverfärbung ein. Bei 2—3 Tage alten Culturen unterbleibt die Reaktion gänzlich.

Kohl (Marburg).

Will, H., Notiz, betreffend den Nachweis von wilden Hefearten in Brauereihefen und Jungbieren, sowie das Vorkommen von *Saccharomyces apiculatus* in denselben. (Zeitschrift für das gesammte Brauwesen. Jahrg. XVI. No. 4. p. 29—30.)

Zur Untersuchung auf wilde Hefearten hatte Hansen die Methode der Züchtung in 10 procentiger Saccharose mit Zusatz von 4°/o Weinsäure vorgeschlagen. Verf. hat dieses Verfahren geprüft und gefunden, dass es mit dem alten, bewährten Verfahren übereinstimmende Resultate ergiebt und dass die Untersuchungszeit durch die Weinsäuremethode abgekürzt werden kann. Diese Methode dient auch zur leichten Erkennung der Gegenwart von *Saccharomyces apiculatus*, der dadurch in 57°/o der untersuchten Betriebshefen und Jungbieren nachgewiesen werden konnte. Denn er entwickelt sich in der Zuckerlösung mit der typischen citronenförmigen Gestalt der Zellen, welche ihn leicht erkennen lässt, während er, wenn er nicht diese charakteristische Gestalt zeigt, übersehen wird.

Möbius (Frankfurt a. M.).

Behrens, H., Anleitung zur mikrochemischen Analyse der wichtigsten organischen Verbindungen. Heft I. Anthracengruppe, Phenole, Chinone, Ketone, Aldehyde. 8°. VIII, 64 pp. Mit 49 Figuren im Texte. Hamburg und Leipzig (Leopold Voss) 1895. M. 2.—

Referate.

Clos, D., De la marche à suivre dans la description des genres: Autonomie et circonscription de quelques uns d'entre eur. (Bulletin de la Société botanique de France. Tome XLI. 1894. p. 390—400.)

Verf. verlangt im ersten Theile seiner Mittheilung, dass in den Diagnosen von Gattungen der Vorrang den vegetativen Organen, soweit derselbe Charakteristisches bietet, wie bei *Erica, Tamarix, Umbiliceus* etc., gewährt werde.

Der zweite längere Theil ist der Discussion der Autonomie und der Begrenzung folgender Gattungen gewidmet: *Brassica, Erucastrum, Diplotaxis, Conringia, Raphanistrum, Fumaria, Bergenia, Mulgedium, Lactuca, Asarium, Glechoma* und *Clinopodium.* Ueberall entscheidet sich Verf. zu Gunsten der Erhaltung von Gattungen, die in neuerer Zeit vielfach eingezogen worden sind. Er betont in mehreren Fällen die Bedeutung von Merkmalen der vegetativen Organe.

Schimper (Bonn).

Kükenthal, Georg, Die Benennung der Hybriden. (Allgemeine botanische Zeitschrift. 1895. Nr. 3. p. 60—62).

Verf. tritt dafür ein, dass die Hybriden nicht mehr mit einem besonderen Namen belegt werden und wiederholt hierfür den bekannten Grund des Formenreichthums der Bastarde. So oft die Bestrebung schon angebahnt wurde, war das Resultat stets ein negatives, da die Manie, Namen zu geben, bisher stets stärker war als Erwägungen über Berechtigung und Nothwendigkeit, sodass

auch Autoren, die nicht mit der Benennung von Hybriden einver-
standen sind, sich gezwungen sehen, einen Namen zu geben, da
dies „Versäumniss" sonst von anderen nachgeholt wird. Ich erinnere
nur an die Art Richter's, der in seinen „Plantae europaeae"
jeden unbenannten Bastard taufte. Wenn Verf. auch gegen ein Beschreiben der Bastarde in den
Floren sich ausspricht, so möchte ich ihm darin beipflichten, nicht
aber, wenn er fordert, dass der erste Auffinder des Bastardes stets
namhaft zu machen ist. Dies gehört ebenso, wie das Beschreiben
in eingehendere Arbeiten, da es doch nur auf eine Litteratur-
angabe hinausläuft, im Allgemeinen aber der Standpunkt festzu-
halten ist, dass Bastarde in den meisten Fällen unschwer zu erkennen
sind, wenn man nur die Stammarten genau kennt.

Appel (Coburg).

Rizzardi, U., Risultati biologici di una esplorazione
del lago di Nemi. (Bollettino della Società Romana per gli
Studi Zoologici. Vol. III. 1894. 23 pp. 1 tav.)

Enthält u. a. folgende *Bacillariaceen* aus dem Nemi-See
(Central-Italien):

Navicula oculata Bréb, *N. limosa* Kuetz, *N. radiosa* Kuetz., *N. gracilis* Ehr.,
N. vulgaris Heib. var. *lacustris* Brun, *Pleurosigma attenuatum* Sm., *Cocconeis
Placentula* Ehr., *C. Pediculus* Ehr., *Nitzschia communis* Rabenh., *N. linearis* Ag.
et W. Sm., *N. (Nitzschiella) acicularis* Kuetz., *Epithemia Argus* Ehr., *Cymbella
cymbiformis* Bréb., *C. affinis* Ehr., *C. caespitosa* Kuetz., *C. gracilis* Ehr. var. *levis*
Brun, *Amphora ovalis* Bréb., *A. minutissina* Sm., *Synedra Ulna* Ehr., *Surirella
ovata* Kuetz., *Sur. Helvetica* Brun, *Meridion circulare* Ag., *Gomphonema constrictum*
Ehr., *G. abbreviatum* Ag., *G. gracile* Ehr.

Allen diesen Arten ist eine sehr fleissige Bemerkung über das
Vorkommen derselben in den anderen italienischen Seen beigefügt.

Der Nemi-See gehört nach Verf.'s Beobachtungen zur Section
der Relicten-Seen, indem Verf. auch viele Repräsentanten der
eulimnetischen Fauna (eupelagischen Fauna von Pavesi) gefunden hat.

J. B. de Toni (Padua).

Chodat, R., Remarques sur le *Monostroma bullosum* Thuret.
(Bulletin de la Société botanique de France. Tome XLI.
1895. p. CXXXIV—CXLII.)

In den Culturen des Verf. entwickelten sich aus den Zygoten
und Zoosporen von *Monostroma bullosum* zunächst Zellfäden, aus
welchen später Zellkörper hervorgingen. Es wurden schliesslich
zweierlei Entwickelungsformen beobachtet, eine dauernde (*Hypnocysten*,
aus welchen *Hypnothallen* hervorgehen) und eine nostocähnliche,
gallertreiche vorübergehende Form, *Schizochlamys*, welche mit der
als eignen Typus betrachteten *Schizochlamys gelatinosa* A. Br. vollkommen übereinstimmt. Aus eingetrockneten und nachher in
Wasser gebrachten Hypnocysten und Hypnothallen erzielte Verf.
Gameten, die sich nach der Copulation zu Thallen gruppirten.
Schizochlamys verhielt sich ähnlich oder erzeugte „tetrasporoide-"

Gruppen. Verf. vermuthet, dass Reinke's Zygoten mit seinen Hypnosporen indentisch sein dürften.

Schimper (Bonn).

Gomont, M., Note sur le *Scytonema ambiguum* Kütz. (Journal de Botanique. 1895. p. 49. c. tab.)

Scytonema ambiguum wurde von Kützing nach von Nägeli, gesammelten Exemplaren aufgestellt. Bornet und Flahault stellten die Art zu *Euscytonema*. Gomont fand die Pflanze bei Rouen und stellte mit Leichtigkeit fest, dass sie nicht zu *Scytonema* gehören könnte, weil die Primärfäden und die Verzweigungen verschieden von einander sind. Dies kommt nur *Stigonema* und Verwandten zu. Gomont stellt die Art deshalb zu *Fischerella*. Er giebt eine neue Diagnose des Genus und eine Beschreibung der drei hierher gehörigen Arten: *F. thermalis* (Borzi) Born. et Flah., *F. muscicola* (Borzi) Born. et Flah. und *F. ambigua* (Kütz.) Gom.

Lindau (Berlin).

Costantin et Matruchot, L., Sur la fixité des races dans le Champignon de couche. (Comptes rendus des séances de l'Académie des sciences de Paris. Tome CXVIII. No. 20. p. 1108—1111.)

Bekanntlich existiren eine ziemliche Anzahl von Champignon-Varietäten, welche die Pilzzüchter auf Grund gewisser äusserer Merkmale zu unterscheiden wissen. Die Verf. werfen nun die Frage auf, welchen botanischen Werth diese Varietäten haben und wieweit sie etwa constant sind. Sie führen aus, dass kein Züchter eine bestimmte Varietät unbegrenzt züchten kann, da schon nach drei Culturen die Lebenskraft der Brut, aus welcher die Champignons bisher ausschliesslich gezogen werden, beträchtlich abnimmt und eine weitere Züchtung derselben Varietät beträchtlichen Ernteausfall nach sich zieht.

Wenn andererseits gewisse Eigenschaften bei den verschiedenen Pilzen sich constant erweisen, so hat dies seinen Grund darin, dass zur Weiterzüchtung stets nur Ableger von alter Brut verwendet werden. Wirkliche Constanz der einzelnen Abarten giebt es also nicht, man erntet nur das gleiche Product, weil man die gleiche Brut benutzt. Lässt sich dies nun auch erreichen, wenn man anstatt aus Brut die Champignons aus Sporen zieht und lassen sich an der aus ihnen gewonnenen Ernte die gleichen Eigenschaften wiedererkennen? Zur Untersuchung dieser Frage verschafften sich die Verff. Sporen der am besten charakterisirten Varietäten und erhielten nach deren Keimung Brut zwanzig verschiedener Arten. Da die Cultur des Champignons von der Aussaat der Spore an bis zur Beendigung der Ernte 6—7 Monate in. Anspruch nimmt, so sind die Verf. vorläufig nur im Stande, die Resultate von 5 Arten zu geben und zwar haben sie aus der ersten und zweiten Brut dieselbe Varietät 6 verschiedene Male und aus der dritten, vierten und fünften Brut dieselbe Varietät je zwei Mal geerntet. In allen

Fällen hatten sich die Eigenschaften der Art mit einer bemerkenswerthen Constanz erhalten, so z. B. die Farbe des Hutes, sein
schuppiges und faseriges Aussehen, das Vorhandensein eines mehr
oder minder festen Schleiers, alles Eigenschaften, die man als vererbt bezeichnen kann. Alle übrigen Eigenschaften scheinen den
Verf. variabel zu sein und von äusseren Einflüssen abhängig.

Hiernach wird man also in Zukunft im Stande sein, bestimmte Varietäten, welche sich einer Vorliebe seitens des kaufen-
den Publikums erfreuen, nach der Methode der Verff. unbegrenzt
züchten zu können.

Eberdt (Berlin).

Brefeld, Oskar, Untersuchungen aus dem Gesammt-
gebiete der Morphologie. Fortsetzung der Schimmel-
und Hefenpilze. Heft XI: Die Brandpilze. [Fortsetzung
des V. Heftes.] Die Brandkrankheiten des Getreides.
98 pp. Mit 5 lithogr., meist farbigen Tafeln. Münster i. W.
(Heinrich Schöningh) 1895.

Die in dem vorliegenden XI. und dem unmittelbar folgenden
Hefte niedergelegten Untersuchungen bilden die natürliche Fortsetzung der bereits vor 12 Jahren im V. Heft veröffentlichten
Arbeiten über die Brandpilze, *Ustilagineen*, und ihre Cultur in
Nährlösungen. Während in der ersten Reihe der Untersuchungen
(im V. Heft) der Beweis geführt wurde, dass „diese ausgeprägtesten
aller parasitisch lebenden Pilzformen" sich nicht nur in todten
Nährsubstraten züchten lassen, sondern in ihnen mit gleicher Ueppigkeit wie gewöhnliche Saprophyten gedeihen, dabei in Formen übergehen, die, z. B. als sogen. Hefenpilze, in ihrer weiten Verbreitung
längst bekannt waren und bis dahin für selbständige Pilzformen
gehalten wurden, hat Verf. in den neuen Untersuchungen sich die
Aufgabe gestellt, „die in der künstlichen Ernährung in unerschöpflicher
Ausgiebigkeit gewonnenen Keime auf ihre infectiöse Kraft zur Erzeugung der Brandkrankheiten zu prüfen und durch methodische
Infectionsversuche den Nachweis zu führen, dass durch diese sapro-
phytisch lebenden Keime die Entstehung und Verbreitung der
Brandkrankheiten auf unseren Culturpflanzen thatsächlich verursacht
werden". Das XI. Heft gibt die Resultate dieser Infectionsversuche,
bei denen zunächst *Ustilago Avenae* auf *Avena sativa*, *Ustilago
cruenta* auf *Sorghum saccharatum* und *Ustilago Maydis* auf *Zea
Mays* als Versuchsobjecte dienen. Die hierbei gewonnenen Resultate
ergänzen sich und geben nunmehr eine klare Kenntniss der Aetiologie der Brandkrankheiten und zugleich Aufschluss über die Ursache
der zeitlich und örtlich verschiedenen Empfänglichkeit der Nährpflanzen für die Infectionskeime, die verschiedene Incubationsdauer
derselben, über den Ausbruch der Krankheit in bestimmten Alters-
perioden und an bestimmten Stellen der Nährpflanzen, über nachträgliche Immunität der Nährpflanzen und andere Punkte, die nicht
allein entwicklungsgeschichtlich und phytopathologisch, sondern
hinsichtlich der Pilzinfectionskrankheiten überhaupt von hohem

Interesse sind. In dem XII. Heft, das den grössten Theil der
Untersuchungen enthalten wird und das dem XI. Heft unmittelbar
im Erscheinen folgen soll, wird Verf. die Resultate seiner Culturen
von mehr als 60 in- und ausländischen Brandpilzformen in künstlichen Substraten veröffentlichen. Die weitgehenden Untersuchungen
gestatteten dem Verf., für die *Ustilagineen*-Formen die wesentlichen
Charaktere von den nebensächlichen zu scheiden und die systematische Stellung der *Ustilagineen* als Vorstufe zu den Auto- und
Protobasidiomyceten und damit das natürliche System der Pilze
überhaupt fest zu begründen. Die Pilze bilden hiernach ein Reich
für sich, das sich von den niederen Formen der Algen und damit
von der geschlechtlichen Reihe abgespalten hat und neben dieser
eine ungeschlechtliche Reihe bildet. (Auch das XIII. Heft mit den
Culturmethoden zur Untersuchung der Pilze und eine Reihe weiterer
Einzeluntersuchungen soll bald nachfolgen.) Wir gehen etwas
näher auf den reichen Inhalt des XI. Heftes ein.

In einer Einleitung wird der vor Brefeld gänzlich unbekannte und doch bei der Infection wichtigste saprophytische
Abschnitt der *Ustilagineen*-Entwicklung im Allgemeinen
und für die einzelnen Formenreihen erörtert. Bei *Tilletia* treten
auf den Nährlösungen schimmelartige üppige Fadencomplexe auf,
die immer von Neuem Conidien bilden und sich lagerweise damit
bedecken. Bei den *Ustilago*-Arten zeigt die saprophytische Entwicklung eine zweifache höchst interessante Verschiedenheit. Bei
der einen Formenreihe (*Ustilago longissima, U. grandis, U. bromi-
vora*) wachsen die Conidien in der Nährlösung stets wieder zu
neuen Conidienträgern aus, die sich gleich dem primären
Träger gliedern, um dann ebenfalls zur Conidienbildung überzugehen.
Bei der anderen Reihe, zu der namentlich *Ustilago Carbo, U. Maydis,
U. cruenta* etc. gehören, wird dagegen der Conidienträger nur einmal
bei der Keimung der Brandsporen gebildet, es tritt dann aber eine
fortgesetzte unmittelbare Conidiensprossung aus den Conidien mit
gänzlicher Umgehung der weiteren Fruchtträgerbildung ein.

Indem Verf. dann zu den Infectionsversuchen mit
Brandpilzkeimen aus künstlichen Nährlösungen selbst
übergeht, schildert er nach einer kurzen geschichtlichen Erörterung
der Vorarbeiten von Julius Kühn und R. Wolff die angewandten
Infectionsmethoden selbst. Bei der Wahl der Versuchsobjecte
war das verschiedene Verhalten der Parasiten in den Nährpflanzen
zu berücksichtigen. Während bei den einen Brandpilzen das Auftreten in der entwickelten Pflanze streng localisirt ist (Blüte,
Frucht etc.), ist dies bei den anderen nicht der Fall. Zu den
ersteren gehört z. B. der Flugbrand des Hafers, *Ustilago Carbo*,
der Hirsekörnerbrand, *Ustilago cruenta*, der Stinkbrand des Weizens,
Tilletia Caries, zu den anderen der Beulenbrand des Mays, *Ustilago Maydis*. Verf. wählte von ersteren den einheimischen Flugbrand *Ustilago Carbo* und den ausländischen Hirsebrand, die vor
Tilletia den Vortheil bieten, dass ihre Conidien sich unter Nährlösung in hefenartiger Sprossung vermehren, sich also in der Infections-Flüssigkeit leicht vereinzeln und vertheilen lassen, während

Tilletia die Conidien als Schimmelrassen an Mycelien in Luft bildet, letztere sich daher wegen der zäh anhängenden Luft schwer unter Nährlösung bringen und vertheilen lassen. Das Brandsporenmaterial der drei Brandformen war im vorangegangenen Jahr gesammelt und trocken aufbewahrt worden und diente zunächst dazu, in möglichster Fülle und Reinheit die Sprossconidien zur Infection zu liefern. Die Nährlösungen zu diesen Massenculturen können beliebig hergestellt werden aus den Fäces kräuterfressender Thiere als Mistdecoct, z. B. vom Pferdemist, ferner aus getrockneten Pflaumen, Rosinen etc. als Fruchtsäfte, die jedoch nicht sauer sein dürfen, schliesslich kann auch Bierwürze verwendet werden. Der leichten Beschaffung wegen hat Verf. einer besonders präparirten Bierwürze den Vorzug gegeben. Als Ausgangspunkt für die Culturen wurden immer nur wenige Brandsporen in dem Culturtropfen des Objectträgers ausgesäet, die daraus gezüchteten Sprossconidien (deren Reinheit mikroskopisch leicht nachzuweisen) wurden mit der Spitze einer sterilisirten Nadel nach einmaligem Eintauchen in grössere Mengen von Nährlösungen in Culturkölbchen (ähnlich den Erlenmayer'schen) übertragen. Die Nährlösungen in den Kölbchen müssen von derselben Verdünnung sein, wie die im Culturtropfen. Es tritt in der Nährlösung der Kölbchen bald als Zeichen der Conidienvermehrung eine geringe Trübung ein, die am dritten Tag mit der Bildung eines Sedimentes von Conidien ihren Höhepunkt erreicht. Die Conidien werden am besten zur Infection verwendet, bevor dieser Höhepunkt eintritt. Die Infections-Flüssigkeit kann mit der gleichen Nährflüssigkeit (nicht aber mit Wasser) verdünnt werden. Die Uebertragung auf die Nährpflanzen erfolgt mit dem sterilisirten Pulverisator, wie ihn schon Wolff verwandte. Die Zeitfrist für das Aufblasen der Conidien muss so gewählt sein, dass diese in voller Sprossung sind (nicht im Austreiben von Keimschläuchen). Da die verschiedensten Theile entwickelter Pflanzen gegen die aufgeblasenen Keime widerstandsfähig sind, werden Keimlinge in besonderen Kästen für die Infection gezogen. Verf. hat sechs Sommer hindurch Versuche angestellt, im ersten mit Flugbrand auf Hafer und Gerste, in den folgenden Jahren mit Hirse und Maisbrand, die noch vier Jahre fortgesetzt wurden.

A. Infectionen mit Flugbrand-Conidien auf Hafer und Gerste. Bei dem Keimen von *Ustilago Carbo* in blossem Wasser werden meist vierzellige Fruchtträger gebildet, die unter den Scheidewänden und an den Spitzen einige wenige Conidien bilden, bei der Sporenkeimung in Nährlösungen erfolgt an denselben, aber üppigeren Fruchtträgern die Conidienbildung in endloser Fülle und die abgeschnürten Conidien vermehren sich gleich nach ihrer Ausbildung durch directe Sprossung in Hefeform. Erst wenn die Nährlösungen der Erschöpfung zuneigen, hört auch die Sprossung auf und jede Sprossconidie treibt an den Enden, wo vorher die Sprossung stattfand, lange Keimfäden aus, mit denen die Infection der Nährpflanze bewirkt wird.

I. Serie. Je 100 junge Keimpflanzen des Hafers und der Gerste wurden mit den Sprossconidien des Hafers und der Gerste

direct inficirt und zwar wurden für eine erste Versuchsreihe dieser
Serie die frühesten Keimstadien, in denen das Knöspchen der
Keimlinge eben hervortritt, ausgewählt, bei einer zweiten Keimlinge,
bei denen das Knöspchen die Länge von 1 cm hatte, bei einer
dritten 2 cm lange Keimlinge, aber ohne durchstossenes Keimblatt,.
und bei einer vierten Keimstadien mit durchstossenem Scheidenblatt.
Die Ergebnisse waren bei den vier Versuchen bezüglich 17—40,
7—10, 2, 0—1 Procent brandiger Haferpflanzen, während die
Gerste nicht inficirt wurde. Die Versuche lehren also, dass die
jüngsten Keimlinge für eine wirksame Infection am
empfänglichsten sind, dass die Empfänglichkeit nahezu.
erloschen ist, wenn das Scheidenblatt an dem Knöspchen
durchstossen wird. Das negative Resultat, bei der Gerste fand
später seine Erklärung in der Thatsache, dass der Haferbrand und
der Gerstenbrand zwei verschiedene Species sind. Die Meinungs-
differenz von Wolff und Kühn, von denen ersterer die Pilzkeime
ihren Weg hauptsächlich durch das Scheidenblatt nehmen lässt,.
während der andere die Achse der eben austreibenden Nährpflanze
als empfindlichsten Theil betrachtet, wurde durch zwei weitere
Versuchsreihen zu Gunsten der Kühn'schen Annahme entschieden..
   II. Serie. In einer zweiten Serie von Versuchsreihen wurde
das natürliche Zustandekommen der Infection in der
Erde vorbereitet. Die Gartenerde wurde zwei Tage vor Aussaat
der gereinigten und eingeweichten Haferkeime mit den Pilzkeimen
stark inficirt. Das Ergebniss war, dass die Infection in der Erde.
durch Eindringen der umgebenden Pilzkeime in die jungen Keim--
pflanzen thatsächlich stattfindet, doch ergaben sich in drei Ver--
suchen zu 100 Körnern nur 5, in weiteren drei Versuchen nur 4%.
brandiger Pflanzen, was dem geringen Nährgehalt der nicht gedüngten Erde zuzuschreiben war. In einer III. Serie wurde
daher eine Mischung von frischem Pferdedünger mit Gartenerde
hergestellt und mit den Pilzkeimen reich inficirt drei Tage stehen
gelassen bis zur Aussaat. In drei Versuchen zu je 100 Körnern
blieben die Kästen in einem Raume stehen, in dem bei eingetretener
Wärme die Temperatur bis über 15° C stieg, wodurch das Wachsthum der Keimlinge beschleunigt, die Infection beeinträchtigt wurde,
in drei weiteren Versuchen zu je 100 Körnern wurden daher die
Keimkästen im Keller bei einer Temperatur bis 7° C gehalten.
Die drei ersten Versuche ergaben 27—30 Procent, die drei letzten
40—46 Procent brandiger Pflanzen. Dass, wie diese Versuche.
beweisen, durch Erde, die mit frischem Pferdemist ge-
düngt ist, die Infection der jungen Keimpflanzen erheblich gesteigert wird, zeigen auch Beobachtungen in der
Natur im Freien bei anderen nicht auf Culturpflanzen lebenden
Brandpilzen, z. B. an Ustilago utriculosa auf Polygonum, der sich.
in ganz übermässiger Verbreitung auf stark gedüngten Runkelrübenfeldern fand. So traf Verf. weiter auf Runkelrübenfeldern, die mit
frischem Pferde- oder Schweinedünger bestellt waren, die gleichsam
als Unkraut vorkommenden Hafer- und Gerstenpflanzen zu 80- 85-
Procent brandig, in Norwegen traf er an fast jedem Abzugsgraben

eines Gehöftes und nur da die *Ustilago domestica* auf *Rumex domestica* etc. Eine IV. Serie von Versuchsreihen mit Hafer mit Sprossconidien, die in ausschliesslicher Sprossung bis zu 1500 Generationen erreichten, ehe sie zur Infection herangezogen wurden, ergab, dass die Brandkeime, die zu lange ausserhalb der Nährpflanze gelebt haben und sich in Form von Sprossconidien bei saprophytischer Ernährung vermehrt haben, schrittweise an Energie zu Fäden auszutreiben und damit an infectiöser Kraft verlieren, bis sie beides ganz einbüssen und zu Organismen eigener Art werden, die sich nur noch durch Sprossung vermehren, deren Stammbaum erloschen, deren Ursprung nicht mehr zu erweisen ist.

Ueber das Eindringen der Keime in die Nährpflanzen und über das weitere Verhalten der eingedrungenen Keime zu ihnen ergab sich bei den IV erwähnten Versuchsserien das Folgende: Die Keimlinge, deren Eindringstellen in die Epidermis und Cuticula durch ein deutliches Loch besonders auffällig sind, durchqueren an Ueppigkeit und Dicke mit ihrem Fortschreiten auffällig zunehmend die oberen Zelllagen, um sich dann mit ihren Spitzen in den tieferen Gewebeschichten des Inneren zu verlieren. Die Vertheilung der Eindringsstellen zeigt, dass der Keimling in seiner ersten Jugend in seiner Gesammtheit dem Eindringen der Pilzkeime zugänglich ist, dass mit fortschreitender Gewebedifferenzirung in ihm aber die Fähigkeit des Eindringens und des Vordringens der Infectionskeime allmählich erlischt und schon in verhältnissmässig frühen Stadien des Keimlings ganz aufhört. Anfänglich können die Pilzkeime noch eindringen, gehen aber im Gewebe unter. Nach den ersten embryonalen Stadien sind die Haferpflanzen immun für die Brandkeime. Obwohl bei allen hinreichend jungen Keimlingen die Infection stattfindet, zeigte nachträglich nur ein verhältnissmässig niedriger Procentsatz der entwickelten Pflanzen die Brandkrankheit so, dass der schliessliche Erfolg der Infection von einer Reihe secundärer Umstände abhängig ist. Die Entwicklung der Brandlager ist von dem siegreichen Vordringen der Infectionskeime bis zur äussersten Vegetationsspitze der ganzen Nährpflanzen allein bedingt. Alle Keime, die diese Stelle nicht erreichen, gehen ohne Schaden für die Pflanze in deren Zellen unter. Je jünger die Stadien der Keimpflanzen zur Infectionszeit sind, um so wahrscheinlicher ist es, dass die eingedrungenen Keime bis zur Vegetationsspitze und später in den Blütenanlagen zur Brandlagerbildung gelangen. Alle Umstände, die ein hinreichend schnelles Vordringen der Infectionskeime aufhalten, verhindern eine erfolgreiche Infection. So wird der Erfolg schon in Frage gestellt, wenn auch bei frühester Infection die Entwicklung des Keimlings, infolge zu hoher Temperatur etwas schneller als das Wachsthum der Brandkeime im Innern fortschreitet. Dass nur ein kleiner Vorsprung in der Entwicklung der Nährpflanze gegen die eingedrungenen Pilzkeime das Gelingen der Infection bedingt, zeigt auch das verschiedene

Auftreten des Haferbrandes im Freien, wo von der gänzlichen Zerstörung der Blütenrispen bis zum vereinzelten Auftreten von Brandlagern nur in untersten Blüten der Rispe sich alle Uebergänge finden. Schliesslich kann die Entwicklung der Infectionskeime so verzögert sein, dass sich · zwar unterhalb der Blütenrispe Hyphenreste des Pilzes finden, eine Erkrankung des Blütenstandes und eine Brandlagerbildung aber nicht mehr zu Stande kommt.

B. Infectionen mit Hirsebrandconidien auf *Sorghum saccharatum (nigrum)*. Der Hirsebrand *Ustilago cruenta* bewohnt bei der zu den Versuchen benutzten grossen Hirseform nur Blüten- und Fruchtstände. Beim Keimen im Wasser ergeben die Sporen conidienarme Fruchtträger, während letztere in Nährlösungen eine unerschöpfliche Conidienbildung zeigen, ganz wie beim Haferbrand. Die durch directe Sprossung sich vermehrenden Conidien sind jedoch schmäler, beidendig zugespitzt, zeigen in Massen eine weissere Farbe und nicht verschleimende Membran. Bei Stillstand der Sprossung wachsen auch sie in Fäden aus, die wie beim Haferbrand nur in den jungen Keimlingen eindringen. Die verschiedenen Versuchsreihen ergaben die folgenden Hauptergebnisse. Wie beim Hafer sind bei der Hirse die jüngsten Stadien der Keimlinge am empfänglichsten für die Versuchskeime. Die Empfänglichkeit nimmt mit der Entwicklung der Keimlinge rasch ab und erreicht ihr Ende, wenn die Scheidenblätter etwa 1 cm weit durchstossen sind. Während beim Haferbrand nur etwa 20 Procent brandige Pflanzen erzielt wurden, stieg unter gleichen Verhältnissen die Zahl der durch den Brand zerstörten Hirsepflanzen auf 72 Procent. Es erklärt sich dies daraus, dass die Hirsekeimlinge ein viel langsameres Wachsthum als die Haferkeimlinge haben, so dass die Infectionskeime längere Zeit finden, um bis zu den Vegetationsspitzen vorzudringen. Das Eindringen der Infectionskeime erfolgt ganz wie beim Hafer (durch ein deutliches Loch). Auch bei den weiter entwickelten Pflanzen gelang es ausnahmslos, die Pilzfäden in den Geweben aufzufinden. Am sichersten fanden sie sich wie früher beim Hafer in den parenchymatischen Geweben des Knotens. In den Vegetationspunkten steigerte sich die Entwicklung mit der Anlage der Inflorescenz. Die Bildung der Chlamydosporen konnte genau verfolgt werden und wird durch Abbildungen dargestellt.

C. Infectionen mit Maisbrandconidien. Beim Maisbrand, *Ustilago Maydis*, ist das Auftreten nicht wie beim Haferbrand localisirt, die brandigen Stellen sind am besten in den Achsen des Mais entwickelt, die zu riesigen geschwürartigen Beulen anschwellen. Es finden sich aber auch Brandbeulen in den männlichen wie in den weiblichen Inflorescenzen. Die Sporen des Pilzes keimen im Wasser nicht oder nur vereinzelt bei langem Liegen, sie sind auf Nährsubstrate angewiesen. In diesen ist jede Spore schon nach 12—24 Stunden zu einem meist vierzelligen schlanken Fruchtträger in Conidienbildung ausgekeimt.

Die Conidien sind spindelförmig, dicker als beim Hirsebrand, in Massenculturen bilden sie einen körnigen Niederschlag noch weisser als bei *U. cruenta,* nie glasig und mit verquollenen Membranen wie bei *U. Carbo.* Untergetaucht sprossen die Conidien hefeartig zu Wasserconidien aus, die mit fortschreitender Erschöpfung des Nährbodens zu Fäden auswachsen. Die sich in die Luft erhebenden Fäden bilden an allen freien Oberflächen Luftconidien, die selbst wieder apical Conidien bildend in acropetaler Folge baumförmige Sprosskolonien erzeugen. Die in Luft gebildeten Sprossconidien sehen weiss aus und bilden schliesslich Kahmhäute (auch bei vielen anderen Arten von *Ustilago* und *Tilletia* beobachtete Verf. Luftconidien). Während bei *Ustilago Carbo* und *U. cruenta* eine Infection der jungen Keimlinge nur u n t e r oder an d e r O b e r f l ä c h e des Bodens, in dem die Infectionskeime sich finden, stattfinden kann (Luftconidien fehlen hier), e r f o l g t b e i d e m M a i s die Infection o b e r i r d i s c h d u r c h die Luft m i t t e l s t d e r L u f t c o n i d i e n, d i e a b e r a u s d e n S p o r e n n u r i n N ä h r s u b s t r a t e n (s a p r o p h y t i s c h) e r z e u g t w e r d e n k ö n n e n. D i e B r a n d s p o r e n s e l b s t e r w i e s e n s i c h a l s w i r k u n g s l o s z u r I n f e c t i o n. Die Versuchsreihen ergaben hier weiter die folgenden Hauptresultate. Die Empfänglichkeit für die Brandinfection ist beim Mais n i c h t auf den Keimling beschränkt, sondern a l l e j u n g e n T h e i l e d e r N ä h r p f l a n z e, d e r j u n g e n, w i e d e r e r w a c h s e n e n, bis zur Anlage der weiblichen Blütenk o l b e n s i n d f ü r e i n e w i r k s a m e I n f e c t i o n e m p f ä n g l i c h. Die Keime dringen an jeder Stelle in die jungen Gewebe ein, welche durch sie zu um so grösseren Wucherungen, namentlich der parenchymatischen Elemente, angereizt werden, je jugendlicher sie befallen worden sind. In den also hervorgerufenen beulenartigen Gewebeanschwellungen breiten sich in längstens drei Wochen nach der Infection die Pilzfäden zu riesigen, den Inhalt der Zellen und die ganzen jungen Gewebe verzehrenden Hyphenknäueln aus, welche in toto in die Bildung der Brandsporen übergehen und die mächtigen Anschwellungen in ebenso mächtige Brandsporenlager umwandeln. D i e W i r k u n g d e r I n f e c t i o n s k e i m e i s t e i n e s t r e n g l o c a l e, s i e b l e i b t b e s c h r ä n k t a u f d i e G e w e b e u m o d e r u n t e r d e r E i n d r i n g s s t e l l e. J e d e e m p f ä n g l i c h e S t e l l e d e r N ä h r p f l a n z e b e d a r f d e m n a c h e i n e r b e s o n d e r n I n f e c t i o n durch die Infectionskeime im genügend jungen Zustande, wenn sie erkranken soll. Die Krankheit kommt in der Form der Brandbeulen in den Blättern, in den Achsen, in den apicalen männlichen Inflorescenzen, in den axillären, unten an den Axen gebildeten weiblichen Blütenkolben, sogar in den jungen dicken adventiven Wurzeln zu gleich grossartigem Ausdrucke, wenn diese Theile der Nährpflanze nur jung von den Infectionskeimen erreicht sind. Die befallenen Pflanzen leiden um so mehr, je jünger sie sind, sie gehen in jugendlichem Alter durch die zu starke Wirkung der Infection ganz ein. Mit der zunehmenden Ausbildung der jungen Gewebe verliert die Infection für die Nährpflanze mehr und mehr an Wirksamkeit. Auf immer kleinere Stellen bleibt die

Wucherung beschränkt, bis endlich die noch eingedrungenen Keime
in den ausgebildeten Gewebezellen wirkungslos erstarren und die
zwar noch eingetretene Infection ohne allen Erfolg und Schaden
verläuft. Alle ausgebildeteren Theile der älteren Pflanzen sind somit immun geworden, sei es, dass die Pilzkeime gar nicht mehr
eindringen können, oder dass sie noch eingedrungen, in ihrer
weiteren Entwicklung gehemmt sind. So lange aber die Pflanze
noch junge Theile entwickelt, ist in diesen auch jeweils wieder eine
neue Stelle der Empfängniss für die Krankheit geschaffen, die erst
mit dem zu Früchten reifenden weiblichen Blütenstande der Nährpflanze die letzte Angriffsstelle verliert. Der gedüngte Boden
übt auf die Erkrankung der Maiskeimlinge keinen directen Einfluss aus, da die letzteren schon sehr bald in ihren Geweben so
weit erhärtet sind, dass die im Boden befindlichen Keime auf sie
unwirksam sind.

Nachträgliche Infection. Die beträchtlichen Abweichungen, die sich hinsichtlich der Stätten wirksamer Infection beim
Maisbrand einerseits und beim Hafer- und Hirsebrand andrerseits
ergaben, veranlassten den Verf. dazu, zu untersuchen, ob nicht bei
den letzgenannten Brandformen noch andere Stellen einer wirksamen Infection an den weiter entwickelten Pflanzen existiren.
Die Versuche lehrten, dass die Eindringsstellen hier in allen hinreichend jungen Geweben zwar ähnlich wie beim Mais gegeben
sind, dass aber die eingedrungenen Pilzkeime nicht weiter zur Entwicklung kommen können, weil die Gewebe zu bald erhärten. So
ergab es sich auch, dass bei Infection des Mais mit Hirsebrandkeimen
nur die Hirse mit Maisbrand-, des Mais und der Hirse mit Hafer-
brandkeimen die Infectionskeime an allen jungen Stellen allgemein
eindringen, aber sich nicht weiter entwickeln können.

Zwischen den extremen Fällen des Hafer- und Hirsebrandes
einerseits, wo die allein wirksame Infection nur an dem oben aus-
keimenden Keimling erfolgen kann, die allein mögliche Entwicklung
der eingedrungenen Infectionskeime aber erst im höchsten Gipfel
der Nährpflanzen in den Inflorescenzen (nach 6 monatlicher Incuba-
tion bei der Hirse) gegeben ist, und des Maisbrandes andrerseits, wo die
Eindringsstelle für wirksame Infection und die Entwicklungsstelle
der Infectionskeime bis zur Bildung mächtiger Brandlager üblich
zusammenfallen, gibt es mittlere Fälle, wo die Entwicklung
der in den Samenkeimling eingedrungenen Pilzkeime schon in den
Axen, wie bei *Urocystis occulta* oder in den Blättern wie z. B.
bei *Ustilago longissima*, eintritt.

„Ich glaube nicht" — so schliesst Verf. die hochbedeutsame
durch treffliche Abbildungen illustrirte Abhandlung — „dass die bei
infectiösen Krankheiten geläufig gewordenen Beziehungen von
„periodischer Empfänglichkeit der Wirthe für Infectionskeime", von der
„örtlichen Angriffsfähigkeit dieser Keime", von der nachträglichen
Immunität der Wirthe", „von einer kurzen oder langen Periode der Incu-
bation der Pilzkeime", von „dem örtlichen Ausbruche" und „von einer
bestimmten Periodicität des Ausbruches der Krankheit in bestimmtem
Alter, resp. in bestimmtem Entwicklungsstadien der Wirthe" und

„von ihrer jährlichen Wiederkehr in bestimmter Zeit und an bestimmten Orte" etc., ihre natürliche Begründung und Aufklärung in allen ursächlich bestimmenden Einzelheiten durch mehr überzeugende Thatsachen gewonnen haben, als es hier bei den Brandpilzen durch die Jahre lang fortgesetzten Infectionsversuche geschehen ist."

Ludwig (Greiz).

Boorsma, W. G., Eerste resultate von het onderzoek naar de plantenstoffe von Nederlandsch-Indië. (Mededeelingen uit 's Lands Plantentuin. XIII. Batavia 1894.) Verf. setzt in der vorliegenden Arbeit die chemische Untersuchung der holländisch indischen Gewächse fort, die Greshoff, namentlich in der Hoffnung, neue Heilmittel zu finden, unternommen hatte.

Plumiera acutifolia. Die häufig cultivirte baumartige *Apocynee* erfreut sich bei der inländischen Bevölkerung eines grossen Rufes als Heilmittel gegen alle möglichen Krankheiten. Die verschiedensten Theile der Pflanze, auch der Milchsaft für sich allein, finden Verwendung. Chemische Analysen dieser oder verwandter Arten wurden wiederholt gemacht. Verf. konnte sich überzeugen, dass die Rinde bei Blasenkoliken des Pferdes gute Dienste leistet und unterwarf dieselbe einer Untersuchung, die zur Darstellung eines krystallinischen Bitterstoffs, des Plumierids, führte. Die Eigenschaften dieses Stoffes, dem die Wirksamkeit der Droge zugeschrieben ist, werden eingehend beschrieben. Als Formel wurde $C_{30} H_{40} O_{,8} + H_2 O$ berechnet. Plumierid ist nicht bloss in der Rinde des Stammes, sondern auch in derjenigen der Wurzel und, in geringerer Menge, in den Blättern enthalten.

Scaevola Koenigii. Diese am Meeresstrande häufige *Goodeniacee* findet in der einheimischen Medicin sehr verschiedenartige Verwendung, u. a. auch gegen Beri-Beri. Letztere Wirkung wurde neuerdings, bis zu einem gewissen Grade, von europäischen Aerzten bestätigt. Die Verarbeitung des Bastes und der Blätter führte zur Darstellung eines amorphen Bitterstoffs, dem die Wirksamkeit zugeschrieben werden dürfte.

Glochidion molle Bl. Die Blätter dieser *Euphorbiacee* wurden neuerdings gegen den Biss giftiger Thiere und toller Hunde reclameartig angepriesen. „Dieses unschätzbare Hülfsmittel macht ein Institut Pasteur überflüssig." (van Holden im Bat. Nieuswblad). Die Droge ist behufs pharmacologischer Prüfung an Pasteur und Fokker (Amsterdam) gesandt worden. Verf. vermochte in derselben nur Gerbsäure und Spuren eines wenig wirksamen Alkaloids aufzufinden. Bis auf weiteres wird dem „Schlangenblatt" keine grössere Bedeutung zugeschrieben werden dürfen.

Als Prånådgivå werden die einander äusserlich ähnlichen und gleiche Verwendung findenden Früchte von *Euchresta Horsfieldii* Benn. und Samen von *Sterculia javanica* R. Br. bezeichnet. Sie gelten als Heilmittel gegen Brustleiden, Blutspucken, auch Vergiftungen. Aus dem *Euchresta*-Samen wurde eine beträchtliche

Menge eines Alkaloids dargestellt, das behufs pharmacologischer Untersuchung nach Holland verschickt wurde. Die Samen von *Sterculia javanica* lieferten geringe Mengen eines Alkaloids.

Als *Gambir Oetan* wurden bezeichnet und als Heilmittel gegen Malaria von den indischen Heilkünstlern geschätzt: *Jasminum glabriusculum* Bl. und *Ficus Ribes* Reinw. Ersteres lieferte dem Verf. einen Bitterstoff nebst geringen Mengen eines Alkaloids. Aus *Ficus Ribes* konnte nur Gerbsäure als event. wirksamer Bestandtheil gewonnen werden.

Dioscorea hirsuta Bl. Vielen *Dioscorea*-Arten werden giftige oder heilsame Wirkungen zugeschrieben. Die Knollen von *Dioscorea hirsuta* sind im frischen Zustande giftig, aber nach geeigneter Zubereitung geniessbar. Der Saft findet als Pfeilgift zum Fischfang und in der Medicin Verwendung. Verf. konnte die Toxicität auf die Anwesenheit von zwei Alkaloiden zurückführen, das nicht flüchtige Dioscorin und das flüchtige Dioscorecin. Ersteres ist bei weitem das giftigere.

Schimper (Bonn).

Neue Litteratur.[*)]

Geschichte der Botanik:

Loeffler, F., Louis Pasteur †. (Centralblatt für Bakteriologie und Parasitenkunde. Erste Abtheilung. Bd. XVIII. 1895. No. 16. p. 481—493.)

Medicus, Louis Pasteur. (Die Gegenwart. Bd. XLVIII. 1895. No. 41.)

Péchère, Louis Pasteur. (Journal de médecine, de chirurgie et de pharmacologie. 1895. No. 42.)

Allgemeines, Lehr- und Handbücher, Atlanten etc.:

Hoffmann, C., Botanischer Bilderatlas. Nach de Candolle's natürlichem Pflanzensystem. 2. Aufl. Mit 80 Farbendruck-Tafeln und zahlreichen Holzschnitten. Lief. 4. 4⁰. p. 25—32. Mit 4 Tafeln. Stuttgart (Julius Hoffmann) 1895.   M. 1.—

Willkomm, M., Bilderatlas des Pflanzenreichs, nach dem natürlichen System. 3. Aufl. Lief. 12. 8⁰. p. 113—118. Mit 8 farb. Tafeln. Esslingen (J. F. Schreiber) 1895.   M. —.50.

Algen:

Brand, F., Ueber drei neue Chladophoraceen aus bayerischen Seen. [Schluss.] (Hedwigia. Bd. XXXIV. 1895. p. 225—227. Mit 1 Figur.)

Dill, Ernst Oscar, Die Gattung Chlamydomonas und ihre nächsten Verwandten. [Inaug.-Diss.] (Sep.-Abdr. aus Pringsheim's Jahrbücher für wissenschaftliche Botanik. Bd. XXVIII. 1895. Heft 3.) 8⁰. 36 pp. Mit 1 farbigen Tafel. Berlin (Gebr. Borntraeger) 1895.

Pilze:

Allescher, Andreas, Mykologische Mittheilungen aus Süd-Bayern. (Hedwigia. Bd. XXXIV. 1895. p. 256—272.)

---

*) Der ergebenst Unterzeichnete bittet dringend die Herren Autoren um gefällige Uebersendung von Separat-Abdrücken oder wenigstens um Angabe der Titel ihrer neuen Veröffentlichungen, damit in der „Neuen Litteratur" möglichste Vollständigkeit erreicht wird. Die Redactionen anderer Zeitschriften werden ersucht, den Inhalt jeder einzelnen Nummer gefälligst mittheilen zu wollen, damit derselbe ebenfalls schnell berücksichtigt werden kann.

·Dr. Uhlworm,
Humboldtstrasse Nr. 22.

Glück, Hugo, Ueber den Moschuspilz (Fusarium aquaeductuum) und seinen genetischen Zusammenhang mit einem Ascomyceten. (Hedwigia. Bd. XXXIV. 1895. p. 254—255.)

Juel, H. O., Mykologische Beiträge. IV. Aecidium Sommerfeltii und seine Puccinia-Form. (Öfversigt af Kongl. Vetenskaps-Akademiens Förhandlingar. 1895. No. 6. p. 379—386. Mit 3 Figuren.)

Lister, Arthur, Notes on British Mycetozoa. (Journal of Botany British and foreign. Vol. XXXIII. 1895. p. 323—325.)

Smith, Annie Lorrain, East African Fungi. (Journal of Botany British and foreign. Vol. XXXIII. 1895. p. 340—344.)

Van Laer, Sur les levures de fruits. (Troisième congrès international tenu à Bruxelles du 8 au 16 septembre 1895. Règlement et programme. Rapports préliminaires. T. I. 1895.)

Wagner, Georg, Culturversuche mit Puccinia silvatica Schröter auf Carex brizoides L. (Hedwigia. Bd. XXXIV. 1895. p. 228—231.)

Muscineen:

Farmer, J. B., Spore-formation and nucleus-division in Hepaticae. (Annals of Botany. 1895. Sept. With 3 pl.)

Stephani, F., Hepaticarum species novae. VIII. (Hedwigia. Bd. XXXIV. 1895. p. 232—253.)

Physiologie, Biologie, Anatomie und Morphologie:

Beard, J. and **Murray, J. A.,** Phenomena of reproduction in animals and plants. (Annals of Botany. 1895. Sept.)

Bruyne, C. de, La sphère attractive dans les cellules fixes du tissu conjonctif. (Bulletin de l'Académie royale des sciences, des lettres et des beaux-arts de Belgique. 1895. No. 8.)

Dixon, H. H. and **Joly, J.,** The path of the transpiration-current. (Annals of Botany. 1895. Sept.)

Farmer, J. B., Division of the chromosomes in Lilium. (Journal of the Royal Microscopical Society of London. 1895. No. 10. With 1 pl.)

Hesdörffer, Max, Fremdländische thierfangende Sumpfpflanzen. I. (Natur und Haus. Jahrg. IV. 1895. No. 1.)

Klebs, G., Ueber einige Probleme der Physiologie der Fortpflanzung. 8°. 26 pp. Jena (Gustav Fischer) 1895. M. —.75.

True, R. H., Influence of sudden changes on growth. (Annals of Botany. 1895. Sept.)

Systematik und Pflanzengeographie:

Baker, E. G., Molinia caerulea var. obtusa. (Journal of Botany British and foreign. Vol. XXXIII. 1895. p. 345—346.)

Beck von Mannagetta, Günther, Die Gattung Nepenthes. Eine monographische Skizze. [Forsetzung II.] (Sep.-Abdr. aus Wiener illustrirte Gartenzeitung. 1895. No. 5.) 8°. 10 pp. Wien (Selbstverlag des Verf.'s) 1895.

Dod, C. Wolley, Telekia speciosa and T. speciosissima. (The Gardeners Chronicle. Ser. III. Vol. XVIII. 1895. p. 458.)

Druce, G. Claridge, A new Bromus. (Journal of Botany British and foreign. Vol. XXXIII. 1895. p. 344.)

Druce, G. Claridge, Sonchus palustris planted in Sussex. (Journal of Botany British and foreign. Vol. XXXIII. 1895. p. 344.)

Eberdt, Oscar, Ueber die obersten Grenzen des Lebens in den Alpen. (Prometheus. VI. 1895. No. 52.)

Kränzlin, F., Anoectochilus Sanderianus n. sp. (?). (The Gardeners Chronicle. Ser. III. Vol. XVIII. 1895. p. 484.)

Kränzlin, F., Masdevallia Forgetiana Krnzl. n. sp. (The Gardeners Chronicle. Ser. III. Vol. XVIII. 1895. p. 484.)

Lager, John E., Orchids in their home. [Cont.] (The Gardeners Chronicle. Ser. III. Vol. XVIII. 1895. p. 487.)

:**Lehmann, Eduard,** Flora von Polnisch-Livland, mit besonderer Berücksichtigung
  der Florengebiete Nordwestrusslands, des Ostbalticums, der Gouvernements
  Pskow und St. Petersburg, sowie der Verbreitung der Pflanzen durch Eisen-
  bahnen. 4⁰. XIII, 430 pp. Mit 1 Karte. Jurjew [Dorpat] (C. Mattiesen)
  1895.
Macvicar, Symers S., Rosa mollis Sm. var. glabrata Fries. (Journal of Botany
  British and foreign. Vol. XXXIII. 1895. p. 344—345.)
Miller, W. F., New Westerness plauts. (Journal of Botany British and foreign.
  Vol. XXXIII. 1895. p. 345.)
:**Moore, J. E. S.,** Essential similarity of chromosome reduction in animals and
  plants. (Annals of Botany. 1895. Sept.)
›**Pons et Coste,** Herbarium Rosarum. Fasc. I. 1894. Avec préface et annotations
  par **Louis Crépin.** 8⁰. 32 pp. Ille (impr. Aubert) 1895.
Prain, D., An account of the genus Argemone. [Cont.] (Journal of Botany
  British and foreign. Vol. XXXIII. 1895. p. 325—333.)
:**Rogers, W. Moyle,** Rubus cardiophyllus Lefv. et Muell. (Journal of Botany
  British and foreign. Vol. XXXIII. 1895. p. 345.)
Schlechter, R., Two new genera of Asclepiadeae. (Journal of Botany British
  and foreign. Vol. XXXIII. 1895. p. 321—322. With 1 pl.)
Schlechter, R., Asclepiadaceae Elliotanae. [Concl.] (Journal of Botany British
  and foreign. Vol. XXXIII. 1895. p. 333—339. With 1 pl.)
.**Zahlbruckner, A.,** Eine neue Adenophora aus China, nebst einer Aufzählung
  der von Dr. von Wawra daselbst gesammelten Adenophoren. (Sep.-Abdr.
  aus Annalen des k. k naturhistorischen Hofmuseums. Bd. X. 1895. Heft 2.
  p. 55—56.) Wien (Alfred Hölder) 1895.

Palaeontologie

:**Müller, Carl,** Otto Kuntze über die Entstehung der Steinkohlen. (Die
  Natur. Jahrg. XLIV. 1895. No. 41.)

Teratologie und Pflanzenkrankheiten:

:**Eich, E.,** Maladies et ennemies de la vigne en Algérie. (Troisième congrès
  international tenu à Bruxelles du 8 au 16 septembre 1895. Règlement et
  programme. Rapports préliminaires. T. I. 1895.)
:**Elliot, G. F. Scott,** Climate and the origin of root-crops. (The Gardeners
  Chronicle. Ser. III. Vol. XVIII. 1895. p. 451—452)
:**Forbes, A. C.,** Insect enemies to trees. (The Gardeners Chronicle. Ser. III.
  Vol. XVIII. 1895. p. 487—488.)
.**Marchal, Em.,** Rapport sur les maladies cryptogamiques étudiées au laboratoire
  de biologie de l'Institut agricole de l'État à Gembloux, en 1894. (Extr. du
  Bulletin de l'Agriculture. 1895.) 8⁰. 9 pp. Avec 1 fig. Bruxelles (impr.
  Xavier Havermans) 1895.
Massee, G., „Spot" disease of Orchids. (Annals of Botany. 1895. Sept. With
  1 pl.)
:**Ross, B. B.,** Paris green; composition and adulterations. (Agricultural
  Experiment Station of the Agricultural and Mechanical College, Auburn,
  Alabama. Bull. LVIII. 1894.) 8⁰. 7 pp. Montgomery, Alab. (Brown
  Printing Co.) 1894.
:**Stedman, J. M.,** Cotton boll-rot. A new bacterial disease of cotton affecting
  the seeds, lint and colls. (Agricultural Experiment Station of the Agricultural
  and Mechanical College, Auburn, Alabama. Bull. LV. 1894.) 8⁰. 12 pp.
  With 1 pl. Montgomery, Alab. (Brown Printing Co.) 1894.

Medicinisch-pharmaceutische Botanik:

A.

Gaucher, Louis, De la caféine et de l'acide cafétannique dans le caféier
  (Coffea arabica L.). Recherches microchimiques. 8⁰. 47 pp. Montpellier
  (libr. Boehm) 1895.
Gregorio y Rocasolano, Antonio de, Estudio químico de la harina y del pan.
  4⁰. 110 pp. Zaragoza (tip. M. Ventura) 1895.   P. 3,50.

B.

:**Braatz, E.,** Zum Verhältnisse der pathologischen Anatomie zur Bakteriologie.
  Entgegnung. (Berliner klinische Wochenschrift. 1895. No. 34. p. 754.)

Breslauer, E., Ueber die antibakterielle Wirkung der Salben mit besonderer Berücksichtigung des Einflusses der Constituentien auf den Desinfectionswerth. [Inaug.-Diss.] 8°. 37 pp. Leipzig (Veit & Co.) 1895.

Chiari, H., Ueber einen als Erreger einer Pyohämie beim Menschen gefundenen Kapselbacillus. (Prager medicinische Wochenschrift. 1895. No. 24—27. p. 251—253, 264—265, 274—275, 284—286.)

The chemical and bacteriological **examination** of drinking-water from the standpoint of the medical officer of health. (Lancet. 1895. No. 3. p. 172 —173.)

Gatti, G., Rapide développement d'un sarcome de la thyroïde à la suite d'infection par streptocoque pyogène. (Revue de chirurgie. 1895. No. 7. p. 618 —625)

Goebel, C., Ueber den Bacillus der „Schaumorgane“. (Centralblatt für allgemeine Pathologie und für pathologische Anatomie. 1895. No. 12/13. p. 465—469.)

Gromakowsky, D., Immunisation des lapins contre le streptocoque de l'érysipèle et traitement des affections érysipélateuses par le sérum du saug d'animal, vacciné. (Annales de l'Institut Pasteur. 1895. No. 7. p. 621—624.)

Haushalter et **Viller,** Ophthalmie purulente à pneumocoques dans un cas de pneumonie. (Gaz. hebdom. de méd. et de chir. 1895. No. 27. p. 320—322.)

Heiman, H., A clinical and bacteriological study of the Gonococcus (Neisser) as found in the male urethra and in the vulvo-vaginal tract of children. (Med. Record. 1895. No. 25. p. 769—778.)

Ladendorf, A., Höhenklima und Tuberkelbacillen. (Deutsche Medicinal-Zeitung. 1895. No. 58. p. 643—645.)

Licastro, Le tappe della batteriologia. (Riforma med. 1895. No. 161. p. 121 —123.)

Martin, A. J., Les examens bactériologiques et la diphthérie. (Gaz. hebdom. de méd. et de chir. 1895. No. 28. p. 325—326.)

Menereul, M., Gangrène gazeuse produite par le vibrion septique. (Annales de l'Institut Pasteur. 1895. No. 7. p. 529—532.)

Pernice, B. e **Scagliosi, G.,** Sulle alterazioni istologiche e sulla vitalità dei bacilli di Loeffler delle pseudomembrane difteriche dell' uomo, studiate fuori l'organismo. (Riforma med. 1895. No. 142—144. p. 795—796, 807—809, 819- 820.)

Rénon, Essais d'immunisation contre la tuberculose aspergillaire. (Comptes rendus de la Société de biologie. 1895. No. 26. p. 574—577.)

Righi, J., La sieroterapia nella meningite. Ancora del diplococco di Fränkel nel sangue e nell' urina degli ammalati di meningite epidemica. (Riforma med. 1895. No. 198—200. p. 566—568, 578—581, 590—593.)

Roucali, D. B., Die Blastomyceten in den Sarkomen. (Centralblatt für Bakteriologie und Parasitenkunde. Erste Abtheilung. Bd. XVIII. 1895. No. 14/15. p. 432—434.)

Schürmayer, B., Ueber die Bedeutung des Micrococcus tetragenus. (Sep.-Abdr. aus Allgemeine medicinische Centralzeitung. 1895.) gr. 8°. 4 pp. Berlin (Oscar Coblentz) 1895. M. 1.—

Seitz, J., Toxinaemia cerebrospinalis, bacteriaemia cerebri, meningitis serosa, hydrocephalus acutus. (Correspondenzblatt für schweizerische Aerzte. 1895. No. 14. p. 417—426.)

Sundberg, C., Mikroorganismerna fran läkarens synpunkt. I. Dln. 8°. Upsala (W. Schultz) 1895. Kr. 10.—

Thérèse, L., Sérum anti-streptococcique. (Union méd. 1895. No. 19. p. 217 —219.)

Troitzky, J. W., Bakteriologische Untersuchungen über die sterilisirte Kuhmilch. (Archiv für Kinderheilkunde. Bd. XIX. 1895. Heft 1/2. p. 97 —106.)

Wicklein, E., Chronischer Leberabscess, verursacht durch einen Kapselbacillus (Bacillus capsulatus Pfeiffer?). (Centralblatt für Bakteriologie und Parasitenkunde. Erste Abtheilung. Bd. XVIII. 1895. No. 14/15. p. 425—432.)

Wright, A. E. and **Semple, D.,** On the presence of typhoid bacilli in the urine of patiens suffering from typhoid fever. (Lancet. Vol. II. 1895. No. 14. p. 196—199.)

Technische, Forst-, ökonomische und gärtnerische Botanik:

Anbauflächen der Zuckerrüben nach dem Stande vom 1. Juni 1895. Zusammengestellt im k. k. Ackerbau-Ministerium. (Sep.-Abdr. aus Statistische Monatsschriften. 1895.) 8⁰. 4 pp. Mit 1 farbigen Karte. Wien (Alfred Hölder) 1895.   M. —.80.

Bouteron, E., Le coton en Egypte. (Troisième congrès international d'agriculture tenu à Bruxelles du 8 au 16 septembre 1895. Réglement et programme. Rapports préliminaires. T. I. 1895.)

Claudot, C., Recherches sur la production ligneuse pendant la phase des coupes de régénération installées en 1883 par M. Bartet. III. inventaire de la place d'expérience. No. 1 (forêt dominiale de Haye). (Extr. du Bulletin du ministère d'agriculture. 1895.) 8⁰. 10 pp. Paris (Impr. Nationale) 1895.

Codron, C., Épuration des jus de betterave par l'électricité. (Moniteur industriel. 1895. No. 39.)

Damseaux, Ad., Production des orges de malterie. (Troisième congrès international d'agriculture, tenu à Bruxelles du 8 au 16 septembre 1895. Réglement et programme. Rapports préliminaires. T. I. 1895.)

Fontan, Henri, Catéchisme viticole. La reconstitution des vignes par le plant américain. Partie I. La plantation. 8⁰. X, 110 pp. Tarbes (libr. catholique) 1895.

Girard, A. et **Lindet, G.,** Recherches sur la composition des raisins des principaux cépages de France. (Moniteur industriel. 1895. No. 42.)

Henström, Arvid, Om växternas bostäder eller växthus. (Landtbyggnadskonsten. Praktisk handledning vid utförandet af landtmannabyggnader. IV. 1895.) 8⁰. 52 pp. Stockholm (Gust. Chelius) 1895.   Kr. 1.20.

Hidalgo Tablada, José de, Tratado del cultivo de la vid en España: su perfeccionamiento y mejora. Estudio sobre las vides americanas, su adaptación y restablecimiento de la vid europea por injerto, enfermedades de la vid y su tratamiento, etc. etc. Edic. 3, corr. y aument. 8⁰. 439 pp. Con numerosos grabados. Madrid 1895.   P. 6.50.

Jadoul, A., La culture de la betterave à sucre ou son rôle dans l'économie générale de l'agriculture. (Troisième congrès international d'agriculture tenu à Bruxelles du 8 au 16 septembre 1895. Réglement et programme. Rapports préliminaires. T. I. 1895.)

Klocke, E., Specielle Pflanzenkunde. Ein Leitfaden für landwirthschaftliche Winterschulen und zweckverwandte Lehranstalten. 8⁰. IV, 74 pp. Mit 39 Abbildungen. Leipzig (Landwirthschaftliche Schulbuchhandlung) 1895.   M. 1.20.

Lecomte, H., Les bois du Congo français. (Moniteur industriel. 1895. No. 40.)

Manso de Zúñiga y Enrile, Víctor C. y **Díaz Alonso, Mariano,** Tratado de elaboración de vinos de todas clases y fabricación de vinagres, alcoholes, aguardientes, licores, sidra y vinos de otras frutas. 4⁰. 384 pp. Con grab. Madrid (libr. de Murillo) 1895.   P. 11.—

Millevoye, Jacques, Monographie du vignoble reconstitué dans une partie du Maine-et Loire. 8⁰. 14 pp. Angers (libr. Germain et Grassin) 1895.

Otto, Richard, Die Düngung gärtnerischer Culturen, insbesondere der Obstbäume. Ein Leitfaden für den Unterricht an gärtnerischen und ähnlichen Lehranstalten, sowie zum Gebrauche für Gärtner, Gartenliebhaber, Lehrer, Baumwärter, Baumgärtner etc. 60 pp. Stuttgart (E. Ulmer) 1895. geb. M. 1.30.

Ross, B. B., Fertilizers-commercial and domestic. (Alabama Agricultural Experiment Station of the Agricultural and Mechanical College, Auburn, Alab. Bull. LXIII. 1895. p. 75—104.) Montgomery, Alab. (Brown Printing Co.) 1895.

Runnebaum, A., Forstliche Reiseeindrücke aus Nord-Amerika und die Weltausstellung in Chicago. (Sep.-Abdr. aus Zeitschrift für Forst- und Jagdwesen.) 8⁰. III, 60 pp. Mit 1 Figur. Berlin (Julius Springer) 1895.   M. 1.20.

Simpson, J., Pruning fruit trees. (The Gardeners Chronicle. Ser. III. Vol. XVIII. 1895. p. 488.)

Verstappen, Denis, La sidération par les lupins et la restauration économique du sol épuisé des pépinières. (Troisième congrès international d'agriculture, tenu à Bruxelles du 8 au 16 septembre 1895. Réglement et programme. Rapports préliminaires. T. I. 1895.)

Varia:

Ghosi, Yogendraci, Sacred flowers. (The Gardeners Chronicle. Ser. III. Vol. XVIII. 1895. p. 483—484.)

Corrigendum.

Im Botanischen Centralblatt. Bd. LXII. 1895.
p. 165, Zeile 11 v. o. lese: Magnesiumphosphat statt Magnesiumsulfat.
p. 168, Anmerkung lese: „die Membranen sehr zerbrechlich wurden" statt zahlreich wurden.
Im Botanischen Centralblatt. Bd. LXI. 1895.
p. 348, Zeile 18 v. u. lese: Citraconsäure statt Citronsäure.

Personalnachrichten.

Ernannt: N. **Kusnetzoff,** Conservator am Herbarium des Kaiserlichen Botanischen Gartens in St. Petersburg, zum ausserordentlichen Professor der Botanik und Director des Botanischen Gartens an der Kaiserl. Universität Jurjew (Dorpat).

Gestorben: **John Ellor Taylor,** der Curator des „Ipswich Museum", Mitglied der Linnean Society, zu Ipswich am 28. September. — Dr. **Robert Brown** zu Streatham am 26. October.

Anzeigen.

Inhalt.

Ausgegeben: 19. November 1895.

Druck und Verlag von Gebr. Gotthelft in Cassel·

Band LXIV. No. 9.   XVI. Jahrgang.

Botanisches Centralblatt.

REFERIRENDES ORGAN

für das Gesammtgebiet der Botanik des In- und Auslandes.

Herausgegeben

unter Mitwirkung zahlreicher Gelehrten

von

Dr. Oscar Uhlworm und Dr. F. G. Kohl
in Cassel. ——— in Marburg.

Zugleich Organ
des

Botanischen Vereins in München, der Botaniska Sällskapet i Stockholm, der Gesellschaft für Botanik zu Hamburg, der botanischen Section der Schlesischen Gesellschaft für vaterländische Cultur zu Breslau, der Botaniska Sektionen af Naturvetenskapliga Studentsällskapet i Upsala, der k. k. zoologisch-botanischen Gesellschaft in Wien, des Botanischen Vereins in Lund und der Societas pro Fauna et Flora Fennica in Helsingfors.

| Nr. 48. | Abonnement für das halbe Jahr (2 Bände) mit 14 M. durch alle Buchhandlungen und Postanstalten. | 1895. |

Die Herren Mitarbeiter werden dringend ersucht, die Manuscripte immer nur auf *einer* Seite zu beschreiben und für *jedes* Referat besondere Blätter benutzen zu wollen.   Die Redaction.

Wissenschaftliche Original-Mittheilungen.*)

Ueber die oblito-schizogenen Secretbehälter der Myrtaceen.

Von
Dr. Gotthilf Lutz.

Mit 2 Tafeln.**)

———

(Schluss.)

Jambosa australis Rumph.

(*Eugenia australis* Wendl.)

Die Untersuchung wurde an der lebenden Pflanze aus dem botanischen Garten von Bern gemacht.

———

*) Für den Inhalt der Originalartikel sind die Herren Verfasser allein verantwortlich.   Red.
**) Die Tafeln liegen einer der nächsten Nummern bei.

Jambosa australis ist dadurch ausgezeichnet, dass sie auffallend wenig Secretbehälter enthält und diese selber im durchscheinenden Blatt nicht sichtbar sind. Oft waren in Serien von 30 bis 40 Schnitten, die jeweilen durch das ganze Blatt gemacht wurden, sowohl bei jüngsten, wie bei ausgewachsenen Blättern keine Secretbehälter zu finden. Wo solche wirklich vorhanden waren, zeigte es sich, dass sie auch ausserordentlich klein (Durchmesser 20 bis 40 μ) und kugelig waren.

Meistens fanden sie sich gegen den Rand des Blattes zu, direct unter der Epidermis, auf der Oberseite des Blattes, zeigten keine mechanische Scheide und bildeten sich jedenfalls sehr früh, da bei den jüngsten Blättchen schon die Secernirungszellen obliterirt und stark verkorkt waren.

In den meisten Fällen war auch ein Ueberrest von einer resinogenen Schicht zu constatiren. Eine Verholzung der dem Behälter zunächst liegenden Zellen war nicht nachzuweisen.

Im Allgemeinen machten diese Secretbehälter also den gleichen Eindruck, wie die meisten Behälter der von mir untersuchten *Myrtaceen*.

Eine genaue Verfolgung der Genesis wurde unterlassen.

Im Gegensatz zu der geringen Anzahl von Secretbehältern zeigt sich bei *Jambosa australis* eine grosse Menge von Krystallen, wie sie vereinzelt fast in allen *Myrtaceen* vorkommen. Direct unter der Reihe der Epidermiszellen finden sich, zwischen die Pallisadenzellen eingelagert, grössere Zellen, die fast ganz erfüllt sind von einer einzigen grossen Druse (Fig. 36).

Diese Drusen-führenden Zellen sind über die ganze Blattoberfläche zahlreich verstreut, oft zu 6 bis 8 neben einander lagernd und so dem Querschnitt eines Blattes einen ganz eigenthümlichen Charakter gebend. Vereinzelt finden sich diese Drusen auch im übrigen Blattgewebe.

Eugenia Roxburghii.

Das Alkoholmaterial davon stammt aus der Tschirch'schen Sammlung.

Diese *Eugenia*-Art besitzt ebenfalls ziemlich wenig Secretbehälter, die sich durch ihre geringe Grösse auszeichnen. Ihr Durchmesser variirt zwischen 30 bis 60 μ. Die Entwicklung der Behälter, die in diesem Fall wieder verfolgt wurde, ist von derjenigen anderer *Myrtaceen* nicht verschieden.

Die Secretbehälter werden auch sehr früh an der Epidermis angelegt und erweitern sich auf schizogenem Wege. Die Verkorkung der Secernirungszellen ist in sofern vom allgemeinen Typus etwas abweichend, als sie namentlich gegen den Interzellularraum sehr stark ist. Dadurch ist jedenfalls die Obliteration ein wenig gehindert und so kommt es denn, dass beim Behandeln eines Querschnittes mit concentrirter Schwefelsäure an Stelle der Behälter hauptsächlich zwei Korkringe zurückbleiben, ein innerer stärkerer, umschlossen von dem äussern zarteren.

Der innere Ring entspricht den gegen den Interzellularraum zugewendeten Membranen der Secernirungszellen, der äussere den Parallelwänden dazu; die Querwände der Secernirungszellen sind meistens obliterirt und so kommt das Bild der beiden Ringe im Querschnitt zu Stande.

In einigen Fällen erhält man eine schwache Ligninreaktion bei den, dem Behälter zunächst liegenden Zellen, die übrigens durch nichts besonderes ausgezeichnet sind.

Die Secernirungszellen scheinen auch da, wo sie noch nicht obliterirt sind, eine schleimige Substanz zu enthalten, die tief gelb gefärbt ist. Der resinogene Beleg ist niemals sehr stark entwickelt.

Auch bei *Eugenia Roxburghii* finden wir Krystalldrusen wieder, wie wir sie bei *Jambosa* näher besprochen haben; sie sind aber hier lange nicht so zahlreich.

Eugenia Ugni.

Das Untersuchungsmaterial stammt aus dem botanischen Garten von Basel.

Die Blätter hatten die Form und Grösse der Blätter von *Myrtus communis*.

Alle Verhältnisse, welche sich auf die Secretbehälter beziehen, stimmen mit denjenigen von der *Eugenia australis* und *Eugenia Roxburghii* überein.

Die Secretbehälter bevorzugen hier die Oberfläche der Blätter; sind auch nur in geringer Anzahl vorhanden und haben einen Durchmesser von ca. 50 μ. Die obliterirten Secernirungszellen sind verkorkt; eine Verholzung war nicht vorhanden.

Auch hier findet man häufig Drusen.

Psidium Cattleyanum.

Es wurde die frische Pflanze aus dem botanischen Garten von Basel untersucht.

Man findet die Secretbehälter ziemlich regelmässig vertheilt auf beiden Blattseiten, doch ist die obere wenig bevorzugt; sie sind rundlich, mit einem Durchmesser von 50 bis 80 μ; ihre Bildung geht immer von einer Epidermiszelle aus und ist eine protogene.

Eine besonders deutlich ausgeprägte mechanische Scheide ist auch hier nicht vorhanden. Die Secernirungszellen sind mit einem körnig-schleimigen Inhalt erfüllt in den jungen Stadien; später sind sie leer und obliteriren ziemlich bald.

Die resinogene Schicht ist nicht sehr stark ausgebildet und bei älteren Secretbehältern natürlich auch nicht mehr zu finden.

Wie bei fast allen Secretbehältern der *Myrtaceen*, so tritt auch hier die Verkorkung schon ziemlich früh auf. In älteren Blättern von *Psidium Cattleyanum* war das dem Behälter zunächstliegende Gewebe schwach verholzt, und es erstreckte sich diese geringe Verholzung etwa auf ein bis zwei Zellreihen.

Aus diesen kurzen Notizen ist also deutlich zu sehen, dass diese Secretbehälter in allen Beziehungen übereinstimmen mit dem allgemeinen Typus der oblito-schizogenen Behälter der *Myrtaceen*

Bemerkt sei noch, dass die jungen Knospenblättchen sehr
stark behaart und dass selbst bei alten Blättchen Haare in geringer
Anzahl vorhanden waren (Fig. 37).

Wie in den Blättern, so finden sich auch noch in allen noch.
nicht verholzten Stengeltheilen die gleichen Secretbehälter.

Psidium Cattleyanum führt ebenfalls viele Krystalldrusen.

Caryophyllus aromaticus.

Da frisches Material in den uns zugänglichen botanischen.
Gärten nicht zu bekommen war, wurde dasjenige benutzt, was.
Tschirch von seiner indischen Reise mitgebracht und welches
theils in Alkohol aufbewahrt war, theils aus Herbarmaterial be-
stand.   Bevor wir zu dem Resultat unserer eigenen Untersuchung
übergehen, soll kurz angegeben werden, was Flückiger*) und
Tschirch**) über die Secretbehälter von *Caryophyllus aromaticus*
angeben.   Flückiger sagt: „Die lederigen Blätter lassen in ihrer
Spreite zahlreiche Oelräume erkennen,“ und an anderer Stelle:.
„In den Blättern des Nelkenbaumes sind die Oelräume sehr klein.“

Ueber die Nelken selber erfahren wir von ihm: „Das ganze
Gewebe enthält, auch noch in den Kelchlappen und in den Blüten-
organen sehr zahlreiche, bis $^1/_3$ mm messende Oelzellen.   Sie sind
ziemlich horizontal gelagert und in doppelter oder dreifacher Reihe
dicht unter der Oberhaut zusammengedrängt, so dass ein dünner
Querschnitt leicht gegen 200 dieser grossen Oelräume aufweist.
Mehrere Reihen sehr zusammengedrückter, kleinerer und flach
tafelförmiger Zellen bilden ihre Einfassung, das Epithel.   Man
wird sie daher als schizogene Secretionsorgane zu betrachten haben.“

Tschirch hat speciell nur die Secretbehälter der Gewürznelken, nicht diejenigen der Blätter von *Caryophyllus aromaticus*
berücksichtigt und er schreibt darüber im Text, da wo die
Anotomie des Receptaculums beschrieben wird, folgendes: „. . . . .
die auf die Epidermis folgende Partie enthält, in dünnwandiges,
radial gestrecktes Parenchym eingestreut, die in allen Theilen der
Pflanze vorkommenden Oelbehälter in grosser Zahl, in doppelter
oder dreifacher Reihe.   Dieselben sind schizogen wie alle Oelbehälter der *Myrtaceen*, im Querschnitt sehr entschieden radial
gestreckt, im Längsschnitt rundlich-oval, also in der Längsrichtung
nicht oder wenig gestreckt.   Das sehr zartwandige Secernirungsepithel ist zwei bis drei Zellreihen breit, in der Droge oft zerrissen,
das den Oelbehälter unmittelbar umgebende Gewebe im Sinne der
Secernirungszellen gestreckt, dünnwandiger als das benachbarte
Gewebe, nicht in Kali und conc. Salzsäure quellend und mit
Phloroglucin-Salzsäure, ebenso wie das Secernirungsepithel, die
sogen. Ligninreaktion gebend, also, wenn nicht „verholzt“, so doch
mit aromatischen Aldehyden infiltrirt.   Die Oelcanäle enthalten
reichlich ätherisches Oel.   Ihre Weite beträgt in radialer Richtung
100 bis 230 μ, meist 170 bis 215, in tangentialer 40 bis 130 μ;
die äusseren pflegen kleiner zu sein.“

---

*) Flückiger.   Pharmacognosie. III. Auflage. p. 796.
**) Tschirch.   Anatom. Atlas. Lieferung III. Tafel 13.

Im Beginn der Beschreibung der Secretbehälter von *Caryo-phyllus aromaticus* habe ich bemerkt, dass sowohl Alkoholmaterial, als auch trockenes zur Untersuchung gelangte. Dass nun scheinbar die Resultate, die ich in dem einen und dem andern Fall gefunden habe, nicht mit einander übereinstimmen, ist folgendermassen zu erklären: Die frische Pflanze in Alkohol gelegt, kann sich nicht mehr verändern; sie bleibt in dem Stadium erhalten, in welchem sie in den Alkohol eingelegt wurde, während, wenn die gleiche Pflanze zwischen Papier langsam getrocknet wird, dieselbe immer etwas schrumpft, an manchen Orten gedehnt wird, zarte Lamellen eventuell zerreissen oder sonstige Aenderungen noch eintreten können.

Ein Querschnitt durch ein Blatt, welches frisch in Alkohol eingelegt war, lässt folgendes erkennen: Es sind zahlreiche Secretbehälter vorhanden und zwar auf beiden Blattseiten. In den meisten Fällen liegen die Behälter nicht direct unter der Epidermis (Fig. 38), sondern sind mehr gegen das Blattinnere hineingerückt. Sie sind kugelig, im Gegensatz zu den langgestreckten, wie wir sie bei der Nelke finden; sie sind auch bedeutend kleiner als jene und haben einen Durchmesser von nur ungefähr 50 bis 80 μ. Die Secernirungszellen sind sehr wenig obliterirt, in den meisten Fällen noch sehr gut zu sehen, vollkommen verkorkt und liegen oft in zwei Reihen übereinander. Ferner sind die Secernirungszellen mit einem tiefgelben Inhalt erfüllt, der in Alkohol nicht löslich ist, auch durch Chloralhydrat nicht stark aufquillt oder sonst verändert wird, durch Schwefelsäure schwarz gefärbt, aber nicht gelöst wird und sich mit Osmiumsäure braun färbt. Sehr grossen Werth darf man auf diese letzteren Reaktionen insofern nicht legen, da der Alkohol verschiedene Inhalte der Pflanze gelöst haben kann und die Secernirungszellen sich mit dieser Lösung inbibirt haben können. Bei den Zellen, die unmittelbar dem Secernirungsepithel anliegen, konnte auch hier, wie schon bei einigen andern Behältern von *Myrtaceen* das der Fall ist, eine schwache Lignineinlagerung durch Phloroglucin-Salzsäure constatirt werden. Da aber die gleiche Erscheinung bei den Gewürznelken noch viel deutlicher zu Tage tritt, soll es bei der Besprechung jener Secretbehälter eingehender behandelt werden.

Junge Stadien der Behälter waren beim Alkoholmaterial nicht zu finden, da Blattknospen fehlten. Dagegen waren beim Herbarmaterial solche vorhanden und dort die Anfangsstadien besonders schön erhalten und zeigen dieselben auf's deutlichste die schizogene Bildung. Um die kleinen spröden Blättchen geeigneter zum Schneiden zu machen, wurden sie zuerst einige Tage in eine feuchte Glaskammer gelegt und waren dann von frischen Pflanzen kaum zu unterscheiden; auch hatte sich dann das Gewebe wieder zu seiner ursprünglichen Form ausdehnen können. In Querschnitten von so präparirten Knospenblättchen waren die verschiedensten Stadien der Secretbehälter zu erkennen. In erster Linie konnte constatirt werden, dass die Bildung in den wenigsten Fällen von den Epidermiszellen ausging. Die jüngsten Secretbehälter waren durch zwei bis vier Zellreihen von der Epidermis getrennt. Der Querschnitt durch einen solchen Secretbehälter zeigte ungefähr folgendes Bild:

Eine mechanische Scheide zwischen dem Behälter und dem übrigen Blattgewebe war nur sehr schwach angedeutet, indem sie nur aus einer einzigen Reihe, etwas enger zusammenliegender und regelmässiger gebauter Zellen bestand (Fig. 39); bei ausgewachsenen Behältern war diese Scheide noch weniger auffallend, als bei den jüngsten Stadien. Die Secernirungszellen waren meistens, im Querschnitt, in der Anzahl von 5 bis 7 vorhanden, prall und ganz bedeutend grösser, als alle umliegenden Zellen und mit einem körnigen Inhalt erfüllt, der jedenfalls mit Schleim gemischt ist.

Sie liessen nur einen kleinen, schmalen, spaltartigen Interzellularraum frei (Fig. 40), in welchem in diesem Stadium durch Osmiumsäure (1 : 100) noch kein Secret nachgewiesen werden konnte.

Schon in diesem Stadium findet eine zarte Verkorkung, namentlich der äussern Wandungen der Secernirungszellen statt. Allmälig treten nun die Secernirungszellen weiter auseinander, der Interzellularraum wird grösser, die Verkorkung nimmt zu und es bildet sich an den Secernirungszellen eine resinogene Schicht, die in dem Masse zunimmt, wie der Inhalt der Secernirungszellen verschwindet.

Bemerkt sei aber hier, dass der resinogene Beleg nicht continuirlich den Secernirungszellen sich anlagert, wie das fast überall der Fall ist, sondern, dass er mehr in Form von Kappen die Secernirungszellen gegen den Interzellularraum bedeckt.

In einem weiteren Stadium sind dann die Secernirungszellen leer geworden, vollkommen verkorkt, der Interzellularraum ist mit Oeltröpfchen erfüllt und die resinogenen Belege verschwunden. Während nun die verkorkten Secernirungszellen beim Alkoholmaterial in den allermeisten Fällen intact erhalten waren, fand ich sie bei dem trockenen Material überall obliterirt.

So viel ist jedenfalls sicher, dass die Tendenz der Obliteration bei den Secretbehältern der Blätter von *Caryophyllus aromaticus* nicht in dem Masse vorhanden ist, wie bei den meisten andern *Myrtaceen*.

Die Lignineinlagerung in die Membranen der mechanischen Scheide findet erst nach vollendeter Ausbildung der Secretbehälter statt. Viele Behälter fanden sich auch in der Rindenschicht der Blattstiele, in den noch nicht holzigen jungen Zweigen und in den Mittelrippen der Blätter.

Im Allgemeinen ähnlich gebaut und nur durch ihren grössern Umfang, ihre Form und eine stärkere Lignineinlagerung verschieden, sind die Secretbehälter der Gewürznelken. Was darüber bekannt ist, habe ich im Anfang dieser Besprechung angegeben, indem ich die betreffende Stelle aus dem Atlas von Tschirch und Oesterle zitirte, und es bleibt nur noch einiges zu sagen übrig über die Verholzung, die also hier, wie gesagt, bedeutend vollkommener ist, als in den Blättern.

Querschnitte von Secretbehältern wurden in concentrirte Salzsäure mit wenig Phloroglucin gelegt; die Ligninreaction zeigte sich
sehr deutlich in der ersten und zweiten Zellreihe die das Secernirungsepithel umgeben, und nur schwach in den Secernirungszellen
selber. Sodann wurde das Präparat wieder mit Wasser aus-
gewaschen und concentrirte Schwefelsäure zufliessen lassen, wodurch
das ganze Gewebe, bis auf die Secernirungszellen allein, zerstört
wurde. Es sind also nur diese letzteren verkorkt. Sie zeigen
aber zugleich auch eine schwache Ligninreaktion. In welcher
Weise hier das Lignin eingelagert war, konnte nicht festgestellt
werden.

Metrosideros tomentosa.

Diese *Myrtacee* war wiederum im botanischen Garten von
Bern vertreten. Die Blätter sind ca. 6 cm lang und 3 cm breit
und auf der untern Seite mit einem dichten Haarfilz bedeckt. Die
Secretbehälter finden sich über die ganze Blattspreite vertheilt in
grosser Anzahl und sind als kleine, helle Pünktchen leicht zu
erkennen. Ihr Durchmesser beträgt 60 bis 80 μ und vertheilen
sich auf beide Blattseiten. Auch hier waren die Behälter nicht in
allen Fällen aus Epidermiszellen hervorgegangen; ich fand sowohl
junge Stadien, als auch ausgewachsene Behälter von der Epidermis
durch 3 bis 5 Zellreihen getrennt.

Die Entstehung sowohl, als auch die Entwicklung und der
Bau der Secretbehälter ist analog den andern der Familie der
Myrtaceen.

Es war nur eine schwach angedeutete mechanische Scheide
vorhanden; die Secernirungszellen obliteriren sehr früh und verkorken auch. Die resinogenen Belege sind nicht gut entwickelt.

An Flächenschnitten waren die, den Behälter deckenden
Epidermiszellen nicht zu erkennen durch eine veränderte Form
oder einen auffallenden Inhalt, wie es bei einigen *Myrtaceen* der
Fall ist.

Auch hier bei *Metrosideros tomentosa* finden sich in subepi-
dermalen Zellen Krystalldrusen.

Leptospermum trinerve.

Diese, sowie die drei folgenden *Leptospermum*-Arten wurden
uns durch Herrn Prof. Penzig in Genua zur Verfügung gestellt.

Die Blätter von *Leptospermum trinerve* sind klein, $1^1/_2$ bis
2 cm lang und 6 bis 7 mm breit, auf der Rückseite dicht behaart
und desshalb filzig anzufühlen. Die Secretbehälter, welche leicht
als helle Pünktchen zu erkennen sind, wenn man ein Blatt im
durchscheinenden Licht betrachtet, finden sich auf beiden Blattseiten; sie haben eine kugelige Form und einen Durchmesser von
60 bis 100 μ.

Die Bildung der Secretbehälter ist auch hier ohne Frage eine
epidermale und schizogene, und geht genau nach Art aller andern
Behälter der *Myrtaceen* vor sich. Der entwickelte Behälter zeichnet
sich namentlich dadurch aus, dass auch nicht die leiseste Andeutung

einer mechanischen Scheide vorhanden ist. Mitten zwischen den
Palisaden, direkt unter der Epidermis und von dieser nur durch
eine einzige Zellreihe getrennt, liegen die Behälter, nur umgeben
von den hier sehr früh obliterirenden verkorkten Secernirungszellen
allein (Fig. 41). Da nun die Blätter von *Leptospermum trinerve*
hinter ihren Spaltöffnungen sehr grosse Athemhöhlen besitzen, die
oft fast die Grösse der Behälter erreichen, werden diese leicht mit
einander verwechselt und können auch in der That. nur dann bestimmt unterschieden werden, wenn der Schnitt gerade so gemacht
wurde, dass man vor der Athemhöhle die Spaltöffnung mit dem
vertieften Vorhof unterscheiden konnte.

Die resinogenen Belege sind in diesen Secretbehältern nicht
sehr schön und deutlich ausgeprägt und auch nur in verhältnissmässig sehr jungen Stadien vorhanden; nur in den Secretbehältern
der Knospenblätter waren die resinogenen Belege noch zu sehen.

An Flächenschnitten waren die, den Secretbehälter deckenden
Epidermiszellen nicht von andern zu unterscheiden, wie es z. B.
bei *Myrtus communis,* bei *Pimenta acris* und bei *Leptospermum
uncinatum* der Fall ist. Dagegen zeigen die Wandungen aller
Epidermiszellen eine Eigenthümlichkeit, die eventuell zur Unter-
scheidung dieser *Leptospermum*-Art von den andern herangezogen
werden könnte. An den Kreuzungsstellen der Seitenwände der
Epidermiszellen nämlich sehen wir im Flächenschnitt kleine hellere
Kreise, welche von zapfenartigen Verdickungen herrühren, die die
Epidermismembranen dort bilden.

Eine andere Erscheinung, die auch wieder nur *Leptospermum
trinerve* zeigt, soll hier auch noch kurz mitgetheilt werden.

An Querschnitten bemerkt man, dass die oberen, der Cuticula
zugekehrten Wände der Epidermiszellen eine sehr starke Schleimauflagerung haben (Fig. 42). Diese Schleimmembran zeigt eine
schöne, deutliche Schichtung, zieht sich nach Zusatz von Alkohol
auf ein Minimum zusammen und quillt mit Chloral behandelt so
stark auf, dass nur ein ganz schmaler Streifen der Epidermiszelle
noch zu sehen ist.

Mit Schwefelsäure färbt sich diese Schleimmembran schön
gelb; sie besteht also aus echtem Schleim im Tschirch'schen
Sinne.

Auch bei *Leptospermum trinerve* findet man die Secretbehälter
noch in der Rindenschicht der Stengel und in den harten spelzen-
artigen Hüllblättchen, welche die jungen Blattknospen umgeben.

Auch hier findet man häufig schöne Krystalldrusen in grösseren
Epidermiszellen.

Leptospermum uncinatum.

Leptospermum uncinatum hat ca. 40 mm lange und 8 mm
breite Blätter, die, namentlich auf der Oberseite, rauh anzufühlen
sind infolge der grossen Anzahl von Secretbehältern, welche die
Cuticula schwach warzenförmig emporheben.

Man findet auf beiden Blattseiten Secretbehälter. Sie sind,
wie durch ihre grosse Anzahl, auch durch ihre Grösse ausgezeichnet,

indem sie nämlich durchschnittlich 150 bis 200 μ im Durchmesser messen und somit zu den grössten Behältern gehören, die ich bei den *Myrtaceen* gefunden habe.

Die fertig gebildeten Behälter, welche immer direct unter der Epidermis liegen, haben eine gut differenzirte mechanische Scheide, welche allerdings nur aus einer einzigen Schicht von kleinen dickwandigen Zellen besteht. .

Die Entwicklungsgeschichte wurde hier nicht verfolgt, da bei dem Untersuchungsmaterial keine Blattknospen vorhanden waren.

Bei allen Behältern, die ich hier beobachtete, waren die Secernirungszellen vollkommen obliterirt und verkorkt. Sehr gut war hier der resinogene Beleg noch in fast allen Behältern zu sehen und zwar konnte er in den verschiedensten Stadien beobachtet werden. Es waren da Belege, die nur aus einer schleimartigen Substanz bestanden, in die die oft besprochenen Körnchen und Stäbchen eingelagert waren, und die durch Osmiumsäure (1 : 100) nicht gefärbt wurden. Dann waren wieder andere Belege, die neben den Körnchen und Stäbchen auch schon grössere und kleinere Oeltröpfchen zeigten und durch Osmiumsäure schon durch und durch gefärbt wurden (Fig. 43).

Endlich waren Stadien zu finden, wo der Intercellularraum fast vollkommen mit dem Secret erfüllt und der resinogene Beleg bis auf ganz geringe Reste verschwunden war. Es konnte auch deutlich constatirt werden, wie Alkohol successive, im ersten oben beschriebenen Zustand des resinogenen Beleges weniger, im zweiten mehr und im letzten fast den ganzen Inhalt des Interzellularraums bezw. des resinogenen Beleges löste, so dass beim letzten Stadium der Secretbehälter fast leer erscheint, indem der Alkohol natürlich alles Oel löst und jeweilen nur noch die schleimige Grundsubstanz des resinogenen Beleges mit den Körnchen und Stäbchen übrig lässt.

Gerade *Leptospermum uncinatum* ist also ein sehr schönes und gut zu verfolgendes Beispiel für die Thatsache, dass das Secret in der resinogenen Schicht gebildet wird und dass in dem Masse wie das Secret an Menge zunimmt, der Beleg verschwindet, resp. resorbirt wird.

Auch hier bei *Leptospermum uncinatum* sind die Epidermiszellen, welche den Secretbehälter bedecken, gerade wie bei *Myrtus communis* in der Flächenansicht durch etwas regelmässigere Form von den andern Epidermiszellen unterschieden (Fig. 44) und haben ausserdem noch einen auffallenden gelbgefärbten, körnigen Inhalt.

Eine Verholzung der mechanischen Scheide war nicht nachzuweisen.

Leptospermum juniperinum.

Die Blätter dieser Pflanze, die wir aus Genua erhalten, sind sehr klein; die grössten, welche vorhanden waren, hatten eine Länge von 7 mm und die Breite von 3 mm.

Leptospermum juniperinum besitzt nur wenige, sehr kleine Secretbehälter; ihr Durchmesser beträgt 20 bis 35 μ. Sie entstehen ebenfalls epidermal, auf beiden Blattseiten.

Die Secretbehälter zeigen in keiner Hinsicht Abnormitäten. In Folge ihrer Kleinheit waren sie kein günstiges Untersuchungsmaterial. Auch hier war eine Verkorkung der Secernirungszellen, sowie die Obliteration derselben zu constatiren. Der resinogene Beleg ist schwach ausgebildet, besser die mechanische Scheide.

Leptospermum juniperinum hatte die kleinsten Secretbehälter von allen von mir untersuchten *Myrtaceen*.

Leptospermum Scoparium.

Sowohl was die Form und Grösse der Blätter von *Leptospermum Scoparium* anbelangt, als auch die Verhältnisse ihrer Secretbehälter stimmt diese Pflanze vollkommen mit *Leptospermum juniperinum* überein, mit Ausnahme der Grösse der Behälter, welche hier mehr das Mittel aller Secretbehälter der *Myrtaceen* erreicht, nämlich 50 bis 80 μ im Durchmesser.

Es waren deutliche Obliteration der Secernirungszellen, Verkorkung derselben, eine schwache einschichtige mechanische Scheide und gut gebildete resinogene Belege zu constatiren.

Eine Verholzung der mechanischen Scheide war hier und auch bei den andern untersuchten *Leptospermum*-Arten niemals zu finden.

Zusammenfassung der Resultate.

Nachdem wir nun über 20 der durch Vorkommen, Aussehen und anderen Verhältnisse verschiedenen Pflanzen der Familie der *Myrtaceen* bezüglich ihrer Secretionsorgane untersucht haben und dabei fast überall auf übereinstimmende Thatsachen gestossen sind, dürfen wir es wagen, einen allgemeinen Typus für den Secretbehälter der *Myrtaceen* aufzustellen.

Mit geringen Abweichungen, jeweilen bei die einzelnen Pflanzen, lässt sich folgendes über diese Behälter sagen:

1. Ihre Form ist in den meisten Fällen die Kugel- oder Eiform; niemals zeigten sie eine gangartige Gestalt.
2. Sie entstehen meistens aus einer oder zwei Epidermiszellen und sehr früh (protogen).
3. Diese Epidermiszellen zeichnen sich von den benachbarten aus durch ihren körnigen Inhalt und oft durch ihre, am Flächenschnitt sichtbare und gegenüber den benachbarten Zellen regelmässigere Form.
4. Aus der oder den Mutterzellen werden durch Theilungen Tochterzellen gebildet.
5. Diese Tochterzellen bilden durch Auseinanderweichen den Intercellularraum, also bildet sich der Secretbehälter rein schizogen.
6. Die Secernirungszellen enthalten niemals auch nur Spuren von Secret.
7. An den Secernirungszellen bildet sich, meistens ziemlich früh, die sogenannte resinogene Schicht, entweder in Form von Kappen, oder als continuirliche Belege.

8. Die resinogene Schicht besteht aus einer schleimartigen Grundsubstanz, in welche Körnchen und Stäbchen eingelagert sind. Diese letzteren sind in Alkohol nicht löslich.

9. Die Secernirungszellen obliteriren ziemlich bald, doch immer erst nach Bildung des Beleges. Wegen dieser Obliteration hat Tschirch denselben den Namen: „Oblito-schizogene Secretbehälter" gegeben.

10. Die Secernirungszellen verkorken in späteren Stadien der Secretbehälter und unterscheiden sich auch hierdurch von den schizogenen Gängen.

11. Das Secret wird in dem resinogenen Beleg gebildet; in dem Verhältniss, wie das Secret an Menge zunimmt, schwindet der resinogene Beleg.

12. Bei fertig gebildeten Behältern sind die Interzellularräume mit Secret gefüllt und die resinogenen Belege vollkommen oder fast vollkommen verschwunden.

13. Die Secretbehälter der *Myrtaceen* schwanken in der Grösse ihres Durchmessers zwischen 20 mik (*Leptospermum juniperinum*) bis 230 mik (*Caryophyllus aromat.*)

Da die Secretbehälter sehr frühzeitig, nämlich schon in der Knospe, also zu einer Zeit gebildet werden, wo die Pflanze das ihr zur Verfügung stehende Material für die Bildung neuer Gewebe nöthig braucht, da sie ferner im Laufe der Vegetation, einmal gebildet, keine weitere Veränderung erleiden, so ist wohl kaum anzunehmen, dass wir in dem Secrete nur Auswürflinge des normalen Stoffwechsels vor uns haben, sondern man kann annehmen, dass das Oel für einen besonderen Zweck eigens gebildet wird, und der Pflanze also wohl einen biologischen Nutzen bringt.

Vorstehende Untersuchungen wurden 1894/95 im pharmazeutischen Institute der Universität Bern unter Leitung von Prof. Tschirch durchgeführt.

Grösse der Secretbehälter.
(Im Querschnitt.)

Myrtus communis	85	bis	100	μ
Myrtus acris	60	„	90	„
Tristania laurina	80	„	100	„
Eucalyptus citriodora	70	„	120	„
„ *amygdalina*	150	„	170	„
„ *colossea*	120	„	150	„
„ *globulus*	80	„	100	„
„ *diversicolor*	85	„	100	„
„ *stricta*	130	„	150	„
Eugenia pimenta	85	„	100	„
Fructus Pimentae	100	„	160	„
Pimenta acris	70	„	100	„
Jambosa australis	20	„	40	„
Eugenia Roxburghii	30	„	60	„
„ *Ugni*	40	„	50	„

Psidium Cattleyanum	50	„	80	„
Caryophyllus aromaticus	50	„	80	„
Caryophylli	200	„	230	„
Metrosideros tomentosa	60	„	80	„
Leptospermum trinerva	60	„	100	„
„ *uncinatum*	150	„	200	„
juniperinum	20	„	35	„
Scoparium	50	„	80	„

Figurenerklärung.

Fig. 1—8. *Myrtus communis.*

Fig. 1. Querschnitt durch ein Knospenblatt mit einer grösseren Epidermiszelle.

Fig. 2. Dasselbe; die Epidermiszelle hat sich getheilt; die eine Tochterzelle mit körnigem Inhalt.

Fig. 3. Viertheilung.

Fig. 4. Weitere Theilung der Epidermiszelle.

Fig. 5. Ausgebildeter Secretbehälter, schon mit einem Tropfen Oel.

Fig. 6. Flächenansicht der den Behälter deckenden Epidermiszellen.

Fig. 7. Viertheilung, mit dem ersten kleinen Interzellularraum.

Fig. 8. Haarbildung bei jüngsten Blättchen.

Fig. 9—10. *Myrtus acris.*

Fig. 9. Secretbehälter, welcher nicht epidermaler Bildung ist

Fig. 10. Junger Behälter mit schwachem resinogenem Beleg.

Fig. 11—15. *Tristania laurina.*

Fig. 11. Secretbehälter im Flächenschnitt.

Fig. 12. Derselbe im Querschnitt.

Fig. 13 Anfangsstadium des Behälters.

Fig. 14. Viertheilung der Tochterzellen.

Fig. 15. Secretbehälter leer; der Schleim gelöst und entfernt.

Fig 16—22. *Eucalyptus citriodora.*

Fig. 16. Secretbehälter in den Ausstülpungen.

Fig. 17. Derselbe mit der resinogenen Schicht.

Fig. 18. Anfangsstadium des Behälters.

Fig. 19. Anfangsstadium mit beginnendem Intercellularraum.

Fig. 20. Secretbehälter mit verschiedenen Stadien der Ausstülpungen.

Fig. 21. Ausgebildeter Behälter, nicht in einer Ausstülpung.

Fig. 22. Blattrand im Querschnitt mit Schleimauflagerung der Epidermiszellen.

Fig. 23 - 25.   *Eucalyptus amygdalina*

Fig. 23. Ausgebildeter Behälter; die resinogene Schicht in Resorption begriffen.

Fig. 24. Anlage der Behälter.

Fig. 25. Alkoholpräparat; Oel gelöst; es bleiben nur die Körnchen und Stäbchen der resinogenen Schicht übrig.

Fig. 26—27   *Eucalyptus colossea.*

Fig. 26. Ausgebildeter Secretbehälter.

Fig. 27. Dasselbe mit Secretblase.

Fig 28.   *Eucalyptus diversicolor.*

Ausgebildeter Secretbehälter von birnförmiger Gestalt.

Fig. 29—32   *Eugenia Pimenta.*

Fig. 29. Ausgebildeter Secretbehälter mit der resinogenen Schicht.

Fig. 30. Dasselbe; die körnig-streifige Structur des resinogenen Beleges sichtbar.

Fig. 31. Dasselbe; anhängender Oeltropfen bei nicht sichtbarem Beleg.

Fig. 32. Dasselbe; der resinogene Beleg nicht mehr continuirlich.

Fig. 33—35. *Pimenta acris.*

Fig. 33. Der Trichter, welcher bis an den Behälter geht.
Fig. 34. Flächenschnitt mit den zwei Epidermiszellen, die den Behälter decken.
Fig. 35. Dasselbe, aber Unterseite des Blattes mit den Spaltöffnungen.

Fig. 36. *Jambosa australis.*
Subepidermale Zellen mit Krystalldrusen.

Fig. 37. *Psidium Cattleyanum.*
Junger Secretbehälter; Haare.

Fig. 38—40. *Caryophyllus aromaticus.*

Fig. 38. Ausgebildeter Secretbehälter.
Fig. 39. Junge Stadien der Behälter.
Fig. 40. Dasselbe.

Fig. 41—42. *Leptospermum trinerve.*

Fig. 41. Ausgebildeter Behälter ohne mechanische Scheide.
Fig. 42. Epidermiszellen mit Schleimauflagerung.

Fig. 43—44. *Leptospermum uncinatum.*

Fig. 43. Secretbehälter; resinogene Schicht mit Einlagerung von Oeltröpfchen.
Fig. 44. Die Epidermiszellen, welche den Behälter bedecken.

Gelehrte Gesellschaften.

Linton, Wm. R., The Botanical Exchange Club of the British Iles. Report for 1894. 8°. p. 431—464. London and Manchester (James Collins & Co.) 1895.

Botanische Gärten und Institute.

Macfarlane, J. M., The organisation of botanical Museums for schools, colleges and universities. (Biological lectures del. at the Marine Biological Laboratory of Wood's Holl. Boston 1895. p. 191—204.)

Verf. betont die Wichtigkeit einer zweckmässigen Demonstrationssammlung und beschreibt die Einrichtung und Anlegung einer solchen. Er verwendet zur Conservirung fast ausschliesslich Alkohol. Zum Verschluss der Sammlungsgläser bringt er auf die betreffenden Korke ein Gemisch von 4 Theilen Stuck, 1 Th. Leim und ¹/₄₀ Th. Mennige. Der Kork ist vor dem Auftragen vor der Benetzung mit Alkohol zu schützen. Der Cement wird mit einem Spatel ausgestrichen und trocknet in 2—4 Tagen.

Zimmermann (Braunschweig).

Grandeau, L., Stations agronomiques et laboratoires agricoles. (Troisième congrès international tenu à Bruxelles du 8 au 13 septembre 1895. Règlement et programme. Rapports préliminaires. T. I. 1895.)

Lemaistre, Alexis, L'Institut de France et nos grands établissements scientifiques (Collège de France, Muséum, Institut Pasteur, Sorbonne, Observatoire). 8°. II, 340 pp. Avec 83 grav. d'après les dessins de l'auteur. Paris (libr. Hachette & Co.) 1895.   Fr. 7.—

Le Roy Broun, Wm., Sixth annual report of the Agricultural Experiment Station of the Agricultural and Mechanical College, Auburn, Alab. 8°. 23 pp. Montgomery, Alab. (Brown Printing Co.) 1894.

Sammlungen.

Roumeguère, C., Fungi exsiccati praecipue Gallici. LXIX. cent. Publiée avec le concours de M. M. Bourdot, F. Fautrey, Dr. Ferry, Gouillemot, Dr. Quélet, Dr. Lambotte, E. Niel et L. Rolland. (Revue mycologique. 1895. p. 172.)

Ausser vielen Seltenheiten enthält die Centurie an neuen Formen und Arten:

Anthostomella Lambottiana Fautr., *Ascochyta Arundinis* Fautr. et Lamb., *A. Convolvuli* Fautr. et Lamb., *A. sarmenticia* Sacc. f. *ramulorum* Fautr., *Botrytis cinerea* Pers. f. *Solani* Fautr., *Cladosporium fasciculatum* Cda. f. *Iridis* Fautr., *Clavaria rugosa* Bull. f. *nivea* Fautr., *Coniothyrium concentricum* Desm. Sacc. f. *Yuccae gloriosae* Fautr., *Corticium comedens* (Nees) Fr. f. *quercina* Fautr., *Cytospora Abrotani* Fautr., *Daedalea unicolor* (Bull.) Fr. var. *rufescens* Fautr., *Dendrodochium subtile* Fautr., *Diaporthe Briardiana* Sacc. f. *Salicis Capreae* Fautr., *Gloeosporium Platani* (Mont.) Oudem. f. *petiolorum* Fautr., *Gloniopsis larigna* Lamb. et Fautr., *Labrella Xylostei* Fautr., *Leptosphaeria arundinacea* (Sow.) Sacc. f. *Godini* Fautr., *L. culmicola* (Fr.) Karst. f. *Melicae* Fautr., *L. donacina* Sacc. f. *Phragmitis* Fautr., *L. eustoma* (Fr.) Sacc. f. *Iridis* Fautr., *L. iridicola* Lamb. et Fautr., *L. iridigena* Fautr., *L. Menthae* Fautr. et Lamb., *Libertella alba* (Lib.) Lamb. f. *Betulae* Fautr., *Macrosporium Solani* Rav. f. *Gallica* Fautr., *Mollisia cerea* (Batsch) Karst. f. *Viburni Opuli* Fautr., *Naemaspora microspora* Desm., f. *Mahaleb* Fautr., *Ovularia conspicua* Lamb. et Fautr., *Ophiobolus porphyrogenus* (Tde.) Sacc. f. *Ambrosiae* Fautr., *Phoma Aucubae* Westend. f. *ramulicola* Sacc., *Phoma Phlogis* Let. f. *Phlogis paniculatae* Fautr., *Puccinia Graminis* Pers. f. *Poae compressae* Fautr., *Ramularia lactea* (Desm.) Sacc. f. *silvestris* Fautr., *Rhabdospora Norwegica* Fautr., *R. Tabacco* Fautr., *Septoria Colchici* Fautr. et Lamb., *S. Hederae* Desm. f. *parasitica* Fautr., *S. quercina* Fautr., *Sphaerella ambigua* Fautr. et Lamb., *S. Chelidonii* Fautr. et Lamb., *S. Cruciatae* Fautr. et Lamb., *S. Hystrix* Fautr., *S. intermixta* Niessl f. *Trachelii* Fautr., *S. Mentae* Lamb. et Fautr., *S. Thais* Sacc. f. *Sparganii* Fautr., *Steganosporium irregulare* Fautr., *Trametes rubescens* Fr. f. *polyporea* Guillem., *Tubercularia Toxicodendri* Fautr., *Uredo abscondita* Fautr.

Lindau (Berlin).

Instrumente, Präparations- und Conservations-Methoden etc.

Fahrion, W., Ueber die Einwirkung alkoholischer Natronlauge auf die Eiweiss- und leimgebenden Substanzen. (Chemiker-Zeitung. 1895. p. 1000—1002.)

Verf. erhielt zunächst durch Einwirkung von alkoholischer Natronlauge auf thierische Haut eine syrupartige Verbindung mit Säurecharakter, die sich von der Proteïnsäure Schützenberger's nur durch einen Mehrgehalt von 1 H₂O unterscheidet und vielleicht mit derselben identisch ist. Die gleiche Verbindung stellte Verf. auch aus Eieralbumin, Rindfleisch, Caseïn und anderen Eiweissstoffen dar und empfiehlt die alkoholische Natronlauge zur Trennung der Proteïnstoffe von anderen Substanzen, wie Cellulose, Stärke etc. Zum Schluss bespricht er die Analyse des Leders.

Zimmermann (Braunschweig).

Schiff, H., Optisches Verhalten der Gerbsäure. (Chemiker-Zeitung. 1895. p. 1680.)

Verf. hat sich, veranlasst durch eine diesbezügliche Bemerkung von Günther, davon überzeugt, dass die Gallussäure völlig optisch inactiv ist, während die Lösungen der natürlichen Gerbsäuren in der That rechtsdrehend sind. Er zeigt sodann, wie man für die Digallussäure eine Constitutionsformel mit asymmetrischen C-Atom aufstellen kann, gedenkt aber zur Prüfung dieser Formel noch weitere Untersuchungen anzustellen.

Zimmermann (Braunschweig).

Bade, E., Das Süsswasser-Aquarium. Geschichte, Flora und Fauna des Süsswasser-Aquariums, seine Anlage und Pflege. In 10 —12 Lieferungen. Lief. 1. 8°. 48 pp. Mit Abbildungen und 1 farbigen Tafel. Berlin (Fr. Pfenningstorff) 1895. M. 1.50.

Ipsen, C., Zur Differentialdiagnose von Pflanzenalkaloiden und Bakteriengiften. (Vierteljahrsschrift für gerichtliche Medicin. Bd. X. 1895. Heft 1. p. 1—9.)

Smith, Theobald, Ueber den Nachweis des Bacillus coli communis im Wasser. (Centralblatt für Bakteriologie und Parasitenkunde. Erste Abtheilung. Bd. XVIII. 1895. No. 16. p. 494—495.)

Wright, L., A popular handbook to the microscope. 8°. 256 pp. Illustr. New York and Chicago (Fleming H. Revell Co.) 1895. Doll. 1.—

Referate.

Molisch, H., Das Phycocyan, ein krystallisirbarer Eiweisskörper. (Botanische Zeitung. 1895. Heft VI. p. 131—135).

Der Nachweis der Eiweissnatur des Florideenroth liess den Verf. vermuthen, dass auch das Phycocyan der *Cyanophyceen* ein Eiweisskörper sei. Um diesen Farbstoff gelöst zu erhalten, wurden prachtvoll dunkel spangrün gefärbte *Oscillaria*fäden mit destillirtem Wasser gewaschen, dann mit destillirtem Wasser versetzt und zum Zwecke rascher Tödtung ein paar Tropfen Schwefelkohlenstoff hinzugefügt; nach gehörigem Durchschütteln wurde das Ganze einen Tag ruhig stehen gelassen. Durch die auf diese Weise bewirkte Lösung des blauen Farbstoffes entstand eine indigoblaue Flüssigkeit von prachtvoll carminrother Fluorescenz. Zu dieser Phycocyanlösung wurde schwefelsaures Ammonium hinzugefügt und zwar weniger, als zur beginnenden Aussalzung genügen würde, dann filtrirt und das Filtrat bei gewöhnlicher Temperatur im Finstern ruhig verdampfen gelassen; der Farbstoff fällt allmälig in Form von Krystallen heraus.

Nach Professor Becke gehören diese Krystalle, deren Längsaxe zwischen 5 und 42 μ schwankt, höchst wahrscheinlich dem monoclinen System an; es sind Combinationen eines Prismas mit einem Klinodoma. — Dieselben sind schön indigoblau gefärbt, deutlich quellbar, löslich in Wasser, Glycerin, verdünnten Alkalien, Ammoniak, Barytwasser und Aetzkalklösung; sehr leicht löslich in

Glycerin; in verdünnten Säuren (1 Vol. käufl. Säure, 1 Vol. Wasser) bleiben die Krystalle ungelöst.

Die angewandten Eiweissreactionen liessen diese Krystalle als eiweissartige Körper erkennen. Dass nicht etwa in der *Oscillaria* ein farbloser, krystallisirbarer Eiweisskörper vorhanden ist, der erst nachträglich blauen Farbstoff speichert, geht mit Sicherheit daraus hervor, dass unter den Tausenden von Krystallen niemals ein farbloses oder verschieden stark gefärbtes Individuum zu finden ist.

Es bleibt noch die Frage offen, ob der blaue Farbstoff an und für sich ein Eiweisskörper ist, oder ob er mit einem Eiweisskörper chemisch verknüpft ist, ferner ob das Aussalzmittel an der Zusammensetzung der Krystalle Antheil nimmt. Darüber behält sich der Autor weitere Mittheilungen vor.

Nestler (Prag).

Correns, C., Ueber die vegetabilische Zellmembran. Eine Kritik der Anschauungen Wiesners. (Pringsheim's Jahrbücher für wissenschaftliche Botanik. Bd XXVI. 1894. Heft 1.)*)

Der Verf. will die Richtigkeit der Wiesner'schen Theorie von dem Bau und Wachsthum der vegetabilischen Zellmembran prüfen, und geht von folgenden drei, von Wiesner im VI. Bande der Berichte der Deutschen Botanischen Gesellschaft, p. 187, zusammengestellten Sätzen aus: 1) „Die Zellwände sind, zum mindesten so lange sie wachsen, eiweisshaltig." 2) „Das Wachsthum der Zellhaut ist ein actives und diese überhaupt bis zu einer gewissen Grenze ihres Daseins ein lebendes Gebilde." 3) „Die Zellhaut besteht aus bestimmt zusammengesetzten Hautkörperchen, Dermatosomen."

Correns findet nun, dass gerade der Hauptpunkt, nämlich der Gehalt der Membran an lebendem Protoplasma, in keinem dieser Sätze ausgesprochen ist, und will den zweiten Satz Wiesners, den er in der citirten Fassung beanstandet, folgendermassen formuliren: „Die Zellhaut enthält, zum mindesten so lange sie wächst, lebendes Protoplasma, ihr Wachsthum ist ein actives." — Nun muss man aber verlangen, dass Derjenige, welcher sich die Aufgabe stellt, eine so tief durchdachte und auf zahlreiche sorgfältige Beobachtungen gestützte Lehre, wie es die Wiesner'sche Theorie von der Elementarstructur und dem Wachsthum der vegetabilischen Zellwand ist, in ihrer Gesammtheit kritisch zu prüfen, eine der grundlegenden Arbeiten Wiesner's als Basis seiner Untersuchungen nimmt. Der von Correns beanstandete Satz No. 2 findet sich aber keineswegs in einer solchen, sondern in einem Aufsatze Wiesner's, der eine Erwiderung auf eine Abhandlung von A. Fischer bildet

---

*) Das späte Erscheinen dieses Referates erklärt sich dadurch, dass das erste Manuscript, welches Ref. schon im Mai d. J. abschickte, der Redaction des „Botanischen Centralblattes" nicht zuging, wovon Ref. erst vor Kurzem Kenntniss bekam.

In seinen „Untersuchungen über die Organisation der vegetabilischen Zellwand" ((Sitzungberichte der Kaiserlichen Akademie der Wissenschaften in Wien. Mathematisch - naturwissenschaftliche Classe. Bd. XCIII. 1886. p. 78) hat Wiesner den Hauptsatz seiner Lehre wörtlich so formulirt: „So lange die Wand wächst, enthält sie lebendes Protoplasma (Dermatoplasma)." Wie man sieht, stimmt diese Fassung mit der von Correns vorgeschlagenen sachlich. vollkommen überein.

Correns fasst die wichtigeren Resultate seiner umfangreichen Untersuchungen in folgende Sätze zusammen:

1a. „Ein Eiweissgehalt der vegetabilischen Membran ist in keinem der untersuchten Fälle sicher nachweisbar, für fast alle Fälle sicher ausgeschlossen." -- Zum Zwecke des positiven mikrochemischen Nachweises von Eiweiss prüfte Verf. eine grosse Zahl von Objekten: *Bromeliaceen* (*Billbergia tinctoria*, *Pitcairnea furfuracea* u. A.), *Zea Mais* (Keimlinge, Wurzeln, Blattscheiden), *Allium Cepa* (Zwiebel), *Hartwegia comosa* (Blätter, Luftwurzeln), *Begonia* (Blattstiel), *Elodea* (Vegetationspunkt). *Coleus* (Cambium) Flechten (*Sticta, Peltigera*), Algen (*Ecklonia buccinalis, Chondrus, Eucheuma, Gelidium*) etc. — Auf Grund der von Millon, Raspail, Brücke, Krasser, Reichl-Mikosch angegebenen Eiweiss-Reaktionen gelangte der Verf. im allgemeinen zu negativen Resultaten. Ferner: In Folge der Resistenz der Membranen gegen Verdauungsflüssigkeiten und gegen Eau de Javelle, in Folge der Beschränkung der Reaktionen auf Membranen bestimmter Gewebearten, endlich aus der stärkeren Reaktionsfähigkeit älterer Membranen gegenüber jüngeren kommt Verf. zu der Ansicht, dass der Eiweissgehalt in keinem der von Wiesner, Krasser, Mikosch etc. untersuchten Fällen sicher nachgewiesen ist.

1b. „Die von Wiesner etc. als Eiweissreaktionen gedeuteten Reaktionen werden bei einem Theile der Objekte vermuthlich durch die Anwesenheit von Tyrosin, bei einem anderen Theil durch die Anwesenheit von Stoffen bedingt, deren chemische Natur ungenügend bekannt ist."

1c. „Stets gibt die junge Membran zum Mindesten entschieden schwächere Reaktionen als die alte; es ist kein Fall bekannt, wo beide gleich oder gar die alte schwächer reagiren würde; die reagirenden Stoffe gelangen also erst nachträglich in die Membranen ganz oder zum mindesten dem grösseren Theile nach."

2a. „Ein Plasmagehalt der Membranen in anderer Form als der von Plasmaverbindungen, Einkapselungen, eventuell Plasmafäden ist nicht nachweisbar."

2b. „Ein Plasmagehalt könnte weder in der Form, die ihm Wiesner giebt, noch in irgend einer denkbaren Form das (Flächen) Wachsthum der Membran im Sinne Wiesner's besorgen."

2 c. „Ein Plasmagehalt könnte höchstens das (Flächen) Wachsthum durch molekulare Intussusception (im Sinne Nägelis')
erleichtern, sei es durch Bildung des (löslichen) Wachs-
thumsmateriales in der Membran selbst, sei es durch Erleichterung der Zuleitung des im Cytoplasma gebildeten
Wachsthummateriales."

2 d. „Der Form nach könnte es sich bei dem Gehalte der
Membran an Plasma nur um Plasmafäden in einem soliden,
micellaren Gerüst von fester Membransubstanz handeln."

3 a. „Die Dermatosomen sind in den Membranen, aus denen
sie sich darstellen lassen, wahrscheinlich vorgebildet."

3 b. „Die regelmässige Anordnung der Dermatosomen in allen
drei Richtungen des Raumes ist nirgends nachgewiesen,
jene in zwei Richtungen noch fraglich; sichergestellt ist
nur die Anordnung der Dermatosomen in einer Richtung,
zu Fibrillen."

3 c. Die Bindesubstanz zwischen den Dermatosomen kann nicht
in Strangform ausgebildet sein."

3 d. „Zwischen Dermatosomen und Bindesubstanz sind keine
wesentlichen chemischen Unterschiede nachweisbar."

3 e. „Das Hervorgehen der Dermatosomen aus Plasomen ja nur
aus Mikrosomen durch Umwandlung ist nirgends bewiesen.
Zum mindesten für gewisse Fälle ist eine Entstehung durch
Differenzirung wahrscheinlich."

Zu diesen Ergebnissen und Annahmen möchte Ref. folgende
Bemerkungen machen: ad 1 a) Bezüglich des Umstandes, dass
Correns bei seinen mikrochemischen Eiweissprüfungen zu anderen
(zum Theil negativen) Resultaten gekommen ist, als Wiesner,
Krasser, Mikosch etc., kann Ref. wohl nicht sagen, ob der Verf.
oder die Anderen richtig beobachtet haben; da müssen, wie Verf.
selbst meint, „Dritte entscheiden", nachdem sie die widersprechenden
Punkte durch Ueberprüfung revidirt haben. Wenn aber Correns
einen Eiweissgehalt in der Membran nachzuweisen nicht im Stande
war, so folgt daraus noch nicht „dass das Vorkommen von Eiweiss
in der Membran ausgeschlossen ist". — ad 1 b möchte Ref. bemerken, dass der Verf. die Anwesenheit von Tyrosin in der Wand
nur supponirt, keinesfalls aber nachgewiesen hat. Er sagt ja selbst:
„Leider giebt es meines Wissens keine Farbenreaktion, die dem
Tyrosin allein und nicht auch den Eiweisskörpern und anderen
Stoffen zukommt, so dass wir uns mit einem Wahrscheinlich-
keitsbeweis begnügen müssen." — ad 2 a: Die dort gemachte
Behauptung ist nur eine Consequenz davon, dass der Verf. der
bekannten Eiweissreaktionen negirt. — ad 2 b und c: Gerade durch
die Lehre Wiesner's, dass die wachsende Zellhaut lebende
Formelemente enthält, dass die Plasomen der Zellmembran mit dem
Cytoplasma in Verbindung stehen und dass die Dermatosomen aus
den theilungs- und wachsthumsfähigen Plasomen entstehen, werden
die Wachsthumserscheinungen der Zellwände und Zellgewebe in
einer mehr plausiblen und verständlichen Form erklärt, als durch
die Vorstellung der Auf- oder Einlagerung neuer „Zellhautmoleküle"

in eine todte Membran. — ad 2 d: Der Verf. stellt sich vor, über das Wachsthum einer aus Plasomen und Dermatosomen bestehenden Wand im Sinne Wiesner's aus mechanischen Gründen nicht möglich ist. Verf. sagt: „Fassen wir den Fall des Membranwachsthums in einer lange wachsthumsfähigbleibenden Zone eines Stengel-Internodiums in's Auge. In dieser Zone soll ein Zuwachs erfolgen. Die Plasomen des Dermatoplasma theilen sich, die Theilungsprodukte weichen in der Längsrichtung des Internodiums auseinander und wachsen mindestens zu ihrer ursprünglichen Grösse heran." (Gemeint ist wohl nicht die ursprüngliche Grösse der Theilungsprodukte, sondern die Grösse der die Theilungsprodukte erzeugenden Dermatosomen.) „Bei dem Auseinanderweichen und Heranwachsen müssen sie den ganzen oberhalb gelegenen Pflanzentheil heben und tragen! Während die Plasomen diese Arbeit verrichten, werden an die feinen, plasmatischen Verbindungsstränge (die nach Punkt 3 c des Verf. gar nicht existiren) zwischen den Plasomen noch ganz andere Anforderungen gestellt; sie tragen eigentlich die ganze Last, sie müssen auch beim Wachsen steif bleiben und sich nicht verbiegen, wenn die Plasomen nach der Theilung auseinander weichen wollen." Darauf muss bemerkt werden, dass man ebensogut behaupten könnte, dass ein Cambium nicht bestehen könne. Ein so zartes, zwischen dem harten Holz- und Rindenkörper liegendes Gewebe müsste ja durch den Rindendruck zerquetscht werden. Eine Vergrösserung der Cambiumzellen oder deren jüngsten Derivate in radialer Richtung wäre unmöglich. Sie werden aber weder zerdrückt noch verbogen. Der Verf. sagt übrigens: „Wir kennen freilich die Arbeit nicht, die ein wachsendes Plasom zu leisten vermag." Nachdem also Correns von der Kraftleistung des lebenden Plasoms keine Vorstellung hat, so ist der ganze langathmige Einwand gegen Wiesner gegenstandslos. Auch dürfte der Verf. keine Vorstellung davon haben, wie ein verbogenes Plasom aussehen dürfte. ad 3 a und b: Trotz der heftigsten Angriffe auf Wiesner leugnet der Verf. die Existenz der Dermatosomen nicht. Eine bestimmte Anordnung derselben nach den drei Richtungen des Raumes ist selbstverständlich.

Burgerstein (Wien).

Lipsky, W., Novitates florae Caucasi. (1889—1893.) (Acta horti Petropolitani. Vol. XIII. 1894. No. 16. p. 271—362.)

Verf. beschreibt hier nicht nur diejenigen Pflanzen, welche er in den Jahren 1892 und 1893 im Caucasus entdeckt hat, sondern nimmt auch auf diejenigen Bezug, welche er in den vorhergehenden Jahren 1889—1892 dort gesammelt hat und berücksichtigt dabei auch die zur Vergleichung geeigneten verwandten Arten. Die vorliegende Arbeit umfasst daher: 1. Eine Beschreibung der neuen in dem Jahre 1892 im nördlichen Caucasus und in Transcaucasien entdeckten Arten; ferner die Resultate der Reisen im Jahre 1893 in den Gouvernements Elisabethpol, Baku, Lankoran und Eriwan, besonders des heissen Araxes-Thales und des Ararat bis zur Schnee-

grenze. — Die Bearbeitung umfasst in systematischer Reihenfolge
folgende Arten:

1. *Clematis Pseudoflammula* Schmalh., eine der *C. Flammula* sehr nahe
stehende Art, welche von dem sel. S c h m a l h a u s e n zuerst artlich unterschieden
wurde, deren Beschreibung aber noch nicht publicirt wurde. Es gehört hierher
die Mehrzahl der in Cis. aucasien und in Südrussland gefundenen Exemplare der
C. Flammula L. — 2. *Ranunculus ophioglossifolius* Vill., häufig an überschwemm-
ten Orten bei Noworossijsk mit *R. trachycarpus* F. et M zusammen; sonst
noch aus der Krim und aus der Gegend von Lenkoran bekannt. — 3. *Ranunculus bulbosus* L. am östlichen Ufer der Bucht von Noworossijsk, auf der Insel
Sara im Caspischen Meere, in Europa, West-Asien und Nordamerika. — 4.
Nigella oxypetala Boiss. an Grasabhängen bei Eriwan, 1893, bei Aintab (H a u s s-
k n e c h t auf seiner syrisch-armenischen Reise) und bei Aleppo (K o t s c h y). —
5. *Fumaria Schleicheri* Soy.-Willem., an vielen Orten im ganzen Caucasus, besonders in Ciscaucasien, ausserdem in Armenien, Lazistan und in Süssrussland
von der Donau bis zur Wolga, in der Dobrudscha, Oesterreich, Norditalien,
Frankreich, Schweiz, Deutschland; Altai, Songarei. — 6. *Erysimum callicarpum*
Lips., „proximum *E. ibericum* Adam", bei Anapa und Noworossijsk. — 7. *Syrenia
angustifolia* Ehrh Im Caucasus bisher noch unbekannt, wurde sie an der Eisenbahn am Flusse Kuban, nicht weit vom Orte Nevinnomysk im Jahre 1890 gefunden. Findet sich ausserdem im südlichen Russland zwischen Donau und
Wolga und in Ungarn, Siebenbürgen, Serbien und in der Moldau. — 8. *Sinapis
dissecta* Lag. = *S. Ucrainica* Czern., zwischen der Saat in den Ebenen von Ciscaucasien, im Kosakenland am Kuban und Terek, im Gouv. Stawropol und bei
Noworossijsk. Bisher im Caucasus nicht bekannt, wohl aber in Süd Spanien,
Süd-Italien, Sicilien, Creta, in der Dobrudscha und in Südrussland. — 9. *Hypericum Ponticum* Lips. (B *Taeniocarpa* Jaub. et Spach.), bei Noworossijsk 1891
und 1892. Steht am Nächsten dem *H. hyssopifolium* var. *lythrifolium* Boiss. —
10. *Reaumuria persica* Boiss., bei Nachiczevan an salzhaltigen Stellen, Juli
1893, sonst in Persien im Gouv. Eriwan. — 11. *Linum Liburnicum* Scop. = *L.
corymbulosum* Rchbch., *L. Gallicum* L. in Sibth. fl. gr. IV. tab. 303; bisher im
Caucasus nur von der Insel Sara und von Derbent bekannt, findet sich auch
bei Petrowsk und Noworossijsk, sowie in Mittel- und Südeuropa, d. h. in Italien,
auf der Balkan-Halbinsel, auf Creta, der Krim, Kleinasien, Persien, Afghanistan,.
in der Songarei und in Abyssinien. — 12. *Geranium Bohemicum* L. Bei Abastuman und Zekari im westlichen Transcaucasien; sonst bisher aus dem Caucasus noch nicht bekannt; ausserdem in Westeuropa in Bergwäldern, wie in
Italien, Oestreich und in der Schweiz. — 13. *Genista humifusa* L., auf Kreide-
hügeln bei Noworossijsk (L i p s k y) und in Abchasien (A l b o f f), sowie an der
ganzen caucasischen Küste des Schwarzen Meeres. — 14. *Medicago cretacea*
M. B. Diese Art, welche bisher nur aus der Krim bekannt war, kommt auch
zahlreich bei Noworossijsk auf Kreideboden vor. — 15. *Melilotus hirsuta* Lipsk.
Diese im Jahre 1890 aufgestellte neue Art wächst an Abstürzen bei Noworossijsk
und Anapa, bei Maikop und Krymskaja im Lande der Kuban-Kosaken und in
Abchasien (A l b o f f). Steht dem *Melilotus macrorhiza* Koch am nächsten. —
16. *Coronilla emeroides* Boiss. et Sprun., kommt auch bei Noworossijsk vor, war
aber bisher nur aus der Krim, Kleinasien, Syrien, den Inseln des Archipels,
Creta, Griechenland und Macedonien bekannt. — 17. *Glycyrhiza asperrima* L. f.,
bisher noch unbekannt aus dem Caucasus, bei Czir-jurt im nördlichen Daghestan;
ausserdem im südöstlichen europäischen Russland, in Persien, in Turkestan und
im Altai. — 18. *Astragalus dipsaceus* Bge., bisher auch unbekannt aus dem
Caucasus, am Flusse Malka in der Nähe des Elbrus; ausserdem in Anatolien.
— 19. *Astragalus haesitabundus* sp. n. (Sectio *Xiphidium* Bge.) Proximus *A.
Xiphidio* Bge. In Daghestan bei Czir-jurt am Flusse Sulak und an der Berg-
feste Gunib. — L i p s k y ist zugleich der Ansicht, dass der von B e c k e r auch
in Daghestan (1879) gefundene und von ihm als *A. subulatus* M. B. var. *melano-
loba* bestimmte *Astragalus* auch hierher gehört. — 20. *Trifolium angulatum* M.
B., bisher in Russland noch nicht gefunden, bei Stawropol (A k i n t i e f f), bei
Tuman, Temriuk, Grozny und Piatigorsk (L i p s k y), meist in Gesellschaft von
T. parviflorum Ehrb. und auf etwas salzhaltigem Boden; ausserdem in Frankreich, Ungarn, Siebenbürgen und Croatien. — 21. *Hedysarum Tauricum* Pall.,
bisher nur aus der Krim bekannt, wurde auch bei Anapa und Noworossijsk an

den Abstürzen nach dem Schwarzen Meer zu gefunden. — 22. *Ervum orientale* Boiss. Diese ebenfalls für den Caucasus neue Art fand Lipsky bei Armavir am Kuban (1889) und bei Noworossijsk (1892); ausserdem kommt sie in Kleinasien, in Turkestan und in Persien bis Indien vor. — 23. *Vicia ciliata* Lips. findet sich im ganzen nördlichen Caucasus zusammen mit der ihr zunächst verwandten *V. Pannonica* Jacq., so im Lande der Kosaken am Kuban und am Terek (Lipsky und Poltoratzky) und bei Stawropol (Normann). — 24. *Rosa sulphurea* Ait. (teste Crepin); diese bisher im Caucasus noch unbekannte Art fand L. zwischen Nachiczevan und Kansanczi (1893); ausserdem kommt sie noch in Kleinasien und in Persien vor. — 25. *Rosa Jundzilli* Bess. (teste Crepin); wurde von Lipsky an der Kavkaskaja (1889) am Kuban und bei Abastuman am Passe Zekari (1892) gefunden. — 26. *Pastinaca intermedia* Fisch. et Mey. (emend.), im Kreise Terek häufig auf den Vorbergen bei Piatigorsk, auf dem Beschtau, bei Wladikavkass und Stawropol und in Transcaucasien, ist auf den Caucasus beschränkt. — 27. *Ferula dissecta* Ledeb. = *Peucedanum dissecta* Ledeb., war bisher aus dem Caucasus noch nicht bekannt und findet sich bei Czir-jurt in Daghestan, wo sie Mannesgrösse erreicht, ausserdem im Altai und in der Songarei. — 28. *Chaerophyllum orthostylum* Trautv. Diese Pflanze, deren Originale sowohl im Herbarium Trautvetter wie im Herbarium des Petersburger Gartens fehlen, fand Lipsky beim Kloster Neu-Athos. — 29. *Daucus Bessarabicus* DC., bisher nur aus Bessarabien und dem Gouv. Cherson bekannt, wurde von L. auch bei Noworossijsk (1891) aufgefunden. — 30. *Asperula Tyraica* Bess = *A. galioides* M B. β. *tyraica* Ledeb. = *A. glauca* Bess. β. *Tyraica*, wurde von L. bei Gulkewicz am Kuban gefunden; sonst aus Podolien und dem Gouv. Cherson bekannt. — 31. *Asperula Taurica* Paczosky, wurde von Akinfieff und Paczosky in der Krim und von L. (1891) an Abhängen am Schwarzen Meere bei Anapa gefunden. — 32. *Galium bullatum* n. sp. (*Leucaparine*, Sect. II. *Aparine* Boiss.) erinnert habituell an *G. fruticosum* W., ähnelt dem *G. suberosum* Sibth. und in der Fruchtbildung an *G. pisiferum* Boiss. oder *G physocarpum* Ledeb., wurde von L. zwischen Kasanczi und Nachiczevan im Gouv. Eriwan, Juli 1893, gefunden. — 33. *Rubia pauciflora* Boiss., früher von Boissier nach Exemplaren aus dem nördlichen Persien aufgestellt, wurde von L. auch bei Ordubad im Gouv. Eriwan (1893) gefunden. — 34. *Valerianella costata* DC. = *Fedia costata* Stev, steht am Nächsten der *V. olitoria* und wurde von L. bei Taman (1892) gefunden und in Bessarabien von Selenetzky; ausserdem kommt sie in der Krim, in Italien und in Algier vor. — 35. *Valerianella Pontica* Lips. 1892 (non Velanovsky!). Sectio nova *Bivalves* Lipsky. Im Habitus ähnlich der *V. Morisoni* Spreng.; wurde von L. in der Saat bei Anapa, Gastogai, Krymskaja im Kreise Kuban gefunden. — 36. *Valerianella Bessarabica* Lips. (1889). Steht am Nächsten der *V. auricula* DC., wurde von L. zuerst in Bessarabien entdeckt, später aber an verschiedenen Orten im Caucasus, sowohl im nördlichen, wie am Kuban, Terek, in Daghestan und im Gouv. Stawropol, als auch in Transcaucasien im Gouv. Elisabethpol gefunden und kommt auch in der Krim vor (Fedczenko). — 37. *Senecio pyroglossus* Kar. et Kir. var. *macrocephalus* Lipsky, findet sich auf dem höchsten Joche des Elbrus (9—10000') beim Gletscher Malka, Juli 1892, und am Passe Stulivcek, August 1893, an denselben Stellen, wo auch *S. aurantiacus* Hoppe (= *S. ampestris* DC.) vorkommt, als dessen Form *S pyroglossus* Kar. et Kir. von mehreren Autoren betrachtet wird. — 38. *Pyrethrum dumosum* Boiss. wurde von L. bei Ordabad (1893) gefunden und kommt ausserdem am Kuh-Delu in Persien (Kotschy) vor. — 39. *Pyrethrum poteriifolium* Ledeb. (restituendum!) = *P. corymbosum* var. *oligocephalum* Lips = *P. Ponticum* Alboff, bei Noworossijsk (Lipsky 1890 —92), im Gouv. Kutais (Nordmann), bei Suchum Kale Gouv. Kutais (L. 1892), bei Anapa und Krymskaja im Kosakenlande am Kuban (L. 1892). — 40. *Anacyclus ciliata* Trautv. (restituendus!) = *Anthemis ciliata* Boiss., bei Sogut-Bulach im Gouv. Elisabethpol (L. 1893). — 41. *Centaurea phyllocephala* Boiss. (*Tetramorphaea*); wurde von Lipsky auf Salzboden oder unter der Saat bei Nachiczevan im Gouv Eriwan in Transcaucasien gefunden; früher schon in Assyrien, Mesopotamien und Persien. — 42. *Centaurea vicina* sp. n. (*Acrolophus* Cass.), steht gleichsam in der Mitte zwischen *C. intacta* Ledeb., *C. Hispanica* Pacz. und *C. arenaria* M. B. und wurde von Lipsky zusammen mit *C. sterilis* Stev. an Abhängen bei Noworossijsk (1891) gefunden. — 43. *Serratula glauca* Ledeb.

wächst bei Czir-jurt an grasigen Abhängen häufig, wurde nur von C. A. Meyer für den Caucasus angegeben, welche Angabe jedoch von Boissier auf *S. Haussknechtii* bezogen wurde, ausserdem noch im Altai. — **44.** *Ancathia igniaria* DC. (*Cirsium igniarium* Spr.). Diese Art, bisher nur aus dem Altai und aus der Songarei bekaunt, fand L. bei Czir-jurt in Daghestan, Juli 1891. — **45.** *Picris pauciflora* W. wurde von L. bei Noworossijsk oft gefunden, in der Krim von Paczosky und Rehmann; ausserdem früher schon in Südfrankreich und Persien. — **46.** *Scorzonera rubriseta* Lips. = *S. filifolia* Boiss. *β. vegetior* Trautv., bei Gunib in Daghestan (Radde 1895) und 1890 (Lipsky). — **47.** *Specularia hybrida* DC. Bei Anapa und Petrowsky im nördlichen Caucasus (L. 1891—92), in der Krim, in Mitteleuropa, z. B. bei Grünstadt 1894 (H.) und in Nordafrika. — **48.** *Symphyandra Zangezura* sp. n. (*Sericodon* Endl., *Otocalyx* DC.) Bei Pirdaudan in Armenien im Gouv. Elisabethpol im Kreise Zangezur. Steht am Nächsten der *S. Armena* Stev. — **49.** *Rindera tetraspis* Pall. Diese Art, welche bisher nur aus Südrussland und aus der Kirgisensteppe bekannt war, fand Lipsky auch in Gesellschaft von *Cachrys odontalgica* an Hügeln bei Grozny im Lande der Terek-Kosakeu und bei Anapa am Schwarzen Meere (1890—1892). — **50.** *Solenanthus petiolaris* DC. war bisher nur aus Persien und Mesopotamien bekannt, wurde aber von Lipsky auch bei Petrowsk in Daghestan (1891) gefunden. — **51.** *Solenanthus Biebersteinii* DC. (= *Cynoglossum stamineum* M. B.) Diese Art, welche bisher nur aus der Krim bekannt war, wurde von Lipsky auch bei Poti in Caucasien (April 1893) gefunden. — **52.** *Anchusa Thessala* Boiss. et Spr. war bisher nur aus Thessalien bekannt und wurde von L. bei Anapa (Mai 1893) gefunden. Sie steht am Nächsten der *A. stylosa* M. B. — **53.** *Symphytum grandiflorum* DC. (emend.) = *S. ibericum* Stev. Die beim Kloster Neu-Athos nicht weit von Suchum-Kale'(1892) und bei Batum (1893) gefundenen Exemplare stimmen genau mit den von Frick in Imeretien und von Radde bei Borshom gefundenen Exemplaren überein. — **54.** *Verbascum spectabile* M. B., früher nur aus der Krim (M. B.) und aus Armenien (Koch) bekannt, wurd von L. auch bei Noworossijsk (1891 und 1892) wiederholt aufgefunden. — **55.** *Veronica filifolia* Lips. (1891). (Sectio *Chamaedrys*) *V. multifidae* L. proxima, wurde von L. bei Noworossijsk (1889—1892) entdeckt. — **56.** *Veronica acinifolia* L. Bisher nur aus Mittel- und Südeuropa bekannt, wurde sie von Akinfieff und Paczosky in der Krim und von L. bei Krymskaja im Lande der Kuban-Kosaken aufgefunden. — **57.** *Salvia ringens* Sibth. et Sm. früher nur aus Griechenland bekannt, wurde von L. auch bei Noworossijsk (1889—92) und bei Anapa (1892) gefunden. — **58.** *Dracocephalum Caucasicum* Lips. et Akinf. sp. n. Sectio *Bogaldea* Benth. Auf dem Elbrus am Gletscher Malka zwischen 9—10 000', Juli 1892, und am Passe Stulivcek, Aug. 1873 (L.). Steht dem *D. grandiflorum* L. am Nächsten und erinnert habituell an *Veronica Chamaedrys* L. — **59.** *Salsola lanata* Pall., bisher aus dem Caucasus noch nicht bekannt, wurde von L. zwischen Elisabethpol und Baku an der Eisenbahn gefunden und sieht ganz den bisher bekannten Exemplaren aus Südrussland, aus der Songarei und aus Turkestan ähnlich. — **60.** *Scleranthus perennis* L., bisher auch aus dem Caucasus noch nicht bekannt, wurde von L. bei Abastuman und Zekari in den Gouv. Tiflis und Kutais aufgefunden. — **61.** *Euphorbia aulacosperma* Boiss. Gehört zur Sectio *Esulae* und hat habituell die meiste Aehnlichkeit mit *E. Peplus* L. War bisher nur aus Kleinasien bekannt und wurde von L. bei Noworossijsk (Mai 1892) aufgefunden. — **62.** *Euphorbia coniosperma* Boiss. (ampl.). Gehört zur Sectio *Galarrhei* und wurde von L. in Transcaucasien bei Achalzych (1892) und bei Sogut-Bulach (1893) aufgefunden; früher (1847) schon von Boissier und Buhse bei Gamarla in der Araxes-Ebene bei Eriwan. — **63.** *Euphorbia Graeca* Boiss. et Sprun. Bisher im Caucasus und in Russland noch nicht bekannt, wurde von Paczosky in der Krim und von L. bei Anapa und Noworossijsk (1891 und 1892) gefunden; war früher schon aus Griechenland und Kleinasien bekannt. — **64.** *Euphorbia sororia* Schrenk. Gehört zur Sectio *Tithymalus* und wurde von L. bei Nachiczevan (1893) in Exemplaren gefunden, welche den von Schrenk in der Songurei gefundenen ganz ähnlich waren. — **65.** *Euphorbia Sareptana* Becker = *E. Tanaitica* Pacz. Wurde von Paczosky au der Mündung des Flusses Don (1889) und dann von Lipsky bei Eisk, Anapa, Noworossijsk und Stawropol, lauter Orte am nördlichen Caucasus (1890—1892) gefunden, nachdem Becker sie schon früher an der unteren Wolga bei Sarepta gefunden und benannt hatte. — 66. *Euphorbia Songarica* Boiss. = *E. palustris* L. var. *β*. Ledeb. fl. Alt. = *E. nuda* Velen. fl. Bulgar. = *E. aristata* Schmalh. 1892. — L. gelang es, die Synonymie dieser verschiedenen Art nach Einsicht in das Petersburger Herbar festzustellen. Diese Art hat eine ziemlich weite Verbreitung und findet sich an grasreichen Abhängen in der Songarei, im Altai, in Turkestan, im Caucasus und in Bulgarien. — 67. *Ophrys atrata* Lindl. = *O. aranifera* Huds. *β*. *atrata* Rchbch. An Hügeln bei Petrowsk in Daghestan (1891) L i p s k y; kommt ausserdem in Südeuropa von Spanien bis Griechenland und bei Troja vor. — 68. *Cephalanthera cucullata* Boiss. et Heldr. L. fand diese bisher in Russland noch nicht angegebene Pflanze am schwarzen Meere bei Anapa und Noworossijsk (Mai 1892) in Gesellschaft von *Platanthera satyroides* Rchb. Kommt sonst in Kleinasien, Armenien, im nördlichen Persien und in Creta vor. — 69. *Iris Cretensis* Janka, forma *latifolia*, intermedia inter *I. Cretensem* Janka et *I. unguicularem* Poir. Die bei Batum am Czoroch 1893 von R a d d e gesammelten Exemplare stimmen so ziemlich überein mit den Exemplaren aus Syrien (H a u s s-k n e c h t), Attica, Creta (H e l d r e i c h), Laconia (*Orphanides*), Algerien (B o v é) und mit der Tafel in Desfontaines in der Fl. Atlantica. — 70. *Allium grande* sp. n. = *A. decipiens* Fisch. *β*. *latissimum* Lips., habituell dem *A. stipitatum* Rgl. sehr nahe stehend, wurde von L. bei Petrowsk in Daghestan (1891) an der Nordseite der Berge gefunden. — 71. *Dioscorea Caucasica* Lips. et Alb., wurde von L. 1891 und 1892 in Abchasien entdeckt und von L. und A l b o f f fast gleichzeitig beschrieben. Als ein neues Merkmal fügt L. hier die Farbe der Samen: „color brunneus" bei. — 72. *Carex Colchica* (*C. ligerica*) Gay. = *C. pseudoarenaria* Rchb. = *C. arenaria* L. *β*. Ledeb. fl. ross. = *C.* u. L. *γ*. *castanea* Boott., wird von manchen auch für eine Form der *C. Schreberi* Schk. oder für eine Hybride zwischen *C. arenaria* L. und *C. Schreberi* Schk. gehalten und von L. im Sande am schwarzen und Kaspischen Meere bei Anapa (1892), bei Suchum-Kale (1892) und bei Petrowsk (1890) gefunden. Kommt ausserdem noch in Frankreich, Deutschland, Schweden, in den Niederlanden, in Südrussland an der Wolga und in der Krim vor. — 73. *Kobresia* (*Elyna*) *Sibirica* Turcz., bisher nur vom Nuchu Daban in Südostsibirien bekannt, wurde von L i p s k y (1892) nicht weit vom Berge Elbrus in einer Höhe von 9000' gefunden. — 74. *Stipa Sareptana* Beck., welche jedenfalls der *S. capillata* L. sehr nahe steht, wird von L. nicht als artlich verschieden von letzterer betrachtet. Exemplare aus der Truchmanen-Steppe im Gouv. Stawropol (N o r m a n n) und aus dem Tian-Schan (K r a s s n o f f) sollen geeignet sein, diese Anschauung zu bestätigen. — 75. *Stipa orientalis* Trin. (emend.) hält L i p s k y, nachdem er zahlreiche Exemplare davon im Petersburger Herbarium verglichen hat, für identisch mit *S. Caucasica* Schmalh., welche S. (1893) nach Exemplaren von Kislowodsk (A k i n f i e f f) und aus Daghestan (L i p s k y) aufgestellt hatte. Von *S. orientalis* Trin. lagen ausserdem noch Exemplare vor aus dem Altai (L e d e b o u r), aus der Songarei (K a r e l i n und K i r i l o f f), aus dem Tian-Schan (K r a s s n o f f) und aus der Mongolei (P o t a n i n). — 76. *Stipa Lessingiana* Trin. Auch diese Art, welche bisher im Caucasus unbekannt war, wurde von N o r m a n n bei Stawropol und von L i p s k y (1889—1892) in der ganzen Ciscaucasischen Ebene gefunden, d. h. im Lande der Kuban- und Terek-Kosaken und in Daghestan. Ausserdem kommt sie noch in Siebenbürgen, in Südrussland, in Persien und in Turkestan vor. — 77. *Deschampsia media* Roem. et Schult. = *D. juncea* P. d. B., *Aira media* Gon. = *A. juncea* Vill. = *A. subaristata* Faye. Diese für die russische Flora neue Art, ähnlich der *D. caespitosa* P. d. B., kommt „*aristata*" und „*exaristata*" vor und wurde von L. bei Noworossijsk (1890 und 1892) zwischen Sträuchern gefunden. Kommt ausserdem noch in Spanien, Frankreich, Dalmatien und Bosnien vor. — 78. *Calamagrostis* (*Dejeuxia*) *paradoxa* sp. n. Existirt bis jetzt nur in e i n e m Exemplare, welches nicht weit vom Gletscher Besengi von L i p s k y (1892) gefunden wurde. Trägt spiculae von der Grösse der *C. sylvatica* Schrad. und unterscheidet sich habituell nicht von den anderen *Calamagrostis*-Arten. — 79. *Calabrosa Araratica* sp. n. Steht specifisch am Nächsten der *C. fibrosa* Trautv., *C. Balansae* Boiss. und in der Farbe der spiculae der *C. Altaica* Trin. Am grossen Ararat Juli 1893 (L i p s k y). — 80. *Asplenium Germanicum* Weiss. = *A. Breynii* Retz. = *A. alternifolium* Wulf. War bisher nur aus Russland und dem südlichen Finnland bekannt, bis es von L i p s k y

auch in Daghestan bei Gunib, Mitte Mai 1890, entdeckt wurde. Kommt ausserdem noch in Scandinavien, Grossbritannien, Belgien, Deutschland, Oestreich, in der Schweiz, in Frankreich, in Portugal und in Norditalien vor.
Nachtrag: 81. *Gentiana Lipskyi* sp. n. (Sectio *Arctophila* Griseb.) Gehört zur Untergattung *Gentianella* Kusnez. und wurde von Lipsky im Caucasus zwischen Balkarien und Chulam 7--8000' Juli 1893 in einem Exemplare gefunden.

Herder (Grünstadt).

Stoklasa, Julius, Untersuchungen auf dem Gebiete der Phytopathologie. (Zeitschrift für physiologische Chemie. Bd. XXI. 1895. Heft 1. p. 79—86.)

Der erste Theil dieser Untersuchungen handelt von dem Einflusse der Nematode *Heterodorea Schachtii* auf die chemische Beschaffenheit der Zuckerrübe. Die Weibchen dieser Nematode befallen die Wurzeln der Zuckerrübe und rufen eine Störung des vitalen Prozesses derselben hervor. An von Natur aus trockenen Standorten oder bei anhaltender Dürre ist diese Störung doppelt empfindlich, ferner auch bei Rüben in einem kalkarmen Boden.

Das Gewicht der Blätter und der Wurzeln und auch der Zuckergehalt der kranken Rüben ist bedeutend geringer, als bei den gesunden. Die diosmotische Thätigkeit sowohl, wie auch die Assimilation der organischen Nährsubstanzen erscheint bedeutend abgeschwächt. — Während die Blätter der gesunden Rüben $5,07^0/_0$ CaO aufweisen, ist in den kranken nur $2^0/_0$ vorhanden und in Folge dessen eine grössere Menge von nicht in unlöslichen Zustand übergeführter Oxalsäure, nämlich beinahe $7^0/_0$, in gesunden Rüben nur $2^0/_0$. Durch die überaus schädliche Wirkung dieser relativ grossen Menge von Oxalsäure wird der physiologische Prozess im Mesophyll wesentlich gestört, und es ist in Folge dessen der Zuckergehalt in der kranken Wurzel ein bedeutend geringerer ($53,67^0/_0$), als in der gesunden ($71,84^0/_0$). „Daher der wohlthätige Einfluss des Kalkes im Boden auf die Entwickelung einer von Nematoden heimgesuchten Rübe. Der Kalk vernichtet nicht nur erfahrungsgemäss die Nematoden, sondern er ist auch von wesentlichem Vortheile bei der Paralysirung der schädlichen Wirkung der löslichen Oxalate."

Bezüglich der Aschenanalyse der kranken Wurzel ist als interessantes Factum hervorzuheben, dass Kaliumoxyd durch Natriumoxyd vertreten ist.

Der zweite, bisher noch nicht erschienene Theil wird den Einfluss der Pilze *Rhizoctonia violacea* und *Cercosposa beticola* auf die chemische Beschaffenheit der Zuckerrübe behandeln.

Nestler (Prag).

Seemen, O., Abnorme Blütenbildung bei einer *Salix fragilis* L. (Oesterreichische botanische Zeitung. 1895. No. 7, 8. Mit 2 Tafeln.)

Die Kätzchen einer alten Weide in Treptow bei Berlin zeigen alljährlich die verschiedenartigsten abnormen Blütenformen; es sind dies im Allgemeinen Blüten mit männlichen, solche mit weiblichen

Geschlechtsorganen und Hermaphroditen. Aus der grossen Anzahl der beobachteten Formen sind besonders hervorzuheben männliche Blüten mit 3 freien, normalen Staubblättern und weibliche Blüten aus 3 normalen Carpellen, welche die gleiche Stellung wie jene 3 Staubblätter haben und den Schluss gestatten, dass die Staubblätter und Fruchtblätter morphologisch gleichwerthig sind. Ferner sind zu erwähnen zahlreiche Blüten mit 3 theilweise getrennten Carpellen und hermaphrodite Blüten mit einem normalen Staubblatte und einem vollständigen Carpell oder mit einer normalen aus zwei Carpellen bestehenden Kapsel; bei diesen Formen ist die Orientirung der Geschlechtsorgane so, wie bei den obengenannten 3 Staubblättern und 3 Carpellen, womit ebenfalls der Beweis erbracht ist, dass die männlichen und weiblichen Gesshlechtsorgane morphologisch gleichwerthig sind.

Der Autor erwähnt ferner die mannigfachsten Blüten, bei welchen Uebergangsformen von einem Geschlechte zum andern vorkommen. Bezüglich dieser Details muss auf die Arbeit selbst verwiesen werden.

Das Resultat dieser interessanten Beobachtungen ist die That-sache, dass die Weiden grosse Fähigkeit und Neigung zu den mannigfachsten Veränderungen und Gestaltungen der Blüten haben und zwar durch Vermehrung oder Verminderung der Geschlechts·organe — durch Verwachsung, beziehungsweise Trennung derselben — durch Ersetzung von Organen des einen Geschlechts durch solche des anderen Geschlechts — durch Uebergangsbildungen von einem Geschlechte zum andern — ferner ist der Beweis für die morphologische Gleichwerthigkeit der Organe der beiden Geschlechter geliefert durch die stets gleiche Stellung der Geschlechts-organe, gleichviel, welchem Geschlechte sie angehören — durch Ersetzung von Organen des einen Geschlechts durch solche des andern — durch Uebergangsbildungen von einem Geschlechte zum andern.

Nestler (Prag).

Stutzer, Neuere Arbeiten über die Knöllchenbakterien der *Leguminosen* und die Fixirung des freien Stickstoffs durch die Thätigkeit von Mikroorganismen. (Central-blatt für Bakteriologie und Parasitenkunde. II. Abtheilung. Bd. I. Nr. 1. p. 68—74).

Stutzer fasst die Ergebnisse der neueren Arbeiten über sein für die Landwirthschaft so wichtiges Thema zusammen. Durch Nobbe ist der Beweis erbracht worden dafür, dass alle Knöll-chenbewohner der verschiedenen *Leguminosen*, selbst der *Mimosaceen*, einer Art angehören, dem *Bacillus radicicola*. Derselbe wird jedoch durch die Pflanze, in deren Wurzel er lebt, so energisch beeinflusst, dass seine Nachkommen volle Wirkungsfähigkeit nur noch für jene *Leguminosen*-Art besitzen, zu welcher die Wirthspflanze gehört, für alle übrigen aber dieselbe mehr oder minder verlieren. Die neu-tralen Knöllchenbakterien kommen nur ausserhalb des Pflanzen-körpers in einem Boden vor, welcher längere Zeit hindurch keine

Leguminosen getragen hat. Die Frage, in welcher Weise der freie atmosphärische Stickstoff durch Vermittelung der Bakteroiden mit Wasserstoff- und Sauerstoffatomen sich verketten kann, ist chemisch noch ungelöst, und nur für die sich dabei abspielenden mechanischen Vorgänge hat Nobbe eine Erklärung gegeben. Auch bei Nicht-*Leguminosen* findet bisweilen Knöllchenbildung statt, so bei *Elaeagnus angustifolius, Hippophae* und *Alnus*. Doch ist dabei ein ganz anderer Mikroorganismus thätig. Die Frage, ob zur Fixirung des freien Stickstoffes bei höheren chlorophyllführenden Pflanzen der Symbiosepilz der *Leguminosen* durchaus nöthig ist, oder ob der atmosphärische Stickstoff auch durch solche chlorophyllführenden Pflanzen verwerthet werden kann, welche keine Knöllchen bilden, wird heute noch von den verschiedenen Forschern in völlig entgegengesetzter Weise beantwortet. Dagegen dürfte es nunmehr endgültig feststehen, dass im Erdboden Mikroorganismen vorkommen, welche Stickstoff zu fixiren vermögen.

Kohl (Marburg).

Neue Litteratur.[*]

Geschichte der Botanik:

Urban, Ign., Biographische Skizzen. III. Jacques Samuel Blanchet (1807—1875). (Botanische Jahrbücher für Systematik, Pflanzengeschichte und Pflanzengeographie. Beiblatt No. 52. 1895. p. 1—5.)

Nomenclatur, Pflanzennamen, Terminologie etc.:

Kellerman, W. A., The nomenclature question: Some points to be emphasized in the discussion. (The Botanical Gazette. Vol. XX. 1895. p. 468—470.)
Meehan, Thomas, On the derivation of Linnaean specific names. (The Botanical Gazette. Vol. XX. 1895. p. 461—462.)

Bibliographie:

Lorenzen, A. P., Dritter Litteratur-Bericht für Schleswig-Holstein, Hamburg und Lübeck 1894. (Beilage zur „Heimath", Monatsschrift des Vereins zur Pflege der Natur- und Landeskunde in Schleswig-Holstein, Hamburg und Lübeck. 1895. No. 9, 10.) 32 pp. Kiel 1895.

Allgemeines, Lehr- und Handbücher, Atlanten:

Brémant, Albert, Les sciences naturelles du brévet élémentaire de capacité et des cours de l'année complémentaire, ouvrage faisant suite au certificat d'études primaires et renfermant toutes les notions de zoologie, de botanique, de minéralogie, de géologie, d'agriculture, d'horticulture et d'hygiène indiquées par les arrétés ministériels des 27 juillet 1882 et 30 décembre 1884. Edit. 11. 8°. 340 pp. Avec 250 fig. Paris (libr. Hatier) 1895.
Willkomm, M., Bilder-Atlas des Pflanzenreiches nach dem natürlichen System. 3. Aufl. Lief. 13. 8°. VIII, p. 119—128. Mit 8 farbigen Tafeln. Esslingen (J. F. Schreiber) 1895.   M. —.50.

---

*) Der ergebenst Unterzeichnete bittet dringend die Herren Autoren um gefällige Uebersendung von Separat-Abdrücken oder wenigstens um Angabe der Titel ihrer neuen Publicationen, damit in der „Neuen Litteratur" möglichste Vollständigkeit erreicht wird. Die Redactionen anderer Zeitschriften werden ersucht, den Inhalt jeder einzelnen Nummer gefälligst mittheilen zu wollen, damit derselbe ebenfalls schnell berücksichtigt werden kann.

Dr. Uhlworm,
Humboldtstrasse Nr. 22.

Wossidlo, P., Leidfaden der Botanik für höhere Lehranstalten. 5. Aufl. 8°. VII, 288 pp. Mit 525 in den Text gedruckten Abbildungen, 4 Tafeln in Holzschnitt und 1 Karte der Vegetationsgebiete in Buntdruck. Berlin. (Weidmann's Buchhandlung) 1895. M. 3.—

Kryptogamen im Allgemeinen:

Arthur, J. C., The distinction between animals and plants. (The American Naturalist. Vol. XXIX. 1895. p. 961—965.)

Algen:

Dill, O., Die Gattung Chlamydomonas und ihre nächsten Verwandten. (Pringsheim's Jahrbücher für wissenschaftliche Botanik. Bd. XXVIII. 1895. p. 323—358.)

Gutwiński, R., Prodromus florae Algarum Galiciensis. (Osobne obdicie z tomu XXVIII. Rozpraw Wydziatu matematyczno-przyrodniczego Akademii Umiejetnósci w Krakowie. 1895.) 8°. 176 pp. Krakowie (Wydawniczej Polskiej) 1895.

Murray, G., An introduction to the study of seaweeds. 8°. Illustr. New York. (Macmillan & Co.) 1895. Doll. 1.75.

Schilberszky, Carl, Beitrag zur Biologie der Diatomaceen. (Oesterreichische botanische Zeitschrift. Jahrg. XLV. 1895. p. 434—436.)

Pilze:

Benecke, Die zur Ernährung der Schimmelpilze nothwendigen Metalle. (Pringsheim's Jahrbücher für wissenschaftliche Botanik. Bd. XXVIII. 1895. p. 487—530.)

Crisafulli, G., Sulla decomposizione dell' acido ippurico per mezzo dei microorganismi. gr. 8°. 9 pp. Roma 1895.

Havemann, H., Ueber das Wachsthum von Mikroorganismen bei Eisschranktemperatur. [Inaug.-Diss.] 8°. 21 pp. Rostock 1894.

Klöcker, Recherches sur les Saccharomyces Marxianus, apiculatus et anomalus. (Annales de micrographie. 1895. No. 7/8.)

Norton, J. B. S., Ustilago Reiliana on corn. (The Botanical Gazette. Vol. XX. 1895. p. 463.)

Rauch, F., Beitrag zur Keimung der Uredineen- und Erysipheen-Sporen in verschiedenen Nährmedien. [Inaug.-Diss. Erlangen.] 8°. 34 pp. Göttingen 1895.

Rehm, H., Discomycetes (Helvellaceae), Nachträge. [**Rabenhorst's** Kryptogamen-Flora von Deutschland, Oesterreich und der Schweiz. 2. Aufl. Bd. I. Pilze. Lief. 54. Abth. 3. 8°. p. 1169—1232.] Leipzig (E. Kummer) 1895. M. 2.40.

Thaxter, Roland, New or peculiar aquatic Fungi. I. Monoblepharis. (The Botanical Gazette. Vol. XX. 1895. p. 433—440. With 1 pl.)

Flechten:

Reinke, J., Abhandlungen über Flechten. IV. Skizzen zu einer vergleichenden Morphologie des Flechtenthallus. [Schluss.] Parmeliaceen, Verrucariaceen. (Pringsheim's Jahrbücher für wissenschaftliche Botanik. Bd. XXVIII. 1895. p. 359—486. Mit 113 Zinkätzungen.)

Stizenberger, Ernst, Die Grübchenflechten (Stictei) und ihre geographische Verbreitung. (Flora. Bd. LXXXI. 1895. Heft 1.)

Zukal, H., Morphologische und biologische Untersuchungen über die Flechten. I. (Sep.-Abdr. aus Sitzungsberichte der Kaiserlichen Akademie der Wissenschaften in Wien. Mathematisch-naturwissenschaftliche Classe. Bd. CIV. Abth. I. 1895.) 8°. 46 pp. Mit 3 Tafeln. Wien (F. Tempsky) 1895.

Physiologie, Biologie, Anatomie und Morphologie:

Balbiani, Sur la structure de la division du noyau chez les Spirochona gemmipara. (Annales de micrographie. 1895. No. 7/8.)

Burgerstein, A., Ueber Lebensdauer und Lebensfähigkeit der Pflanzen. (Sep.-Abdr. aus Wiener illustrirte Gartenzeitung. 1895. Heft 6.) 8°. 9 pp.

Cho, H., Does hydrogen peroxide occur in plants. (Imperial University. College of Agriculture, Tokio. Bulletin. Vol. II. 1895. p. 225—227.)

Daikuhara, G., On the reserve protein in plants. II. (Imperial University. College of Agriculture, Tokio. Bulletin. Vol. II. 1895. p. 189—195.)

Göbel, K., Zur Geschichte unserer Kenntniss der Correlationserscheinungen. II. (Flora. Bd. LXXXI. 1895. Heft 1.)

Hanausek, T. F., Ueber die Bedeutung der Symbiose für das Leben und die Cultur der Pflanzen. (Sep.-Abdr. aus Wiener illustrirte Gartenzeitung. 1895. Heft 7. p. 250—260.)

Heinricher, E., Anatomischer Bau und Leitung der Saugorgane der Schuppenwurz-Arten (Lathraea Clandestina Lam. und L. Squamaria L.). (Sep.-Abdr. aus Beiträge zur Biologie der Pflanzen. 1895.) 8⁰. 92 pp. Mit 7 Tafeln. Breslau (J. U. Kern) 1895.　　　　　　　　　　　　　　　　　M. 7.—

Hilten, L., bedeutung der Wurzelknöllchen von Alnus glutinosa für die Stickstoffernährung dieser Pflanze. (Die landwirthschaftlichen Versuchsstationen. 1895. Heft 2/3. Mit 1 Tafel.)

Kinoshita, Y., On the consumption of asparagine in the nutrition of plants. (Imperial University. College of Agriculture, Tokio. Bulletin. Vol. II. 1895. p. 196—199.)

Kinoshita, Y., On the assimilation of nitrogen from nitrates and ammonium salts by Phaenogams. (Imperial University. College of Agriculture, Tokio. Bulletin. Vol. II. 1895. p. 200—202.)

Kinoshita, Y., On the presence of asparagine in the root of Nelumbo nucifera. (Imperial University. College of Agriculture, Tokio. Bulletin. Vol. II. 1895. p. 203—204.)

Kinoshita, Y., On the occurrence of two kinds of mannan in the root of Conophallus konyaku. (Imperial University. College of Agriculture, Tokio. Bulletin. Vol. II. 1895. p. 205—206.)

Loew, Oscar, The energy of living protoplasm. (Imperial University. College of Agriculture, Tokio. Bulletin. Vol. II. 1895. p. 159—188.)

Mac Dougal, D. T., Nature and lie history of starch grains. (The Botanical Gazette. Vol. XX. 1895. p. 458—459.)

Macloskie, G., Antidromy in plants. (The American Naturalist. Vol. XXIX. 1895. p. 973—978. With 9 fig.)

Newcombe, Frederick C., The regulatory formation of mechanical tissue. (The Botanical Gazette. Vol. XX. 1895. p. 441—448.)

Putnam, Bessie L., A day-blooming. Cereus grandiflorus. (The Botanical Gazette. Vol. XX. 1895. p. 462—463.)

Romanes, G. J., Darwin und nach Darwin Eine Darstellung der Darwin'schen Theorie und Erörterung darwinistischer Streitfragen. Bd. II. Darwinistische Streitfragen. Vererbung und Nutzlichkeit Aus dem Englischen von B. Nöldeke. 8⁰. X, 398 pp. Mit Romanes' Bild und 4 Textfiguren. Leipzig (W. Engelmann) 1895.　　　　　　　　　　　　　　　　M. 7.—

Watzel, Th., Versuch über unser Wissen von dem Geschlechtsleben der Pflanze. (Sep.-Abdr. aus Mittheilungen aus dem Verein der Naturfreunde in Reichenberg. XXVI. 1895. p. 1—30.)

Wilson, Edmund B. and Leaming, E., Atlas of the fertilization and karyokinesis of the ovum. 4⁰. Illustr. New York (Macmillan & Co.) 1895.
　　　　　　　　　　　　　　　　　　　　　　　　　　　　　　Doll. 4.—

Yasuda, A., A plants propagable by means of leaves. (The Botanical Magazine. Vol. IX. Tokyo 1895. p. 317—320.)

Yoshimura, K., Chemical constituents of mucilaginous substances of some plants. (The Botanical Magazine. Vol. IX. Tokyo 1895. p. 335—337.)

Yoshimura, K., Note on the chemical composition of some mucilages. (Imperial University. College of Agriculture, Tokio. Bulletin. Vol. II. 1895. p. 207—208.)

Systematik und Pflanzengeographie:

Buchenau, Franz, Studien über die australischen Formen der Untergattung Junci genuini. (Botanische Jahrbücher für Systematik, Pflanzengeschichte und Pflanzengeographie. Bd. XXI. 1895. p. 258—267.)

Freyn, J., Plantae Karoanae Dahuricae. [Fortsetzung] (Oesterreichische botanische Zeitschrift. Jahrg. XLV. 1895. p. 430—434.)

Fritsch, Carl, Flora von Oesterreich-Ungarn. Salzburg [1894]. (Oesterreichische botanische Zeitschrift. Jahrg. XLV. 1895. p. 439—445.)

Halácsy, E. von, Beitrag zur Flora von Griechenland. [Fortsetzung.] (Oesterreichische botanische Zeitschrift. Jahrg. XLV. 1895. p. 409—412. Mit 1 Tafel.)

Hegelmaier, F., Systematische Uebersicht der Lemnaceen. (Botanische Jahrbücher für Systematik, Pflanzengeschichte und Pflanzengeographie. Bd. XXI. 1895. p. 268—305.)

Hicks, Gilbert H., The littoral flora of Belgium. (The Botanical Gazette. Vol. XX. 1895. p. 454—458.)

Hieronymus, G., Plantae Stuebelianae novae. (Botanische Jahrbücher für Systematik, Pflanzengeschichte und Pflanzengeographie. Bd. XXI. 1895. p. 306—368.)

Hitchcock, A. S., Note on buffalo grass. (The Botanical Gazette. Vol. XX. 1895. p. 464.)

Holm, Theo, Arctic and alpine plants. (The Botanical Gazette. Vol. XX. 1895. p. 459—460.)

Hutchinson, W., Handbook of grasses: treating of their structure, classification, geographical distribution, and uses, also describing the British species and their habitats. 8°. Illustr. New York (Macmillan & Co.) 1895. 75 Cent.

Makino, T., M. H. Kuroiwa's collections of Liukiu plants. [Cont.] (The Botanical Magazine. Vol. IX. Tokyo 1895. p. 320—328.)

Miyabe, K., On plants collected in Shingkin China. (The Botanical Magazine. Vol. IX. Tokyo 1895. p. 343—346.)

Murr, Josef, Ueber mehrere kritische Formen der „Hieracia Glaucina" und den nächstverwandten „Villosina" aus dem nordtirolischen Kalkgebirge. [Schluss.] (Oesterreichische botanische Zeitschrift. Jahrg. XLV. 1895. p. 424—430.)

R. J. L., Yucca guatemalensis Baker. (The Gardeners Chronicle. Ser. III. Vol. XVIII. 1895. p. 524.)

Schröter, C., Das St. Anthönierthal im Prättigau in seinen wirthschaftlichen und pflanzengeographischen Verhältnissen. (Landwirthschaftliches Jahrbuch der Schweiz. Bd. IX. 1895. p. 133—272. Mit 1 Karte, 5 Tafeln in Phototypie, 1 Tafel in Autotypie und 34 Abbildungen im Texte.)

Seemen, Otto von, Fünf neue Weidenarten in dem Herbar des Königlichen botanischen Museums zu Berlin. (Botanische Jahrbücher für Systematik, Pflanzengeschichte und Pflanzengeographie. Beiblatt No. 52. p. 6—11.)

Sterneck, Jacob von, Beitrag zur Kenntniss der Gattung Alectorolophus All. [Fortsetzung.] (Oesterreichische botanische Zeitschrift. Jahrg. XLV. 1895. p. 415—422. Mit 4 Tafeln und 1 Karte.)

Tashiro, A., Catalogue des plantes récoltées aux Iles de Pascadore. II. (The Botanical Magazine. Vol. IX. Tokyo 1895. p. 337—342.)

Tokubuchi, E., Conspectus of Chrysosplenium. [Cont.] (The Botanical Magazine. Vol. IX. Tokyo 1895. p. 331—335.)

Uline, Edwin B. and Bray, Wm. R., Synopsis of North American Amaranthaceae. IV. (The Botanical Gazette. Vol. XX. 1895. p. 449—453.)

Phaenologie:

Nikolic, E., Unterschiede in der Blütezeit einiger Frühlingspflanzen der Umgebungen Ragusa's. (Oesterreichische botanische Zeitschrift. Jahrg. XLV. 1895. p. 413—415.)

Palaeontologie:

Diederichs, R., Ueber die fossile Flora der mecklenburgischen Torfmoore. (Archiv des Vereins der Freunde der Naturgeschichte in Mecklenburg. Jahrgang IL. 1895. Abth. I. p. 1—34) Güstrow 1895.

Zeiller, R., Paléontologie végétale (Ouvrages publiés en 1893). (Extr. de L'Annuaire géologique universal. Tome X. 1893. p. 861—900.) Paris (Comptoir géologique de Paris) 1894—1895.

Teratologie und Pflanzenkrankheiten:

Behrens, J., Phytopathologische Notizen. II. Ein bemerkenswerthes Vorkommen von „Nectria cinnabarina" und die Verbreitungsweise dieses Pilzes. (Zeitschrift für Pflanzenkrankheiten. Bd. V. 1895. p. 193—198.)

D'Almeida, Verissimo et Da Motta Prego, Joa, Les maladies de la vigne en Portugal pendant l'année 1894. (Annales de la science agronomique française et étrangère. Sér. II. Année I. Tome II. 1895. p. 140—153.)

Eriksson, Jacob, Ist die verschiedene Widerstandsfähigkeit der Weizensorten gegen Rost constant oder nicht? (Zeitschrift für Pflanzenkrankheiten. Bd. V. 1895. p. 198—200.)

Einige Notizen über die in den letzten Jahren in Deutschland aufgetretenen Krankheitserscheinungen. [Fortsetzung.] (Zeitschrift für Pflanzenkrankheiten. Bd. V. 1895. p. 204—211.)

Otto, R., Eignen sich mit Mineralölen getränkte Lappen zur Bekämpfung von niederen Pflanzenschädigern? (Zeitschrift für Pflanzenkrankheiten. Bd. V. 1895. p. 200—203.)

Sempolowski, A., Beitrag zur Bekämpfung der Kartoffelkrankheit. (Zeitschrift für Pflanzenkrankheiten. Bd. V. 1895. p. 203—204.)

Solla, Rückschau über die auf phytopathologischem Gebiete während der Jahre 1893 und 1894 in Italien entwickelte Thätigkeit. [Fortsetzung.] (Zeitschrift für Pflanzenkrankheiten. Bd. V. 1895. p. 211—222.)

Wachtl, F. A., Die krummzähnigen europäischen Borkenkäfer. (Mittheilungen aus dem forstlichen Versuchswesen Oesterreichs. 1895. Heft 19.)

Medicinisch-pharmaceutische Botanik:

A.

Boehm, R., Das südamerikanische Pfeilgift Curare in chemischer und pharmakologischer Beziehung. Theil I. Das Tubo-Curare. (Sep.-Abdr. aus Abhandlungen der k. sächsischen Gesellschaft der Wissenschaften. 1895.) 8°. 40 pp. Mit 1 farbigen Tafel. Leipzig (S. Hirzel) 1895.   M. 1 80.

Kohl, F. G., Die officinellen Pflanzen der Pharmacopoea germanica, für Pharmaceuten und Mediciner besprochen und durch Original-Abbildungen erläutert. Lief. 34 und 35. [Schluss-Lieferung.] 4°. V, p. 233—246. Mit 8 color. Kupfertafeln. Leipzig (J A. Barth) 1895.   M. 3.—

Inouye, M., The preparation and chemical composition of Tofu. (Imperial University. College of Agriculture, Tokiy. Bulletin. Vol. II. 1895. p. 209—215.)

Sawada, K., Plants employed in medicine in the Japanese pharmacopaeia. [Cont.] (The Botanical Magazine. Vol. IX. Tokyo 1895. p. 328—331.)

Tschirch, A. und Oesterle, O., Anatomischer Atlas der Pharmakognosie und Nahrungsmittelkunde. Abth. 1. Lief. 9. 4°. V, p. 175—200. Mit 5 Tafeln. Leipzig (Chr. Herm. Tauchnitz) 1895.   M. 1.50

B.

Arens, C., Ueber das Verhalten der Choleraspirillen im Wasser bei Anwesenheit fäulnissfähiger Stoffe und höherer Temperatur (37°). [Inaug.-Diss.] 8°. 39 pp. Erlangen 1895.

Czajkowski, Joseph, Ueber die Mikroorganismen der Masern. (Centralblatt für Bakteriologie und Parasitenkunde. Erste Abtheilung. Bd. XVIII. 1895. No. 17/18. p. 517—520. Mit 1 Tafel.)

Garten, J., Ueber einen beim Menschen chronische Eiterung erregenden pleomorphen Mikroben. (Deutsche Zeitschrift für Chirurgie. Bd. XLI. 1895. Heft 4/5. p. 257—285.)

Kamen, Ludwig, Zur Frage über die Aetiologie der Tetanusformen nichttraumatischen Ursprunges. (Centralblatt für Bakteriologie und Parasitenkunde. Erste Abtheilung. Bd. XVIII. 1895. No. 17/18. p. 513—517. Mit 1 Figur.)

Rénou, Influence de l'infection aspergillaire sur la gestation. (Comptes rendus de la Société de biologie. 1895. No. 27. p. 603—605.)

Richardière, H., Eruption consécutive à une injection de sérum antistreptococcique. (Union méd. 1895. No. 27. p. 317—318.)

Technische, Forst-, ökonomische und gärtnerische Botanik:

Aikman, C. M., Milk: its nature and composition. A handbook on the chemistry and bacteriology of milk, butter and cheese. 8°. 194 pp. London (libr. Black) 1895.   3 sh. 6 d.

Cavazza, D., La concimazione della vite secondo le più recenti esperienze. (Biblioteca popolare illustrata dell' Italia agricola. 1895. No. 56, 57.) 8°. 16 pp. Con 4 tav. Milano, Piacenza, Bologna (Italia agricola edit) 1895.   L. 1.—

Fleury, La natterie, la vannerie de feuilles de palmier et la spartérie en Tunisie. (Revue du commerce et de l'industrie. 1895. No. 8.)

Geiser, Carl, Studien über die bernische Landwirthschaft im 18. Jahrhundert. (Landwirthschaftliches Jahrbuch der Schweiz. Bd. IX. 1895. p. 1—88.)

Grandeau, Louis, Le fumier de ferme et les engrais minéraux dans la culture maraichère. (Annales de la science agronomique française et étrangère. Sér. II. Année I. Tome II. 1895. p. 25—44.)

Hoppe, E., Einfluss der Freilandvegetation und Bodenbedeckung auf die Temperatur und Feuchtigkeit der Luft. (Mittheilungen aus dem forstlichen Versuchswesen Oesterreichs. 1895. Heft 20.)

Hugounenq, Nouvelle méthode de vinification. Phosphatage des vins. 8⁰. 16 pp. Montpellier (impr. Hamelin frères) 1895.

Inouye, M., Note on Nukamiso. (Imperial University. College of Agriculture, Tokio. Bulletin. Vol. II. 1895. p. 216—218.)

Massias, O., Tropische Wasserpflanzen im Garten. (Natur und Haus. Jahrg. III. 1895. Heft 23.)

Müntz, Achille, Durand, Charles et **Milliau, Ernest,** Rapport sur les procédés à employer pour reconnaître les falsifications des huiles d'olive comestibles et industrielles. (Annales de la science agronomique française et étragère. Sér. II. Année I. Tome II. 1895. p. 154—160.)

Pfeiffer, Th. und **Franke, E.,** Beitrag zur Frage der Verwerthung elementaren Stickstoffs durch den Senf. (Die landwirthschaftlichen Versuchsstationen. 1895. Heft 2/3. Mit 1 Tafel.)

Schmidt, M. von, Agrochemische Uebungen. Zum Gebrauche für landwirthschaftliche Unterrichtsanstalten. 8⁰. XI, 168 pp. Wien (Franz Deuticke) 1895. M. 3.40.

Stebler, F. G., Die besten Futterpflanzen. Abbildungen und Beschreibungen, nebst Angaben über Cultur, landwirthschaftlichen Werth, Samen-Gewinnung, -Verunreinigungen, -Verfälschungen etc. Im Auftrage des schweizerischen Landwirthschaftsdepartements unter Mitwirkung von Fachmännern bearbeitet. Theil II. 2. Aufl. 4⁰. V, 96 pp. Mit Holzschnitten und 15 farbigen Tafeln. Bern (K. J. Wyss) 1895. M. 4.—

Stillich, O., Die Bedeutung des Kalkes für die Landwirthschaft. Erörterung der Grundlagen einer rationellen Kalkanwendung im Lichte der Wissenschaft. 8⁰. 38 pp. Leipzig (C. F. Tiefenbach) 1895. M. —.60.

Yabe, K., Preliminary note on the sake yeast. (Imperial University. College of Agriculture, Tokio. Bulletin. Vol. II. 1895. p. 219—220.)

Yoshimura, K., Note on the behaviour of hippuric acid in soils. (Imperial University. College of Agriculture, Tokio. Bulletin. Vol. II. 1895. p. 220—223. With a note by **Oscar Loew.** p. 223—224.)

Personalnachrichten.

Ernannt: Dr. **Th. R. v. Weinzierl** zum Director der vom Staate übernommenen Samen-Controllstation in Wien. — Dr. **Fr. Krasser** zum wissenschaftlichen Hülfsarbeiter an der botanischen Abtheilung des k. k. Hofmuseums zu Wien. — **Felix Bassler** zum Assistenten an der landwirthschaftlichen Anstalt in Leitmeritz. — Dr. **F. Czapek** zum Assisenten, Dr. **W. Figdor** zum Demonstrator am pflanzenphysiologischen Institute der Universität Wien.

Prof. **L. M. Underwood** hat den Lehrstuhl für Biologie an dem „Alabama Polytechnic Institute" in Auburn angenommen und sein Amt bereits angetreten.

Uebergesiedelt: **J. Bornmüller** nach Berka a. d. Ilm (Thüringen).

Gestorben: Der auch als Botaniker thätige Statthalterei-Rath Dr. **K. B. Schiedermayer** am 29. October in Kirchdorf in Oberösterreich.

Inhalt.

Ausgegeben: 27. November 1895.

Druck und Verlag von Gebr. Gotthelft in Cassel.

B and LXIV. No. 10.   XVI. Jahrgang.

Botanisches Centralblatt.

REFERIRENDES ORGAN

für das Gesammtgebiet der Botanik des In- und Auslandes.

Herausgegeben

unter Mitwirkung zahlreicher Gelehrten

von

Dr. Oscar Uhlworm und Dr. F. G. Kohl
in Cassel.   in Marburg.

Zugleich Organ
des

Botanischen Vereins in München, der Botaniska Sällskapet i Stockholm, der Gesellschaft für Botanik zu Hamburg, der botanischen Section der Schlesischen Gesellschaft für vaterländische Cultur zu Breslau, der Botaniska Sektionen af Naturvetenskapliga Studentsällskapet i Upsala, der k. k. zoologisch-botanischen Gesellschaft in Wien, des Botanischen Vereins in Lund und der Societas pro Fauna et Flora Fennica in Helsingfors.

| Nr. 49. | Abonnement für das halbe Jahr (2 Bände) mit 14 M. durch alle Buchhandlungen und Postanstalten. | 1895. |

Die Herren Mitarbeiter werden dringend ersucht, die Manuscripte immer nur auf *einer* Seite zu beschreiben und für *jedes* Referat besondere Blätter benutzen zu wollen.   **Die Redaction.**

Wissenschaftliche Original-Mittheilungen.*)

Zur Geschichte unseres Beerenobstes.**)
Von
R. v. Fischer-Benzon
in Kiel.

Während wir über die Geschichte unserer eigentlichen Obstbäume im Ganzen gut unterrichtet sind, wissen wir über die Geschichte unserer Beerensträucher, soweit sie nicht bis ins Alterthum zurückreicht, nur wenig. Zwar finden wir Angaben über die Geschichte der Johannisbeere und Stachelbeere bei Alph. de Candolle (Der Ursprung der Culturpflanzen, übersetzt von G. Goeze, Leipzig 1884, p. 345—349), Carl Koch (Dendrologie,

---

*) Für den Inhalt der Originalartikel sind die Herren Verfasser allein verantwortlich.   Red.
**) Ein Auszug aus dieser Abhandlung wurde in der botanischen Section der 67. Versammlung deutscher Naturforscher und Aerzte zu Lübek als Vortrag gehalten.

Bd. I, Erlangen 1869, p. 637, 639 und .648; Die Bäume und
Sträucher des alten Griechenlands, 2. Aufl., Berlin 1884, p. 154,
155) und F. C. Schübeler (Viridarium Norvegicum, Bd. II,
Christiania 1888, p. 275, 276, zum Theil nach Carl Koch),
aber nur ein Theil davon ist richtig. Der Grund hierfür wird
darin liegen, dass den genannten Männern die Quellen für die
Geschichte der Pflanzenkenntniss im Mittelalter nur in sehr geringem
Grade bekannt waren. Diese Quellen sind in der That sehr viel
schwieriger zugänglich, als diejenigen für die Geschichte der Botanik
im Alterthum, denn sie bestehen aus Glossaren, aus historischen,
landwirthschaftlichen, medicinischen und botanischen Schriften, die
zum Theil noch nicht gedruckt sind, zum Theil in alten und sehr
seltenen Drucken vorliegen. Solche Drucke sind in kleineren
Bibliotheken oft überhaupt nicht zu haben, aber seit kurzer
Zeit ist es Dank dem Entgegenkommen unserer Bibliothek-
verwaltungen möglich geworden, sie dann aus der Königlichen
Bibliothek in Berlin für sehr geringe Kosten zu entleihen. Dadurch wurde es auch mir möglich, eine Anzahl seltener
Drucke aus dem Ende des 15. Jahrhunderts in die Hand zu
bekommen, um mit ihrer Hülfe die Geschichte unserer Johannisbeere und Stachelbeere zu verfolgen. Die Resultate meiner
Studien lege ich hiermit vor. Es schien mir indessen zweckmässig,
mich nicht auf die genannten beiden Sträucher zu beschränken,
sondern auch das zusammenzustellen, was ich zugleich über unsere
übrigen Beerensträucher ermittelt hatte. Einmal forderte meine
„Altdeutsche Gartenflora" (Kiel, Lipsius und Tischer, 1894)
nach dieser Seite hin eine Ergänzung; ausserdem ist eine gewisse
Vollständigkeit an und für sich von grösserem Interesse, und
endlich musste ich befürchten, dass mir der Zusammenhang zwischen
einer grossen Menge einzelner Notizen im Laufe der Zeit immer
mehr verloren gehen würde. — Für die Uebersetzung der altfranzösischen Citate bin ich den Herren Prof. Dr. Stimming
in Göttingen und Dr. Sarrazin in Kiel zu grossem Dank ver-
pflichtet.

Zur Bequemlichkeit der Leser stelle ich die Titel der häufiger
citirten Werke in der benutzten Ausgabe hier zusammen und
zwar geordnet nach der Zeit der Abfassung; wenn von einem
Schriftsteller nur ein Werk benutzt ist, so ist späterhin im Text
in der Regel nur der Name des Schriftstellers und nicht das
Werk selbst genannt.

Heil. Hildegard, Subtilitatum diversarum naturarum creatura-
rum libri 9. Patrologie, lateinische Reihe. Bd. CXCVII. Coll.
1117—1352. Paris 1882.

Jo. Serapion, Practica. Fol. 13. Jahrh. Venedig 1531.

Albertus Magnus, De vegetabilibus libri 7, ed. C. Jessen,
Berlin 1867.

Simon Januensis, Clavis sanationis etc. Fol. Ende des 13.
Jahrh. Venedig 1513.

Mattheus Sylvaticus, Opus Pandectarum etc. Fol. Gewöhnlich Pandecta oder Pandecta medicinae genannt. Anfang des 14. Jahrh. Venedig 1511.

Petrus de Crescentiis, Opus ruralium commodorum. Fol. Anfang des 14. Jahrh. Strassburg 1486.

Herbarius Maguntie impressus 1484. 4^0, als Mainzer Herbarius citirt.

Enthält auf 150 Blättern ebensoviele alphabetisch geordnete Pflanzen mit ihren Abbildungen. Diese sind zum Theil roh, zum Theil jedoch gut kenntlich, jedenfalls lange nicht so schlecht wie man sie gemacht hat; vielfach geben sie nur ein einzelnes Charakteristicum der Pflanze wieder.

Wenn man sich längere Zeit mit ihnen und mit ähnlichen Abbildungen beschäftigt hat, so lernt man sie mehr schätzen. Sie gehören ja zu den ersten Versuchen auf diesem Gebiet, denn nur die Abbildungen in Conrad von Megenbergs Buch der Natur (Ausgabe von 1481) sind älter. — Im Jahre 1485 wurde dasselbe Buch in Passau (Patavia) wieder gedruckt; die Holzschnitte sind dabei neu geschnitten und erscheinen mit vertauschten Seiten, theilweise etwas verändert, aber nicht immer verbessert. Das von mir benutzte Exemplar (aus der Herzogl. öffentlichen Bibliothek in Gotha) hat colorirte Holzschnitte; obgleich die Bemalung ziemlich unbeholfen ist, macht sie doch die Abbildungen um vieles kenntlicher.

Gart der gesuntheit (Ortus sanitatis). 4^0. Mainz 1475.

Ein sehr merkwürdiges und für die Geschichte der Pflanzenkunde sehr wichtiges Buch, das in 435 Capiteln die einfachen Arzneimittel beschreibt und etwa 380 colorirte Holzschnitte, zum grössten Theil Pflanzen, enthält. Die Holzschnitte sind viel besser und grösser als im Herbarius, einige, wie die Lilie, Cap. 229, verrathen sogar künstlerischen Schwung. Eine niederdeutsche Ausgabe „de lustighe vnde nochlighe Gaerde der suntheit", erschien zu Lübeck 1492. In dieser ist die Zahl der Capitel auf 542 gestiegen. Die Holzschnitte sind zum Theil verkleinert und verschlechtert, zum Theil sind sie denen der Mainzer Ausgabe nachgeschnitten, vielleicht mit Hülfe eines Pausverfahrens, denn sie sind ohne Seitenvertauschung. Bei einigen Holzschnitten stimmte eine von mir nach der Lübecker Ausgabe hergestellte Pauszeichnung, abgesehen von einigen Ranken und Schattenstrichen, ganz genau mit den Figuren der Mainzer Ausgabe überein. (Man vergleiche L. Choulant, Graphische Inkunabeln für Naturgeschichte und Medicin. Leipzig 1858.)

O. Brunfels, Herbarum vivae eicones. Fol. Strassburg 1532.

J. Ruellius, De natura stirpium libri tres. Fol. Erste Ausgabe 1536. Basel 1537.

Hieronymus Bock, Kreuterbuch. Fol. Erste Ausgabe 1539. Strassburg 1577.

C. Gesner, Catalogus plantarum Latine, Graece, Germanice et Gallice. 4^0. Zürich 1542.

L. Fuchs, Plantarum et stirpium icones. 8⁰. Erste Ausgabe 1545.. Leiden 1595.

C. Gesner, Horti Germaniae, in Valerii Cordi Annotationes in Dioscoridem. Fol. Strassburg 1561.

J. Camerarius, Hortus medicus et philosophicus etc. 4⁰.. Frankfurt a. M. 1508.

R. Dodonaeus, Stirpium historiae pemptades sex sive libri 30.. Fol. Erste Ausgabe 1583. Antwerpen 1616.

C. Clusius, Rariorum plantarum historia. Fol. Antwerpen 1601.

1. Der Holunder; die Fliederbeere.
(*Sambucus nigra* L.)

Der Holunder war im Alterthum eine bekannte und geschätzte Heilpflanze. Die Griechen nannten ihn *acte* (ἀκτή Theophr. hist.. pl. 1, 5, 4 etc.; Diosk. mat. med. 4,171), die Römer *sambucus* (Plin. nat. hist. 16, 178 u. 180, und sonst mehrfach). In den ältesten griechisch-lateinischen Glossaren kommt er unter denselben Namen vor, und in den lateinisch-deutschen führt er die Namen *sambucus* und *riscus* neben dem deutschen „holer" und „holender".[1] Bei der Heil. Hildegard heisst er „holder"und „holderbaum" (3,44). Es giebt kaum einen einzigen medicinischen Schriftsteller des Mittelalters, der den Holunder nicht anführt. An niederdeutschen Namen sind zu nennen elhorn und alhorn (Gothaer mittelnieder-deutsches Arzneibuch aus dem Anfang des 15. Jahrhunderts, herausgegeben von Regel, Gotha 1872 und 1873) und uleder (gleich flēder; Gaerde der sundheit, Lübeck 1492, Cap. 438). Die erste Abbildung des Holunders findet sich im Mainzer Herbarius (1484) auf Blatt 135 mit den Namen *sambucus* und holder.

Ursprünglich lediglich Arzneimittel, sind die Früchte des Holunders jetzt, in Norddeutschland jedenfalls, ein beliebtes Genussmittel geworden. Er findet sich, da er den Winden erfolgreich Widerstand leistet, hier im Lande in den ödesten Haidegegenden, wo er oft, neben einigen Johannisbeer- und Stachelbeerbüschen,. der einzige Obstbaum des Gartens ist.

2. Der Zwergholunder; Attich.
(*Sambucus Ebulus* L.)

Die Früchte des Zwergholunders sind zwar niemals als Obst benutzt worden, aber da er ein so naher Verwandter des Holunders ist, so mögen auch ihm einige Worte gewidmet sein.

Auch er war im Alterthum als Heilpflanze geschätzt. Bei Dioskorides (4,172) heisst er *chamaiacte* (χαμαιάκτη), bei den Römern *ebulus*. Beide Namen kommen in den älteren Glossaren vor;[2] später verschwindet *chamaiacte*, und zu *ebulus* kommt der

---

[1] Corpus glossariorum latinorum, Bd. III, Leipzig 1892: athi (statt ἀκτή) sambuco 192,1α; ἀκτή sambucus 264,63; actis. i. sambucus 549,8. — Sumerlaten, Mittelhochdeutsche Glossen etc. herausgegeben von Hoffmann von Fallersleben, Wien 1834; sambucus holre 23,61; sambucus holinder 45,43;. riscus holer 39,53; riscus holenter 15,25.

[2] Corp. Gloss. latin. Bd. III: comiactis. i. ebolum 555,6; camoactus. i. ebolus 580,56; 588,85. — Ebolum atich Sum. 61,57 (11. Jahrh.): ebolus atich. Sum. 56,58 (13. Jahrh.).

deutsche Name „atich“ hinzu, der sich später in Attich verwandelt. Seine erste Abbildung im Mainzer Herbarius (1484) auf Blatt 58 trägt ebenfalls die Namen *ebulus* und „atich“.

Hier im Norden ist der Zwerghollunder nicht inländisch. An einzelnen Stellen ist er aber cultivirt worden und hat sich dann aus den Gärten geflüchtet und ein halbverwildertes Dasein geführt. Jetzt dürfte er überall verschwunden sein.

3. Die Berberitze.
(*Beberis vulgaris* L.)

Das Wort *berberis* oder *berberus* scheint arabischen Ursprungs zu sein. Zum ersten Male finden wir es im Drogenverzeichniss des Platearius aus dem 12. Jahrh., das unter dem Namen *Circa instans* bekannt ist. Hier heisst es im 10. Capitel der mit b beginnenden Namen[1]): „*berberi* sind die runden Früchte eines gewissen Baumes, und sie sind etwas länglich und etwas schwärzlich (oder dunkel).“ Bei Serapion (13. Jahrh.), De simplicibus ex plantis, cap. 229[2]), werden *berberis* und *amirberis* als gleichbedeutende Namen aufgeführt; die darauf folgende Beschreibung ist fast wörtlich aus Dioskorides, 1,122, wo über *Oxyacantha* (Ὀξυάκανθα) verhandelt wird, entnommen.[3]) Von Serapion aus sind dann die Namen *amirberis* und *berberis* nebst der Beschreibung in die Wörterbücher des Simon Januensis und Mattheus Sylvaticus übergegangen und dadurch allmählich in Europa bekannt geworden. An welche Pflanze hat man nun bei dem Namen *berberis* zu denken? Das wird klar durch eine Bemerkung, die sich bei Serapion in einem Abschnitt, der „Synonyma Serapionis“ betitelt ist, findet: „*Licium* ist das, was aus Wasser wird, in dem man die Rinde von *berberis* kocht.“[4]) Das *Licium* (λύκιον, Diosk. 1,132) war ein berühmtes Heilmittel des Alterthums, von dem wir seit 1833 wissen, dass es ein Extrakt aus Holz und Wurzel verschiedener orientalischer Berberisarten[5]) war (F. A. Flückiger und D. Hanbury, Pharmacographia, London 1874, p. 34). Desshalb müssen wir annehmen, dass *berberis* bei Serapion und seinen Zeitgenossen eine von diesen Berberisarten bedeutet.

Petrus de Crescentiis erwähnt in seinem Buche über die Landwirthschaft[6]) auch *berberi*; bei ihm sind es die runden, etwas länglichen und dunkel gefärbten Früchte eines sehr dornigen Strauches, die Aehnlichkeit mit den Früchten des Weissdorns

---

[1]) De simplici medicina. Dieses Werk findet sich vielfach in einem Bande mit der Practica des Serapion, so in der hier benutzten Ausgabe, Venedig 1530, Fol.

[2]) Practica Jo. Serapionis, Venedig 1530, Fol. 128a: Amirberis. i. Berberis est rubus tabens Der Zusatz *rubus tabens* ist nicht ganz klar.

[3]) Dieselbe Beschreibung findet sich auch bei Ruellius, p. 213, der die Berberitze mit der *Oxyacantha* des Dioskorides identificirt.

[4]) a. a. O. Fol. 89a: „*Licium* est quod fit de aqua in qua coquuntur cortices *berberis*.“

[5]) *Berberis aristata* D. C., *B. Lycium* Royle und *B. asiatica* Roxb.

[6]) Liber ruralium commodorum. Argentinae 1486, Fol., lib. 5, c. 4.

haben; der Strauch, der diese Früchte trägt, eignet sich besonders
gut zu Zäunen. Hier könnte schon unsere Berberitze, die Italien
ja nicht fremd ist, gemeint sein. Ganz sicher finden wir sie aber
im Mainzer Herbarius (1484), wo sie auf Blatt 29 sehr gut kenntlich
abgebildet ist und den lateinischen Namen *berberus* führt; als
deutscher Name ist Versitz angegeben, der in der Regel sonst
Versich oder ähnlich lautet. In der Passauer Ausgabe des Herbarius
(1485) heisst der deutsche Name „paisselpere". Eine sehr gute
Abbildung findet sich im „gart der gesuntheit", Mainz 1485,
Cap. 55, mit den Namen *berberis* und versyg.

Die deutschen Namen der Berberitze, zu denen auch noch
erbsal, saurach und weinling (aus den Beeren wurde früher in
Deutschland und Frankreich Wein gemacht) gehören, sind sämmtlich
unabhängig von *berberis*. Es könnte also die Berberitze sehr wohl
in Deutschland in Gebrauch gewesen sein, ehe durch die Medicin
der Name *berberis* eingeführt wurde. Bei der Heil. Hildegard
scheint sie aber nicht erwähnt zu werden, ebensowenig bei
Albertus Magnus. Da sie in den Pflanzenglossaren zum ersten
Male im 15. Jahrh. genannt wird, so muss man doch wohl annehmen, dass sie nicht vor dem 14. Jahrh. allgemein benutzt
wurde. Im 16. Jahrh. erfreute sie sich grosser Beliebtheit.

4. Die Brombeere.
(*Rubus* sp.)

Die Zahl der Brombeeren ist so gross und zugleich nach den
Gegenden so wechselnd, dass es unmöglich ist, an dieser Stelle
irgend eine bestimmte Art namhaft zu machen, um so weniger,
als früher zwischen diesen Arten nicht unterschieden wurde, ja
nicht einmal immer zwischen Brombeere und Himbeere.

Theophrast beschäftigt sich mit den Brombeersträuchern,
die er *batos* (βάτος, h. pl. 3, 18, 4 und sonst) nennt; er hat schon
beobachtet, dass die Schösslinge die Spitze in die Erde bohren und
Wurzel schlagen. Wahrscheinlich ist er die Ursache, dass dieses
Wurzelschlagen bei so vielen späteren Schriftstellern erwähnt wird.
Bei Dioskorides (4,37) werden die heilkräftigen Wirkungen
der Brombeeren auseinandergesetzt; die von ihm genannte *batus
idaea* (βάτος ἰδαῖα, 4,38) wird für unsere Himbeere gehalten. Bei
den Römern heisst der Brombeerstrauch *rubus* (Plin. 16,179 und
sonst vielfach), seine Frucht, wegen ihrer Aehnlichkeit mit der
Maulbeere, *morum*[1]) Dieser Sprachgebrauch bringt es mit sich,
dass es an einzelnen Stellen nicht ganz sicher ist, ob *morum* die
Maulbeere oder die Brombeere bedeutet.

Dioskorides giebt für βάτος als gleichbedeutend *sentis* und
rubus an, und diese Synonyme sind, wenn auch manchmal entstellt,

---

[1]) Rubi mora ferunt, Plin. 16,179; ähnlich 24,120; nascuntur
[mora] et in rubis multum differente callo, Plin. 15,97; — In duris
haerentia mora rubetis Ovid Met. 1,105. Die Griechen benutzten μόρον
in derselben Bedeutung wie das lateinische morum.

in die ältesten Pflanzenglossare übergegangen;[1]) zuweilen wird auch *rumex* als Synonym aufgeführt, auch in lateinisch-deutschen Glossaren[2]). Im Mittelalter heissen die Brombeersträucher aber auch vielfach *vepres*.[3]) Ihre Früchte wurden *mora* genannt, meist mit dem Zusatz *silvatica* oder *silvestria*.

Ebenso wie im Alterthum werden im Mittelalter die Blätter und jungen Schösslinge der Brombeere als Arznei benutzt; ausserdem fanden aber die Früchte Verwendung, und das nicht nur für medicinische Zwecke. In Carls des Grossen Capitulare de villis[4]) wird in Capitel 34 und 62 ein *moratum* erwähnt, über dessen Zubereitung ein gleichfalls aus dem neunten Jahrhundert stammendes Recept[5]) Auskunft giebt. Da anderswo angegeben wird, dass zur Bereitung des moratum Wein erfordersich sei, so scheint dies Recept nicht ganz vollständig zu sein. Es lautet in Uebersetzung: „Wie man moratum macht: Brombeersaft 4 Maass, Honig 1 Maass. Man mische es und bewahre es in einem ausgepichten Fass und wenn man will, so thue man Zimmt, Gewürznelken, Kostwurz und Spicanardi hinzu." Die *mora camprestis* dieses Receptes kann nur die Brombeere und nicht die Maulbeere sein, denn wenn die Maulbeere durch einen Zusatz kenntlich gemacht wird, so geschieht das durch *domestica* (celsa. mora domestica Corp. Gloss. latin Band III, 544,25 und sonst) oder *sativa* (*sativa morus*, Plin. 24,120). Dass die Brombeere für die Bereitung des moratum oder moretum[1]) benutzt wurde, geht auch aus anderen Stellen hervor. Albertus Magnus nennt geradezu die Brombeere als die Frucht, aus der das moretum bereitet wird (6,144)[2]) und dasselbe geschieht in den Glossen des Abtes Caesar von Heisterbach (13. Jahrh):[3]) „Unsere Leute werden gehalten Brombeeren zu sammeln zur Bereitung des Moratum für Feierlichkeiten, kranke Klosterbrüder und hohen Besuch". Dass man daneben auch den genannten Trank aus Maulbeeren bereitet haben mag, wenn man die genügende Fülle davon hatte, soll nicht bestritten werden. Das französische *vin de mûres* ist aber dafür nicht beweisend, da *mûre* auch die Brom-

---

[1]) Corp. Gloss. latin. Bd. III: *batos idest. sentice* 536,36; ähnlich 553,24; statt *sentis* wurde im Mittelalter vielfach *sentix* gebraucht: — *batos* i. *rubus* 553,36 und sonst.

[2]) Corp. Gloss. latin. Bd. III, *batus rumice* 543,52; — *rumex*, brame Sum. 23,39; *rumice*, brambere Sum. 40,70.

[3]) *Vepres*, brame Sum. 19,46; 59,10. — *Rubum vocamus vepres* etc. Alb. Magnus 6,143.

[4]) G. H. Pertz, Monumenta Germaniae historica, Bd. III, p. 186, 187; A. Boretius, Monum. Germ. historica etc. Legum Sect. II, Capitularia regum Francorum, Hannover 1883, p. 82—91; K. Gareis, Die Landgüter-Ordnung Kaiser Carls des Grossen, Berlin 1895.

[5]) Boretius a. a. O. p. 89; Gareis a. a. O. p. 43; das Recept lautet „Morato quomodo facias: ius morae campestris media 4, mel modium 1. Commiscis, recondis in vas pigato et si volueris mittes cename gariofile costum et spicanardi tantum." *Cenamo* ist verschrieben für *cinnamomo* und bedeutet Zimmt; *gariofile* sind Gewürznelken; *costum* wird wohl als arabische Kostwurz (von *Costus speciosus* Sm.) zu deuten sein und spacanardi als der Wurzelstock von *Nardostachys Jatamansi* DC; die beiden letztgenannten Drogen waren im Mittelalter sehr geschätzt.

beere heissen kann. Die Sitte, ein Getränk aus Brombeeren (und
Himbeeren) zu brauen, scheint verschwunden zu sein, wenigstens
findet man das moratum später nicht mehr erwähnt; unsere Frucht-
bowlen können daher wohl nicht als Nachkommen des Moratum
betrachtet werden.

Der deutsche, im Mittelalter gebrauchte Name der Brombeere
ist „brambere"; der Strauch heisst „brame", bei der Heil. Hildegard (1,169) „brema". Eigentliche Cultur haben unsere Brombeer-
arten in Deutschland wohl nie erfahren. Bei Petrus de Crescentiis (5,50) aber wird der Brombeerstrauch für lebende Hecken
empfohlen, die er undurchdringlich macht; auf die Früchte wird
jedoch kein grosser Werth gelegt, denn es wird gesagt, dass
Frauen und Kinder sie ässen, dass sie aber am besten für die
Schweine wären.

Die erste, wenn auch recht mangelhafte Abbildung der
Brombeere findet sich in Conrad von Megenbergs Buch der
Natur (Augsburg 1481, wieder abgedruckt 1499) auf dem Holzschnitt, der dem Buch über die Bäume vorangeht; eine viel bessere
befindet sich im Mainzer Herbarius (1481) auf Blatt 92 zusammen
mit der Maulbeere. Da die hier abgebildete Pflanze sehr starke
Stacheln hat, so kann sie nicht die Himbeere sein. Ausserdem
wird von ihr gesagt, dass ihre Früchte erst roth und dann schwarz
würden; diese werden im Texte *mora silvestria* und *mora baci*
(statt *bati*) genannt.   (Fortsetzung folgt.)

Botanische Gärten und Institute.

Royal Gardens, Kew.

New **Rubber Industry** in Lagos (*Kickxia Africana* Benth.).
(Bulletin of miscellaneous information. No. 106. 1895. p. 241
—247. With plate.)

In dem Report on the Botanic Station at Lagos vom 31. Decbr.
1894 wurde darauf hingewiesen, dass die in raschem Aufschwung
begriffene Kautschuk-Industrie von West-Afrika sich nicht blos auf
Arten von *Landolphia* und *Ficus* stützt, sondern dass auch ein
im Inneren von Lagos häufiger und Ire genannter Baum, wahrscheinlich zur Familie der *Apocynaceae* gehörig, dazu beitrage.
Diese Angabe fand bald darauf in einer Mittheilung Capitain

---

[1]) Im Alterthum verstand man unter moretum ein Gericht aus
geriebenem Knoblauch, Raute, Essig und Oel; seine Zusammensetzung wird
in einem moretum betitelten Gerichte beschrieben, das von Vergil herrühren soll

[2]) „*Morum ruborum*, de quo etiam fit potus qui moretum vocatur."

[3]) „Moras, brabiren, homines nostri tenentur colligere ad
faciendum moratum, propter solennitates et infirmos fratres
et magnos hospites." Historia trevirensis etc. von J. N. Hontheim,
Augsburg 1750, Fol., p. 671. col. 2.

Denton's ihre Bestätigung; aber erst im Verlauf des Vorsommers durch C. Olubi eingesendete Herbarproben gestatteten dem Ref. die Identificirung des Baumes als *Kickxia Africana* Benth. Nach einer Mittheilung Olubi's war der Baum in Accra schon seit 1883 als Kautschukquelle bekannt und zwar unter den Namen Ire, Ireh oder Ereh. Nachforschungen im Museum der Royal Gardens in Kew ergaben denn auch, dass im Jahre 1888 Samenproben von der Goldküste mit der Bezeichnung „Kautschuk-Samen" eingesendet und als von *Kickxia Africana* herrührend bestimmt worden waren. Es wurde jedoch damals von dieser Bezeichnung keine Notiz genommen, wohl aber erfuhren die Samen wiederholt eine eingehendere Untersuchung, da sie als Substitut gewisser sehr ähnlich aussehender *Strophantus*-Samen gebraucht wurden oder doch dessen verdächtig waren. Da Bentham's ursprüngliche Beschreibung und Abbildung der Pflanze auf sehr kärgliches Material begründet ist, hat Ref. eine neue Beschreibung entworfen, welche von einer Tafel begleitet ist. *Kickxia Africana* ist von Sierra Leone bis zum Delta des Niger und bis Fernando Po verbreitet. Die Gewinnung des Kautschuk erfolgt in der Weise, dass zunächst ein verticaler Schnitt durch die Rinde von unten nach oben gemacht wird, tief genug, um die innere Rinde zu erreichen und etwa 12—15 mm breit. Dann werden von oben nach unten zwei Reihen schiefer, in den Hauptcanal mündender Einschnitte gemacht, die die ihnen entquellende Milch in denselben leiten, und schliesslich wird die Milch am Grunde des Stammes in Gefässen aufgefangen. Die Milch wird dann in grösseren Gefässen durch allmähliches Verdunsten bei der Tagestemperatur verdickt (kalter Process) oder über dem Feuer eingekocht (heisser Process). Der letztere Process beeinträchtigt jedoch den Werth des Kautschuks. Neuere in der botanischen Station in Lagos gemachte Versuche mit künstlicher Eindampfung haben bessere Resultate ergeben. Die Menge des von Britisch-West-Afrika nach Grossbritannien und Irland eingeführten Roh-Kautschuks beträgt für die Jahre 1890 bis 1894 (incl.) 11 422 886 Kil. im Werthe von £ 1 910 021.

Stapf (Kew).

Diagnoses Africanae. VIII. *Asclepiadeae.* Auctore **N. E. Brown.** (Bulletin of miscellaneous information. No. 106. 1895. p. 247 —265.) Ausgegeben Ende October.

Es gelangen die folgenden neuen Arten in diesem Artikel zur Beschreibung:

326. *Tacazzia conferta,* Abyssinien, Efat, Roth, 407. — 327. *T. nigritans,* Niger-Territorium, Aboh, Barter, 486. — 328. *T. Kirkii,* Zambesi-Gebiet, Lupata und Tete, Kirk, Natal, Gerard, 1796.

329. *Raphionacme Angolensis,* Angola, Pungo Andongo, Welwitsch, 4201, 4202.

330. *Secamone retusa,* Zanzibar, Kirk. — 331. *S. Kirkii,* Zanzibar, Kirk. — 332. *S. gracilis,* Mombassa, Wakefield.

333. *Microstephanus* gen. nov.: *M. cernuus,* Ostafrika: Pemba, Bojer; Zanzibar, Bojer, Kirk; Mombassa, Hildebrandt, 1166, 1978; Usambara, Holst, 3037; Mozambique, Kirk, Scott. — Madagascar, Grévé, Elliot, 3011, Commerson, Baron, 6192. — Aldabra-Insel, Abbott.

334. *Glossonema affine*, Abyssinien, Schimper, 2219.
335. *Schizostephanus Somaliensis*, Somali-Land, Boobi, James et Thrupp.
336. *Platykeleba* gen. nov.; *P. insignis*, Central-Madagascar, Baron, 973.
337. *Xysmolobium Carsoni*, Tanganyika-Plateau, Fife-Station, Carson. —
338. *X. decipiens*, Angola, Huilla, Lopollo, Welwitsch, 4175. — 339. *X. reticulatum*, Shire-Hochland, Buchanan. — 340. *X. membraniferum*, Sierra Leone, Falaba, Elliot, 5184. — 341. *X. spurium*, Nyassa-Land, Shire-Hochland, Buchanan, 451. — 342. *X. rhomboideum*, Angola, Huilla, Welwitsch, 4193. — 343. *X. fraternum*, Nyassa-Land, Blantyre, Last.

344. *Schizoglossum firmum*, Angola, Huilla, Lopollo, Welwitsch, 4191. — 345. *S. quadridens*, East Griqualand, Haygarth (Hrb. Wood, 4189). — 346. *S. Masaicum*, Kilimandscharo, Maungu, 2000 Fuss, Johnston. — 347. *S. Shirense*, Zambesi, Shupanga, Kirk; Shire-Thal, Kirk, Waller. — 348. *S. multifolium*, Nyassa-Land, Buchanan, 965.

349. *Asclepias Schweinfurthii*, Djur, Ghattas, Schweinfurth, 1960. — 350. *A. conspicua*, Fwambo, südlich vom Tanganyika, Carson, 12. — 351. *A. fulva*, Uganda, Wilson, 112. — 352. *A. albida*, Abyssinien, Schimper, 27. — 353. *A. propinqua*, Kilimandscharo, Smith. — 354. *A. spectabilis*, Nyassa-Land, Buchanan, 441, 553; Blantyre, Last; Magomera-Station, 3000 Fuss, Waller. — 355. *A. flavida*, Somali-Land, Darsa, Surry, Golis-Gebirge, Miss Cole, Mrs. Lort Phillipps. — 356. *A. tenuifolia*, Matabele-Land, Baines. — 357. *A. pygmaea*, Hochland nördlich vom Nyassa, Thomson.

358. *Margaretta distincta*, Gebirge östlich vom Nyassa, Johnson. — 359. *M. orbicularis*, Nyassa-Land: Maravi-Gebiet, südwestlich vom Nyassa, Kirk; Elefanten-Sumpf, Scott.

360. *Cynanchum complexum*, Shire-Thal, oberhalb der Katarakte, Shamo- und Mazzaro, Kirk; Zambesi, Shupanga, Scott; Gasaland, Chiluane-Inseln, Scott. — 361. *C. fraternum*, Abyssinien, Tigré, Schimper; Dscheladscherane, Schimper, 1802. — 362. *C. clavidens*, Somali-Land, Boobi, James and Thrupp. — 363. *C. hastifolium*, Abyssinien, Dscheladscherane, Schimper, 1690. — 364. *C. vagum*, Congo, Stanley-Pool, Hens, 77. — 365. *C. brevidens*, Congo, Burton; var. *Zambesicum*, Zambesi, Expeditions-Insel, Kirk.

366. *Tylophora oblonga*, Fernando Po, Mann, 277. — 367. *T. stenoloba* (= *Astephanus stenolobus* K. Schum.), Usambara, Doda, Holst, 2977 a. — 368. *T. conspicua*, Angola, Golungo Alto, Welwitsch, 4214, 4215. — 369. *T. Cameroonica*, Kamerun, Rio del Rey, Johnston.

370. *Marsdenia Angolensis*, Angola, Welwitsch, 4245, 4250. — 371. *M. profusa*, Niger-Territorium, Brass, Barter, 16.

372. *Anisopus* gen. nov.; *A. Mannii*, Corisco Bai, Mann, 1862.

373. *Pergularia Africana*, Lagos, Rowland. — Niger-Territorium: Nupe- und Ifaye, Barter, 3332; Alt-Calabar, Thomson. — Sierra Leone, Elliot, 4589, 5498, 5553. — Natal, McKen, 2, Wood, 3395.

374. *Fockea Schinzii*, Angola, Welwitsch, 4194. — Ambo-Land, Ombandja, Schinz. — 375. *F. undulata*, Transvaal, Rhenoster Kop, Burke.

376. *Riocreuxia profusa*, Nyassa-Land, Buchanan, 205, 455.

377. *Ceropegia constricta*, Tanganyika, Carson. — 378. *C. subtruncata*, Abyssinien, Schimper, 628. — 379. *C. nigra*, Niger-Territorium, Baikie. — 380. *C. tentaculata*, Angola, Loanda, Welwitsch, 4277. — Ambo-Land, Omatope und Ondonga, Schinz. — 381. *C. sobolifera*, Abyssinien, Schimper, 463. — 382. *C. volubilis*, Angola, Welwitsch, 4272. — 383. *C. angusta*, Angola, Welwitsch, 4276. — 384. *C. distincta*, Zanzibar, Kirk, 28. — 385. *C. scandens*, Angola, Welwitsch, 4273. — 386. *C. racemosa*, Djur, Ghattas, Schweinfurth, 2105. — 387. *C. medoensis*, Mozambique, Meto, zwischen Ibo und dem Ludschenda-Flusse, Last.

388. *Brachystelma Buchanani*, Nyassa-Land, Buchanan, 116. — 389. *B. magicum*, östlich von Udschidschi.

390. *Echidnopsis Nubica*, Nubien, zwischen Suakin und Berber, Schweinfurth, 228.

391. *Caralluma Sprengeri* (= *Huernia Sprengeri* Schweinf. et Damman), Abyssinien, Adua, Petit; Massaua (?), Schweinfurth. — 392. *C. hirtiflora*, Rothes Meer, Hanisch-Insel, Slade, 20. — 393. *C. Somalica*, Somali-Land, Magadoxo, Kirk. — 394. *C. valida*, Süd-Afrika, Holub.

395. *Trichocaulon officinale*, Bechuana-Land.
396. *Hoodia parviflora*, Angola, Welwitsch, 4265.
397. *Duvalia dentata*, Bechuana-Land, nordwestlich von Koobie, Baines.
398. *Huernia similis*, Angola, Welwitsch, 4264. — 399. *H. Arabica*, Yemen, Hille, Gebel Bura, Schweinfurth, 374.
400. *Stapelia vaga*, Amboland, Olukonda, Schinz.

Die neuen Gattungen werden wie folgt beschrieben:

Microstephanus (*Cynanchearum* genus novum). Calyx 5-partitus. Corolla campanulata, tubo brevi, lobis angustis contortis sinistrorsum obtegentibus. Coronae lobi 5, minuti, cum antheris alterni. Columna staminum prope basin corollae enata, 5-sulcata. Antherae erectae, oblongae, membranaceo-appendiculatae, dorso valde convexae, basi sulcatae. Pollinia in quoque loculo solitaria, pendula. Stylus ultra antheras longe productus, apice bifidus. Folliculi lanceolati, acuminati, laeves. Semina comosa. Fruticulus procumbens vel volubilis. Folia opposita. Cymae umbelliformes pauciflorae ad nodos laterales. Flores parvi.

Verwandt mit *Astephanus*, unter welcher Gattung die einzige Art früher beschrieben worden war.

Platykeleba (*Cynanchearum* genus novum). Calyx 5-partitus. Corolla late rotato-campanulata, breviter 5-loba. Corona duplex, exterior basi corollae semiadnata, breviter cupularis, subintegra crenulata vel sub 5-lobata, interioris lobi 5, antheris basi adnati, ovati, concavi, cum corona exteriore partitioribus 5 connexi. Columna staminum e basi corolla exserta; antherae breves, latae, membrana inflexa appendiculata. Pollinia in quoque loculo solitaria, pendula. Stigma breviter rostrata, biloba. — Frutex aphyllus. Umbellae pauciflorae, ad nodos sessiles. Flores majusculi.

Verwandt mit *Oxystelma*.

Anisopus (*Marsdeniarum* genus novum). Calyx 5-partitus. Corollae tubus brevis; limbus 5-lobus, lobis patentibus valvatis. Corona duplex; exterioris lobi 5 sub sinubus corollae affixi; interioris lobi 5 columnae staminum affixi antheris oppositi. Columna staminum e basi corolla exserta; antherae erectae, membranaceo-appendiculatae. Pollinia in quoque loculo solitaria, erecta. Stylus ultra antheras breviter exsertus, apice bifidus. — Frutex volubilis, glaber. Folia opposita. Umbellae axillares, oppositae, altera pedunculata altera sessilis.

Stapf (Kew).

Thoms, G., Die landwirthschaftlich-chemische Samencontrollstation am Poly-
technicum zu Riga. Heft 8. 8°. VII, 386 pp. Mit Tab. Riga (J. Deubner)
1895. M. 4.—

Instrumente, Präparations- und Conservations-Methoden.

Schröder van der Kolk, J. L. C., Zur Systembestimmung mikroskopischer Krystalle. (Zeitschrift für wissenschaftliche Mikroskopie und für mikroskopische Technik. Bd. XII. 1895. p. 188—192.)

Um mikroskopische Krystalle während der Beobachtung so zu drehen, dass sie stets in der Mitte des Gesichtsfeldes und in der gleichen Entfernung vom Objectiv verbleiben, bringt Verf. eine gläserne Halbkugel mit der convexen Fläche nach unten in die runde Oeffnung des Mikroskoptisches und benutzt die flache Ebene dieser Glaskugel als Tisch für das Präparat. Offenbar wird dann der auf dem Mittelpunkt der Glaskugel befindliche Theil des Prä-

parats bei jeder beliebigen Drehung der Glaskugel unverrückt an
der gleichen Stelle bleiben. lm Anschluss an die Beschreibung
dieses Apparates zeigt Verf. dann noch, wie derselbe bei der
mikrokrystallographischen Untersucung von isolirten Krystallen und
Dünnschliffen mit Vortheil verwandt werden kann.

Zimmermann (Braunschweig).

Bade, E., Das Süsswasser-Aquarium. Geschichte, Flora und Fauna des
Süsswasseraquariums, seine Anlage und Pflege. Lief. 2. 8⁰. p. 49—96.
Mit Abbildungen und 1 farbigen Tafel. Berlin (Fr. Pfenningstorff) 1895.
M. 1.50.

Boitard, Nouveau manuel complet du naturaliste préparateur. Partie I, contenant
les classifications d'histoire naturelle, la recherche et l'emballage des objets
d'histoire naturelle, ainsi que les meilleurs procédés pour la conservation des
collections. Nouvelle édit., corr., augm. et entièrement refondue d'après les
nouvelles classifications. 8⁰. VIII, 336 pp. Avec fig. Paris (libr. Mulo)
1895.

Carazzi, Dav., Intorno ad alcuni recenti microtomi. (Estr. dal Monitore
zoologico italiano. Anno VI. Fasc. 2. 1895.) 8⁰. 5 pp. Firenze (tip.
Cenniniana) 1895.

Etienne, G., Note sur les streptocoques décolorables par la méthode de Gram.
(Archiv de méd. expérim. 1895. No. 4. p. 503—506.)

Gundlach, J., Ueber die Verwendung von Hühnereiweiss zu Nährböden für
bakteriologische Untersuchungen. [Inaug.-Diss.] 8⁰. 35 pp. Erlangen 1894.

Mangin, G., Précis de technique microscopique et bactériologique. Précédé
d'une préface de Mathias Duval. 8⁰. Paris (Doin) 1895.   Fr. 3.—

Selberg, Ferd., Beschreibung einiger neuer bakteriologischer Gebrauchsgegen-
stände. (Centralblatt für Bakteriologie und Parasitenkunde. Erste Abtheilung.
Bd. XVIII. 1895. No. 17/18. p. 529—532. Mit 4 Figuren.)

Wasbutski, J., Zum Nachweis der Bakterien der Typhusgruppe aus Wasser-
proben. (Centralblatt für Bakteriologie und Parasitenkunde. Erste Abtheilung.
Bd. XVIII. 1895. No. 17/18. p. 526—528.)

Referate.

Saccardo, P. A., Contribuzioni alla storia della botanica
italiana. (Malpighia. Vol. VIII. p. 476—539.)

Verf. veröffentlicht einige Abrisse aus der Geschichte der
Botanik in Italien, und zwar giebt er im Vorliegenden in
chronologischer Reihenfolge kurze geschichtliche und litterarische
Notizen der öffentlichen und Privatgärten, die Zeit ihrer Gründung,
deren wesentlichen Schicksale, die in der Reihenfolge ihrer Vor-
stände stattgehabten Wechsel bis auf das laufende Jahr. Bemerkt
sei hier, dass in der Zusammenfassung der botanischen Gärten
auch jene von Triest und auf der Insel Malta einbegriffen sind.
Ein zweiter Abschnitt, „Die Floristen Italiens" überschrieben, führt
— in alphabetischer Ordnung — die Namen derjenigen Botaniker
und Naturfreunde, die sich mit dem Studium der Flora von
Gesammt - Italien oder einzelner Provinzen (darnach ist die
Haupteintheilung getroffen) abgegeben haben. Die Grenzen in
diesem zweiten Abschnitte des vorliegenden Abrisses sind —
geographisch ausgedrückt — noch viel weiter gezogen, indem Verf.

hierin auch die Gebiete des Canton Tessin, das Tridentinische, Istrien, Dalmatien, Corfu und Cephalonien, Malta, Corsika und die Colonia Erythraea, soweit dieselben botanisch erforscht oder berücksichtigt worden sind, in den Kreis seiner Angaben zieht. Hingegen ist eher zu bedauern, dass Verf. bei der Anführung der Naturforscher in den einzelnen Abtheilungen keinen Unterschied getroffen hat zwischen solchen, die ausschliesslich einen Theil der Pflanzenwelt (*Phanerogamen, Kryptogamen*) und solchen, welche letztere in ihrer Gesammtheit oder biologisch bearbeitet haben. Es ist auch durchaus nicht angegeben, wie weit die kleinere Inselwelt Berücksichtigung gefunden, wie etwa der toskanische Archipel, Aeolien, Pantelleria etc. etc. Wegen des Wegbleibens einzelner Forscher-Namen in den einzelnen Verzeichnissen dürfte der Vermuthung Raum gegeben werden, dass Verf. vielleicht eine besondere Abtheilung für die Inselgruppen beabsichtigte, welche aber hier nicht zur Publikation gelangt.

Solla (Vallombrosa).

Cleve, Astrid, On recent fresh-water Diatoms from Lule Lappmark in Sweden. (Bidrag till K. Svenska Vetenskaps-Akademiens Handlingar. Bd. XXI. Afd. III. No. 2. 1895. 44 pp. Eine Karte und eine Tafel.)

In letzterer Zeit hat man, speciell in Schweden, gefunden, dass man von den *Diatomeen* in jüngern geologischen Lagern sehen kann, ob ein Lager in Salz-, Brach- oder Süsswasser abgelagert worden ist. Um die Temperatur, worunter die fossilen Exemplare gelebt haben, zu erfahren, muss man die geographische Verbreitung der jetzt lebenden näher untersuchen; und deshalb untersuchte die Verf. 50 N:rn aus 16 Localitäten borealer Gegenden in Lule Lappmark. Bei sehr vielen von den gefundenen 270 Formen sind Anmerkungen gemacht; folgende sind neu (und grösstentheils auf Tafel 1 abgebildet):

Pinnularia streptoraphe v. *gibbosa*, *Lagerheimii*, *stomatophora* Grun. v. *ornata*, *brevicostata* v. *tenuis*, *divergentissima* v. *subrostrata*, *mesolepta* v. *tenuis*. *Navicula* (*Stauroneis*) *anceps* (Ehrb.) Cl. v. *leiostauron*, *obtusa* Lagerst. f., *Lapponica*. *Diploneis Domblittensis* Grun. v. *constricta*. *Cymbella heteropleura* Ehb. v. *lanceolata*, *perpusilla*. *Gomphonema parvulum* K. v. *undulata*, *angustatum* v.? *Lapponica*, *subtile* Ehb. v. *rotundata*, *Lagerheimii*, *acuminatum* Ehb. f. *hastata*, *constrictum* Ehb. f. *elongata*, *olivaceum* Ehb. v. *pusilla*. *Achnanthes borealis*. *Achnanthidium flexellum* Br. f. *minuta*, *maximum*. *Surirella Lapponica*, *Lagerheimii*. *Eunotia major* (W. Sm.) Rab. v. *ventricosa*, *Lapponica* Grun. n. sp. (*E. denticulata* Br. v. *glabrata* Grun. in Cl. et Möller Diat. I. 28 et 37), *denticulata* (Br.) Rab. v. *borealis*, *Suecica*, *pectinalis* R. v. *compacta*, *media*, *fallax*, *praerupta* Ehb. f. *elongata*. *Fragilaria undata* f. *stricta* et *tetranodis*, *construens* Ehb. v. *bigibba*, *Lapponica* v. *minuta*. *Tetracyclus lacustris* v. *maxima*.

Die gewöhnlichsten Gattungen waren *Pinnularia*, *Frustulia*, *Cymbella*, *Gomphonema*, *Eunotia* und *Tabellaria*, dagegen wurden keine Species von folgenden Gattungen gesehen: *Pleurosigma*, *Rhoicosphenia*, *Cymatopleura* und *Campylodiscus*. Boreal und arktisch sind: *Caloneis obtusa* W. Sm. und *Semen*; *Cymbella heteropleura* Ehb., *borealis* Cl., *incerta* v. *naviculacea* Grun., *Lapponica* Grun., *norvegica* Grun., *cistula* v. *arctica* Lagerst.; *Achnanthes marginulata* Grun.; *Eunotia lapponica* Grun. und *triodon* Ehb.; *Diatomella Balfouriana* Grev. Die Flora hat einen borealen Charakter.

Wenn man die recenten *Diatomeen* in Lule Lappmark mit denjenigen subfossilen aus dem Ancylus-Meer vergleicht, welches in einer gewissen postglacialen Periode das Becken des Baltischen Meeres mit Süsswasser füllte und einen Theil von Schweden 'über-deckte, so findet man, dass von den im Ancylus-Meer gewöhn-lichsten 22 Arten überhaupt nur 8 sich in Lule Lappmark be-finden. Dagegen hat die Flora des Ancylus-Meeres grössere Aehn-lichkeit mit der jetzigen Flora in Belgien.

Nordstedt (Lund).

Cleve, P. T., Synopsis of the naviculoid Diatoms. Part I. (K. Svenska Vetenskaps-Academiens Handlingar. Bd. XXVI. No. 2. 194 pp. 5 Pl. Stockholm 1894.)

Diese Synopsis ist eine Monographie der *Raphidieae* mit Be-schreibungen aller Gattungen, Arten und Varietäten, mit Synonymie und geographische Verbreitung nach eigenen Untersuchungen. Zur Erleichterung der Bestimmungen ist ein „Artificial Kay" bei jeder Gattung mitgetheilt.

Da diese grosse und bedeutende Arbeit, die so viel Neues enthält, jedem Diatomologen unentbehrlich ist, ist es nicht nöthig hier näher darauf einzugehen.

Nordstedt (Lund).

Cleve, P. T., Planktonundersökningar. *Cilioflagellater* och *Diatomaceer*. (Redog. for de Svenska Hydrograph. Unders. aren 1893—94.). Stockholm 1894.

Aus dem Plankton von den westlichen Küsten Schwedens erhielt Verf. viele Arten von *Cilioflagellaten* und *Bacillarieen*, wovon er ein Verzeichniss veröffentlicht.

Unter den *Diatomeen* sind folgende aufgezählt:

Cerataulina Bergonii Perag. (Synonym *Zygoceros? pelagicus* Cleve), *Chaetoceros atlanticus* Cl., *Ch. borealis* (Synonymen *Ch. borealis* var. *Brightwellii* Cl., *Ch. convolutus* Castr.), *Ch. compressus* Laud. (Synonym *Ch. ciliatus* Laud.), *Ch. curvisetus* Cl., *Ch. danicus* Cl. (Synonym *Ch. Wighamii* v. Hk.), *Ch. debilis* Cl. n. sp., *Ch. decipiens* Cl. (Synonym *Ch. decipiens* var. *concreta* Grun.), *Ch. didymus* Ehr. (Synonymen *Ch. Gastridium* Ehr., *Ch. mamillanum* Cl., *Ch. protuberans* Castr. [?]), *Ch. distans* Cl., *Ch. Schuettii* Cl. n. sp., *Guinardia flaccida* (Castr.) Perag., *Leptocylindrus Danicus* Cl. (mit ganz flachen Schalen).

J. B. de Toni (Galliera Veneta).

Reinbold, Th., *Gloiothamnion Schmitzianum*, eine neue *Ceramiacee* aus dem Japanischen Meere. (Hedwigia. Bd. XXXIV. 1895. Heft 4 p. 205—209. Taf. III.)

Verf. illustrirt eine aus dem Nachlass Prantl's ihm mit-getheilte japanische Alge, die er als Typus einer besonderen Gattung anerkannt und *Gloiothamnion Schmitzianum* benannt hat. Da eine andere homonyme, von Cienkowski mehrere Jahre zuvor aufgestellte Gattung existirt, so ist es besser, nach dem bekannten Prioritätsprinzip den Namen zu ändern, und deswegen schlage ich jetzt den Namen *Reinboldiella*, zu Ehren des Entdeckers und Freundes Th. Reinbold, vor.

Die neue Gattung, welche wahrscheinlich zwischen *Microcladia* und *Carboblepharis* einzustellen ist, wird folgendermaassen charakterisirt:

Frons filiformis, teretiuscula, axi monosiphonio articulato, continue corticato constituata, cortice cellulis conformibus constante. Favellae intra periderma hyalinum gemmidia plurima foventes, ad ramos superiores sessiles, ramellis conformibus paucis (uno majore) involucratae.

Tetrasporangia in ramulis stichidiosis immersa, sphaerica, triangule (?) divisae, verticillatim disposita.

Antheridia (spermatangia) in pulvinulis superficialibus apices ramulosum investientibus evoluta.

Die einzige Art kommt auf *Pachymenia* und *Chondrus* epiphytisch vor.

Die Tafel (von D. V. Darbishire gezeichnet) gibt die Figuren der neuen Alge, unter ihnen besonders jene der Stichidien und der Antheridien (Spermatangien).

J. B. de Toni (Padua).

Fischer, Emil und **Lindner, Paul,** Ueber die Enzyme von *Schizo-Saccharomyces octosporus* und *Saccharomyces Marxianus*. (Berichte der Deutschen Chemischen Gesellschaft. Bd. XXVIII. Heft 8.)

Soweit bis jetzt bekannt ist, wird höchst wahrscheinlich die Vergährung der Polysaccharide durch die Saccharomyceten in der Weise eingeleitet, dass jene zunächst durch Enzyme in Monosaccharide verwandelt werden. Solche Enzyme können aus den an der Luft getrockneten Hefen durch Auslaugen mit Wasser gewonnen werden. Aus den gewöhnlichen Bierhefen erhält man dabei eine Lösung, in welcher nicht nur das den Rohrzucker spaltende Invertin, sondern auch eine die Maltose zerlegende Glucase enthalten ist. Ebenso liefern die Kefirkörner und die mechanisch verletzte Milchzuckerhefe eine den Milchzucker spaltende Lactase.

Hieraus zogen die Verfasser den Schluss, dass der von Beyerinck*) entdeckte *Schizo-Saccharomyces octosporus*, welcher die Maltose, aber nicht den Rohrzucker vergährt, kein Invertin, wohl aber eine Glucase bereiten müsse. Durch einen mit der betreffenden Hefe angestellten Versuch wurde die gehegte Vermuthung vollauf bestätigt. Die aus jener Hefe hergestellte Enzymlösung übte auf Rohrzucker keine Wirkung aus, dagegen besass dieselbe die Fähigkeit, reichliche Mengen von Maltose zu zerlegen, sowohl bei Anwesenheit, wie bei Abwesenheit von Chloroform. Nachdem ein Theil Maltose mit zehn Theilen der Lösung 20 Stunden auf 33° erwärmt worden war, war die Spaltung soweit fortgeschritten, dass bei der Phenylhydrazinprobe die Menge des Glucosazons bedeutend grösser war, als diejenige des Maltosazons. Genaue quantitative Bestimmungen konnten wegen Mangel an *Schizo-Saccharomyces octosporus*, dessen Züchtung sehr mühsam ist, nicht ausgeführt werden.

Das α-Methylglucosid wurde von der obigen Enzymlösung ebenfalls, aber langsamer als die Maltose, verändert, in derselben

*) Centralbl. f. Bakteriologie u. Parasitenkunde. Bd. XII. Nr. 2.

Weise auch die getrocknete Hefe selber, welche mit Wasser, und, zur Verhinderung der Gährung, mit etwas Thymol versetzt worden war.

Die Isolirung des Enzyms von *Saccharomyces octosporus* gelang nicht.

Saccharomyces Marxianus verhält sich, nach der Beobachtung seines Entdeckers E. Ch. Hansen, umgekehrt wie *S. octosporus*, da er den Rohrzucker, aber nicht die Maltose vergährt.

Ein aus dieser Hefe hergestellter wässriger Auszug vermochte 10 % Rohrzucker bei 33° im Laufe von 20 Stunden vollständig zu invertiren. Dagegen hatte bei Maltose unter den gleichen Bedingungen keine nachweisbare Hydrolyse stattgefunden.

Ebenso wenig wie die Maltose wird das α-Methylglucosid von *S. Marxianus* gespalten.

Holborn (Rostock).

Wegener, H., Zur Pilzflora der Rostocker Umgebung. (Archiv des Vereins der Freunde der Naturgeschichte in Mecklenburg. Jahrg. XLVIII. Abth. II. 1895. p. 117.)

Verf. zählt 223 von ihm beobachtete *Basidiomyceten* der Umgegend von Rostock auf. Ausser den Standortsangaben giebt Verf. bei jeder Art auch die Sporengrösse und die Beschreibung der etwa vorhandenen Cystiden. Die Wichtigkeit dieser letzteren Organe für die Systematik der *Hymenomyceten* ist ihm nicht entgangen; deshalb heben diese Beobachtungen die Arbeit über das Niveau einer gewöhnlichen floristischen Aufzählung hinaus.

Lindau (Berlin).

Wegelin, H., Beitrag zur *Pyrenomyceten*-Flora der Schweiz. (Mittheilung der Thurgauischen Naturforscher - Gesellschaft. Heft 11. 1894. p. 1. c. tab.)

Im ersten Theil der Arbeit beschreibt Verf. eine Anzahl neuer *Pyrenomyceten*. *Physalospora craticola* auf entrindeten Faschinen von *Alnus*, *Fraxinus*, *Fagus* und *Salix*. *Laestadia Gentianae* Rehm auf *Gentiana lutea*. *Fhomatospora helvetica* auf entrindeten Weiden- und Eschenfaschinen. *Melanopsamma umbratilis* auf Weidenholz. *Melanopsamma sphaerelloides* auf Erlenfaschinen. *Trematosphaeria* (*Zignoëlla*) *fusispora* auf faulenden Nadelholzbrettern. *Amphisphaeria helvetica* auf faulendem Tannenholz. *Amphisphaeria dolioloides* Rehm auf entrindeten Nadelholzästen. *Strickeria longispora* auf entrindeten Weiden- und Eschenfaschinen.

Im zweiten Theil giebt Verf. eine Liste von *Pyrenomyceten*, die er in den Jahren 1883—93 in der Schweiz gesammelt hat. Er führt nur zwei Familien, *Amphisphaeriaceen* und *Lophiostomataceen*, auf. Von der ersteren Familie sind 29, von der letzteren 24 zur Beobachtung gelangt.

Lindau (Berlin).

Mc. Alpine, D., Australian Fungi. (Royal Society of Victoria. Art. XXI. p. 214—221.)

Verf. macht über das Vorkommen verschiedener parasitischer Pilze in Australien Mittheilung. Neu sind:

Die Uredosporen zu *Puccinia Burchardiae* *) auf *Burchardia umbellata*, ferner *Puccinia Correae* Mc. Alp. auf *Correa Laurenciana*, *Puccinia Erechtitis* Mc. Alp. (II, III) auf *Erechtites quadridentata* (3), *Puccinia Hypochaeris* Mc. Alp. auf *Hypochaeris radicata*, *Puccinia Plagianthi* auf *Plagianthus sidoides*, *Aecidium eburneum* Mc. Alp. auf *Bossiaea cinerea*, *Ustilago Allii* Mc. Alp., *Ustilago Poarum* Mc. Alp. auf *Poa annua*.

Bemerkenswerth sind noch:

Aecidium monocystes Berk. auf *Abrotanella forsterioides* Berk., *Sphaerella Fragariae* Sacc., *Pseudopeziza Medicaginis* Sacc., *Oidium Chrysanthemi* Rbh., *Oidium Oxalidis* Mc. Alp. n. sp. auf *Oxalis corniculata*, *Scoletotrichum graminis* auf *Avena sativa*, *Septoria Dianthi* Desm., *S. Tritici* Desm., *Phleospora Mori* Sacc., *Marsonia deformans* Ck. et Massee, *Urocystis occulta* Preuss., *Peronospora parasitica* De B. und *P. Schleideni* Unger.

Ludwig (Greiz.)

Hue, A., Lichens récoltés à Vire, à Mortain et au Mont-Saint-Michel. (Bulletin de la Société Linnéenne de la Normandie. 1894. p. 286—322.)

Die lichenologisch bereits wohl durchforschte Normandie hat der Verf. 1890 hauptsächlich von einem Punkte, nämlich Vire, aus durchstreift, wobei es ihm ferner galt, den Mont-Saint-Michel zu besuchen, bei welcher Gelegenheit er auch in Mortain Aufenthalt nahm.

Der eigentliche Zweck der Reise nach Vire war aber, die höchst seltene *Dufourea floccosa* (Del.) Nyl., die laut Nylander (Recogn. Ramalin., 1869, p. 78—79) nur von dort und von Gratz in Steiermark bekannt ist, wiederaufzufinden. Trotz heissen Bemühens ist dieses aber nicht gelungen.

Wie der Verf. selbst hervorhebt, hat Delise in seinem Catalogue des plantes spontanéés de l'arrondissement de Vire (1836) eine Liste von 327 Flechten geliefert, dagegen enthält diese Arbeit nur 132 Arten. Zu Mortain und am Mont-Saint-Michel gelang es aber dem Verfasser, mehrere Flechten zu finden, die laut den bekannten Arbeiten von Malbrauche für die Normandie neu sind, nämlich:

Pertusaria dealbata Nyl. st., *P. Westringii* Nyl. st., *Lecidea coniopsoidea* (Hepp) und *Lecanora microthallina* Wedd.

Andere Funde hervorzuheben, bietet die Arbeit keinen Anlass. Selbst der Mont-Saint-Michel gewährte trotz seiner Lage an der Küste ausser *Lecanora lobulata* Sommf. und *Verrucaria microspora* v. *mucosula* Wedd. nichts erwähnenswerthes.

Minks (Stettin).

---

*) Ich habe die *Puccinia Burchardiae* in der Zeitschrift für Pflanzenkrankheiten Bd. III. Heft 3. 1893. beschrieben. Gleichzeitig hat Saccardo eine *P. Burchardiae* in Hedwigia. 1893. Heft 2. aus Victoria beschrieben, die wohl mit ersterer identisch sein dürfte. Saccardo hat auch Uredosporen beobachtet. Da das Heft 2 der Hedwigia wohl etwas früher als Heft 3 der Zeitschrift für Pflanzenkrankheiten erschienen sein dürfte, gebührt Saccardo die Priorität der Benennung. Ref.

Underwood, L. M., Notes on our *Hepaticae*. III. The distribution of the North American *Marchantiaceae*. (The
Botanical Gazette. 1895. p. 59.)

Underwood behandelt in dieser Arbeit die Systematik und
Verbreitung der nordamerikanischen *Marchantiaceen*.

Die bisher als *Fimbriaria* bekannte Gattung muss nach ihm
jetzt *Asterella* Pal. Beauv. heissen. Daraus ergeben sich dann eine
Reihe von Umtaufungen, so dass der Bestand des Genus in Nordamerika folgender ist:

A. tenella Pal. Beauv., *A. Californica* (Hampe) Underw., *A. Bolanderi*
(Aust.) Underw., *A. violacea* (Aust.) Underw., *A. nudata* (Howe) Underw., *A.
gracilis* (Web. f.) Underw.. *A. echinella* (Gottsche) Underw., *A. elegans* (Spr.)
Trev., *A. Cubensis* (Lehm.) Underw., *A. Palmeri* (Aust.) Underw., *A. Pringlei*
n. sp., *A. Austini* n. sp., *A. Wrightii* n. sp.

Den Namen der Gattung *Aitonia* will er *Aytonia* geschrieben
wissen, da nach ihm dies die richtige Schreibweise Forsters ist.
Bekannt sind davon:

A. Wrightii (Sulliv.) Underw., *A. erythrosperma* (Sulliv.) Underw., *A. crenu-
lata* (Gottsche) Underw., *A. elongata* (L. et G.) Underw., *A. intermedia* (L. et
G.) Underw., *A. Mexicana* (L. et G.) Underw., die vier letzten früher unter
Plagiochasma.

Conocephalum ist der ältere Name für *Fegatella*, der deshalb
vorgezogen wird: *Conocephalum conicum* (L.) Underw.

Für *Preissia* wird der Gray'sche Name *Cyathophora* vorgezogen: *C. quadrata* (Scop.) Trev., *C. mexicana* (Steph.) Underw.

Die übrigen noch vorkommenden Vertreter der Familie sind
folgende:

Clevea hyalina (Somm.) Lindb., *Cryptomitrium tenerum* (Hook.) Aust., *Dumor-
tiera hirsuta* (Sw.) R. Bl. et N., *Grimaldia fragrans* (Balb.) Cda., *G. californica*
Gottsche, *G. rupestris* (Nees) Lindenb, *Lunularia cruciata* (L.) Dumort., *Mar-
chantia disjuncta* Sull., *M. Oregonensis* Steph., *M. polymorpha* L., *M. cartilagine-
L. et L., *M. chenopoda* L., *M. Domingensis* L. et L., *M. inflexa* M. et N., *M.
linearis* L. et L., *M. papillata* Raddi, *M. tholophora* Bisch., *Reboulia hemi-
sphaerica* (L.) Raddi, *Sauteria limbata* Aust., *Targionia hypophylla* L., *T. convoluta* L. et G., *T. Mexicana* L. et G.

Lindau (Berlin).

Kindberg, N. C., Note sur les *Climacées*. (Revue bryologique.
1895. p. 24.)

Für eine Anzahl Genera, die bisher nicht recht in die Familien
passen wollten, wo sie untergebracht werden, will Verf. die
Familie der *Climaceen* begründen. Dahin gehören von euro-
päischen Gattungen *Climacium, Thamnium, Leptodon, Isothecium,
Pterogonium, Pleurozium, Fleuroziopsis,* von amerikanischen *Alsia,
Porotrichum, Taxithelium, Pterobryum*.

Lindau (Berlin).

Makino, Tomitaro, *Gymnogramme Makinoi* Maxim. (The Tokio
Botanical Magazine. 1894. p. 481. c. tab.)

Die neue Art wurde von Makino in der Provinz Tosa bei
Nanokawa entdeckt. Es ist eine sehr zarte nur 2—5 cm hohe
Pflanze mit 2—3fach gefiederten, $1^{1}/_{2}$—$3^{1}/_{2}$ cm langen und 1 bis
$1^{1}/_{2}$ cm breiten, auf beiden Seiten behaarten Wedeln. .

Lindau (Berlin).

Matouschek, Franz, Die Adventivknospen an den Wedeln von *Cystopteris bulbifera* (L.) Bernhardi. (Oesterreichische botanische Zeitschrift. 1894. Nr. 4 und 5. Mit 1 Tafel).

Verf. giebt eine kurze Beschreibung des Baues und der Function der Ableger von *Cystopteris bulbifera.* Es treten die Bulbillen bei dem Farn in grosser Zahl auf, und zwar in den Einbuchtungen, welche die Hauptrippe des Wedels mit dem Gefässbündel der Fieder bildet. Die grössten Bulbillen sind 10 mm gross, bestehen aus zahlreichen fleischigen Schuppen, welche Verf. für metamorphosirte Niederblätter hält. Für die letztere Annahme spricht die Stellung, sowie die zuweilen auftretenden Lappungen der Schuppen. Die Adventivknospen an den Wedeln von *Cystopteris bulbifera* sind nach Verf. mit Niederblättern besetzte Sprossen. Ihrem Bau nach stimmen diese Bulbillen mit denen der *Phanerogamen* überein und nicht mit denen der anderen untersuchten Farne.

Rabinowitsch (Berlin).

Daikuhara, G., Ueber das Reserve-Protein der Pflanzen. (Flora. 1895. Heft 1).

Im Anschluss an die Arbeiten von Loew und dem Referenten beschäftigt sich Verf. mit dem Reserveprotein der Pflanzen. Es werden zunächst die Eigenschaften der mit Coffein erhältlichen Proteosomen studirt, ihr Verhalten gegen Salzsäure, Salpetersäure, Essigsäure, Phosphorwolframsäure, Ammoniak, Alkohol, 5 procentige Kochsalzlösung, Jodlösung, Anilinfarbstoffe, Millon's Reagens, Kupfersulfatlösung geprüft.

Hierauf wurden zahlreiche Pflanzen aus verschiedenen Familien auf Proteosomenbildung mit Coffein geprüft. In der vom Verf. gegebenen Zusammenstellung der Resultate finden sich viele neue positive Befunde über das Vorkommen des activen Reserveproteins. Zum Schluss führt Verf. einen von ihm angestellten physiologischen Versuch mit Zweigen von *Quercus glandulifera* an, worin (beim Verdunkeln) eine Abnahme der Coffeinreaction und gleichzeitig eine Vermehrung des Asparaginstickstoffes festgestellt wurde.

Bokorny (München).

Engelmann, Th. W., Die Erscheinungsweise der Sauerstoffausscheidung chromophyllhaltiger Zellen im Licht bei Anwendung der Bakterienmethode. (Verhandelingen der Kouinklijke Akademie van Wetenschappen te Amsterdam. Deel. III. No. 11. Mit 1 Tafel). Amsterdam 1894.

Verf. will in dieser Arbeit seine bekannten Grundversuche der Bakterienmethode dem Leser vorführen und zwar in bildlichen Darstellungen auf einer hübsch ausgeführten colorirten Tafel. Die ganze Arbeit ist ein Resumé der vom Verf. über diese Methode herausgegebenen Schriften. Es wird bei den Figurenerklärungen hauptsächlich darauf hingewiesen, indem zur leichteren Uebersicht die im Anhange zusammengestellte Litteratur, mit Ziffern von 1—61 versehen, nur mit denselben und den Seitenangaben der zugehörigen Figur in Parenthese beigefügt

22*

ist. Die Gesetze und Thatsachen, welche Verfasser fand, sind
so bekannt, dass Ref. es füglich unterlassen kann, dieselben an dieser
Stelle zu wiederholen. Es sei nur darauf hingewiesen, dass die
wichtigeren und ausführlicheren dieser Mittheilungen sämmtlich in den
„Onderzoekingen, gedaan in het physiologisch laboratorium der
Utrechtsche Hoogeschool" (3e Reeks, Dl. VI.—XI. 1881—1889),
in deutscher Sprache abgedruckt sind.   Chimani (Bern.)

Lintner, C. J. und **Düll, G.,** Ueber den Abbau der Stärke
durch die Wirkung der Oxalsäure. (Berichte der
Deutschen chemischen Gesellschaft. Bd. XXVIII. 12.)
Im Anschlusse an ihre Untersuchungen über den Abbau der
Stärke unter dem Einflusse der Diastasewirkung*) veröffentlichen
die Verfasser die Resultate, welche sie bei der Einwirkung der
Oxalsäure auf Stärke erhalten haben.

Bei ihren Untersuchungen benutzten obengenannte Forscher
Alkohol-Wassermischungen verschiedener Concentration, um die
sich bildenden Umwandlungsproducte der Stärke zu trennen. Zur
Charakterisirung der Körper und zur Gewinnung von Richtpunkten
für die Trennung dienten folgende Hilfsmittel: das optische Drehungs-
vermögen, das Verhalten gegen Fehling'sche Lösung, die Bestimmung des Molekulargewichtes nach der Raoult'schen Methode,
das Phenylhydrazin und die Jodprobe.

Bei ihren Untersuchungen über den Abbau der Stärke unter
dem Einflusse von Säure benutzten die Verfasser die Oxalsäure,
einerseits wegen ihrer energischen Wirkung, andererseits wegen
ihrer leichten Abscheidbarkeit als Calciumoxalat.

Die Resultate ihrer Untersuchungen waren folgende: Es wurden
erhalten durch die Einwirkung

a. von Oxalsäure:	b. von Diastase:
Amylodextrin	Amylodextrin
Erythrodextrin I	Erythrodextrin I
Erythrodextrin IIα	—
Erythrodextrin IIβ	—
Achroodextrin I	Achroodextrin I
Achroodextrin II	Achroodextrin II
Isomaltose	Isomaltose
—	Maltose
Dextrose	—

Nach den Versuchen der Verfasser scheinen die Säure —
und die diastatischen Dextrine gleicher Molekulargrösse bei weiterer
Einwirkung von Säure und Diastase die gleichen Producte zu liefern.
Wären die Dextrine somit identisch, und würden auch die
Erythrodextrine IIα und IIβ mit Diastase erhalten werden, so
würden sich die beiden hydrolytischen Processe nur noch dadurch
unterscheiden, dass bei dem Säure-Process keine Maltose, und als
Endproduct der Hydrolyse Dextrose gebildet wird, während bei
dem diastatischen Processe Maltose, und zwar als Endproduct,
entsteht.   Hollborn (Rostock).

---

*) Ber. d. D. Chem. Ges. Bd. XXVI. 16.

Braus, H., Ueber Zelltheilung und Wachsthum des Tritoneies mit einem Anhang über Amitose und Polyspermie. (Jenaische Zeitschrift f. Naturwissenschaften. Bd. XXIX. Neue Folge. Bd. XXII. 1895. Heft 3/4. p. 443—511. 5 Tafeln.)

Nachdem Verf. das Material und die technischen Methoden besprochen hat, geht er zur mehrschichtigen Blastula über. Der Mechanismus der Zelltheilung bei älteren mehrschichtigen Blastulae stellt sich in allen wesentlichen Punkten als der gleiche dar, wie der im Gastrulastadium desselben Thieres und in der Spermatogenie des Salamanderhodens von Drüner nachgewiesene. Nur in verschiedenen Einzelheiten weicht der Theilungsmodus von demjenigen älterer Zellen ab; in dem Vorhandensein von besonderen Druckfasern, fibres polaires, während der Zellruhe in der Zugwirkung zahlreicher Fibrillen auf die Chromosomen im Beginn der Metaphase bis zur vollen Ausbildung des Monasters. Beide Abweichungen nähern sich den Verhältnissen bei *Ascaris megalocephela* und stempeln den Zelltheilungsmechanismus dieser Blastomeren zu einem primitiveren, weniger differenzirten, als der älterer Zellen (aus dem Gastrulastadium und Salamanderhoden), ein Befund, von dem man nach dem biogenetischen Grundgesetze auch für die palingenetische Entstehung dieses Mechanismus annehmen muss, dass er dem Modus bei aus entwickelten Zellen fertiger Gewebe voranging.

Andererseits bemerkte Braus Abweichungen des Theilungsmechanismus in dem oft tiefen Eindringen der Chromosomen in die Spindel, die bisher ebensowenig eine Erklärung fanden, wie das Verhältniss der Zellorganisation zum Wachsthum des Eies.

Des Weiteren ergiebt sich aus den Untersuchungen, dass in der Volumsänderung des Kernes man das Moment zu suchen hat, welches hauptsächlich die Verlagerung der Centrosomen an entgegengesetzte Pole veranlasst.

Eine genaue Untersuchung des Ablaufs der Zelltheilung bei durchsichtigen Granula hat nun eine Reihe auffallender Abweichungen von den Typus der Zelltheilung bei älteren Eiern ergeben, die vorläufig unvermittelt neben diesen stehen.

Dann tritt Verf. für die zuerst von Strasburger verfochtene Ansicht ein, dass die Spindelanlage im Kern ein cäcogenetischer Process sei.

Der Abschnitt: Die Beziehungen der Zelltheilung zum Verhalten des Tritoneies gipfeln darin, dass Braus daran festhält, dass in der älteren Tritonblastula und -gastrula das Wachsthum unabhängig von der Zelltheilung erfolgt, die das Wachsthum bedingenden Veränderungen der Zellen also in das Stadium der Zellruhe fallen.

Die Polyspermie ist bei *Triton alpestris* als ein physiologischer Process zu betrachten; aus den Beobachtungen scheint es Braus erwiesen zu sein, dass die Nebenspermakerne sich amitotisch theilen und bis in's Blastulastadium erhalten sind.

E. Roth (Halle a. S.).

Boveri, A., Ueber das Verhalten der Centrosomen bei
der Befruchtung des Seeigel-Eies nebst allgemeinen
Bemerkungen über Centrosomen und Verwandtes.
(Verhandlungen der physikalisch-medicinischen Gesellschaft zu.
Würzburg. Neue Folge. Bd. XXIX. 1895. Nr. 1.)
Preis 75 Pf.

Der specielle Theil ist dem Seeigel-Eie und seinen Centrosomen
gewidmet und geht von der seitens F o l s im Jahre 1891 für das
Seeigel-Ei gefundenen Quadrille des centres aus, womit man ein
Gesetz gefunden zu haben glaubte, das für die Befruchtungsvorgänge
im ganzen Thier- und Pflanzenreich sich als gültig erweisen müsse.
Man scheint diese Quadrille des centres so freudig begrüsst zu
haben, weil sie das Verhalten der Centrosomen in fast völlige
Parallele setzt mit dem der Chromosomen; wie hier männliche und
weibliche Elemente selbständig bleiben, sich theilen und in ihren
Hälften auf zwei Pole vertheilt werden, so sollte es nach F o l nun
auch für die Centrosomen von Ei- und Samenzelle sein. Alle
näheren Untersuchungen drängen aber B o v e r i dazu auf den
Standpunkt von 1887 zu verweisen, wonach das Centrosoma des
Seeigel-Eies ein dem Untergang bestimmtes Organ ist, welches bei
der Entwickelung gar keine Rolle spielt.

Der allgemeine Theil wendet sich gegen H e i d e n h a i n 's
Ausführungen; bei aller Anerkennung dieses vortrefflichen Werkes
seien doch einzelne Einwendungen zu machen, mannichfache Verschiedenheiten in der Auffassung principieller Fragen zur Sprache
zu bringen und einigen kritischen Bemerkungen über B o v e r i 's
Arbeiten in einzelnen Punkten entgegenzutreten.

1) Ueber Natur und Herkunft der Centrosomen.

Vor der Arbeit B a u e r 's zur Kenntniss der Spermatogenese
vor *Ascaris megalocephala* 1893 waren Centrosomen nur ausserhalb
des Kernes bekannt geworden. Jetzt muss man sagen, die Centrosomen liegen meist im Protoplasma, sie können aber auch im Kern
liegen. Die Frage, ob Kernbestandtheil, ob Protoplasmabestand-
theil, besteht gar nicht zu Recht. Als Analogon führt B o v e r i an,
dass die Spindelfasern thatsächlich hier aus Theilen, die im Kern,
dort aus Theilen, die im Protoplasma liegen, bestehen. Der irgendwo
im Kern gefundene Bestandtheil ist eben dadurch noch nicht ein
Kernbestandtheil geworden. Vorläufig werden wir wohl auf die
Einsicht, wie das Centrosom geworden ist, verzichten müssen und
uns mit der Erkenntniss zu begnügen haben, dass dieses Körperchen
schon von gewissen Einzelligen an, ein selbständiges dauerndes
Zellorgan ist, von der gleichen Werthigkeit etwa, wie die Chromosomen.

Die von H e i d e n h a i n aufgeworfene Frage nach der chemischen Natur der Centrosomen hält B o v e r i für ziemlich un-
wichtig.

2) Attractionssphäre und Archoplasma.

Das Centrosom ist wohl dauerndes Organ der Zelle und als
solches anerkannt; anders verhält es sich mit jenen im Umkreis
von Centrosomen nachweisbaren Bildungen, die man gewöhnlich als

Attractionssphären bezeichnet. Boveri hält sie nicht für ein dauerndes Zellenorgan, d. h. eine nothwendige Begleiterscheinung des Centrosoma. Neuerdings wird dann die Bezeichnung Astrosphäre gebraucht, die Boveri definirt als denjenigen Complex, der sich im Umkreis des Centrosoma als etwas der Substanz oder Structur nach Specifisches von dem indifferenten Protoplasma unterscheiden lässt. Es ist ebenfalls kein dauerndes Zellenorgan. Heidenhain kämpft dann gegen das Archoplasma Boveri's. Letzterer steht jetzt auf dem Standpunkt, dass er meint, man könne den Terminus Archoplasma wohl auch entbehren und legt keinen Werth darauf, ihn zu conserviren. Seine Ansicht lautet jetzt: Mag die Substanz der Astrosphären-Radien eine specifische sein und sich als eine specifische während der Zellenruhe erhalten oder nicht, — die Anordnung zu strahligen Kugeln, die fadige Structur ist sicher nichts Dauerndes; sie geht für gewöhnlich nach der Theilung vollständig zu Grunde, um bei der Vorbereitung zur nächsten Theilung als etwas ganz Neues zu erstehen.

3) Heidenhain's cellular-mechanische Theorie.

Neu ist an dieser Theorie, dass die radialen Zellenfäden der Leukocyten dauernde contractile Bildungen sind, dass sie als solche dauernd in gleichmässigen Abständen an der Zellenoberfläche inseriren, und dass der Kern in dieses Fadenwerk unter Auseinanderbiegung einer Anzahl von Radien gewissermassen hineingesteckt ist. Nun giebt aber nach Boveri's Aussage Heidenhain selbst Abbildungen, welche die Unhaltbarkeit seiner Theorie ohne Weiteres beweisen. Ferner sind mit einer Hypothese die Thatsachen unverträglich, welche wir über die Ortsveränderungen der Radiensysteme im Zellkörper kennen.

4) Die Theorie der Insertionsmittelpunkte und die Theorie der materiellen Herrschaft.

Als Urheber letzterer stellt Heidenhain Verf. hin, für erstere E. van Beneden. Boveri erklärt, dass van Beneden überhaupt keine Theorie der bei der Kern- und Zelltheilung wirkenden Kräfte aufgestellt habe, wohl aber sei jene „Theorie der Insertionsmittelpunkte" von ihm selbst so weit ausgestattet, dass man vielleicht von einer Theorie reden könnte.

Jedenfalls will Boveri der Ueberzeugung Raum verleihen, dass Heidenhain nur durch Verwirrung bisher gültiger Begriffe zu seiner Aufstellung gelangt ist.

5) Ueber den Begriff des Centrosoma.

Heidenhain hat das, was man nach dem bisherigen Gebrauche als Centrosoma bezeichnen müsste, Microcentrum genannt und die Bezeichnung Centrosom auf gewisse Inhaltskörper des bisherigen Centrosom übertragen, die nun in der That sich so verhalten, wie er es angiebt. Er ist der Meinung, der bisherige Begriff des Centrosoms vertrage sich nicht mehr mit der neueren und speciell seinen Erfahrungen. Wo es sich um Gebilde verschiedener Constitution handelt, glaubt Heidenhain, dass allen diesen Dingen, sei es in der Einzahl oder in der Mehrzahl, ein gleiches, morphologisch nicht mehr theilbares Element zu Grunde liege, welches er vor Allem dadurch für charakterisirt hält, dass es eine specifische Affinität für die Haematoxylineisenfarbe besitze. Diesem Derivat vindicirt er den Namen Centrosoma.

Dem gegenüber versteht B o v e r i unter Centrosoma ein der entstehenden Zelle in der Einzahl zukommendes distinktes dauerndes Zellorgan, das durch Zweitheilung sich vermehrend, die dynamischen Centren für die Entstehung der nächst zu bildenden Zelle liefert.

Das von H e i d e n h a i n als Microcentrum der Leucocyten beschriebene Gebilde ist eben das Centrosoma; was H e i d e n h a i n mit diesem Namen belegt, sind lediglich Einschlüsse (Theile) des Centrosomas.

Im Nachtrag geht B o v e r i noch auf drei Arbeiten von W h e e l e r, M e a d und W i l s o n and M a t h e w s ein, welche nach Abschluss des in Frage kommenden Aufsatzes erschienen sind.

M e a d's Untersuchungen der Befruchtungserscheinungen bei dem Röhrenwurm *Chaetopterus* stimmten mit den, ;was für die grosse Mehrzahl der untersuchten thierischen Eier constatirt ist, überein.

Ganz entgegengesetzt sind die Resultate W h e e l e r's an den Eiern von Myzostoma. Es lässt sich an dem eingedrungenen Spermakopf keine Spur eines Centrosoma oder auch einer Astrosphäre nachweisen.

Am nächsten berührt sich mit B o v e r i die Arbeit der beiden Amerikaner über Echionodermen-Eier. Die Uebereinstimmung ist deckend, nur sind die Centrosomen B o v e r i's für W i l s o n und M a t h e w s Archoplasmen.

E. Roth (Halle a. S.).

Haberlandt, G., U e b e r   B a u   u n d   F u n k t i o n   d e r   H y d a - t h o d e n. (Berichte der deutschen botanischen Gesellschaft. Bd. XII. 1894. p. 367—378. Mit 1 Tafel.)

Die Arbeit ist eine ausführlichere und um einige Beobachtungen bereicherte Wiedergabe des auf der Naturforscher-Versammlung zu Wien gehaltenen, schon in diesem Centralblatt Bd. LX. p. 166 referirten Vortrages „Ueber wasserausscheidende und absorbirende Organe des tropischen Laubblattes". Ausser den dort bereits geschilderten Hydathoden hat Verf. hier auch die bereits bekannten wasserausscheidenden Organe auf ihre anatomische Structur und physiologische Funktion hin untersucht: die Wassergrübchen verschiedener Farne und die sogenannten Epitheme von *Conocephalus*, *Ficus*, *Fuchsia*, *Primula* u. A. Bezüglich des physiologischen Verhaltens ergab sich dabei die interessante Thatsache, dass die Epitheme nicht bei allen Pflanzen in gleicher Weise funktioniren. Während nämlich die Epitheme von *Conocephalus* und einer *Ficus* Species wie die früher untersuchten Hydathoden Wasser activ, auf Grund eines durch den Druck hervorgerufenen Reizes austreten lassen und demgemäss nur funktioniren, so lange sie am Leben sind, beruht die Wasserausscheidung bei *Fuchsia* im Wesentlichen auf einfacher Druckfiltration und geht auch an den abgetödteten oder chloroformirten Epithemen vor sich. Verf. meint zwar, dass

auch in diesem Falle, dem sich bei weiterer Prüfung vielleicht andere
anreihen, den Zellen der Hydathode das Vermögen einer unbedeutenden
activen Wasserauspressung zukomme, dass dieses aber nur ausreiche
und bezwecke, das Intercellularsystem des Epithems dauernd mit
Wasser gefüllt zu erhalten, während die tropfenweise Wasser-
abscheidung selbst directe mechanische Folge des herrschenden
Wasserdruckes sei.   Aderhold (Proskau).

***

Kólpin Ravn. F., Om Flydeevnen hos Fróene af vore
Vand og Sumpplanter. (Botanisk Tidsskrift. 19. p. 143
—177. Mit 26 Figuren im Text.) Kjóbenhavn 1895.
Nebst Résumé: Sur la faculté de flotter chez les
graines de nos plantes aquatiques et marécageuses.
(l. c. p. 178—188.)

Der Verf. untersuchte eine Anzahl Samen resp. Früchte der
gemeinen Sumpf- und Wasserpflanzen, um ihr Schwimmvermögen,
die Dauer und die Ursachen desselben zu bestimmen. Den Samen
mancher Pflanzen fehlt das Schwimmvermögen, indem ihr specifisches Gewicht grösser als 1 ist. Trotzdem kann eine Verbreitung durch Wasser stattfinden, da sich die Samen oft zu grösseren
Massen zusammenhäufen (z. B. *Typha*).

Hier sind zwei Typen repräsentirt:

a. Die Samenschale hat einen wässerigen Inhalt (*Alisma natans, Callitriche
autumnalis*).

b. Kein wasserhaltiges Gewebe (*Scirpus lacuster, Heleocharis palustris,
Nasturtium officinale, Veronica Anagallis*).

Einige Pflanzensamen schwimmen nur wenige Tage. Die Verbreitung mittelst des Wassers ist daher nur local. Andere schwimmen
sehr lange und können weithin treiben, besonders wenn sie auch dem
Seewasser widerstehen. Die Ursache des Schwimmvermögens ist
für beide Abtheilungen dieselbe. Einerseits werden die Samen
wegen ihrer glatten Schale nur sehr schwer vom Wasser benetzt,
und sie schwimmen daher, trotz ihres beträchtlichen specifischen
Gewichtes (*Myosotis palustris, Ranunculus reptans, Cirsium
palustre, Polygonum amphibium*, nicht aber, wie Hildebrand
angiebt, *Sagittaria* und *Limnanthemum*). Die meisten Samen jedoch
sind lufthaltig und sie haben ein Schwimmgewebe, entweder aus
luftführenden Zellen (Luftgewebe) oder luftführenden Intercellularen
bestehend, oder sie sind mit grösseren, luftgefüllten Räumen versehen.

Die Samen mit luftführenden Zellen theilt der Verf. in folgende
Typen:

α. Samenschale nur aus Luftgewebe bestehend.

    1. Luftgewebe mit Intercellularen (*Menyanthes trifoliata, Scheuch-
zeria palustris, Calla palustris, Lemna*).

    2. Luftgewebe ohne Intercellularen (*Sium angustifolium, Scutellaria
galericulata, Cicuta virosa, Pedicularis palustris, Lysimachia thyrsi-
flora*).

β. Luftgewebe und mechanisches Gewebe zugleich.

    1. Beide im selben Theile des „Samens".

        a. Das mechanische Gewebe aus Prosenchymzellen bestehend,

           * bildet eine zusammenhängende Schicht.

     aa. Luftgewebe nur aus der Epidermis bestehend *(Scirpus maritimus).*

     ββ. Luftgewebe auch aus subepidermalen Schichten be-bestehend *(Alisma Plantago,* Scirpus, rufus, Sc. compressus, Alnus glutinosa, Batrachium sceleratum, Oenanthe aquatica, Bidens tripartitus, Sagittaria sagittae-folia).

     '' Das mechanische Gewebe bildet isolirte Bündel *(Peuce-danum palustre,* Angelica silvelstris, Sium latifolium).

    b. Das mechanische Gewebe aus Sclerenchymzellen gebildet *(Cladium Mariscus,* Sparganium minimum, Sp. ramosum, Mentha aquatica.

  2. Luftgewebe und mechanisches Gewebe, jedes in seinem Theile des „Samens" *(Potentilla palustris,* Carex paradoxa, C. paniculata, C. teretiuscula, Rumex Hydrolapathum.

Zu dieser grossen Abtheilung gehört auch *Caltha palustris,* bei deren Samen die Chalaza- und Rapheregion luftführend ist.

Luftgefüllte Intercellulare haben *Potamogeton natans, Batrachium marinum* u. a.

Die Samen mit grösseren Lufträumen haben dieselben:

    a. Zwischen „Samenkern" und -Schale (Iris Pseudacorus, Orchis incarnatus, Drosera rotundifolia).

    b. Zwischen Same und Arillus *(Nymphaea alba).*

    c. Zwischen Same und Pericarpium (Spiraea Ulmaria, Limnanthemum, Nuphar luteum).

    d. Zwischen Frucht und Bracteen (Carex rostrata, C. Pseudocyperus, Leersia oryzoides, Glyceria aquatica u. a. Gläser).

Ein ausführliches französisches Résumé, Figurenerklärungen und Litteraturverzeichnisse sind der Abhandlung beigegeben.

Pedersen (Kopenhagen).

Knuth, P., Blütenbiologische Beobachtungen in Thüringen. (Botanisch Jaarboek, uitgegeben door het kruidkundig genootschap Dodonaea te Gent. Holländisch und Deutsch. 1895. p. 24—37.)

Nicht immer sind die Regeln, wie sie sich aus einer statistischen Bearbeitung eines grossen, weitverzweigten Materiales ergeben, auch für einzelne Theile von geringem Umfange gültig. Um nun die über den Zusammenhang zwischen Insecten- und Blumengruppen aufgestellten Sätze in dieser Richtung hin zu prüfen, untersuchte Verf. eine charakteristische Waldwiese Thüringens in der Nähe von Friedrichsroda auf ihre Blütenbesucher und fand dabei die bekannten Thatsachen bestätigt, dass

  1) der Insectenbesuch mit der Augenfälligkeit der Blüten wächst,

  2) die rothe, blaue und violette Blütenfarbe ein stärkeres Lockmittel bildet, als die weisse und gelbe und

  3) die besuchenden Insecten auf um so höherer Entwickelungsstufe stehen, je schwieriger der Nectar zu erlangen ist.

Belegt werden die Untersuchungen durch Aufzählung sämmtlicher beobachteten Insecten, welche sich nach folgender Uebersicht gruppiren:

	HYMENOPTEREN.			*Lepid-*	DIPTEREN		*Coleop-*	
	Langrüsselige Bienen.	Kurzrüsselige Bienen.	Wespen.	*opteren*	Syrphiden.	Musciden und Empiden.	*teren.*	*Summe*
Windblumen (2 Arten)	2				3		1	6
Offene Honigblumen (1)				1	2	1	4	8
Blumen mit halbverborgenem Honig (1)			1		1	2		4
Blumen mit verborgenem Honig (4)	6		1	3		1		11
Blumengesellschaften A *Gelbe und weisse* (4)	5	1		8	9	7	5	35
B. *Violette* (2)	12	1		8	6	4	6	37
Bienen und Hummelblumen (7)	13	1		2				16
21 Pflanzenarten	38	3	2	22	21	15	16	117

Einige Beobachtungen aus der Gegend von Coburg sind ebenfalls mit berücksichtigt.

Appel (Coburg.)

Elfstrand, M., Salicologiska bidrag. (Öfversigt af kongl. Vetenskaps-Akademiens Stockholm. Förhandlingar. 1892. Nr. 8.)

Verf. gibt in dieser kleinen Abhandlung die Resultate seiner Studien über die Weiden von Jämtland (Schweden).

Es wird notirt, dass bei den hybriden Formen die Haare der Laubblätter manchmal von Wichtigkeit zu sein scheinen; die Diagnosen der besprochenen Arten beziehen sich ausschliesslich auf dieses vorher nicht beachtete Merkmal.

Die Kenntniss der Haarkleidung der Arten erleichtert die Bestimmung der Hybriden sehr, selbst in Fällen, wo dieselben unter verschiedenen Formen auftreten.

Die Bastarde stehen oft intermediär zwischen den Stammarten; betreffs ihrer ist beachtenswerth, dass *S. Lapponum* $\times$ *arbuscula* syn. *spuria* Schl. da, wo sie in grösserer Menge vorkommt, sich auf fructificatorischem Wege zu vermehren und nach und nach zur Art sich zu fixiren scheint, dagegen ist z. B. *lanata* $\times$ *herbacea* eine Hybride, welche nicht annäherungsweise dieselbe Lebenskraft entfaltet.

Madsen (Kopenhagen.)

Caruel, T., Tribus familiae *Phaseolacearum*. (Bullettino della Società Botanica Italiana. Firenze 1895. p. 48—49.)

Verf. entwirft folgendes Schema der Eintheilung der Familie der *Papilionaceen* entsprechend seiner Auffassung der letzteren:

I. *Sophoreae* Sprgl., „folia pinnata: stamina subdisjuncta; fructus varius".
Hierher die Gattungen: *Ammodendron, Ammothamnus, Sophora.*

II. *Galegeae* Bronn, „folia pinnata, rarissime reducta trifoliata vel simplicia; stamina monadelpha vel diadelpha; fructus unilocularis, vel longitudinaliter septatus bilocularis".

Mit den Gattungen: *Galega, Anthyllis, Dorycnopsis, Robinia, Glycyrrhiza, Caragana, Calophaca, Halimodendron, Colutea, Astragalus, Oxytropis, Gueldenstaedtia, Biserrula.*

III. *Vicieae* Bronn., „folia pinnata, apice in cirrhum vel in setam abeuntia, quandoque phyllodiis substituta; stamina diadelpha; fructus unilocularis, legumen".
Umfasst die Gattungen: *Cicer, Vicia, Lathyrus, Pisum.*

IV. *Coronilleae* Sprgl., „folia pinnata, nunc eorum loco phyllodia; stamina diadelpha vel submonadelpha; fructus transverse septatus plurilocularis, vel reductus unilocularis".
Schliesst die Gattungen: *Scorpiurus, Bonaveria, Hymenocarpus, Cornicina, Physanthyllis, Ornithopus, Coronilla, Hippocrepis, Eversmannia, Hedysarum, Corethrodendron, Onobrychis, Ebenus* ein.

V. *Podalyrieae* Bnth., „folia trifoliata; stamina disjuncta; fructus varius".
Die beiden Gattungen *Anagyris* und *Thermopsis* gehören hierher.

VI. *Trifolieae* Bronn., „folia vulgo trifoliata; stamina diadelpha; fructus varius".
Diese Tribus begreift die Gattungen: *Psoralea, Trifolium, Melilotus, Medicago, Trigonella, Lotus, Dorycnium, Cytisopsis, Hammatolobium, Arthrolobium, Lespedoza, Alsagi.*

VII. *Genisteae* Bronn., „folia nunc digitatim vel pinnatim multifoliata, nunc trifoliata, nunc unifoliata vel simplicia; stamina monadelpha; fructus saepius legumen".
Wir finden hier die Gattungen: *Ononis, Lupinus, Argyrolobium, Adenocarpus, Calycotome, Cytisus, Genista, Spartium, Erinacea, Ulex.*

                                       Solla (Vallombrosa).

Focke, W. O., Ueber einige *Rosaceen* aus den Hochgebirgen Neuguineas. (Abhandlungen des naturwissenschaftlichen Vereins zu Bremen. Bd. XIII. p. 161—166.)

Nach einer Einleitung, die einige pflanzengeographische Andeutungen bezüglich der Flora Neuguineas enthält, und in der die phytopalaeontologischen Forschungen von Ettinghausen's und ihre doch sehr in Zweifel zu ziehenden Resultate mehr als nöthig in anerkennender Weise hervorgehoben werden, beschreibt Verf. folgende neue Arten:

Potentilla papuana und *Rubus Ferdinandi Muelleri.*

Erwähnt werden ferner:

Potentilla microphylla D. Don; *Rubus Macgregorii* F. Muell., *R. diclinis, R. fraxinifolius* Poir.; *Acaena* sp., die erste Art der Gattung aus dem malayischen Florengebiet.   Taubert (Berlin).

Robinson, B. L., The North American *Alsineae.* [Contributions from the Gray Herbarium of Harvard University. New Series. No. 6.] (Proceedings of the American Academy of Arts and Sciences. New Series. Vol. XXI (Whole Series No. XXIX). 1894. p. 273—313.)

Die Arbeit fusst hauptsächlich auf das Gray Herbarium; herangezogen sind dann namentlich die Sammlungen des Departement of Agriculture, Columbia College, des Missouri Botanical Garden, der Philadelphia Academy of Natural Sciences, der Boston Natural History Society und die Privat-Herbare von Canby in Wilmington, Smith in Baltimore, Deane und Rand in Cambridge Massa.

Es handelt sich um die Gattungen *Holosteum, Cerastium, Stellaria, Arenaria, Sagina, Spergularia, Spergula.*

Aufgezählt sind, ohne die Varietäten anzuführen:

Holosteum umbellatum L — *Cerastium Texanum* Britton, *maximum* L. *viscosum* L., *vulgatum* L., *semidecandrum* L., *brachypodum, nutans* Raf., *sericeum,* Wats., *arvense* L., *alpinum* L., *trigynum* Vill. (*Moenchia quaternella* Ehih.). — *Stellaria aquatica* Scop., *media* Sm., *prostrata* Baldw., *nitens* Nutt., *Kingii* Wats., *umbellata* Turcz., *longifolia* Muhl., *longipes* Goldie, *gramineaL.*, *uliginosa* Murr., *borealis* Bigel., *crassifolia* Ehrh., *fontinalis, humifusa* Rottb., *obtusa* Engelm, *crispa* Cham. et Schlcht., *ruscifolia* Villd., *littoralis* Torr., *pubera* Mchx., *uniflora* Walt., *holostea* L., *dichotoma* L , *Jamesii* Torr., *Nuttallii* Torr. et Gay. — *Arenaria lateriflora* L., *macrophylla* Hook., *peploides* L., *physodes* Fisch., *serpyllifolia* L., *Benthami* Fenzl, *ciliata* L., *alsinoides* Willd., *saxosa* Gray, *capillaris* Poir., *ursina, aculeata* Wats., *compacta* Coville, *congesta* Nutt , *macradenia* Wats., *Fedleri* Gray, *Franklinii* Dougl., *Hookeri* Nutt., *paludicola, Groenlandica* Spreng., *glabra* Mchx., *brevifolia* Nutt., *Douglasii* Torr. et Gray, *Howellii* Wats , *Californica* Brewer, *pusilla* Wats., *tenella* Nutt., *patula* Mchx., *stricta* Mchx., *verna* L.,. *Rossii* Richardson, *Nuttalli* Pax, *Sajanensis* Willd., *laricifolia* L., *arctica* Steven, *macrocarpa* Pursh., *Caroliniana* Walt. — *Sagina apetala* L., *decumbens* Torr. et Grey, *occidentalis* Wats., *procumbens* L., *Linnaei* Presl, *nivalis* Lindbl., *crassicaulis* Wats , *nodosa* Fenzl. — *Spergularia rubra* Presl, *Clevelandi, diandra* Boiss., *gracilis, tenuis, salina* Presl, *borealis, macrotheca.* — *Spergula arvensis* L.

E. Roth (Halle a S.).

Kirk, T., On new forms of *Celmisia.* (Transactions and Proceedings of the New Zealand Institute. Vol. XXVII. 1894/95. p. 327—330.)

Verf. stellt an neuen Arten auf:

C. Macmahoni zu *C. incana* Hook. f. gehörend, *C. hieracifolia* Hook. f. var. *oblonga, C. parva* zu *C. spectabilis* Hook. f. zu stellen, *C. longifolia* Cass. var. *alpina, C. Adamsii* aus der Nähe von *C. graminifolia* Hook. f. und *C. Monroi* Hook. f., *C. Rutlandii* mit *C. petiolata* Hook. f. verwandt.

E. Roth (Halle a. S.).

Kirk, T., A revision of the New Zealand *Gentians.* (Transactions and Proceedings of the New Zealand Institute. Vol. XXVII. 1894/95. p. 330—341. 4 Tafeln).

Die ersten *Gentianen* in Neu-Seeland wurden während Cook's zweiter Reise 1772/73 entdeckt und als *G. montana* und *saxosa* beschrieben; seitdem ist diese Anzahl stetig gewachsen. Verf. stellt als neu auf:

Gentiana lineata (abgebildet) nahe mit *G. montana* Forster verwandt; *G. Spenceri* (abgebildet), *G. corymbifera* zu *G. saxosa* Forster zu bringen; *G. antarctica* und *G. antipoda.*

Dazu kommen genaue Beschreibung und Formenaufzählung von:

G. montana Forster, *G. pleurogynoides* Griseb., *G. bellidifolia* Hook. f., *G. saxosa* Forster (abgebildet) und *G. cerina* Hook. f.

E. Roth (Halle a. S.).

Reissenberger, Ludwig, Beitrag zu einem Kalender der Flora von Hermannstadt und seiner nächsten Umgebung. (Archiv des Vereines für siebenbürgische Landeskunde. Neue Folge. Bd. XXVI. 1895. Heft 3. p. 572—606).

Verf. hat phytophänologische Beobachtungen durch Jahre hindurch angestellt, in der Ansicht, dass eine genauere, durch mehrere Jahre hindurch fortgesetzte Beobachtung dieser Erscheinungen nicht nur eine Ergänzung der meteorologischen Beobachtungen gewissermaassen nach der praktischen Seite hin gewähre. Seit 1851 bis

1891 hat er desshalb die Entwickelung des Pflanzenlebens nach
seinen Hauptphasen, der Belaubung, Blüte und Fruchtreife, zunächst nur an einer geringeren, später an einer immer grösseren
Anzahl von Pflanzen beobachtet und den Zeitpunkt des Anfangs
der genannten Entwickelungsstadien mit möglichster Genauigkeit
zu bestimmen und aufzuzeichnen gesucht. Aus der Zusammenfassung zu mittleren Resultaten ergibt sich eine mittlere normale
Belaubungs-, Blüte- und Fruchtreifezeit, eine Art Kalender.
Reissenberger stellt 486 bezüglich der Blüte zusammen und
fügt zwei Tabellen hinzu, die eine in alphabetischer Reihenfolge
mit Angabe des frühesten und spätesten Eintrittes der betreffenden
Entwickelungsphasen; eine zweite enthält die Zeit der Entwickelungsphasen einiger, besonders beachtenswerther Pflanzen für alle
Jahre ihrer Beobachtung.

Es wurden möglichst nur im F r e i e n vorkommende Pflanzen
oder, wenn solche nur in Gärten wachsen, diese in möglichst frei-
gelegenen ausgedehnten Anlagen beobachtet. Die meiste der aufgeführten Pflanzen controllirte Verf. durch mehr als 20 Jahre, viele
sogar über 30 Jahre hindurch, während die geringste Zeitdauer der
Beobachtungen 5 Jahre betrug. Eine genügende Zuverlässigkeit
ist damit wohl sicher erreicht.

Auf die Zusammenstellungen der beobachteten Pflanzen nach
der mittleren (normalen) Zeit ihrer Belaubung, Blüte und Fruchtreife in kalendarischer wie alphabetischer Anordnung können wir
hier nicht eingehen, da ihrer zu viele sind. Dagegen mögen die
Namen einen Platz finden, welche durch alle Jahre hindurch mit
ihren Entwickelungsphasen aufgeführt sind.

Es sind in Betreff der Belaubung

*Evonymus Europaeus, Syringa vulgaris, Ribes rubrum, Pyrus communis, Aes-
culus Hippocastanum, Alnus glutinosa, Tilia grandifolia, Quercus pedunculata, Juglans regia, Fraxinus excelsior, Robinia Pseudacacia,*

Bezüglich der Blüte

*Tussilago Farfara, Scilla bifolia, Caltha alpina, Salix fragilis, Cerasus dulcis,
Ribes rubrum, Fragaria vesca, Orchis Morio, Syringa vulgaris, Aesculus Hippocastanum, Evonymus europaeus, Salvia pratensis, Limniris pseudocorus, Dianthus
Carthusianorum, Robinia Pseudacacia, Sambucus nigra, Spiraea filipendula, Secale
cereale, Vitis vinifera, Tilia grandifolia, Zea Mays, Humulus Lupulus, Sedum
maximum, Colchicum autumnale.*

In der Tabelle der Fruchtreife finden sich

*Cerasus dulcis, Fragaria vesca, Ribes rubrum, Secale cereale, Sambucus nigra,
Prunus domestica, Vitis vinifera, Zea Mays, Evonymus Europaeus, Quercus
pedunculata, Aesculus Hippocastanum.*

Als allgemeine Schlussfolgerungen ergiebt sich, dass in Hermannstadt und seiner nächsten Umgebung die Erstlinge der Vegetation in der Regel im ersten Drittel des März dem Erdboden ent-
spriessen, wenn das durchschnittliche Tagesmittel der Lufttemperatur
den Gefrierpunkt überschritten hat. Ende März haben bereits 24
Pflanzen ihre bunten Blüten geöffnet, und unter dreien mit Laubentfaltung befindet sich der Stachelbeerstrauch. Im April beträgt,
wenn um die Mitte des Monats das Tagesmittel der Temperatur
das Jahresmittel erreicht, die Zahl der Blüten 72, die der Laubent-

faltung 46. Im Mai vollendet sich die Laubentfaltung; Akazien und Maulbeerbäume öffnen als letzte ihre Blattknospen; die Blütenentfaltung erreicht mit 177 ihr Maximum, namentlich im zweiten und letzten Drittel. Im Juni beträgt die Zahl der neuen Blüten noch 137; Kirschen und Erdbeeren eröffnen die Fruchtreife der Pflanzen, welche zur Nahrung und zum Genusse des Menschen dienen. Im Juli sinkt die Zahl der Blüten bereits auf 60 herab, während die Fruchtreife sich auf 10 erhebt. Im August konnten nur 16 neue Blüten beobachtet worden, die Fruchtreifen wiesen die Zahl 17 auf. Die Herbstzeitlose schliesst die Reihe der neuen Blüten ab.

Ueber die Verschiedenheit der Blütezeit einiger Gewächse an einigen Orten Europas giebt folgende Tabelle guten Aufschluss, wie sie in dieser Ausdehnung noch nicht veröffentlicht ist.

	Hermannstadt.	Mediasch.	Strassburg.	Kronstadt.	Budapest.	Wien.	Prag.	Giessen	München.
Betula alba	18.4	15.4	23.4	16.4	—	14.4	16.4	17.4	1.5
Cerasus dulcis	20.4	17.4	24.4	22.4	16.4	17.4	25.4	18.4	3.5
Prunus spinosa	15.4	20.4	17.4	27.4	12.4	20.4	22.4	20.4	—
Pyrus communis	21.4	20.4	29.4	27.4	18.4	21.4	28.4	24.4	29.4
Pyrus malus	26.4	24.4	30.4	5.5	18.4	2.5	5.5	29.4	4.5
Ribes aureum	24.4	—	—	—	12.4	17.4	17.4	17.4	—
Ribes rubrum	20.4	20.4	29.4	23.4	13.4	18.4	19.4	13.4	1.5
Corylus Avellana	10.3	8.3	21.3	13.3	21.4	25.2	12.3	13.5	5.4
Aesculus Hippocastanum	5.5	5.5	15.5	12.5	24.4	30.4	6.5	7.5	15.5
Cornus sanguinea	26.5	26.5	—	22.5	23.5	24.5	3.5	6.6	2.6
Crataegus Oxyacantha	10.5	12.5	—	17.5	7.5	12.5	14.5	9.5	5.6
Cydonia vulgaris	8.5	—	—	52.5	30.4	12.5	—	17.5	16.5
Ligustrum vulgare	4.6	3.6	—	15.5	3.6	1.6	14.6	19.6	28.5
Lonicera Tatarica	10.5	—	—	31.5	—	5.5	10.5	3.5	11.5
Rubus Idaeus	21.5	—	22.5	13.5	—	17.5	27.5	30.5	5.6
Sambucus nigra	26.5	26.5	5.6	—	17.5	21.5	3.6	28.6	8.6
Secale cereale	29.5	27.5	30.5	29.5	23.5	23.5	31.5	28.5	—
Syringa vulgaris	3.5	3.5	10.5	—	22.4	30.4	8.5	4.5	14.5
Tilia grandifolia	20.6	23.6	27.6	13.9	8.6	12.6	16.6	21.6	24.6
Vitis vinifera	14.6	11.6	14.6	28.6	6.6	7.6	17.6	14.6	13.7
Zea Mays	13.7	5.7	—	—	—	—	—	14.7	

Um die siebenbürgischen Vegetationsverhältnisse noch genauer überschauen zu können, folgt dann eine weitere Zusammenstellung von Pflanzen mit Angabe der ersten Blüte, nach Beobachtungen, welche S a l z e r in Mediasch durch 12 Jahre und L u r t z durch 7 Jahre in Kronstadt gemacht hat. Es ergiebt sich daraus, dass die Entwickelungsphase der Blüte der Pflanzen durchschnittlich in Mediasch um 1,3 Tage früher, in Kronstadt um zwei volle Tage später als in Hermannstadt erfolgt.

	Eintritt der Fruchtreife in					
	Hermannstadt.	Wien.	Prag.	Giessen.	München.	Mediasch.
Aesculus Hippocastanum	28.9	11.9	3.9	16.9	29.9	11.9
Evonymus Europaeus	19.9	—	—	10.9	—	—
Juglans regia	14.9	—	—	13.9	—	—
Cornus sanguinea	23.4	12.8	4.4	20.8	9.9	—

Eintritt der Fruchtreife in

	Hermannstadt.	Wien.	Prag.	Giessen.	München.	Mediasch.
Ligustrum vulgare	18.9	16.8	28.8	10.9	19.9	—
Ribes rubrum	19.6	6.8	19.6	20.6	20.7	22.6
Rubus idaeus	2.7	23.6	1.7	2.7	26.7	28.6
Sambucus nigra	15.8	2.8	14.8	12.8	19.9	23.8
Secale cereale	7.7	27.6	2.7	11.7	—	16.7
Vitis vinifera	9.9	—	—	2.9	—	—
Zea Mays	10.9	—	—	24.9	—	—

Die Fruchtreife der angeführten Pflanze tritt also im Mittel in Giessen um 3, in Prag um 7, in Wien um 13 Tage früher ein; in Mediasch um 2, in München um 18 Tage später als in Hermannstadt.

Interessant ist ferner, dass das Intervall zwischen Blüte und Fruchtreife bezüglich der Rosskastanie in Prag 120, in Mediasch 129, in Giessen 132, in Wien 134, in Hermannstadt 196 Tage beträgt; bezüglich *Evonymus europaeus* in Giessen 110, in Hermannsstadt 134, bezüglich *Juglans regia* in Giessen 125 Tage, in Hermannstadt 130 Tage.

Aehnliche Zusammenstellungen liessen sich noch mehr machen. Jedenfalls sei auf die interessante Arbeit in der etwas entlegenen Zeitschrift hingewiesen.

E. Roth (Halle a. S.).

Lignier, M. 0., La nervation des *Cycadées* est dichotomique. (Association française pour l'avancement des sciences. Congrès de Caen. 1894.)

Der Autor liefert den Nachweis, dass alle *Cycadeen* eine mehr oder weniger reine Dichotomie der Nervation der Fiederblättchen besitzen. Schon in zwei früheren Abhandlungen (1. La nervation taeniopteridée des folioles de *Cycas* et le tissu de transfusion. — Bull. de la Soc. Linn. de Normandie. Série 4. Vol. 6. 1892. — 2. Observations sur la nervation du *Cycas Siamensis*. — Ib. Série 4. Vol. 8. 1894) widerlegte er den bisher herrschenden Irrthum, dass die Pinnen der Gattung *Cycas* nur einen einzigen Nerv haben, indem er zeigte, dass von der Hauptrippe sehr zahlreiche, feine Holzfasern sich abzweigen, welche an eine verminderte Nervation erinnern, ähnlich wie bei den *Taeniopteriden*.

Nach einer ausführlichen Schilderung des Gefässbündelverlaufes in den Pinnen von *Dioon edule* und *Encephalartos Lehmanni* kommt der Verfasser zu folgendem Resultat: „Alle *Cycadeen*, bei welchen die Anatomie des Blattes hinlänglich bekannt ist, zeigen eine mehr oder weniger deutlich ausgeprägte Dichotomie in der Nervation der Fiederblättchen. Diese Nervation ist besonders klar und offenbar bei *Stangeria* und *Bowenia*; ebenso klar bei den *Euzamien*, aber auf den ersten Blick maskirt; die Dichotomien entstehen hier in Wirklichkeit in der Rhachis und in der verdickten Basis des Blättchens, ohne eine äussere Spur erkennen zu lassen. Bei der Gattung *Cycas* ist die Dichotomie der Nervation gleich der bei den *Taeniopteriden*.“

Nestler (Prag).

Dalmer, Moritz, Ueber Eisbildung in Pflanzen mit Rücksicht auf die anatomische Beschaffenheit derselben. (Flora. Band LXXX. 1895. Heft 2. p. 436—444.)

Nach einer Einleitung dessen, was wir über die Eisbildung in der Pflanze wissen, kommt Verf. zu dem Satze: In allen den beschriebenen Fällen scheint die Krystallbildung in gleicher Weise sich abgespielt zu haben, nämlich an der Oberfläche durchschnittener Pflanzentheile. Wohl hat Caspary etwas über die anatomische Beschaffenheit der Pflanze bei diesem Process mitgetheilt, aber nur Lückenhaftes; vor allem fehlen genauere Beobachtungen über die Beschaffenheit der Rinde. Diese Lücken versucht Dalmer auszufüllen.

Als Material stand Verf. nur weniges zur Verfügung, nämlich *Cuphea platycentra* Benth., *Heliotropium Peruvianum*, *Hydrangea hortensis*, *Thuja occidentalis*. Es ergab sich, dass in all den untersuchten Fällen, wo die Rinde durch Eisbildung zerrissen wird, die Widerstände in derselben gering sind, es fehlen die starkausgebildeten mechanischen Elemente, Bastring, Bastplatten, starkes Collenchym, feste Periderme, wie sie sich bei unseren einheimischen Bäumen und Sträuchern vorfinden.

Es bilden sich wahrscheinlich Eiskrystalle in den Intercellularräumen der Rinde, weil in demselben der Widerstand am geringsten ist; dieselben dehnen sich sodann in der Richtung des geringsten Widerstandes aus, d. h. nach aussen zu, indem sie an der nach dem Holz gekehrten Seite wachsen, das Wasser beziehen sie durch Imbibitionsthätigkeit aus dem Holzkörper, der noch nicht gefroren ist, und in dessen Gefässen die Flüssigkeit fortfährt zu steigen.

Es kann natürlich auch der Fall eintreten, dass Eisschollen in der Rinde, besonders in der Cambialgegend, sich ausscheiden und dabei das Zellgewebe zerreissen, ohne jedoch die Rinde bis an die Oberfläche zu zerspalten, so dass nur durch Zufall derartige Wunden entdeckt werden können. Derartiges ist durch Prillieux von *Evonymus Japonicus* bekannt, was Verf. durch eigene Beobachtungen zu erhärten im Stande ist.

Bei den Bäumen und Sträuchern, die bei uns einheimisch sind oder cultivirt werden, ist Verf. kein Fall bekannt, in dem die Rinde bis an die Oberfläche zerrissen wird und wo das Eis in Fasern und Lamellen heraustritt. Das Eis bildet sich vielmehr in grossen Massen in den Gefässen und in der Rinde. In den Gefässen beschreibt Müller-Thurgau den Fall sehr treffend bei der Rebe, dann sollen einjährige Triebe von *Syringa*, *Cornus* und Birne geeignete Objekte sein.

An Alkoholmaterial von *Acer Negundo*, welches während starker Frostzeit gesammelt und eingelegt wurde, liessen sich überall die Lücken beobachten. In der Rinde ist ein Bastring vorhanden, und die Aussenwand der Epidermis ist ausserordentlich stark verdickt. Leider wurde diese Eismasse nicht genauer untersucht.

E. Roth (Halle a. d. S.).

Wehrli, Léon, Ueber einen Fall von „vollständiger Verweiblichung" der männlichen Kätzchen von *Corylus Avellana* L. Mit zwei Holzschnitten und einem Litteraturverzeichniss. (Flora. 1892. Erg.·Band. p. 245—264.)

An einem Haselstrauch bei Aarau fand Verf. mehrere Jahre hintereinander an Stelle der männlichen Kätzchen solche, welche an Stelle der Staubgefässe vier Narben trugen. Diese „verweiblichten" Kätzchen sind etwas kleiner als die männlichen, neben ihnen treten auch normale weibliche Blüten auf, die Früchte produciren. Aus den abnormen weiblichen Kätzchen entstehen keine Früchte, da sich in ihnen keine Ovula entwickeln. Die Stellung der Narben und die gelegentlich vorkommende Spaltung entspricht ganz dem Verhalten der Staubgefässe in normalen männlichen Blüten, nirgends aber wurden Stamina, Staminodien oder irgend welche Uebergangsformen von der männlichen in die weibliche Blüte gefunden. Insofern ist diese Beobachtung an der Hasel neu, da in anderen Fällen, die Verf. aus der Litteratur anführt, es sich nicht um eine so vollständige Verweiblichung handelt. Eine Erklärung der Erscheinung lässt sich nicht geben, und die Erklärungen solcher Fälle, die von anderen Autoren aufgestellt sind, erscheinen hier keineswegs befriedigend. — Verf. hat sich die, gewiss von vielen Teratologen dankbar anerkannte Mühe gegeben, ein Verzeichniss der consultirten Litteratur über Umwandlung von Stamina in Carpelle und umgekehrt aufzustellen. Es geht von 1741—1892, umfasst 87 Nummern und enthält kurze Referate der einzelnen Mittheilungen. Ein alphabetisches Verzeichniss derjenigen vielleicht einschlagenden Litteratur, welche Verf. wohl citirt fand, welche ihm aber nicht zugänglich war, bildet den Schluss seiner Arbeit.

Möbius (Frankfurt a. M.).

Ráthay, Emerich, Ueber die in Südtirol durch *Tetranychus teletarius* hervorgerufene Blattkrankheit der Reben. (Weinlaube. 1894. No. 9. p. 97—101. M. 6 Fig.)

Tetranychus ist in den letzten Jahren in Südtirol überall an den Reben aufgetreten, stellenweisse sogar als ein Schädling, dessen laubzerstörende Wirkung jener der *Peronospora* gleichkam. Die gegen *Peronospora* und *Oidium* vorgenommene Behandlung der Reben mit Kupferpräparaten bezw. Schwefelpulver blieb gegen die Milben erfolglos. Eine directe Bekämpfung hat man bisher noch nicht versucht; die vorgeschlagenen, vorbeugenden Winter- und Frühjahrsbehandlungen der Reben sind meist zu kostspielig und schwer durchführbar. Bemerkenswerth ist die Beobachtung, dass *Tetranychus* nur die Blätter jener Reben roth färbt, welche sich im Herbst röthen. Es sind dies die blauen und einige rothe Sorten, während sämmtliche weissen und die meisten rothen Sorten ihre Blätter unter den Angriffen des *Tetranychus* nur gelb verfärben und schliesslich rostfarben vertrocknen.

Hiltner (Tharand).

Vanha, Joh., Die Ursache des Wurzelbrandes. (Wiener landw. Zeit. 1894. No. 73. 624.)

Bei den weitaus meisten Fällen von Wurzelbrand ist nach Verf. von einem pflanzlichen Parasiten oder Insektenfrass keine Spur zu finden. Ebensowenig wie über die Ursache dieser vielumstrittenen Krankheit lassen die zahlreichen ihr gewidmeten Abhandlungen vollkommene Klarheit über die eigentlichen Krankheitserscheinungen gewinnen. Verfasser charakterisirt dieselben folgendermaassen: Der Brand stellt sich allem Anscheine nach bald nach der Keimung ein, oft schon bevor die Rübe an die Oberfläche kommt. Die junge Pflanze bleibt im Wachsthum stecken und verliert ihr saftiges Grün. Bevor man äusserlich etwas wahrnehmen kann, wird die Wurzel allmählig stellenweise weich, später bräunlich und nass, sodass an diesen Stellen das ganze parenchymatische Zellgewebe der Wurzel schwindet, welche sich endlich schwärzt und vertrocknet. Gleichzeitig gehen alle Seitenwurzeln verloren und es verbleiben nur die Gefässbündel, die unter günstigen Umständen zum Ausgangspunkt des weiteren Lebens werden können. Häufig geschieht es auch, dass die Rinde der jungen Rüben entweder der ganzen Länge nach oder nur stellenweise zerreisst und das innere noch gesunde Zellengewebe zu Tage tritt, ohne in Fäulniss überzugehen. In diesem Falle beschränkt sich die Infection nur auf das junge Rindengewebe. — Bei genauer Beobachtung der noch frischen Wurzeln, in einem der ersten Stadien der Krankheit, ist deren wahrer Urheber zu finden. Derselbe ist ein Wurm aus der Gattung *Tylenchus* (Bast.), der wahrscheinlich eine oder mehrere neue Species darstellt. Seine verschiedenen Formen variiren zwischen 0,4 bis weit über 1 mm Länge, bei etwa 0,02 mm Breite. Die nähere Beschreibung behält sich Verfasser vor. Zur Bekämpfung empfiehlt er starke Düngung mit Aetzkalk, Austrocknen des Bodens und Hebung der Widerstandskraft der Pflänzchen durch ausgiebige Versorgung mit den drei wichtigsten Nährstoffen. Die günstige Wirkung des Kalkes, welche ja schon von vielen Beobachtern hervorgehoben wurde, soll nach Verf. darauf beruhen, dass der weiche Körper des Wurmes die Alkalität des Kalkes nicht vertragen könne.

Die Anschauung des Verf., alle Fälle von Wurzelbrand liessen sich auf die Wirkung der von ihm gefundenen Nematoden zurückführen, ist entschieden irrthümlich; es sei nur daran erinnert, dass die vielfach festgestellte Uebertragbarkeit der Krankheit durch das Saatmaterial mit derselben durchaus nicht in Einklang zu bringen ist.

Hiltner (Tharand).

Pammel, L. H., Rutabaga Rot. Bacteriosis of Rutabaga (*Bacillus campestris* n. sp.). (Jowa Agricultural College Experiment Station. Bulletin No. XXVII. 1895.)

Mehrere Jahre lang hat Verf. ein Faulen der Feld-Rutabagas und -Rüben, vorzüglich während der feuchten, warmen Jahreszeit beobachtet. Die fibrovasculare Zone nimmt eine schwarze Färbung

an von der Basis der Blätter oder der Krone abwärts bis in die Wurzel
hinein, wobei zugleich ein wässeriger Zustand des umgebenden
Parenchyms eintritt. Hiermit beginnt der Verfall, und häufig trennt
sich der Kork von den weichen Theilen, oft auch wird die Wurzel
hohl und füllt sich mit einer übelriechenden, halbflüssigen Substanz.
Alle von der Krankheit ergriffenen Theile sind mit verschiedenen
Arten von Bakterien gefüllt. Bei dem Studium der Aetiologie der
Krankheit wurden mehrere Species von Bakterien isolirt. Experi-
mentelle Inokulation führte auf einen chromogenen Bacillus als
Schmarotzer. Unter vorsichtiger, reinlicher Behandlung wurden
Reinculturen derselben in gesunde Wurzeln inokulirt; letztere
wurden von der Krankheit ergriffen, während andere, nicht in-
okulirte, unter sonst gleichen Bedingungen immun blieben. Derselbe
Bacillus wurde später in diesen Wurzeln gefunden.

Verf. nennt den Organismus *Bacillus campestris*. Die Stäbchen
sind in lebhafter Bewegung, messen $1,87-3\ \mu$ x $0,37\ \mu$, sind an
den Enden gerundet und treten einzeln oder in Ketten von zwei
oder drei auf, färben sich gleichmässig und leicht, so lange sie
jung sind, doch schwer, wenn sie alt sind. Es wurden keine
Sporen beobachtet, obgleich der Bacillus leicht wächst, wenn er
von vier Monate alten Culturen übertragen wird. Eigenthümlichkeiten des Wachsthums u. s. w. werden an verschiedenen Medien
beschrieben, Agar-Agar, Gelatine, Kartoffeln, Bouillon, Rohrzucker
und Blutserum. Das Pigment ist cadmiumgelb auf Agar-Agar,
Gelatine und Serum, heller auf Kartoffeln, und hellgelb auf Bouillon.

Atkinson (Ithaca, N. Y.).

Galloway, B. T., Some destructive Potato diseases, what
they are and how to prevent them. (U. S. Departement of
Agriculture. Farmers Bulletin Nr. XV. 1894. 8⁰. 8 pp., 10 fig.)
Washington 1894.

Verf. giebt eine kurze Beschreibung der am häufigsten in den
Vereinigten Staaten bei der Kartoffel auftretenden Krankheiten.
Er führt dabei nur diejenigen Veränderungen an, welche
makroskopisch an den Pflanzen wahrzunehmen sind; auf die Ent-
wicklung und Morphologie der die Krankheiten hervorrufenden
Pilze geht er gar nicht ein. Wir haben also in dieser kleinen
Arbeit nur einige kurze practische Angaben vor uns.

Phytophthora infestans befällt die Blätter, Stengel und Knollen
der Kartoffel. Die Blätter bekommen dunkle Flecken, werden
weich und riechen schlecht. Am günstigsten für das Gedeihen
dieser Pilze ist eine Temperatur von 72—74⁰ F. Die Knollen der
von *Phytophthora* befallenen Kartoffel erscheinen zusammengedrückt
und gefleckt. Im Allgemeinen scheinen die Knollen nicht so stark
wie die Blätter verändert zu sein.

Die zweite vom Verf. angeführte Krankheit ist Macrosporium.
Dasselbe befällt die Blätter, zuweilen auch die Stengel, doch nie
die Knollen. Die Krankheit tritt auf, wenn die Pflanze bereits
4—6 Ellen hoch ist. Die Knollen bleiben in ihrem Wachsthum
zurück, solange die Blätter von der Krankheit befallen sind. Die

Blätter selbst bekommen zahlreiche braune Flecken und werden im übrigen gelb.

Endlich erwähnt Verf. noch die Räude der Kartoffel (Potato scab), die bedeutend die Knollen der Kartoffel verändert.

Zur Bekämpfung der beiden ersten Krankheiten empfiehlt Verf. eine Mixtur, die aus Wasser, Kupfersulfat und Leim besteht. Zur Bekämpfung der dritten Krankheit soll eine Sublimatlösung von Nutzen sein.

Rabinowitsch (Berlin).

Planchon, Louis, Tableau des caractères des principales écorces de Quinquinas américains. (Nouveau Montpellier médical. Tome III. 1894.)

Da seit einigen Jahren die Rinde des Chinabaumes in Europa aus Süd-Amerika und Asien bezogen wird, hält es Verf. für nöthig, einige Angaben über das morphologische Verhalten der verschiedenen Chinarinden zu geben. Unter der Rinde des amerikanischen Fieberrindenbaumes giebt es viele Arten, die ihrer medicinischen Bedeutung wegen sehr hoch geschätzt werden, es giebt aber solche, die einen nur geringen officinellen Werth besitzen. Es ist deswegen die Zusammenstellung vom Verf. ein erwünschter Leitfaden für Jeden, der sich mit der Bestimmung der amerikanischen Chinarinde abgeben will. Verf. giebt uns eine ausführliche tabellarische Uebersicht der wichtigsten Eigenschaften 8 verschiedener Chinarinden (Quinquinas Huanuco, Quin. Loxa, Quin. Jaën, Quin. Huamalies, Quin. Rougescorais, Quin. Calisaya, Quin. Calisaya legers, Quin. de la nouvelle Grenade).

Rabinowitsch (Berlin).

Pfaffenholz, Zur bakteriologischen Diphtherie-Diagnose. (Aus dem hygienischen Institut in Bonn. — Hygienische Rundschau. 1895. No. 16.)

Technisches: Platinpinsel, Agarbereitung, Blutserumplatten.

Der Gebrauch von Haarpinseln zur Aufstreichung des Diphtherieverdächtigen Materials hat den einen Missstand, dass Saprophyten, deren Sporen oftmals trotz 6stündigen Sterilisirens nicht vernichtet werden, sehr häufig überwuchern. Verf. construirte daher einen Platinpinsel; „einige Hundert feinste Platindrähte von $1^1/_2$—2 cm Länge sind in einem Glasstabe eingeschmolzen und bieten Elasticität genug zur sanften Bestreichung eines erstarrten Nährbodens, wenn man darauf achtet, dass die Drähte möglichst gleichmässig, flach fächerförmig angeordnet und schwach eingebogen werden." Die Vortheile, welche der Gebrauch dieses Pinsels bietet, sind die, dass ein befriedigendes rasches Sterilisiren möglich wird, und ferner, dass die Verdünnungen auf einer Platte angelegt werden können. „Eine solche Stichplatte wird also so angefertigt, dass man das Untersuchungsmaterial entweder ohne Weiteres (Eiter etc.) oder mit steriler Bouillon etwas verdünnt (Sputum, angetrocknete

Stoffe, Reinculturen u. s. w.) oder zwischen sterilen Skalpellen
zerquetscht (Diphtherie-Membranen), mit dem ausgeglühten erkalteten
Pinsel auf ein Drittel des erstarrten Nährboden ausstreicht, den
Pinsel wiederum ausglüht und von diesem Ausstrich durch einen
kurzen Strich etwas Material entnehmend, die erste Verdünnung
auf dem zweiten Drittel der Platte, und in derselben Weise von
dieser Verdünnung auf dem noch übrigen Raume die letzte Verdünnung anlegt. Die Anzahl der Verdünnungen auf einer Platte
kann natürlich vermehrt werden, wenn man mit dreien nicht aus-
reicht. Gerade diese Anlagen der Verdünnungen auf ein und derselben Platte verdient besonders hervorgehoben zu werden, weil
sie ausser der Bequemlichkeit auch noch eine Ersparniss an Nährböden bedeutet. Der Platinpinsel dürfte sich bald neben den Oesen
auf jedem Arbeitstische einen Platz erwerben*), da er auch für
andere Culturzwecke als sehr brauchbar erscheint.

Für Agarnährböden wird die Anwendung des Platinpinsels
bedingt durch feste Consistenz des Nährmediums.

Folgende Darstellung erwies sich als die beste: Nachdem die
Bouillon mit den üblichen Zusätzen von Kochsalz und Pepton hergestellt ist, bringt man nicht sofort den Agar zur Lösung, sondern
neutralisirt vorher mit Natronlauge und setzt dann erst Agar zu;
man lässt also den Agar nicht bei saurer, sondern bei alkalischer
Reaction zur Lösung kommen; es wird deswegen soviel Alkali zugesetzt, als zur deutlichen Phenolphthalein-Reaction genügt. (Die
Alkalisirung wird durch die Lösung des Agar etwas herabgesetzt,
so dass nachher Phenolphthalein nicht mehr geröthet wird.) Die
Lösung des Agar vollzieht sich in alkalischer Flüssigkeit zwar
etwas schwerer, aber der Vortheil ist die spätere, feste Consistenz.
Wenn man übrigens in einem Autoklaven lösen kann, so genügen
zur Lösung 10 Minuten bei 120° C und zwar auch für grössere
Mengen (etwa 2 Liter), die dann in einem Glaskolben in den
Apparat gestellt werden. Die Filtration dauert im Heisswassertrichter 4—6 Stunden."

Zur Diphtherie-Diagnose genügt Glycerin-Agar, der beste
Nährboden aber bleibt Löfflers Blutserum und letzterer eignet sich
ebenfalls in Form der Serum-Platte zur Anwendung des Platinpinsels. Die Herstellung der Serumplatte selbst geschieht einfach
so, dass man das Serum in Petri'sche Schalen ausgiesst und wie die
Röhrchen, nur in möglichst horizontaler Lage erstarren lässt, am
einfachsten durch Aufsetzen der Schalen auf die Ringe eines
kochenden Wasserbades.   Schürmayer (Hannover).

Coppen Jones, Ueber die Morphologie und systemati-
    sche Stellung des Tuberkelpilzes und über die
    Kolbenbildung bei Aktinomykose und Tuberku-
    lose. (Centralblatt für Bakteriologie und Parasitenkunde. Bd. XVII.
    Nr. 1. p. 1—16 und Nr. 2/3, p. 70—76.)

_____

*) Zu beziehen vom Dieker Röhr, hygienisches Institut, Bonn, portofrei für
3,50 Mark.

Coppen macht darauf aufmerksam, dass über dem Studium der Infectionserscheinungen des Tuberkelpilzes das morphologische Verhalten desselben bisher in auffallender Weise vernachlässigt worden ist. Eigenartige Gebilde, die erst von wenigen Forschern näher untersucht worden sind, machen eine gänzliche Umgestaltung der herrschenden Ansichten über den morphologischen Werth und die systematische Stellung des Tuberkelbacillus nöthig; es sind dies fadenähnliche Formen mit einer echten Verzweigung. Bereits Metschnikoff erkannte die Wichtigkeit derselben und stellt fest, dass der Tuberkelbacillus nicht ein Endstadium, sondern nur einen Zustand im Entwicklungscyclus einer Fadenbakterie repräsentire. Fischel bemerkte ebenfalls Fäden von dendritischer Form mit birnenförmigen Anschwellungen an den Enden, die er für den Kolben von *Actinomyces* analoge Bildungen ansah. Uebereinstimmend mit Fischel ist auch Verf. der Ansicht, dass die Seltenheit der fadenähnlichen und verzweigten Formen zum Theil auf den verhältnissmässig rohen und wenig schonenden Charakter der üblichen Präparationsmethoden zurückzuführen ist. Verf. hat als beste Macerationsflüssigkeit Ranvier's Alkohol erprobt. In damit hergestellten Präparaten erschien die ganze Masse als ein Filzwerk von Bacillen und kürzeren oder längeren Fäden. Die Verzweigung der letzteren ist eine echte und keine Pseudodichotomie, wie sie bei *Cladothrix* vorkommt. Die Zweige sind in allen Entwicklungsstadien zu sehen, von den kleinsten Knospen an, die kaum mehr sind als halbkugelige Ausstülpungen der Bacilluszellwand, bis zu langen Aesten (10 μ) mit secundärer Verzweigung. Der Inhalt der Fäden ist entweder gleichmässig gefärbt oder durch helle Lücken unterbrochen. Koch fasste letztere als ungefärbte Sporen im gefärbten Bacillusleibe auf; andere betrachten sie als vacuolenartige Gebilde, und ihnen schliesst sich auch Verf. an; sie sind durch flache oder gebogene Flächen gegen das gefärbte Protoplasma abgegrenzt und finden sich auch in den Knospen und Nebenästen, und namentlich werden die Verzweigungspunkte selbst gern von solchen Vacuolen eingenommen; bisweilen stehen sie so dicht neben einander, das der ganze Faden das Aussehen einer Coccus-Kette erhält. Aus alledem ergiebt sich eine auffallende Uebereinstimmung der verzweigten Filamente des Tuberkelbacillus mit den Hyphen eines Fadenpilzes. Die jüngeren Formen weisen weniger Vacuolen auf als die älteren, ohne dass aber deshalb die Vacuolenbildung als ein Zeichen des Zerfalls zu betrachten wäre. Merkwürdig ist die Aehnlichkeit, welche Tuberkulosekolonien mit denen von *Actinômyces* zeigen. Auf Schnitten sieht man, dass die Cultur nicht aus einer heterogenen Anhäufung von Stäbchen, sondern zum grössten Theile aus parallel laufenden Strängen besteht, die hauptsächlich vertical zur Oberfläche der Cultur stehen, indem sie vom Nähragar aus wie Grashalme von einem Rasenstückchen in die Luft steigen. Dieses merkwürdige Oberflächenwachsthum des Tuberkelbacillus dürfte wohl einzig dastehen, denn selbst beim *Bacillus mesentericus*, der ebenfalls eine runzlige und gefaltete Membrane bildet, erschienen die Stäbchen nur als eine

regellose Masse ohne die charakteristische Anordnung in fadeu-
ähnliche Stränge.   Die von K o c h als Sporen beschriebenen Dauerformen des Tuberkelpilzes sieht man in gefärbten Präparaten als
kugelige oder ovale Körper mit scharfer Contur und viel tieferer
Farbe als die anderen Theile des Bacillus, resp. Fadens. Ihr
Durchmesser ist bisweilen viel grösser als der des Stäbchens. Sie
sind stark lichtbrechend.   Daneben giebt es auch noch weniger tief
gefärbte, weniger scharf umrandete und gegen Säuren weniger
widerstandsfähige Uebergangsformen zum gewöhnlichen Protoplasma
des Bacillus, welche wahrscheinlich Vorstufen der eigentlichen
Dauerform vorstellen.   Die Grösse der Sporen ist sehr verschieden
und ihre Anordnung eine ganz uuregelmässige. Die Keulenbildungen
bei Tuberculose sind nach den Untersuchungen des Verfs. ebenso
wie bei Actinomycose anorganischen Ursprungs und das Recultat
gewisser chemischer Reactionen zwischen dem Organismus und
seiner Umgebung.   Die kolbenartigen Gebilde in tuberculösen
Secreten sind ununterscheidbar, wenn nicht absolut identisch mit
den bisher als charakteristisch für *Actinomyces* angesehenen Kolben
und zwar unter Umständen, welche die Möglichkeit einer causalen
Beziehung zwischen denselben und den Hyphen eines Pilzes gänzlich ausschliessen.   Die gallertigen Kolben sind meist kugelig, oft
aber auch verzweigt oder gefingert.   Jedenfalls müssen die bisher
über die Natur dieser Gebilde ausgesprochenen Ansichten nunmehr
als hinfällig und unhaltbar erscheinen · und neue Untersuchungen
über ihre Structur und chemische Beschaffenheit angestellt werden.
Die bisher festgestellten Thatsachen berechtigen noch nicht dazu,
dem Tuberkelpilz seine definitive systematische Stellung anzu-
weisen; jedenfalls aber wird sich dieselbe in der Nähe von *Actinomyces* befinden müssen.   Vegetabilische Nährböden würden wohl
beim Tuberkelpilz für derartige Untersuchungen bessere Medien
abgeben, als die classischen thierischen Protëine, auf denen er bekanntlich im Vergleich mit anderen Schizomyceten nur langsam
wächst.

Kohl (Marburg).

Bertog, Hermann, Untersuchungen über den Wuchs
und das Holz der Weisstanne und Fichte. (Forstlich-
naturwissenschaftliche Zeitschrift. Jahrg. IV. 1895. p. 97—112,
p. 177—216.)

Die ältesten ausführlichen Arbeiten, welche sich mit der
Qualität des Holzes beschäftigen, sind die von D u h a m e l d u
M o n c e a u, C h e v a n d i e r und W e r t h e i m, wie von N ö r d -
l i n g e r.   Sämmtliche beherzigten den Satz H a r t i g's nicht,
welcher lautet: Die Untersuchung der Qualität des Holzes in verschiedenen Baumtheilen, d. h. des Innern oder sogenannten Kernes,
im Vergleich zum äussern Splint, des Holzes in verschiedenen
Baumhöhen, des Einflusses des Baumalters, der Standortsgüte, des
Klimas, der Erziehungs- und Bewirthschaftungsweise auf die innere

Qualität ist eine ebenso schwierige als dankbare Aufgabe für den wissenschaftlichen Forscher. Die der Arbeit zu Grunde liegenden Untersuchungen wurden im botanischen Laboratorium der forstlichen Versuchsanstalt Münchens ausgeführt und dienten hauptsächlich zur Beantwortung der Fragen: Welche Verschiedenheiten zeigt das Holz des Einzelstammes nach Baumhöhe und Alter? Wie verhalten sich die durch verschiedenen Zuwachs ganz herausgebildeten Stammklassen desselben Bestandes? Welchen Einfluss hat der anatomische Bau auf die Eigenschaften des Holzes? Alles hauptsächlich auf die Tanne bezogen, daneben die Fichte berücksichtigend.

Indem wir wegen sämmtlicher Einzelheiten auf die Arbeit selbst verweisen, lassen wir hier die Hauptpunkte folgen, welche sich aus der Arbeit ergeben.

Die Grösse der Kerne steht im Allgemeinen in Beziehung zur Grösse des Splintes, des Parenchymgewebes und des Zuwachses.

Unter völlig gleichen Bedingungen ist das Holz der Tanne leichter als das der Fichte.

Das Tannenholz stimmt in den Veränderungen des Gewichtes durch die verschiedenen Baumtheile von unten nach oben mit der Fichte und den übrigen Holzarten überein.

Die Veränderungen des Gewichtes mit dem Alter bewegen sich zwar innerhalb derselben Holzart in derselben Richtung, jedoch bestehen zwischen Tanne und Fichte principielle Unterschiede, welche physiologisch aus einem Probebestande nicht zu erklären sind.

So lange noch Stämme im Bestande vorhanden sind, welche anscheinend in Folge individueller Veranlagung von Jugend an schlecht ernährt sind, gilt für die Tanne und Fichte der Satz, dass das Gewicht des Holzes sich umgekehrt verhalte wie die Stammstärke, nur für den herrschenden Bestand des höheren Alters.

Abgesehen hiervon hat der Stamm ein um so grösseres Bestreben, das Gewicht des Holzes zu erhöhen, je schwächer er ist.

Die Grösse und Wandungsstärke der Organe und das Verhältniss der Dicke zum dünnwandigen Gewebe wirken in gleicher Weise auf das Gewicht des Holzes.

Das Schwinden hängt im Wesentlichen vom specifischen Gewichte des Holzes und von der Grösse der Tracheiden ab, nur in der Wurzel haben Parenchym und Harzgehalt einen merkbaren Einfluss.

Zahlreiche Tabellen lassen den Gang der Untersuchung im Einzelnen verfolgen.

E. Roth (Halle a. S.).

Neue Litteratur.[*)]

Geschichte der Botanik:

Bertrand, C. Eg., Julien Vesque. Notice nécrologique. (Bulletin de la
Société botanique de France. T. XLII. 1895. p. 472—478.)

Loeffler, F., Louis Pasteur †. (Centralblatt für Bakteriologie und
Parasitenkunde. Erste Abtheilung. Bd. XVIII. 1895. No. 16. p. 481—493.)

Nomenclatur, Pflanzennamen, Terminologie etc.:

Pollard, Charles Louis, Nomenclature at the Springfield meeting of the A. A. A. S.
(Erythea. Vol. III. 1895. p. 158—161.)

Bibliographie:

Krok, Th. O. B. N., Svensk botanisk literatur 1894. (Botaniska Notiser. 1895.
Fasc. 5.)

Kryptogamen im Allgemeinen:

Géneau de Lamarlière, L., Catalogue des Cryptogames vasculaires et des
Muscinées du Nord de la France. [Suite.] (Journal de Botanique. Année IX.
1895. p. 417—428.)

Pringsheim, N., Gesammelte Abhandlungen. Herausgegeben von seinen Kindern.
Bd. II. Phycomyceten, Charen, Moose, Farne. 8⁰. VI, 410 pp. Mit 32
lithogr. Tafeln. Jena (Gustav Fischer) 1895.   M. 15.—

Pilze:

Chatin, Ad., Terfas du Maroc et de Sardaigne. (Bulletin de la Société
botanique de France. T. XLII. 1895. p. 489—494.)

De Seynes, J., Résultats de la culture du Penicillium cupricum Trabut. I. II.
(Bulletin de la Société botanique de France. T. XLII. 1895. p. 482—485.)

Istvánffi, Gyulá, Adatok Magyarország gombáiuac ismeretéhez. [Additamenta
ad cognitionem Fungorum Hungariae.] (Természetrajzi Füzetek. Vol. XVIII.
1895. p. 97—110.)

Istvánffi, Gyulá, Ujiabb vizsgálatok a gombák váladéktóiról. (Természetrajzi
Füzetek. Vol. XVIII. 1895. p. 240—256. 1 Tab.)

Stavenhagen, A., Einführung in das Studium der Bakteriologie und Anleitung
zu bakteriologischen Untersuchungen für Nahrungsmittelchemiker. 8⁰. VIII,
188 pp. Mit 83 in den Text gedruckten Abbildungen. Stuttgart (F. Enke)
1895.   M. 4.—

Flechten:

Malme, Gust. O. A., Lichenologiska notiser. IV. Adjumenta ad Licheno-
graphiam Sueciae meridionalis (Caloplaca perfida n. sp.). (Botaniska Notiser.
1895. Fasc. 5.)

Muscineen:

Warnstorf, C., Beiträge zur Kenntniss exotischer Sphagna. [Fortsetzung.]
(Allgemeine botanische Zeitschrift für Systematik, Floristik, Pflanzengeographie
etc. Jahrg. I. 1895. p. 203—206.)

Gefässkryptogamen:

Hofmann, H., Die Zwischenform von Asplenium viride Huds. und A. adulterinum
Milde. Ein Beitrag zur Kenntniss der Serpentinformen des Asplenium viride
Huds. (Allgemeine botanische Zeitschrift für Systematik, Floristik, Pflanzen-
geographie etc. Jahrg. I. 1895. p. 216—218.)

---

*) Der ergebenst Unterzeichnete bittet dringend die Herren Autoren um
gefällige Uebersendung von Separat-Abdrücken oder wenigstens um Angabe
der Titel ihrer neuen Veröffentlichungen, damit in der „Neuen Litteratur" möglichste
Vollständigkeit erreicht wird. Die Redactionen anderer Zeitschriften werden
ersucht, den Inhalt jeder einzelnen Nummer gefälligst mittheilen zu wollen,
damit derselbe ebenfalls schnell berücksichtigt werden kann.
                              Dr. Uhlworm,
                              Humboldtstrasse Nr. 22.

Physiologie, Biologie, Anatomie und Morphologie:

Bonnier, Gaston, Influence de la lumière électrique continue sur la forme et la structure des plantes. [Fin.] (Revue générale de Botanique. T. VII. 1895. No. 82.)

Chauveaud, G., Sur le mode de formation des faisceaux libériens de la racine des Cypéracées. (Bulletin de la Société botanique de France. T. XLII. 1895. p. 450.)

Coincy, Ad. de, Hétérospermie de certains Aethionema hétérocarpes. (Journal de Botanique. Année IX. 1895. p. 415—417.)

Guérin, P., Recherches sur la localisation de l'anagyrine et de la cytisine. (Bulletin de la Société botanique de France. T. XLII. 1895. p. 428—432.)

Jumelle, Henri, Revue des travaux de physiologie et chimie végétales parus de juin 1891 à août 1893. [Suite.] (Revue générale de Botanique. T. VII. 1895. No. 82.)

Leclerc du Sablon, Sur la digestion des albumens gélatineux. (Revue générale de Botanique. T. VII. 1895. No. 82.)

Lutz, L., Sur la marche de la gommose dans les Acacias. (Bulletin de la Société botanique de France. T. XLII. 1895. p. 467—471.)

Lutz, L., Localisation des principes actifs dans les Seneçons. (Bulletin de la Société botanique de France. T. XLII. 1895. p. 486—488.)

Palladin, W., Pflanzenanatomie. 8''. IV, 172 pp. Mit 160 Holzschnitten. Charkow 1895. [Russisch.] 1 Rub. 20 Kop.

Wiesner, J., Untersuchungen über den Lichtgenuss der Pflanzen mit Rücksicht auf die Vegetation von Wien, Cairo und Buitenzorg (Java). [Photometrische Untersuchungen auf pflanzenphysiologischem Gebiete. II.] (Sep-Abdr. aus Sitzungsberichte der k. Akademie der Wissenschaften. 1895.) 8°. 107 pp. Mit 4 Curventafeln. Wien (Carl Gerold's Sohn) 1895. M. 2.40.

Systematik und Pflanzengeographie:

Arechavaleta, J., Las Gramineas uruguayas. [Cont.] (Anales del Museo nacional de Montevideo. III. 1895.)

Bailey, F. M., Contributions to the Queensland flora. (Queensland. Department of Agriculture, Brisbane. Botany. Bulletin. No. XI. 1895.) 8°. 69 pp. With 17 pl. Brisbane (Edmund Gregory) 1895.

Belèze, Marguerite, Liste des plantes rares ou intéressantes (Phanérogames, Cryptogames vasculaires et Characées) des environs de Montfort-L'Amaury et de la forêt de Rambouillet (Seine-et-Oise). (Bulletin de la Société botanique de France. T. XLII. 1895. p. 494—509.)

Böckeler, O., Diagnosen neuer Cyperaceen. [Fortsetzung.] (Allgemeine botanische Zeitschrift für Systematik, Floristik, Pflanzengeographie etc. Jahrg. I. 1895. p. 201—202.)

Bonnet, Ed., Géographie botanique de la Tunisie. [Suite.] (Journal de Botanique. Année IX. 1895. p. 409—415.)

Borbás, Vinczé-töl, A Holdviola fajairól. [De speciebus generis Lunariae Tourn.] (Természetrajzi Füzetek. Vol. XVIII. 1895. p. 87—96.)

Boulay, Subdivision de la section Eubatus Fock. (Rubi fruticosi veri Arrhen). (Bulletin de la Société botanique de France. T. XLII. 1895. p. 391—417.)

Clos, D., Les Arum vulgare Lamk et italicum Mill., aires d'extension du Cistus laurifolius et du Lilium pyrenaicum. (Bulletin de la Société botanique de France. T. XLII. 1895. p. 460—467.)

Crévélier, J. J., Lettre à M. Malinvaud concernant la flore du département de la Charente. (Bulletin de la Société botanique de France. T. XLII. 1895. p. 510—512.)

Davidson, A., Botanical excursion to Antelope Valley. (Erythea. Vol. III. 1895. p. 153—158.)

Drude, Oscar, Deutschlands Pflanzengeographie. Ein geographisches Charakterbild der Flora von Deutschland und den angrenzenden Alpen- sowie Karpathenländern. Th. I. [Handbücher zur deutschen Landes- und Volkskunde. Bd. IV. Th. I.] 8°. XIV, 502 pp. Mit 4 Karten und 2 Textfiguren. Stuttgart (J. Engelhorn) 1895. M. 16.—

Eastwood, Alice, Observations on the habitus of Nemophila. (Erythea. Vol. III. 1895. p. 151—153. With 1 pl.)

Flatt, Alföldi Károly-tól, Agrostologiai megjegyzések Perlaky Gábor Florisztikai közleményeire. (Természetrajzi Füzetek. Vol. XVIII. 1895. p. 111 —115.)

Hasse, L. Aug. W., Schlüssel zur Einführung in das Studium der mitteleuropäischen Rosen. 160 Arten, Abaiten und Bastardformen. [Schluss.] (Allgemeine botanische Zeitschrift für Systematik, Floristik, Pflanzengeographie etc. Jahrg. I. 1895. p. 209—215.)

Mueller, Ferdinand, Baron von, Descriptions of new Australian plants, with occasional other annotations. [Continued.] (From the Victorian Naturalist. 1895. September.)

Psoralea Walkingtoni.

Shrubby, erect, glabrous; leaves conspicuously petiolated, mostly trifoliate; leaflets large, narrow-lanceolar, entire; flowers very large, on rather short peduncles; bracts small, as broad as long, acuminate; pedicels of very considerable length; calyx divided to the middle into deltoid-semilanceolor lobes; petals pale-lilac and partly white, all very much longer than broad, the two lateral petals somewhat shorter than the others; nine of the stamens high-connate; fruit much surpassed by the calyx, obliqueovate, compressed, glandular-dotted.

Near Frew-Creek; W. B. Walkington.

Branchlets slightly streaked. Petioles to $1^{1}/_{2}$ inches long, rachis to 1 inch. Leaflets to 5 inches long, to $^{2}/_{3}$-inch broad, pale-green on the underside and also on the surface, minutely and copiously dotted, faintly venulated, on very short stalklets. Racemes to 3 inches long and remarkably broad. Pedicels $^{1}/_{3}$—$^{1}/_{2}$-inch long. Bracts about $^{1}/_{8}$-inch long. Calyx measuring about $^{1}/_{3}$-inch in lengt. Petals to fully 1 inch long; the two lowest white except near the summit, producing a singular contrast in the colouration of the whole flower. Style as long as the stamens. Fruit about $^{1}/_{6}$-inch long.

A highly ornamental plant, in its affinity nearest to *P. leucantha*, but with very much larger flowers, in which respect it surpasses all its numerous congeners.

––––––

Mueller, Ferdinand, Baron von, Description of two hitherto unknown plants from Western Australia. (From the Chemist and Druggist of Australasia. Vol. X. 1895. No. 10. p. 207. October.)

Trianthema Cussackiana.

Nearly glabrous; branchlets compressed; leaves exactly linear, somewhat succulent, slightly channelled; flowers comparatively large, two or few together in each axil, on short pedicels or almost sessile; lobes of the calyx distinctly longer than the tube, narrowly semilanceolar and additionally pointed; stamens usually ten, about as long as the calyx; lower part of the filaments adnate; anthers and inner side of calyx-lobes almost violet; style one, conspicuous; ovulary one-celled; ovules few; fruit roundish-blunt, somewhat longer than broad.

In the vicinity of the Harding-River; W. H. Cussack. A probably prostrate plant; leaves attaining a length of $1^{1}/_{2}$ inches, but hardly ever more than one-tenth of an inch broad, at the petiolar base membranously dilated and anteriorly bidenticulated at the upper end hardly acute, but minutely mucronulate; calix measuring about $^{1}/_{3}$ inch in length; fruit evidently of thin texture, towards its base transversely dehiscent, but not obtained in a ripe state.

This species is clearly allied to *T. oxycalyptra,* but the extreme narrowness of the leaves give it at once a different aspect. The ripe fruits of both yet need comparison. The foliage offers some approach to *T. crystallyna,* a plant otherwise, especially in floral structure and carpologic characteristics, widely different.

Statice Macphersoni.

Spikes elongated, rather straight; rachis imperfectly beset with very short hairlets; flowers small, crowded, turned variously; tube of the calyx hardly as long as the lobes, bearing outside spreading hairlets, prominently fivestreaked; lobes transparent, in their lower part almost deltoid, thence gradually and conspicuously setaceous-capillulary; corolla glabrous, about as long as the calyx, its lobes rather longer than the tube, semielliptic, upwards somewhat lilac-coloured, but soon pallescent; anthers about thrice longer than broad, their cells towards the base secedent; styles capillulary, longitudinally stigmatose; ovulary nearly conical-ellipsoid, glabrous. Towards Coolgardie; Wm. A. Macpherson, Esq.

This species is descriptively established from a flower-spike solely — an unusual procedure — but admissible in the present instance, when the generic position of the plant can be clearly made out, and when the floral characteristics show great specific diversity from those of the two only other congeners hitherto known as indigenous to Australia, thus the calyx-lobes reminding of those of a Calycothrix.

Mueller, Ferdinand, Baron von, Description of an unrecorded *Eucalyptus* from South-Eastern Australia. (Print from the Australasian Journal of Pharmacy. 1895. October.)

Eucalyptus Bosistoana.

Finally tall; branchlets slender, at first angular; leaves on rather short petioles, almost chartaceous, mostly narrow or elongate-lanceolar, somewhat falcate, very copiously dotted with translucent oil glandules, generally dull-green on both sides, their lateral venules distant, much divergent, the peripheric venule distinctly distant from the edge of the leaf, all faint; leaves of young seedlings roundish or ovate, scattered, stalked; umbels few-flowered, either axillar-solitary or racemosely arranged; peduncles nearly as long as the umbels or oftener variously shorter, slightly or sometimes broadly compressed; pedicels usually much shorter, rather thick and angular; tube of the calyx turbinate-semiovate, slightly angular; lid fully as long as the tube, semiovate-hemispheric, often distinctly pointed; stamens all fertile, the inner filaments abruptly inflected before expansion; anthers very small, cordate or ovate-roundish, opening by longitudinal slits; style short; stigma somewhat dilated; fruit comparatively small, nearly semiovate, its rim narrow, its valves 5—6 or rarely 4, deltoid, totally enclosed, but sometimes reaching to the rim; sterile seeds very numerous, narrow or short; fertile seeds few, ovate, compressed, slightly pointed.

In swampy localities at Cabramatta an in some other places of the County of Cumberland and also in the County of Camden (Rev. Dr. Woolls); near Mount Dromedary (Miss Bate); near Twofold Bay (L. Morton); near the Genoa (Barnard); on the summit of the Tantowango-Mountains and also near the Mitchell-River (Howitt); between the Tambo and Nicholson Rivers (Schlipalius); near the Strezlecki-Ranges (Olsen). The „Wul-Wul" of the aborigines of the County of Dampier, the „Darjan" of the aborigines of Gippsland. Called locally by the colonists of New South Wales „Ironbark-Boxtree", and in some places also „Grey Boxtree", which appellations indicate the nature of the wood and bark, though the latter may largely be shedding.

As richly oil-yielding and also as exuding much kino, this tree is especially appropriate to connect therewith the name of Joseph Bosisto, Esq., C.M.G., who investigated many of the products of the *Eucalypts*, and gave them industrial and commercial dimensions.

This species in its systematic affinities is variously connected with *E. odorata*, *E. oiderophloia*, *E. hemiphloia* and *E. drepanophylla*. A fuller account of this valuable tree will early be given.

Murr, Jos., Beiträge zur Kenntniss der alpinen Archieracien Tirols. [Fortsetzung.] (Allgemeine botanische Zeitschrift für Systematik, Floristik, Pflanzengeographie etc. Jahrg. I. 1895. p. 206—208.)

Olsson, P. H., Om förskomsten af Crambe maritima L. i Finnland. (Botaniska Notiser. 1895. Fasc. 5.)

Prain, Le genre Microtoena. (Bulletin de la Société botanique de France. T. XLII. 1895. p. 417—427.)

Richter, Aladár, A tropikus flóra három vitás genusa: Cudrania, Plecospermum
és Cardiogyne anatomiai és systematikai viszonyairóel. (Természetrajzi Füzetek.
Vol. XVIII. 1895. p. 226—239. 2 Tab.)

Stenstroem, K. O. E., Tvänne Piloselloider från Halmstadstrakten (Hieracium
mallotum, H. grammophyllum). (Botaniska Notiser. 1895. Fasc. 5.)

Ullepitsch, J., Zur Flora der Tatra. (Oesterreichische botanische Zeitschrift.
Jahrg. XLV. 1895. p. 422—424.)

Van Tieghem, Ph., Loxania et Ptychostylus, deux genres nouveaux pour la
tribu des Struthanthées dans la famille des Loranthacées. (Bulletin de la
Société botanique de France. T. XLII. 1895. p. 385—391.)

Van Tieghem, Ph., Sur le groupement des espèces en genres dans la tribu
des Elytranthées de la famille des Loranthacées. (Bulletin de la Société
botanique de France. T. XLII. 1895. p. 433—460.)

Van Tieghem, Ph., Sur le groupement des espèces en genres dans la tribu
des Guadendrées (Loranthacées). (Bulletin de la Société botanique de France.
T. XLII. 1895. p. 455.)

Palaeontologie:

Hulth, J. M., Om floran i några kalktuffer från Vestergötland. (Botaniska
Notiser. 1895. Fasc. 5.)

Teratologie und Pflanzenkrankheiten:

Van Tieghem, Ph., Dédoublement du genre Phoenicanthemum d'après la
structure des anthères. (Bulletin de la Société botanique de France. T. XLII.
1895. p. 488—489.)

Medicinisch-pharmaceutische Botanik:
B.

Bokenham, T. J., A note on streptococci and streptococcus antitoxin. (British
med. Journal. No. 1811. 1895. p. 655—656.)

Braatz, E., Zum Verhältnisse der pathologischen Anatomie zur Bakteriologie.
[Entgegnung.] (Berliner klinische Wochenschrift. 1895. No. 34. p. 754.)

Breslauer, E., Ueber die antibakterielle Wirkung der Salben mit besonderer
Berücksichtigung des Einflusses der Constituentien auf den Desinfectionswerth.
(Zeitschrift für Hygiene. Bd. XX. 1895. Heft 2. p. 165—197.)

Buchanan, W. J., The bacteriological test for drinking water. (Indian med.
Gaz. 1895. No. 8. p. 298.)

Caro, L., Ueber die pathogenen Eigenschaften des Proteus Hauser. [Inaug.-
Diss. Erlangen.] 8°. 35 pp. Berlin 1895.

Chiari, H., Ueber einen als Erreger einer Pyohämie beim Menschen gefundenen
Kapselbacillus. (Prager medicinische Wochenschrift. 1895. No. 24—27.
p. 251—253, 264—265, 274—275, 284—286.)

Czerny, Ueber Heilversuche bei malignen Geschwülsten mit Erysipeltoxinen.
(Münchener medicinische Wochenschrift. 1895. No. 36. p. 383—385.)

Gatti, G., Rapide développement d'un sarcome de la thyroïde à la suite
d'infection par streptocoque pyogène. (Revue de chir. 1895. No. 7. p. 618
—625.)

Goebel, C., Ueber den Bacillus der „Schaumorgane". (Centralblatt für
allgemeine Pathologie und für pathologische Anatomie. 1895. No. 12/13.
p. 465—469.)

Heiman, H., A clinical and bacteriological study of the Gonococcus (Neisser)
as found in the male urethra and in the vulvo-vaginal tract of children.
(Med. Record. 1895. No. 25. p. 769—778.)

Hitzig, Th., Beiträge zur Aetiologie der putriden Bronchitis. (Archiv für
pathologische Anatomie und Physiologie. Bd. CXLI. 1895. Heft 1. p. 28
—41.)

Ladendorf, A., Höhenklima und Tuberkelbacillen. (Deutsche Medicinal-Zeitung.
1895. No. 58. p. 643—645.)

Licastro, Le tappe della batteriologia. (Riforma med. 1895. No. 161. p. 121
—123.)

Martin, A. J., Les examens bactériologiques et la diphthérie. (Gaz. hebdom.
de méd. et de chir. 1895. No. 28. p. 325—326.)

Menereul, M., Gangrène gazeuse produite par le vibrion septique. (Annales
de l'Institut Pasteur. 1895. No. 7. p. 529—532.)

Roger, H., Nouvelles recherches sur le streptocoque (vaccination; immunité; sérothérapie). (Gaz. méd. de Paris. 1895. No. 35. p. 409—411.)

Theissier et Guinard, Lésions expérimentales du foie réalisées chez les animaux par injection extra-veineuse de toxines microbiennes (pneumobacillaire, diphtérie principalement. (Comptes rendus de la Société de biologie. 1895. No. 27. p. 612—613)

Teissier, J. et Guinard, L., Aggravation des effets de certaines toxines microbiennes par leur passage dans le foie. (Comptes rendus des séances de l'Académie des sciences de Paris. T. CXXI. 1895. No. 4. p. 223—226.)

Valentine, F. C., Der Einfluss des Oleum Santali auf das Bakterienwachsthum, insbesondere auf die Gonokokken. (Archiv für Dermatologie und Syphilis. Bd. XXXII. 1895. Heft 1/2. p. 169—172.)

Wright, A. E. and Semple, D., On the presence of typhoid bacilli in the urine of patiens suffering from typhoid fever. (Lancet. Vol. II. 1895. No. 4. p. 196—199.)

Zeissl, M. von, Die 'Bedeutung der Untersuchung auf Gonokokken für die Diagnose des Harnröhrentrippers und für das Urtheil über die Heilung desselben. (Centralblatt für die Krankheiten der Harn- und Sexual-Organe. Bd. VI. 1895. Heft 6. p. 298—301.)

Technische, Forst-, ökonomische und gärtnerische Botanik:

Dewèvre, Alfred, Les caoutchoucs africains. I. Monographie du caoutchouc. II. Les caoutchouc africains. III. Les caoutchouc du Congo. 8⁰. 92 pp. Bruxelles et Louvain (Polleunis et Ceuterick) 1895.

Van Bruyssel, Ferd., Le Canada. Agriculture, élevage, exploitation forestière, colonisation. 8⁰. 485 pp. Avec 1 carte. Bruxelles (P. Weissenbruch) 1895.
Fr. 7.50.

Corrigendum.

Im Botanischen Centralblatt, Bd. LXIV:
    p. 111, Zeile 16 v. u. **entspricht** statt entsprosst.
    p. 111, Zeile 10 v. u. **Dies** statt Drei.
    p. 111, Zeile 2 u. 6 v. u. **Sacc.** statt Savr.
    p. 206, Mitte, statt Ejuranin liess **Gjurasin.**

Sämmtliche früheren Jahrgänge des

„Botanischen Centralblattes"

sowie die bis jetzt erschienenen

Beihefte, Jahrgang I, II, III und IV,

sind durch jede Buchhandlung, sowie durch die Verlagshandlung zu beziehen.

Inhalt.

Ausgegeben: 3. December 1895.

Druck und Verlag von Gebr. Gotthelft in Cassel.

Band LXIV. No. 11.   XVI. Jahrgang.

Botanisches Centralblatt.

REFERIRENDES ORGAN

für das Gesammtgebiet der Botanik des In- und Auslandes.

Herausgegeben

unter Mitwirkung zahlreicher Gelehrten

von

Dr. Oscar Uhlworm und Dr. F. G. Kohl
in Cassel.   in Marburg.

Zugleich Organ

des

Botanischen Vereins in München, der Botaniska Sällskapet i Stockholm, der Gesellschaft für Botanik zu Hamburg, der botanischen Section der Schlesischen Gesellschaft für vaterländische Cultur zu Breslau, der Botaniska Sektionen af Naturvetenskapliga Studentsällskapet i Upsala, der k. k. zoologisch-botanischen Gesellschaft in Wien, des Botanischen Vereins in Lund und der Societas pro Fauna et Flora Fennica in Helsingfors.

| Nr. 50. | Abonnement für das halbe Jahr (2 Bände) mit 14 M. durch alle Buchhandlungen und Postanstalten. | 1895. |

Die Herren Mitarbeiter werden dringend ersucht, die Manuscripte immer nur auf *einer* Seite zu beschreiben und für *jedes* Referat besondere Blätter benutzen zu wollen.   **Die Redaction.**

Wissenschaftliche Original-Mittheilungen.*)

Zur Geschichte unseres Beerenobstes.

Von

R. v. Fischer-Benzon
in Kiel.

(Fortsetzung.)

5. Die Himbeere.

(*Rubus idaeus* L.)

Wie schon eben bei der Brombeere erwähnt wurde, soll *batus idaea* (βάτος ἰδαία) bei D i o s k o r i d e s unsere Himbeere sein. Es ist aber ebensowohl möglich, dass man im Alterthum zwischen Himbeeren und Brombeeren ebenso wenig unterschieden hat wie im Mittelalter. Aus dem Mittelalter kennt man bis jetzt

---

*) Für den Inhalt der Originalartikel sind die Herren Verfasser allein verantwortlich.   Red.

nur wenig Stellen, an denen die Himbeere mit einem besonderen Namen genannt wird;[1]) wenn aber Albertus Magnus (6,143) sagt: „*Rubus* nennen wir die Dornsträucher, die süsse Beeren haben, und über andere ihnen benachbarte Pflanzen kriechen; und von ihren Beeren giebt es sehr viele Geschlechter, die allen bekannt sind",[2]) so wird hier sicher die Himbeere mit gemeint sein, um so mehr, als ihre Früchte noch im Anfang des 17. Jahrhunderts morum genannt werden.[3]) In den ältesten Glossaren wird *batus*[4]) fast ebenso oft mit *mora domestica* identificirt wie *celsa*, das die wirkliche Maulbeere bedeutet. Ob hierbei schon an eine wirkliche Cultur der Himbeere gedacht werden darf, ist doch wohl zweifelhaft. Im Mittelalter wird aber, ebenso wie jetzt, die Himbeere sich in grösserer Menge auf Waldblössen angesiedelt haben, und da solche Waldblössen naturgemäss in der Nähe der Klöster selbst entstanden, die Himbeere also in der That dem Einflusse des Menschen unterworfen war, so kann ihr das wohl den Beinamen *domestica* eingetragen haben.[5])

Im 16. Jahrhundert finden wir die Himbeere sehr viel in Cultur genommen. Ruellius berichtet (595,45), dass sie überall ihres Wohlgeschmacks wegen in Gärten gebaut werde und Mattioli sagt (Opera omnia ed. C. Bauhin, Frankfurt a. M., 1598, p. 717), dass sie in Böhmen aus den Wäldern in die Gärten verpflanzt sei. Clusius (Plant. rariorum historia, Antwerpen 1601, p. 117) kennt rothe und weisse (gelbe) Himbeeren, und Camerarius führt die weissen als *Rubus idaeus leucocarpus* auf (Hortus medicus, Frankfurt a. M., 1588, p. 149).

Die Abbildung, die im „gart der gesuntheit", Mainz 1485, dem 263. Capitel mit der Ueberschrift „*mora bacci*, brombeernstruch" beigegeben ist, könnte die Himbeere sein. In demselben Buch ist die dem 320. Capitel, „*pruna, prumen*" hinzugefügte Abbildung ein Brombeerstrauch.

6. Die Erdbeere.

(*Fragaria vesca* L.)

Bei den Schriftstellern des griechischen Alterthums wird unsere Walderdbeere nicht erwähnt, oder jedenfalls nicht so, dass wir sie aus den überlieferten Beschreibungen wiedererkennen könnten. Einem griechischen Namen für sie begegnen wir erst im 13. Jahrhundert bei Nicolaus Myrepsus (De compositione

---

[1]) Framboses hintperi (Graft, Althochdeutscher Sprachschatz, 3,205) 11. Jahrh.; frambrones hindbere (Sum. 40,73) 12 Jahrh.; hindbere bedeutet Beere der Hindin oder Hirschkuh. Im Laufe der Zeiten ist aus hindbere unsere Himbeere geworden.

[2]) „ . . . rubum vocamus vepres, quae mora dulcia habent, et repunt super plantas alias sibi vicinas. Et illorum mororum sunt plurima genera, quae nota sunt omnibus."

[3]) C. Bauhin nennt in seiner Pinax (1623) den Erdbeerspinat Atriplex sylvestris mori fructu.

[4]) Corp. Gloss. Latin. Bd. III. batus mura domestica 543,60; ähnlich 631,31; 587,45 etc.

[5]) Man vergleiche meine Altdeutsche Gartenflora, p. 156.

medicamentorum, sect. 3, cap. 46),[1]) der sie φράουλε nennt. Anders ist es bei den Römern. Vergil (Ecl. 3,92) spricht von *fragum*, Ovid (Met. 1,109) von *montana fraga*; da nun Plinius *fragum* mit der Frucht des Erdbeerbaumes (*unedo*)· vergleicht und sagt, dass beide sich durch ihre Substanz unterscheiden (15,98), und da er *fragum* unter den in Italien wildwachsenden Pflanzen aufführt, die gegessen werden (21,86), da ferner im Mittelalter die Erdbeere auch noch *fraga* (Sum. 56,74) genannt wird, so dürfen wir annehmen, dass die Römer die Walderdbeere gekannt haben.

Im Mittelalter werden namentlich die Blätter der Erdbeere als Heilmittel benutzt; diese heissen *frassafolia*[2]) und *fragefolia* (Sum, 62,18: *fragefolium*, ertbeerblat, 11. Jahrh.). Aber auch die Früchte werden erwähnt: *erpere* (Heil. Hildegard 1,170), *fraga*, ertbere (Sum. 56,76, 13. Jahrh.). Albertus Magnus übergeht jedoch die Erdbeere. Die erste recht wohl gelungene Abbildung von ihr findet sich im Mainzer „Herbarius“ von 1484 auf Blatt 63, wo sie *fragaria* und erperkrut genannt wird. Noch besser ist die Abbildung im „gart der gesuntheit“, Mainz 1485, cap. 190; hier werden *frage* (für *fragae*) und ertbern als Namen hinzugefügt.

Nutzpflanze ist die Erdbeere also ziemlich lange gewesen, Culturpflanze wurde sie aber erst im 16. Jahrhundert; Ruellius (De natura stirpium, Basel 1537, p. 452) erzählt, dass die Erdbeere in die Gärten verpflanzt werde, damit sie grössere Früchte gebe, und dass dabei die rothen Früchte sich in weisse umänderten. Aehnliche Angaben finden sich auch bei den deutschen Vätern der Botanik. Bei Elsholtz (Neu angelegter Garten-Baw, 3. Aufl., Frankfurt und Leipzig 1690, p. 181) werden noch dieselben Varietäten der Walderdbeere als Gartenpflanzen genannt, ebenso bei Weinmann (Phytanthozaiconographia, Regensburg 1737 ff. Taf. 514). Es hat also lange gedauert, bevor amerikanische Erdbeeren nach Deutschland gelangten, denn nach Alph. de Candolle (Culturpflanzen p. 253) wurde *Fragaria virginiana* Ehrh. 1629 in die englischen Gärten eingeführt, und *Fragaria chiloensis* Duchesne 1715 in die französischen.

7. Die Johannisbeere.
(*Ribes rubrum* L.)

Mehrfach ist der Versuch gemacht worden unter den Pflanzen, die von den Schriftstellern des Alterthums beschrieben werden, auch den Johannisbeerstrauch wiederzufinden. Diese Versuche

---

[1]) Principes artis medicae, Vol. II, 1567 (excudebat Stephanus), col. 479. Leonhard Fuchs, der das Werk des Nicolaus Myrepsus ins Lateinische übersetzt hat (eine Ausgabe des Originals existirt bis jetzt nicht), verbessert φράουλε in φράγουλε, nach dem lateinischen *fragulae*, aber mit Unrecht, denn die Erdbeere heisst noch im heutigen Griechenland φράουλα (v. Heldreich, Nutzpfl. Griechenlands, Athen 1862, p. 66).

[2]) Eckhart, Commentarii de rebus Franciae orientalis etc., Würzburg 1729, Bd. II, p. 980; die Glosse stammt aus dem 8. Jahrh., die Uebersetzung erdbrama aus dem 9.

mussten aber scheitern, weil dieser Strauch in Griechenland garnicht und in Italien nur auf den Gebirgen im Norden des Landes,.
und dort auch nur spärlich, vorkommt. Auch in den Schriften
des Mittelalters wird die Johannisbeere vor dem 15. Jahrhundert:
nicht erwähnt. Zu Anfang dieses Jahrhunderts wird sie nämlich
zum ersten Male genannt in einem Manuskript, das die Glosse
„*ribes* sunt Johannesdrübel“ enthält (L. D i e f e n b a c h, Glossarium
latino-germanicum etc., Frankfurt a. M., 1857, 4⁰, 643,3). Am⸳
Ende desselben Jahrhunderts wird sie im Mainzer Herbarius von.
1484 auf Blatt 120 abgebidet. Hier führt sie die Namen *ribes*
und „sant johans drubgin“; in der Passauer Ausgabe des Herbarius.
vom folgenden Jahre lautet der deutsche Name „sant johans,
trublin“. Die Abbildung ist roh, zeigt aber doch fünflappige-

Fig. 1. Johannisbeerstrauch
nach dem Mainzer Herbarius von
1484, halbe Grösse des Originals.

Fig. 2. Johannisbeerstrauch.
nach dem niederdeutschen Gaerde
der suntheit, Lübeck 1492, halbe-
Grösse des Originals.
Stimmt, von einigen Kleinigkeiten
abgesehen, genau überein mit der
Abbildung im hochdeutschen Gart
der gesuntheit, Mainz 1485.

Blätter und traubig angeordnete Früchte. Die hinzugefügte Beschreibung lautet in Uebersetzung etwa folgendermassen: „*Ribes*
ist ein Strauch, dessen Frucht roth und süss mit Säure und.
Herbigkeit ist; und hieraus folgt, dass er den Magen kühlt, und
Durchfall, Erbrechen und Durst stillt; und der Rob davon, das
ist sein Saft, hilft den Magenkranken und gegen Erbrechen und
Fluss, die von der trockenen Hitze kommen, und ruft das Ver-
langen nach Speise durch seine Kälte hervor. Der Saft wird aus,
den zerdrückten Früchten ausgepresst, und das Ausgepresste wird

gekocht bis es (dickliche) Substanz hat."[1]) Diese Worte, die, wie angegeben wird, dem S e r a p i o n entnommen sind, passen ohne Zwang
auf die Johannisbeere, und dass diese hier wirklich gemeint ist,
wird dadurch bestätigt, dass sich in dem nahezu der gleichen Zeit
entstammenden „Gart der gesuntheit", Mainz 1485, bei Kapitel
341 eine sehr gut kenntliche, offenbar nach der Natur gezeichnete
Abbildung von der Johannisbeere befindet, die *ribes* und „johans
drubelin" genannt wird. Die hier gegebene Beschreibung besteht
aus zwei Theilen, die nach zwei verschiedenen Pflanzen gemacht
zu sein scheinen. Mit dem ersten Theil werden wir uns später
beschäftigen; der zweite lautet: „Serapio in dem buoch aggrega-
toris in dem capitel *ribes*, beschreibet vns vnd spricht das disz
habe eyn langen stam vnd syn bletter sint ront vnd kerfficht vnd
brenget roit drublin glich den wyndruben wan das sie nit als
grosz synt." Diese Worte passen auch auf die Johannisbeere,
aber von S e r a p i o n rühren sie nicht her.

Da *ribes* kein lateinisches Wort ist und S e r a p i o n sowohl
im Mainzer Herbarius wie im Gart der gesuntheit als Autor angeführt wird, so liegt es nahe, dies Wort bei ihm zu suchen, und
da finden wir es denn auch in der That (Fol. 130, a., Cap. 241),
aber nicht als Namen der Johannisbeere, sondern als denjenigen
einer Arzneipflanze, aus deren Stengeln und Blattstielen die
arabischen Aerzte ein kühlendes Getränk bereiteten, das sie Fieber-
kranken zur Stillung des Durstes reichten. Diese Arzneipflanze
ist das zur Familie der *Polygonaceen* gehörige *Rheum Ribes* L.;
die daraus bereitete Arznei hiess *Rob ribes*.[2]) S e r a p i o n stützt
sich auf verschiedene ältere arabische Schriftsteller, so dass die
Pflanze *ribes*[3]) damals schon seit längerer Zeit bei den Arabern
in Gebrauch gewesen sein muss. Die von ihm nach Jsh'ak ben
A m r â n (um 900) mitgetheilte Beschreibung lautet folgendermassen:
„*Ribes* ist eine Pflanze, die im frischen Zustande rothe ins grüne
übergehende Stengel, und grosse, breite, runde, grüne Blätter hat;
und sie hat Samenkörner, deren Saft süss verbunden mit Säure
ist, und selbst ist sie kalt und trocken im zweiten Grade; und
das Zeichen hierfür ist ihre Säure und Herbigkeit, und hieraus folgt, dass sie den Magen kühlt . . . . . . und der Saft aus
ihren Stengeln wird ausgepresst, und desshalb werden sie zerrieben

---

[1]) „Est frutex cuius fructus est rubeus et dulcis cum acetositate et
stipticitate. et ex hoc contingit quod infrigidat stomachum et abscindit fluxum
ventris et vomitum et situm. et rob eius. i. succus eius confert cardiacis et
vomitui et fluxui qui fiunt a colera: et provocat appetitum cibi sua frigiditate.
Et succus ejus exprimitur ex fructibus quando teiuntur et coquitur ex.
pressura illa donec habeat [spissam] substantiam." — Das Wort „spissam"
ist aus Serapion von mir ergänzt.

[2]) R o b war ein eingedickter Saft. In seinen „Synonyma" sagt Serapion
(Fol. 89 a): „rob. i. succus usque ad spissitudinem decoctus vel tertiam partem."

[3]) *Ribes* ist also ein arabisches Wort, das in der angegebenen Weise
von den abendländischen Schriftstellern geschrieben wurde; die Araber
sprachen es *ribas* oder *riwas* (E. L i t t r é, Dictionaire de la langue française,
Paris 1885 ff. unter *ribes*; E. B o i s s i e r, Flora orientalis. Bd. IV, Genf und
Basel 1879, p. 1004: „Arabis et Persis *Rivas* audit."

und ausgepresst; und das Ausgepresste wird gekocht bis es dickliche Consistenz (Substanz) hat."[1])

Als nun die Araber ihre Herrschaft nach Westen hin ausbreiteten, suchten sie die beliebte und geschätzte Arzneipflanze in
den eroberten Ländern aufzufinden, allerdings, da sie Europa vollkommen fremd ist, ohne Erfolg. Das erkennt man auch daraus,
dass Serapion, der im 13. Jahrhundert in Spanien oder Marokko
gelebt haben soll, schon ein Surrogat anführt; er erzählt nämlich,
einige meinten der Sauerrampfer, *acetosa*, sei das *ribes* der Araber.
Sein Uebersetzer, Simon Januensis, nimmt natürlich einen
ähnlichen Standpunkt ein wie Serapion selbst; er weiss zwar
noch, dass das echte *ribes* in Syrien wächst, aber während
Serapion sagt, dass einige den Sauerampfer für *ribes* halten,
sagt Simon Jannensis, allerdings mit Berufung auf einen
arabischen Schriftsteller: „wir aber können an seine Stelle den
Saft von Sauerampfer setzen."[2]) Bei Mattheus Sylvaticus
hat sich die Zahl der Surrogate schon um eines vermehrt, denn
ausser Sauerampfer führt er auch noch *coccus* an. *Coccus* aber
sind die Kermeskörner (Grana Kermes seu Kermes vegeta-
bile), die durch den Stich der Kermesschildlaus (*Coccus Ilicis*
Fabr.) hervorgerufenen Auswüchse der Kermeseiche (*Quercus
coccifera* L.). Diese rothen, runden und etwas säuerlichen Kermes-

---

[1]) „*Ribes* est planta habens capreolos recentes rubeos ad viriditatem
tendentes et habet folia magna lata rotunda viridia. et habet grana quorum
sapor est dulcis cum acetositate et ipsa est frigida et sicca in secundo gradu.
et signum super hoc est acetositas eius et stipticitas: et ex hoc contingit quod
infrigidat stomachum et incoriat eum: et abscindit sitim et fluxum ventris:
et vomitum. et rob eius confert cardiacis et vomitui et fluxui quod fit a
cholera: et provocat appetitum cibi. et in rob eius est dulcedo et acetositas
sine stipticitate: et exprimitur succus capreolorum eius: quonium ipsi teruntur
et exprimuntur: et coquitur expressura illa donec habeat spissam substantiam."
Die *capreoli* sind durch *stipites* oder ein ähnliches Wort zu ersetzen. Mit
den saftigen Körnern hat es aber seine Richtigkeit, denn bei E. Boissier
(Flora orientalis, Bd. IV, Genf und Basel 1879, p. 1004) heisst es in der Beschreibung von *Rheum Ribes*: „achenio magno demum sanguineo subcarnoso-
succulento etc." — Mattheus Sylvaticus hat von dieser Beschreibung
nur die erste Hälfte bis „et abscindit sitim etc;" der Verfasser des Mainzer
Herbarius muss also Serapion selbst vor sich gehabt haben.

[2]) „Nos autem loco eius succum acetosae quae est lapatium agreste
ponere possumus". — Bei Serapion findet sich noch folgende Bemerkung
im Anschluss an diejenige über den Sauerampfer (nach Sindaxar): „et puta-
verunt alii quod ipsa sit granum acetosum quod affertur ex corasceni. et
Rasis memoravit eam inter fructus". Corasceni ist Armenien. Mattheus
Sylvaticus hat nun (Fol. 105) die Deutung: „granum acetosum quod
affertur ex corasceni. i. *fragula*." Aber hier hat er offenbar Unrecht, denn
an die Erdbeere kann man nicht wohl denken. Es liegt hier eine Ver-
wechselung oder eine schlechte Uebersetzung vor. Bei Mattheus Sylv.
heisst es nämlich auch (nach Alhaui) von *ribes*: „est planta stipitem habens
rubeum od viriditatem declinantem tenerum cuius sapor est dulcis acetositate
mixtus folia rotunda viridia nigra, cuius granum portatur de corasceni acidi
saporis: de quo fit rob. nos autem loco eius succum acetosae etc. (wie am
Anfang dieser Anmerkung). Bezieht man hier das „quo" auf „granum acidi
saporis", so würde der Rob nur aus der fleischigen Fruchthülle gemacht
werden, was nicht richtig ist. — Wenn Rases (Arrâzi, gest. 923) *ribes*
unter den Früchten (Obstarten) aufzählt, so ist das keineswegs so unrichtig.

-körner sind lange in unseren Apotheken gebräuchlich gewesen, und noch zu Anfang unseres Jahrhunderts wurde der frische Saft von ihnen mit Zucker eingekocht und als Confectio Alchermes feilgeboten.

Wir sehen also, dass das Bemühen, einen Ersatz für das *ribes* der Araber zu finden, zur Benutzung verschiedener Pflanzen geführt hatte. Hielt man daran fest, dass Stengel und Blattstiele (capeoli) den säuerlichen Saft enthalten· sollten und vernachlässigte man den übrigen Theil der Beschreibung bei Serapion[1], so kam man dazu, den Sauerampfer als *ribes* anzusprechen. Beachtete man dagegen nur den einen Umstand, dass Körner oder Beeren (grana) die Träger des heilsamen Saftes sein sollten, so konnte man die Kermeskörner für das echte *ribes Arabum* halten. Auf ganz ähnliche Weise wird man dahin gekommen sein, anzunehmen, dass die Beeren des Johannisbeerstrauches den *Rob ribes* lieferten.[2] Vergleicht man die Beschreibung des Johannisbeerstrauches im Mainzer Herbarius mit derjenigen von *ribes* bei Serapion, so sieht man, dass die erste ziemlich wörtlich mit der zweiten übereinstimmt, nur sind capreoli (Stengel und Blattstiele) und grana (Körner oder Beeren) in *fructus*, Früchte, zusammengezogen und der übrige Theil des Textes dementsprechend geändert. Der Verfasser des Herbarius hat also die Beschreibung bei Serapion so umgewandelt, dass sie zu der Johannisbeere stimmt; der Verfasser des „Gart der gesuntheit" hat aber den Serapion gar nicht mehr gekannt, sondern seine Beschreibung nach der Johannisbeere selbst gemacht. Die Aehnlichkeit mit der Weintraube und die frühe Reife (die allerdings nur in Süddeutschland stattfindet) haben der neuen Arzeneipflanze den Namen Johannisträublein oder -beerlein eingebracht, den sie in vielen Gegenden Deutschlands, wenn auch manchmal etwas verstümmelt[3]), noch trägt.

Nun können wir uns die Zeit, zu der die Johannisbeere als Arzneimittel in Gebrauch genommen wurde, einigermassen genau umgrenzen. Da sie, wie gesagt, in einem Manuskript aus dem Anfang des 15. Jahrhunderts vorkommt, und da das dem Mainzer Herbarius zu Grunde liegende Manuskript wahrscheinlich schon im 14. Jahrhundert entstanden ist, so muss es das 14. Jahrhundert sein, und zwar das Ende desselben, denn die Schriften der

---

[1]) Serapions Practica war durch die lateinische Uebersetzung des Simon Januensis von allen Schriften der arabischen Aerzte wohl die bekannteste.

[2]) Carl Koch (Die Bäume und Sträucher des alten Griechenlands, 2. Aufl., p. 154, Berlin 1884) bemerkt, dass die Araber „bald in den säuerlichen Beeren unserer Johannisbeere, die allenthalben in den Gebirgen der nach Norden hin eroberten Länder vorkommen, einen geeigneten Ersatz" für den *Rob ribes* fanden. „Den Roob(!) bereitete man aus ihnen und brachte ihn auch als Roob Ribes in den Handel. Als die geistige Finsterniss des Mittelalters allmälig, hauptsächlich durch die Entdeckung Amerikas, gewichen war, kam der Johannisbeer-Rob mit der Pflanze, aus deren Beeren er angefertigt wurde, nach Europa, also auch nach Deutschland." — Diese Ansichten lassen sich durch litterarische Nachweise nicht stützen.

[3]) Kannstagsträubele, Kanzigsbeerele, Kanzerle (Kirchleger, Flore d'Alsace, Strassburg 1852—62, p. 296).

arabischen Aerzte wurden erst im Anfang dieses Jahrhunderts in weiteren Kreisen bekannt. Auch die Gegend, in der man die Johannisbeere zuerst benutzte, lässt sich leidlich sicher bestimmen. In Norddeutschland reift die Johannisbeere nicht um Johanni; der Name Johannisträublein, der der älteste ist, weist also auf Süddeutschland, einmal durch die darin liegende Angabe der Reifezeit, und zweitens durch die Form Träublein; im niederdeutschen Norddeutschland wurde die Pflanze am Ende des 15. Jahrhunderts „sunte Johansdruuen" genannt (Gaerde der suntheit, Lübeck 1492, cap. 427). Dass es der östliche Theil von Süddeutschland war, geht vielleicht daraus hervor, dass die Johannisbeere in dem Arzeneibüchlein, genannt „Margarita medicinae", des J o h a n n T o l l a t v o n V o c h e n b e r g erwähnt wird, der seine medicinischen Kenntnisse, wie er selbst sagt, dem „aller erfarnisten mann der artzney doctor Schrick" an „der weit berümten vniversitat zu wien" verdankt (ribus, johannstrübelin; Fol. 35 b der Ausgabe von 1500; die erste Ausgabe erschien 1497), während B r u n f e l s (1531) ihrer mit keiner Silbe gedenkt.

Wir wenden uns nun der Verbreitung der neuen Nutzpflanze zu. G e s n e r erwähnte in seinem Catalogus plantarum (Zürich 1542, 4°) die Johannisbeere nicht, wohl aber in seinen Horti Germaniae (Fol. 252 a); er kannte sie also schon als Culturpflanze. Als solche wird sie vor G e s n e r schon von H i e r o n y m u s B o c k angeführt, der vom Sanct Johanns Treubel sagt (Fol. 353): „Das holdselige beumlein, dz die wolschmeckende rohte Johanns Treublein bringet, würt vast inn den Lustgärten gepflantzet." An lateinischen Namen hat B o c k Ribes, Grossula hortensis und rubra, und fügt hinzu: „Etliche nennen sie auch Grossulam transmarinam." Die Besprechung dieser Namen schieben wir auf, bis wir zu R u e l l i u s kommen.

(Schluss folgt.)

Originalberichte gelehrter Gesellschaften.

Botaniska Sektionen af Naturvetenskapliga Studentsällskapet i Upsala.

Sitzung am 13. October 1892.

Herr Docent **T. Hedlund** sprach:

Ueber die Flechtengattung *Moriola.*

Vortr. beschrieb die Entwickelung und den Bau des Thallus von *Moriola pseudomyces* Norm., der gewöhnlichsten Art der Gattung *Moriola.* Aus den von N o r m a n in „Botaniska Notiser" 1872, 1873 und 1876 gelieferten Beschreibungen über die von ihm aufgestellte Gattung *Moriola*, sowie über die derselben nahe stehende Gattung *Sphaeconisca* geht hervor, dass die hierher gehörenden Organismen mit Gonidien versehen, also wirkliche Flechten sind. Indessen ist Norman bei seinen Untersuchungen auch zu verschiedenen Ungereimtheiten gelangt, wie z. B., dass Pollenkörner, nachdem sie die Exine abgeworfen, innerhalb des Hyphengewebes aufgenommen werden, und dass dann in denselben Chlorophyll entstehe u. s. w. Dies alles bewirkte, dass man bezweifelt hat, dass die betreffenden Organismen wirklich mit Gonidien versehen sind. Um endlich Klarheit über diese Frage zu gewinnen, hatte Vortr. eine Untersuchung über die, wenigstens in dem nördlicheren Skandinavien sehr verbreitete *Moriola pseudomyces* angestellt. Es stellte sich heraus, dass die Hyphen des Thallus, welche, wie diejenigen der Russtau-Pilze, braun sind, eine *Cystococcus* (*Protococcus*)- ähnliche Alge umschlingen und um die einzelnen Algen-Individuen gleichsam Kapseln bilden. Diese Gebilde haben eine einschichtige, pseudoparenchymatische Wand, innerhalb welcher die Alge wächst und sich vermehrt. Auch bei den übrigen Arten von *Moriola* und *Sphaeconisca* beschreibt Norman ausführlich solche Gonidien enthaltende Hyphenkapseln. Diese Gattungen, aus denen Norman mit Recht eine besondere Familie der *Moriolei* gebildet hat, sind also Flechten, wenn auch ihr Hyphengewebe beim ersten Anblick gar nicht Flechtenähnlich ist. Dass auch Pollen- und Stärke-Körner ins Hyphengewebe aufgenommen werden, hat Vortr. nicht constatiren können.

Sitzung am 10. November 1892.

Herr Prof. **Kjellman** gab ein Referat seiner Abhandlung:

„Studier öfver *Chlorophycé*-slägtet *Acrosiphonia* J. G. Ag. och dess skandinaviska arter". [= Studien über die *Chlorophyceen*-Gattung *Acrosiphonia* und deren skandinavische Arten],

welche im Bihang till k. Sv. Vet. Akad. Handl. Bd. XVIII. Afd. III. No. 5. veröffentlicht worden ist.

Sitzung am 24. November 1892.

Herr Amanuens. **M. Hulth** lieferte einen Bericht über den Inhalt eines Manuscriptes von Linné, betitelt:

„Flora Kofsöensis",

welches in der Bibliothek der Universität zu Upsala verwahrt wird.

Sitzung am 8. December 1892.

Herr Docent **O. Juel** sprach:

Ueber einige heteröcische *Uredineen*.

Während einer im Sommer 1892 vorgenommenen Reise in der Provinz Jämtland hatte Vortr. seine Aufmerksamkeit auf einige *Compositen* bewohnende Aecidien gerichtet, von welchen er vermuthete, dass sie zu den heteröcischen *Puccinia*-Arten gehörten, um durch Beobachtungen in der Natur den ihnen wahrscheinlich zukommenden Teleutosporen-Formen auf die Spur zu kommen.

Wenn ein heteröcisches *Aecidium* auf einem Standort massenhaft auftritt, so haben auf diesem Platze ohne Zweifel Teleutosporen derselben Art im Frühling reichlich gekeimt und müssen auch, falls sie an hinreichend resistenten Pflanzentheilen befestigt sind, auch im Sommer gefunden werden können. Ein definitiver Aufschluss über den Zusammenhang zwischen Aecidien und Teleutosporen kann durch solche Untersuchungen natürlicherweise nicht erwartet werden. Vortr. hatte indess die Absicht, die Untersuchungen durch Culturversuche zu Ende zu führen.

Mehrere der bisher vollständig bekannten, *Compositen* bewohnenden Aecidien gebören einem Verwandtschaftskreise in der Gattung *Puccinia* an, deren Uredo- und Teleutosporen auf *Cyperaceen* entwickelt werden.

Diese Arten sind mit einander so nahe verwandt, dass sie theilweise durch morphologische Charaktere kaum zu unterscheiden sind. Der wesentliche Charakter wird deshalb durch die Wirthspflanzen geliefert. Es könnte dagegen der Einwurf erhoben werden, dass das Trennen dieser Formen als Arten nur wegen eines einzigen Charakters nicht berechtigt sei. Doch hat es sich in gewissen Fällen gezeigt, dass bei solchen einander äusserst nahe stehenden Formen (z. B. *Puccinia sessilis* Schneid., *Phalaridis* Plowr., *Digraphidis* Sopp., deren Aecidien auf drei verschiedenen *Monocotyledonen*, die Teleutosporen nur auf *Digraphis arundinacea* auftreten) die Teleutosporen der einen Art auf den Aecidien-Wirthspflanzen der anderen Arten keine Aecidien erzeugen können. Auch ist zu bedenken, dass durch die Wirthspflanzen nicht ein einziger, sondern eigentlich drei Charaktere geliefert werden, nämlich: 1. das Vorkommen des Aecidiums auf einer gewissen Pflanzenart, 2. das Vorkommen der Uredo- und Teleutosporen auf einer anderen Pflanzenart, 3. die Identität jenes Aecidiums und dieser Uredo- und Teleutosporen.

In Jämtland kommen Aecidien auf *Cirsium heterophyllum* L. und *Saussurea alpina* (L.) DC. vor, und aus den oben erwähnten Gründen hoffte Vortr. auf *Carex*-Arten die gesuchten Teleutosporen-Formen zu finden.

Aecidium Cirsii DC. kam öfters in vereinzelten Flecken auf den Blättern von *C. heterophyllum* vor. Indessen wurde eine Blattrosette angetroffen, deren Blätter sehr reichlich mit Aecidien besetzt waren. Dicht neben diesen Blättern wuchsen Exemplare von *Carex dioica* L., deren trockene Blätter mit Teleutosporen einer *Puccinia* versehen waren, die mit *P. dioicae* P. Magn. übereinstimmten. Ohne Zweifel waren die gefundenen Aecidien und Teleutosporen genetisch zusammengehörig und mit *P. dioicae* identisch, welche Art also in Jämtland ihre Aecidien auf *C. heterophyllum* entwickelt.

Auf *Saussurea alpina* wurde in der Waldregion an mehreren Orten ein *Aecidium* angetroffen, und immer konnte Vortr. in dessen Gesellschaft eine Teleutosporen-Form an den welken Blättern von *Carex vaginata* auffinden. Andere an denselben Stellen wachsende *Carices* waren nicht angegriffen.

Dagegen fand Vortr. in den alpinen Regionen bei Storlien und auf dem Åreskuta ein anderes *Aecidium* auf derselben *Saussurea*. Dieses kam in der Gesellschaft einer Teleutosporen-Form auf *Carex rupestris* L. vor. Auch an diesen Standorten waren andere *Carex*-Arten, auch *C. vaginata*, von Teleutosporen frei.

Die beiden Aecidien sind sowohl makro- wie mikroskopisch leicht zu unterscheiden. Dagegen sind die zwei *Puccinien* einander sehr ähnlich.

Die erwähnten Formen wurden mit den folgenden Namen bezeichnet:

Aecidium Saussureae α silvestre Juel (Botan. Notis. 1893. p. 55). Maculae pagina superiore spermogoniis instructae, quasi variegatae saepe parte media et margine pallidae, ceterum rubroviolaceae, subtus aecidia numerosa (vix infra 40, saepe 70 et ultra) gerentes. Pseudoperidium (Fig. 1 A) e cellulis validis, parum obliquis, sensu radiali 27—34 μ latis formatum. Sporae diam. 14—18 μ, sublaeves.

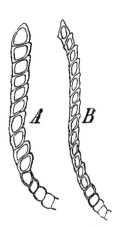

Hab. in foliis *Saussureae alpinae* (L.) DC. in regione abietina et betulina Jemtlandiae.

β rupestre Juel (a. a. O.). Maculae supra saepius totis atroviolaceis, spermogoniis carentes, subtus aecidia pauciora (c. 15—20) gerentes. Pseudoperidii cellulae (Fig. 1 B.) debiliores, magis obliquae, sensu radiali c. 20 μ latae. Sporae 15—20 μ diam.

Puccinia vaginatae Juel (a. a. O.) Uredosporae soros minutos formantes, subglobosae, c. 16 μ latae, 22 μ longae, membrana ferruginea non dense echinulata, poris 3, contentu hyalino instructae, mox teleutosporis cedentes. Teleutosporae soros subelongatos erumpentes pulvinatos atrofuscos formantes, membrana laevissima apice valde incrassato instructae, medio subconstrictae, c. 41—48 μ longae, loculo superiore 16—20 μ lato, pedicello c. 40—50 μ longo persistente. Hab. in foliis *Caricis vaginatae* Tausch. cum *Ae. Saussureae α silvestre*.

P. rupestris Juel (a. a. O.). Praecedenti omnibus partibus simillima, uredosporis c. 19 μ longis, 25 μ latis, teleutosporis 35—50 μ longis, loculo superiore 15—20 μ lato, pedicello 30—50 μ longo. Hab. in foliis et caulibus *Caricis rupestris* L. cum *Ae. Saussureae β rupestre*.

Die α-Form des Aecidiums tritt öfters mit zahlreichen Flecken an demselben Blatte auf, von der β-Form fand Vortr. dagegen an jedem Blatte meist nur vereinzelte Flecke. Dies könnte zufällig sein, jedoch war Vortr. geneigt, dieses verschiedene Auftreten als charakteristisch anzusehen. Angenommen, dass die resp. Aecidien und Puccinien genetisch verbunden sind, so könnte die *P. vaginatae* leichter eine massenhafte Infection der *Saussurea*-Blätter bewirken, denn die welken Blätter der *C. vaginata* sind meist dem Boden angedrückt und liegen gleich unter den Blättern der *Saussurea*-Rosetten, so dass die Keime sehr leicht an dieselben in Menge gelangen können. Dagegen sind die steifen Blätter von *C. rupestris* in die Luft erhoben, was für eine massenhafte Infection weniger günstig sein muss.

Nachtrag.

Vortr. hat später über diese Pilze weitere Untersuchungen gemacht. In „Mykologische Beiträge. I." (Öfversigt af K. Vet. Ak. Förh. 1894) hat er den genetischen Zusammenhang zwischen dem *Ae. Saussureae β rupestre* und der *Puccinia rupestris* dargelegt. Durch spätere, noch nicht publicirte Versuche gelang es ihm auch, durch Sporidien der *P. vaginatae* das *Aecidium Saussureae α silvestre* auf *Saussurea* zu erzeugen.

Die Reihe von nahe verwandten Arten, in welche auch diese Formen zu stellen sind, enthält demnach folgende Arten:

Puccinia.	Aecidien-Wirth.	Teleutosporen-Wirth.
silvatica Schroet.	*Taraxacum, Senecio nemorensis.*	*Carex Schreberi, brizoides* u. a.
Schoelsriana Plowr.	*Senecio Jacobaea.*	*C. arenaria, ligerica.*
ligericae Syd.	*Senecio silvaticus.*	*C. ligerica.*
arenariicola Plowr.	*Centaurea nigra.*	*C. arenaria.*
tenuistipes Rost.	„ *Jacea.*	*C. muricata.*
dioicae P. Magn.	*Cirsium canum, oleraceum, palustre, heterophyllum.*	*C. dioica.*
vulpinae Schroet.	*Tanacetum vulgare.*	*C. vulpina.*
extensicola Plowr.	*Aster Tripolium.*	*C. extensa.*
firma Diet.	*Bellidiastrum Michelii.*	*C. firma.*
Eriophori Thüm.	*Cineraria palustris.*	*Erioph. angustif.*
rupestris Juel.	*Saussurea alpina.*	*C. rupestris.*
vaginatae Juel.	„ „	*C. vaginata.*

Botanische Gärten und Institute.

Loew, O., Untersuchungen aus dem agricultur-chemischen Laboratorium der Universität Tokio*). (Landwirthschaftliche Versuchs-Stationen. 1895. p. 433—440.)

Es galt bis jetzt als Regel, dass die thierischen Schleime zu den Proteiden, die Pflanzenschleime zu den Kohlehydraten gehören. Mucine sind bis jetzt noch niemals in Pflanzen gefunden worden. Um so interessanter ist es nun, dass ein solches von Ishii in der Wurzel von *Dioscorea Japonica* gefunden wurde. Derselbe hat ferner bei der Untersuchung der Kakifrüchte

---

*) Bulletin des Agricultural College der Universität Tokio. Bd. II.

(*Diospyros Kaki*) gefunden, dass, während das Fruchtfleisch Invert-zucker enthält, die Samen kein Stärkemehl, sondern Mannan ge-speichert enthalten; dieser Gegensatz von Samen und Fruchtfleisch: ist von physiologischem Interesse. Mannan wurde ferner in beträcht-licher Menge von T s u j i in einer als Nahrungsmittel in Japan dienenden Wurzel, nämlich der von *Conophallus konjaku*, auf-gefunden. Versuche an Thieren haben ergeben, dass Mannan ver-daut und assimilirt wird; die Mannose scheint ebenso wohl Fett-bildung wie Bildung von Glucose oder Lävulose herbeiführen zu. können. Es ist hier zum ersten Mal Mannan als Nahrungsmittel für Menschen erkannt worden. — Y a b e hat eine Art vegetabilischen Käses — „Natto" — untersucht. — O k a m u r a hat mit Rücksicht auf die Beurtheilung der Haltbarkeit verschiedener Holzarten die Mengen Holzgummi darin bestimmt.

Bokorny (München).

Zacharias, Otto, Ueber den Unterschied in den Aufgaben wandernder und stabiler Süsswasserstationen. [Schluss.] (Allgemeine botanische Zeitschrift für Systematik, Floristik, Pflanzengeographie etc. Jahrg. I. 1895. p. 218, —220.)

Sammlungen.

Eriksson, Jakob, F u n g i p a r a s i t i c i s c a n d i n a v i c i e x-siccati. Fasc. 9—10. Stockholm 1895.
— —, I n d e x u n i v e r s a l i s. Fasc. 1—10. Spec. 1—500.

In den beiden soeben erschienenen Fascikeln haben A. G. E l i a s-son, E. H e n n i n g, O. J u e l, S. K n u t s o n, S. L a m p a, E. Ljungström, R. S e r n a n d e r, A. S k å n b e r g, K. S t a r b ä c k. und R. T o l f Beiträge geliefert.

Fascikel 9 enthält nur grasbewohnende *Uredineen*, 61 Formen. Unter diesen finden sich:

Puccinia graminis Pers. 1. f. sp. *Secalis* auf *Secale cereale*, *Triticum. repens* und *Elymus arenarius*, 2. f. sp. *Avenae* auf *Avena sativa*, *A. elatior* und. *Dactylis glomerata*, 3. f. sp. *Airae* auf *Aira caespitosa*, 4. f. sp. *Agrostidis* auf *Agrostis alba*, 5. f. sp. *Poae* auf *Poa compressa* und 6. f. sp. *Tritici* auf *Triticum vulgare* und *T. Spelta; P. Phleipratensis* Eriks. et Henn. auf *Phleum pratense; P. dispersa* Eriks. et Henn. 1. f. sp. *Secalis* auf *Secale cereale*, 2. f. sp. *Tritici* auf *Triticum vulgare*, 3. f. sp. *Agropyri* auf *Triticum repens*, 4. f. sp. *Bromi* auf *Bromus arvensis; P. glumarum* (Schm.) Eriks. et Henn. 1. f. sp. *Hordei* auf *Hordeum vulgare*, 2. f. sp. *Tritici* auf *Triticum vulgare*, 3. f. sp. *Agropyri* auf *Triticum repens*, 4. f. sp. *Elymi* auf *Elymus arenarius; P. coronata* Corda. 1. f. sp. *Avenae* auf *Avena sativa*, 2. f. sp. *Alopecuri* auf *Alopecurus pratensis*, 3. f. sp. *Festucae* auf *Festuca elatior*, 4. f. sp. *Lolii* auf *Lolium perenne; 5. f. sp. Calamagrostis* auf *Calamagrostis arundinacea*, 6. f. sp. *Melicae* auf *Melica nutans;. P. borealis* Juel, I. auf *Thalictrum alpinum*, II. III. auf *Agrostis borealis; P. perplexans* Plowr., I. auf *Ranunculus acris*, II. III. auf *Alopecurus pratensis; P. Arrhenateri* (Kleb.) auf *Avena elatior; P. pygmaea* Eriks. nov. spec. [„Uredo-sporae in soris minutis, oblongis, lineariter ordinatis, interdum confluentibus, aurantiacis, cum paraphysibus apice globoso-inflatis. Sporae globosae, 17—28 μ,: aculeatae. Paraphyses 48—80 $\times$ 11—16 μ. Teleutosporae in soris minutis,. oblongis, linearibus, tectis, atrofuscis, hypophyllis. Teleutosporae clavatae, apice. explanatae vel lateraliter apiculatae, medio vix constrictae, 35—42 $\times$ 11—14 μ."]»

auf *Calamagrostis epigeios; P. Milii* Eriks. nov. spec. [„Uredosporae in soris oblongis solitariis vel lineariter ordinatis in maculis flavis foliorum, aurantiacis, cum paraphysibus apice globoso-inflatis. Sporae globosae, 19—24 μ aculeatae. Paraphyses usque ad 64 μ. Teleutosporae in soris aggregatis, oblongis, tectis, atrofuscis, hypophyllis. Teleutosporae clavatae, apice explanatae, 27—41 μ longae, cellula basalis 13—14 μ, terminalis 12—19 μ lata."] auf *Milium effusum.*

Von diesem Fascikel 9 sind noch einige Extra-Exemplare zu bekommen. Der Preis ist, excl. der Portokosten, bei directer Bestellung bei dem Herausgeber (Adresse: Experimentalfältet, Albano bei Stockholm) 20 Krone or [= 22 Mark].

Fascikel 10 enthält 63 Formen, wovon:

12 *Ustilaginaceae,* 26 *Uredinaceae,* 2 *Peronosporaceae,* 4 *Chytridiaceae,* 4 *Perisporiaceae,* 3 *Sphaeriaceae,* 2 *Hypochreaceae,* 1 *Dermateaceae,* 1 *Gymnoascaceae,* 4 *Sphaerioidaceae,* 1 *Leptostromaceae,* 1 *Mucedinaceae* und 2 *Dematiaceae.*

Unter diesen finden sich:

Schizonella melanogramma (DC.) Schröt. auf *Carex vaginata; Urocystis Agropyri* (Preuss.) Schröt. auf *Triticum repens, Carex stricta* und *C. vulgaris; Puccinia Porri* (Sow.) Wint. auf *Allium fistulosum* und *A. Schoenoprasum; P. vaginatae* Juel, I. auf *Saussurea alpina* und III. auf *Carex vaginata; P. rupestris* Juel auf *Carex rupestris; P. mammillata* Schröt. auf *Polygonum viviparum; P. Veronicarum* DC. auf *Veronica longifolia; P. rhytismoides* Joh. auf *Thalictrum alpinum; Gymnosporangium Sabinae* (Diks.) Winter auf *Pyrus communis* (in fructibus); *G. tremelloides* R. Hart. auf *Juniperus communis; Melampsora vernalis* Niessl. auf *Saxifraga granulata; Synchytrium Johansoni* Juel auf *Veronica scutellata; S. Phegopteridis* Juel auf *Polypodium Phegopteris; Taphrina acerina* Elias. auf *Acer platanoides; Ascochyta pucciniophila* Starb. nov. spec. [„Perithecia solitaria vel saepissime 3—7-gregaria, hypophylla, maculis elevatis, pallide fuscidulis insidentia, epidermide elevato cincta, 100—120 μ diam. Sporulae fusoideolanceolatae vel interdum oblongae, diu continuae, demum medioseptatae, vix constrictae utriusque appendiculis brevibus acutiusculis praeditae, 8—12 × 2—3 μ. Intime intermixta crescit *Puccinia Polygoni.* (Cfr. C. A. Oudemans, Observations sur quelques *Sphaeropsidées.* Versl. en Medeel. d. Kon. Ak. van Wetensch., Afd. Naturk., Reek III. Deel VII. 1890. p. 104.)"] auf *Polygonum amphibium; Melasmia Empetri* Magn. auf *Empetrum nigrum; Didymaria aquatica* Starb. nov. spec. [„Maculae varia forma, saepissime suborbiculares, confluentes, amphigenae e fusco griseae, fuscomarginatae. Hyphae non manifestae. Sporulae rectae, fusoideae, utrinque obtusiusculae, 10—19 × 4—5 μ."] auf *Alisma plantago;* und *Heterosporium Proteus* Stabb. nov. spec. [„Caespitulae hypophyllae, laxe gregariae in maculis aridis foliorum insidentes, hyphis fasciculatis, interdum ad basin conglutinatis stipitemque formantibus, compositae. Hyphae 95—150 μ long, 4,5 μ, 6,5 μ crassae. Conidia e nodulis hypharum oriunda, et formam et magnitudinem valde varia, cylindracea vel cylindracea-ellipsoidea, 3-septata 16—24 × 4,5—8 μ, 2-septata 14—15 × 6—7 μ, 1-septata 9—15 × 3—7,5 μ vel globosa, quae rarissime adsunt, 5—6 diam., autem conspicue et densissime echinulata. — *Heterosporio echinulato* (Berk.) Cooke affinis modis sporidiorum aliis notis exceptis, haec species dignoscenda."] auf *Quercus* sp.

Aus dem Index universalis, der nach Saccardo's Sylloge Fungorum aufgestellt ist und auch die Nährpflanzen aufnimmt, sieht man, dass die bis jetzt im Laufe der Jahre 1882—95 erschienenen 10 Fascikel des Werkes im Ganzen 571 Formen enthalten. Unter diesen finden sich:

7 *Hymenomycetaceae,* 269 *Uredinaceae,* 58 *Ustilaginaceae,* 39 *Peronosporaceae,* 8 *Chytridiaceae,* 43 *Perisporaceae,* 12 *Sphaeriaceae,* 14 *Hypochreaceae,* 8 *Dothideaceae,* 2 *Hysteriaceae,* 2 *Pezizaceae,* 1 *Dermateaceae,* 8 *Phacidiaceae,* 20 *Gymnoascaceae,* 1 *Myxomyceteae,* 26 *Sphaerioidaceae,* 1 *Nectrioidaceae,* 5 *Leptostromaceae,* 8 *Melanconiaceae,* 16 *Mucedinaceae,* 21 *Dematiaceae* und 1 *Tuberculariaceae.*

Unter diesen sind neuaufgestellt :

2 Genus, 17 Species (wovon 3 *Uredinaceae,* 2 *Perisporiaceae,* 1 *Dothideaceae,* 1 *Sphaerioidaceae,* 1 *Nectrioidaceae,* 1 *Leptostromaceae,* 4 *Mucedinaceae,* 4
Dematiaceae) und 8 Varietates und Formae.

Eriksson (Stockholm).

Instrumente, Präparations- und Conservations-Methoden etc.

Ipsen, C., Zur Differentialdiagnose von Pflanzenalkaloiden und Bakteriengiften.
(Vierteljahrsschrift für gerichtliche Medicin. Bd. X. 1895. Heft 1. p. 1—9.)
Smith, Theobald, Ueber den Nachweis des Bacillus coli communis im Wasser.
(Centralblatt für Bakteriologie und Parasitenkunde. Erste Abtheilung.
Bd. XVIII. 1895. No. 16. p. 494—495.)

Referate.

Hariot, P., Algues du golfe de Californie recueillies
par M. Diguet. (Journal de Botanique. Année IX. 1895.
No. 9. p. 167—170.)

Es werden 7 im Californischen Golfe von Herrn Diguet gesammelte Meeres- und Süsswasseralgen aufgezählt, unter denen
3 neu sind.

Lithothamnion Margaritae n. sp. — Fronde affixa, uniformiter purpurea,
4—5 cm. alta, decomposito-palmatim-ramosa, circumscriptione diffusa et laxa,
valde polymorpha; ramis pro maxima parte compressis, applanatis et quasi
foliaceis, latioribus, ellipticis cylindricis vel laciniato-divisis, apicibus saepius
furcatis acutiusculis, liberis vel plus minus inter se coalitis, levibus, teretibus
vel rarius angulatis, prolificationes aliquando coralliniformes, filiformes, cylindricas,
clavatas et simplices emittentibus; conceptaculis per totam frondis superficiem
sparsis, vix prominulis, deplanatis, poro apertis, 0,5 millim. circiter latis;
tetrasporis 60 ⌣ 32 μ.

Hab. in sinu californico „Baie de la Paz". — Habitus *Lithothamnii calcarei*
sed frondibus tenuioribus praesertimque magis compressis.

Lithothamnion Digueti n. sp. — Froude pilam in fundo jacentem diam.
5—6 cm., purpuream (?), sphaericam formante, irregulariter decomposito-ramosa;
ramis cristarum ad instar undique egredientibus, laminatis, basi plus minus
conspicue cylindricis, compressis, applanatis et quasi foliaceis, rarissime liberis
plus minus undique coalitis et aliquando alveolos efficientibus, levibus, margine
plus minus undulatis et obtusis, parce divisis; conceptaculis paullum prominulis,
mamillatis, poro apertis, $^1/_8$ millim. circiter latis; sporis non visis.

Hab. in sinu californico.

Lyngbya Digueti Gomont n. sp. — Caespites laete virides, ad 2 millim.
altos formans; filis tenuissimis e basi tortuosa et intricata ascendentibus elongatis,
flexilibus, superne rectis, 2,5—3 μ crassis; vaginis tenuibus, hyalinis, papyraceis,
chlorozincico jodurato eximie coerulescentibus, trichomatibus ad genicula non
constrictis 2—3 μ crassis; articulis subquadraticis, rarius diametro brevioribus
1—3,7 μ longis; cellula apicali rotundata; calyptra nulla.

Hab. insectis adnata, in aquis dulcibus Californiae inferioris.

Es scheint mit der *Lyngbya purpurea* (Harv.) Gom. am nächsten verwandt
zu sein.

J. B. de Toni (Padua).

Brizi, U., Due nuove specie del genere *Pestalozzia.*
(Bullettino della Società Botanica Italiana. 1895. No. 5. p. 81
—83.)

Verf. beschreibt folgende zwei *Pestalozzia*-Arten:

Pestalozzia Terebinthi n. sp. — Acervulis parvis, sparsis, primo immersis
dein erumpentibus, atris; conidiis obovato-fusoideis, 18—22 ≍ 9—11, 6-locularibus,
pariete crasso, loculis 4 interioribus atro-fuscis, 2 extimis conoideis hyalinis,
apice rostello singulo 8—10 μ longo e basi leniter curvato hyalino.

Hab. in ramulis anormalibus emortuis *Pistaciae Terebinthi* prope Mompeo
in Sabina (Cuboni).

Diese Art gehört zur Section *Monochaete.*

Pestalozzia Cuboniana n. sp. — Acervulis gregariis, maculas foliorum latas
flavescentes livido-aieolatas occupantibus, punctiformibus, atro-fuscis, primum
hypodermicis dein erumpentibus; conidiis 22—24 ≍ 5—6, oblongis, tereti-fusoideis,
5-locularibus, loculis 3 interioribus cinereo-fuscis, 2 extimis hyalinis, apice tribus
iostellis brevibus hyalinis 7—9 μ longis, filiformibus, basi pedicello brevi hyalino
præditis.

Hab. in foliis emortuis *Myrti communis* prope Porto d'Anzio (Cuboni).

J. B. de Toni (Padua).

Etard, A., Pluralité des chlorophylles. Deuxième
chlorophylle isolée dans la luzerne. (Comptes rendus
de l'Académie des sciences de Paris. T. CXX. p. 328—331.)

Der Schwefelkohlenstoff-Auszug von Blättern der Luzerne
scheidet auf Zusatz von wässerigem Alkohol eine grüne Masse ab,
welche, durch Alkohol, Aether (worin die Masse löslich) und Pentan
gereinigt, sich als ein bisher nicht bekannter grüner Farbstoff, vom
Verf. β-Medicagophyll genannt, von der Formel $C_{42}H_{68}NO_{14} + 3H_2O$
erwies. Es werden einige chemische Eigenschaften desselben beschrieben.

Scherpe (Berlin).

Pommerehne, H., Beiträge zur Kenntniss der Alkaloide
von *Berberis aquifolium.* (Archiv der Pharmacie. Bd. CCXXXIII.
p. 127—174.)

Verf. hat die in *Berberis vulgaris* und *B. aquifolium* schon
vor längerer Zeit gefundenen Alkaloide Berberin, Oxyacanthin
und Berbamin, welche er nach dem Verfahren von Hesse
(Berichte der Deutschen chemischen Gesellschaft. 1886. p. 1172)
aus der Wurzel von *Berberis aquifolium* darstellte, eingehend
chemisch untersucht.

Scherpe (Berlin).

Grützner, B., Ueber einen krystallisirten Bestandtheil
der *Basanacantha spinosa* var. *ferox* Schum. (Archiv der
Pharmacie. Bd. CCXXXIII. p. 1—5.)

Th. Peckolt hatte aus den Blättern und der Rinde von
Basanacantha spinosa var. *ferox* (*Rubiacee*, Flora Brasiliensis,
Rubiaceae p. 378), wilde Limone oder wilder Jasmin genannt,
welche in Brasilien als Heilmittel Verwendung findet, durch Ex-
traction mit Alkohol einen krystallisirenden Stoff erhalten; derselbe

wurde von dem Verf. auf seine chemische Natur untersucht und als M a n n i t erkannt. *Basanacantha spinosa* ist bereits der vierte Vertreter aus der Familie der *Rubiaceen*, in welchem M a n n i t gefunden wurde.

Scherpe (Berlin).

Wolff, U e b e r *Hypericum* - R o t h. (Pharmaceutische Centralhalle. Neue Folge. Jahrg. XVI. No. -48· p. 193—194.)

Eine ausführliche Arbeit über den mit obigem Namen (von B u c h n e r) bezeichneten rothen Farbstoff der Blumenblätter von *Hypericum perforatum* hat bereits K. D i e t e r i c h in der Pharm. Centralhalle. 1891. No. 48 veröffentlicht. Der Farbstoff ist, wie schon M a r q u a r d t (1835) feststellte, in den als kleine schwarze Punkte an den Rändern der Blumenblätter erscheinenden Zellen abgelagert, ferner in einzelnen strichförmigen Zellenlagen der Blumenblätter, sowie am Connectiv der Antherenfächer. Zur Gewinnung des Farbstoffs werden die Blumenblätter mit Wasser macerirt, nach dem Trocknen mit 90%igem Alkohol extrahirt; der schön rothen Lösung wird durch Petroleumäther der gelbe Farbstoff entzogen. Nach dem Eindampfen des Alkoholauszuges bleibt der Farbstoff als eine amorphe, käfergrüne Masse zurück. — Das Verhalten des Farbstoffs gegen Reagentien ist bereits von D i e t e r i c h untersucht worden, ohne dass Aufschlüsse über seine chemische Natur gewonnen wurden. Den Verf. bestimmte das spektroskopische Verhalten; bemerkenswerth ist, dass das Absorptionsspektrum der alkoholischen Lösung Aehnlichkeit mit dem des sauerstoffhaltigen Blutfarbstoffs, O x y h ä m o g l o b i n, zeigt.

Scherpe (Berlin).

Schaffner, J. H., T h e n a t u r e a n d d i s t r i b u t i o n o f a t t r a c t i o n. s p h e r e s a n d c e n t r o s o m e s i n v e g e t a b l e c e l l s. (The Botanical Gazette. Vol. XIX. 1894. p. 445—457. With plate XXXIII.)

Nach einer historischen Einleitung über die Ergebnisse der früheren Untersuchungen der Centralkörper sowohl in thierischen wie in pflanzlichen Zellen, welche ungefähr die Hälfte der Arbeit umfasst, kommt Verf. zur Beschreibung seiner eigenen Resultate. Er arbeitete ausschliesslich mit vegetativen Geweben, und zwar mit Wurzelspitzen von *Allium Cepa*, *Vicia Faba* und *Tradescantia rosea*, mit Zwiebelschuppen von *Allium Cepa* und mit der Epidermis der Antheren und Ovariumwand von *Lilium longiflorum*.

Zur Anwendung kam besonders die von H e r m a n n zur Sichtbarmachung der Centrosomen empfohlene und eine neue von F. C. N e w c o m b e angegebene Methode. Letztere ist folgende: Die auf den Objectträger geklebten Schnitte bleiben 30—45 Minuten in einer 1%igen wässerigen Eisenvitriollösung, werden dann mit Wasser gespült, verweilen dann 30—45 Minuten in einer 5%igen Gerbsäurelösung und werden wieder gespült. Dann kommen sie wieder in die Eisenlösung während ungefähr einer Minute, bis sie eine dunkle Farbe annehmen. Nach gründlichem Abspülen werden sie in einer Safraninlösung, die ein Theil einer 1%igen alkoholischen Safraninlösung mit zwei Theilen Wasser enthält, $^1/_2$—1 Stunde und nachher 15 Minuten in einer wässerigen Lösung von Picronigrosin mit dunkel-blaugrauer Farbe tingirt. Endlich kommen sie in gewöhnlicher Weise mittels des Alkohols in Canadabalsam.

Auf nach den angegebenen Methoden verfertigten Präparaten glaubt Verf. in allen oben genannten Geweben die Centrosomen und Attractionssphären erkennen zu können, und zwar sowohl in Ruhe-, wie auch in Theilungsstadien der Zellen. In allen Stadien kommen sie nur ausserhalb des Kerns vor.

Die auf der beigegebenen Tafel gedruckten Abbildungen sind allerdings zu grob und schematisch ausgeführt und daher nicht völlig überzeugend.

Humphrey (Baltimore, Md.).

Wisselingh, C. van, Sur les bandelettes des *Ombelliferes.* (Archives Néerlandaises. T. XXIX. p. 199—232. 2 Tafeln.)

Verf. hat bei 10 verschiedenen *Umbelliferen* die Membranbildungen, welche die in den Früchten enthaltenen Oelgänge begrenzen und in einzelne Glieder zerlegen, einer mikrochemischen und anatomischen Untersuchungen unterzogen. Danach findet sich sowohl in den Auskleidungen der Oelgänge als auch in der Wandung der dieselben umgebenden Epithelzellen eine als „Vittin" bezeichnete Substanz, die, wie Verf. im Gegensatz zu A. Meyer nachweisen konnte, mit dem Suberin und Cutin insofern übereinstimmt, als sie beim Erwärmen mit chlorsaurem Kali und Salpetersäure in verdünnter Kalilauge leicht lösliche Tropfen entstehen lässt. Dahingegen unterscheidet sich Vittin von Suberin und Cutin namentlich in seinem Verhalten gegen Chromsäure und Kalilauge und gegen Erhitzen in Glycerin. Das Vittin stellt ferner ein Gemisch von verschiedenen Verbindungen dar und zwar unterscheidet Verf. speciell 2 verschiedene Substanzen, von denen die eine mit chlorsaurem Kali und Salpetersäure die Cerinsäurereaction giebt, der Einwirkung der Kalilauge widersteht und sich in verdünnter Chromsäure auflöst, während die andere in Kalilauge löslich ist und nicht die Cerinsäurereaction giebt. Die erstere dieser beiden Substanzen findet sich in der Auskleidung der Oelgänge und in der Membran der Epithelzellen. Die in Kalilauge lösliche Substanz bildet dagegen in erster Linie die mittleren Partien der die Oelbehälter durchsetzenden Querwände.

Von den bei den verschiedenen untersuchten Pflanzen beobachteten Differenzen sei erwähnt, dass bei *Foeniculum capillaceum* und *Oenanthe Phellandrium* sich Vittin in einer ganz bestimmten Partie der Membran der Epithelzellen befindet, die wie die Suberinlamelle keine Cellulose enthält. Bei *Foeniculum* zeigt diese „Vitinlamelle" eine deutliche Schichtung. Bei anderen *Umbelliferen* findet sich in der Wandung der Epithelzellen Cellulose und Vittin. Bei

Coriandrum sativum und *Cuminum Cyminum* findet sich das Vittin in der Zellwandung in Form von kleinen Körnchen. Pectinstoffe konnte Verf. in relativ beträchtlicher Menge in den mittleren Partien der Querwände nachweisen, während die Auskleidungen und die Vittinlamelle nur geringe Quantitäten enthalten.

Im Gegensatz zu A. Meyer betont Verf. noch besonders, dass die aus Vittin bestehende Auskleidung bei den Pflanzen mit gekammerten Oelgängen auch die Querwände überzieht, so dass in diesen drei verschiedene Schichten unterschieden werden können. Auch die kleinen Bläschen, welche häufig in die Querwände eingeschlossen sind, sind mit einer gleichartigen Auskleidung überzogen. Nur bei *Coriandrum* konnte Verf. die Auskleidung in drei Schichten zerlegen.

Sehr abweichend von den übrigen untersuchten Pflanzen verhält sich schliesslich *Astrantia major*. Es fehlen hier die Auskleidung und die Querwände gänzlich, und auch die Wandung der Epithelzellen enthält kein Vittin. Diese zeigen dagegen eine ähnliche Ausbildung wie die Korkzellen und bestehen aus einer verholzten Lamelle und aus einer cellulosefreien, korkartigen. Die Substanz der letzteren verhält sich gegen verschiedene Reagentien wie Suberin, obwohl sie keine nachweisbaren Mengen von Phellonsäure enthält; von Vittin ist sie vollständig verschieden. Auch bei *Eryngium campestre* sind die Oelgänge von einer korkartigen Hülle umgeben. Sie unterscheiden sich aber von denen von *Astrantia* dadurch, dass sie in Kammern gegliedert sind. Es geschieht dies dadurch, dass sich die korkartige Hülle an verschiedenen Stellen zusammenzieht.

Zimmermann (Braunschweig).

Gabelli, L., Considerazioni sulla nervazione fogliare parallela. (Malpighia. Anno IX. 1895. p. 356—364.)

Die Betrachtungen über den parallelen Verlauf der Blattberippung sind mehr speculativer als beobachtender Natur. Wie auch immer die Blattrippen verlaufen, das heisst gerade oder krumm, häufig mit oder ohne Anastomosen, ist die wahre Natur der Parallelstellung für Verf. darin zu suchen, dass die einzelnen Blattrippen als gesonderte Stränge in das Blattgewebe eintreten (*Plantago* z. B., sonst kein gewöhnlicher Fall); jedwedes andere Vorkommen zeigt nur einen scheinbaren Parallelismus, und so folgt auch, streng genommen, dass der handförmige und der fiederförmige Typus der Rippenverzweigungen nur zwei spezielle Fälle eines Grundtypus sind, bei welchem die einzelnen Abstände der seitlichen Rippen einander genähert, bald wiederum von einander entfernter sind. Am anschaulichsten tritt uns der Fall bei den Palmenblättern entgegen, welche im jungen Zustande alle gestreckt, einfach und parallelrippig erscheinen, namentlich die Arten mit Fächerblättern. — Die Dicke der einzelnen Rippen dürfte dabei, neben deren Insertion am Spreitengrunde, massgebend sein; umsomehr als biologische Momente die Blattspreite zerren und, da-

durch in die Länge streckend, auch dem Gefässbündelsysteme im
Innern ein eigenthümliches Gepräge aufnöthigen. Diese Momente
können zweierlei Art sein; der Zug des Wasserstromes bei unter-
getauchten bandartigen Laubblättern, und das Licht, welches den
„zu Millionen" auf einem Wiesengrunde gedrängten Gewächsen nur
wenig Raum zu deren Ausbreitung gewährt. Auch dürften die
schmalen Blätter der Gräser in Folge ihrer Gestalt sich leichter
den Zähnen der weidenden Thiere entziehen.

Weiter gelangt Verf. auf dem Gebiete seiner Betrachtungen
zur Schlussfolgerung, dass die Berippung der *Gramineen* wesentlich
eine handförmige, keineswegs eine parallelläufige sei, wie man
gemeiniglich annimmt. Dieser Umstand würde somit die Gräser
in die Nähe der Palmen rücken und sie von den Riedgräsern entfernen, mit welchen dieselben blos mehr „biologischen" [Verf.
meint darunter wohl eher „äusserlichen"] Charakteren nach verbunden
worden sind. Aehnliche Anschauungen „biologischer" Natur haben
zu einer Taxonomie der Monokotylen geführt, welche wohl wesentlich irrig ist und einer gründlichen Reform bedarf.

Solla (Vallombrosa).

Didrichsen, A., Om *Cyperaceernes* Kim. Forelöbig Med-
delelse. (Botanisk Tidsskrift. Band XIX. Heft 1. p. 1—4,.
mit französ. Résumé. Kjòbenhavn 1894.)

Der Keim der *Cyperaceen* war bisher wenig untersucht oder
z. Th. unrichtig beschrieben. In dieser vorläufigen Mittheilung
konnte Verf. mehrere solcher Irrthümer berichtigen. Es giebt
verschiedene Typen, die jedoch durch allmälige Uebergänge mit
einander verbunden sind, und zwar sind die Unterschiede im
Wesentlichen durch den Entwicklungsgrad bedingt, der noch vor
dem Ruhestadium jeweils erreicht wird.

Bei *Carex* ist der Keim kegelförmig, die Keimwurzel an der
Spitze, die Plumula in einer Höhle seitlich gelegen. Die Wurzel
ist hier gross, die Plumula dagegen klein.

Bei *Eriophorum,* wozu *E. alpinum* L. den Uebergang vermittelt, sehen wir die Keimwurzel seitwärts, die viel grössere
Plumula nach abwärts gedreht. Die Radicula ist sehr klein.
Unter den *Scirpus*-Arten bildet *S. Caricis* Retz. einen Keim, der
von dem einer *Carex*-Art kaum zu unterscheiden ist. Mehrere
andere Arten verhalten sich aber in ganz eigenthümlicher Weise.
So *Scirpus lacuster* L. Von dem breiten Scutellum entwickeln
sich hier nach abwärts 3 Fortsätze; es sind dies das Scheidenblatt,
die Scheide und, von diesen beiden umgeben, das erste Laubblatt.
Das Scheidenblatt wurde aber von Richard, Klebs und Wilczeck fälschlich für die Keimwurzel angesprochen. Die Radicula
ist jedoch nicht hier, sondern hoch an der Seite des Keims oberhalb
der Scheide zu suchen. Sie stellt nur ein kleines Wärzchen dar,
lässt sich aber an den radiirenden Zellreihen und dem meist bedeutenden Suspensorrest erkennen. Wilczeck hat nun auch thatsächlich die Keimwurzel gesehen; allein er fasste sie als eine an.

dieser eigenthümlichen Stelle hervorbrechende Beiwurzel auf {Botanisches Centralblatt. Band LI. 1892. p. 228). Dass die Deutung Didrichsens die richtige ist, zeigt klar ein frühes Keimungsstadium, das die Uebereinstimmung mit dem für die übrigen Gattungen Bekannten an den Tag legt. Textfiguren erläutern die Darstellung.

Sarauw (Kopenhagen).

Niedenzu, Franz, De genere *Tamarice.* (Index lectionum in Lyceo regio Hosiano Brunsbergensi 1894/95 instituendarum. p. 3—11.) Brunsbergae 1895.

Der Schlüssel zu der Bestimmung der *Tamarix*-Arten ist, wie alle diese Publikationen in den Universitätsschriften, im engeren Sinne den grösseren Kreisen nur schwer zugänglich, da derartige Schriften, zu Bänden vereinigt, nicht leicht verliehen werden.

Verf. zählt 65 Arten auf, welche sich in grossen Zügen folgendermaassen zusammen gruppiren:

I. Bracteae sessiles, rarissime semiamplexicaules. Folia pleraque sessilia sive basi aduata, rarius ± amplexicaulia, rarissime vaginantia.

Subgenus I. *Sessiles.*

1. Racemi vernales, sed saepius, praecipue in *Anisandris,* in ramulis brevioribus foliatis e ramis lignosis laterali hornotinis terminales.

Sectio I. *Vernales.*

A. Stamina in floribus pluribus, sepalis petalisque numero dupla vel saltem numeriosiora (in superioribus etiam numero aequalia). *Gynaeceum* plerumque tetragynum. Racemi 1—3 pollicares. Flores plerique majores.

Subsectio 1. *Anisandrae.*

T. dubia Bge.	*octandra* Bge.	*rosea* Bge.	*Syriaca* Stev. ex Boiss.
Pers. bor.	Pers. bor.	Pers. bor.	Syria.
T. Hampeana Boiss.		*Haussknechtiana* Ndz. n. sp.	
Graecc. Asia minor occ.		Laurion.	
T. phalerea (Bge.) Ndz. n. sp.		*tetragyna* Ehrbg.	
Graecia.		Aegypt.	

B. Stamina sepalis petalisque numero aequalia.

Subsectio 2. *Haplostemones.*

a. Flores plerique omnino 4 meri (infini interdum 5 meri) (in *T. tetrandra* flores saepius 3 styli). Racemi sub anthesi 6 mm crassi vel crassiores. Filamenta epidiscica s. epilophica. (*Isomerae*).

T. Meyeri Boiss.	*Boveana* Bge.	*Bounopaea* J. Gay.
Arab. petr., Mar. carp.	Algeria.	
T. brachystachys Bge.	*Szovitsiana* Bge.	*tetrandra* Pall.
Transcaucasia.	Pers. bor.	Asia minor. bor.
		Tauria, Morea.

b. Gynaecium oligomerum, plerumque 3 merum. (*Anisomerae*).

α. Calyx, corolla et androeceum 4 mera, gynaecium 3 merum. Filamenta basi latiore epilophica. Petala decidua (in *T. parviflora* et cupressiformi subpersistentia). (*Tetrastemones.*)

T. elongata Ledeb.	*Ispahanica* Bge.	*Kotschyi* Bge.
Turcomenia tongar.	Persia.	Pers. austr.
T. laxa Willd.		*cupressiformis* Ledeb.
Transcaucas., Pers. bor., Songar.	Desert. songaro-kirkis. occ.	
T. parviflora DC.	*affinis* Bge.	*Cretica* Bge.
Ab Haemo usque ad Moraeam.	Lit. spt. lacus aral.	Creta.

β. Calyx, corolla, androeceum 5 mera, gynaeceum plerumque 3 (rarius 4) merum. Filamenta basi non dilatata manifeste mesodiscica (in *T. speciosa* ac forsan in *T. Africana* $\pm$ *epilophica*.
(Pentastemones).

T. florida Bge.	*speciosa* Ball.	*Bachtiarica* Bge. ex Boiss.
Persia.	Mauritania.	Persia.
T. Hohenackeri Bge.	*juniperina* Bge.	*Jordanis* Boiss.
Transcaucas.	China bor. Japon.	Syria.
	T. Africana Desf.	
	Reg. mar. mediterr. occid.	

2. Racemi aestivales. Sepala, petala, stamina 5, styli 3 (in *T. odessana* etiam 4). Styli, ubi adsunt, a basi divergente apicem versus conniventes (in *T. anglica* recurvo-patuli.)   Sectio II. *Aestivales*.
A. Discus tenuis eglandulosus. Stamina epidiscica.
Subsect. 1. *Epidiscus*.

T. leptostachys Bge.	*leptopetala* Bge.	*hispida* Willd.
Turcomen. Songar.	Persia bor.	Mare. caspic.
T. serotina Bge.	*Karelini* Bge.	*arborea* Ehrbg.
Persia orient.	Lit. mar. casp. mer. or.	Aegypt. prope Cahiram.
T. Anglica Webb.	*brachystylis* J. Gay.	
Anglia, Gallia, Canaria.	Algeria.	

B. Discus 10, rarius 5 glandulosus. Ovarium pyramidatum sive lageniforme.
a. Stamina epilophica. Subsect. 2. *Epilophus*.

T. gracilis Willd.	*effusa* Ehrbg.	*Gallica* L.
Reg. wolg.-desert. kirgh.	Aegypt. infer.	Reg. mar. medit. occ.
Sibiria occid.		

b. Stamina manifeste mesodiscica. Subsect. 3. *Mesodiscus*.
α. Petala persistentia.
I. Discus subaequaliter 10 lobus.

T. Bungei Boiss.	*Ewersmanni* Pall.	*Pallasii* Desv.
—	Ad ostium Wolgae.	Moldav.-Pers. bor. Song.
T. Chinensis Lour.		
China.		

II. Discus 5 lobus, lobis integris rotundatis.

T. Odessana Stev.	*Smyrnensis*
prope Odessam	prope Smyrnum.

β. Petala decidua. Bracteae ovato-, lanceolato- s. lineari-subulatae (exc. *T. mannifera* et *mascatensi*).

T. mannifera Ehrbg.	*Nilotica* Ehrbg.	*Indica* Willd.
Arab. petr., Pers. austr.	Aegypt. Aethiop. Syr.	Ind. or.
T. Senegalensis DC.	*Arabica* Bge.	*Mascatensis* Bge.
Senegalia.	Arabia felix.	Regnum mascatense.
T. Arabensis Bge.	*arceuthoides* Bge.	
Lit. sep. lac. aral.	Samarkand.	

II. Bracteae amplexicaules vel vaginantes. Folia ramorum basi dilatato-cordata s. semiamplexicaulia, ramulorum vaginantia, pleraque acuminata, rarius obtusa. Racemi aestivales. Gynaeceum ut plurimum 3 carpellatum.
Subgenus II. *Amplexicaules*.
1. Stamina petalorum numero dupla, petalis alterna subexteriora majora. Ovarium plerumque magnum, ovato-pyramidatum s. lanceolatum s. crassicolli lageniforme. Capsulae lanceolatae pleraeque permagnae.
Sectio I. *Obdiplandrae*.

T. macrocarpa Ehrbg.	*passerinoides* Delile	*pauciovulata* J. Gay.
Aegypt. infer. Pers.	Oas. Jov. Hammon.	Alger. austr.
austr.	Aegypt. Pers.	
T. Balansae J. Gay.	*pycnocarpa* DC.	*amplexicaulis* Ehrbg.
Alger. austr.	Mesopotam. Turcom. austr.	Oas. Jov. Hammon.
T. stricta Boiss.	*ericoides* Willd.	
Belutschia.	India orient.	

2. Stamina petalorum numerum aequantia. Folia vaginantia.
Sectio II. *Haplandrae*.

T. articulata Vahl.	dioica Roxb.	usneoides G. Mey.
Libya, Aegypt., Arab.	India orient.	Afr. austr.
Pers., India or.		

Fraglich sind *T. salina* Dyer und *Korolkowi* Rgl. et Schmalhaus.

E. Roth (Halle a. S.).

———

Nobili, G., Note sulla flora del monte Mottarone. (Nuovo Giorn. botan. ital. N. Serie II. p. 102—108.)

Der Monte Mottarone ist die höchste Spitze (1491 m) der Berggruppe von Margozzolo, die sich von dem Orta-See, an der Ebene von Novara vorbei, nach dem Lago Maggiore hinzieht. Ihre sehr variable geognostische Zusammensetzung ist vorwiegend Urgestein, bald (Omegna-Baveno) mit Vorherrschen von Granit, bald wiederum (Gozzano-Arona) unter Vorwiegen von Urkalk, Porphyr u. s. w. Auf ausgedehnter Fläche und bis 890 m hinaufreichend sind die Glacialformationen entwickelt. Auch die Topographie der Berggruppe ist eine äusserst mannigfaltige. Gegen Orta zu ist letztere steil, hauptsächlich mit Waldungen, weniger mit Wiesenflächen bedeckt; gegen den Verbanersee zu herrschen Weiden, Haidenflächen und Torfgründe vor. Die Holzgewächse reichen auf dieser Seite bis ungefähr 600 m hinauf, und darunter fehlen die Coniferen gänzlich.

Auch andere Botaniker: De Notaris, Franzoni, Biroli etc. thuen des Mottarone Erwähnung, nichts destoweniger hält Verf. es der Mühe werth, die Ergebnisse eigener, mehrjähriger Beobachtungen in einer geordneteren Zusammenstellung vorzuführen. Einstweilen wird eine Centurie von Phanerogamen vorgelegt, welche, nach De Candolle's System gereiht, die *Ranunculaceen* und die folgenden Familien bis incl. den *Acerineen* umfasst. Jedoch sollen die Kreuzblütler später noch bedeutend ergänzt werden; ebenso bleiben die Gattungen *Alsine* und *Cerastium* für eine spätere Besprechung aufgehoben.

Wir begegnen hier zum ersten Male einer *Caltha Pedemontana* Chiov. in litt., welche an Alpenbächen des Berges vorkommt; doch ist nichts über deren Merkmale gesagt. Ueberhaupt gilt vorliegende Centurie als eine trockene Aufzählung von Arten mit den entsprechenden Standortsangaben; höchstens ist noch beigefügt, ob die Pflanze häufig ist oder weniger.

Solla (Vallombrosa).

———

Hallier, H., *Convolvulaceae africanae.* (Engler's Botanische Jahrbücher. Bd. XVIII. p. 81—160.)

In der Aufzählung der *Convolvulaceen* Afrikas, die auf Vollständigkeit keinen Anspruch macht, da Verf. sie aufgeben musste, ehe er sie ganz zu Ende führen konnte, finden sich folgende neue Arten aufgestellt:

Falkia villosa, Hildebrandtia Somalensis Engl., *Seddera Welwitschii, S. humilis, S. spinescens* Peter, *Bonamia minor, Prevostea* (?) *cordata, Porana densiflora,*

Cardiochlamys velutina, Convolvulus spicatus Peter, *C. ulosepalus, C. inconspicuus, Merremia palmata, M. Gallabatensis, M. quercifolia, M. ampelophylla, M. multisecta, Astrochlaena* (nov. gen.) *solanacea, A. melandrioides, A. cephalantha, A. polycephala, Ipomoea eurysepala, I. blepharophylla, I. leptocaulos, I. hewittioides, I. hypoxantha, I. asperifolia, I. demissa, I. pellita, I. linosepala, I. crepidiformis, I. microcephala, I. chloroneura, I. argentaurata, I. chaetocaulus, I. chrysochaetia, I. elythrocephala, I. lophantha, I. convolvuloides, I. ophthalmantha, I. asclepiadea, I. lapathifolia, I. bathycolpos, I. Hystrix, I. Emini, I. incamta, I. magnifica, I. pyramidalis, Rivea nana, Stictocardia* (nov. gen.) *multiflora*

Im Ganzen werden 280 Arten genannt. Es wäre wünschenswerth, wenn andere Bearbeiter in ähnlicher Weise sämmtliche afrikanischen Arten einer Familie revidirten, um Material für pflanzengeographische Arbeiten zu schaffen, statt, wie meist der Fall, sich mit der Beschreibung der neuen Arten zu begnügen.

Höck (Luckenwalde).

King, George, Materials for a flora of the Malayan Peninsula. No. 7. (Journal of the Asiatic Society of Bengal. Vol. LXIV. Part. II. 1895. No. 1. p. 16—137.)

Dieser Abschnitt beginnt mit einer Eintheilung der *Meliaceae*, von denen 700 meist tropische Arten bekannt sind.

Stamens inited in a tube.
  Cells of ovary with 1 or 2 ovules in each.
    Leaflets serrate, fruit drupaceous.   1. *Melia* L.
       „   entire, fruit baccate or capsular.
    Flowers and staminal tube narrow elongate; style elongate.
      Stigmas 5 or 5 torthed, leaves trifoliata. Fruit baccate.
                     2. *Sandoricum* Cav.
      „   entire, single; leaves pinnate; fruit capsular or subcapsular.
      Petals in 2 rows; ovary 7 to 9 celled, with 1 ovule in each cell; disk short, inferior to ovary.   3. *Megaphyllaea* Hemsl.
      Petals in a single row; ovary 2 to 4 celled.
        Disk short, annular; ovules solitary in the cells of the ovary.   4. *Chisocheton* Blume.
        „   cylindric, longer than the ovary, ovules 2 in each cell of the ovary.   5. *Dysoxylum* Blume.
    Flowers and staminal tube globose or turbinate, style short or absent.
      Anthers included or incurved.
        Petals 3, fruit dehiscent or not.   6. *Amoora* Roxb.
        „ 5, fruit indehiscent.
        Style none.   7. *Aglaia* Lour.
        „   short, thick.   8. *Lansium* Rumph.
      Anthers exserted, never incurved, only partially united into a tube (in two species of *Walsura* not united).
        Petals 5, fruit baccate, indehiscent. 9. *Walsura* Roxb.
        „   4 or 5, fruit capsular, dehiscent.   10. *Heynea* Roxb.
  Cells of ovary 2 to 8 ovulated; stigma discoid; fruit capsular; seeds large, fleshly, not winged.   11. *Carapa* Aubl.
  Cells of ovary with numerous ovules in each; stigma capitate; fruit capsular, seeds thin, winged.   12. *Chickrassia* Adz. Juss.
Stamens distinct.
  Cells of ovary 8 to 12 ovulated; seeds membraneous, winged.
                          13. *Cedrela* L.
  Cells of ovary with 1 or 2 ovules, fruit baccate, seeds not winged.
                       14. *Walsura* Roxb.

An neuen Arten finden wir aufgestellt:

Chisogeton pauciflorus ähnelt dem *C. spicatus* Hiern. in Blättern, sonst auch dem *Ch. diversifolius* Miqu., *Ch. Kunstleri*, *Ch. rubiginosus* zu *Ch. princeps* Hemsl. zu stellen, *Ch. annulatus* nähert sich der *Ch. spectabile* Miqu., *Ch. macro-phyllus*, *Ch. macrotyrsus*, *Ch. laxiflorus* erinnert an *Ch. patens* Bl. — *Dysoxylum angustifolium*, *D. dumosum* ähnelt der *D. arborescens*, *D. interruptum*, *D. venu-losum*, *D. turbinatum*, *D. racemosum* zeigt grosse Aehnlichkeit mit *D. grande* Hiern., *D. microbotrys*, *D. Andamanicum*, *D. rugulosum* in den Blättern dem *D. macrocarpum* Blume sehr ähnelnd, *D. patens*. — *Amoora Ridleyi*. — *Aglaja fusca* zu *A. fuscescens* zu stellen, *A. glaucescens*, *A. Geortechinii* mit *A. speciosa* Blume verwandt, *A. leucophylla*, *A. cinerea*, *A. Forbesii*, *A. squamulosa* ähnelt in den Blättern der *A. latifolia* Miqu., *A. Kunstleri*, *A. humilis*, *A. lanuginosa* zu der *A. grandis* Miqu. von Borneo zu bringen, *A. Curtisii* mit *A. pachyphylla* Miqu. zu verbinden, *A. Hiernii* zu *A. cordata* Hiern. zu stellen, *A. membranifolia* ähnelt der *A. tenuicaulis* Hiern., *A. macrostigma*, *A. heteroelita* in der Inflores-cenz an *A. argentea* Bl. erinnernd, *A. Maingayi*. — *Walsura multijuga*, *W. Can-dollei* zu *W. neurodes* Hiern. zu stellen.

Die *Chailletiaceae* sind nur mit 7 Arten der Gattung *Chailletia* DC. vertreten, von denen King neu aufgestellt: *Ch. tenuifolia, Hookeri* und *Andamanica*.

Die *Olacinae* geben Veranlassung zur Aufstellung der neuen Gattung *Bracea*, welche mit *Ochanostachys* Oliver verwandt ist.

Die Eintheilung ist folgendermaassen:

Fruit drupaceous. Stigma 1.

    Ovules pendules from the apex of a minute axile placenta; seeds spuri-ously erect.

      Dichlomadeous. ♂ fruit superior. Subtribe I. *Olaceae.* Stamen unison-numerous, twice as many as or equal to and opposite the petals; ovary 2 to 5 celled at the base, 1 celled at the apex or simply 1 celled.

        Fruit superior.

          Calyx much enlarged in the fruit.

            Fertile stamens 3 to 5, not in a tube.   1. *Olax* L.

            Stamens 4, the filaments ferming a flechy tube.

                                2. *Harmandia* Pierre.

          Calyx not enlarged in the fruit.

            Fertile stamens 12—15.   3. *Ochanostachys* Mast.

            „   „   5.   4. *Bracea* King.

        Fruit inferior.   5. *Strombosia* Blume.

      Monochlamydeous. ♂ fruit inferior. Subtribe II. *Opilieae.* Stamens equal in number to the segments of the perianth and opposite to them; ovary 1 celled, 1 ovuled.

        Scandent.   6. *Cansiera* Juss.

        Shrubby.   7. *Lepionurus* Blume.

  Ovules and seeds pendulous from the apex of the ovary and fruit.

  Stamens hypogynous.

    Subtribe III. *Ximenieae.* Stamens as many as or twice as many as the petals; ovary 2 to 4 celled at the base. 1 celled at the apex.

      Leaves opposite.   8. *Ctenolophon* Oliver.

      „   alternate.

      Fertile stamens 10.

        Stamens hypogynous free from the petals.   9. *Ximenia* L.

        „   attached by pairs to the petals.

                10. *Scorodocarpus* Beccari.

      Fertile stamens 6, concealed in the concavities of the petals.

                11. *Anacolosa* Blume.

    Subtribe IV. *Icacineae.* Flowers dichlamydeous. ♂ or polygamo-dioeceous; stamens equal in number to the petals and alternate with them; ovary 1, rarely 2 celled, ovules 2 (rarely 1). Shrubs or trees.

Ovary and fruit 1 celled.
Flowers polygamo-dioeceous, ovary in female flowers cylindric
with large sessile discoid stigma.
Sepals 5, distinct, imbricate; male flowers in short axil-
laris interrupted glomerulose spikes. 12. *Platea* Blume.
Calyx cupular, 4—5 foothed, flowers in cymes.
13. *Gomphandra* Wall.
Flowers hermaphrodite, stigma minute.
14. *Lasianthera* Pal. de Beauv.
Ovary and fruit 2 celled, the cells 1 ovulate (1 cell abortive).
15. *Gonocaryum* Miqu.
Subtribe V. *Phytocreneae.* Flowers monoecious or dioeceous, mono-
or dichlamydeous, 4 or 5 merous (the pieces imbricate), stamens
equal in number to and alternate with the segments of the perianth
in the monochlamydeous, and with those of the corolla in the
dichlamydeous species; ovary 1 celled, ovules 2. Scandent shrubs.
Flowers monochlamydeous.
Flowers 4 merous, those of both sexes in capitules, bracteoles
chose to the flowers; drupe bristly. 16. *Phytocrene* Wall.
Flowers 5 merous, the males umbellate, the females capitate,
bracteoles separated from the flower by a long stalk, drupe
not bristly. 17. *Miquelia* Meissner.
Flowers dichlamydeous.
Flowers sessile in long pendulous interrupted spikes, filaments
longer than the anthers, drupe pulpy.
18. *Sarcostigma* W. et Arn.
Flowers in cymose panicles, filaments shorter than the anthers,
drupe with very little, if any, pulp. 19. *Iodes* Blume.
Stamens perigynous.
Subtribe VI. *Erythropaleae.* Flowers dichlamydeous. ☿. Petals 5,.
perigyneous, the stamens as many and inserted opposite to them.
Ovary half-immersed in the perigyneous disk, 1 celled, with 1 to
3 ovules. Fruit inferior, crowned by the persistent calyx lobes
and by the disk, pericarp splitting vertically into 3 to 5 pieces..
Scandent tendril-bearing shrub. 20. *Erythropalum* Blume.
Fruit samaroid. Stigma 2.
Subtribe VII. *Cardiopterideae.* Flowers dichlamydeous. ☿. Corolla.
gamopetalous, the stamens equal to and alternate with its segments; ovules pendulous; stigmas 2, one at least to them persistent
at the apex of the samaroid fruit.
Trees, ovary 2 celled, with 1 ovule in each cell, fruit 2 celled..
21. *Pteleocarpa* Oliv.
Herbs, ovary 1 celled, ovules 2 (I usually abortive), fruit 1 celled,
juice milky. 22. *Cardiopteris* Wall.

Als neu finden wir aufgestellt:

Harmandia Kunstleri zu *H. Mekongensis* Pierre zu stellen. — *Bracea paniculata.* — *Strombosia multiflora.* — *Gomphandra globosa, G. gracilis.* — *Gonocaryum longeracemosum.* — *Iodes reticulata, I. velutina.*

Von den *Ilicineae* führt K i n g 8 *Ilex* auf, darunter als neu
I. epiphytica und *I. glomerata.*

E. Roth (Halle a. S.)

Krüger, Friedr., U e b e r e i n n e u e r d i n g s a u f t r e t e n d e s,
d u r c h d e n S a m e n ü b e r t r a g b a r e s M i s s r a t h e n d e r
E r b s e n. (Deutsche landwirthschaftliche Presse. 1895. No. 33.)

In der Sächsischen landwirthschaftlichen Zeitschrift 1894, No. 16
—18, hat Referent unter anderen Krankheiten, welche mit der Beschaffenheit des Saatgutes in Beziehung stehen, auch eine bis dahin

noch unbekannte Ursache des Missrathens der Erbsen besprochen. Erbsenpflanzen, die 1892 aus Samen gezogen waren, welche sich zu 92 Proc. keimfähig erwiesen hatten, erkrankten plötzlich kurz vor der Blüte und starben ab unter Erscheinungen, die auf eine Wurzelerkrankung schliessen liessen. In der That fand sich bei allen Pflanzen der Wurzelhals gefault und zwar durch die Wirkung von *Ascochyta Pisi*, deren Mycel bei einer nachträglich vorgenommenen Untersuchung einer Probe des Aussaatmaterials bereits im Innern der meisten, anscheinend ganz gesunden Samen sich vorfand.

Verfasser, der Gelegenheit hatte, im Sommer 1894 diese eigenthümliche Krankheit kennen zu lernen, bestätigt die Angaben des Ref. vollkommen und zeigt zugleich an mehreren Beispielen, wie ausserordentlich schädigend dieselbe auftreten kann. Desinfection derartig verpilzter und demnach stets kranke Pflanzen liefernder Samen mit Sublimat, Karbolsäure, Formaldehyd und Kupferkalkbrühe schädigte die Keimkraft derselben bereits zu einer Zeit, zu welcher die Lebenskraft des Pilzes noch nicht im geringsten beeinträchtigt schien. Auch die trockene Erhitzung der Samen, sowie das Jensen'sche Verfahren lieferten ungünstige Ergebnisse. Zur Verhütung der Krankheit ist demnach gesundes Aussaatmaterial unbedingt erforderlich. Erbsensamen, die zur Aussaat verwendet werden sollen, sind möglichst aus Schoten zu entnehmen, die äusserlich gesund aussehen und frei von Flecken sind, und bei käuflich erworbenen Samen hat sich die Qualitätsprüfung nicht nur auf die Keimfähigkeit, sondern auch auf die Abwesenheit von *Ascochyta* zu erstrecken.

Hiltner (Tharand).

Neue Litteratur.[*)]

Geschichte der Botanik:

Jungfleisch, Louis Pasteur. (Extr. du Journal de pharmacie et de chimie. 1895. 15 oct.) 8⁰. 8 pp. Paris (libr. Masson) 1895.

Miyoshi, Manabu, Uebersicht über die modernen Fortschritte auf dem Gebiete der wissenschaftlichen Botanik in Deutschland und anderen europäischen Staaten, mit besonderer Berücksichtigung der botanischen Anstalten, pflanzenphysiologischen Apparate, Litteratur u. A. 8⁰. Tokyo (Keigyosha) 1895.

Nomenclatur, Pflanzennamen, Terminologie etc.:

Gerard, W. R., Origin of the name Sambucus. (The Garden and Forest. VIII. 1895. p. 368.)

Kuntze, Otto, Les besoins de la nomenclature botanique. (Extr. du Monde des plantes. 1895. 1. nov.) 4⁰. 6 pp. Le Mans (impr. Ed. Monnoyer) 1895.

---

*) Der ergebenst Unterzeichnete bittet dringend die Herren Autoren um gefällige Uebersendung von Separat-Abdrücken oder wenigstens um Angabe der Titel ihrer neuen Publicationen, damit in der „Neuen Litteratur" möglichste Vollständigkeit erreicht wird. Die Redactionen anderer Zeitschriften werden ersucht, den Inhalt jeder einzelnen Nummer gefälligst mittheilen zu wollen, damit derselbe ebenfalls schnell berücksichtigt werden kann.

D r. Uhlworm,
Humboldtstrasse Nr. 22.

Bibliographie:

Saccardo, P. A., La botanica in Italia. Materiali per la storia di questa scienza. I. Repertorio biografico e bibliografico dei botanici italiani, aggiuntivi gli stranieri che trattarono della flora italiana. II. Indice dei floristi d'Italia, disposti secondo le regioni esplorate. III. Cenni storici e bibliografici degli orti botanici pubblici e privati. IV. Quadro cronologico dei principali botanici, ne' quali gli italiani furono precursori. 4°. 236 pp. Venezia (tip. Carlo Ferrari), Padova (Draghi & Fratelli Drucker) 1895.   L. 10.—

Allgemeines, Lehr- und Handbücher, Atlanten:

Aubert, E., Histoire naturelle des êtres vivants. T. II. Fasc. 2. Classifications zoologiques et botaniques, à l'usage des candidats au certificat d'études physiques, chimiques et naturelles. 8°. 831 pp. Avec fig. Paris (libr. André fils) 1895.

Algen:

Aubert, A. B., Liste partielle des Diatomées de Somesville, Seal Harbor, et Northeast Harbor, Etat du Maine, U. S. A. (Le Diatomiste. II. 1894. p. 140 —143.)

Aubert, A. B., Liste partielle des Diatomées d'Orono, Maine, U. S. A. (Le Diatomiste. II. 1894. p. 150—151.)

Kuckuck, Paul, Ueber einige neue Phaeosporeen der westlichen Ostsee. (Botanische Zeitung. Abth. I. 1895. Heft VIII. p. 175—187. Mit 2 Textfiguren und 2 Tafeln.)

Möbius, M., Beitrag zur Kenntniss der Algengattung Pitophora. (Berichte der deutschen botanischen Gesellschaft. Bd. XIII. 1895. p. 356—361. Mit 1 Tafel.)

Müller, Otto, Rhopalodia, ein neues Genus der Bacillariaceen. (Botanische Jahrbücher für Systematik, Pflanzengeschichte und Pflanzengeographie. Band XXII. 1895. p. 54—71. Mit 1 Tafel.)

Setchell, William Albert, Notes on some Cyanophyceae of New England. (Bulletin of the Torrey Botanical Club. Vol. XXII. 1895. p. 424—431.)

Pilze:

Cheney, L. S., Parasitic Fungi of the Wisconsin Valley. (Transactions of the Wisconsin Academy of Science, Arts and Letters. X. 1895. p. 69.)

Clautriau, G., Étude chimique du glycogène chez les Champignons et les levures. (Extr. des Mémoires couronnés et autres mémoires publiés par l'Académie royale de Belgique. T. LIII. 1895.) 8°. 100 pp. Bruxelles (F. Hayez) 1895.

Cook, O. F., Personal nomenclature in the Myxomycetes. (Bulletin of the Torrey Botanical Club. Vol. XXII. 1895. p. 431—434.)

Dietel, P., Ochropsora, eine neue Uredineengattung. (Berichte der deutschen botanischen Gesellschaft. Bd. XIII. 1895. p. 401—402.)

Ellis, J. B. and **Everhart, B. M.,** New species of Fungi. (Bulletin of the Torrey Botanical Club. Vol. XXII. 1895. p. 434—440.)

Hennings, P., Fungi camerunenses. I. (Botanische Jahrbücher für Systematik, Pflanzengeschichte und Pflanzengeographie. Bd. XXII. 1895. p. 72—111.)

Marchal, El., Champignons coprophiles de Belgique. (Extr. du Bulletin de la Société royale de botanique de Belgique. T. XXXIV. P. I. 1895.) 8°. 27 pp. Avec 2 pl. Gand (impr. C. Annoot-Braeckman) 1895.

Puriewisch, K., Ueber die Stickstoffassimilation bei den Schimmelpilzen. (Berichte der deutschen botanischen Gesellschaft. Bd. XIII. 1895. p. 342 —345.)

Yasuda, A., Hirneola und Exidia. (The Botanical Magazine. Vol. IX. Tokyo 1895. p. 371—374.)

Muscineen:

Cheney, L. S., Sphagna of the Upper Wisconsin Valley. (Transactions of the Wisconsin Academy of Science, Arts and Letters. X. 1895. p. 66—68.)

Cheney, L. S., Hepaticae of the Wisconsin Valley. (Transactions of the Wisconsin Academy of Science, Arts and Letters. X. 1895. p. 70—72.)

Gefässkryptogamen:

Saunders, C. F., Scolopendrium Scolopendrium. (Linnean Fern Bulletin. XII. 1895. p. 1—2.)

Physiologie, Biologie, Anatomie und Morphologie:

Delpino, F., Sulla viviparità nelle piante superiori e nel genere Remusatia. Schott. (Memorie della r. accademia delle scienze dell' istituto di Bologna. Ser. V. T. V. 1895. Fasc. 2. Con tav.)

Fleurent, E., Recherches sur la constitution des matières albuminoïdes extraites de l'organisme végétal. [Thèse.] 8⁰. 75 pp. Paris (libr. Gauthiers-Villars et fils) 1895.

Kny, L., Ueber die Aufnahme tropfbar-flüssigen Wassers durch winterlich entlaubte Zweige von Holzgewächsen. (Berichte der deutschen botanischen Gesellschaft. Bd. XIII. 1895. p. 361—375.)

Lopriore, G., Vorläufige Mittheilung über die Regeneration gespaltener Stammspitzen. (Berichte der deutschen botanischen Gesellschaft. Bd. XIII. 1895. p. 410—414.)

Mac Dougal, D. T., Irritability and movement in plants. (Popular Science Monthly. 1895.) 10 pp.

Müller, Fritz, Das Ende der Blütenstandsachsen von Eunidularium. (Berichte der deutschen botanischen Gesellschaft. Bd. XIII. 1895. p. 392—400.)

Müller, Fritz, Blumenblätter und Staubfäden von Canistrum superbum. (Berichte der deutschen botanischen Gesellschaft. Bd. XIII. 1895. p. 400.)

Pröscher, Fr., Untersuchungen über Raciborski's Myriophyllin. (Berichte der deutschen botanischen Gesellschaft. Bd. XIII. 1895. p. 345—348.)

Verschaffelt, Ed., Ueber asymmetrische Variationskurven. (Berichte der deutschen botanischen Gesellschaft. Bd. XIII. 1895. p. 348—356. Mit 1 Tafel.)

Weisse, A., Zur Kenntniss der Anisophyllie von Acer platanoides. (Berichte der deutschen botanischen Gesellschaft. Bd. XIII. 1895. p. 376—389.)

Zacharias, E., Ueber das Verhalten des Zellkerns in wachsenden Zellen. (Sep.-Abdr. aus Flora oder allgemeine botanische Zeitung. Ergänzungsband. Bd. LXXXI. 1895. Heft 2. p. 217—266. Mit 3 Tafeln.)

Systematik und Pflanzengeographie:

Buchenau, Franz, Beiträge zur Kenntniss der Gattung Tropaeolum. (Botanische Jahrbücher für Systematik, Pflanzengeschichte und Pflanzengeographie. Band XXII. 1895. p. 157—176. Mit 1 Textfigur.)

Bush, B. F., Quercus Phellos × rubra in Missouri. (The Garden and Forest. VIII. 1895. p. 379.)

Davis, W. T., Botanical notes. (Proceedings of the Natural Science Association of Staten Island. IV. 1895. p. 83.)

Engler, A., Beiträge zur Flora von Afrika. XI. Mit 2 Tafeln. (Botanische Jahrbücher für Systematik, Pflanzengeschichte und Pflanzengeographie. Band XXII. 1895. p. 17.)

Flatt von Alföld, Carl, Zur Geschichte der Asperula Neilreichii Beck. (Sep.-Abdr. aus Verhandlungen der k. k. zoologisch-botanischen Gesellschaft in Wien. 1895.) 8⁰. 3 pp. Wien (A. Holzhausen) 1895.

Gürke, M., Labiatae africanae. III. (Botanische Jahrbücher für Systematik, Pflanzengeschichte und Pflanzengeographie. Bd. XXII. 1895. p. 128—148.)

Harms, Hermann, Zwei neue Meliaceengattungen aus dem tropischen Afrika. (Botanische Jahrbücher für Systematik, Pflanzengeschichte und Pflanzengeographie. Bd. XXII. 1895. p. 153—156.)

Hisinger, Ed., Remarquable variété du Nuphar luteum. (Sep.-Abdr. aus Acta societatis pro fauna et flora fennica. XI. 1895. No. 9.)

Kawakami, T., Phanerogams of Shōnai. (The Botanical Magazine. Vol. IX. Tokyo 1895. p. 374—376.)

Koehne, E., Lythraceae africanae. (Botanische Jahrbücher für Systematik, Pflanzengeschichte und Pflanzengeographie. Bd. XXII. 1895. p. 149—152.)

Kränzlin, F., Orchidaceae africanae. II. (Botanische Jahrbücher für Systematik, Pflanzengeschichte und Pflanzengeographie. Bd. XXII. 1895. p. 17—31.)

Lindau, G., Acanthaceae africanae. III. (Botanische Jahrbücher für Systematik, Pflanzengeschichte und Pflanzengeographie. Bd. XXII. 1895. p. 112—127.)

Lueders, H. F., The vegetation of the Town Prairie du Sac. (Transactions of the Wisconsin Academy of Science, Arts and Letters. X. 1895. p. 510—524. With 1 pl.)

Makino, T., Mr. H. K u r o i w a's collections of Liukiu plants. [Cont.] (The Botanical Magazine. Vol. IX. Tokyo 1895. p. 379—382.)

Mc Clatchie, A. J., Flora of Pasadena and vicinity. (Reid's History of Pasadena [Cal.]. 1895. p. 605—649.)

Meehan, T., Arethusa bulbosa. (Meehan's Monthly. 1895. p. 141. With 1 pl.)

Meehan, T., Trichostoma dichotomum. (Meehan's Monthly. V. 1895. p. 161. With 1 pl.)

Miyabe, K., On plants collected in Shinking China by W. K a w a k a m i. [Cont.] (The Botanical Magazine. Vol. IX. Tokyo 1895. p. 365—371.)

Müller, Fritz, Billbergia distacaia Mez. (Berichte der deutschen botanischen Gesellschaft. Bd. XIII. 1895. p. 390—391. Mit 1 Textfigur.)

Nash, Geo. V., New or noteworthy American grasses. I. (Bulletin of the Torrey Botanical Club. Vol. XXII. 1895. p. 419—424.)

Reiche, Carl, Die botanischen Ergebnisse meiner Reise in die Cordilleren von Nahuelbuta und von Chillan. (Botanische Jahrbücher für Systematik, Pflanzengeschichte und Pflanzengeographie. Bd. XXII. 1895. p. 1—16.)

Robinson, B. L. and **Greenman, J. M.,** On the flora of the Galapagos Islands as shown by the collections of Dr. G. B a u r. (American Journal of Science. Ser. III. Vol. L. 1895. p. 135—149.)

Robinson, B. L. and **Greenman, J. M.,** New and noteworthy plants, chiefly from Oaxaca, collected by Messr. C. G. P r i n g l e, L. C. S m i t h and E. W. N e l s o n. (American Journal of Science. Ser. III. Vol. L. 1895. p. 150 —168.)

Robinson, B. L. and **Greenman, J. M.,** A synoptic revision of the genus Lamourouxia. (American Journal of Science. Ser. III. Vol. L. 1895. p. 169 —174.)

Robinson, B. L. and **Greenman, J. M.,** Miscellaneous new species. (American Journal of Science. Ser. III. Vol. L. 1895. p. 175—176.)

Rothrock, J. T., The sugar maple. (Forest Leaves. V. 1895. p. 56—58.)

Rothrock, J. T., The Locust tree. (Forest Leaves. V. 1895. p. 72—73.)

Sargent, C. S., Cladastris. (The Garden and Forest. VIII. 1895. p. 372.)

Sargent, C. S., Litsia geniculata. (The Garden and Forest. VIII. 1895. p. 374. With 1 fig.)

Sargent, C. S., Agave Utahensis. (The Garden and Forest. VIII. 1895. p. 384. With 1 fig.)

Schumann, K., Rebutia minuscula. (Monatsschrift für Kakteenkunde. V. 1895. p. 102.)

Warburg, O., Begoniaceae africanae. (Botanische Jahrbücher für Systematik, Pflanzengeschichte und Pflanzengeographie. Bd. XXII. 1895. p. 32—45.)

Warburg, O., Balsaminaceae africanae. (Botanische Jahrbücher für Systematik, Pflanzengeschichte und Pflanzengeographie. Bd. XXII. 1895. p. 46—53.)

Palaeontologie:

Conwentz, H., Ueber einen untergegangenen Eibenhorst im Steller Moor bei Hannover. (Berichte der deutschen botanischen Gesellschaft. Bd XIII. 1895. p. 402—409.)

Katzer, F., Vorbericht über eine Monographie der fossilen Flora von Rossitz in Mähren. (Sep.-Abdr. aus Sitzungsberichte der k. böhmischen Gesellschaft der Wissenschaften. 1895.) 8⁰. 26 pp. Prag (Fr. Řivnáč) 1895. M. —.40.

Medicinisch-pharmaceutische Botanik:

A.

Bastin, E. S., Structure of our Cherry barks. (The American Journal of Pharmacy. LXVII. 1895. p. 435—452. With 14 fig.)

Bastin, E. S., Structure of our Hemlock barks. (The American Journal of Pharmacy. LXVII. 1895. p. 356—362. With 5 fig.)

Burrill, J. T., Rhus poisoning. (The Garden and Forest. VIII. 1895. p. 368.)

Lodeman, E. G., Poisoning from Rhus. (The Garden and Forest. VIII. 1895. p. 398.)

Sawada, K., Plants employed in medicine in the Japanese pharmacopaeia. (The Botanical Magazine. Vol. IX. Tokyo 1895. p. 376—379.)

Tschirch, A. und **Oesterle, O.,** Anatomischer Atlas der Pharmakognosie und Nahrungsmittelkunde. Lief. 9. 4⁰. V, p. 175—200. Mit 5 Tafeln. Leipzig (Chr. H. Tauchnitz) 1895.

B.

Bettmann, H. W., Diphtheria; its bacterial diagnosis and treatment with the àntitoxin. (Med. News. Vol. II. 1895. No. 1. p. 1—5.)

Pernice, B. e **Scagliosi, G.,** Sulle alterazioni istologiche e sulla vitalità dei bacilli di L o e f f l e r delle pseudomembrane difteriche dell' uomo, studiate fuori l'organismo. (Riforma med. 1895. No. 142—144. p. 795—796, 807—809, 819—820.)

Sanfelice, Francesco, Ueber einen neuen pathogenen Blastomyceten, welcher innerhalb der Gewebe unter Bildung kalkartig aussehender Massen degenerirt. (Centralblatt für Bakteriologie und Parasitenkunde. Erste Abtheilung. Bd. XVIII. 1895. No. 17/18. p. 521—526.)

Vogt, A., Om den bakteriologiske diagnose ved difteri. (Norsk mag. for laegevidensk. 1895. März.)

Technische, Forst-, ökonomische und gärtnerische Botanik:

Baumert, G., Das L ö h n e r t 'sche Lupinenentbitterungsverfahren nach gemeinschaftlich von W. L e n z und L. S t e i n e r ausgeführten vergleichenden Untersuchungen. (Berichte aus dem physiologischen Laboratorium und der Versuchsanstalt des landwirthschaftlichen Instituts der Universität Halle. 1895. Heft XII.)

Blarez, Ch., Les vins de Bordeaux au point de vue chimique. 8°. 21 pp. Bordeaux (impr. Gounouilhou) 1895.

Bondurant, Alex. J., Co-operative seed tests. (Alabama Agricultural Experiment Station of the Agricultural and Mechanical College, Auburn. Bull. LXV. 1895. p. 159—181.) Montgomery, Alab. (Brown Printing Co.) 1895.

Hempel, G. und **Wilhelm, K.,** Die Bäume und Sträucher des Waldes in botanischer und forstwirthschaftlicher Beziehung. Lief. 12. Th. II. Abth. II. p. 65—88. Mit Abbildungen und 3 farbigen Tafeln. Wien (Ed. Hölzel) 1895. M. 2.70.

Herbault, G., La vinification algérienne. 8°. 32 pp. Alger (impr. Fontana & Co.) 1895.

Holdefleiss, P., Die Bedeutung des verdauten Antheils der Rothfaser für die thierische Ernährung. (Berichte aus dem physiologischen Laboratorium und der Versuchsanstalt des landwirthschaftlichen Instituts der Universität Halle. Heft XII. 1895.)

Huffel, M., Influence des forêts sur le climat. 8°. 12 pp. Besançon (impr. Jacquin) 1895.

Jacquemin, Georges, Amélioration du vin par les levures pures sélectionnées de l'Institut La Claire. 8°. 24 pp. Nancy (Impr. nancéienne) 1895.

Keller, Ant., Poche parole sulla vinificazione e sui vini. (Estr. dagli Atti e memorie della r. accademia di scienze, lettere ed arti in Padova. Vol. VI. 1895. Disp. 4.) 8°. 19 pp. Padova (tip. Gio. Batt. Randi) 1895.

Kühn, J., Die wirthschaftliche Bedeutung der Gründüngung und die Ausnutzung des Stickstoffs im Stallmist und Gründung. (Berichte aus dem physiologischen Laboratorium und der Versuchsanstalt des landwirthschaftlichen Instituts der Universität Halle. Heft XII. 1895.)

Parmentier, Paul, Abiétinées du département du Doubs au point de vue de l'arboriculture et de la sylviculture. (Extr. des Mémoires de la Société d'émulation du Doubs. 1894. Séance du 10 févr.) 8°. 44 pp. Besançon (impr. Dodivers) 1895.

Ross, B. B., Cane syrup. (Alabama Agricultural Experiment Station of the Agricultural and Mechanical College, Auburn. Bull. LXVI. 1895. p. 185 —193. With 1 fig.) Montgomery, Alab. (Brown Printing Co.) 1895.

Rothrock, J. T., Our Pennsylvania forests. (Journal of the Franklin Institution. CXL. 1895. p. 105—117.)

Roy-Chevrier, J., De l'emploi des hybrides dans la reconstitution des vignobles du Jura. (Extr. de la Revue viticole de Franche-Comté. 1895. 15 sept.) 8°. 13 pp. Poligny (impr. Cottez) 1895.

Steiner, L., Ueber Entbitterung und Entgiftung der Lupinenkörner. (Berichte aus dem physiologischen Laboratorium und der Versuchsanstalt des landwirthschaftlichen Instituts der Universität Halle. Heft XII. 1895. Mit 2 Holzschnitten.)

Corrigendum.

In der No. 44 des Botanischen Centralbattes, p. 155, ist eine Thatsache
ganz umgekehrt mitgetheilt, die Fehler der Vortr. mir zugeschrieben:
Zeile 17 v. o. soll statt „er" (nämlich Borbás) Vortr. (Simonkai)
und Zeile 18—19 v. o. „und sich nachträglich überzeugt, dass selbe" muss
ganz gestrichen werden, und statt diesem soll dort nur „welche" stehen.

Borbás.

Personalnachrichten.

Ernannt: Dr. Nicolai Busch zum Directorgehülfen am
Botanischen Garten der Universität Dorpat.

Anzeige.

32 Original-Photographien

südbrasilischer Phalloideen,

aufgenommen von dem Unterzeichneten nach lebendem Material,
mit beigedruckten Erläuterungen, in Carton, sind zum Preise von
30 Mark zu beziehen von

Dr. Alfred Möller, Idstein.

Inhalt.

Ausgegeben: 11. December 1895.

Druck und Verlag von Gebr. Gotthelft in Cassel.

Band LXIV. No. 12.   XVI. Jahrgang.

Botanisches Centralblatt.

REFERIRENDES ORGAN

für das Gesammtgebiet der Botanik des In- und Auslandes.

Herausgegeben

unter Mitwirkung zahlreicher Gelehrten

von

Dr. Oscar Uhlworm und Dr. F. G. Kohl
in Cassel. ———— in Marburg.

Zugleich Organ
des

Botanischen Vereins in München, der Botaniska Sällskapet i Stockholm, **der Gesellschaft für Botanik zu Hamburg,** der botanischen Section der **Schlesischen Gesellschaft für vaterländische Cultur zu Breslau,** der **Botaniska Sektionen af Naturvetenskapliga Studentsällskapet i Upsala,** **der k. k. zoologisch-botanischen Gesellschaft in Wien,** des Botanischen **Vereins in Lund** und der Societas pro Fauna et Flora Fennica in Helsingfors.

| Nr. 51. | Abonnement für das halbe Jahr (2 Bände) mit 14 M. durch alle Buchhandlungen und Postanstalten. | 1895. |

Die Herren Mitarbeiter werden dringend ersucht, die Manuscripte immer nur auf *einer* Seite zu beschreiben und für *jedes* Referat besondere Blätter benutzen zu wollen.   Die Redaction.

Wissenschaftliche Original-Mittheilungen.*)

Zur Geschichte unseres Beerenobstes.
Von
R. v. Fischer-Benzon
in Kiel.

(Schluss.)

In Norddeutschland finden wir die Johannisbeere zum ersten Male im niederdeutschen „Gaerde der suntheit", Lübeck 1492, wo sie in Cap. 427 *Ribes* und Sunte Johansdruuen genannt wird. Wenn nun in Dänemark und Norwegen die Johannisbeere *Ribs* oder *Rips* heisst, so ist es wohl am natürlichsten, diesen Namen als ein verkürztes *ribes* zu erklären; denn noch im 16. Jahrhundert wurde die Pflanze für das echte *ribes Arabum* oder *Mauritanorum*

---

*) Für den Inhalt der Originalartikel sind die Herren Verfasser allein verantwortlich.   Red.

gehalten, und selbst als der Reisende L. Rauwolf eine Abbildung von dem „rechten *Ribes Arabum*" gegeben hatte (Aigentliche beschreibung der Raiss etc., Laugingen 1583, p. 282), aus dessen Stengeln etc. „fürnemlich das rechte Rob Ribes" gemacht wird, so blieb der Name *ribes* dennoch an der Johannisbeere haften, die aber von den Apotheken nunmehr als *ribes officinarum* geführt wurde. In Norwegen heisst übrigens die Frucht auch Weinbeere (Vinbär), in Schweden rothe Weinbeere (röde vinbär); diese Namen scheinen aber ebenso wie Ribs der cultivirten Rasse zuzukommen, während die wildwachsende zahlreiche Trivialnamen besitzt (F. C. Schübeler, Viridarium Norvegicum, Band II, Christiania 1888, 4º, p. 275).

Nachdem wir so gesehen haben, wie die Cultur der Johannisbeere sich von Süddeutschland aus über Norddeutschland nach Dänemark, Norwegen und Schweden verbreitete, wollen wir nun ihre Ausbreitung über Westeuropa verfolgen. In Frankreich wird die Johannisbeere schon 1536 bei Ruellius beschrieben (p. 213), also früher als bei einem der deutschen Väter der Botanik; merkwürdigerweise fehlt sie aber in den französischen Werken, die aus dem Gart der Gesuntheit und Ortus sanitatis der Deutschen hervorgegangen sind, nämlich im „Arbolayre"[1]) und in „Le grant herbier en francoys etc.[2]) Ruellius ertheilt der Johannisbeere ziemlich dieselben Eigenschaften, die ihr im Mainzer Herbarius beigelegt werden; auch er kennt sie schon als Culturpflanze, denn er sagt, dass sie zierlich die Beete und Plätze der Gärten umhege (sepit eleganter hortorum pulvinas et areas). Ihre Verwandtschaft mit der Stachelbeere hat er erkannt und zum Unterschiede von dieser, der er den Namen *grossula* beigelegt hat, nennt er sie *rubra grossula*, dem französischen *groseille rouge* entsprechend und *grossula transmarina*, französisch *groseille d'outre mer*[3]). Der letzte eigenthümliche Name verblieb der Johannisbeere in Büchern, wenigstens bis zum vorigen Jahrhundert (Weinmann, Phytanthozaiconographia, Bd. IV, Regensburg 1745, p. 220). Er

---

[1]) Herr Dr. Hans Kaeslin aus Aarau, z. Z. in Paris, hatte die Güte dieses seltene Werk, das in deutschen Bibliotheken zu fehlen scheint, für mich zu vergleichen.

[2]) Die beiden genannten Werke sind gegen das Ende des 15. Jahrhunderts, aber wie es scheint nicht vor 1591, entstanden. Der „grant herbier" enthält sehr viele Bilder des lateinischen *Ortus sanitatis*, dessen erste Ausgabe 1591 erschien, in verkleinerter Nachbildung; er soll nach Brunet (Manuel du libraire, Taf 1, Paris 1860, p. 377) ein Wiederabdruck vom Arbolayre, aber mit verkleinerten Abbildungen und einigen Auslassungen sein.

[3]) Die dem *transmarinus* oder d'outre mer entsprechende deutsche Bezeichnung kommt zum ersten Male im deutschen Gart der gesuntheit, Mainz 1485, vor. Das 123. Capitel trägt die Ueberschrift „Coloquintida, Kurbsz ober sehe"; das Register hat „Kurbysz vber see", und im Text steht: „dysz wachs gynset dem mere". — Die aus dem Lasurstein bereitete blaue Farbe hiess ihrer fernen Herkunft wegen Ultramarin (Flückiger, Die Frankfurter Liste, Halle 1873, p 14). Das Wort *transmarinus* oder *ultramarinus* verlor seine Bedeutung mehr und mehr und hiess schliesslich nur fremd. Beispielsweise nennt Dodonaeus die Judenkirsche (*Physalis Alkekengi* L.) „kriecken over zee" id est *ultramarina cerasa* (p. 245).

bezeugt uns, dass die Johannisbeere nach Frankreich als etwas Fremdes gekommen war, und dass man sie auch dort für das *Ribes Arabum* gehalten hat. Jedoch scheint Ruellius, der über ein enormes Wissen verfügte, der letzten Ansicht nicht gewesen zu sein, da er ausdrücklich bemerkt, dass es Leute gäbe, die da glaubten, die Johannisbeere werde von den Mauren *ribes* genannt (sunt qui putent a Mauritanis ribem apellari).

Dass die Cultur der Johannisbeere von Frankreich aus ihren Weg nach Belgien und Holland nahm, ist ganz natürlich, auch dass sie ihren Namen *groseille d'outre mer* mitbrachte, der in Belgien nur in „Besikens over zee" übersetzt wurde. Lobelins hat als lateinischen Namen noch *Ribes Arabum* (Plantarum et stirpium historia, Antwerpen 1576, p. 615), Dodonaeus aber *Ribesium, grossularia rubra* und *transmarina*, p. 748). Als das Kräuterbuch des Dodonaeus durch Henry Lyte ins Englische übersetzt wurde (1578), erhielt die Johannisbeere auch den in England längst vergessenen und wahrscheinlich nie gebrauchten Namen *Beyond see Gooseberry*; daneben wurden ihre Früchte Redde Gooseberries und Bastard Corinthes genannt. Da sich in England trotz des von wissenschaftlicher Seite erhobenen Protestes der Glaube verbreitete und befestigte, dass die Korinthen vom Johannisbeerstrauch stammten, so blieb der Name *Corinthe* an der Johannisbeere hängen und wurde im Laufe der Zeiten in *currant* umgeformt (nach James A. H. Murray, A new english Dictionnary on historical principles, Vol. II, London 1893, p. 1269).

Gegen Ende des 16. Jahrhunderts kannte man verschiedene Culturrassen der Johannisbeere. Eine Rasse mit grösseren und stärker sauren Beeren erwähnten Clusius (p. 119) und Camerarius (p. 141), der sie aus Innsbruck aus dem Garten des Erzherzogs Ferdinand erhalten hatte. Clusius giebt ausserdem an, dass eine auf den Gebirgen Oesterreichs wildwachsende Form kleine und süsse Beeren habe; die weisse Johannisbeere erhielt er im Jahre 1589 aus Amsterdam, doch scheint diese Rasse in England gezüchtet zu sein. C. Bauhin erwähnt gleichfalls die weisse Johannisbeere (*Ribes vulgaris fructu albo*; Pinax, p. 455).

In Italien ist vor dem 16. Jahrhundert von der Johannisbeere überhaupt nicht die Rede. Caesalpin (De plantis libri 16, Florenz 1583, 4°, p. 99) berichtet, dass in den Alpen ein Strauch vorkomme, der der Stachelbeere ähnlich sei, aber keine Dornen habe und gewöhnlich *Rhibes* genannt werde; die bei der Reife rothe Frucht habe einen sauren Saft und werde von den Aerzten gegen die Fieberhitze angewandt. Von einer Cultur dieser Pflanze spricht er nicht. Mattioli (p. 151) kennt als italienischen Namen der Johannisbeere ausser *ribes* auch noch *uvetta rossa*, also rothes Träubchen. Im 16. Jahrhundert, wo man überall bestrebt war, neue Pflanzen in die Gärten aufzunehmen, hat man offenbar auch in Italien versucht, die Johannisbeere in Gärten zu ziehen. So theilt Gesner (Horti Germaniae, Fol. 252) einen Bericht mit, wonach in Florenz eine rothe Johannisbeere vorkomme mit haselnussgrossen Früchten von sehr saurem Geschmack. Heutigen Tages wird die Johannisbeere in Italien so gut wie garnicht. cultivirt, denn sie gedeiht dort nur schlecht. Das gleiche ist in Griechenland der Fall, wo die Früchte τὰ φραγκοστάφυλα, Franken- trauben genannt werden. (Th. v. Heldreich, Die Nutzpflanzen Griechenlands, Athen 1862, p. 44). Da die Griechen alle West- europäer Franken nennen, so giebt dieser Name zugleich an, woher die Johannisbeere nach Griechenland gekommen ist.

Der Weg, den wir zurückgelegt haben, war lang und mühsam, dashalb wollen wir das gewonnene Resultat in wenig Worte zu- sammenzufassen suchen. *Ribes* ist ursprünglich der Name einer auf den Gebirgen Syriens etc. wachsenden Heilpflanze (*Rheum Ribes* L.), die in Europa vollständig fehlt. Beim Suchen nach dieser Heilpflanze in Europa kam man dazu, andere Pflanzen, die in einzelnen Eigenschaften mit dem echten *ribes* übereinstimmten, für *ribes* selbst zu nehmen. Auf diese Weise sind auch die Beeren des Johannisbeerstrauchs in Gebrauch gekommen, wahr- scheinlich in Südostdeutschland, und zwar gegen Ende des 14. Jahrhunderts. Von Süddeutschland aus hat sich dann die Cultur der Johannisbeere, auf die der Name *ribes* übertragen worden war, nach Westen und Norden hin ausgebreitet.

8. Die schwarze Johannisbeere.

(*Ribes nigrum* L.)

Auf die schwarze Johannisbeere wurde man erst in der zweiten Hälfte des 16. Jahrhunderts aufmerksam, zunächst wohl durch ihre Aehnlichkeit mit der rothen. Die Früchte tand man durch- weg von unangenehmem Geschmack, während sie heutigen Tages sehr geschätzt werden. Eine vorzügliche Abbildung lieferte Dodonaeus (p. 748), der zugleich angiebt, dass sie nur selten in Gärten gebaut werde.

9. Die Stachelbeere.

(*Ribes Grossularia* L.)

Die Stachelbeere war den Alten ebenso unbekannt wie die Johannisbeere, und auch während des ganzen Mittelalters kommt nicht eine einzige Angabe vor, die sich auf die Stachelbeere deuten liesse, weder in den Glossaren, noch in medicinischen Schriften, weder im Herbarius, noch im Gart der gesuntheit und den verschiedenen Ausgaben des Ortus sanitatis, auch nicht im „Arbolayre“ und im „grant herbier en francoys“. Die einzige Stelle, die sich, allerdings nur mit Zwang, auf die Stachelbeere beziehen liesse, kommt im „Gart der gesuntheit“ Mainz 1485, vor. Hier heisst der erste Theil des Capitels 341 (vergl. oben unter): „*Ribes* grece et latine. Die meister sprechen das dis zsy ein boum dryer arme hoch vnd hait bletter glich den brambirn vnd ist dornicht. an dem wechset früchte die ist roit glich den Korellen.“ Der dornige Strauch würde auf die Stachelbeere passen, aber Blätter wie die Brombeere und korallenrothe Früchte stimmen nicht dazu. Ausserdem lässt die sehr gute Abbildung von der Johannisbeere es nicht zu, noch an eine andere Pflanze zu denken.

Die erste unzweideutige Erwähnung der Stachelbeere finden wir bei Ruellius (1536). Er bespricht die *oxyacantha* der Alten (213,20), die er für die Berberitze hält, und fährt dann fort: „Weit verschieden von dieser ist ein anderes Geschlecht, das die gewöhnlich *grossula* (*groseille*) genannte Frucht trägt, von den Alten mit Stillschweigen übergangen, mit dornigem Strauch, mit einem dem Sellerie ähnlichen Blatt, mit weissen und bei der Reife süssen Beeren, häufig in den Gärten. Die Beere dieses Strauches wird wegen einer nicht unangenehmen Säure zu Saucen oder Suppen benutzt, in unreifem Zustande statt saurer Trauben. Da die Beeren gleichsam das Bild von Feigen darstellen, so nennt das Volk den Strauch *grossularia* (*groseillier*) und die Frucht *grossula*. Nach erlangter Reife wird die Beere so süss, dass sie gegessen werden kann, aber dennoch wird sie bei üppigen Mahlzeiten verschmäht, wohl aber von schwangeren Frauen begehrt.“[1])

Ruellius sagt also von der Stachelbeere, dass sie häufig in den Gärten sei. Da er 1474 geboren war, so reicht seine Erinnerung bis in das 15. Jahrhundert zurück, und wir müssen annehmen, dass er die Stachelbeere schon als Kind gekannt habe, denn sonst würde sich bei ihm sicherlich eine Bemerkung über die Zeit ihrer Einführung finden. Wenn sie aber auch am Ende des 15. Jahrhunderts in Frankreich Culturpflanze war, so konnte sie damals doch noch nicht sehr lange in Cultur gewesen sein, denn das, was Ruellius über ihre Früchte sagt, lässt deutlich erkennen, dass diese nur noch sehr wenig veredelt waren.

In Deutschland wird die Stachelbeere ziemlich viel später erwähnt, als in Frankreich. Brunfels kennt sie garnicht; Gesner erwähnt sie nicht in seinem Catalogus plantarum von 1542, was um so merkwürdiger ist, als sich gerade aus diesem Buche nachweisen lässt, dass er Ruellius' Werk De natura stirpium gekannt hat. Leonhard Fuchs bildet sie gut ab unter den Namen *uva crispa* und Krüselbeer (Plant. et stirp. icones, 104). Hieronymus Bock nennt sie in seinem lateinischen Kräuterbuch *noa crispa*, in seinem deutschen *grossularis* und Grosselbeere. Von ihren Früchten sagt er (346 a), sie seien „am geschmack süsz, mit einer zimmlichen Sawrkeit vermischet, gantz lieblich“. Das klingt nicht grade wie ein Lob, um so weniger, als er bald nachher hinzufügt: „Wann vilgemelte Beerlein zeitig werden, so haben die Kinder jhre Kurtzweil darmit, etlich büssen

---

[1]) „Longe diversum genus est, quod *grossulam* fert vulgo dictum, ueteribus silentio praeteritum, aculeato frutice, folio apii fere, acinis candidis et in maturitate dulcibus, in hortis frequens. Bacca huius non ingrata displicet acerbitate, magnamque a palato init gratiam, quare iuribus innatat. Vere cum primum pubet, in usum venit eadem acerbae uuae loco. Vulgus nostrum quod *grossulorum* quandam refert imaginem, et *grossulariam* fruticem, et fructum *grossulam* nominat. Bacca maturitate dulcescit in cibum, qui tamen lautioribus mensis repudietur, gravidis mulieribue satis expetitus.“ — Dieser Text ist an mehr als einer Stelle verderbt.

den Hunger darmit, andere essends lust halben". Bock kennt,
wie es scheint, den Stachelbeerstrauch noch nicht als eigentliche
Gartenpflanze, denn er beginnt sein Capitel mit folgenden Worten:
„Ein Geschlecht der Grosselbeeren hab ich war genommen inn
Germania, vnd ist vast gemein vmb die Stadt Trier, daselbst
wachsen solcher Grosselhecken neben den Landstrassen, an den
Rechen vberflüssig mehr denn andere Hecken u. s. w." Er
empfiehlt denn auch den Stachelbeerstrauch zum Anlegen von
Hecken. Als er nämlich auf die medicinischen Eigenschaften der
Stachelbeere zu sprechen kommt und auch erwähnt, dass sie für
Zwecke der Zauberei Verwendung finde, da sagt er: „Mein kunst
ist gewisser, nemlich, wann man dieser Dorn viel stauden nach
einander setzet, geben sie ein gueten ewigen Zaun, dardurch kein
Vihe in die Gärten mag dringen." In seinen Horti Germaniae
(Fol. 252 a) rühmt auch Gesner die Stachelbeere, die bei ihm
uva crispa heisst, in erster Linie als Heckenpflanze; von ihren
Früchten sagt er dann aber auch, dass sie von angenehmem Geschmack seien. Camerarius (1588) erwähnte die Stachelbeere
überhaupt nicht.

Auch aus diesen Angaben geht hervor, dass man sich mit der
Cultur der Stachelbeere noch nicht sehr eingehend beschäftigt
haben kann. Gegen Ende des Jahrhunderts war aber die Stachel-
beercultur ziemlich allgemein geworden, und da erzog man bald
bessere Rassen. Clusius (p. 120) spricht von einer grünen
Stachelbeere mit grösseren Früchten; 1589 schickte ihm Carolus
de Tassis, Bürgermeister von Amsterdam, eine aus England
erhaltene Stachelbeere mit rothen Früchten, und 1594 sah er im
Garten zu Leiden eine Rasse mit dunkelrothen Früchten.

Ausser an der oben angeführten Stelle spricht Ruellius noch
zweimal von der Stachelbeere, einmal in dem Capitel über *paliurus*
(215,2), und zweitens in demjenigen über *rhamnus* (243,20). Er
bemerkt dabei an der ersten Stelle, dass es nicht an solchen fehlte,
die da glaubten, der Strauch, der von den Franzosen *aubepinum*
(dem französischen aubépine entsprechend) genannt werde, und
dessen Früchte das Volk (*vulgus*) *senellas* (für cenelles) nenne (also
unser Weissdorn), sei das, was das Volk als *grosilierus* oder
grossularis bezeichne; und an der zweiten Stelle sagt er, dass sich
nach seiner Meinung diejenigen täuschten, die das erste Geschlecht
des *rhamnus* (gleich *spina alba*, das auch unseren Weissdorn darstellt) für das hielten, was das Volk *grossularis* nenne.

Bei diesen Worten müssen wir einen Augenblick verweilen.
Ruellius giebt, wie wir oben gesehen haben, das französische
groseillier lateinisch durch *grossularis* wieder, *groseille* durch *grossula*
und zwar mit bewusster Anlehnung an *grossulus*, Feige. Hier
thut er aber der Sache Gewalt an, denn das französische Wort,
das er an der eben angeführten Stelle richtiger durch *grosilierus*
wiedergiebt, hat wegen seines einfachen „s" mit *grossus* oder
grossulus nichts zu thun (F. Diez, Etymol. Wörterbuch der
romanischen Sprachen, 5. Ausgabe, Bonn 1887, p. 174). Die

lateinischen Worte *grossularia*, *grossularis* und *grossula* sind also
von Ruellius nach dem Französischen neu gebildet. Aus seinen
Bemerkungen erfahren wir nun aber auch, dass *grosilierus* noch
zu seiner Zeit im Munde des Volkes zur Bezeichnung des Weiss-
dornes diente. Der Name *groseillier* muss daher vom Weissdorn
auf die Stachelbeere übertragen worden sein, und dadurch wird
es von Interesse, zu erfahren, wie weit er sich in der Zeit zurückverfolgen lässt, und ob noch andere Pflanzen als der Weissdorn
mit ihm bezeichnet worden sind.

Gehen wir nun ins 15. Jahrhundert zurück, so finden wir ein
Wort *grouselier* bei dem Troubadour J. Froissart, der von einer
Dame sagt, dass sie die Blumen schön auf die Dornen des
grouselier spiesste.[1]) Von einem Dornstrauch ist hier allerdings
die Rede, aber die Stacheln der Stachelbeere eignen sich zum
Aufspiessen von Blumen nicht sonderlich. Bei einem anderen
Troubadour, Fr. Villon, heisst es: „Wer liess mich diese *groselles*
kauen anders als Catharine v. Vausselles?“[2]) *Groselle* würde
die Frucht von *grosellier* sein. Da der Sinn der Worte derselbe
ist wie derjenige unserer Redensart „eine Pille verschlucken“, so
kann der Geschmack der *groselles* nicht besonders angenehm
gewesen sein; welche Früchte gemeint sind, lässt sich aber nicht
entscheiden.

In einem handschriftlichen Vocabularius der Mainzer Stadtbibliothek, der aus dem Anfang des 15. Jahrhunderts stammt,
wird *rannus* (für *ramnus* oder *rhamnus*) so beschrieben,[3]) dass
man das Wort auf die Heckenrose (*Rosa canina* L. mit Verwandten)
beziehen muss, denn rothe Schläuche (*folliculi*, in den Glossaren
mit Hülse und Schote übersetzt), in denen der Same ist, lassen
sich kaum anders denn als Hagebutten deuten, und auch die
Identificirung mit *sentix* (für *sentis*) weist auf die Heckenrose hin
Von ganz besonderem Interesse ist aber die Bemerkung, dass der
ramnus „deutsch zugleich und französisch“ *kroseller* genannt werde.

---

[1]) „. . bellement les enfiloit
    En espinçons de grouselier“.
Oeuvres de Froissart. Poésies p p. Bruxelles 1870, Tome 1, p. 191.
L'Espinette amoureuse. Die genaue Angabe der Stelle verdanke ich hier
und beim folgenden Citat Prof. Stimming in Göttingen.

[2]) „Qui me feict mascher ces groselles
    Fors Catherine de Vausselles?“
Oeuvres complètes de Fr. Villon, Paris 1892, p. 48. Double Ballade, grand
testament.

[3]) „Rannus est genus rubi quod vulgo senticem ursinam notat asperum
nimis spinosum et undosum habens folia aculeata et spinosa habens pro fructu
supra quosdam folliculus rubeus in quibus est semen habens virtutem
actractivam nam fetus dicitur trahere ex utero et dicitur Theutonice simul et
gallice kroseller . . . .“ *Rubus* wird man hier nicht als Brombeere, sondern
allgemein als Dornstrauch zu nehmen haben; eine *sentix ursina* habe ich
sonst nicht wiedergefunden. Die Mittheilung des lateinischen Textes verdanke ich der Liebenswürdigkeit des Herrn Oberbibliothekars Dr. M. Velke
an der Stadtbibliothek in Mainz.

Am Ende des 14. Jahrhunderts (1379) begegnet uns das Wort in der lateinischen Form *groselerius*:[1]) es wird hier mit *dumus* identificiert, das Hecke, Dornenhecke, aber auch Hagendorn und Hagenbusch bezeichnen kann (L. Diefenbach, Glossarium latino-germanicum mediae et infimae aetatis etc. Frankfurt a. M., 1857, 4⁰, unter *dumus*), also entweder ganz farblos ist, oder den Hagedorn bedeutet, der im Mittelalter aber nicht nur den Weissdorn, sondern auch die Heckenrose darstellt.

Ein lateinisch · niederdeutsches Wörterbuch des 13. Jahrhundert enthält die deutsche Form croselbusg, die hier als identisch mit steckeldorn und *ramnus* angesehen wird.[2]) Der Zusammenstellung mit *ramnus* begegnen wir hier also zum dritten Male.

Bei einem französischen Troubadour des 13. Jahrhunderts, Rutebeuf, wird in einem Scherzgedicht, das ein Gespräch zwischen dem Hofnarren Challot und einem Barbier darstellt, ein Strauch *groiselier* mit seiner Frucht *groisele* erwähnt. Es handelt sich hier um eine Anspielung, vielleicht nur auf einen rothen Ausschlag an der Stirn des Barbiers, vielleicht aber auch darauf, dass der Barbier Hahnrei ist. Die Verse lauten in Uebersetzung: „Barbier, nun kommen die *groiseles*, die *groiseliers* sind voll Knospen, und ich bringe euch die Nachricht, dass euch auf der Stirn die Knospen entstanden sind. Ich weiss nicht, ob es *ceneles* sein werden, die dieses Gesicht umgeben haben: sie werden roth und schön sein, ehe man geerntet haben wird."[3]) Aus diesen Worten lässt sich nicht übermässig viel entnehmen, indessen scheint doch daraus hervorzugehen, dass die *groiseliers* auch *ceneles* tragen können, und dass die Früchte des *groiselier* roth sind. *Cenele*, oder in der jetzigen Form *cenelle*, bedeutet nach Littré, Dictionnaire de la langue française, die Frucht des Weissdorns, und diejenige des Christdorns oder Hülsen (*Ilex aquifolium* L.); wir würden also bei *groiselier* an den Weissdorn denken können, den wir schon bei Ruellius unter dem Vulgärnamen *grosilierus* mit den Früchten *senellas* getroffen haben.

Gehen wir nun weiter bis ins 12. Jahrhundert zurück, so finden wir *groselier* in einer altfranzösischen Uebersetzung der

---

[1]) „... in quodam dumo seu *groselerio* ...“ Du Cange, Glossarium mediae et infimae latinitatis etc. Paris 1840 ff. unter *groselerius*.

[2]) *Ramnus* stekeldorn vel croselbusg. Graff, Diutisca, Bd. II, p. 228.

[3])
  „Barbier, or vienent les groiseles;
  Li groiselier sont bontoné.
  Et je vos raport les noveles
  Qu'el front vos sont li borjon né.
  Ne sai se ce seront cenels
  Qui ce vis ont avironé:
  Els seront vermeilles et beles
  Avant que l'en ait moissoné.“

La desputoison du Challot et du Barbier (Oeuvres complètes de Rutebeuf, ed. A. Jubinal, Paris 1839, Bd. 1, p. 212). Der Text ist von Prof. Stimming nach der neusten Ausgabe, Wolfenbüttel 1885, verbessert.

Psalmen[1]), und zwar wird es benutzt, um das *rhamnus* der Vulgata
zu übersetzen, das seinerseits wieder das Wort ῥάμνος der Septuaginta vertritt. Es dient hier zur Bezeichnung eines Dornstrauchs,
und dieser kann, wenn wir die ältesten Glossare zu Rathe ziehen,
der Weissdorn (*spina alba*) sein, oder auch der Christdorn (*ruscus*
oder *bruscus*).[2])

Aus dem 11. Jahrhundert fehlt es an Nachrichten, aber aus
dem 10. Jahrhundert ist uns die lateinische Form *groselerium*
erhalten, und zwar in einer Handschrift, die in Brüssel aufbewahrt
wird (Zeitschrift für deutsches Alterthum 5,204). Diese enthält
am Schlusse zwei Recepte; in dem zweiten steht: „radix sacrae
spinae, quae vulgo *groselerium* vocatur", also die Wurzel des
heiligen Dorns, die vom Volk *groselerium* genannt wird. Da
medicinische Gebräuche vom Volke mit erstaunlicher Zähigkeit
festgehalten werden und die Wurzelrinde des Christdorns bis in
dieses Jahrhundert hinein officinell war, und da ausserdem vielfach
der Glaube herrscht, dass die Blätter von Christdorn zur Dornen-
krone Christi benutzt worden seien, so ist der „heilige Dorn"
vielleicht unser Christdorn. Von den übrigen Dornsträuchern ist
die Berberitze der einzige, dessen Wurzel oder Wurzelrinde als
Heilmittel benutzt worden ist. Die Berberitze wird bei O l i v i e r
de S e r r e s (L. théatre d'agriculture, Bd. II, Paris 1805, 4⁰,
p. 465; die erste Ausgabe erschien 1600) *espine benoite*, also *spina
benedicta* oder gesegneter Dorn genannt; trotzdem kann sie an
dieser Stelle nicht gemeint sein, da sie sehr viel später als Heilmittel bekannt wurde. Ein Umstand aber kommt hier noch für
uns in Betracht: das Wort *groselerium* ist, da es vom Volke gebraucht wird, kein lateinisches, sondern ein latinisirtes, es muss
daher deutsch sein (Zeitschrift für deutsches Alterthum 5,204)
und wird etwa „*groseler*" oder „*groseller*" geheissen haben. Weiter
als bis ins 10. Jahrhundert lässt dies Wort sich nicht zurückverfolgen.

Wenn wir die Resultate unserer Untersuchung kurz zusammen-
fassen, so haben wir ein deutsches Wort *groseler* oder *groseller*
gefunden, das auch in den Formen *croselbusg* und *kroseller* auftritt; dieses wird latinisirt als *groselerium* oder *groselerius* und
grosilierus, und ist in das Französische übergegangen als *groselier*,

---

[1]) „Ainz que entendissent vos espines groselier (Nach L i t t r é, Dictionnaire de la langue française, unter *groseillier*. Die entsprechende Stelle der
Vulgata lautet, Psalm 57,10: „Priusquam intelligerent *spinae vestrae rhamnum*",
die der Septuaginta: „πρὸ τοῦ συνιέναι τὰς ἀκάνας ὑμῶν τὴν ῥάμνον". Alle drei
Stellen sind gleich unverständlich. Luther übersetzt (Psalm 58,10): „Ehe
eure Dornen reif werden am Dornstrauch", was auch keinen rechten Sinn
giebt. Der Text ist eben verderbt, und deshalb wird er in der neuesten von
E. K a u t z s c h herausgegebenen Bibelübersetzung (Freiburg i. Br. u. Leipzig
1894) überhaupt nicht übersetzt.
[2]) Corp. Gloss. latin. Bd. II: ῥάμνος *spina alba* (427,25. 7.—9. Jahrh.).
Corp. Gloss. latin. Bd. III: *ramnus.* idest *spina alba* 542,31 (9 Jahrh.); 547,69
(10. Jahrh.); 628,17 (10.—11. Jahrh.); — *ranni* i. *ruscus* 585,45; *ramni brucus*
(statt *bruscus*) 594,56 (beide aus dem 10. Jahrh.). — *ramnus hagin* (12. Jahrh.)
G r a f f, Diutisca, Bd. II, p. 274.

groiselier, grouselier, aus dem schliesslich *groseillier* geworden ist. Mit allen diesen Namen wird ein Dornstrauch bezeichnet, der nach den geringen Mittheilungen, die uns erhalten sind, der Weissdorn sein kann, daneben aber auch der Christdorn und die Heckenrose, also jedenfalls ein dorniger oder stachliger Strauch mit rothen Früchten. Im 15. Jahrhundert ist dann dieser Name auf die Stachelbeere übertragen worden. Früher kann es kaum gewesen sein, denn am Ende des 16. Jahrhunderts war der Sprachgebrauch noch nicht ganz gefestigt. Olivier de Serres kann in seinem Théâtre d'agriculture (1600) die Stachelbeere und die Berberitze nicht auseinander halten; er behandelt *groseiller* als gleichbedeutend mit *vinetier,* das die auch *espine benoite* genannte Berberitze bedeutet, und nennt deren Frucht *groselle.* so dass man auf die Vermuthung kommen muss, dass in Frankreich auch die Berberitze zu den *groseillier* genannten Dornsträuchern gehört hat. Indessen scheinen die Eigenschaften, die Olivier de Serres der *groselle* zuschreibt, der Stachelbeere anzugehören. Ferner hat Kilian in seinem Etymologicum teutonicum[1]) die Zusammenstellung „Kroeseldoren. Rhamnus, paliurus gal. grosselier", aus der wir schliessen dürfen, dass *grosselier* auch noch am Ende des 16. Jahrhunderts auf andere Dornsträucher als die Stachelbeere angewandt wurde.

Was nun die Bedeutung des Namens *groseller* betrifft, so wissen wir darüber ebenso wenig zu sagen, wie über diejenige von *andorn, beifuss dost* u. s. w. Die Niederländer haben das Wort in Kroeseldoren verwandelt, was „Krauser Dorn" bedeuten würde, und dieselbe Umdeutung ist mit den Namen der Stachelbeere vorgenommen worden.[2]) Hieronymus Bock hatte, wie erwähnt, noch Grosselbeere, aber Leonhard Fuchs hatte schon Krüselbeer mit der lateinischen Uebersetzung *uva crispa.* Aus Grosselbeere ist dann wahrscheinlich Klosterbeere geworden, aus Krausbeere durch Krutzbeere auch noch Kreuzbeere. Endlich haben die Stacheln dem Strauch den Namen Stachelbeere eingetragen.

Wie man sieht, giebt es in der Geschichte der Stachelbeere noch manche Punkte, die der Aufklärung bedürfen. Trotzdem wird man aber heute schon sagen können, dass die Angabe von Karl Koch[3]), wonach der Stachelbeerstrauch in einer französischen Uebersetzung der Psalmen aus dem 12. Jahrhundert, die Stachelbeere selbst bei dem Troubadour Rutebeuf im 13. Jahrhundert erwähnt werde, der Wirklichkeit nicht entspricht. Ebenso wenig ist es zulässig, den *groiselier* bei Rutebeuf als Johannisbeerstrauch

---

[1]) Cornelii Kiliani Dvfflaei. Etymologicum teutonicae linguae etc. Antwerpen 1599. Die erste Auflage erschien 1588.
[2]) Kroesbesie, kroeselbesie, kroesbaye, kruysbesie, holl. stekelbesie. Uva crispa, vulgo grossula, crosella; ger. krutzbeer, Krauselbeere; gal. groiselet, groiselle; angl. gooseberre. Kilian, a. a. O.
[3]) Karl Koch, Dendrologie, Bd. 1, Erlangen 1869, p. 639. — Koch's Ansicht hat Eingang gefunden bei F. C. Schübeler, Viridarium Norvegicum, Bd. 2, Christiania 1888, p. 275.

zu deuten[1]), denn um jene Zeit war die Johannisbeere noch nicht. in Gebrauch genommen.

Von den besprochenen, Beeren tragenden Pflanzen sind also die meisten wie unsere eigentlichen Obstarten seit dem Alterthum bekannt und gebraucht gewesen. Spät in die Cultur eingetreten sind Berberitze, Johannisbeere und Stachelbeere. Die Medicin der Araber hat es veranlasst, dass man auf die beiden erstgenannten aufmerksam wurde. Wie die Stachelbeere aber in unsere Gärten gelangt ist, wissen wir bis dahin nicht; vielleicht war sie zuerst nur Heckenpflanze und drang dann allmählich weiter vor. Hierüber könnten wahrscheinlich französische Quellen genaueren Aufschluss geben. Von besonderem Interesse ist es, dass die Stachelbeere ihre Wanderung als Culturpflanze im Westen begonnen und dann nach Osten und Norden fortgesetzt hat; im Süden gedeiht sie schlecht, noch schlechter als die Johannisbeere. Eigenthümlich sind auch die Schicksale, die die Namen der Johannisbeere und Stachelbeere erfahren haben. Das arabische Wort *ribes* ist von einer westasiatischen *Rheum*-Art auf die Johannisbeere übertragen worden; Linné machte es zum Gattungsnamen; es hat sich im dänischen und norwegischen „Ribs" erhalten, ebenso wie im deutschen Ribitzel mit seinen verschiedenen Formen; im heutigen Französisch dient es zur Bezeichnung des aus Nordamerika stammenden Zierstrauchs *Ribes sanguineum* Pursh. Das französische *groseillier* und *groseille* bezeichnete ursprünglich den Stachelbeerstrauch und seine Frucht, während die Johannisbeere durch die Zusätze *rouge* und *d'outre mer* unterschieden wurde; heute bedeutet es die Johannisbeere, von der man die Stachelbeere als *groseille à maquereau* etc. unterscheidet.

Botanische Gärten und Institute.

Goethe, R., Bericht der Kgl. Lehranstalt für Obst-, Wein- und Gartenbau zu Geisenheim a. Rh. für das Etatsjahr 1894/95, erstattet von dem Director. 8º. 91 pp. Mit Abbildungen. Wiesbaden (R. Bechtold & Co.) 1895.
Verslag omtrent den staat van 'Slands Plantentuin te Buitenzorg over het jaar 1894. 4º. 189 pp. Batavia (Landsdrukkerij) 1895.

Instrumente, Präparations- und Conservations-Methoden.

Erlanger, v., Zur sogenanten japanischen Aufklebemethode. (Zeitschrift für wissenschaftliche Mikroskopie und für mikroskopische Technik. Bd. XII. 1895. Heft 2. p. 186—187.)·

Verf. zeigt, dass die von Reiche japanisch genannte Aufbewahrungsmethode alt ist. 1891/92 sah er sie von Schülern des

---

[1]) K. Bartsch, Chrestomathie de l'ancien français. 3. Aufl. Leipzig 1875. p. 626.

zoologischen Laboratoriums in Cambridge auf der zoologischen
Station in Neapel als etwas altes verwenden. Henneguy be-
schreibt 1891 im Journal de l'anatomie et de la physiologie.
Tome XXVII. dasselbe Verfahren. Duval ebenso. Also nur der
Name ist neu.

E. Roth (Halle a. S.).

Lavdowsky, M., Zur Methodik der Methylenblaufärbung
und über einige neue Erscheinungen des Chemo-
tropismus. (Zeitschrift für wissenschaftliche Mikroskopie und
für mikroskopische Technik. Bd. XII. 1895. Heft 2. p. 176—186.)

Verf. fand als sehr zweckmässig für die vitale Methylenblaufärbung folgende vier Flüssigkeiten: Reines Blutserum, Hühnereiweiss, Chlorammoniumlösung und Ferrum ammoniochloratum, gelöst
in destillirtem Wasser.

Bei einer richtig durchgeführten vitalen Färbung müssen die
Grund- oder Intercellularrichtungen und alle nicht nervösen Bestandtheile der Gewebe, exclusive einiger gewissen Elemente und Fasern,
ungefärbt oder kaum gefärbt bleiben. Dreiviertel bis eine Stunde
genügt zur Färbung, bisweilen sind aber auch 1½—2 Stunden erforderlich.

Bei den Mastzellen in den Zungen von Fröschen wie ihrer
Retina, welche der Funktion nach als besondere unbewegliche
Phagocyten zu betrachten sind, treten ganz bemerkenswerthe Bilder
auf nach Durchtränkung der Gewebe mit Methylenblau; sie sind
aber vorübergehender Natur, dauern nur kurze Zeit, können kaum
fixirt werden und beanspruchen eine sehr genaue Untersuchung,
da sie überaus zart sind. Vom ersten Momente der Färbung an
mengen sich die Elemente mit einem homogenen, schwach tingirten
Hofe oder einer Areole, die Verf. chemotropisches Sphäroid genannt
hat. Sie wachsen augenscheinlich nach allen Seiten, färben sich
tiefer, werden central verdickt, peripherisch verjüngt und enthalten eine Kernzelle in der künstlich hervorgerufenen chemotropischen Kernzelle.

Auf Grund welcher Basis spielen sich nun diese angegebenen
Erscheinungen ab? Verf. hält folgende Hypothese für gerechtfertigt:

Die vitale Färbung der äusseren extracellulären Region der
Mastzellen, das Erscheinen der extracellulären Sphäroide oder Areolen
ist wahrscheinlich eine Folge des chemotropischen Austausches
in den Virchow'schen Zellterritorien, hervorgebracht durch
Methylenblau.

Aber nicht nur bei Mastzellen, sondern auch bei anderen
Zellengattungen und Fasern treten durch Methylenblau ähnliche
Sphäroide auf, nur geben die Mastzellen vorzügliche Objekte ab
und ein klares Bild der genannten Vorgänge.

E. Roth (Halle a. S.).

Paffenholz, Zur bakteriologischen Diphtherie-Diagnose. Aus dem hygienischen Institut in Bonn. (Hygienische Rundschau. 1895. No. 16.)

Resultate der Untersuchung.

Seit December 1894 kamen 60 Diphtherie-verdächtige Fälle zur Untersuchung, davon 52 aus klinischen Anstalten, 8 aus der Privatpraxis. Von jenen 52 stammten 27 aus der chirurgischen, 25 aus der medicinischen Klinik. Ein negatives Resultat ergab sich in 13 Fällen (10 aus der medicinischen Classe, 2 aus der chirurgischen, 1 aus der Privatpraxis).

Dem Diphtheriebacillus ähnliche Spaltpilze wurden gefunden ferner bei folgenden Erkrankungen:

1. Diphtheritische Conjunctivitis eines Kindes, so durch Betheiligung der umgebenden Haut noch das Bild einer Nosocomial-gangrän nebenher hing.

Hier handelte es sich um echte, voll virulente Bacillen, hingegen kam der Pseudodiphtheriebacillus vor in folgenden Fällen:

2. Mehrmals bei *Impetigo* neben Eitercoccen (nicht virulent).

3. Im Sputum eines Kindes mit leichter Angina und ausgesprochener Pneumonie (Reinculturen, ungeheure Mengen).

4. Parametritischen Abscess.

5. Tumor in der Brust eines Pferdes, der für Botryomykosis angesehen wurde.

Schürmayer (Hannover).

Miyoshi, M., Anwendung japanischer Soja und deren Gemisch für Pilzcultur. [Mit deutschem Résumé.] (The Botanical Magazine. Vol. IX. Tokyo 1895. p. 361—365.)

Referate.

Keller, Conrad, Das Leben des Meeres. Nebst botanischen Beiträgen von **Carl Cramer** und **Hans Schinz.** Leipzig (Wilh. Tauchnitz) 1895.

Der vierte Theil des interessanten Werkes beschäftigt sich mit der Pflanzenwelt des Meeres und umfasst die Seiten 527—587, während die Zahl der zugehörigen Figuren von Nr. 236—262 reicht.

Zunächst führt uns Hans Schinz in die mikroskopische Flora des Meeres ein, welche nur dort zu gedeihen vermag, wo Lichtstrahlen hinzudringen vermögen. Die Verbreitung der Meerespflanzen ist deshalb an die durchleuchteten Regionen des Meeres gebunden. Untersuchungen mit Tiefseephotometern haben ergeben, dass chemisch-wirksame Strahlen noch bei 400 m Tiefe vorhanden sind.

Die Meerespflanzen lassen sich ungezwungen in zwei biologische Gruppen theilen, in festsitzende und freischwimmende. Letztere, das Plankton bildend, sind hauptsächlich erst neuerdings in etwas erforscht worden; die Hauptmasse stellen die an Samen so erstaunlich reichen Familien der *Bacillariaceen* oder *Diatomaceen*, wenn auch nicht geringe Theile dieser Abtheilung zu dem Benthos gehören, die entweder auf einem Substrat festsitzen oder behufs Weiterbewegung eines solchen bedürfen. Den zweiten Platz nehmen die *Schizophyten* oder Spaltpflanzen ein, insbesondere solche aus den Familien der *Oscillariaceen* und der *Nostocaceen*. Sporadisch treten wohl auch *Zygnemaceen* auf und andere rein grüne Fadenalgen, aber unsere Kenntniss bezüglich der Häufigkeit ihres Vorkommens, ihrer Verbreitung und Abhängigkeit von äusseren Einflüssen sind so ausserordentlich lückenhaft, dass es zur Zeit einfach unmöglich ist, sich ein Bild über deren Bedeutung für das Plankton oder das Benthos zu machen.

Von p. 538—564 behandelt C. Cramer die *Siphoneen*, welche so verschieden unter sich sind, dass es scheint, als habe die Natur bei ihrer Erschaffung lediglich den Zweck gehabt, darzuthun, dass sie mit den vielbewunderten *Desmidiaceen* und *Diatomaceen* noch lange nicht an der Grenze ihres Erfindungsvermögens und schöpferischen Könnens angelangt sei.

Zu den *Siphoneen* lassen sich zum mindesten folgende sieben Algenfamilien zählen: Die *Bryopsidaceen*, *Derbesiaceen* und *Vaucheriaceen*, die *Codiaceen*, *Caulerpaceen*, *Valoniaceen* und *Dasycladaceen;* die ersten fünf umfassen ausnahmsweise einzellige Pflanzen, die beiden letzteren sind grösstentheils mehrzellig. Die drei ersten bilden gleichsam einen eigenen Wachsthumstypus, ebenso *Codiaceen* und *Caulerpaceen*, obwohl Beziehungen zwischen diesen Gruppen und den erstern, besonders den *Bryopsidaceen*, keineswegs fehlen. Auch die *Dasycladaceen* stellen eine sehr natürliche Gruppe dar, wogegen die *Valoniaceen* in ihrer gegenwärtigen Fassung vielleicht nicht auf die Dauer zu halten sind. Auf die Einzelheiten der Beschreibungen u. s. w. können wir natürlich hier nicht eingehen.

S. 565 setzt Hans Schinz mit den *Phaeophyceen* und *Rhodophyceen* ein; unter der Bezeichnung *Fucoideae* oder *Phycophyceae* fasst man als Brauntange gegenwärtig gegen 20 Algenfamilien zusammen, die sämmtlich in ihren Vegetationsorganen tiefbraun gefärbt sind. Sämmtliche Vertreter sind mit geringen Ausnahmen Meeresbewohner, die entweder an verschiedenen Gegenständen befestigt oder frei im Meere oder endophytisch in den Geweben anderer Meeresalgen leben. Ihre Grösse oder vielmehr Länge variirt ausserordentlich, einzelne sind fast mikroskopisch klein, andere wetteifern an Länge mit den stattlichsten Blütenpflanzen. In Betracht kommen aber nur zwei der Familien, nämlich *Laminariaceen* und *Fucaceen*, die übrigen treten weder durch Grösse noch durch die Häufigkeit ihres Vorkommens besonders hervor.

Mannichfaltiger im Aufbau sind die *Rhodophyceen* (*Florideen*) oder Rothtange, die zu den schönsten und graziösesten Pflanzen gehören, die der Ocean in seiner Tiefe birgt. Sie pflegen sich mittelst eigener, wurzelähnlicher Haftorgane an Muscheln, Felsen u. s. w. anzuklammern, wobei diese Anheftungsorgane an beliebigen Stellen des Vegetationskörpers entspringen können. Die meisten besitzen weiche Zellmembranen, welche die Neigung zeigen, in den äusseren Schichten gallertartig aufzuquellen; nur die Kalkalgen oder *Nullipora* machen hierin eine Ausnahme.

Der Gebietseintheilung in floristischer Beziehung stellen die Meeresräume bis heute noch gewaltige Hindernisse entgegen, da unsere Kenntnisse in dieser Beziehung noch zu allgemein und mangelhaft sind. D r u d e will drei Gebiete unterscheiden, das boreale, das tropische und das australe.

Sicher kann man drei Regionen unterscheiden, deren Mächtigkeit in vertikaler Richtung in allererster Linie von dem Grade der Durchleuchtung bedingt wird.

Zum Schluss behandelt S c h i n z auf 8 Seiten die Seegräser oder Mangrovevegetation; im ersten Theile hat A s c h e r s o n das Wort, im zweiten K a r s t e n.

Jedenfalls trägt aber das Werk dazu bei, die zerstreuten Ergebnisse in leichtfasslicher Form und in angenehmen Zuschnitt bei vortrefflichen Figuren dem Leser vorzuführen.

E. Roth (Halle a. S.).

Juhler, John, Umbildung eines *Aspergillus* in einen *Saccharomyceten.* (Centralblatt für Bakteriologie und Parasitenkunde. Abtheilung II. Bd. I. 1895. No. 1. p. 16—17.)

Verf. glaubt, ihm sei es gelungen, nachzuweisen, dass eine *Aspergillus*-Art unter gewissen Bedingungen alkoholbildende *Saccharomyces*-Zellen hervorbringt. Durch directe Beobachtung mittelst feuchter Kammern wurde die genetische Verbindung zwischen Schimmelpilz und Hefenpilz festgestellt und somit zum ersten Male experimentell nachgewiesen, dass die *Saccharomyceten* von höheren Pilzen abstammen. Man darf den näheren Ausführungen, die in Kürze dieser „Vorläufigen Mittheilung" folgen sollen, mit Interesse entgegensehen.

Kohl (Marburg).

Hansen, Emil Chr., Anlässlich Juhler's Mittheilung über einen *Saccharomyces*-bildenden *Aspergillus.* (Centralblatt für Bakteriologie und Parasitenkunde. Abtheilung II. Bd. I. 1895. No. 2. p. 65—67.)

H a n s e n meint, dass, wenn man selbst die Richtigkeit der Untersuchungen J u h l e r 's voraussetzen wolle, daraus noch keineswegs folge, dass man künftighin die *Saccharomyceten* als Entwicklungsformen der Aspergillen anzusehen habe. Wünscht man die Frage über die Abstammung der *Saccharomyceten* endgültig zu lösen, so muss man mit den typischen *Saccharomyces*-Arten selbst experimentiren. Ebenso gut ist es möglich, dass die den *Saccharomyceten* morphologisch und biologisch so nahe stehenden *Exoasceen* die Stammformen derselben bilden. Vermuthlich ist J u h l e r 's *Aspergillus* identisch mit dem *A. oryzae*, den man bei der Sakefabrikation in Japan und neuerdings auch in Nord-Amerika als Diastasebildner bei Reiskörnern verwendet.

Kohl (Marburg).

Ludwig, F., Ueber einen neuen pilzlichen Organismus im braunen Schleimfluss der Rosskastanie. (Central-blatt für Bakteriologie und Parasitenkunde. Abth. I. Bd XVII. 1895. No. 22. p. 905—908.)

Verf. fand in einem braunen Schleimflusse von *Aesculus Hippo-castanum*, welchen er durch Crié erhalten hatte, eine neue ein-zellige Pilzgattung, die durch regelmässige directe Viertheilung *Pleurococcus* ähnliche Kolonieen bildet, und die er *Eomyces* benennt, während die entdeckte Art den Namen *Eomyces Criéanus* führen soll. Es sind dies kugelige, farblose Zellen mit dünner Membran und von 4,5—6 μ Durchmesser, die durch fortgesetzte Viertheilung mit tetraëdrischer Anordnung der Theilzellen meist Familien zu 4, 16, 32 (seltener zu 2, 8 u. s. w.) bilden. Der Mangel einer gemeinsamen Zellhaut unterscheidet die neue Gattung sofort hin-länglich von *Prototheca*. Sprossbildungen und andere Keimformen finden sich nicht.

Kohl (Marburg).

Dietel, P., Ueber den Generationswechsel von *Melampsora Helioscopiae* und *M. vernalis*. (Forstlich-naturwissenschaftliche Zeitschrift. 1895. Heft 5.)

Von *Melampsora Helioscopiae* kannte man bisher nur Uredo-und Teleutosporen. Ref. säete nun die Sporidien dieses Pilzes auf *Euphorbia Cyparissias* aus und erzielte eine Infection, die nur bis zur Bildung von Spermogonien gedieh, dann gingen die Pflanzen ein. Es wurden daraufhin aber auch im Freien die Spermogonien, sowie auch das dazugehörige *Caeoma* gefunden. so dass damit die autöcische Entwicklung dieses Pilzes nachgewiesen ist. Ferner wurde durch Aussaat des *Caeoma Saxifragarum* auf *Saxifraga granulata* die bisher als *Melampsora vernalis* Niessl. bezeichnete Pilzform reichlich erzogen, die daher nunmehr als *Melampsora Saxifragarum* (DC.) Schröt. zu bezeichnen ist.

Dietel (Reichenbach i. Voigtl.).

Gjokič, G., Ueber die chemische Beschaffenheit der Zellhäute bei den Moosen. [Kleine Arbeiten des pflanzen-physiologischen Instituts der kaiserl. königl. Wiener Universität. XXII.] (Oesterreichische botanische Zeitung. 1895. Nr. 9. p. 330—334).

Untersucht wurden diesbezüglich die Vegetationsorgane, die Seta (theilweise auch die Peristombildungen und die Sporogonium-wand) einer grösseren Anzahl von Laub- und Lebermoosen. Zum Nachweis des Holzstoffes wurden die Wiesner'schen Reagentien (Anilinsulfat und Phloroglucin + Salzsäure), ferner Thymol + chloro-saures Kali + Salzsäure, und Thallin, zu der Prüfung auf Cellulose die bekannten Reagentien und auf Pectinstoffe die Tinction mit Ruthenium sesquichlorür (nach Mangin) angewendet und folgende Resultate erzielt: 1. Die Zellwände der Moose zeigen mit den Holzstoffreagentien keine Reaction; sie enthalten also kein Lignin und müssen daher als unverholzt bezeichnet werden. 2. Sowohl bei Laub- als bei Lebermoosen ist mit Hilfe der Jodreagentien die Cellulose nachweisbar. Bei den untersuchten Lebermoosen trat die Reaction stets ohne Vorbehandlung und in allen Zellwänden auf. Bei den Laubmoosen hingegen reagiren zwar in einzelnen Fällen die Zellhäute insgesammt ohne Vorbehandlung auf Cellulose, z. B. *Atrichium undulatum*, bei einzelnen Species jedoch nur bestimmte Gewebeschichten, z. B. *Fissidens decipiens, Polytrichum commune* etc., aber bei der Mehrzahl erhält man die Cellulosereaction erst nach Vorbehandlung der Schnitte mit Chromsäure oder Schulze'scher Mischung. 3. Pectinstoffe sind stets in der Zellhaut der Moose vorhanden.

Nestler (Prag).

Famintzin, A., Sur les grains de chlorophylle dans les graines et les plantes germeantes. (Bulletin de l'Académie impériale des sciences de St.-Pétersbourg. Nouvelle série. IV. [XXXVI]. p. 75—85).

Verfasser erachtet keine der dieses Thema behandelnden Arbeiten für vollkommen befriedigend. Nach den Ansichten von Schimper, Mayer, Bredow einerseits sollen die die grüne Farbe des jungen Embryo bedingenden Chromatophoren auch im reifen Samen erhalten bleiben und im letzteren nur deshalb schwer zu erkennen sein, weil sie zu dieser Zeit ihre grüne Farbe einbüssen und farblos werden; während der Keimung des Samens dagegen ergrünend, sollen sie die grünen Chromatophoren der Keimlinge bilden. Diesen Ansichten stehen die von Sachs, Haberland, Mikosch, Belzung gegenüber, zufolge welcher reife Samen keine Chromatophoren enthalten, vielmehr bei der Keimung die grünen Chromatophoren direct aus dem farblosen Plasma sich heranbilden sollen.

Verf. giebt eine Kritik der einschlägigen Arbeiten und Ansichten dieser genannten Forscher und unternimmt schliesslich selbst, sich sowohl von der An- resp. Abwesenheit der Chromatophoren im reifen Samen als auch von der Entstehung der Chromatophoren in den Keimlingen, unmittelbar aus dem Plasma zu überzeugen. Als Untersuchungsmaterial verwandte er die Sonnenblume, da diese von Mikosch als besonders günstig empfohlen wird.

Er fand in den reifen Samen von *Helianthus annuus* scharf conturirte Chromatophoren, welche an seinen Schnitten auch in concentrirter Zuckerlösung nach einiger Zeit hervortraten. Durch vier Methoden hat sich Verf. ausserdem vergewissert, dass in der That diese Gebilde als Chromatophoren gedeutet werden müssen, nämlich 1. durch die Färbung dieser Gebilde nach Zimmermann's Methoden in den, den reifen *Helianthus*-Samen entnommenen Schnitten, mittelst Säure-Fuchsin; 2. durch ihre Färbung mittelst Säure-Fuchsin an vorläufig mit 1 proc. oder concentrirterer (zur Hälfte mit Wasser verdünnter) Essigsäure; 3. durch die goldgelbe Färbung dieser farblosen Gebilde mittelst Ammoniak, Alkalien und

kohlensaurer Alkaliensalze; 4. durch ihr Ergrünen, in einigen Fällen
dagegen Braunwerden an den, dem reifen Samen entnommenen und
in feuchter Atmosphäre gehaltenen Schnitten.

Die letzten drei, vom Verf. zum ersten Mal gebrauchten
Methoden erwiesen sich nur an mittelst Mikrotom aus frischen Samen
und Keimlingen erhaltenen Schnitten ausführbar.

Auf seine Beobachtungen und Experimente sich stützend, glaubt
Verf. in unwiderleglicher Weise bewiesen zu haben, 1. dass die
Chromatophoren als kleine, zusammengeschrumpfte Gebilde in dem
reifen Samen erhalten bleiben, und 2. dass ausschliesslich aus ihnen
sich die Chromatophoren der Keimlinge heranbilden.

Eberdt (Berlin).

Daikuhara, G., On the reserve protein in plants. (Imperial
   university Bulletin. College of Agriculture, Tokyo. Vol. II. 1894.
   No. 2. p. 79—96.)

Verf. ist Anhänger der Loew-Bokorny'schen Anschauungen
über actives und passives Eiweiss und hat versucht, durch eine
stattliche Reihe von Prüfungen auf actives Albumin mit Coffein in
den verschiedensten Organen zahlreicher Pflanzen eine Aufklärung
über die Function desselben zu erhalten. Die von den genannten
Forschern mitgetheilten Reactionen der Proteosomen werden vom
Verf. wesentlich vermehrt. An einem im Dunkeln gehaltenen Eichen-
zweig wies er nach, dass das active Eiweiss in demselben Maasse
verschwindet, in welchem der Asparagingehalt steigt. Aus den
zahlreichen Tabellen zieht Verf. folgende Schlüsse: Das active
Eiweiss häuft sich oft in den Blüten an und fehlt dann meist in
den grünen Blättern oder verschwindet in den den Blüten benachbarten. In *Gramineen* findet sich actives Eiweiss nur in der Stamm-
epidermis und nur in gewissen Entwicklungsstadien. Im Schatten
wird actives Eiweiss in geringerer Menge gebildet als in vollem
Sonnenlicht. Junge Blätter sind reicher daran als alte. Albinotische
Blätter führen in den weissen Partien ebenso viel als in den grünen.
Von 104 Pflanzenspecies enthielten 51 actives Eiweiss; die untersuchten Pflanzen gehörten 52 Familien an. Das active Eiweiss
wurde in 29 Familien gefunden.

Kohl (Marburg).

Daikuhara, G., On the reserve protein in plants. II.
   (Bulletin College of Agriculture, Tokio. Vol. II. p. 189.)

Verf. setzte seine Studien über die Verbreitung des aktiven
(durch Basen ausscheidbaren, sehr leicht veränderlichen) Eiweiss-
stoffes im Zellsafte der Pflanzen fort, diesmal mit Objecten, welche
von October bis December gesammelt waren.*) In der Regel
gaben die Pflanzen, welche im Frühjahre jenen Stoff enthielten,

---

*) Vergl. Flora. 1895. No. 1 betr. die früheren Beobachtungen des Verfs.
Jetzt wurden 37 Arten geprüft, von denen 23 ein positives Resultat lieferten.
In manchen Familien, wie den *Solanaceen*, scheint das active Eiweiss nicht ge-
speichert vorzukommen, in anderen, wie den *Rosaceen*, dagegen sehr häufig.

auch denselben im Herbst zu erkennen, wenn auch in weit geringerer Menge und manchmal nur in Spuren. In einigen Fällen waren die mit Coffein (0,5% Lösung) erzeugten Proteosomen wegen starken Gerbstoffgehaltes löslich in verdünntem Ammoniak und partiell in 20%igem Alkohol. Einige Mal wurde auch Plasmolyse durch die Coffeinlösung beobachtet, so bei den Blättern des Theestrauches, den Blattnerven von *Pirus Toringo* und den Blüten von *Ipomoea hederacea*. Durch verdünntes Ammoniak oder Jodlösung können beiderlei Bildungen leicht unterschieden werden; denn die runden Conturen der plasmolytischen Bildungen verlieren sich dabei.

Bokorny (München).

Didrichsen, A., Om Tornene hos *Hura crepitans*. (Botanisk Tidsskrift. Bd. XIX. p. 189—200.) [Mit Resumé: Sur les épines de l'*Hura crepitans*.] Mit 8 Figuren im Text. Kjøbenhavn 1895.

Die äussere Hälfte der Rinde oben genannter Pflanze besteht aus mehreren kollenchymatischen Zellschichten, die mit Sclereïden und dickwandigen Milchgefässen untermischt sind. Auf der Epidermis sieht man oft zweierlei dunkle Punkte; die einen sind die vollständig normal gebauten Lenticellen, die anderen sind die Anfänge der jungen, für diese Art so charakteristischen Dornbildungen. Ein Querschnitt zeigt, dass einige Kollenchymzellen destruirt sind, während die umgebenden Zellen sich häufig theilen und ein concaves Meristem bilden. Dieses Meristem wird immer mächtiger, hebt sich in der Mitte, während die überliegenden Schichten auseinander reissen. Die verdrängten Massen wachsen eine Zeit lang — man sieht recht lange Zellreihen — und bilden einen den Dorn umgebenden Kragen. Die Zellen des Dorns verholzen allmählich, am schnellsten in der Peripherie, weshalb die centralen, unverholzten Theile durch fortgesetztes Höhenwachsthum dem Dorn die bekannte conische Form verleihen.

In den unteren Theilen des Kragens bilden sich junge Korkschichten. Später erscheint das normale, in der Mitte des Kollenchyms belegene Phellogen. Es schliesst sich an das schon gebildete an und wächst unter die Basis des Dorns hinweg, wodurch derselbe leicht abgeworfen wird. Oft entsteht nach dieser Isolirung ein neues, kurzlebendes, im Verhältniss zur Längsachse des Dorns schräges Meristem, dessen Bedeutung sich schwer erklären lässt.

Die Ursache dieser eigenthümlichen Bildungen ist eine äussere. Bei den allerersten Stadien sah Verf. einen Canal, der den von Büsgen („Der Honigthau") abgebildeten, durch Blattläuse verursachten Stichcanälen sehr ähnlich sah. Jedoch können die Dornen morphologisch nicht als Gallen angesehen werden, da ein fortdauerndes Irritament zum Wachsen fehlt und die destruirten Theile sehr frühzeitig abgeworfen werden. Sie müssen also als Emergenzen angesehen werden, trotzdem sie durch ihre endogene Natur recht alleinstehend sind, indem wohl nur die von Reinke beschriebenen Stammdrüsen der *Gunnera* als endogene Trichome angesehen werden können.

Morten Pedersen (Kopenhagen).

27*

Jönsson, B., Jakttagelser öfver tillväten hos *Orobanche-Arter.* [Beobachtungen über das Wachsthum bei *Orobanche-Arten.*] (Acta Reg. Soc. Physiogr. Lund. T. VI. 1895. 23 pp. Mit 2 Tafeln.)

Verf. gibt zuerst eine historische Darstellung der wichtigsten bisher gewonnenen Resultate in Bezug auf die Periodicitäts-Erscheinungen im Wachsthum assimilirender und nicht assimilirender Organe. E hebt hierbei hervor, dass ausser der grossen Wachsthumsperiode und den in kürzeren Zeiträumen sich abspielenden „stossweissen Aenderungen des Wachsthums" (Sachs), die überall, bei assimilirenden ebenso wie bei nicht assimilirenden Pflanzentheilen sich zeigen und die von äusseren Umständen abhängig sind, eine tägliche, vom Licht abhängige Periode bisher mit Bestimmtheit nur bei jenen gefunden ist, während in den Fällen, wo dieselbe bei nicht grünen Pflanzentheilen angegeben wird, eine nähere Prüfung nöthig ist. Verf. berichtet in der vorliegenden Arbeit von den wiederholten Versuchsserien, die er unter Benutzung des Baranetzky-schen, von Pfeffer verbesserten Auxanometer hinsichtlich des Längenwachsthums des Stammes bei drei allenfalls sehr unerheblich chlorophyllführenden Arten, nämlich *Orobanche Hederae,* *O. rubens* und *O. speciosa,* angestellt hat. Die *Orobanche-*Arten bieten als Versuchsobjecte Vortheile u. a. insofern, dass sie zufolge des Vorhandenseins knolliger Reservenahrungsbehälter mehrere — acht bis vierzehn — Tage hindurch von der Wirthspflanze getrennt, also ausser Einwirkung von Seiten der periodischen Wachsthums-Erscheinungen derselben gesetzt, gut gedeihen können. Die Versuche wurden theils im Licht, theils im Dunkeln, theils in beiden abwechselnd unter übrigens beinahe unveränderten äusseren Verhältnissen ausgeführt. Bei dem Experimentiren im Dunkeln wurden die Versuchsobjecte schon einige Stunden vor dem Beginn desselben in's Dunkele gesetzt. In sämmtlichen Fällen konnte zwar die grosse Wachsthumsperiode ebenso, wie die stossweisen Aenderungen constatirt werden; die tägliche Periode wurde aber in keinem Falle wahrgenommen. Dagegen beobachtete Verf. unregelmässig wiederkehrende Hebungen und Senkungen im Wachsthum, die er in Ursachsverbindung mit der Entwicklung der floralen Seitenorgane setzt. Gleich von Anfang der Entwicklung der ersten Blüte an trat nämlich eine Verminderung der Wachsthumsgeschwindigkeit der Hauptachse ein, durch die Ableitung des Nahrungsstromes von dieser nach den Seitenorganen hin verursacht. Wenn die Blüten (nebst ihren Stützblättern) weggeschnitten wurden, trat dann wieder eine Hebung der Wachsthumscurve ein. — Die Tafeln enthalten graphische Darstellungen verschiedener Versuchsserien.

Grevillius (Stockholm).

Uline, E. B. and **Bray, W. L.,** Synopsis of North American *Amaranthaceae.* II. (The Botanical Gazette. Vol. XX. 1895. p. 155—161.)

Vorliegender Theil dieser Arbeit, über dessen ersten Theil schon früher referirt worden ist, enthält die Bearbeitung der Gattungen *Acnida* L. und *Gomphrena* L.

Von *Acnida* unterscheiden die Verff. folgende Arten und Varietäten:

Fruit angled (Atlantic coast).
Utricle fleshy, turning black.
1 mm long or less.   *A. cannabina australis* (Gray).
2—4 mm long.   *A. cannabina* L.
Utricle thin and small.   *A. Floridana* Wats.
Fruit not angled, 1 mm long (interior).
Utricle indehiscent.
Plant erect, inflorescence spicate. *A. tamariscina tuberculata* (Moq.).
Plant erect, spikes glomerulate.   *A. tamariscina concatenata* (Moq.).
Plant prostrate.   *A. tamariscina prostrata* var. nov.
Utricle circumscissile.   *A. tamariscina* (Nutt.) Wood.

A. rusocarpa Mx., *A. salicifolia* Raf. und *A. obtusifolia* Raf. sind als Synonyme zu *A. cannabina* zu ziehen.

Von *Gomphrena* erkennen sie acht Arten, wie folgt:

Stigmas short, stout, nearly sessile; bractlets keeled, slightly crested.
                                           G. Nealleyi Coult. et Fish.
Stigmas filiform, on a long style; bractlets keeled, more or less crested.
Heads and flowers small.   *G. Pringlei* Coult. et Fish.
                                           G. decumbens Jacq.
                                           G. nitida Rothr.
Heads and flowers large; bractlets broadly crested.   *G. globosa* L.
                                           G. tuberifera Torr.
Stigmas filiform on a long style; bractlets thin, keeled, but without crest or laciniae.
Stems very long with conspicuously swollen joints; heads small, often aggregated.   *G. Sonorae* Torr.
                                           (= *G. decipiens* Wats.)
Low and cespitose.   *G. caespitosa* Torr.
                                    Humphrey (Baltimore, Md.).

Rompel, J., Drei Carpelle bei einer *Umbellifere (Cryptotaenia canadensis)*. [Arbeiten des botanischen Instituts der kaiserl. königl. deutsch. Universität Prag.] (Oesterreichische botanische Zeitung. 1895. Nr. 9. p. 334—337. Mit 2 Figuren im Text.)

Während für das Pericarp aller *Umbelliferen*-Früchte 5 Gefässbündel charakteristisch sind, kommen bei *Cryptotaenia Canadensis* constant 7 vor, und zwar sowohl bei Früchten von cultivirten wie aus der Heimath dieser Pflanze stammenden Individuen. Unter 100 untersuchten Früchten fanden sich 8 vor, welche ein drittes Fruchtblatt theils deutlich ausgebildet, theils nur angedeutet hatten. Bei vollständig ausgebildeten drei Fruchtblättern sind in zwei Theilfrüchten je 5, in dem dritten 6 Gefässbündel gezählt worden. Ob die Siebenzahl der Gefässbündel der typischen Theilfrüchte mit der Neigung zur Bildung von drei Carpellen zusammenhängt, lässt der Autor unentschieden. Die genannte Abnormität ist eine Eigenthümlichkeit des im Prager botanischen Garten stehenden Individuum; es wurden heuer auch Früchte mit 5 Carpellen gefunden, wobei die Carpellblätter mit den fünf Staubblättern alternirten.

Der Autor erwähnt auch eine andere bei je einer Frucht von *Archangelica littoralis* und *Anthriscus silvestris* beobachteten teratologischen Erscheinung: an Stelle der dorsal in der Mediane ge-

legenen Rippe und des daselbst verlaufenden Gefässbündels war
ein Secretgang ausgebildet.

Nestler (Prag).

Mangin, Louis, Sur une maladie des *Ailantes*, dans les
parcs et promenades de Paris. (Comptes rendus des
séances de l'Académie des sciences de Paris. Tome CXIX.
p. 658—661.)

Verschiedene Strassen und Promenaden von Paris sind mit
Ailantus bepflanzt, bei denen sich schon seit einigen Jahren Anzeichen
einer Krankheit bemerkbar machten, die im Sommer 1894 zum
vollen Ausbruch kam. Noch zu Beginn des Frühjahrs belaubten
sich die Bäume regelmässig, aber schon im Anfang des Sommers
vertrockneten die Blätter, Laubfall wie im Herbst trat ein und im
Juni und Juli machten die Bäume in ihrer Kahlheit denselben
Eindruck wie im Winter.

Verf. untersuchte zuerst die Blätter der kranken Bäume; ausser
einigen grauen Flecken mit braunen Rändern und einem auf
manchen kranken Bäumen häufigen *Tetranychus telarius*, liess sich daran
aber nichts aussergewöhnliches entdecken. Das genügte aber bei
Weitem nicht, um diesen vorzeitigen Laubfall zu erklären. Ferner
lenkte die gelbe Farbe des Holzes kranker Bäume die Aufmerksamkeit des Verf. auf sich. Er verglich das Holz gesunder mit
dem kranker Bäume und fand, dass bei ersterem die mittlere
Dicke der Jahresringe viel beträchtlicher war als bei letzteren, das
Verhältniss war etwa 9 : 4. Aber auch die Structur des Holzes
selbst war wesentlich verschieden. Bei gesunden Bäumen zeigen
die zahlreichen und grossen Gefässe der inneren Partie jedes
Jahresrings keine normalen Thyllen, aber hie und da, besonders
im Holz der ersten Jahre, finden sich in geringer Zahl nur
Gummithyllen, denen analog, welche Verf. bei den Weinreben beschrieben hat (Comptes rendus. T. CXIX. p. 514.) In den
kranken Bäumen aber ist Gummibildung stark verbreitet und eine
grosse Zahl von Gefässen sind durch Gummithyllen verstopft, und
zwar sind diese Verstopfungen mit Gummi um so zahlreicher, je
geringer die Dicke der Jahresringe wird. Reduction des jährlichen
Wachsthums und gummöse Infiltration sind also als Zeichen des
Niedergangs anzusehen.

Dass durch diese Gummiverstopfungen der Wasseraufstieg ver-
langsamt wird, bewies Verf. dadurch, dass er 1 bis 2 cm lange
und 1 cm dicke Holzstücke mit gefärbter Gelatine injicirte. Während beim gesunden Holz dies leicht und rapid vor sich geht und
schliesslich alle Gefässe mit Gelatine erfüllt sind, geht beim
kranken Holz das Eindringen äusserst langsam vor sich, und zwar
findet sich die Gelatine nur im Holz des letzten Jahresringes und
einigen Gefässen von dem des vorhergehenden Jahres. Im Gewebe
kranker Bäume kann also die Saftcirculation nur im letzten und
einer Partie des vorletzten Jahresholzes vor sich gehen.

Ausserdem war aber das Holz aller kranken Individuen, welche Verf. untersucht hat, von einem Mycelium ergriffen, welches besonders häufig in den Gefässen anzutreffen war; ferner enthielten diese Gefässe sowie manche Holzzellen eine gelbe, in Wasser und Alkohol unlösliche Substanz, welche der betr. Region die gelbe Farbe gab. Das Mycel konnte Verf. bisher nicht bestimmen, da die Fructificationsorgane desselben sich erst längere Zeit nach dem Absterben des Baumes bilden, der dann noch von zahlreichen Saprophyten ergriffen ist. Verf. hält es aber für sehr wahrscheinlich, dass mehrere Arten der *Sphaeriaceen* dabei in Frage kommen werden. Ferner konnte Verf. der vorgerückten Jahreszeit wegen die Ursache der Gummianhäufung in den Gefässen noch nicht ergründen.

Verf. ist auf Grund seiner Untersuchung zu der Ansicht gelangt, dass in folgender Weise die Erkrankung der *Ailantus* sich am besten erklären lasse: Die Blätter entfalten sich und transpiriren stark. Da aber das Gummi fast alle Gefässe verstopft, so können sie das verdunstete Wasser nicht schnell genug ersetzen, die Ernährung stockt, die Blätter welken, vertrocknen und fallen schliesslich ab. Sobald dies eintritt, ist die Widerstandsfähigkeit des Baumes gebrochen, facultativ parasitische saprophytische Pilze dringen durch die Wurzeln oder durch Stammwunden etc. in den Baum ein und der ohnehin erschöpfte geht bald zu Grunde.

Verf. empfiehlt, an Stelle der eingegangenen *Ailantus Cedrela Sinensis*, *Juglans nigra* und *Juglans cinerea* anzupflanzen, vor allem aber bei jeder Anpflanzung für Durchlüftung des Wurzelsystems zu sorgen. Vernachlässigung der Durchlüftung ist auch nach ihm ein Hauptgrund mit für das Missglücken so vieler Baumanpflanzungen in Grossstädten.

Eberdt (Berlin).

Thomas, Mason B., The ash of trees. (Proceedings of the Indiana Academy of Science. 1893. p. 239—254. Published August 1894.)

Verf. stellte es sich zur Aufgabe, die Aschenbestandtheile zu untersuchen, welche ein Baum bei seinem jährlichen Wachsthum aus der Erde aufnimmt.

Zu diesem Zwecke analysirte der Verf. vor Allem die Substanzen, aus welchen Bäume und Sträucher überhaupt bestehen. Er untersuchte zunächst den Wassergehalt der Bäume und fand, dass derselbe nicht nur bei den verschiedenen Bäumen variirt, sondern auch in den einzelnen Theilen derselben nicht immer gleich ist; auch dem Einflusse der Temperatur ist der Wassergehalt der Bäume unterworfen.

Die Aschenbestandtheile der Bäume variiren genau in der eben erwähnten Weise.

Jedes Gewächs bietet nicht nur qualitativ, sondern auch quantitativ eine Auswahl der zur Entwicklung günstigsten Mineralien.

Mason Thomas bewies ferner, dass in den Blättern der Aschenbestandtheil ebenso wie in den anderen Theilen des Baumes mit den Jahreszeiten verschieden ist.

Verf. hat dann das quantitative Verhalten verschiedener Salze in der Pflanze untersucht und somit die Bedingungen, welche zum weiteren Gedeihen der Pflanzen nothwendig sind, gewissermassen festgestellt.

Rabinowitsch (Berlin).

König, J. und **Haselhoff, E.,** Die Aufnahme der Nährstoffe aus dem Boden durch die Pflanzen. (Landwirthschaftliche Jahrbücher. Bd. XXIII. 1894. p. 1009—1030.)

Da die Nährstoffe der Pflanzen im Ackerboden in sehr verschiedener Form vorhanden sind und diese verschieden gebundenen Nährstoffe nicht alle für sämmtliche Pflanzen gleich aufnahmefähig sind, so ist es naturgemäss für den Landwirth von Werth, einestheils die Menge der Gesammtnährstoffe seines Bodens zu kennen, anderntheils die Menge der für die betr. Pflanzen jedesmal aufnahmefähigen Nährstoffe. Daher betrachten es die Verff. als eine Hauptaufgabe der Agriculturchemie, „ein Verfahren zu finden, welches ermöglicht, die direct aufnahmefähigen Nährstoffe in einem Boden zu bestimmen". Nur auf diese Weise erfahren wir, welche und wieviel leicht lösliche Nährstoffe dem Boden jedesmal zur Herbeiführung eines Höchstertrages zugesetzt werden müssen, da die zur Erzielung des letzteren nöthige Menge Nährstoffe für die landwirthschaftlichen Nutzpflanzen mehr oder weniger bekannt ist.

Die Verff. geben einen geschichtlichen Rückblick über die im Laufe der Jahrzehnte von den verschiedenen Forschern eingeschlagenen Wege und in Vorschlag gebrachten Methoden zur Erreichung dieses Zieles. Die meisten Annahmen gingen dahin, aus dem Gehalt der Pflanzen an Nährstoffen, der durch die Analyse ermittelt wurde, auf die Menge der im Boden vorhandenen aufnehmbaren Nährstoffe schliessen zu können. Nun ist aber in Betracht zu ziehen, dass man bei den Culturversuchen gewöhnlich kalifreien Quarzsand benutzt, der mit den Nährstofflösungen, Kali, überhaupt Mineralstoffen versetzt wird. Im Ackerboden sind aber alle diese Stoffe in weit schwerer löslichem Zustande vorhanden, man kann also aus dem Verhalten der Pflanze z. B. gegen das im Quarzsande dargereichte Kali nicht ohne Weiteres auf das Verhalten gegen das im Ackerboden vorhandene schliessen, weil die Nährstoffe selbst im Ackerboden sich anders verhalten als im Quarzsande.

Die Verff. stellten zuerst Absorptionsversuche mit einem künstlichen Bodengemisch an, und nachdem sie das Absorptionsvermögen geprüft hatten, Vegetationsversuche in demselben mit Gerste und Pferdebohnen. Es zeigte sich bezüglich der Gerste, dass die *Gramineen* wesentlich nur die im absorbirten, d. h. leicht löslichen Zustande im Boden vorhandenen Nährstoffe aufzunehmen vermögen, dass für sie die chemisch gebundenen schwer löslichen

Nährstoffe nicht oder nur in untergeordneter Menge in Betracht kommen. Aus den Versuchen mit Bohnen resultirte, dass deren Ernte mit der Abnahme an löslichen, d. h. im absorbirten Zustande vorhandenen Nährstoffen im Allgemeinen zugenommen hat. Es scheint demnach, denn so lässt sich das wohl nur erklären, dass die *Leguminosen* an die Form, in welcher die Nährstoffe im Boden vorhanden sind, nicht die Anforderungen stellen, wie die Gerste, sondern dass sie auch die unlöslichen, bezw. die im chemisch gebundenen Zustande vorhandenen Nährstoffe aufzunehmen vermögen. Bemerkenswerth ist, dass die Bohnen-Erntemengen in nahezu geradem Verhältniss zu den aufgenommenen Kalkmengen stehen, ein Ergebniss, welches die bekannte Thatsache bestätigt, dass die *Leguminosen* auf einem vorwiegend kalkreichen Boden gut gedeihen, bezüglich für eine Kalkdüngung besonders dankbar sind.

Folgende Schlussfolgerungen ziehen die Verff. aus den Versuchen:

1. Wie an den Stickstoff, so stellen die *Leguminosen* (hier die Bohnen) auch an die anderen Nährstoffe des Bodens nicht die Anforderungen wie die *Gramineen* (hier Gerste). Sie vermögen mehr als die *Gramineen* auch die in unlöslicher Form, in chemischer Bindung vorhandenen Nährstoffe sich anzueignen.

2. Der Kalk scheint bei sonst wesentlich gleichen Mengen Nährstoffen das Wachsthum der *Leguminosen* mehr zu beeinflussen, als das Kali.

In vorstehendem Falle steht der Ernteertrag der Bohnen auch mit dem vorhandenen gebundenen Stickstoff des Bodens im Verhältniss, jedoch ist nicht ausgeschlossen, dass ein Theil des aufgenommenen Stickstoffs von freiem Stickstoff der Luft herrührt.

Eberdt (Berlin).

Neue Litteratur.[*)

Geschichte der Botanik:

Fries, Th. M., Bidrag till en lefnadsteckning öfver Carl von Linné. III. (Upsala Universitets Årsskrift. 1895.)

Julien Vesque. (Notice nécrologique des Annales de la science agronomique française et étrangère. 1895.) 8⁰. 44 pp. Avec portrait. Paris (libr. Masson) 1895.

Louis Pasteur 1822—1895. (Biologisches Centralblatt. Bd. XV. 1895. No. 22.)

*) Der ergebenst Unterzeichnete bittet dringend die Herren Autoren um gefällige Uebersendung von Separat-Abdrücken oder wenigstens um Angabe der Titel ihrer neuen Veröffentlichungen, damit in der „Neuen Litteratur" möglichste Vollständigkeit erreicht wird. Die Redactionen anderer Zeitschriften werden ersucht, den Inhalt jeder einzelnen Nummer gefälligst mittheilen zu wollen, damit derselbe ebenfalls schnell berücksichtigt werden kann.

Dr. Uhlworm,
Humboldtstrasse Nr. 22.

Nomenclatur, Pflanzennamen, Terminologie etc.:

Barnhart, John Hendley, The nomenclature question: Concerning homonyms. (The Botanical Gazette. Vol. XX. 1895. p. 510—511.)

Bather, F. A., Decapitalization. (The Botanical Gazette. Vol. XX. 1895. p. 511.)

Bibliographie:

Just's botanischer Jahresbericht. Systematisch geordnetes Repetitorium der botanischen Litteratur aller Länder. Fortgeführt und herausgegeben von **E. Koehne.** Jahrg. XXI. (1893.) Abth. II. Heft 1. 8⁰. 368 pp. Berlin (Gebr. Bornträger) 1895. M. 12.—

Allgemeines, Lehr- und Handbücher, Atlanten etc.:

Bubeniček, J., Lehrbuch der Pflanzenkunde für Lehrer- und Lehrerinnen-bildungsanstalten. 2. Aufl. 8⁰. 199 pp. Mit 201 Abbildungen. Leipzig (G. Freytag) 1895. M. 2.30.

Cohn, F., Die Pflanze. Vorträge aus dem Gebiete der Botanik. 2. Aufl. Lief. 2. 8⁰. p. 81—160. Breslau (J. U. Kern) 1895. M. 1.50.

Strasburger, E., Noll, F., Schenck, H. und **Schimper, A. F. W.,** Lehrbuch der Botanik für Hochschulen. 2. Aufl. 8⁰. VI, 556 pp. Mit 594 zum Theil farbigen Abbildungen. Jena (Gustav Fischer) 1895. M. 7.50.

Willkomm, M., Bilderatlas des Pflanzenreichs, nach dem natürlichen System. 3. Aufl. Lief. 14. 8⁰. p. 129—134. Mit 8 farb. Tafeln. Esslingen (J. F. Schreiber) 1895. M. —.50.

Kryptogamen im Allgemeinen:

Géneau de Lamarlière, L., Catalogue des Cryptogames vasculaires et des Muscinées du nord de la France. [Suite.] (Journal de Botanique. Année IX. 1895. p. 435—447.)

Algen:

De Toni, J. B., Sylloge Algarum omnium hucusque cognitarum. Vol. III. Fucoideae. 8⁰. XVI, 638 pp. Berlin (R. Friedländer & Sohn) 1895. M. 32.80.

Müller, Otto, Die Bacillariaceen im Plankton des Müggelsees bei Berlin. (Sep.-Abdr. aus Zeitschrift für Fischerei und deren Hülfswissenschaften, Mittheilungen des Deutschen Fischerei-Vereins. 1895. Heft 6.) 8⁰. 5 pp.

Schmidle, W., Beiträge zur alpinen Algenflora. [Fortsetzung.] (Oesterreichische botanische Zeitschrift. Jahrg. XLV. 1895. p. 454—459. Mit 2 Textfiguren und 4 Tafeln.)

Tassi, Fl., Altra contribuzione alla flora senese: „Alghe e più specialmente Oscillarieae. (Atti della Reale Accademia dei Fisiocritici. Ser. IV. Vol. VII. 1895.)

Pilze:

Arnould, E., Influence de la lumière sur les animaux et sur les microbes, son rôle en hygiène. (Rev. d'hygiène. 1895. No. 6. p. 511—517.)

Babes, V., Beobachtungen über die metachromatischen Körperchen, Sporen-bildung, Verzweigung, Kolben- und Kapselbildung pathogener Bakterien. (Zeitschrift für Hygiene. Bd. XX. 1895. Heft 3. p. 412—437.)

Blumenthal, F., Ueber den Einfluss des Alkali auf den Stoffwechsel der Mikroben. (Zeitschrift für klinische Medicin. Bd. XXVIII. 1895. Heft 3/4. p. 2z3—255.)

Bourquelot, E. et **Hérissey,** Arrêt de la fermentation alcoolique sous l'influence de substances sécrétées par une moisissure. (Comptes rendus de la Société de biologie. 1895. No. 27. p. 632—635.)

Galloway, B. T., Observations on the development of Uncinula spiralis. (The Botanical Gazette. Vol. XX. 1895. p. 486—491. With 2 pl.)

Gibson, W. Hamilton, Our edible toadstools and mushrooms, and how to distinguish them: a selection of thirty native food varieties, easily recognizable by their marked individualities, with simple rules for the identification of poisonous species. 8⁰. With 30 col. pl. and 57 other ill. by the author. New York (Harper) 1895. Doll. 7.50.

Grazia, de, Il lavoro utile dei microbii. (Riforma med. 1895. No. 201. p. 601—603.)

Kedrowski, W., Ueber die Bedingungen, unter welchen anaërobe Bakterien auch bei Gegenwart von Sauerstoff existiren können. (Zeitschrift für Hygiene. Bd. XX. 1895. Heft 3. p. 358—375.)

Klöcker, A., Recherches sur les Saccharomyces Marxianus, apiculatus et anomalus. (Annales de microgr. 1895. No. 7/8. p. 313—325.)

Kutscher, Spirillum Undula minus und Spirillum Undula majus. (Centralblatt für Bakteriologie und Parasitenkunde. Erste Abtheilung. Bd. XVIII. 1895. No. 20/21. p. 614—616.)

Laborde, J., Sur la consommation du maltose par une moisissure nouvelle, l'Eurotiopsis Gayoni Cost. (Comptes rendus de la Société de biologie. 1895. No. 22. p. 472—474.)

Lepierre, Ch., Recherches sur la fonction fluorescigène des microbes. (Annales de l'Institut Pasteur. 1895. No. 8. p. 643—663.)

Sappin-Trouffy, Origine et rôle du noyau, dans la formation des spores et dans l'acte de la fécondation, chez les Urédinées. (Comptes rendus des séances de l'Académie des sciences de Paris. T. CXXI. 1895. No. 8. p. 364—366.)

Thaxter, Roland, New or peculiar aquatic Fungi. II. Gonapodya Fischer and Myrioblepharis nov. gen. (The Botanical Gazette. Vol. XX. 1895. p. 477. With 1 pl.)

Wehmer, C., Ueber die Verflüssigung der Gelatine durch Pilze. (Chemiker-Zeitung. Jahrg. XIX. 1895. No. 91.)

Flechten:

Fink, Bruce, Lichens collected by Dr. C. C. Parry in Wisconsin and Minnesota in 1848. (From the Proceedings of the Jowa Academy of Science. Vol. II. 1894. p. 137.) 8°. Des Moines 1895.

Zahlbruckner, A., Materialien zur Flechtenflora Bosniens und der Hercegovina. (Sep.-Abdr. aus Wissenschaftliche Mittheilungen aus Bosnien und der Hercegovina. Bd. III. 1895.) 8°. 21 pp. Wien (C. Gerold's Sohn) 1895.
M. — 60.

Muscineen:

Levier, Emilio, Muschi esotici, raccolti da esploratori e viaggiatori italiani. (Bullettino della Società Botanica Italiana. 1895. p. 233—236.)

Physiologie, Biologie, Anatomie und Morphologie:

Barfurth, Versuche über die parthenogenetische Furchung des Hühnereies. (Archiv für Entwickelungsmechanik der Organismen. Bd. II. 1895. Heft 3.)

Becker, Carl, Beitrag zur vergleichenden Anatomie der Portulacaceen. [Inaug.-Dissert.] 8°. 38 pp. Erlangen 1895.

Behm, Moritz, Beiträge zur anatomischen Charakteristik der Santalaceen. [Inaug.-Dissert.] 8°. 55 pp. Erlangen 1895.

Boveri, Th., Ueber die Befruchtungs- und Entwickelungsfähigkeit kernloser Seeigel-Eier und über die Möglichkeit ihrer Bastardirung. (Archiv für Entwickelungsmechanik lebender Organismen. Bd. II. 1895. Heft 3.)

Boynton, Margaret Fursman, Observations upon the dissemination of seeds. (The Botanical Gazette. Vol. XX. 1895. p. 502—503.)

Buscalioni, Luigi, Studi sui cristalli di ossalato di calcio. (Malpighia. Vol. IX. 1895. p 469—533.)

Elfert, Willi, Morphologie und Anatomie der Limosella aquatica. [Inaug.-Dissert.] 8°. 44 pp. Erlangen 1895.

Ganong, W. F., An outline of phytobiology with special reference to the study of its problems by local botanists, and suggestions for a biological survey of acadian plants. Paper II. (From the New Brunswick Natural History Society. Bull. XIII. 1895.) 8°. 26 pp. St. John (Barnes & Co.) 1895.

Gregory, Emily L., Elements of plant anatomy. 8°. VIII, 148 pp. Illustr. Boston (Ginn & Co.) 1895. Doll. 1.35.

Hartig, R., Ueber den Drehwuchs der Kiefer. (Sitzungsberichte der königl. bayerischen Akademie der Wissenschaften. Bd. II. 1895.)

Hartleb, Richard, Versuche über Ernährung grüner Pflanzen mit Methylalkohol, Weinsäure, Aepfelsäure und Citronensäure. [Inaug.-Dissert.] 8°. 24 pp. Erlangen 1895.

Herbst, Ueber die Bedeutung der Reizphysiologie für die kausale Auffassung von Vorgängen in der thierischen Ontogenese. (Biologisches Centralblatt. Bd. XV. 1895. No. 20.)

Herlitzka, Amedeo, Contributo allo studio della capacità evolutiva dei due primi blastomeri nell' uovo di tritone (Triton cristatus). (Archiv für Entwickelungsmechanik der Organismen. Bd. II. 1895. Heft 3.)

Keuten, J., Die Kerntheilung von Euglena viridis Ehrenberg. (Zeitschrift für wissenschaftliche Zoologie. Bd. LX. 1895. Heft 2.)

Lignier, O., Contributions à la nomenclature des tissus secondaires. (Extr. du Bulletin de la Société Linnéenne de Normandie. Sér. IV. Vol. IX. 1895. Fasc. 1. p. 15—30.) Caen (E. Lanier) 1895.

Lignier, O., Sur une assise plissée sous-ligulaire chez les Isoetes. (Extr. du Bulletin de la Société Linnéenne de Normandie. Sér. IV. Vol. IX. 1895. Fasc. 1. p. 40—46.) Caen (E. Lanier) 1895.

Mac Dougal, D. T., The combined effects of geotropism and heliotropism. (The Botanical Gazette. Vol. XX. 1895. p. 499—500.)

Mirabella, Antonietta, I nettrarî extranuziali nelle varie specie di Ficus. (Nuovo Giornale Botanico Italiano. Vol. II. 1895. p. 340—347. Con 1 tav.)

Pammel, L. H. and Beach, Alice M., Pollination of Cucurbits. (From the Proceedings of the Jowa Academy of Science. Vol. II. 1894. p. 146—152. With 4 pl.) Des Moines 1895.

Sirrine, Emma, Structure of the seed coats of Polygonaceae. (From the Proceedings of the Jowa Academy of Science. Vol. II. 1894. p. 128—135. With 3 pl.) Des Moines 1895.

Vito, G., Della ramificazione delle Solanacee. (Bolletino della Società di naturalisti in Napoli. Ser. IV. Vol. VII. 1895. p. 38.)

Weigert, Leopold, Beiträge zur Chemie der rothen Pflanzenfarbstoffe. (Jahresbericht der k. k. önologischen und pomologischen Lehranstalt zu Klosterneuburg bei Wien. 1894.) 8⁰. 31 pp.

Willis, John C., The present position of floral biology. (From Science Progress. Vol. IV. 1895. No. 11.)

Systematik und Pflanzengeographie:

Baroni, Eugenio, Gigli nuovi della Cina. (Nuovo Giornale Botanico Italiano Vol. II. 1895. p. 333—339. Con 4 tav.)

Bennett, Arthur, Notes on Potamogetons. (Journal of Botany British and foreigu. Vol. XXXIII. 1895. p. 371—374.)

Brandis, D., An enumeration of the Dipterocarpaceae. (Bullettino della Società Botanica Italiana. 1895. p. 212—213.)

Cockerell, T. D. A., Some western weeds, and alien weeds in the west. (The Botanical Gazette. Vol. XX. 1895. p. 503—504.)

Crouch, C., A hybrid Poppy? (Journal of Botany British and foreign. Vol. XXXIII. 1895. p. 378.)

Deane, Walter, Notes from my herbarium. IV. My baby flower press. (The Botanical Gazette. Vol. XX. 1895. p. 492—495.)

Dewey, Lyster H., Distribution of the Russian thistle in North America. (The Botanical Gazette. Vol. XX. 1895. p. 501.)

De Toni, Note sulla flora friulana. Ser. IV. (Estr. dagli Atti dell' Accademia di Udine. Ser. II. Vol. XI. 1895.) 8⁰. 28 pp. Udine (tip. G. B. Doretti) 1895.

Druce, G. Claridge, Medicago lupulina var. Willdenowiana. (Journal of Botany British and foreign. Vol. XXXIII. 1895. p. 377.)

Eastwood, Alice, Argemone hispida. (Journal of Botany British and foreign. Vol. XXXIII. 1895. p. 376—377.)

Fiala, F., Adnotationes ad floram Bosniae et Hercegovineae. (Sep.-Abdr. aus Wissenschaftliche Mittheilungen aus Bosnien und der Hercegovina. Bd. III. 1895.) 8⁰. 4 pp. Wien (C. Gerold's Sohn) 1895.   M. —.30.

Fiala, F., Eine neue Pflanzenart Bosniens. (Sep.-Abdr. aus Wissenschaftliche Mittheilungen aus Bosnien und der Hercegovina. Bd. III. 1895.) 8⁰. 2 pp. Mit 1 farbigen Tafel. Wien (C. Gerold's Sohn) 1895.   M. —.50.

Fiori, Adriano, Paleotulipe, neotulipe e mellotulipe. (Malpighia. Vol. IX. 1895. p. 534—547.)

Franchet, A., Plantes nouvelles de la Chine occidentale. [Suite.] (Journal de Botanique. Année IX. 1895. p. 448—452.)

Freyn, J., Plantae Karoanae Dahuricae. [Fortsetzung.] (Oesterreichische botanische Zeitschrift. Jahrg. XLV. 1895. p. 464—469.)

Fritsch, Carl, Salzburg [1894]. (Flora von Oesterreich-Ungarn.) [Schluss.] (Oesterreichische botanische Zeitschrift. Jahrg. XLV. 1895. p. 479—483.)

Goiran, A., Erborizzazioni recenti (aprile, maggio 1895) in una stazione veronese inondata dall' Adige nel settembre 1882. (Bullettino della Società Botanica Italiana. 1895. p. 224—232.)

Halácsy, E. von, Beitrag zur Flora von Griechenland. [Fortsetzung.] (Oesterreichische botanische Zeitschrift. Jahrg. XLV. 1895. p. 460—463. Mit 1 Textfigur und 1 Tafel.)

Hy, F., Observations sur le Medicago media Persoon. (Journal de Botanique. Année IX. 1895. p. 429—432.)

Linton, W. R., Merionethshire plants. (Journal of Botany British and foreign. Vol. XXXIII. 1895. p. 359—363.)

Linton, Edward F., Dorset plants. (Journal of Botany British and foreign. Vol. XXXIII. 1895. p. 377—378.)

Malinvaud, Ernest, Une découverte intéressante dans la Haute-Loire. II. (Journal de Botanique. Année IX. 1895. p. 432—434.)

Marshall, Edward S., Carum Bulbocastanum in N. Hants. (Journal of Botany British and foreign. Vol. XXXIII. 1895. p. 377.)

Massalongo, C., Intorno ad una nuova varietà di Collinsia bicolor Benth. (Bullettino della Società Botanica Italiana. 1895. p. 222—224.)

Pammel, L. H., Distribution of some weeds in the United States, especially Iva xanthifolia, Lactuca scariola, Solanum corolineum and Solanum rostratum. (From the Proceedings of the Jowa Academy of Science. Vol. II. 1894. p. 103—127.) Des Moines 1895.

Pammel, L. H., Squirrel-tail grass or wild barley (Hordeum jubatum L.) (Jowa Agricultural College. Experiment Station. Bull. XXX. 1895. p. 302—321. With 3 figs. and 3 pl.)

Panek, Joh., Notiz über das Vorkommen von Erechthites hieracifolia (L.) Raf. in Mähren. (Oesterreichische botanische Zeitschrift. Jahrg. XLV. 1895. p. 476.)

Prain, D., An account of the genus Argemone. [Concl.] (Journal of Botany British and foreign. Vol. XXXIII. 1895. p. 363—371.)

Sandri, G. e Fantozzi, P., Contribuzione alla flora di Valdinievole. [Fine.] (Nuovo Giornale Botanico Italiano. Vol. II. 1895. p. 289—333.)

Schlechter, R., Asclepiadaceae Kuntzeanae. (Oesterreichische botanische Zeitschrift. Jahrg. XLV. 1895. p. 449—454.)

Schlechter, R., Contributions to South African Asclepiadology. [Cont.] (Journal of Botany British and foreign. Vol. XXXIII. 1895. p. 353—359.)

Sterneck, Jacob von, Beitrag zur Kenntniss der Gattung Alectorolophus All. [Schluss.] (Oesterreichische botanische Zeitschrift. Jahrg. XLV. 1895. p. 469—474. Mit 4 Tafeln und 1 Karte.)

Warnstorf, C., Bidens connatus Mühlenberg, ein neuer Bürger der europäischen Flora. (Oesterreichische botanische Zeitschrift. Jahrg. XLV. 1895. p. 475—476.)

Whitwell, William, Impatiens Noli-me-tangere in Montgomeryshire. (Journal of Botany British and foreign. Vol. XXXIII. 1895. p. 376.)

Phaenologie:

Karliński, J., Beiträge zur Phänologie der Hercegovina, nebst einer kurzen Anleitung zur Vornahme phänologischer Beobachtungen. (Sep.-Abdr. aus Wissenschaftliche Mittheilungen aus Bosnien und der Hercegovina. Bd. III. 1895.) 8°. 5 pp. Wien (C. Gerold's Sohn) 1895.   M. —.40.

Palaeontologie:

Arcangeli, G., La collezione del Cav. S. de Bosniaski e le filliti di S. Lorenzo nel M. Pisano. (Bullettino della Società Botanica Italiana. 1895. p. 237—244.)

Teratologie und Pflanzenkrankheiten:

Brecher, Zur Vertilgung des Apfelwicklers, Tortrix (Carpocapsa) pomonana. (Forstlich-naturwissenschaftliche Zeitschrift. Jahrg. IV. 1895. Heft 12. p. 457.)

Frank, A. B., Die Krankheiten der Pflanzen. 2. Aufl. Mit Holzchnitten. Lief. 10. Bd. III. p. 1—112. Breslau (Ed. Trewendt) 1895. M. 1.80.

Hartig, Robert, Der Nadelschüttepilz der Lärche, Sphaerella laricina n. sp. (Forstlich-naturwissenschaftliche Zeitschrift. Jahrg. IV. 1895. Heft 12. p. 445.)

Hartig, R., Ueber den Nadelschüttepilz der Lärche, Sphaerella laricina n. sp. (Sitzungsberichte der k. bayerischen Akademie der Wissenschaften. Bd. II. 1895.)

Holm, Theo., Root-tubercles on Ailanthus. (The Botanical Gazette. Vol. XX. 1895. p. 496—497.)

Holm, Theo., Studies upon galls. (The Botanical Gazette. Vol. XX. 1895. p. 497—499.)

Löw, O., Zerstörung von Pappelpflanzungen durch einen Wurzelparasiten. (Forstlich-naturwissenschaftliche Zeitschrift. Jahrg IV. 1895. Heft 12. p. 458.)

Pammel, L. H., Diseases of plants at Ames, 1894. (From the Proceedings of the Jowa Academy of Science. 1894. p. 201—208.) Des Moines 1895.

Pammel, L. H. and Carver, G. W., Treatment of currants and cherries to prevent spot diseases. (Jowa Agricultural College. Experiment Station. Bull. XXX. 1895. p. 289—301. With 7 pl.)

Saccardo, P. A. e Mattirolo, O., Contribuzione allo studio dell „Oedomyces leproides" Sacc., nuovo parassita della Barbabietola. (Malpighia. Vol. IX. 1895. p. 459—468. Con 1 tav.)

Medicinisch-pharmaceutische Botanik:

A.

Van Aubel, M., Contribution à l'étude de la toxité de la fougère mâle. (Bulletin de l'Académie royale de médecine de Belgique. 1895. No. 8.)

B.

Chomski, K., Okreslenie hygienicznej wartości wody do picia z punktu bakterjologicznego zapatrywania sie. (Zdrowie. 1895. No. 118. p. 234—241.)

Davids, Untersuchungen über den Bakteriengehalt des Flussbodens in verschiedener Tiefe. (Archiv für Hygiene. Bd. XXIV. 1895. Heft 3/4. p. 213 —227.)

Dräer, A., Das Pregelwasser oberhalb, innerhalb und unterhalb Königsberg in bakteriologischer und chemischer Beziehung, sowie hinsichtlich seiner Brauchbarkeit als Leitungswasser, nebst einigen Bemerkungen über die Selbstreinigung der Flüsse und über die Einleitung von Abwässern in Flussläufe. (Zeitschrift für Hygiene. Bd. XX. 1895. Heft 3. p. 324—357.)

Gotschlich, E. und Weigang, J., Ueber die Beziehungen zwischen Virulenz und Individuenzahl einer Choleracultur. (Zeitschrift für Hygiene. Bd. XX. 1895. Heft 3. p. 376—396.)

Hansemann, D., Pathologische Anatomie und Bakteriologie. (Berliner klinische Wochenschrift. 1895. No. 30, 31. p. 653 - 656, 680- 684.)

Heinricius, G., Ein seltener Fall von Puerperalfieber (Endometritis diphtheritica, Dermatomyositis etc. (Monatsschrift für Geburtshülfe und Gynäkologie. Bd. II. 1895. Heft 1. p 33—37.)

Hesse, W., Ueber das Verhalten des Apolysins gegenüber dem Typhusbacillus. (Centralblatt für Bakteriologie und Parasitenkunde. Erste Abtheilung. Band XVIII. 1895. No. 19. p. 577—580.)

Kahane, Max, Notiz, betreffend das Vorkommen von Blastomyceten in Carcinomen und Sarkomen. (Centralblatt für Bakteriologie und Parasitenkunde. Erste Abtheilung. Bd. XVI-I. 1895. No. 20/21. p. 616—617.)

Lode, A., Die Gewinnung von keimfreiem Trinkwasser durch Zusatz von Chlorkalk (Verfahren von M. Traube). (Archiv für Hygiene. Bd. XXIV. 1895. Heft 3/4. p. 236—264.)

Ostrowsky, Bacille pathogène dans les deux règnes, animal et végétal. — Habitats microbiens. (Comptes rendus de la Société de biologie. 1895. No. 24. p. 517—518.)

Reinicke, E. A., Bakteriologische Untersuchungen über die Desinfection der Hände. (Archiv für Gynäkologie. Bd. XLIX. 1895. Heft 3. p. 515—558.)

Seitz, J., Toxinaemia cerebrospinalis, bacteriaemia cerebri, meningitis serosa, hydrocephalus acutus. (Correspondenzblatt für schweizerische Aerzte. 1895. No. 14. p. 417—426.)

Voges, O., Das Auftreten der Cholera im Deutschen Reiche während des Jahres 1893 und 1894. (Centralblatt für Bakteriologie und Parasitenkunde. Erste Abtheilung. Bd. XVIII. 1895. No. 20/21. p. 618—637. No. 22. p. 675—690.)

Technische, Forst-, ökonomische und gärtnerische Botanik:

Amsel, H., Ueber Leinöl und Leinölfirnis, sowie die Methoden zur Untersuchung derselben. (Sep.-Abdr. aus Berichte der IV. ständischen Commission an die internationale Conferenz zur Verbreitung einheitlicher Prüfungsmethoden. 1895.) 8'. VI, 39 pp. Zürich (E. Speidel) 1895. M. 1.—

Briehm, H., Der praktische Rübenbau. Heft 6 und 7. 8⁰. p. 247—358. Mit Abbildungen. Wien (W. Frick) 1895. M. 3.20.

Dewèvre, A., Les caoutchoucs de l'État indépendant du Congo. (Revue des questions scientifiques, publiée par la Société scientifique de Bruxelles. Trimestrielle. Sér. II. T. VIII. Année XIX. 1895. No. 10.)

Eberdt, Oscar, Das Zuckerrohr, seine Geschichte, Cultur und Industrie. [Schluss.] (Prometheus. Jahrg. VII. 1895. No. 8.)

Faber, E., Eine interessante Buche im Grossherzogthum Luxemburg. (Forstlich-naturwissenschaftliche Zeitschrift. Jahrg. IV. 1895. Heft 12. p. 459.)

Faber, E., Der mächtigste Baum des Grossherzogthums Luxemburg. (Forstlich-naturwissenschaftliche Zeitschrift. Jahrg. IV. 1895. Heft 12. p. 459.)

Förster, Otto, Zur Bestimmung des Senföls. (Chemiker-Zeitung. Jahrg. XIX. 1895. No. 89.)

Goessmann, C. A., I. Analyses of commercial fertilizers and manurial substances sent on for examination. II. Analyses of commercial fertilizers collected during 1895, in the general markets by the agent of the Hatch Experiment Station of the Massachusetts Agricultural College. (Hatch Experiment Station of the Massachusetts Agricultural College. Bull. XXXI. 1895.) 8⁰. 8 pp. Amherst, Mass. (Carpenter & Morehouse) 1895.

Guichard, P., Microbiologie du distillateur. Ferments et fermentations. Avec 106 fig. 8⁰. Paris (Baillière & fils) 1895. Fr. 5.—

Holland, E. B., A partial glossary of fodder terms. (Hatch Experiment Station of the Massachusetts Agricultural College. Bull. XXXIII. 1895.) 8⁰. 8 pp. Amherst, Mass. (Carpenter & Morehouse) 1895.

Hoppenstedt, Die Cultur der schweren Bodenarten, erläutert durch Feldanbauversuche der wichtigsten Halm- und Hackfrüchte 1874—1894. (Landwirthschaftliche Jahrbücher. 1895. No. 4/5.)

Klocke, E., Specielle Pflanzenkunde. Ein Leitfaden für landwirthschaftliche Winterschulen und zweckverwandte Lehranstalten. 8⁰. IV, 74 pp. Mit 39 Abbildungen. Leipzig (Landwirthschaftliche Schulbuchhandlung) 1895. M. 1.20.

Malden, W. J., The potato in field and garden. 8⁰. 230 pp. London (W. A. May) 1895. 3 sh. 6 d.

Mayer, A., Lehrbuch der Agriculturchemie in Vorlesungen. 4. Aufl. Th. II. Abth. III. Die Gährungschemie als Einleitung in die Technologie der Gährungsgewerbe in 13 Vorlesungen. Zum Gebrauche an Universitäten und höheren landwirthschaftlichen Lehranstalten, sowie zum Selbststudium. 8⁰. VI, 215 pp. Mit Abbildungen. Heidelberg (C. Winter) 1895. M. 6.—

Michel, E. und **Schlitzberger, S.,** Der praktische Blumenfreund. Illustrirte Anleitung zur Anzucht und Pflege der Blatt- und Blütenpflanzen in Zimmer und Garten. 8⁰. VIII, 178 pp. Mit Abbildungen und 8 farbigen Tafeln. Cassel (Th. G. Fischer) 1895. M. 2.60.

Pröpper, L. von, Das Obst in der Küche. 500 erprobte Recepte zur Verwerthung der verschiedensten Obstsorten. 8⁰. III, 144 pp. Frankfurt a. O. (Trowitsch & Sohn) 1895. M. 2.—

Roth, E., Die Gemüsepflanzen Ostafrikas. (Die Natur. Jahrg. XLIV. 1895. No. 46.)

Thoms, G., Die Ergebnisse der Dünger-Controlle. 1894/95. Ber. XVIII. (Sep.-Abdr. aus Balt. Wochenschrift. 1895.) 8⁰. 58 pp. Mit 1 Tabelle. Riga (A. Stieda) 1895. M. 1.20.

Zacher, Gustav, Die Parfumeriefabrikation in Grasse. (Prometheus. Jahrgang VII. 1895. No. 8.)

Personalnachrichten.

Ernannt: Der o. Prof. **Schwendener** in Berlin zum Präsidenten, der o. Prof. **F. Cohn** in Breslau zum Vicepräsidenten und der Professor **Woronin** in Petersburg zum Ehrenmitglied der Deutschen botanischen Gesellschaft. — Der a. o. Prof. Dr. **Joseph Nevenny** an der Universität Innsbruck zum Ordinarius der Pharmakologie und Pharmakognosie. — Dr. **Francesco Saccardo** zum Professor der Pathologie an der „R. Scuola d'Enologia e Viticoltura" in Avellino. — Dr. **H. Marshall Ward** zum Nachfolger Professor B a b i n g t o n 's als Professor der Botanik zu Cambridge. — **D. T. Mac Dougal** zum Assistent-Professor of Botany an der Universität zu Minnesota.

Gestorben: Am 9. Juli Dr. **Paul Howard Mac Gillivray**, der Verf. des „Catalogue of Aberdeen plants", zu Bendigo, Victoria.

Inhalt.

Ausgegeben: 18. December 1895.

Druck und Verlag von G e b r. G o t t h e l f t in Cassel.

Band LXIV. No. 13.   XVI. Jahrgang.

Botanisches Centralblatt.

REFERIRENDES ORGAN

für das Gesammtgebiet der Botanik des In- und Auslandes.

Herausgegeben

unter Mitwirkung zahlreicher Gelehrten

von

Dr. Oscar Uhlworm und Dr. F. G. Kohl

in Cassel.   ——   in Marburg.

Zugleich Organ

des

Botanischen Vereins in München, der Botaniska Sällskapet i Stockholm,
der Gesellschaft für Botanik zu Hamburg, der botanischen Section der
Schlesischen Gesellschaft für vaterländische Cultur zu Breslau, der
Botaniska Sektionen af Naturvetenskapliga Studentsällskapet i Upsala,
der k. k. zoologisch-botanischen Gesellschaft in Wien, des Botanischen
Vereins in Lund und der Societas pro Fauna et Flora Fennica in
Helsingfors.

| **Nr. 52.** | Abonnement für das halbe Jahr (2 Bände) mit 14 M. durch alle Buchhandlungen und Postanstalten. | **1895.** |

Die Herren Mitarbeiter werden dringend ersucht, die Manuscripte
immer nur auf *einer* Seite zu beschreiben und für *jedes* Referat besondere Blätter benutzen zu wollen.   **Die Redaction.**

Wissenschaftliche Original-Mittheilungen.*)

Nachtrag über das Kalkbedürfniss der Algen.

Von

O. Loew

in Tokio.

Nachdem ich beobachtet hatte, dass es unter den nieder
stehenden Algen Ausnahmen betreffs des Verhaltens zu löslichen
Oxalaten gibt und für *Palmella* diese kein Gift sind, schloss ich,
dass dieses darauf beruhe, dass diese Algen keinen Kalk bedürfen
und sich hierin den Pilzen anschliessen. Kurz nach Absendung
der betreffenden Mittheilung (Botan. Centralbl. Bd. LXIV. No. 4.
p. 110) kam mir eine Veröffentlichung von Molisch zu Gesicht,
in welcher für mehrere Algenarten die Entbehrlichkeit der Kalk-

---

*) Für den Inhalt der Originalartikel sind die Herren Verfasser allein
verantwortlich.   **Red.**

salze nachgewiesen wird. Für diese alle wird auch eine 1—2 procentige Lösung von neutralem Kaliumoxalat kein Gift sein. Den Schluss von M o l i s c h, dass der Kalk sich lediglich bei Stoffwechselprocessen betheilige, halte ich aber für nicht berechtigt; denn dann müssten diese Processe bei *Spirogyra* anders verlaufen wie bei *Palmella*. Ich möchte ihn bitten, die merkwürdige Giftwirkung der Oxalate auf Chlorophyllkörper und Zellkern näher zu studiren, vielleicht findet dann eine Aenderung der Ansicht statt.

Bemerkung zur Giftwirkung oxalsaurer Salze.

Von
O. Loew
in Tokio.

Ich habe früher als charakteristisch hervorgehoben, dass neutrale oxalsaure Salze nicht für niedere Pilze, wohl aber für Chlorophyll führende niedere Gewächse — sowohl Phanerogamen als Algen — giftig sind*), dass ferner hiermit im Zusammenhang stehe, dass Magnesiumsalze bei Ausschluss von Calciumsalzen ganz analog den Oxalaten sich verhalten, woraus ich schloss, dass die grünen Gewächse k a l k h a l t i g e Organoide (Zellkern und Chlorophyllkörper) besitzen, niedere Pilze aber n i c h t. Ich hatte *Conjugaten*, *Siphoneen* und *Conferven* mit gleichem Resultat geprüft, jedoch die Prüfung der niedersten Algenformen unterlassen.

Da ich vermuthete, es möchte im Verhalten zu jenen Salzen ein Uebergang von den niedersten Algen zu den Pilzen existiren, versuchte ich kürzlich noch *Palmella*, und beobachtete in der That, dass diese weder durch Lösungen von neutralem Kaliumoxalat noch von Magnesiumsulfat — beide vierprocentig — nach einem Tag getödtet wird. Als einige Zellen aus diesen Flüssigkeiten wieder in sterilisirte mineralische Nährlösungen übertragen wurden, war nach 8 bis 14 Tagen eine sehr bedeutende Vermehrung zu beobachten. Daraus kann wohl gefolgert werden, dass diese Alge keine k a l k h a l t i g e n Organoide besitzt und somit in dieser Beziehung einen Uebergang zu den Pilzen vermittelt.**)

Botanische Gärten und Institute.

Carruthers, William, Report of department of botany, British Museum, 1894. (Journal of Botany British and foreign. Vol. XXXIII. 1895. p. 374—376.) **Notizblatt** des Königlich botanischen Gartens und Museums zu Berlin. No. III. 8°. p. 81—110. Leipzig (W. Engelmann) 1895. M. 1.20.

---

*) Flora. 1892. p. 374.

**) *Nostoc* und andere niedere Algenformen sollen gelegentlich ebenfalls noch geprüft werden.

Sammlungen.

Offertenliste IX des Thüringischen botanischen Tauschvereins Herbst 1895. 8⁰. 16 pp. Arnstadt 1895.

Instrumente, Präparations- und Conservations-Methoden etc.

Gruber, Max, Die Methoden des Nachweises von Mutterkorn in Mehl und Brot. (Archiv für Hygiene. Bd. XXIV. 1895. Heft 3/4. p. 228—235.)

Verf. hält den mikroskopischen Weg zur Entdeckung etwaiger Beimengungen von Mutterkorn für den einfachsten. Einige Milligramme des Mehles oder einige Brotkrümelchen in wenigen Tropfen Wasser auf dem Objektträger vertheilt, Deckglas aufgelegt und über der Flamme bis zum Autkochen aufgesetzt, zeigen die Stärke verquollen und die so überaus charakteristischen Trümmer des Mutterkornes in genügender Klarheit. Bei geringem Mutterkorngehalt des Mehles durchmustert man das Präparat bei 100—120facher Vergrösserung. Die Mutterkornpartikelchen fallen durch ihre starke Lichtbrechung, dunkelviolette Färbung bei den Rindentheilen, grünlich-gelber bei den Marktheilen und durch ihre eigenthümlich gekerbte Contur auf. Eventuell untersucht man verdächtige Partikelchen noch bei 300—400facher Vergrösserung. Das Schleimparemchym des Sclerotiums mit seinem dicht aneinander gelagerten, verschlungenen, mit einander verwachsenen, mit Fett erfüllten Hyphen ist unverkennbar.

Verf. hat sich zur Vereinfachung eine grössere Anzahl von Mischungen mit bekanntem Procentgehalt an Mutterkorn hergestellt. So fand er bei einem Gehalte von 5, 4, 3 % in jedem Gesichtsfelde zahlreiche Trümmer. Bei einem Gehalte von 2 % waren in jedem Präparate 20—30 Mutterkornpartikelchen zu finden, bei 1 % deren 10—15. bei 0,5 % 5—6, bei 0,2 % 3—4, bei 0,1 % noch 1—2. Erst bei einem Gehalte von 0,05 % war nicht mehr in jedem, sondern durchschnittlich nur in jedem zweiten Präparat ein sicher als solches erkennbares Bruchstück des Mutterkornes zu finden.

Chemisch ist die von A. Vogl empfohlene bequem: 2 gr Mehl mit 10 ccm saurem Alkohol (100 ccm 70 % Alkohol mit 5 ccm concentrirter Salzsäure versetzt) übergossen stehn lassen; bei Anwesenheit von Mutterkorn tritt bereits nach kurzem Stehen bei gewöhnlicher Temperatur (noch früher beim Erwärmen auf etwa 50⁰ C) eine blut- oder fleischrothe Färbung der Flüssigkeit auf. Bereits bei Anwesenheit von 0,2 % Mutterkorn im Mehle ist die Rothfärbung ohne Weiteres erkennbar, und bei Vergleichung mit reinem Mehl sind selbst noch Spuren einer röthlichen Verfärbung des Alkohols wahrnehmbar. — Leider ergeben Versuche mit Wicken ebenfalls Rothfärbung, wenn auch einen mehr bläulicheren Ton.

Dafür setzt die spektroskopische Untersuchung in rothgefärbter
Flüssigkeit ein. Die Lösung des Farbstoffes am Mutterkorn weist
zwei charakteristische Absorptionsstreifen in Grün und einen beträchtlich schwächeren in Blau auf. Die Lösung des Wickenroths lässt
diese Streifen vermissen.

Andere Methoden stammen von C. H. Wolff, der mit 10 gr
Mehl hantirt, J. Petri, der das doppelte Quantum verwendet u. s. w.
Uffelmann will noch 0,12 % sicher in 10 gr Mehl nachweisen.
Palm behauptet noch 0,5 % durch eine Violettfärbung erforschen
zu können, indem er 10—15 faches Gewicht 35 % Spiritus zusetzt,
einige Tropfen Ammoniak zufügt, die filtrite Lösung mit Bleiessig
fällt, den Niederschlag abpresst und mit kalt gesättigter Borax-
lösung auszieht.

E. Hoffmann macerirt 10 gr Mehl mit 20 gr Aether in
10 Tropfen verdünnter Schwefelsäure 5—6 Stunden, filtrirt, wäscht
mit Aether bis zum Filtratvolumen 20 ccm nach und schüttelt das
Filtrat mit 10—15 Tropfen einer kaltgesättigten Lösung von
Natriumcarbonat. Bei Anwesenheit von Mutterkorn färbt sich die
letztere Lösung violett.

Auch sonst giebt es hier noch verschiedene Modificationen,
welche aber der einfachen mikroskopischen Beweisführung sicher
nachstehen.

———   E. Roth (Halle a. d. S.).

Friedländer, B., Zur Kritik der Golgi'schen Methode.
(Zeitschrift für wissenschaftliche Mikroskospie und für mikroskopische Technik. Bd. XII. 1895. Heft 2. p. 168—176. Mit
1 Tafel.)

Verf. operirte früher mit gekochtem Hühnereiweiss, dieses Mal
verwendete er das zum Aufkleben der Schnitte benutzte, seines Wissens
etwas verdünnte und mit einer Spur von Phenol versetzte Eiweiss des
Berliner Zoologischen Instituts; dann zog er rohe und gekochte
Kartoffeln, einige Käsesorten und Celloidin heran. Niederschläge
bilden sich hauptsächlich dort, wo wenig Trockensubstanz und viel
Wasser vorhanden ist. Bei der erstaunlichen Mannigfaltigkeit ist
eine Beschreibung sehr schwierig, meist weist jedes einzelne
Präparat einen besonderen Formtypus auf. Die Nieder-chläge sind
um so sicherer durchscheinend, je mehr sie eigentlich Krystalle darstellen oder solchen nahe kommen, um so undurchsichtiger, je mehr
sie die Form von Dendriten annehmen.

Es fanden sich — worüber Verf. im Einzelnen nähere Mittheilungen macht — in den Präparaten: Eigentliche Krystalle, meist
von Nadelform — dünne Blättchen, fast immer durchscheinend, von
äussert veritabler Gestalt — Combination der beiden vorigen —
Formen, die an die sogenannten Hirschhornpilze erinnern — eigentliche Dendriten.

Wichtig ist die Zusammenstellung der bei Anwendung der
Golgi'schen Methode möglichen und wohl gelegentlich gefundenen
Strukturen:

1) Man darf nicht auf das Fehlen eines Gebildes schliessen, wenn man es mit der Golgi'schen Methode nicht sieht; das Ausbleiben oder Eintreten von Niederschlägen in einen mitologischen Bestandtheil beweist Nichts über dessen physiologische Natur.

2) Es ist wohl denkbar, dass sich eine Nervenfaser nur bis zu einem beliebigen Punkte schwärzt. Dieser kann als das wirkliche Ende angesehen werden, ohne es zu sein.

3) Andere, nicht nervöse Strukturelemente haben Formähnlichkeit mit nervösen Gebilden; auch andere Sachen färben sich mit der Golgi'schen Methode; so können nicht nervöse, aber doch präformirte Dinge für Nervengebilde gehalten werden.

4) In vorhandenen nicht organisirten Substanzen können Niederschläge sehr mannigfacher Form auftreten, die jedenfalls mit einer Struktur der benutzten Eiweiss oder Celloidinmasse nichts direct zu thun haben.

5) Aus Verbindung von 2) und 3) auf der einen und 4) auf der anderen Seite ergiebt sich, dass sich etwas an eine reichlich geschwärzte Nervenfaser Angesetztes für eine deren Verzweigungen angesehen werden könnte.

Bei älteren, freilich gegen die Vorschrift in Canadabalsam conservirten Präparaten, fand Verf. höchst eigenthümliche Netzformen, von denen er vermuthet, dass es sich um eine anfängliche Lösung und später *erfolgende Wiederausfällung von chlorsaurem Silber handle.

Generell ist Verf. nicht gegen die Golgi'sche Methode, aber angesichts der mitgetheilten Versuche und Weisungen ist es ihm nicht klar, wie im Falle vermeintlicher Entdeckungen neuer, mit anderen Methoden noch nicht gesehenen Strukturen eine sichere Unterscheidung von anorganischen Niederschlägen stets möglich sein soll.

E. Roth (Halle a. S.).

Abel, Rudolf, Zur bakteriologischen Technik. (Centralblatt für Bakteriologie und Parasitenkunde. Erste Abtheilung. Bd. XVIII. 1895. No. 22. p. 673 —674.)

Bau, A., Verwendung des Koch'schen Sterilisircylinders als Wasserbad. (Chemiker-Zeitung. Jahrg. XIX. 1895. No. 89.)

Bleile, A. M., A culture-medium for bacteria. (Med. News. 1895. Vol. II. No. 2. p. 41.)

Freudenreich, E. de, De la recherche du bacille coli dans l'eau. (Annales de microgr. 1895. No. 7/8. p. 326—329.)

Landsteiner, K., Farbenreaction der Eiweisskörper mit salpetriger Säure und Phenolen. (Centralblatt für Physiologie. 1895. No. 14.)

Morris, M., An easy method of staining the fungus of ringworm. (Practitioner. 1895. Aug. p. 135—137.)

Nicolle, Pratique des colorations microbiennes (méthode de Gram modifiée et méthode directe). (Annales de l'Institut Pasteur. 1895. No. 8. p. 664—670.)

Schbankow, K., Qualitative Bestimmung des Bakteriengehaltes des Angara-Flusswassers (Irkutsk). (Wratsch. 1895. No. 18.) [Russisch.]

Tiemann und **Gärtner's** Handbuch der Untersuchung und Beurtheilung der Wässer. Bearbeitet von G. **Walter** und A. **Gärtner.** 4. Aufl. gr. 8⁰. XXXVI, 841 pp. Mit 40 Holzstichen und 10 farbigen Tafeln. Braunschweig (Friedr. Vieweg & Sohn) 1895. M. 24.—

Tochtermann, A., Ein aus Blutserum gewonnener sterilisirbarer Nährboden,
zugleich ein Beitrag zur Frühdiagnose der Diphtherie. (Centralblatt für innere
Medicin. 1895. No. 40. p. 961—967.)

Woods, Albert F., Recording apparatus for the study of transpiration of plants..
(The Botanical Gazette. Vol. XX. 1895. p. 473—476. With 1 fig.)

Botanische Reisen.

Dr. P. Taubert in Berlin tritt Ende d. M. eine botanische
Forschungsreise nach Nordbrasilien und die angrenzenden Gebiete an..

Ich beabsichtige im Laufe der nächsten 2 Jahre eine neue
botanische Reise nach Süd- und Ostafrika zu unternehmen. Dieselbe.
soll sich ausschliesslich in Gegenden bewegen, welche meine erste
Reise nicht berührt hat; Namaland, das Hautam-Gebirge, Coud-
Boekeveld, Transvaal, Limpopo, Matabeleland bis zum Zambesi
werden das hauptsächlichste Feld meiner Forschungen und Aus-
beuten sein. Die Pflanzen werden hiermit der Subscription an-
geboten, die Centurie mit 35 Mark. Herr Prof. Schumann, an
den ich in jeder Angelegenheit sich zu wenden bitte, wird die
Güte haben, als mein Vertreter die Abonnements entgegen zu
nehmen.

Rudolf Schlechter.

Referate.

Kaulfuss, J. S., Beiträge zur Kenntniss der Laubmoos-
flora des nördlichen fränkischen Jura und der an-
stossenden Keuperformation. (Jahresbericht der Naturhistorischen Gesellschaft in Nürnberg. Band X. 1894. Heft 3..
32 pp.)

Vorliegende Arbeit enthält nur eine Aufzählung aller vom
Verf. in dem betreffenden Gebiete beobachteten Torf- und Laubmoose nebst Standortsangaben derselben. An Sphagna werden
20 Arten aufgeführt, unter denen fünf bereits aus dem Gebiete bekannte Species: *S. imbricatum* (Hornsch.) Russ., *S. subnitens* Russ.
et Warnst., *S. contortum* (Schultz.) Limpr., *S. platyphyllum* (Sulliv.)
Warnst., *S. teres* Ångstr. fehlen. — Unter den 256 angegebenen
Laubmoosen sind folgende Arten bemerkenswerth:

Archidium alternifolium Schpr., *Ephemerum serratum* Hpe., *Acaulon muticum*
C. Müll., *Astomum crispum* Hpe., *Pleuridium nitidum* Rbh., *Hymenostomum tortile*
Br. eur., *Gymnostomum rupestre* Schleich., *G. calcareum* Br. germ., *G. curvirostre*
Hedw., *Dicranoweissia cirrata* Lindb., *Eucladium verticillatum* Br. eur., *Rhabdo-
weisia fugax* Br. eur., *Cynodontium polycarpum* Schpr., *Dichodontium pellucidum*
Schpr., *Dicranella Schreberi* Schpr., *D. subulata* Schpr., *Dicranum spurium* Hedw.,
D. Bonjeani de Not., *D. Mühlenbeckii* Br. eur., *D. montanum* Hedw., *D. flagellare*
Hedw., *D. fulvum* Hook., *D. longifolium* Ehrh., *Campylopus turfaceus* Br. eur.,
C. flexuosus Brid., *C. fragilis* Br. eur., *Dicranodontium longirostre* Schpr., *Trema-
todon ambiguus* Hornsch., *Fissidens pusillus* Wils., *F. crassipes* Wils., *Seligeria*

pusilla Br. eur., *S. tristicha* Br. eur., *S. recurvata* Br., *Brachydontium trichodes*
Br., *Trichodon cylindricus* Schpr., *Ditrichum tortile* Lindb., *D. homomallum* Hpe.,
D. flexicaule Hpe., *D. glaucescens* Hpe., *D. capillaceum* Br. eur., *Pottia minutula*
Br. eur., *Didymodon rigidulus* Hedw., *Trichostomum cylindricum* C. Müll., *T. cris-*
pulum Br., *Tortella inclinata* Hedw. fil., *Barbula reflexa* Brid., *B. convoluta* Hedw.,
B. paludosa Schleich., *Aloina rigida* Kindb., *A. ambigua* Br. eur., *A. aloides*
Kindb., *Tortula latifolia* Br., *T. papillosa* Wils., *T. laevipila* de Not., *T. pulvi-*
nata Jur., *T. montana* Lindb., *Cinclidotus fontinaloides* P. B., *C. aquaticus* Br. eur. (in
der Truppach b. *Obernsees* c. fr.), *Grimmia anodon* Br. eur., *Gr. orbicularis* Br.,
Rhacomitrium lanuginosum Brid., *Amphidium Mougeotii* Schpr., *Ulota crispula* Br.,
Orthotrichum saxatile Schpr., *O. stramineum* Hornsch , *O. pumilum* Sw., *O. obtusifolium*
Schrd., *Physcomitrium sphaericum* Brid., *Encalypta ciliata* Hoffm., *Splachnum ampulla-*
ceum L., *Pyramidula tetragona* Brid., *Entosthodon ericetorum* Br. eur., *E. fascicularis*
C. Müll., *Funaria mediterranea* Lindb., *Plagiobryum Zierii* Lindb., *Webera elongata*
Schpr., *W. annotina* Br., *Bryum Duvalii* Voit., *Br. turbinatum* Hedw., *Mnium serratum*
Schrd., *Mn. spinosum* Schwgr., *Mn. affine* Bland., *Mn. Seligeri* Jur., *Mn. stellare*
Reich., *Plagiopus Oederi* Limpr., *Philonotis calcarea* Schpr., *Catharinaea tenella*
Röhl, *Polytrichum strictum* Banks., *P. perigoniale* Mich., *Diphyscium sessile* Lindb.,
Neckera pumila Hedw., *Anacamptodon splachnoides* Brid., *Leskea nervosa* Myr.,
Pseudoleskea catenulata Br. eur., *Heterocladium dimorphum* Br. eur., *H. heterop-*
terum Br. eur., *Pterigynandrum filiforme* Hedw., *Cylindrothecium concinnum* Schpr.,
Orthothecium rufescens Br. eur., *Homalothecium Philippeanum* Br. eur., *Brachy-*
thecium Starkii Br. eur., *Eurhynchium striatulum* Br. eur., *Eu. crassinervium* Br.
eur., *Eu. Vaucheri* Br. eur., *Eu. Schleicheri* H. Müll., *Thamnium alopecurum* Schpr.,
Plagiothecium silesiacum Br. eur , *Amblystegium subtile* Br. eur., *A. irriguum* Schpr.,
E. fluviatile Schpr., *Hypnum Halleri* L. fil., *H. Sommerfeltii* Myr., *H. commutatum*
Hedw., *H. falcatum* Brid., *H. rugosum* L., *H. incurvatum* Schrd., *H. arcuatum*
Lindb., *Hylocomium brevirostre* Schpr., *H. subpinnatum* Lindb.

Warnstorf (Neuruppin).

Brown, R., Notes on New Zealand Mosses: Genus *Grimmia*.
(Transactions of the New Zealand Institute. T. XXVII. Wellington
1894. p. 409—421. Plates XXIX—XXXIV.)

Verf. beschreibt und bildet nicht weniger als 26 neue Arten
und eine Varietät der Gattung *Grimmia* aus Neu-Seeland ab. Es ist
dabei zu bedauern, dass sich in der Arbeit weder eine Clavis
analytica, noch Bemerkungen, wodurch sich die Arten von einander
unterscheiden, vorfinden.

    A. *Schistidium*.

    Gr. aquatica, Searellii, revisa, saxatilis, Mitchelli, cyathiformis, Alfredii,
turbinata, argentea, Wrightii, Laingii, gracilis, minime-perichaetialis.

    B. *Eugrimmia*.

    Gr. Novae-Zealandiae, trichophylla var. *nigra, versabilis, finitima, rotunda,*
obovata, Bellii, flexifolia, pusilla, diminuta, Cockaynei, Petriei, Stevensii, Webbii.

Brotherus (Helsingfors).

Brown, R., Notes on New Zealand Mosses: Genus *Ortho-*
trichum. (Transactions of the New Zealand Institut. T. XXVII.
Wellington 1894. p. 422—446. Plates XXXV—XLII.)

Folgende neue Arten werden vom Verf. beschrieben und abgebildet:

    O. conicorostrum, pulvinatum, breve, ornatum, gracillimum, calcareum, obliquum,
flexifolium, lancifolium, Clintonii, inaequale, Benmorense, fimbriatum, reflexum,
latorum, cylindrothecum, tortulosum, longithecium, anomalum, brevisetum, acumi-
natum, obesum, magnothecum, cyathiforme, acutifolium, Hurunni, minutum, brevi-
rostrum, Avonense, nudum, minimifolium, obtusatum, parvulum, arctum, parvithecum,
latifolium, subulatum, erectum, robustum, curvatum.

Brotherus (Helsingfors).

Rodrigue, Melle A., Contribution à l'étude des mouvements spontanés et provoqués des feuilles des *Légumineuses* et des *Oxalidées*. (Bulletin de la Société botanique de France. Tome XLI. 1894. p. 128—134.)

Die Verf. stellte sich die Beantwortung folgender Fragen zur Aufgabe:

1) Nach welchem Princip sind die motorischen Organe der *Oxalideen* und *Leguminosen* gebaut?

2) Lassen sich die Bewegungen und die Richtung der Krümmung dieser Organe durch ihren anatomischen Bau erklären?

3) Steht die Amplitude der Bewegung mit bestimmten anatomischen Vorrichtungen im Zusammenhang?

Die Untersuchung führte zu folgenden Ergebnissen:

Ad 1 weist die Verf. in allen untersuchten Bewegungsorganen nach: Centrale Stellung der Widerstand leistenden Elemente, Anwesenheit von Collenchym, d. h. eines die Krümmung gestattenden mechanischen Gewebes, mächtiges Rindengewebe.

Die Ursache der Bewegungen wird auf Differencirung des Gliedes in zwei ungleiche Theile, einen oberen und einen unteren, zurückgeführt.

Die Richtung der Krümmung lässt sich durch stärkere Variation der Turgescenz an der Unter- als an der Oberseite erklären.

Die Amplitude der Bewegungen hängt bei den *Leguminosen* mit folgenden Momenten im Zusammenhang: Struktur des Marks im Bewegungsorgane; mehr oder weniger schnelle Vereinigung der Blattspuren zu einem centralen Strange; mehr oder weniger schnelle Spaltung dieses Strangs oberhalb der Anschwellung, Beschaffenheit der Schutzscheide.

Bei den *Oxalideen* sind die wesentlichen Momente: Die Entwickelung des Strangcollenchyms; Höhe und Dicke der Bündel im Vergleich zu denjenigen der Anschwellung, auf dem Querschnitte.

Zum Schluss bekämpft Verf. die herrschenden Ansichten über die Ursache der Bewegungen bei *Mimosa pudica*. Holz und Phloëm unterscheiden sich in nichts von denjenigen anderer *Leguminosen*, so dass man ihnen mit Unrecht eine maassgebende Rolle zugeschrieben hat. Ebenso verfehlt sei die Annahme, dass Wasser in die Intercellularen gelangt, denn die Zellwände sind gerade dort besonders dick und ungetüpfelt.

Schimper (Bonn).

Gain, Ed., Sur la variation du pouvoir absorbant des graines. (Bulletin de la Société botanique de France. Tome XLI. 1894. p. 490—495.)

Die Unterschiede in der Absorptionsfähigkeit der Samen für Wasser hängen weit mehr von der Art der Aufspeicherung der Reservestoffe, als von ihrer Menge ab. Eine Beziehung zum Gewicht des Samens ist natürlich nicht vorhanden, da letzteres auf sehr verschiedenen Ursachen beruht. Dagegen ist ein sehr wichtiges Verhältniss zwischen der Absorptionsfähigkeit und der Concentration der flüssigen Bestandtheile des Samens zur Zeit der Aufspeicherung der Reservestoffe vorhanden. Erstere ist nämlich um so geringer, als Wasser während dieser Vorgänge reichlicher vorhanden war.

Aus dem Vorstehenden ist es ersichtlich, dass die Samen auch einer und derselben Art sehr ungleiches Absorptionsvermögen besitzen können.

Schimper (Bonn).

Woloszczak, E., O roślinności Karpat miedzy górnym biegiem Sanu i Osława. [Ueber die Vegetation der zwischen dem Oberlaufe des San und der Osława liegenden Karpaten.] (Nach d. Res. d. Verf. aus dem Anz. d. Ak. d. Wiss. in Krakau. 1895. p. 39—69.)

Die Grenzen des vom Verf. während der Ferien 1892 durchsuchten Gebietes, welches er in der Einleitung kurz charakterisirt, sind folgende: Der obere Lauf des Sanflusses begrenzt das Gebiet gegen Osten, der Osława Fluss im Westen, der Parallelkreis von Lisko zieht sich nach Norden hin und im Süden erreicht derselbe die Grenze von Ungarn. Nur der Osten ist stark mit Buchen bewaldet; an der ungarischen Grenze finden sich auf den Berggipfeln schüttere Buchenbestände, sonst sind kleine Wälder, ausgedehnte mit Wachholder bedeckte Strecken und Haferfelder vorhanden. „In der ärmlichen Flora dieses Gebietes können 3 Typen unterschieden werden: Die Vegetation des Osława Thales besteht aus wenigen und gemeinen Arten, die Flora des südöstlichen Theiles hat subalpinen Charakter (sie enthält z. B. *Allium victorialis, Tanacetum subcorymbosum, Hypochoeris uniflora, Gentiana Caucasica, Campanula pseudolanceolata, Laserpitium alpinum, Dianthus compactus, Viola declinata); der dritte Theil, von dem vorhergehenden durch die Linie: westliches Ende der Wetliner Alpe - Anhöhe zwischen Krywe und Cisna — von da längs des Oberlaufes des Solinka-Baches bis Jaślik oder Hyrlata (was nicht festgestellt werden konnte) — getrennt, unterscheidet sich von dem Osława-Thale durch grösseren Reichthum seiner Flora und das Vorkommen von höheren Regionen eigenthümlichen Arten." Verf. führt in dem nun folgenden Verzeichnisse die beobachteten Arten, nebst deren Höhengrenzen an.

Chimani (Bern.)

Sandri, G. e Fantozzi, P., Contribuzione alla flora di val di Nievole. (Nuovo Giornale botanico italiano. N. S. 1895. p. 129—180).

Das Nievole-Thal (westliches Toskana) erstreckt sich in einer Länge von ungefähr 40 km vom Berge Troggio nach dem unteren Laufe des Arno hin und schliesst die beiden Sümpfe von Fucecchio und Bientina (dieser nahezu trockengelegt), sowie den See von Sibolla, ein. Die Berge ringsum steigen bis 1123 m hinauf und

sind vorwiegend eocäne Ablagerungen, zum grossen Theil aber dem
Seeklima ausgesetzt. In der Ebene bemerkt man Wiesen- und
Feldcultur, auf den Hügeln Oel- und Weinberge, auf den Höhen
ausgedehnte Kastanienwälder.

Verff. legen ein Verzeichniss der Gefässpflanzenflora des genannten Gebietes, auf Grund eigener, durch zwölf Jahre fortgesetzter
Sammlungen und Beobachtungen, vor; es ist nach De Candolle's
System disponirt und bringt zu jeder Art die betreffenden Standortsangaben, mit zahlreichen Hinweisen auf die in Caruel's Prodromo angeführten Localitäten. Sonstige beigegebene Bemerkungen
sind kaum von Belang.

Die Gesammtflora des botanisch sonst nur wenig noch erforschten Thales beläuft sich auf 1350 Arten von Gefässpflanzen;
doch werden von Verff. nur 1165 dieser namhaft gemacht, da für ungefähr hundertfünfzig Arten die im Prodromo angeführten Standorte giltig sind, während die übrigen (auch ungefähr fünfzig)
daselbst citirten, von Verff. nie wieder gefunden wurden. Dieser
Umstand ist mit der Austrocknung des Sumpfes von Bientina zum
grössten Theile in Uebereinstimmung zu bringen. Vorläufig sind aber
nur 605 Arten, von den *Ranunculaceen* bis einschliesslich den
Compositen, aufgeführt. Das Verzeichniss wird später fortgesetzt
werden.

Solla (Vallombrosa).

Bouilhac, Raoul, Influence de l'acide arsénique sur la
végétation des Algues. (Comptes rendus des séances de
l'Académie des sciences de Paris. Tome CXIX. p. 929—931.)

Von Chatin wurde, indem er arsenige Säure von ausgewachsenen Pflanzen absorbiren liess, der schädliche Einfluss dieser
Säure auf das Wachsthum der Phanerogamen nachgewiesen. Verf.
constatirte für die Arseniate dasselbe, während Marchand dagegen beobachtete, dass in arsenikhaltiger Lösung ein Pilz vege-
tirte. Nach diesen Beobachtungen ist also der Einfluss des Arseniks
nicht auf alle Pflanzen gleich. Durch die vorliegende Untersuchung sucht Verf. über den Einfluss der Arsensäure Licht zu
verbreiten und im besonderen festzustellen, ob die Arseniate, welche
so vieles mit den Phosphaten gemeinsam haben, im Stande sind,
die letzteren zu ersetzen.

Er cultivirte *Stichococcus bacillaris* Naegeli, welche bei Gegenwart von Kaliumarseniat (neutrales arsensaures Kalium) gedeiht in
einer phosphorsäurehaltigen Nählösung, welcher neutrales Kaliumarseniat in verschiedenen Dosen zugesetzt war, mit folgendem
Resultat:

Menge der Arsensäure.	Ernte in Trockensubstanz.	
$2/10000$	3	mgr
$5/10000$	7	„
$1/1000$	20	„
$1,5/1000$	14	„
$2/1000$	15	„

Hieraus folgert er, dass *Stichococcus bacillaris* Naegeli in mineralischer, Arsensäure enthaltender Lösung lebt und reproducirt und dass, selbst bei Gegenwart von Phosphorsäure, die Arsensäure das Wachsthum dieser Alge begünstigt. Die passendste Dosis scheint ihm $^1/_{1000}$ zu sein. Arsensäure ist also im Stande, die Phosphorsäure zum Theil zu ersetzen.

Um zu untersuchen, ob die Arseniate im Stande sind, die Phosphate völlig zu ersetzen, benutzte Verf. phosphorsäurefreie Nährlösungen, denen variable Dosen Arsensäure wiederum in Form von Kaliumarseniat bis $^{1,5}/_{1000}$ beigefügt wurden. Alle Culturgefässe wurden mit gleichen Mengen *Stichococcus* besetzt, es kamen aber bald unabsichtlich, ohne Zuthun des Verf. hinzu: *Protococcus infusionum*, *Dactylococcus infusionum*, *Scenedesmus quadricanda*, *Scenedesmus acutus*, *Ulothrix tenerrima*; und von *Diatomeen*: *Stichococcus bacillaris*, *Schizothrix Lenormandiana*, *Symploca muralis*, *Phormidium Valderianum*, *Nostoc punctiforma*. Alle diese gediehen ausgezeichnet und waren lebhaft grün gefärbt. Eine Masse von *Protococcus infusionum* und besonders *Phormidium Valderianum*, welche aus einer Nährlösung mit $^5/_{10000}$ Arsensäure Zusatz stammte, wog 2,15 gr und hatte 3,6 mgr Arsensäure absorbirt.

In den arsensäure- und phosphorsäurefreien Controlllösungen fanden sich zwar auch neben *Stichococcus* noch *Protococcus infusionum*, *Ulothrix tenerrima* und *Phormidium Valderianum*, doch nur sehr dünn, schwächlich und schlecht aussehend.

Aus diesen Versuchen folgert Verf., dass ausser *Stichococcus* die oben angeführten Algen in arsensäurehaltigen Nährlösungen wachsen können und dass sie unter diesen Verhältnissen im Stande sind, Arsensäure zu assimiliren. Die Beifügung von Arsensäure zu einer phosphorsäurefreien Nährlösung genügt hiernach, eine Cultur dieser Algen zur gedeihlichen Entwickelung zu bringen. In diesem besonderen Falle können also die Arseniate die Phosphate ersetzen.

Eberdt (Berlin.)

Slaviček, Fr. Jos., Die in Mitteleuropa cultivirten oder zur Cultur empfohlenen *Pinus*-Arten. (Centralblatt für das gesammte Forstwesen. Jahrgang XX. 1894. Heft 8/9. p. 355—368.)

Allein von der Weissföhre (*Pinus silvestris*) zählen wir über 20 Abarten, deren Auseinanderhaltung nach der Beschaffenheit der Nadeln, Knospen, Zapfen u. s. w. bisweilen recht schwierig ist. Die Varietät äussert sich ferner in Höhe, Stellung der Aeste, Nadellänge, Form der Zapfenschuppen; die Rinde ist verschieden in Dicke, Farbe, Ablösbarkeit, Oberfläche; die Kronenbildung wechselt u. s. w.

Verf. stellte desshalb zwei Tabellen zur Bestimmung auf und bleibt bei der allgemein üblichen Eintheilung in Zwei-, Drei- und Fünfnadler. Da die Arten nach möglichst augenscheinlichen und leicht auffindbaren Merkmalen — namentlich Beschaffenheit der

Nadeln, Knospen, Zapfen — unterschieden werden sollen, müssen ihrer anatomischen oder sonstigen Organisation nach zusammengehörige Species von einander getrennt werden. In einem Anhang werden noch einige beachtenswerthe Formen einzelner Arten kurz behandelt.

E. Roth (Halle a. S.).

Neue Litteratur.*)

Allgemeines, Lehr- und Handbücher, Atlanten:

Langlebert, J., Éléments de géologie et botanique. Éd. 3, rev. et augm. 8⁰. VIII, 280 pp. Avec 410 grav. et 1 carte géologique de la France. Paris (libr. Delalain frères) 1895.

Willkomm, M., Bilder-Atlas des Pflanzenreiches nach dem natürlichen System. 3. Aufl. [Schluss-]Lief. 15. 8⁰. IX—X, p. 135—143 und XIV pp. Mit 8 farbigen Tafeln. Esslingen (J. F. Schreiber) 1895. M. —.50.

Kryptogamen im Allgemeinen:

Campbell, D. H., The structure and development of the Mosses and Ferns (Archegoniatae). 8⁰. 552 pp. London (Macmillan) 1895. 14 sh.

Algen:

Wildeman, É. de, Vaucheria Schleicheri spec. nov. (Bulletin de l'Herbier Boissier. Année III. 1895. p. 588—592. Avec 1 pl.)

Pilze:

Cooke, M. C., Introduction to the study of Fungi: their organography, classification, and distribution for the use of collectors. 8⁰. 370 pp. London (libr. Black) 1895. 14 sh.

Jaczewski, A., Les Capnodiées de la Suisse. (Bulletin de l'Herbier Boissier. Année III. 1895. p. 604—606.)

Physiologie, Biologie, Anatomie und Morphologie:

Darwin, F. and **Acton, E. H.,** Practical physiology of plants. Ed. 2. (Cambridge Natural Science Manuals. Biological series.) 8⁰. 362 pp. Illustr. Cambridge (Cambridge University Press) 1895. 6 sh.

Wagner, Carl Ludwig Rudolf, Die Morphologie des Limnanthemum nymphaeoides (L.) Lk. [Inaug.-Diss. Strassburg.] 4⁰. 18 pp. Mit 1 Tafel. Leipzig 1895.

Systematik und Pflanzengeographie:

Gray, A., Watson, S. and **Robinson, B. L.,** Synoptical flora of North America. Vol. I. Part. I. Fasc. 1. Polypetalae from the Ranunculaceae to the Frankeniaceae. 8⁰. 220 pp. London (libr. Wesley) 1895. 11 sh.

Holzinger, John M., Report on a collection of plants made by J. H. Sandberg and assistants in northern Idaho in the year 1892. (Contributions from the U. S. National-Herbarium Vol. III. 1895. No. 4. p. 203—287, V. With 2 pl.) Washington (Government Printing Office) 1895.

Kränzlin, F., Eine neue Epidendrum-Art. (Bulletin de l'Herbier Boissier. Année III. 1895. p. 607—608.)

Kräuzlin, F., Masdevallia eclyptrata Krzl. n. sp. (The Gardeners Chronicle. Ser. III. Vol. XVIII. 1895. p. 577.)

*) Der ergebenst Unterzeichnete bittet dringend die Herren Autoren um gefällige Uebersendung von Separat-Abdrücken oder wenigstens um Angabe der Titel ihrer neuen Publicationen, damit in der „Neuen Litteratur" möglichste Vollständigkeit erreicht wird. Die Redactionen anderer Zeitschriften werden ersucht, den Inhalt jeder einzelnen Nummer gefälligst mittheilen zu wollen, damit derselbe ebenfalls schnell berücksichtigt werden kann.

D r. U h l w o r m,
Humboldtstrasse Nr. 22.

Mueller, Ferdinand, Baron von, A new genus of Helichrysoid Compositae. (Reprinted from The Chemist and Druggist of Australasia. 1895. 1. November.)

Gratwickia.

Headlets many-flowered, rayless, almost hemispheric. Involucral bracts in some few rows, lanceolar, scarious; the outer sessile, the inner stipitate, all very ciliolate. Receptacle without any bracts between the flowers, depressed, glabrous. Flowers uniform, the outermost devoid of stamens. Corolla-tube slender, particularly downward; limb 4—5 denticulate. Anthers sagittate at the base. Stigmas truncate. Achenes thinly cylindric, smooth. Pappus consisting of a single plumous bristlet. A small erect annual lanuginous herb of graphaloid aspect, with narrow lanceolar flaccid leaves and with small terminal, almost sessile, headlets, few in number.

Gratwickia monochaeta.

Near Strangway's Spring, growing together with *Aristida arenaria*, W. H. Gratwick, Esq.

The only specimens seen, 2 and 4 inches high, unbranched. Leaves attaining a length of 1 inch; the lowest crowded, the others scattered. Headlets of flowers, $1/4$ to $1/3$ inch broad. Involucre almost completely concealing the flowers — yellow — appearing pilose all over from the long and extremely fine cilolation of the constituting bracts. Pappus about as long as the corolla, broader upwards, narrower downwards, denuded near the base. This would be an Heliptirum, if the pappus was not reduced to one bristlet, as in some *Angiantheae*. The stature of the plant so far as hitherto known, is that of the dwarfest forms of *Gnaphalium luteo-album* and of *Helichrysum apiculatum*. Some structural approach to *Pterygopappus* and *Stuartina* is also perceptible, but the habits of the three are totally different.

Parmentier, Paul, Flore nouvelle de la chaîne jurassique et de la Haute-Saône, à l'usage du botaniste herborisant. 8°. 311 pp. Autun (libr. Dejussieu) 1895.

Prain, David, A revision of the genus Chelidonium. (Bulletin de l'Herbier Boissier. Année III. 1895. p. 570—587.)

Williams, Frederic N., On the genus Arenaria Linn. (Bulletin de l'Herbier Boissier. Année III. 1895. p. 593—603.)

Winkler, C. und Bornmüller, J., Neue Cousinien des Orients. (Bulletin de l'Herbier Boissier. Année III. 1895. p. 561—569. Avec 3 pl.) •

Palaeontologie:

Helmhacker, R., Ueber das Steinkohlenvorkommen in der Permformation in Böhmen. (Sep.-Abdr. aus Der Kohleninteressent.) 8°. 75 pp. Mit 2 Tafeln. Teplitz (A. Becker) 1895. M. 1.—

Medicinisch-pharmaceutische Botanik:

B.

Aschoff, A., Ein Fall von primärer Lungenactinomycose. (Berliner klinische Wochenschrift. 1895. No. 34—36. p. 738—740, 765—768, 786—789.)

Babes et Kalindero, Note sur la distribution du bacille de la lèpre dans l'organisme. (Comptes rendus de la Société de biologie. 1895. No. 27. p. 629—631.)

Bar et Rénon, Présence du bacille de Koch dans le sang de la veine ombilicale de foetus humains issus de mères tuberculeuses. (Comptes rendus de la Société de biologie. 1895. No. 23. p. 505—508.)

Banti, G., Die Proteusarten und der infectiöse Ikterus. (Deutsche medicinische Wochenschrift. 1895. No. 44. p. 735—736.)

Bernharth, A., Ueber Aktinomykose und Demonstration eines Falles von Bauchaktinomykose. (Prager medicinische Wochenschrift. 1895. No. 36. p. 383—386.)

Bouchard, La thérapeutique et les doctrines bactériologiques modernes. (2. Congr. franç. de méd. int.) (Semaine méd. 1895. No. 40. p. 337—338.)

Davies, A. M., On the value of the chemical and bacteriological examination of water. (Indian med. Gaz. 1895. No. 5, 7. p. 184—190, 264—265.)

Ewetzki, F. und Berestnew, N., Ueber bacilläre Panophthalmitis. (Medicinsk obosren. 1895. No. 10.) [Russisch.]

French, C., On the mirbid histology and bacteriology of equine pneumonia. (Journ. of compar. med. 1895. No. 7. p. 421—423.)

Friedrich, P. L., Heilversuche mit Bakteriengiften bei inoperablen bösartigen Neubildungen. (Archiv für klinische Chirurgie. Bd. L. 1895. Heft 4. p. 709 —738.)

Gladin, G., Ueber die Häufigkeit und Lebensdauer virulenter Diphtheriebacillen im Rachen nach überstandener Diphtherie. (Bolnitschnaja Gas., Botkina 1895. No. 20.) [Russisch.]

Goldberg, B., Ueber Bakteriurie. (Centralblatt für die Krankheiten der Harn- und Sexual-Organe. Bd. VI. 1895. Heft 7. p. 349—352.)

Gotschlich, E., Choleraähnliche Vibrionen bei schweren einheimischen Brech- durchfällen. (Zeitschrift für Hygiene. Bd. XX. 1895. Heft 3. p. 489—501.)

Grazia, de, Sui disinfettanti dal punto di vista microbiochimico. (Riforma med. 1895. No. 219. p. 817—819.)

Hebebrand, A., Ueber das Verschimmeln des Brotes. (Archiv für Hygiene. Bd. XXV. 1895. Heft 1. p. 101—103.)

Hitzig, Th., Influenzabacillen bei Lungenabscess. (Münchener medicinische Wochenschrift. 1895. No. 35. p. 813—815.)

Horne, H., Malignes Oedem beim Rinde. (Berliner thierärztliche Wochenschrift. 1895. No. 35. p. 409—413.)

Karlinski, J., Zur Kenntniss der Bakterien der Thermalquellen. (Hygienische Rundschau. 1895. No. 15. p. 685—689.)

Kasparek, Th., Ueber den Einfluss des Nervensystems auf die Localisation von Mikroorganismen in Gelenken. (Wiener klinische Wochenschrift. 1895. No. 32, 33. p. 570—571, 593—596.)

Krantz et Tribout, A., Sur une forme d'invasion de l'actinomycose chez les boeufs africains. (Rec. de méd. vétérin. 1895. No. 15. p. 465—468.)

Landau, R., Zur Lehre von den puerperalen Scheidengeschwüren. (Monatsschrift für Geburtshülfe und Gynäkologie. Bd. II. 1895. Heft 1. p. 24—28.)

Landouzi, L., 1. De la nécessité de reviser la nosographie des angines, et d'assurer leur diagnostic par le contrôle bactérioscopique. 2. Résultats d'une enquête bactérioscopique portant sur 860 cas d'angines, ayant donné 42,32 % de diphtérie, 57,68 % de non-diphtérie. (Bulletin de l'acad. de méd. 1895. No. 30. p. 149—175.)

Masella, S., Influenza della luce solare diretta sulle infezioni nelle cavie coi bacilli del colera asiatico e dell' ileo-tifo. (Annali d. Istit. d'igiene speriment. d. R. univ. di Roma. Vol. V. 1895. Fasc. 1. p. 73—90.)

Mégnin, P., Affection ulcéro-végétante infectieuse (papillome infectieux) des lèvres des agneaux. (Comptes rendus de la Société de biologie. 1895. No. 27. p. 644—646.)

Novy, F. G., The etiology of diphtheria. (Med. News. 1895. Vol. II. No. 2. p. 29—35.)

Pavy, F. W., Microbes, toxins and imunity: a prelude to the discussions etc. (British med. Journal. No. 1805. 1895. p. 277—278.)

Pfaffenholz, Zur bakteriologischen Diphtherie-Diagnose (ein verbessertes Platten- Cultur-Verfahren). (Hygienische Rundschau. 1895. No. 16. p. 733—736.)

Port, G., Tod an Septikämie nach einer Zahnextraction. (Münchener medicinische Wochenschrift. 1895. No. 37. p. 863—864.)

Reymond, E., De la bactériologie et de l'anatomie pathologique des salpingo- ovarites. Av. nombr. fig. Paris (Steinheil) 1895.   Fr. 8.—

Rowland, S. D., Report of twenty-five samples of milk, examined as to their bacterial flora. (British med. Journal. No. 1805. 1895. p. 321—323.)

Sabrazès et Colombot, Les procédés de défense des vertébrés inférieurs contre les invasions microbiennes. (Revue scientifique. 1895. Vol. II. No. 9. p. 272 —274.)

Schürmayer, Beiträge zur Beurtheilung der Bedeutung und des Verhaltens des Bacillus pyocyaneus. (Zeitschrift für Hygiene. Bd. XX. 1895. Heft 2. p. 281 —294.)

Sicherer, von, Beitrag zur Kenntniss des Variolaparasiten. (Münchener medicinische Wochenschrift. 1895. No. 34. p. 793—794.)

Symes, J. O., Notes on the bacteriological examination of the throat in some fevers. (Lancet. 1895. Vol. II. No. 8. p. 455—456.)

Thiemich, M., Bakteriologische Blutuntersuchungen beim Abdominaltyphus. (Deutsche medicinische Wochenschrift. 1895. No. 34. p. 550—554.)

Wernicke, E., Ueber die Persistenz der Choleravibrionen im Wasser. (Hygienische Rundschau. 1895. No. 16. p. 736—741.)

Wigura, A., Ueber die Menge und Eigenschaft der Mikroben auf der Haut gesunder Menschen. (Wratsch. 1895. No. 14.) [Russisch.]

Wright, J. H. und **Mallory, F. B.,** Ueber einen pathogenen Kapselbacillus bei Bronchopneumonie. (Zeitschrift für Hygiene. Bd. XX. 1895. Heft 2. p. 220—226.)

Technische, Forst-, ökonomische und gärtnerische Botanik:

Gadeau de Kerville, Henri, Les vieux arbres de la Normandie. Étude botanico-historique. Fasc. III. (Extr. du Bulletin de la Société des Amis des Sciences naturelles de Rouen. Année 1894. Sém. II.) 8°. p. 265—411. Avec 21 pl. en photocollographie et 3 fig. dans le texte, presque toutes inédites et faites sur les photographies de l'auteur. Paris (libr. J. B. Baillière et fils) 1895.

Gadeau de Kerville, Henri, Une Glycine énorme à Rouen. (Extr. d. Le Naturaliste. 1895. p. 173—174. Avec 1 fig.) Paris (Bureau du Journal) 1895.

Henning, Ernst, Agrikulturbotaniska anteckningar från en resa i Tyskland och Danmark år 1894. (Meddelanden från Kongl. Landtbruksstyrelsen. 1895. No. 11.) 8°. 72 pp. Malmö (Svånska Lithografiska Aktiebolaget) 1895.

Muntz, A. et **Rousseaux, E.,** Recherches sur les vignobles de la Champagne. Part. II. (Extr. du Bulletin du ministère de l'agriculture. 1895.) 8°. 40 pp. Paris (Impr. nationale) 1895.

Wakker, J. H., Verdere onderzoekingen over de zaadplanten van het jaar 1893, de generatie in 1895. (Uit het Archief voor de Java-Suikerindustrie. 1895. Afl. 22.) 8°. 15 pp. Soerabaia (H. van Ingen) 1895.

Varia:

Effenberger, Das Pflanzenzeichnen und seine Anwendung auf das Ornament in verschiedener Auffassung und Durchführung, im Verein mit mehreren Fachgenossen bearbeitet. Heft 2. 4°. 15 z. Th. farbige Tafeln. Bayreuth (Heinrich Heuschmann) 1895. M. 6.—

Personalnachrichten.

Ernannt: Der Professor der Botanik an der Universität Leipzig, Geh. Hofrath Dr. **Wilh. Pfeffer,** zum Mitgliede des Maximilian-Ordens für Wissenschaft und Kunst. — Der in Ungarn als Pflanzen-Anatom bekannte Gymnasial-Professor Dr. **Aladár Richter** ist von Arad nach Budapest an das Staatsgymnasium (I. Bezirk) als ordentlicher Professor versetzt worden.

Unser Mitarbeiter, Dr. **A. Zimmermann,** bisheriger ausserordentlicher Professor an der Universität Tübingen, ist nach Berlin übergesiedelt und hat sich an der Universität als Privatdocent habilitirt.

An die verehrl. Mitarbeiter!

Den Originalarbeiten beizugebende Abbildungen, welche im Texte zur Verwendung kommen sollen, sind in der Zeichnung so anzufertigen, dass sie durch Zinkätzung wiedergegeben werden können. Dieselben müssen als Federzeichnungen mit schwarzer Tusche auf glattem Carton gezeichnet sein. Ist diese Form der Darstellung für die Zeichnung unthunlich und lässt sich dieselbe nur mit Bleistift oder in sog. Halbton-Vorlage herstellen, so muss sie jedenfalls so klar und deutlich gezeichnet sein, dass sie im Autotypie-Verfahren (Patent Meisenbach) vervielfältigt werden kann. Holzschnitte können nur in Ausnahmefällen zugestanden werden, und die Redaction wie die Verlagshandlung behalten sich hierüber von Fall zu Fall die Entscheidung vor. Die Aufnahme von Tafeln hängt von der Beschaffenheit der Originale und von dem Umfange des begleitenden Textes ab. Die Bedingungen, unter denen dieselben beigegeben werden, können daher erst bei Einlieferung der Arbeiten festgestellt werden.

Inhalt.

Ausgegeben: 27. December 1895.

Druck und Verlag von Gebr. Gotthelft in Cassel.

Sämmtliche früheren Jahrgänge des
„Botanischen Centralblattes"

sowie die bis jetzt erschienenen
Beihefte, Jahrgang I, II, III und IV,

sind durch jede Buchhandlung, sowie durch die Verlagshandlung zu beziehen.

n. Chrysanthemum Leucanth
Ch. inodorum (2)
Anthemis arvensis (3
Anthemis Cotula (4)
Achillea Ptarmica (5)
Centaurea Cyanus (6)

Lightning Source UK Ltd.
Milton Keynes UK
UKHW022153021218
333278UK00005B/188/P